工业和信息化部"十二五"规划教材
"十二五"国家重点图书出版规划项目

空气动力学基础

Fundamentals of Aerodynamics

● 陈　浮　权晓波　宋彦萍　编著

哈尔滨工业大学出版社
HARBIN INSTITUTE OF TECHNOLOGY PRESS

内容提要

本书较为全面阐述了空气动力学的基本概念、规律和计算方法,尤其是将矢量分析、场论等方法引入到空气动力学基本方程的推导中,以实现数学描述、物理内涵与力学原理三者之间较为严格的统一。全书始终贯穿了基础、严谨、实用的方针,力图做到深入浅出。

本书可作为高等工科院校有关专业的专业基础教材,尤其适合于飞行器设计、航空宇航动力、发射工程、航天运输等专业,也可供相关专业的科技人员参考。

图书在版编目(CIP)数据

空气动力学基础/陈浮,权晓波,宋彦萍编著. —哈尔滨:
哈尔滨工业大学出版社,2015.1(2020.1 重印)
ISBN 978 - 7 - 5603 - 4970 - 1

Ⅰ.①空…　Ⅱ.①陈…②权…③宋…　Ⅲ.①空气动
力学　Ⅳ.①V211.1

中国版本图书馆 CIP 数据核字(2014)第 251779 号

策划编辑　杜　燕
责任编辑　刘　瑶
封面设计　卞秉利
出版发行　哈尔滨工业大学出版社
社　　址　哈尔滨市南岗区复华四道街 10 号　邮编 150006
传　　真　0451 - 86414749
网　　址　http://hitpress.hit.edu.cn
印　　刷　哈尔滨市工大节能印刷厂
开　　本　787mm×1092mm　1/16　印张 27.75　字数 668 千字
版　　次　2015 年 1 月第 1 版　2020 年 1 月第 3 次印刷
书　　号　ISBN 978 - 7 - 5603 - 4970 - 1
定　　价　56.00 元

前　言

　　本书以作者近年来为哈尔滨工业大学飞行器设计与工程专业的本科生讲授的"空气动力学"课程讲义为基础,面向飞行器设计、航空宇航动力、发射工程、航天运输等专业的本科生而编写。本书的内容注重将矢量分析、场论等方法引入到空气动力学基本方程的推导过程中,力图实现数学描述与物理内涵、力学原理三者之间的较为严格的统一,以使学生能够较为扎实地掌握空气动力学基础理论。

　　本书首先介绍了流体力学(含空气动力学)、热力学的基础知识及基本概念,并应用矢量分析、场论等方法描述了表征流体属性的各种物理量的内涵,以及相应的表达形式。然后从随体导数、雷诺输运定理出发,推导了较为完整的流体三维运动基本方程组的积分及微分形式,从而为下面的空气动力学基本理论、动力学特性等的理解和分析打下良好基础。最后依次详细讨论了不可压理想气体的定常二维势流流动、低速翼型及机翼的基本理论、高速可压缩流动、绕翼型及机翼的可压缩流动、空气的高超声速运动、黏性附面层理论等。

　　本书为工业和信息化部"十二五"规划教材。本书的出版获得国家自然科学基金委创新研究群体项目《热辐射传输与流动控制》(51121004)资助,在此深致谢意。

　　本书由陈浮、权晓波、宋彦萍共同编著。书中第1、2、6章由陈浮执笔,第3、4、8章由权晓波执笔,第5、7章由宋彦萍执笔。此外,博士研究生俞建阳、李得英、王云飞、崔可、刘雷等帮助编者完成了教材的插图描绘、数据表格的计算及部分文字录入等工作,在此表示感谢。

　　本书由哈尔滨工业大学王仲奇院士担任主审,并在审阅过程中提出了许多宝贵意见,在此谨致谢意。

　　在本书的编写过程中,编者参考、采纳了众多兄弟院校相关教材、讲义的章节内容,在此也一并表示诚挚的谢意。

　　由于编者的水平有限,书中的错误和不足之处在所难免,恳请读者和专家们批评指正。

编著者

2014 年 3 月

主要符号表

符 号	含 义	符 号	含 义
$\boldsymbol{A}$	反对称张量	f	翼型的弯度,摩擦力
A	翼型轴向力	g	重力加速度
$\boldsymbol{a}$	加速度矢量	H	高度,熵,附面层形状因子
a	声速	h	比熵
b	翼型的厚度	$\boldsymbol{i},\boldsymbol{j},\boldsymbol{k}$	笛卡尔坐标系单位矢量
$\boldsymbol{c}$	实部为波速,虚部为增大因子	J	涡通量
c	翼型的弦长	$\boldsymbol{j}$	单位时间某组分的质量流量
C_D	机翼阻力系数	K	流量公式的系数
c_d	翼型阻力系数	k	气体的比热比(也称绝热指数)
C_f	摩擦阻力系数	L	翼型升力,长度
C_L	机翼升力系数	$\boldsymbol{l}$	有向曲线
c_l	翼型升力系数	l	机翼展长,混合长度
C_m	机翼力矩系数	M	力矩
c_m	翼型力矩系数	m	质量
C_p	压强系数	$\dot{m}$	质量流量
c_p	气体的比定压热容	Ma	马赫数
c_V	气体的比定容热容	N	翼型法向力
$\boldsymbol{D}$	速度导数张量	$\boldsymbol{n}$	外法向单位矢量
D	质量扩散系数,翼型阻力	$\boldsymbol{P}$	应力张量
D_f	摩擦阻力	p	压力或压强
D_i	诱导阻力	p_a	大气压强
E	体积弹性模量,热力学能	$\boldsymbol{p}_n$	作用于以 $\boldsymbol{n}$ 为法向的单位面积上的应力
e	比热力学能		
$\boldsymbol{e}_r,\boldsymbol{e}_\theta,\boldsymbol{e}_z$	圆柱坐标系单位矢量	$p_{xx},p_{yy},p_{zz},$	应力张量的分量
$\boldsymbol{F}_B$	质量力	p_{xy},p_{yz},p_{zx}	
$\boldsymbol{F}_e$	作用力	Q	热量,点源(汇)强度
$\boldsymbol{f}$	单位质量流体的质量力矢量	$\dot{Q}$	单位时间内外界对系统加热量

符　号	含　义	符　号	含　义
$\boldsymbol{q}$	傅里叶热传导矢量	w_f	摩擦损失功
$\dot{q}$	单位质量流体所吸收的热量	$y(\lambda)$	气动函数
$q(\lambda),q(Ma)$	流量函数	α	攻角
$\boldsymbol{R}$	矢径,合力	β	等温压缩系数,激波角,普朗特－葛劳渥因子
R	气体常数		
R_c	曲率半径	β_{cr}	临界压强比
r	矢径	χ	后掠角
$\boldsymbol{S}$	有向曲面(或矢面积),对称张量,应变率张量	δ	楔形半顶角,折转角,附面层名义厚度
S	面积,熵	δ_3	附面层能量损失厚度
s	比熵	δ_c	圆锥半顶角
T	温度,时间,周期	δ^*	附面层位移厚度
T_s	萨瑟兰常数	$\varepsilon(\lambda),\varepsilon(Ma)$	静密度与等熵滞止密度之比气动函数
T_u	湍动度		
t	时间	$\varepsilon_{xx},\varepsilon_{yy},\varepsilon_{zz},$ $\varepsilon_{xy},\varepsilon_{yz},\varepsilon_{zx}$	应变率张量的分量
$\boldsymbol{U}$	小扰动速度矢量		
U	速度,质量力势函数	Φ	耗散函数,总速度势
u_τ	摩擦速度	ϕ	速度势函数
$\boldsymbol{V}$	速度矢量,主流速度矢量	Γ	速度环量
V	容积,速度的模	γ	热膨胀系数,面涡强度
υ	比体积	η	根梢比
$\upsilon_x,\upsilon_y,\upsilon_z$	笛卡尔坐标系的速度分量	φ	机翼几何扭转角,小扰动速度势函数,马赫波极角
$\upsilon'_x,\upsilon'_y,\upsilon'_z$	笛卡尔坐标系的脉动速度分量		
$\upsilon_r,\upsilon_\theta,\upsilon_z$	圆柱坐标系的速度分量	κ	冯·卡门常数
W	功	λ	热导率,第二[动力]黏度,展弦比,速度系数,波长
$\dot{W}$	单位时间内系统对外界做功量		
$\dot{W}_s$	旋转机械与系统间交换的机械功率	μ	[动力]黏度,马赫角
		ν	运动黏度
		$\nu(\lambda),\nu(Ma)$	普朗特－迈耶函数
$\dot{w}_s$	单位质量流体对外界所做的机械功	$\pi(\lambda),\pi(Ma)$	静压强与等熵滞止压强之比气动函数

符　号	含　义	符　号	含　义
θ	角度,翼型上一点对风轴倾角,附面层动量损失厚度	$\tau(\lambda),\tau(Ma)$	静温度与等熵滞止温度之比气动函数
ρ	密度	$\boldsymbol{\Omega}$	涡量,速度矢量的旋度
σ	表面张力系数,翼型上一点对体轴倾角,总压恢复系数	$\Omega_x,\Omega_y,\Omega_z$	涡量的分量
		$\boldsymbol{\omega}$	旋转角速度
τ	应力张量中与黏性有关的分量	$\omega_x,\omega_y,\omega_z$	旋转角速度的分量
τ	体积,切应力,后缘角	ψ	流函数,机翼反角

上标或下标

符　号	含　义	符　号	含　义
—	无量纲的几何量、物理量,时间平均	l	层流
*	无量纲量,气流滞止参数或总参数	max	最大速度状态参数
'	相对于时间平均的脉动量	S	激波
b	边界,环境参数	t	喉部,湍流
cr	临界参数	w	物体壁面
e	出口参数,远离物面的自由流参数	∞	无穷远前方
		∇	哈密顿算子
eff	有效值	∇^2,Δ	拉普拉斯算子
f	流体	Δ	两点变量值之差

目　　录

第 1 章　　流体力学、场论及热力学基础知识

本章首先介绍空气动力学的基本任务及研究方法、流体力学与空气动力学的发展概况；然后介绍流体力学(含空气动力学)所涉及的一些基础知识及概念，包括流体的基本性质、场论及矢量分析的基础知识、研究流体运动的方法和基本概念等，尤其是应用矢量分析、场论等方法描述了表征流体属性的各种物理量的内涵，并给出相应的表达形式；最后简要介绍热力系及热力学的基本定律。

1.1　　空气动力学发展概况

1.1.1　空气动力学的分类、任务及研究方法

空气动力学是研究空气与物体之间有相对运动(即物体在空气中运动或空气流过静止物体)时，空气运动的基本规律及空气内部或空气与物体之间相互作用力的科学。它是航空航天最重要的科学技术基础之一，首先与飞机的产生、发展联系在一起，涉及飞机的飞行性能、稳定性和操纵性等问题，对于飞机设计和工程学科不可或缺。因此，传统意义上的空气动力学，通常指的是飞行器的空气动力学，尤其是指普通飞机的空气动力学。当然，现代空气动力学研究所涉及的领域远不限于飞机或其他航空飞行器。

例如，20 世纪初库塔、儒科夫斯基等学者将运动物体在空气中所受的升力与绕物体的环量联系起来，建立了升力理论，从而奠定了低速飞机设计基础，使重于空气的飞行器成为现实。20 世纪 40 年代中期至 50 年代，可压缩空气动力学理论迅速发展，特别是跨声速面积律的发现和后掠机翼概念的提出，使得飞行的临界马赫数大幅提高，帮助人们突破音障，实现了跨声速、超声速飞行；而三角翼、边条翼等气动构形可得到较大的涡升力，大大改善了飞行范围的升力特性，提高了飞机的机动性。基于这些空气动力学成果，20 世纪 50 年代中期研制成功了性能优越的第一代战斗机。20 世纪 50 年代之后是超声速空气动力学发展时期，出现了性能更为先进的第二代战斗机。在这一阶段，航天方面的重点放在高超声速飞行器和再入飞行器的气动力与推进系统问题，特别是着重解决高超声速飞行和飞行器再入大气层时严重的气动加热引起的"热障"问题。而航空方面的重点放在了发展高性能作战飞机、超声速客机、垂直短距起降飞机、变后掠翼飞机等，尤其是超临界机翼技术的使用，显著提高了机翼的临界马赫数和飞机跨声速范围的升阻比，在载荷相同的情况下还可降低飞机的结构质量。20 世纪 70 年代后，脱体涡流型和非线性涡升力的发现和利用是空气动力学的又一重要成果，并促使了第三代高性能战斗机的出现。20 世纪 80 年代，在军事需求的强力推动下，世界各军事强国开始研制第四代战斗机和高超声速飞行器、跨大气层飞行器，其中最有代表性的是 1981 年美国发射的航天飞机，并由此形成了现代空气动力学发展的新时期。目前正在发展的第四代战斗机，将高机动性、敏捷性、超声速巡航能力、高隐形能力、更大的高

度、更宽广的速度范围等诸多优异性能集于一身,对空气动力学、动力推进、电子、控制、材料及工艺等技术提出了更高要求。

按所要解决的问题划分,空气动力学主要可分为两类:一类是研究空气对物体(如飞机)的绕流即外部流动问题,其中正问题是给定物体外形和流场的边界条件、初始条件,要求求解绕流流场的流动参数,特别是求出作用在物面上的空气动力特性,而反问题是给定流场的一部分条件和需要达到的气动力指标(如高升阻比),要求求解出满足条件的物体形状;另一类是研究空气在通道中的流动规律,如研究喷管、叶轮机械、激波管内的流动,称为内部流动问题,它也同样有正问题和反问题之分。也有学者将侧重于研究气体(如空气、燃气)在物体内部(如发动机)运动规律的内部流动问题称为气体动力学,而将研究空气流过飞行器外部时运动规律的外部流动问题称为空气动力学。

如果按空气运动速度划分,空气动力学又可以分为处理低速问题的低速空气动力学和处理高速问题的高速空气动力学。其中,在高速空气动力学范围,研究空气运动速度低于声速的问题称为亚声速空气动力学;超过声速的称为超声速空气动力学;研究空气运动速度介于声速左右问题称为跨声速空气动力学,其研究的流动的性质属于亚声速流动和超声速流动并存于流场的混合流动,由于跨声速空气动力学本身的复杂性及描述流动的方程的非线性性质,目前仍是研究者关注的课题。也有人将高速(可压缩)空气动力学,尤其是超声速部分称为气体动力学。

随着航空航天技术的发展,20世纪50年代末和60年代出现了飞行速度大于声速5倍以上的飞行器,洲际导弹和宇宙飞船重返大气时的飞行速度甚至达到声速的30倍以上。因此,又把飞行速度大于5倍声速的飞行称为高超声速飞行,将研究这方面问题的学科称为高超声速空气动力学。此外,还出现了研究外层大气中飞行器飞行问题的稀薄空气动力学(考虑滑流和自由分子流),以及考虑外层大气中气体分子离子化、导电等性质(即流体处于电磁场中)的电磁流体力学等。

尽管空气的具体运动和研究这些运动的目的有所不同,但它们都有一些共同的流动现象,遵循一些共同的流动规律。研究空气的运动问题通常是以流体动力学与热力学中的一些基本物理定律为基础的,其控制方程组包括以下四方面内容。

(1)运动学方面:质量守恒定律。

(2)动力学方面:牛顿第二定律(即动量定理)。

(3)热力学方面:能量守恒定律(即热力学第一定律)和熵方程(即热力学第二定律)。

(4)空气的物理和化学属性方面:如空气状态方程、空气组元间的化学反应速率方程、空气的输运性质(黏性、热传导及组元扩散的定律)等。

上述四方面内容组成的控制方程组是非线性的和强相互耦合的,再加上给定求解域上空气物理量所应满足的初值、边值条件(即定解条件),使得它在数学上的解析求解和数值求解变得极为困难。

研究空气动力学的基本任务,不但是要认识上述流动所发生的一些现象的基本实质,得到上述共同规律在空气动力学中的表述,而且研究如何应用这些规律解决飞行器以及各种动力装置中的空气动力问题。

如同物理学其他各个分支的研究方法一样,实验、理论分析与数值方法(或称数值模拟、数值仿真)是空气动力学的主要研究手段。这三种研究手段的共同出发点是被研究对象所遵循的空气动力学基本理论和描述所研究对象的微分方程组及其定解条件,但是它们所采用的方法却各不相同,具有各自的特点,而且是相互依赖、相互促进的。

实验研究是最先使用、应用广泛的空气动力学问题研究的方法,其主要手段是利用风洞、水洞、气动部件或整机实验台架、测试系统等进行模型或原型实验。实验研究的优点是可提供大量的实验数据,使得研究者能从定量、定性的资料中发现、分析流动中的(新)现象或(新)原理,尤其是它的结果可作为校验其他两种研究方法所得结论是否正确的依据;缺点是实验结果的普适性和精度受限于模型尺寸、实验条件及测试系统精度等诸多因素,而且往往需要消耗大量的人力、物力和财力。

理论分析是继实验方法之后出现的研究方法,限于空气动力学非线性控制方程组解析求解的困难性以及所研究物理现象的复杂性,理论分析需要根据所研究问题的特点,选取主要因素,忽略次要因素,应用基本概念、定律和数学工具建立某种简化、抽象的数学模型(包括控制方程组及其定解条件),并利用解析求解的方法获得问题的解析解,解析结果的精度、适用范围等需要通过必要的实验研究验证或修正。理论分析的优点是能够利用数学方法求得解析的结果,利于揭示问题的内在规律,可明确给出各物理量之间的变化关系,有较好的普适性。但是,受到数学发展水平的限制,能够获得解析解的理论模型数量较少且多数局限于较简单的物理问题,远不能满足实际流动问题的需要。

计算流体力学(CFD)数值方法的出现、发展及其在空气动力学研究中的作用、地位的不断提高,与 20 世纪中叶以来计算机技术的迅猛发展密切相关。其基本步骤是:

(1) 基于某种数值方法改写或简化空气动力学控制方程组及其定解条件。

(2) 做离散化处理后编写计算程序并计算。

(3) 获得数值计算结果,并与实验或其他精确结果对比以验证其精度。

数值模拟或仿真的优点是可以获得某些无法进行实验或难以做出理论分析的问题的数值解(即流场中速度、压力、密度等未知量的时空分布信息),而且研究费用较少。其缺点是对于复杂而又缺乏完善数学模型的空气动力学问题无能为力,有时计算精度较差,这也是近年来 CFD 研究的重点。

1.1.2　流体力学(含空气 – 气体动力学) 的发展简史

空气动力学是现代流体力学的分支之一,它是从流体力学发展而来的。

17 世纪下半叶至 18 世纪是流体力学的创建与发展时期,逐渐建立和形成了流体力学的理论与实验方法。1686 年,牛顿首先提出了黏性流体的剪切应力公式,即牛顿内摩擦定律,为建立黏性流体运动方程组奠定了基础。其后,他还于 1726 年基于孤立质点(或粒子)运动力学原理,提出了一种计算物体在流体中运动时所受阻力的近似理论,即牛顿撞击理论,虽然由于没有考虑流体的流动性(或者说粒子间相互作用的影响)而导致其预测结果与实际偏差较大,但对于高超声速流动,该理论却可以给出较好的预测结果。1738 年,伯努利建立了定常不可压流体的压强、高度与速度间的关系式,即伯努利方程。1752 年,达朗贝尔建立了质量守恒方程,即连续方程。此外,他还提出了"达朗贝尔佯谬",即根据无黏不可压缩流体无旋流动理论,一个有限大小的物体在无边际的流体中匀速运动时,只要是附体流动、没有分离,则无论物体的形状如何,都不会受到阻力。但实验结果表明,流速较高时物体所受阻力大致与流速成正比。1775 年,欧拉提出了流体运动的描述方法和理想流体的运动方程,即欧拉方程,奠定了连续介质力学基础,他也被称为理论流体力学的奠基人。

19 世纪是流体力学理论全面发展与日趋完善时期。1822 年,傅里叶提出了傅里叶导热公式。1855 年,菲克提出了菲克第一扩散定律,为研究流体力学的传热、传质问题奠定了基础。1826 年,泊松解决了第一个空间流动 —— 关于绕球体的无旋流动问题。1827 年,拉普拉斯提出了拉普拉斯方程。兰金指出理想不可压流体运动的势函数与流函数均满足拉普拉斯方程,并于 1868 年提出了将直匀流叠加到源、汇、偶极子等流动上以构成奇点法。1845 年,亥姆霍兹引进了一系列关于旋涡的基本概念,提出了旋涡运动定理,他还于 1860 年将流体质点运动分解为平动、转动与剪切变形三种形式,从而成为无黏有旋运动研究的创始人。

19 世纪还形成了流体力学的两个重要分支,即黏性流体力学和空气－气体动力学。1823 年,纳维从分子相互作用的某些假设出发,1845 年,斯托克斯经过较为严密的数学推导,分别得到了真实(黏性)流体运动微分方程即纳维－斯托克斯方程(简称 N－S 方程),从而奠定了黏性流体力学的理论基础,欧拉方程是 N－S 方程的黏性极限(即黏度趋于 0 的极限)。1872 年,玻耳兹曼提出了气体分子运动论基本方程,即玻耳兹曼方程,可用于描述稀薄气体流动,N－S 方程是玻耳兹曼方程的流体力学极限。1842 年,迈尔在几十位相关学者工作的基础上,提出了能量守恒定律,其后焦耳、亥姆霍兹等也独立发现了这一定律。19 世纪下半叶关于湍流的研究也在发展之中。1883 年,雷诺通过实验发现了流动的两种状态,即层流和湍流,得到了判断流态的雷诺数,1894 年,他又引进了雷诺应力的概念,应用时均方法建立了湍流运动基本方程,即雷诺方程,为湍流的理论研究奠定了基础。

19 世纪下半叶至 20 世纪 30 年代是空气－气体动力学的初步奠基时期,其工程应用背景是蒸汽机、炮弹及爆炸技术所涉及的气体流动的可压缩性问题。1808 年泊松和 1848 年斯托克斯分别研究了等温气体中的简单波和间断面,后者根据质量、动量守恒定理建立了间断面前后流动参数所应满足的关系式,这是对可压缩气体运动理论研究的开始。1870 年兰金和 1887 年雨贡纽分别提出了激波前后气体参数间的关系式。1887 年,马赫研究了抛射体以超声速运动时产生的波,得到了马赫角关系式。1929 年,阿克莱将流速与声速之比定义为马赫数。

需要特别提到的是,低速飞机设计理论也是在这一时期逐渐完善的。1891 年,兰彻斯特提出了速度环量产生升力的概念,为建立升力理论创造了条件,他也是首位提出有限翼展机翼理论的人。1902 年库塔、1906 年儒科夫斯基分别提出了库塔－儒科夫斯基定理与假定。1910 年,布拉修斯与恰普雷金分别提出了一般二维物体受力公式。上述工作使得二维升力理论得以完善。1903 年,莱特兄弟在美国成功实现了飞机试飞,从此开创了飞行的新纪元,人类得以实现征服天空的愿望。

这一时期的另一项具有重要意义的理论是普朗特于 1904 年提出的附面层理论。他认为流场可以分为两个区域分别处理:远离物面区域用无黏理论处理,而黏性仅在贴近物面的薄层(即附面层或边界层)流体内才是必须加以考虑的,这种将实际流体的黏性效应限制在附面层内的研究方法使得 N－S 方程得以简化,为空气－气体动力学中黏性理论的研究开辟了新的道路。

20 世纪初,随着飞行器飞行速度、高度和航程的急剧提高,航空实践推动空气动力学飞速发展,而空气动力学的相关成果也进一步促进了航空事业的发展。在这一时期,气体的可压缩性影响及激波研究逐渐成为热点。1882 年,拉伐尔发明了收缩－扩张形喷管,即拉伐尔喷管,并由斯多道拉(1903 年)、普朗特和迈耶(1908 年)观测了这种喷管的流动特性。1908 年,普朗特和迈耶提出了激波与膨胀波理论。1910 年瑞利和泰勒研究了激波的不可逆性。1928 年布泽曼、1933 年泰勒和马可尔提出了圆锥激波的图解法和数值解。此外,小扰动线性化方法、特征线方法、速度图法等也在 20 世纪初相继被提出。这一时期的研究成果由泰勒和马可尔在《可压缩流体力学》一文中加以总结,为空气－气体动力学研究奠定了基础。

从第一次世界大战至 20 世纪 30 年代末期是低速空气动力学得到重大发展并对航空事业做出重要贡献的时期,真正实用的低速飞机相继问世。1919 年,普朗特提出了大展弦比机翼升力线理论。1925 年阿克莱提出了超声速翼型的线性化理论。1930 年,普朗特提出了可在亚声速范围内修正翼型升力压缩性影响的相似准则。1939 年,戈泰特提出了亚声速三维机翼的相似法则。1944 年,冯·卡门和钱学森采用速度图法得到了比普朗特－葛劳渥法则更为准确的亚声速相似律公式。

20 世纪 30 年代至 50 年代是空气－气体动力学飞速发展阶段。1935 年,在罗马召开了讨论航空中高速流动问题的学术会议,众多流体力学先驱者的参加使得这次会议成为通向近代气体动力学的里程碑。其后,随着涡轮喷气发动机、火箭发动机等的出现及发展,飞行器的飞行速度持续提高且逐渐接近并突破了声速,实现了超声速飞行。与此同时,由于高推重比涡轮喷气发动机的推力不断增加,叶轮机械内气体流动的速度也逐渐由亚声速向跨声速、超声速发展,从而促进了内流气体动力学的发展。这一时期的空气－气体动力学与热力学的结合越来越紧密,也被称为气动热力学的发展阶段,其特点是完全气体假设下的空气－气体动力学理论和实验愈加成熟。

20 世纪 50 年代至今是气动热化学动力学、高超声速空气动力学与计算流体力学的发展阶段。自从 1949 年美国的两级火箭飞行实验实现了世界上首次高超声速飞行以来,高超声速飞行技术以及高超声速飞行中的气动力和气动热问题研究始终是世界各国航空航天领域的研究热点。介质性质在高温条件下的物理、化学变化(如气体分子的电离化、飞行器头部烧蚀层的气化及其与气体分子的化学反应等)使得空气－气体动力学必须与化学热力学、统计物理、化学动力学结合,研究者不仅关注所研究对象的气动力特性,而且还包括高温气流的传热率及温度分布。自 1946 年第一台电子计算机问世以来,随着计算机技术的迅猛发展,逐渐形成了计算流体力学这一新的分支,基于先进数值求解方法和高性能计算机的数值仿真技术,已经可以实现从飞行器部件、组合体甚至整机的复杂绕流或内流流场的计算,而且计算结果的精确度与可靠性也随着计算机、计算机技术及空气动力学知识、实验验证技术的进步与完善而不断得以提高,并可直接应用于飞行器的空气动力学设计中,从而大大缩短了新型飞行器及其气动部件的研制周期,并大幅度降低研制成本。可以预见,计算流体力学将进一步发展并在实际空气动力学问题研究中发挥越来越大的作用。

自 20 世纪以来,实验技术也在迅速发展,热线风速仪(HWA)、激光测速仪(LDV 及 PIV)、压敏漆及示温漆、高速数据采集及处理系统等为研究空气非定常三维流场细微结构创造了良好条件,各种先进的流场测试技术及显示技术提供了丰富而准确的流场信息,加深了研究者对复杂流动物理机制及流动图画的认识。实验技术的发展将为空气动力学的发展起到重要的推动作用。

1.2　气体的基本物理属性

1.2.1　连续介质模型及流体物理量

1.连续介质模型

从分子物理学观点来看,气体是由大量的、微小的分子组成的(物理标准状态下空气分子平均直径约为 3×10^{-8} cm),分子之间的平均距离约为其直径的10倍,分子不断地做随机热运动,分子平均自由行程(指一个分子与其他分子的两次相邻碰撞之间所走过的平均距离)约为 7×10^{-6} cm,气体分子离散地、无规则地分布于气体运动空间内,并随时间不断变化。因此,从微观角度出发,气体物理量的分布在空间、时间上都是不连续的。

但是,对于一般工程上的空气动力学问题而言,由于所研究物体的特征尺寸(如飞行器的长度、机翼的弦长、管道的直径等)至少是以厘米计的,远远大于气体分子间的平均距离或分子平均自由行程,而空气与物体之间相互作用(如力、传热)的范围通常也是和物体的特征尺寸属于同一量级的,因此这种相互作用就不是个别气体分子的行为,而是大量分子行为所表现出来的宏观效应及其统计平均特性。

如图1.2.1所示,取包含空间点 $A(x,y,z)$ 的微小体积 $\Delta\tau$,设其中的气体质量为 Δm,则平均密度为 $\Delta m/\Delta\tau$。当包含点 A 的微小体积 $\Delta\tau$ 逐渐缩小至 $\Delta\tau_1$ 时,其平均密度将趋于一个确定的极限值且不随 $\Delta\tau$ 的继续缩小而变化;当 $\Delta\tau$ 继续缩小,并小于某个值(如 $\Delta\tau_2$)时,平均密度将出现随机波动。上述过程可以这样理解,当微小体积 $\Delta\tau$ 较大时,其中包含着若干个不同的分子集群(即每个分子集群的体积 $\Delta\tau'_i$ 及其包含的气体质量 $\Delta m'_i$ 不相同),假定每个分子集群都是"均匀的"或密度 $\Delta m'_i/\Delta\tau'_i$ 是不变值,但不同的分子集群的密度是不同的。当 $\Delta\tau$ 逐渐缩小时,由于 $\Delta\tau$ 所包含的分子集群数量的变化,平均密度将发生或大或小的变化;当 $\Delta\tau$ 缩小至仅包含一个分子集群时(即 $\Delta\tau_1=\Delta\tau'_i$),则平均密度趋于常值。如果将分子集群理解为由大量的、无规则运动的分子组成,那么进出该分子集群(或微小体积 $\Delta\tau_1$)的少量分子不足以显著影响平均密度的数值。如果 $\Delta\tau$ 持续缩小,甚至小至 $\Delta\tau_2$,仅能包含几个不断运动着的分子,此时进出该微小体积的个别分子就将导致平均密度出现明显变化。定义 $\Delta\tau_1$,$\Delta\tau_2$ 之间的某个值 $\Delta\tau'$ 为特征体积(如 $\Delta\tau'=10^{-9}$ cm³),它是几何尺寸很小但包含足够多的分子(如标准状态下 10^{-9} cm³ 中约包含 2.7×10^{10} 个气体分子)的体积。在此体积中,气体的宏观特性就是其中分子的统计平均特性。把微小体积 $\Delta\tau'$ 中的所有气体分子的总和称为流体质点,则流体质点的密度(即 $\Delta\tau'$ 中气体的平均密度)为

$$\rho=\lim_{\Delta\tau\to\Delta\tau'}\frac{\Delta m}{\Delta\tau}$$

基于流体质点的概念,可以给出连续介质模型定义:略去流体分子的构成及其运动,认为流体是由连续不断的、没有间隙的、充满于流体所占据的整个空间的流体质点组成。

在进行流体运动或力、传热等的分析时,有时还采用流体微团的概念。流体微团指的是由大量流体质点所组成的具有线性尺度效应(如膨胀、变形、转动等)的微小的流体团,流体也可以理解为是由连续分布的流体微团组成的。因此,流体质点可看作是可以忽略线性尺度效应的最小单元。

图 1.2.1　流体质点

若假设微小特征体是正方体,并定义特征体积 $\Delta\tau' = 10^{-9}$ cm³,可知流体质点的特征尺寸为 10^{-3} cm,这是一个远大于分子平均自由行程且远小于所研究物体特征尺寸的数值。也就是说,宏观意义上的连续介质模型只适用于所研究物体的特征尺寸远大于流体质点特征尺寸的问题。考虑 128 km 高空情况,空气极为稀薄,分子平均自由行程约为 30 cm,即所研究物体的特征尺寸与分子平均自由行程为同一量级。而流体质点特征尺寸应该是远大于分子平均自由行程的,这样一来所研究物体的特征尺寸就远小于这种情况下的流体质点特征尺寸了,连续介质模型也就不再适用了,须将空气视为不连续介质且用稀薄气体动力学理论来研究问题。可是,如果研究的是地球这样大的物体,则高空稀薄气体又可以作为连续介质来考虑。因而,连续介质模型是一个具有相对意义的概念。

2.流体物理量

根据连续介质模型,流体质点在宏观上充分小且连续(运动着)充满于它所占据的空间(这个空间又被称为流场),那么质点就相当于流场中的一个空间点,流场中任意空间点上的流体物理量(如密度、温度、速度等)就是指位于该点上的流体质点所具有的物理量,每一瞬时,流场每个点上都有确定的流体质点所占据,即某时刻流场中的某空间点上具有确定的物理量,而不同瞬时、不同空间点处的物理量一般不同。连续介质模型本身还包含了这样的假设:质点的物理量为流场的空间点坐标 (x,y,z) 及时间 t 的连续可微函数(但允许在孤立的点、线、面上不连续)。这样就可以利用数学分析中的连续性条件写出控制方程或数学表达式。由于 $\Delta\tau'$ 小得可以看作是零,因而研究流场空间某点的流体物理量(如密度),可以采用数学上的定义

$$\rho(x,y,z,t) = \lim_{\Delta\tau \to 0} \frac{\Delta m}{\Delta\tau} \tag{1.2.1}$$

类似的,可以给出空间某点的流体温度 $T(x,y,z,t)$ (某瞬时占据该点的流体质点所包含的大量分子无规则热运动的平均移动动能的量度)、速度 $\boldsymbol{V}(x,y,z,t)$ (某瞬时占据该点的流体质点质心的宏观运动速度)等的定义。空间某点处的流体压力的定义将在后面专门讨论。

1.2.2　气体的压缩性及输运性质

1.压缩性

流体体积或密度随外力变化而改变的性质称为流体的压缩性。单一组分的流体(如水、空气等),其密度通常随压强、温度而变化,即

$$\mathrm{d}\rho = \frac{\partial \rho}{\partial p}\mathrm{d}p + \frac{\partial \rho}{\partial T}\mathrm{d}T = \rho\beta\mathrm{d}p - \rho\gamma\mathrm{d}T$$

式中，$\beta = \frac{1}{\rho}\left(\frac{\partial \rho}{\partial p}\right)_T$，称为等温压缩系数；$\gamma = -\frac{1}{\rho}\left(\frac{\partial \rho}{\partial T}\right)_p$，称为热膨胀系数。如果已知压缩过程是等熵的，还可以得到等熵压缩系数 $\beta_s = \frac{1}{\rho}\left(\frac{\partial \rho}{\partial p}\right)_s$。压缩系数 β 表示一定温度下压强增加一个单位时，流体密度的相对增加率，是衡量流体可压缩性的物理量。对于气体，若满足完全气体状态方程 $p = \rho R T$，则在等温条件下有 $\frac{\mathrm{d}\rho}{\rho} = \frac{\mathrm{d}p}{p}$，即 $\beta = \frac{1}{p}$。此时，密度与压力的增加率相等。例如，压力增加 10% 时，即 $\frac{\mathrm{d}p}{p} = 10\%$，密度增加率也为 10%。若压缩过程是等熵的，根据等熵关系式 $\frac{p}{\rho^k} = \mathrm{const}$ 可有 $\frac{\mathrm{d}\rho}{\mathrm{d}p} = \frac{\rho}{kp} = \frac{1}{kRT}$ 或 $\beta = \frac{1}{kp}$。取空气的比热比 $k = 1.4$ 可知，与等温过程相比，由于压缩过程进行得较快，来不及散发出去的热量加热了气体本身，使得密度随压力变化的改变量变小了。因此，气体密度随压力的变化是与热力过程紧密相连的。此外，气体的压缩性比液体大得多，如一个大气压下空气的压缩系数约为 10^{-5} m²/N，而水的压缩系数约为 5×10^{-10} m²/N，即空气的压缩系数要比水的压缩系数大四个量级。实验表明，常温下的水，当压强增加一个大气压时，体积仅缩小约 0.05%，因而可以认为大多数液体是不可压缩的，即当液体所占据的空间内压力相差不大时，其密度为常值。

　　压缩系数的倒数称为流体的体积弹性模量 E，它表示流体体积的相对变化所需的压强增量，即

$$E = \frac{1}{\beta} = \rho\frac{\partial p}{\partial \rho}$$

显然，弹性模量越大的流体越不易被压缩。如果对弹性介质施加一个任意的小扰动，它就会在介质中以波的形式向四周传播。这种小扰动波称为声波，其传播速度称为声速。

　　以图 1.2.2 给出的简单模型说明小扰动波在弹性介质中传播的物理过程。设有并排悬挂的一串刚体小球，小球之间由忽略质量的弹簧相连，这样就把质量、弹性作用分别表示出来，构成弹性介质的简化模型。轻触最左边的小球一下（即对系统施加一个小扰动），则通过弹簧的弹性作用，该扰动向右传播，各个小球依次运动一次。这个外加的小扰动在小球之间的传播速度类似于小扰动在弹性介质中传播的声速，显然，弹簧刚度越大（即弹性模量越大），则扰动传播速度越大，或者说声速越大。不可压缩流体如水中的声速就可以认为是无穷大，当然，实际上这是不可能的。此外，声速与介质（即小球）本身的运动速度不能混为一谈。

图 1.2.2　弹性介质简化模型

上述讨论可以用来解释以下物理现象。例如，飞行器在空中飞行时，它经过的路线上的

空气,在飞行器接近时将被推开,以便让飞行器通过。但是,并不仅仅是那些与飞行器直接接触的空气微团受到扰动,远离飞行器的空气微团也会由于扰动在弹性介质中的传播而受到影响。在飞行速度远小于声速时,即飞行速度远小于扰动传播速度时,在飞行器还未临近时,远处的空气微团就开始运动了,可以认为空气的流动性很好。若飞行器的速度接近或超过声速,当前方空气微团还未感受到扰动而处于静止状态(绝对或地球坐标系下观察)时,飞行器就临近了,空气微团被突然推开,这时的流动性就很差了。如果观测者是站在飞行器上(相对坐标系)来看这一运动过程的,当飞行速度达到高超声速范围时,空气微团几乎没有了流动性,而是像子弹一样迎面向飞行器打来。

2. 输运性质

在流体所占据的运动空间(即流场)内,某些流体物理量(如动量、温度、质量等)的分布可能是不均匀的,流体将会通过自发的物理量的输运过程以达到物理量趋向均匀分布的状态,这种由非平衡态转向平衡态时物理量的传递性质,称为流体的输运性质。物理量的输运现象可以是由两种不同层次的输运过程引起的,即分子热运动引起的输运和湍流脉动引起的输运。从某种意义上讲,黏性流体动力学就是研究分子输运和湍流输运对流体动力学的影响。本小节只讨论层流流动中的分子输运性质,一旦流动变为湍流,由于湍流输运较分子输运强烈得多,分子输运常常予以忽略。

从微观上看,分子输运就是通过分子的无规则热运动,将原先所在区域的流体宏观性质输运到另一个区域,再通过分子间的相互碰撞、交换或者说传递了各自的宏观物理量,从而形成新的平衡状态。流体的输运性质主要指动量输运、能量(热量)输运、质量输运,它们分别对应着黏性现象、热传导现象及扩散现象,并具有各自的宏观规律。

(1)黏性现象。黏性是流体的固有属性之一。当流体内部各层流体的宏观运动速度不同时,任意相邻流层间的接触面上将产生一对等值、反向的内摩擦力(即黏性力),以阻碍两层流体的相对运动,这种现象称为黏性现象。

图 1.2.3 给出的是 1687 年牛顿的平板剪切流动实验示意图。在相距为 h、面积为 S 的两块平板之间充满黏性流体,令下平板静止不动,施加外力 F 使上平板以恒速 U 做平行于 x 轴的运动。实验测量结果表明,由于流体的黏性作用,附着于上、下平板的流体质点速度分别为 $U,0$,两平板间的流体速度呈线性分布,上平板单位面积上所受到的摩擦阻力或内摩擦力 τ(即剪切应力)正比于平板运动速度 U,而反比于距离 h,即 $\tau \propto \dfrac{U}{h}$,于是

$$\tau = \frac{F}{S} = \mu \frac{U}{h} \tag{1.2.2}$$

式中,比例系数 μ 称为[动力]黏度,单位为 $N \cdot s/m^2$,它是流体黏性大小的一种度量。流体力学中有时还用到运动黏度 $\nu = \dfrac{\mu}{\rho}$,单位为 m^2/s,通常用于流体的相似流动问题研究。进一步研究表明,式(1.2.2)可以推广到流体做任意层流直线运动中,当速度分布为 $u(y)$ 时,流层 y 处的剪切力为

$$\tau = \mu \frac{\mathrm{d}u}{\mathrm{d}y} \tag{1.2.3}$$

式中,$\mathrm{d}u/\mathrm{d}y$ 为速度梯度。式(1.2.3)即为牛顿切应力公式或称牛顿内摩擦定律,该公式可以推广到非直线层流流动中,不过形式要复杂得多。而非层流流动的切应力规律则属于湍

流理论的研究范畴。满足牛顿切应力公式(即剪切应力与速度梯度呈线性关系)的流体被称为牛顿流体,一般气体和分子结构简单的液体如水、汽油、乙醇等均是牛顿流体。而不满足这一公式的流体称为非牛顿流体,如有机胶体、油漆、血液等。本书的内容仅限于牛顿流体,而非牛顿流体属于流变学的研究内容。

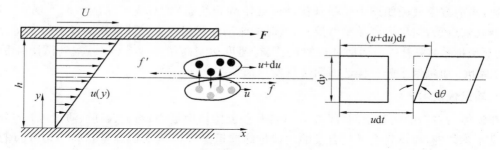

图 1.2.3 黏性现象

用分子运动论的观点来看,气体的黏性现象主要是由分子热运动引起的,如果将气体分子速度分解为平均速度(即气体质点宏观速度)和热运动速度(即气体分子微观随机运动速度),则具有不同宏观速度的相邻流层内的气体分子,通过分子热运动及碰撞,完成了(主要是宏观速度的)动量交换或输运,并依动量定理在流层接触面上产生了一对等值、反向的内摩擦力或称黏性力。基于上述讨论可知,当温度升高时,气体分子热运动速度的增加将使得分子碰撞更为频繁,分子自由行程减小,动量交换更加剧烈,因而黏性增强。萨瑟兰给出了气体的[动力]黏度与温度的近似公式,即

$$\frac{\mu}{\mu_0} \approx \left(\frac{T}{288.15}\right)^{1.5} \frac{288.15 + T_s}{T + T_s}$$

式中,μ_0 为一个大气压下、$T=288.15$ K 时气体的[动力]黏度;T_s 为与气体性质有关的萨瑟兰常数。对空气,$\mu_0 = 1.789\ 4 \times 10^{-5}$ N·s/m², $T_s = 110.4$ K。顺便提一下,液体的黏度比气体的黏度大得多。这是由于液体的黏性现象主要是由分子间的内聚力引起的,相邻流层的相对运动势必破坏流体分子间的平衡状态,造成相邻分子间的间距加大,并使得分子间的内聚力明显表现出来,形成黏性力,在此不多加讨论。

黏性还常做另一种解释。考察图 1.2.3 中的流体微团,由于每层流体上、下边界速度不同,dt 时间后流体微团将发生变形,设微团邻边角度变化为 $d\theta$,则

$$\tau = \mu \frac{du}{dy} = \mu \frac{(du \cdot dt)/dy}{dt} = \mu \frac{\tan d\theta}{dt} \approx \mu \frac{d\theta}{dt} \qquad (1.2.4)$$

可以将 $d\theta/dt$ 理解为流体微团的剪切角变形速度或剪切变形率,式(1.2.4)表示角变形速度等于速度梯度,或者说剪切应力与剪切变形率成正比。因此,流体的黏性也可以认为是流体的一种抵抗变形的能力。对产生变形(运动)的流体所做的功,使得流体运动的机械能不可逆地转化为热能而消耗,流动过程成为熵增过程。此外,式(1.2.4)还表明,只有在不受任何剪切应力的情况下,流体才能处于完全静止状态,或者说处于静止状态的流体不能抵抗剪切应力,这就是流体的流动性。因此,也把流体定义为在任何微小的剪切应力作用下能持续不断产生变形的物质。

(2) 热传导现象。流体中的热量传递有三种方式,即热传导、热辐射及热对流。热传导的微观机理与黏性类似,是温度不同的各部分流体之间的分子热运动所导致的动能输运的

结果。热辐射是指流体放射出辐射粒子时,转化为本身的热力学能而辐射出能量的现象,是一种以电磁波辐射传递能量的方式。热对流是随流体宏观运动,各部分流体之间发生相对运动、冷热流体相互掺混而导致的热量传递现象。由于流体分子在做宏观运动的同时也在进行着无规则的热运动,因而热对流必然伴随着热传导现象。此外,热传导及热辐射即使在静止流体中也存在,而热对流仅存在于运动的流体中。

当流体中沿着某个方向存在着温度梯度时,热量就会由较高温度区域传递到较低温度区域,这种现象称为热传导现象。单位时间内通过单位面积由热传导传递的热流矢量 q 按傅里叶导热定律确定,即

$$q = -\lambda \frac{dT}{dy} \quad \text{或} \quad q = -\lambda \nabla T \qquad (1.2.5)$$

式中,λ 为热导率,单位为 $W/(m \cdot K)$;dT/dy 或 ∇T 为温度梯度;负号表示热量输运的方向与温度梯度方向相反。对于各向同性流体,λ 无方向特性,但却是随温度、压力而变化的。当温度变化不大时,λ 可近似看作是常数。

(3)扩散现象。当流体的密度分布不均匀时,流体的质量就会从高密度区迁移到低密度区,这种现象称为扩散现象。在单一组分流体中,由于其自身密度差所引起的扩散称为自扩散。在有两种组分的混合介质中,由于各组分的各自密度差而在另一组分中所引起的扩散称为互扩散。一般来说,在实际工程问题中互扩散比自扩散更为重要。

当流体分子进行动量及能量输运(或交换)时,必然同时伴有质量交换,因而其机理也就与动量、能量输运的机理完全相同。考虑由组分 A 和 B 组成的混合介质,各组分均由其各自的高密度区向低密度区扩散。为简便起见,假定组分 B 为均匀介质,仅考虑组分 A 在组分 B 中的扩散,则组分 A 的定常扩散率与它的密度梯度和截面积成正比,或单位时间单位面积的质量流量与密度梯度成正比。其计算公式为

$$j_{AB} = -D_{AB} \frac{d\rho_A}{dy} \qquad (1.2.6)$$

式中,j_{AB} 为组分 A 在组分 B 中单位面积的质量流量;D_{AB} 为质量扩散系数,单位为 m^2/s,其大小取决于压强、温度和混合介质的成分。一般说来,液体的扩散系数较气体的要小几个量级。

1.2.3 标准大气

包围整个地球的空气总称为大气。按其特征,从海平面到 85 km 的高度范围属于低层大气,85 km 高度以上的范围属于高层大气。低层大气又可分为对流层、平流层和中间大气层。高层大气的下层称为高温层,上层没有边界,逐渐与星际空间融合。上述各层大气之间的分界并不是清晰的。

对流层的低界是海平面,其高度在赤道处为 16 ~ 18 km,中纬度区为 10 ~ 12 km,两极地区为 7 ~ 10 km。对流层的大气密度最高,约占 3/4 的大气质量集中于此,空气既有水平方向的运动,也有垂直方向的运动,各种气象变化(如雨、雪、雷、电等)都发生在这一层内,温度随高度增加而线性下降。平流层的高度约为 32 km,空气质量约占大气质量的 1/4,空气只有水平方向的运动,通常没有各种气象变化。高度低于 20 km 的平流层内大气温度基本不变化(约为 216.65 K),20 km 以上温度逐渐增加。普通飞机主要在对流层和平流层内

飞行,最高纪录是 39 km,探测气球最大高度为 44 km。中间大气层温度先随高度增加而上升,后又下降,顶界处可降到 160 K 以下。高温层的大气温度随高度而上升,400 km 处温度可达到 1 500～1 600 K,这是由于直接受到太阳短波辐射的缘故,在这个区域内有几个集中的电离层。400～1 600 km 的外层大气中的空气分子已经有机会逸入太空而不与其他分子相碰撞。

从空气动力学角度来看,大气又可以分为连续流区(约 70 km 以下)、过渡区和自由分子流区(约 130 km 以上)。70～100 km 之间也可以视为滑移流区,仍然可以用连续介质力学方程描述,只是固体上的流动边界条件需要用滑移条件替代。100～130 km 之间的过渡区流体既不怎么连续,也不怎么稀薄。根据不同飞行器运动的主要空间范围,也可以将飞行空间划分为航空空间(20 km 以下)、临近空间(20～100 km)和航天空间(100 km 以上)。

大气参数(如温度、密度、压力等)除随高度变化外,还随地理纬度、季节、昼夜而变化。因此,在航空工程(如飞行器及发动机设计、分析及整理实验数据等)中应用大气参数时,不能使用当地、当时的大气参数,而是需要有一个公共标准以作为衡量、比较研究对象性能的依据。

标准大气:海平面上,温度 $T_0 = 288.15$ K,压强 $p_0 = 1.013\ 25 \times 10^5$ Pa,密度 $\rho_0 = 1.225$ kg/m³。

温度随高度分布规律:通过实验观测得到

$$T = \begin{cases} 288.15 - 0.006\ 5y & (0\ \mathrm{m} \leqslant y \leqslant 11\ 000\ \mathrm{m}) \\ 216.65 & (11\ 000\ \mathrm{m} < y \leqslant 20\ 000\ \mathrm{m}) \\ 216.65 + 0.001(y - 20\ 000) & (20\ 000\ \mathrm{m} < y \leqslant 32\ 000\mathrm{m}) \end{cases}$$

压力及密度随高度分布规律:将大气压力看作是截面积为 1 m² 的一段上端无界的空气柱质量所造成。如图1.2.4 所示,坐标平面 xOz 取在海平面上,y 轴垂直向上,设大气为静止状态且重力场均匀(g 为常数),则静止流体中只有指向微元体内侧的法向应力存在,可得到距海平面距离为 y 处、厚度为 dy 的微元空气柱端的上、下表面压力差与空气柱重量平衡关系式,即

$$p - (p + dp) - \rho g\, dy = 0$$

化简后得

$$dp = -\rho g\, dy$$

代入完全气体状态方程 $p = \rho RT$,有

$$\frac{dp}{p} = -\frac{g}{RT}dy \qquad (1.2.7)$$

图 1.2.4　大气压力随高度变化

式中,气体常数 $R = 287.053$ N·m/(kg·K),重力加速度 $g = 9.806\ 65$ m/s²。

对温度与高度的关系取通式

$$T = T_1 + a(y - y_1)$$

式中,T_1,y_1 为某温度线性变化区的起始温度及高度;a 代表该区域的斜率或称下降率,即 $a = \dfrac{dT}{dy}$,将其代入式(1.2.7)中,可得

$$\frac{\mathrm{d}p}{p} = -\frac{g}{aR}\frac{\mathrm{d}T}{T}$$

积分上式,得

$$\ln\frac{p}{p_1} = -\frac{g}{aR}\ln\frac{T}{T_1}$$

或

$$\frac{p}{p_1} = \left(\frac{T}{T_1}\right)^{-\frac{g}{aR}} = \left(1 + a\frac{y - y_1}{T_1}\right)^{-\frac{g}{aR}}$$

根据 $\dfrac{p}{p_1} = \dfrac{\rho T}{\rho_1 T_1}$, 得

$$\frac{\rho}{\rho_1} = \left(\frac{T}{T_1}\right)^{-\frac{g}{aR}-1} = \left(1 + a\frac{y - y_1}{T_1}\right)^{-\frac{g}{aR}-1}$$

(1) 当 $0\text{ m} \leqslant y \leqslant 11\,000\text{ m}$ 时, $a = -0.006\,5$, T_1, p_1, ρ_1 取海平面处数值,得

$$\frac{p}{p_1} = \left(\frac{T}{288.15}\right)^{5.255\,88}, \frac{\rho}{\rho_1} = \left(\frac{T}{288.15}\right)^{4.255\,88}$$

(2) 当 $11\,000\text{ m} < y \leqslant 20\,000\text{ m}$ 时, $a = 0$, $T = 216.65\text{ K} = \text{const}$, 而 p_1, ρ_1 则由(1)中公式求出,即 $p_1 = 22\,631.8\text{ Pa}$, $\rho_1 = 0.363\,92\text{ kg/m}^3$。于是,由方程 $\dfrac{\mathrm{d}p}{p} = -\dfrac{g}{RT}\mathrm{d}y$ 可直接得出

$$\frac{p}{p_1} = \mathrm{e}^{-\frac{y-11\,000}{6\,341.62}}, \frac{\rho}{\rho_1} = \mathrm{e}^{-\frac{y-11\,000}{6\,341.62}}$$

(3) 当 $20\,000\text{ m} < y \leqslant 32\,000\text{ m}$ 时, $a = 0.001$, $T_1 = 216.65\text{ K}$, p_1, ρ_1 由(2)中公式求出,即 $p_1 = 5\,474.86\text{ Pa}$, $\rho_1 = 0.088\,035\text{ kg/m}^3$, 于是得

$$\frac{p}{p_1} = \left(\frac{T}{216.65}\right)^{-34.163\,2}, \frac{\rho}{\rho_1} = \left(\frac{T}{216.65}\right)^{-35.163\,2}$$

根据公式计算出来的大气参数可制成标准大气表。

1.3　矢量分析及场论初步

1.3.1　标量场、矢量场与张量场

场的概念是与研究流体运动的欧拉方法相联系的。场的定义是:如果流体所占据的空间内的每个空间点上都对应着某个流体质点的某个确定的物理量,就称为在这个空间内的该物理量的一个"场"。在通常情况下,随空间坐标不同及时间变化,场内不同空间位置处的物理量具有不同的值,即物理量是空间坐标及时间的函数。考虑到某瞬时某空间坐标处只能有一个流体质点存在,则某个流体质点占据的某个空间点上的物理量为单值点函数。再考虑连续介质模型,则场中的物理量还应是连续的。

如果这个物理量是标量,则称这个场为标量场(如温度场、密度场等)。如果这个物理量是矢量,则称这个场为矢量场(如速度场、力场等)。此外,实际存在着这样的物理量,在三维空间需要多个分量才能完整地描述它,如流体微团表面受到的应力要由九个分量才能完整描述,这就是张量的概念。定义 N 阶张量的分量数为 3^N, 所以标量、矢量均可作为低阶张量

而归入张量范畴,标量属于 0 阶张量,矢量属于 1 阶张量,应力属于 2 阶张量。并不是任意的一个由几个分量组成的量都可称为张量,只有这样的量才是张量:在坐标系旋转时其分量按一定规律变化,并因而能维持某些量不变。所以,存在不随坐标系旋转而变化的量是张量的特征。如标量的数值本身、矢量的长度或模不随坐标系旋转而变化就是这种特征的体现。

用场论的符号和方法描述场中物理量的变化,具有形式简洁、与坐标系的选取无关、每个符号的物理内涵明确等优点。

1.3.2　标量场的梯度

参考地形图中的等高线概念,如图 1.3.1(a) 所示,在定常流场中绕空间 P 点,总可以确定一个标量函数 $\varphi(x,y,z)$ 为常数的面(称为等值面或等势面)。类似的,取临近 P 点的另一空间 Q 点可以确定另一个等势面,且其值为 $\varphi+\mathrm{d}\varphi$。由于 φ 为单值连续函数,两个等势面不可相交。根据数学分析知识可知,函数 φ 的微小增量 $\mathrm{d}\varphi$ 可表示为

$$\mathrm{d}\varphi = \frac{\partial \varphi}{\partial x}\mathrm{d}x + \frac{\partial \varphi}{\partial y}\mathrm{d}y + \frac{\partial \varphi}{\partial z}\mathrm{d}z \ \text{或}\ \mathrm{d}\varphi = \left(\frac{\partial}{\partial x}\mathrm{d}x + \frac{\partial}{\partial y}\mathrm{d}y + \frac{\partial}{\partial z}\mathrm{d}z\right)\varphi$$

上式还可以改写成

$$\mathrm{d}\varphi = (\boldsymbol{i}\mathrm{d}x + \boldsymbol{j}\mathrm{d}y + \boldsymbol{k}\mathrm{d}z) \cdot \left(\boldsymbol{i}\frac{\partial}{\partial x} + \boldsymbol{j}\frac{\partial}{\partial y} + \boldsymbol{k}\frac{\partial}{\partial z}\right)\varphi$$

引入符号 $\boldsymbol{\nabla}$(称为哈密顿算子),有

$$\boldsymbol{\nabla} = \boldsymbol{i}\frac{\partial}{\partial x} + \boldsymbol{j}\frac{\partial}{\partial y} + \boldsymbol{k}\frac{\partial}{\partial z}$$

因此

$$\boldsymbol{\nabla}\varphi = \boldsymbol{i}\frac{\partial \varphi}{\partial x} + \boldsymbol{j}\frac{\partial \varphi}{\partial y} + \boldsymbol{k}\frac{\partial \varphi}{\partial z} \tag{1.3.1a}$$

图 1.3.1　标量函数 φ 的梯度及其在圆柱坐标系中的表示

$\boldsymbol{\nabla}$ 是一个算子,具有向量和微分的双重性质,矢量运算法则对它都适用,且可按微分法则进行计算,它作用于一个标量函数将得到一个矢量函数。令 $\boldsymbol{R} = \boldsymbol{i}x + \boldsymbol{j}y + \boldsymbol{k}z$ 为组成等势面的矢径(源自坐标系原点,而终点与流体质点所处位置重合),其微增量可表示为 $\mathrm{d}\boldsymbol{R} = \boldsymbol{i}\mathrm{d}x + \boldsymbol{j}\mathrm{d}y + \boldsymbol{k}\mathrm{d}z$,则 $\mathrm{d}\varphi$ 又可表示为 $\mathrm{d}\varphi = \mathrm{d}\boldsymbol{R} \cdot \boldsymbol{\nabla}\varphi$。若在等势面($\varphi=\mathrm{const}$)上取 P 点的相邻点 P_1,则 P 点与 P_1 点间的函数增量 $\mathrm{d}\varphi=0$,且有 $\mathrm{d}\varphi = \mathrm{d}\boldsymbol{R}_1 \cdot \boldsymbol{\nabla}\varphi = 0$。由于 $\mathrm{d}\boldsymbol{R}_1$ 与 $\boldsymbol{\nabla}\varphi$ 均不

为零,则二者必为垂直关系。因此,$\boldsymbol{\nabla}\varphi$ 指向等势面的法线方向(即垂直于 $\varphi=\mathrm{const}$ 的等势面)。若令 $\boldsymbol{e}$ 为 $\mathrm{d}\boldsymbol{R}$ 方向的单位矢量,$\boldsymbol{n}$ 为 $\boldsymbol{\nabla}\varphi$ 方向(即等势面法线方向)的单位矢量,则

$$\mathrm{d}\varphi=\mathrm{d}\boldsymbol{R}\cdot\boldsymbol{\nabla}\varphi=\boldsymbol{e}\mid\mathrm{d}\boldsymbol{R}\mid\cdot\boldsymbol{n}\mid\boldsymbol{\nabla}\varphi\mid=\mid\mathrm{d}\boldsymbol{R}\mid\mid\boldsymbol{\nabla}\varphi\mid\boldsymbol{e}\cdot\boldsymbol{n}$$

由于 $\boldsymbol{e}\cdot\boldsymbol{n}=\cos\alpha$,如图 1.3.1(a) 所示,所以

$$\mathrm{d}\varphi=\mid\mathrm{d}\boldsymbol{R}\mid\mid\boldsymbol{\nabla}\varphi\mid\cos\alpha=\mathrm{d}n\mid\boldsymbol{\nabla}\varphi\mid$$

即

$$\mid\boldsymbol{\nabla}\varphi\mid=\frac{\mathrm{d}\varphi}{\mathrm{d}n}$$

由此可知,$\boldsymbol{\nabla}\varphi$ 的模等于函数 φ 对距离的最大变化率($\mathrm{d}n$ 为沿等势面法线方向的距离,即最小距离)。因此,矢量 $\boldsymbol{\nabla}\varphi$ 称为标量函数 φ 的梯度,它指向函数 φ 变化率最大的方向,其大小等于这个最大变化率的数值,是标量场不均匀性或标量场在一点附近的空间变化率的量度,记为 $\mathbf{grad}\,\varphi$。若标量场中每一点处都有梯度矢量,则全体的 $\mathbf{grad}\,\varphi$ 构成一个矢量函数或称梯度场。一个函数的梯度值与坐标系无关,它代表完整的矢量,这是因为函数的最大变化率方向及沿该方向的最大变化率数值都是确定的,或者说由标量场的空间分布规律决定。当然,函数梯度在不同坐标系中的分量的大小是与所选取的坐标系相关的,即函数梯度在不同坐标系中的具体表达式是不同的。上述讨论是在定常流场假设中进行的,对于非定常标量场情况,标量函数随时间变化,其对应的函数梯度也随标量场的变化而变化。

此外,如果某矢量场 $\boldsymbol{f}$ 可由某个标量场 U 的梯度表示,即

$$\boldsymbol{f}=f_x\boldsymbol{i}+f_y\boldsymbol{j}+f_z\boldsymbol{k}=\frac{\partial U}{\partial x}\boldsymbol{i}+\frac{\partial U}{\partial y}\boldsymbol{j}+\frac{\partial U}{\partial z}\boldsymbol{k}=\boldsymbol{\nabla}U$$

则称标量函数 U 为该矢量函数 $\boldsymbol{f}$ 的势函数,或称矢量函数 $\boldsymbol{f}$ 是有势的。

最后,再给出哈密顿算子 $\boldsymbol{\nabla}$ 在圆柱坐标系中的表达形式。参考图 1.3.1(b),不失一般性地定义一个源自圆柱坐标系 (r,θ,z) 原点的向量 $\boldsymbol{R}$,并将其表示为 $\boldsymbol{R}=r\boldsymbol{e}_r+z\boldsymbol{e}_z$,其微增量可写为 $\mathrm{d}\boldsymbol{R}=\mathrm{d}r\boldsymbol{e}_r+r\mathrm{d}\theta\boldsymbol{e}_\theta+\mathrm{d}z\boldsymbol{e}_z$。$\mathrm{d}\boldsymbol{R}$ 还可以写为

$$\mathrm{d}\boldsymbol{R}=\frac{\partial\boldsymbol{R}}{\partial r}\mathrm{d}r+\frac{\partial\boldsymbol{R}}{\partial\theta}\mathrm{d}\theta+\frac{\partial\boldsymbol{R}}{\partial z}\mathrm{d}z$$

考虑到

$$\frac{\partial\boldsymbol{R}}{\partial r}=\frac{\partial}{\partial r}(r\boldsymbol{e}_r+z\boldsymbol{e}_z)=\boldsymbol{e}_r\frac{\partial r}{\partial r}=\boldsymbol{e}_r,\frac{\partial\boldsymbol{R}}{\partial\theta}=\boldsymbol{e}_r\frac{\partial r}{\partial\theta}+r\frac{\partial\boldsymbol{e}_r}{\partial\theta}=r\boldsymbol{e}_\theta,\frac{\partial\boldsymbol{R}}{\partial z}=\boldsymbol{e}_z$$

也可以得到 $\mathrm{d}\boldsymbol{R}=\mathrm{d}r\boldsymbol{e}_r+r\mathrm{d}\theta\boldsymbol{e}_\theta+\mathrm{d}z\boldsymbol{e}_z$。上述推导中需要注意的是,与笛卡尔坐标系中的单位矢量 $\boldsymbol{i},\boldsymbol{j},\boldsymbol{k}$ 不同,圆柱坐标系下的单位矢量大小不变(恒等于 1),但方向却是可变的。如图 1.3.1(b) 所示,当角度 θ 变为 $\theta+\mathrm{d}\theta$ 时,单位矢量 $\boldsymbol{e}_r$ 及 $\boldsymbol{e}_\theta$ 也改变了角度 $\mathrm{d}\theta$,并可写成 $\boldsymbol{e}_r+\Delta\boldsymbol{e}_r$ 和 $\boldsymbol{e}_\theta+\Delta\boldsymbol{e}_\theta$,计算这两个变化率的极限可得到 $\dfrac{\partial\boldsymbol{e}_r}{\partial\theta}=\boldsymbol{e}_\theta$ 及 $\dfrac{\partial\boldsymbol{e}_\theta}{\partial\theta}=-\boldsymbol{e}_r$。即圆柱坐标系下的单位矢量对坐标轴的偏导数不一定全为零。考察下面两式:

$$\mathrm{d}\varphi=\mathrm{d}\boldsymbol{R}\cdot\boldsymbol{\nabla}\varphi=(\mathrm{d}r\boldsymbol{e}_r+r\mathrm{d}\theta\boldsymbol{e}_\theta+\mathrm{d}z\boldsymbol{e}_z)\cdot\boldsymbol{\nabla}\varphi$$

$$\mathrm{d}\varphi=\frac{\partial\varphi}{\partial r}\mathrm{d}r+\frac{\partial\varphi}{\partial\theta}\mathrm{d}\theta+\frac{\partial\varphi}{\partial z}\mathrm{d}z$$

比较后可知 $\boldsymbol{\nabla}=\boldsymbol{e}_r\dfrac{\partial}{\partial r}+\boldsymbol{e}_\theta\dfrac{1}{r}\dfrac{\partial}{\partial\theta}+\boldsymbol{e}_z\dfrac{\partial}{\partial z}$,于是得

$$\boldsymbol{\nabla}\varphi=\boldsymbol{e}_r\frac{\partial\varphi}{\partial r}+\boldsymbol{e}_\theta\frac{1}{r}\frac{\partial\varphi}{\partial\theta}+\boldsymbol{e}_z\frac{\partial\varphi}{\partial z} \tag{1.3.1b}$$

1.3.3　矢量场的散度

设有定常矢量场 $a(x,y,z)$，在它所处的空间内沿某一有向曲面 $S=Sn$ 的曲面积分可写为

$$Q=\iint_S a \cdot dS=\iint_S a \cdot n dS=\iint_S a_n dS$$

称矢量场 a 从正侧穿过曲面 S 的通量。Q 为负值、零、正值时，分别对应矢量场 a 穿入（与曲面 S 的法向 n 成钝角）、不穿入也不穿出、穿出（与曲面 S 的法向 n 成锐角）曲面 S 的正侧。比如，水以方向杂乱、大小不同的速度从喷壶壶嘴的每一微小面积 dS 中喷出时，其积分就是一个开曲面 S 上的通量。

如图 1.3.2(a) 所示，取矢量场 a 中任一点 M，包围 M 做一微小体积 $\Delta\tau$，其表面积为封闭曲面 S，从该体积中穿出曲面 S 的通量为 ΔQ。若 S 以任意方式收缩至 M 点时，通量体积比 $\Delta Q/\Delta\tau$ 的极限存在，则称该数量极限为矢量场 a 在 M 点处的散度，记作

$$\text{div } a=\lim_{S\to M}\frac{\Delta Q}{\Delta\tau}=\lim_{S\to M}\frac{\oiint_S a \cdot dS}{\Delta\tau}$$

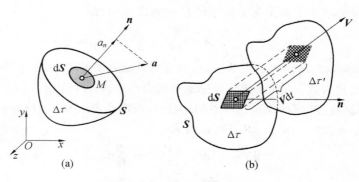

图 1.3.2　矢量函数 a 的散度

若矢量场中每一点都有散度，则全体 div a 构成一个标量函数或称散度场。散度可以简单表述为，闭曲面通量对体积的比的收缩极限，也可以称为 M 点处矢量 a 穿过封闭曲面 S 的通量强度或源 a 的强度。假想在一个较大空间内观察某节火车车厢两端的进出人流（相当于矢量 a 穿入、穿出闭曲面），如果进出人数的总和为出门人数大于进门人数，则称车厢全表面上的人流通量大于零或者说车厢全表面上的人流矢量的散度大于零。由于 $\oiint_S a \cdot dS$ 的大小决定了散度值，而积分的值与采用何种坐标系无关，因此散度的定义也是与坐标系无关的。由散度定义，并考虑高斯公式可有

$$\text{div } a=\lim_{\substack{S\to M \\ \Delta\tau\to 0}}\frac{1}{\Delta\tau}\oiint_S a \cdot n dS=\lim_{\substack{S\to M \\ \Delta\tau\to 0}}\frac{1}{\Delta\tau}\oiint_S (a_x\cos\alpha+a_y\cos\beta+a_z\cos\gamma)dS=$$

$$\lim_{\Delta\tau\to 0}\frac{1}{\Delta\tau}\iiint_{\Delta\tau}\left(\frac{\partial a_x}{\partial x}+\frac{\partial a_y}{\partial y}+\frac{\partial a_z}{\partial z}\right)d\tau$$

再由积分中值定理，得

$$\operatorname{div} \boldsymbol{a} = \left(\frac{\partial a_x}{\partial x} + \frac{\partial a_y}{\partial y} + \frac{\partial a_z}{\partial z}\right)_{M_1} \lim_{\Delta\tau\to0}\frac{\iiint_{\Delta\tau}\mathrm{d}\tau}{\Delta\tau} = \frac{\partial a_x}{\partial x} + \frac{\partial a_y}{\partial y} + \frac{\partial a_z}{\partial z} =$$

$$\left(\boldsymbol{i}\,\frac{\partial}{\partial x} + \boldsymbol{j}\,\frac{\partial}{\partial y} + \boldsymbol{k}\,\frac{\partial}{\partial z}\right) \boldsymbol{\cdot} (\boldsymbol{i}a_x + \boldsymbol{j}a_y + \boldsymbol{k}a_z) = \boldsymbol{\nabla}\boldsymbol{\cdot}\boldsymbol{a} \qquad (1.3.2)$$

式中，α,β,γ 为有向微元面积 $\mathrm{d}S$ 的法向单位矢量 $\boldsymbol{n}$ 与三个坐标轴方向的夹角。

如图 1.3.2(b) 所示，若将 $\Delta\tau$ 定义为流体微团体积，封闭曲面 S 为流体微团的外边界，以速度 $\boldsymbol{V}$ 运动的微元面积 $\mathrm{d}S$ 的法向单位向量为 $\boldsymbol{n}$，则流体微团体积相对变化率的极限可写为

$$\lim_{\substack{S\to M\\ \Delta\tau\to0}}\frac{1}{\Delta\tau}\frac{\mathrm{d}\Delta\tau}{\mathrm{d}t} = \lim_{\substack{S\to M\\ \Delta\tau\to0}}\frac{1}{\Delta\tau}\frac{\mathrm{d}}{\mathrm{d}t}\iiint_{\Delta\tau}\mathrm{d}\tau = \lim_{\substack{S\to M\\ \Delta\tau\to0}}\frac{1}{\Delta\tau}\lim_{\Delta t\to0}\frac{\oiint_S \boldsymbol{V}\Delta t\boldsymbol{\cdot}\boldsymbol{n}\mathrm{d}S}{\Delta t} =$$

$$\lim_{\substack{S\to M\\ \Delta\tau\to0}}\frac{1}{\Delta\tau}\oiint_S \boldsymbol{V}\boldsymbol{\cdot}\boldsymbol{n}\mathrm{d}S = \boldsymbol{\nabla}\boldsymbol{\cdot}\boldsymbol{V} = \frac{\partial V_x}{\partial x} + \frac{\partial V_y}{\partial y} + \frac{\partial V_z}{\partial z} \qquad (1.3.3\mathrm{a})$$

因此，速度散度 $\boldsymbol{\nabla}\boldsymbol{\cdot}\boldsymbol{V}$ 就表示了流体微团在运动过程中的体积相对变化率的极限。而 $\boldsymbol{\nabla}\boldsymbol{\cdot}\boldsymbol{V}=0$ 则表示流体微团在运动中无论怎样改变其形状，其体积值总是不变的，与不可压缩流体的概念等价。

参考算子 $\boldsymbol{\nabla}$ 在圆柱坐标系中表达式的推导过程，可得到速度散度在圆柱坐标系中的表达形式为

$$\boldsymbol{\nabla}\boldsymbol{\cdot}\boldsymbol{V} = \frac{\partial v_r}{\partial r} + \frac{v_r}{r} + \frac{\partial v_\theta}{r\partial\theta} + \frac{\partial v_z}{\partial z} = \frac{\partial(rv_r)}{r\partial r} + \frac{\partial v_\theta}{r\partial\theta} + \frac{\partial v_z}{\partial z} \qquad (1.3.3\mathrm{b})$$

对任意一个函数的梯度作散度运算，称为对该函数的拉普拉斯微分运算，用符号 ∇^2 或 Δ 表示，称为拉普拉斯微分算子。它在直角坐标系、圆柱坐标系中的表达形式分别为

$$\boldsymbol{\nabla}^2\varphi = \boldsymbol{\nabla}\boldsymbol{\cdot}(\boldsymbol{\nabla}\varphi) = \frac{\partial^2\varphi}{\partial x^2} + \frac{\partial^2\varphi}{\partial y^2} + \frac{\partial^2\varphi}{\partial z^2} \qquad (1.3.4\mathrm{a})$$

$$\boldsymbol{\nabla}^2\varphi = \frac{\partial^2\varphi}{\partial r^2} + \frac{\partial\varphi}{r\partial r} + \frac{\partial^2\varphi}{r^2\partial\theta^2} + \frac{\partial^2\varphi}{\partial z^2} \qquad (1.3.4\mathrm{b})$$

1.3.4　矢量场的旋度

设有矢量场 $\boldsymbol{a}(x,y,z)$，沿流场中某一封闭有向曲线 $\boldsymbol{l}$ 积分，有

$$\Gamma = \oint_l \boldsymbol{a}\boldsymbol{\cdot}\mathrm{d}\boldsymbol{l}$$

称矢量场 $\boldsymbol{a}$ 为按所取方向沿曲线 $\boldsymbol{l}$ 的环量，如图 1.3.3(a) 所示。设 M 为矢量场 $\boldsymbol{a}$ 中一点，过 M 点任一方向 $\boldsymbol{n}^0$，以 $\boldsymbol{n}^0$ 为法向做微小曲面 ΔS，其周界 $\Delta\boldsymbol{l}$ 正向取作与 $\boldsymbol{n}^0$ 构成右手法则。矢量场沿 $\Delta\boldsymbol{l}$ 正向的环量 $\Delta\Gamma$ 与面积 ΔS 之比，当曲面 ΔS 在 M 点处保持以 $\boldsymbol{n}^0$ 为其法向单位矢量的条件下，以任意方式收缩至 M 点时，若其极限

$$\lim_{\Delta S\to M}\frac{\Delta\Gamma}{\Delta S} = \lim_{\Delta S\to M}\frac{\oint_{\Delta l}\boldsymbol{a}\boldsymbol{\cdot}\mathrm{d}\boldsymbol{l}}{\Delta S}$$

存在，则称它为矢量场在 M 点处沿方向 $\boldsymbol{n}^0$ 的环量面密度。由环量面密度的定义及高斯公

式,可得

$$\lim_{\Delta S \to M} \frac{\Delta \Gamma}{\Delta S} = \lim_{\Delta S \to M} \frac{1}{\Delta S} \oint_{\Delta l} \boldsymbol{a} \cdot \mathrm{d}\boldsymbol{l} = \lim_{\Delta S \to M} \frac{1}{\Delta S} \oint_{\Delta l} a_x \mathrm{d}x + a_y \mathrm{d}y + a_z \mathrm{d}z =$$

$$\lim_{\Delta S \to M} \frac{1}{\Delta S} \iint_{\Delta S} \left[\left(\frac{\partial a_z}{\partial y} - \frac{\partial a_y}{\partial z} \right) \cos\alpha + \left(\frac{\partial a_x}{\partial z} - \frac{\partial a_z}{\partial x} \right) \cos\beta + \left(\frac{\partial a_y}{\partial x} - \frac{\partial a_x}{\partial y} \right) \cos\gamma \right] \mathrm{d}S$$

图 1.3.3　环量面密度的概念

再由积分中值定理,得

$$\lim_{\Delta S \to M} \frac{\Delta \Gamma}{\Delta S} = \left[\left(\frac{\partial a_z}{\partial y} - \frac{\partial a_y}{\partial z} \right) \cos\alpha + \left(\frac{\partial a_x}{\partial z} - \frac{\partial a_z}{\partial x} \right) \cos\beta + \left(\frac{\partial a_y}{\partial x} - \frac{\partial a_x}{\partial y} \right) \cos\gamma \right]_{M_1} \lim_{\Delta S \to M} \frac{\iint_{\Delta S} \mathrm{d}S}{\Delta S} =$$

$$\left(\frac{\partial a_z}{\partial y} - \frac{\partial a_y}{\partial z} \right) \cos\alpha + \left(\frac{\partial a_x}{\partial z} - \frac{\partial a_z}{\partial x} \right) \cos\beta + \left(\frac{\partial a_y}{\partial x} - \frac{\partial a_x}{\partial y} \right) \cos\gamma =$$

$$\boldsymbol{n}^0 \cdot \left[\boldsymbol{i} \left(\frac{\partial a_z}{\partial y} - \frac{\partial a_y}{\partial z} \right) + \boldsymbol{j} \left(\frac{\partial a_x}{\partial z} - \frac{\partial a_z}{\partial x} \right) + \boldsymbol{k} \left(\frac{\partial a_y}{\partial x} - \frac{\partial a_x}{\partial y} \right) \right]$$

定义

$$\mathbf{rot}\,\boldsymbol{a} = \boldsymbol{i} \left(\frac{\partial a_z}{\partial y} - \frac{\partial a_y}{\partial z} \right) + \boldsymbol{j} \left(\frac{\partial a_x}{\partial z} - \frac{\partial a_z}{\partial x} \right) + \boldsymbol{k} \left(\frac{\partial a_y}{\partial x} - \frac{\partial a_x}{\partial y} \right) = \begin{vmatrix} \boldsymbol{i} & \boldsymbol{j} & \boldsymbol{k} \\ \dfrac{\partial}{\partial x} & \dfrac{\partial}{\partial y} & \dfrac{\partial}{\partial z} \\ a_x & a_y & a_z \end{vmatrix} =$$

$$\left(\boldsymbol{i} \frac{\partial}{\partial x} + \boldsymbol{j} \frac{\partial}{\partial y} + \boldsymbol{k} \frac{\partial}{\partial z} \right) \times (\boldsymbol{i} a_x + \boldsymbol{j} a_y + \boldsymbol{k} a_z) = \nabla \times \boldsymbol{a} \tag{1.3.5a}$$

为矢量场 $\boldsymbol{a}$ 在 M 点处的旋度,则有

$$\lim_{\Delta S \to M} \frac{\Delta \Gamma}{\Delta S} = \boldsymbol{n}^0 \cdot \mathbf{rot}\,\boldsymbol{a} = |\,\mathbf{rot}\,\boldsymbol{a}\,| \cos(\boldsymbol{n}^0, \mathbf{rot}\,\boldsymbol{a})$$

由此可知,过 M 点的任一方向 $\boldsymbol{n}^0$ 与旋度 $\mathbf{rot}\,\boldsymbol{a}$ 的方向重合时,存在环量面密度的最大值。因此,旋度是这样一个量:它的方向为环量面密度最大的方向,其大小为这个最大的环量面密度值,且矢量 $\boldsymbol{a}$ 的旋度矢量 $\mathbf{rot}\,\boldsymbol{a}$ 在任一方向 $\boldsymbol{n}^0$ 上的投影,即为该方向上的环量面密度。与散度一样,旋度也是由矢量 $\boldsymbol{a}$ 的曲线积分决定的,其方向及大小是确定的,因此旋度的定义也是与坐标系无关的。

　　此外,从力学角度对速度的旋度 $\mathbf{rot}\,\boldsymbol{V}$ 的含义做一解释。如图 1.3.3(b) 所示,设有刚体绕定轴以角速度 ω 转动,M 为刚体内任意一点。取直角坐标系原点于定轴上,且 z 轴与定轴重合,则有 $\boldsymbol{\omega} = \omega \boldsymbol{k}$,令点 M 的矢径为 $\boldsymbol{r} = \boldsymbol{i}x + \boldsymbol{j}y + \boldsymbol{k}z$,则点 M 处的线速度及线速度的旋度分

别为

$$V = \boldsymbol{\omega} \times \boldsymbol{r} = \begin{vmatrix} \boldsymbol{i} & \boldsymbol{j} & \boldsymbol{k} \\ 0 & 0 & \omega \\ x & y & z \end{vmatrix} = -\boldsymbol{i}\omega y + \boldsymbol{j}\omega x \,, \mathbf{rot}\, V = \begin{vmatrix} \boldsymbol{i} & \boldsymbol{j} & \boldsymbol{k} \\ \dfrac{\partial}{\partial x} & \dfrac{\partial}{\partial y} & \dfrac{\partial}{\partial z} \\ -\omega y & \omega x & 0 \end{vmatrix} = 2\omega \boldsymbol{k}$$

可见,速度矢量 V 的旋度 $\mathbf{rot}\, V$(也记作 $\boldsymbol{\Omega}$)是物体绕任意某个轴的旋转分量的强度的量度,其数值等于转动角速度的 2 倍。尽管上述关系是由刚体转动得出的,但也适用于流体运动,定义流体质点的转动角速度等于速度矢量旋度的一半,即

$$\boldsymbol{\omega} = \boldsymbol{i}\omega_x + \boldsymbol{j}\omega_y + \boldsymbol{k}\omega_z = \frac{1}{2}\mathbf{rot}\, V = \frac{1}{2}(\boldsymbol{\nabla} \times V) = \frac{1}{2}\boldsymbol{\Omega}$$

利用前面的知识,可得到矢量旋度在圆柱坐标系中的表达形式,即

$$\boldsymbol{\nabla} \times V = \boldsymbol{e}_r\left(\frac{\partial v_z}{r\partial \theta} - \frac{\partial v_\theta}{\partial z}\right) + \boldsymbol{e}_\theta\left(\frac{\partial v_r}{\partial z} - \frac{\partial v_z}{\partial r}\right) + \boldsymbol{e}_z\left(\frac{v_\theta}{r} + \frac{\partial v_\theta}{\partial r} - \frac{\partial v_r}{r\partial \theta}\right) =$$

$$\frac{1}{r} \begin{vmatrix} \boldsymbol{e}_r & r\boldsymbol{e}_\theta & \boldsymbol{e}_z \\ \dfrac{\partial}{\partial r} & \dfrac{\partial}{\partial \theta} & \dfrac{\partial}{\partial z} \\ v_r & rv_\theta & v_z \end{vmatrix} \tag{1.3.5b}$$

1.3.5 高斯公式和斯托克斯公式

1. 高斯公式

假设 S 为包含体积 τ 的逐片、光滑封闭曲面,且函数 $P = P(x,y,z)$,$Q = Q(x,y,z)$,$R = R(x,y,z)$ 和它们的一阶偏导数在 S,τ 上均是连续的,则有

$$\oiint_S (P\cos\alpha + Q\cos\beta + R\cos\gamma)\mathrm{d}S = \iiint_\tau \left(\frac{\partial P}{\partial x} + \frac{\partial Q}{\partial y} + \frac{\partial R}{\partial z}\right)\mathrm{d}\tau$$

式中,$\cos\alpha$,$\cos\beta$,$\cos\gamma$ 为曲面 S 的外法线的方向余弦。上式用矢量形式表示为

$$\oiint_S \boldsymbol{a} \cdot \mathrm{d}\boldsymbol{S} = \oiint_S \boldsymbol{a} \cdot \boldsymbol{n}\mathrm{d}S = \oiint_S a_n \mathrm{d}S = \iiint_\tau (\boldsymbol{\nabla} \cdot \boldsymbol{a})\mathrm{d}\tau \tag{1.3.6}$$

其中,$\boldsymbol{a} = \boldsymbol{i}P + \boldsymbol{j}Q + \boldsymbol{k}R$,$\boldsymbol{S} = \boldsymbol{S}n = S(\boldsymbol{i}\cos\alpha + \boldsymbol{j}\cos\beta + \boldsymbol{k}\cos\gamma)$。该矢量形式公式的物理意义是:矢量在封闭曲面上的通量等于它的散度的体积分。高斯公式还有如下推广形式,即

$$\begin{cases} \oiint_S \boldsymbol{a} \times \mathrm{d}\boldsymbol{S} = \oiint_S \boldsymbol{a} \times \boldsymbol{n}\mathrm{d}S = \iiint_\tau (\boldsymbol{\nabla} \times \boldsymbol{a})\mathrm{d}\tau \\ \oiint_S \varphi\mathrm{d}\boldsymbol{S} = \oiint_S \varphi\boldsymbol{n}\,\mathrm{d}S = \iiint_\tau \boldsymbol{\nabla}\varphi\mathrm{d}\tau \end{cases} \tag{1.3.7}$$

2. 斯托克斯公式

若假设有连续可微分函数 $P = P(x,y,z)$,$Q = Q(x,y,z)$,$R = R(x,y,z)$,S 是以 l 为边界的分片光滑的有向曲面,l 的正向与 S 的法向量方向符合右手法则,则有

$$\oint_l P\mathrm{d}x + Q\mathrm{d}y + R\mathrm{d}z = \iint_S \begin{vmatrix} \cos\alpha & \cos\beta & \cos\gamma \\ \dfrac{\partial}{\partial x} & \dfrac{\partial}{\partial y} & \dfrac{\partial}{\partial z} \\ P & Q & R \end{vmatrix} \mathrm{d}S$$

式中, $\cos\alpha$, $\cos\beta$, $\cos\gamma$ 为曲面 S 的法线的方向余弦。上式用矢量形式表示为

$$\oint_l \boldsymbol{a} \cdot \mathrm{d}\boldsymbol{l} = \iint_S (\boldsymbol{\nabla} \times \boldsymbol{a}) \cdot \mathrm{d}\boldsymbol{S} = \iint_S (\mathbf{rot}\,\boldsymbol{a})_n \mathrm{d}S \qquad (1.3.8)$$

式中, $\boldsymbol{a}$, $\boldsymbol{S}$ 的定义同上, $\mathrm{d}\boldsymbol{l} = \boldsymbol{i}\mathrm{d}x + \boldsymbol{j}\mathrm{d}y + \boldsymbol{k}\mathrm{d}z$。该公式的物理意义是:矢量在封闭曲线上的环量等于该矢量的旋度矢量向正侧穿过张于该曲线上的任意曲面时的通量(或者说等于该矢量的旋度的曲面积分)。也可以这样假想:在一个曲面上满布互相邻接的无数微小的封闭曲线,而这些曲线上的环量在曲线互相重合的部分互相抵消之后,将构成一个大的封闭曲线上的环量,如图 1.3.4 所示。

图 1.3.4　斯托克斯公式

1.4　作用于流体上的力、一点应力及应力张量

1.4.1　流体微团的运动分析

在理论力学中,刚体运动可以分为随极点的移动及绕极点的转动。而流体的流动性导致流体微团在流动过程中除了有与刚体相似的移动、转动外,还将伴随变形运动(含角变形及线变形)。流体微团的运动分解可以由柯西—亥姆霍兹定理确定:在一般情况下,任一流体微团的运动可以分解为随任意极点的平移、对于通过该极点的瞬时轴的旋转运动和变形运动三部分。利用图 1.4.1 可分析流体微团中任意相邻两点的速度关系。在 t 时刻的流场中取一点 $M_0(\boldsymbol{r}) = M_0(x,y,z)$,则其邻域中的任一点可表示为

$$M(\boldsymbol{r} + \mathrm{d}\boldsymbol{r}) = M(x + \mathrm{d}x, y + \mathrm{d}y, z + \mathrm{d}z)$$

若 M_0 点的速度为 $\boldsymbol{V}(\boldsymbol{r}) = \boldsymbol{V}(x,y,z)$,当 $|\mathrm{d}\boldsymbol{r}|$ 为小量时,由泰勒展开式(忽略高阶小量)可得到邻点 M 的速度为

$$\boldsymbol{V}(\boldsymbol{r} + \mathrm{d}\boldsymbol{r}) = \boldsymbol{V}(\boldsymbol{r}) + \mathrm{d}\boldsymbol{V} = \boldsymbol{V}(\boldsymbol{r}) + \frac{\partial \boldsymbol{V}}{\partial x}\mathrm{d}x + \frac{\partial \boldsymbol{V}}{\partial y}\mathrm{d}y + \frac{\partial \boldsymbol{V}}{\partial z}\mathrm{d}z$$

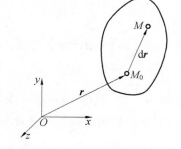

图 1.4.1　相邻两点的速度关系

其分量形式可写为

$$\begin{cases} v_{xM} = v_{xM_0} + \mathrm{d}v_x = v_{xM_0} + \dfrac{\partial v_x}{\partial x}\mathrm{d}x + \dfrac{\partial v_x}{\partial y}\mathrm{d}y + \dfrac{\partial v_x}{\partial z}\mathrm{d}z \\[2mm] v_{yM} = v_{yM_0} + \mathrm{d}v_y = v_{yM_0} + \dfrac{\partial v_y}{\partial x}\mathrm{d}x + \dfrac{\partial v_y}{\partial y}\mathrm{d}y + \dfrac{\partial v_y}{\partial z}\mathrm{d}z \\[2mm] v_{zM} = v_{zM_0} + \mathrm{d}v_z = v_{zM_0} + \dfrac{\partial v_z}{\partial x}\mathrm{d}x + \dfrac{\partial v_z}{\partial y}\mathrm{d}y + \dfrac{\partial v_z}{\partial z}\mathrm{d}z \end{cases}$$

用矩阵形式表示上述得到的相邻两点的速度关系,即

$$\boldsymbol{V}_M = \begin{bmatrix} v_x \\ v_y \\ v_z \end{bmatrix}_M = \begin{bmatrix} v_x \\ v_y \\ v_z \end{bmatrix}_{M_0} + \begin{bmatrix} \dfrac{\partial v_x}{\partial x} & \dfrac{\partial v_x}{\partial y} & \dfrac{\partial v_x}{\partial z} \\ \dfrac{\partial v_y}{\partial x} & \dfrac{\partial v_y}{\partial y} & \dfrac{\partial v_y}{\partial z} \\ \dfrac{\partial v_z}{\partial x} & \dfrac{\partial v_z}{\partial y} & \dfrac{\partial v_z}{\partial z} \end{bmatrix}_{M_0} \cdot \begin{bmatrix} \mathrm{d}x \\ \mathrm{d}y \\ \mathrm{d}z \end{bmatrix} = \boldsymbol{V}_{M_0} + \boldsymbol{D} \cdot \mathrm{d}\boldsymbol{r}$$

由此可见，M 点的速度可由 M_0 点的速度及九个速度分量的偏导数来表示。可以证明，这九个量组成了一个二阶张量，称速度导数张量，并用 $\boldsymbol{D}$ 表示。一般来说，一个矩阵总可以被分解成一个对称矩阵和一个反对称矩阵之和，即

$$\boldsymbol{D} = \boldsymbol{S} + \boldsymbol{A} \tag{1.4.1a}$$

或

$$\begin{bmatrix} \dfrac{\partial v_x}{\partial x} & \dfrac{\partial v_x}{\partial y} & \dfrac{\partial v_x}{\partial z} \\ \dfrac{\partial v_y}{\partial x} & \dfrac{\partial v_y}{\partial y} & \dfrac{\partial v_y}{\partial z} \\ \dfrac{\partial v_z}{\partial x} & \dfrac{\partial v_z}{\partial y} & \dfrac{\partial v_z}{\partial z} \end{bmatrix} = \begin{bmatrix} \dfrac{\partial v_x}{\partial x} & \dfrac{1}{2}\left(\dfrac{\partial v_x}{\partial y}+\dfrac{\partial v_y}{\partial x}\right) & \dfrac{1}{2}\left(\dfrac{\partial v_x}{\partial z}+\dfrac{\partial v_z}{\partial x}\right) \\ \dfrac{1}{2}\left(\dfrac{\partial v_x}{\partial y}+\dfrac{\partial v_y}{\partial x}\right) & \dfrac{\partial v_y}{\partial y} & \dfrac{1}{2}\left(\dfrac{\partial v_y}{\partial z}+\dfrac{\partial v_z}{\partial y}\right) \\ \dfrac{1}{2}\left(\dfrac{\partial v_x}{\partial z}+\dfrac{\partial v_z}{\partial x}\right) & \dfrac{1}{2}\left(\dfrac{\partial v_y}{\partial z}+\dfrac{\partial v_z}{\partial y}\right) & \dfrac{\partial v_z}{\partial z} \end{bmatrix} +$$

$$\begin{bmatrix} 0 & -\dfrac{1}{2}\left(\dfrac{\partial v_y}{\partial x}-\dfrac{\partial v_x}{\partial y}\right) & \dfrac{1}{2}\left(\dfrac{\partial v_x}{\partial z}-\dfrac{\partial v_z}{\partial x}\right) \\ \dfrac{1}{2}\left(\dfrac{\partial v_y}{\partial x}-\dfrac{\partial v_x}{\partial y}\right) & 0 & -\dfrac{1}{2}\left(\dfrac{\partial v_z}{\partial y}-\dfrac{\partial v_y}{\partial z}\right) \\ -\dfrac{1}{2}\left(\dfrac{\partial v_x}{\partial z}-\dfrac{\partial v_z}{\partial x}\right) & \dfrac{1}{2}\left(\dfrac{\partial v_z}{\partial y}-\dfrac{\partial v_y}{\partial z}\right) & 0 \end{bmatrix}$$

$$\tag{1.4.1b}$$

下面利用图 1.4.2 分析速度导数张量分解的几何或运动学意义。设流体微团 C 点、B 点速度在 x 方向的分量分别为 v_x，$v_x + \dfrac{\partial v_x}{\partial x}\mathrm{d}x$，则 $\mathrm{d}t$ 时间后线段 CB 的伸长量可写为 $\dfrac{\partial v_x}{\partial x}\mathrm{d}x\mathrm{d}t$。线段 CB 单位时间内单位长度上的伸长量称为线变形速率，即

$$\frac{\dfrac{\partial v_x}{\partial x}\mathrm{d}x\mathrm{d}t}{\mathrm{d}x\mathrm{d}t} = \frac{\partial v_x}{\partial x} = \varepsilon_{xx}$$

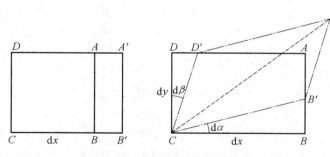

图 1.4.2　流体微团变形运动

可见，对称矩阵 $\boldsymbol{S}$ 对角线上的速度导数 $\dfrac{\partial v_x}{\partial x}$，$\dfrac{\partial v_y}{\partial y}$，$\dfrac{\partial v_z}{\partial z}$ 恰为反映流体微团伸缩变形运动的量

$\varepsilon_{xx},\varepsilon_{yy},\varepsilon_{zz}$。设 C 点、B 点的速度在 y 方向的分量为 $v_y,v_y+\dfrac{\partial v_y}{\partial x}\mathrm{d}x$,则 $\mathrm{d}t$ 时间后 CB 边的转

角为 $\mathrm{d}\alpha\approx\tan\mathrm{d}\alpha\approx\dfrac{\partial v_y}{\partial x}\dfrac{\mathrm{d}x\mathrm{d}t}{\mathrm{d}x}$;同理,$CD$ 边的转角为 $-\mathrm{d}\beta=\dfrac{\partial v_x}{\partial y}\dfrac{\mathrm{d}y\mathrm{d}t}{\mathrm{d}y}$。直角 BCD 的改变量

为 $\mathrm{d}\alpha+(-\mathrm{d}\beta)=\dfrac{\partial v_y}{\partial x}\mathrm{d}t+\dfrac{\partial v_x}{\partial y}\mathrm{d}t$。单位时间内直角 BCD 改变量的一半(或者说两条直角边转

角之和的平均值)称为角变形(剪切)速率,即

$$\varepsilon_{xy}=\frac{1}{2}\frac{\dfrac{\partial v_y}{\partial x}\mathrm{d}t+\dfrac{\partial v_x}{\partial y}\mathrm{d}t}{\mathrm{d}t}=\frac{1}{2}\left(\frac{\partial v_y}{\partial x}+\frac{\partial v_x}{\partial y}\right)$$

因而,对称矩阵 $\boldsymbol{S}$ 非对角线上的量 $\dfrac{1}{2}\left(\dfrac{\partial v_x}{\partial y}+\dfrac{\partial v_y}{\partial x}\right),\dfrac{1}{2}\left(\dfrac{\partial v_x}{\partial z}+\dfrac{\partial v_z}{\partial x}\right),\dfrac{1}{2}\left(\dfrac{\partial v_y}{\partial z}+\dfrac{\partial v_z}{\partial y}\right)$ 恰为反映

流体微团角变形运动的量 $\varepsilon_{xy},\varepsilon_{yz},\varepsilon_{xz}$。故对称矩阵 $\boldsymbol{S}$ 又称为应变率张量。前面曾指出存在

不随坐标系旋转而变化的量是张量的特征,可以发现速度导数张量 $\boldsymbol{D}$ 与应变率张量 $\boldsymbol{S}$ 的对

角线上的分量之和 $\dfrac{\partial v_x}{\partial x}+\dfrac{\partial v_y}{\partial y}+\dfrac{\partial v_z}{\partial z}=\mathrm{div}\,\boldsymbol{V}$,而速度散度是与坐标系无关的。进一步,在两条

直角边的转动过程中,每条直角边的转动量仅使直角 BCD 的对角线转动这个量的一半,将

流体微团对角线的转动角速度定义为流体微团的转动角速度,则有

$$\omega_z=\frac{\dfrac{1}{2}\mathrm{d}\alpha-\dfrac{1}{2}(-\mathrm{d}\beta)}{\mathrm{d}t}=\frac{1}{2}\left(\frac{\partial v_y}{\partial x}-\frac{\partial v_x}{\partial y}\right)$$

因而反对称矩阵 $\boldsymbol{A}$ 非对角线上的量 $\dfrac{1}{2}\left(\dfrac{\partial v_y}{\partial x}-\dfrac{\partial v_x}{\partial y}\right),\dfrac{1}{2}\left(\dfrac{\partial v_x}{\partial z}-\dfrac{\partial v_z}{\partial x}\right),\dfrac{1}{2}\left(\dfrac{\partial v_z}{\partial y}-\dfrac{\partial v_y}{\partial z}\right)$ 恰为反

映流体微团旋转运动的角速度量 $\omega_x,\omega_y,\omega_z$,而且其对角线上的分量之和恒为零,也是与坐

标系无关的。

　　因此,$\boldsymbol{V}_M$ 的影响因素之一,速度导数张量或其矩阵 $\boldsymbol{D}$ 包含了流体微团运动过程中的变

形和旋转运动,可以进一步改写为

$$\boldsymbol{V}_M=\boldsymbol{V}_{M_0}+\boldsymbol{D}\cdot\mathrm{d}\boldsymbol{r}=\boldsymbol{V}_{M_0}+\boldsymbol{S}\cdot\mathrm{d}\boldsymbol{r}+\boldsymbol{A}\cdot\mathrm{d}\boldsymbol{r}=$$

$$\begin{bmatrix}v_x\\v_y\\v_z\end{bmatrix}_{M_0}+\begin{bmatrix}\varepsilon_{xx}&\varepsilon_{xy}&\varepsilon_{xz}\\\varepsilon_{xy}&\varepsilon_{yy}&\varepsilon_{yz}\\\varepsilon_{xz}&\varepsilon_{yz}&\varepsilon_{zz}\end{bmatrix}_{M_0}\cdot\begin{bmatrix}\mathrm{d}x\\\mathrm{d}y\\\mathrm{d}z\end{bmatrix}+$$

$$\begin{bmatrix}0&-\omega_z&\omega_y\\\omega_z&0&-\omega_x\\-\omega_y&\omega_x&0\end{bmatrix}_{M_0}\cdot\begin{bmatrix}\mathrm{d}x\\\mathrm{d}y\\\mathrm{d}z\end{bmatrix}$$

式中

$$\begin{bmatrix}0&-\omega_z&\omega_y\\\omega_z&0&-\omega_x\\-\omega_y&\omega_x&0\end{bmatrix}\cdot\begin{bmatrix}\mathrm{d}x\\\mathrm{d}y\\\mathrm{d}z\end{bmatrix}=$$

$$(-\omega_z\mathrm{d}y+\omega_y\mathrm{d}z)\boldsymbol{i}+(\omega_z\mathrm{d}x-\omega_x\mathrm{d}z)\boldsymbol{j}+(-\omega_y\mathrm{d}x+\omega_x\mathrm{d}y)\boldsymbol{k}=$$

$$\begin{vmatrix}\boldsymbol{i}&\boldsymbol{j}&\boldsymbol{k}\\\omega_x&\omega_y&\omega_z\\\mathrm{d}x&\mathrm{d}y&\mathrm{d}z\end{vmatrix}=\frac{1}{2}(\boldsymbol{\nabla}\times\boldsymbol{V})\times\mathrm{d}\boldsymbol{r}$$

于是，得到如下形式的柯西－亥姆霍兹定理：

$$\boldsymbol{V}_M = \boldsymbol{V}_{M_0} + \boldsymbol{S} \cdot \mathrm{d}\boldsymbol{r} + \boldsymbol{\omega} \times \mathrm{d}\boldsymbol{r} = \boldsymbol{V}_{M_0} + \boldsymbol{S} \cdot \mathrm{d}\boldsymbol{r} + \frac{1}{2}(\boldsymbol{\nabla} \times \boldsymbol{V}) \times \mathrm{d}\boldsymbol{r} \qquad (1.4.2)$$

若流场中流体微团的速度的旋度处处为 0，即 $\boldsymbol{\nabla} \times \boldsymbol{V} = 0$，则称这种流动为无旋流动。它的物理意义是流场中所有流体微团都没有旋转运动，或没有角速度。如果对标量函数 ϕ 的梯度作旋度运算，则有

$$\boldsymbol{\nabla} \times (\boldsymbol{\nabla}\phi) = \begin{vmatrix} \boldsymbol{i} & \boldsymbol{j} & \boldsymbol{k} \\ \dfrac{\partial}{\partial x} & \dfrac{\partial}{\partial y} & \dfrac{\partial}{\partial z} \\ \dfrac{\partial\phi}{\partial x} & \dfrac{\partial\phi}{\partial y} & \dfrac{\partial\phi}{\partial z} \end{vmatrix} = \boldsymbol{i}\left(\frac{\partial^2\phi}{\partial y\partial z} - \frac{\partial^2\phi}{\partial z\partial y}\right) + \boldsymbol{j}\left(\frac{\partial^2\phi}{\partial z\partial x} - \frac{\partial^2\varphi}{\partial x\partial z}\right) + \boldsymbol{k}\left(\frac{\partial^2\phi}{\partial x\partial y} - \frac{\partial^2\phi}{\partial y\partial x}\right) \equiv 0$$

对比两式可知，每个无旋流动的速度场 $\boldsymbol{V}$ 均可对应某个标量函数 ϕ 的梯度场，即

$$\boldsymbol{V} = v_x\boldsymbol{i} + v_y\boldsymbol{j} + v_z\boldsymbol{k} = \frac{\partial\phi}{\partial x}\boldsymbol{i} + \frac{\partial\phi}{\partial y}\boldsymbol{j} + \frac{\partial\phi}{\partial z}\boldsymbol{k} = \boldsymbol{\nabla}\phi$$

此时，标量场 ϕ 称为速度场 $\boldsymbol{V}$ 的势函数，简称速度势。有速度势函数 ϕ 的流场也称速度有势流场，因此，无旋流场与速度有势流场互为充要条件。

最后，直接写出速度导数张量 $\boldsymbol{D} = \boldsymbol{S} + \boldsymbol{A}$ 在圆柱坐标系中的表达形式，即

$$\boldsymbol{D} = \begin{bmatrix} \dfrac{\partial v_r}{\partial r} & -\dfrac{v_\theta}{r} + \dfrac{\partial v_r}{r\partial\theta} & \dfrac{\partial v_r}{\partial z} \\[3mm] \dfrac{\partial v_\theta}{\partial r} & \dfrac{v_r}{r} + \dfrac{\partial v_\theta}{r\partial\theta} & \dfrac{\partial v_\theta}{\partial z} \\[3mm] \dfrac{\partial v_z}{\partial r} & \dfrac{\partial v_z}{r\partial\theta} & \dfrac{\partial v_z}{\partial z} \end{bmatrix}$$

$$\boldsymbol{S} = \begin{bmatrix} \varepsilon_{rr} & \varepsilon_{r\theta} & \varepsilon_{rz} \\ \varepsilon_{r\theta} & \varepsilon_{\theta\theta} & \varepsilon_{\theta z} \\ \varepsilon_{rz} & \varepsilon_{\theta z} & \varepsilon_{zz} \end{bmatrix} =$$

$$\begin{bmatrix} \dfrac{\partial v_r}{\partial r} & \dfrac{1}{2}\left(-\dfrac{v_\theta}{r} + \dfrac{\partial v_r}{r\partial\theta} + \dfrac{\partial v_\theta}{\partial r}\right) & \dfrac{1}{2}\left(\dfrac{\partial v_r}{\partial z} + \dfrac{\partial v_z}{\partial r}\right) \\[3mm] \dfrac{1}{2}\left(-\dfrac{v_\theta}{r} + \dfrac{\partial v_r}{r\partial\theta} + \dfrac{\partial v_\theta}{\partial r}\right) & \dfrac{v_r}{r} + \dfrac{\partial v_\theta}{r\partial\theta} & \dfrac{1}{2}\left(\dfrac{\partial v_\theta}{\partial z} + \dfrac{\partial v_z}{r\partial\theta}\right) \\[3mm] \dfrac{1}{2}\left(\dfrac{\partial v_r}{\partial z} + \dfrac{\partial v_z}{\partial r}\right) & \dfrac{1}{2}\left(\dfrac{\partial v_\theta}{\partial z} + \dfrac{\partial v_z}{r\partial\theta}\right) & \dfrac{\partial v_z}{\partial z} \end{bmatrix}$$

$$\boldsymbol{A} = \begin{bmatrix} 0 & -\omega_z & \omega_\theta \\ \omega_z & 0 & -\omega_r \\ -\omega_\theta & \omega_r & 0 \end{bmatrix} =$$

$$\begin{bmatrix} 0 & -\dfrac{1}{2}\left(\dfrac{\partial v_\theta}{\partial r} + \dfrac{v_\theta}{r} - \dfrac{\partial v_r}{r\partial\theta}\right) & \dfrac{1}{2}\left(\dfrac{\partial v_r}{\partial z} - \dfrac{\partial v_z}{\partial r}\right) \\[3mm] \dfrac{1}{2}\left(\dfrac{\partial v_\theta}{\partial r} + \dfrac{v_\theta}{r} - \dfrac{\partial v_r}{r\partial\theta}\right) & 0 & -\dfrac{1}{2}\left(\dfrac{\partial v_z}{r\partial\theta} - \dfrac{\partial v_\theta}{\partial z}\right) \\[3mm] -\dfrac{1}{2}\left(\dfrac{\partial v_r}{\partial z} - \dfrac{\partial v_z}{\partial r}\right) & \dfrac{1}{2}\left(\dfrac{\partial v_z}{r\partial\theta} - \dfrac{\partial v_\theta}{\partial z}\right) & 0 \end{bmatrix}$$

1.4.2　作用于流体上的力

作用于流体上的外力通常可分为质量力和表面力两类。如图 1.4.3 所示，考虑体积为 τ、界面为 S 的流体。作用于体积 τ 内每个质量单元（或流体质点）上的非接触力称为质量力或体力，其大小与流体质量或体积成正比，如重力、非惯性坐标系中的惯性力、电磁力等。外界（流体或固体）作用于流体表面 S 上的力称为表面力，如大气压强、摩擦力等。二者均为分布力，前者分布于体积上，后者分布于面积上。一般来说，它们的分布是非均匀的，分别是空间点或表面点的坐标位置、时间的函数。

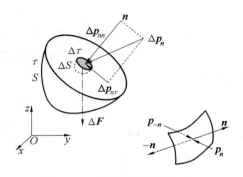

图 1.4.3　流体微团受力分析

考虑密度为 ρ 的流体体积微元 $\Delta\tau$，设某时刻作用其上的质量力为 $\Delta\boldsymbol{F}$，则微元 $\Delta\tau$ 收缩至一点 M 时，称下述比值的极限

$$\boldsymbol{f}(x,y,z,t)=\lim_{\Delta\tau\to0}\frac{\Delta\boldsymbol{F}}{\rho\,\Delta\tau} \tag{1.4.3}$$

为某时刻作用于点 M 处单位质量流体的质量力，其数值为流体质点的加速度值。于是，作用于整个体积元 τ 上的质量力可写为 $\boldsymbol{F}_B=\displaystyle\int_{\tau}\boldsymbol{f}\rho\,\mathrm{d}\tau$。若质量力只考虑为重力时，有 $\boldsymbol{f}=-g\boldsymbol{k}$（直角坐标系 z 轴垂直于水平面且指向大气）。

设体积 τ 的表面 S 的微面积元为 ΔS，其外法向单位矢量为 $\boldsymbol{n}$，令某时刻作用其上的表面力为 $\Delta\boldsymbol{p}_n$，则微元 ΔS 收缩至一点 M 时，称下述比值的极限

$$\boldsymbol{p}_n(x,y,z,t)=\lim_{\Delta S\to0}\frac{\Delta\boldsymbol{p}_n}{\Delta S} \tag{1.4.4}$$

为某时刻作用于以 $\boldsymbol{n}$ 为法向的单位面积上的表面力（也称为应力）。那么，作用于整个表面 S 上的表面力为 $\displaystyle\int_{S}\boldsymbol{p}_n\mathrm{d}S$。应力 $\boldsymbol{p}_n$ 不仅是空间坐标及时间的函数，而且与面积的取向即 $\boldsymbol{n}$ 有关，它指的是某时刻在 M 点以 $\boldsymbol{n}$ 为法向的 ΔS 面，在 $\boldsymbol{n}$ 所指的一侧流体对于 ΔS 面另一侧流体的作用力。由于过 M 点可以作任意的、具有不同法向方向的面，那么这些面感应的就是不同方向的流体（集群）对其的作用力，因而也就具有各自不同的表面力 $\boldsymbol{p}_n$，即应力 $\boldsymbol{p}_n$ 还是其作用点处的面元的法向 $\boldsymbol{n}$ 的函数。此外还有两点需要注意：其一是 $\boldsymbol{p}_n$ 通常可以分解为垂直于面积元（即沿 $\boldsymbol{n}$ 方向）的法向应力 $\boldsymbol{p}_{nn}$ 和切于面积元的切向应力 $\boldsymbol{p}_{n\tau}$，只有当 $\boldsymbol{p}_{n\tau}=0$ 时，$\boldsymbol{p}_n$ 才与 $\boldsymbol{n}$ 方向一致；其二，如图 1.4.3 所示，设面积元 ΔS 的法向为 $\boldsymbol{n}$，则 ΔS 右侧流体通过 ΔS 对左侧流体施加表面力 $\boldsymbol{p}_n\Delta S$，同时 ΔS 左侧流体通过 ΔS 也对其右侧流体施加表面力 $\boldsymbol{p}_{-n}\Delta S$，根据作用力与反作用力的关系有

$$\boldsymbol{p}_n\Delta S=-\boldsymbol{p}_{-n}\Delta S\ \text{或}\ \boldsymbol{p}_n=-\boldsymbol{p}_{-n}$$

1.4.3　流体中任一点的应力及应力张量

为研究一点处面积元上的表面力，在流体中以 M 点为顶点作微元四面体（图 1.4.4），设

$MA = \Delta x$, $MB = \Delta y$, $MC = \Delta z$, $\triangle ABC$ 的法向单位矢量为 $\boldsymbol{n}$, 即

$$\boldsymbol{n} = \boldsymbol{i}\cos(\boldsymbol{n}, x) + \boldsymbol{j}\cos(\boldsymbol{n}, y) + \boldsymbol{k}\cos(\boldsymbol{n}, z) \text{ 或 } \boldsymbol{n} = \boldsymbol{i}n_x + \boldsymbol{j}n_x + \boldsymbol{k}n_x$$

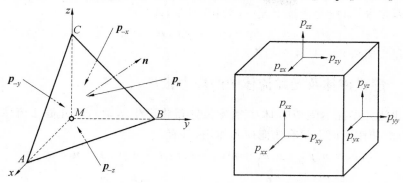

图 1.4.4　　四面体的应力及应力张量分量

设 $\triangle ABC$ 的面积为 ΔS, 作用于其上的应力为 $\boldsymbol{p}_n$, $\triangle MBC$, $\triangle MCA$, $\triangle MAB$ 的面积分别为 $\Delta S_x = \Delta S n_x$, $\Delta S_y = \Delta S n_y$, $\Delta S_z = \Delta S n_z$, 它们的外法线方向的单位矢量分别为坐标轴单位矢量的负值, 即 $-\boldsymbol{i}$, $-\boldsymbol{j}$, $-\boldsymbol{k}$, 作用于其上的表面力分别为 $\boldsymbol{p}_{-x}$, $\boldsymbol{p}_{-y}$, $\boldsymbol{p}_{-z}$。令该四面体的质量为 Δm, 根据达朗贝尔原理, 作用于该四面体上的惯性力、质量力、表面力以及这三种力的力矩均应平衡, 即

$$\Delta m \frac{\mathrm{D}\boldsymbol{V}}{\mathrm{D}t} = \boldsymbol{f}\Delta m + \boldsymbol{p}_n \Delta S + \boldsymbol{p}_{-x}\Delta S_x + \boldsymbol{p}_{-y}\Delta S_y + \boldsymbol{p}_{-z}\Delta S_z$$

上式也可以写为

$$0 = -\Delta m \frac{\mathrm{D}\boldsymbol{V}}{\mathrm{D}t} + \boldsymbol{f}\Delta m + \boldsymbol{p}_n \Delta S - \boldsymbol{p}_x \Delta S n_x - \boldsymbol{p}_y \Delta S n_y - \boldsymbol{p}_z \Delta S n_z$$

当该四面体向 M 点收缩时, 包含 Δm 的项与体积成正比, 为三阶小量, 其余各项与面积成正比, 为二阶小量。略去高阶小量, 则上式可简写成

$$\boldsymbol{p}_n = n_x \boldsymbol{p}_x + n_y \boldsymbol{p}_y + n_z \boldsymbol{p}_z$$

或

$$\begin{cases} p_{nx} = n_x p_{xx} + n_y p_{yx} + n_z p_{zx} \\ p_{ny} = n_x p_{xy} + n_y p_{yy} + n_z p_{zy} \\ p_{nz} = n_x p_{xz} + n_y p_{yz} + n_z p_{zz} \end{cases}$$

可用矩阵形式表示上述关系, 即

$$\boldsymbol{p}_n = \begin{bmatrix} p_{nx} & p_{ny} & p_{nz} \end{bmatrix} = \begin{bmatrix} n_x & n_y & n_z \end{bmatrix} \cdot \begin{bmatrix} p_{xx} & p_{xy} & p_{xz} \\ p_{yx} & p_{yy} & p_{yz} \\ p_{zx} & p_{zy} & p_{zz} \end{bmatrix} = \boldsymbol{n} \cdot \boldsymbol{P} \quad (1.4.5)$$

称 $\boldsymbol{P}$ 为应力张量, p_{xx}, p_{yy}, p_{zz} 为法向应力分量, 其余六个量为切向应力分量。各分量中的第一个下标表示应力作用面的外法线方向, 第二个下标表示应力投影方向。例如, p_{xy} 表示外法线沿 x 轴正向的面元上的应力 $\boldsymbol{p}_x$ 在 y 轴上的投影分量。式(1.4.5)表明, 作用于经过 M 点并具有任意方向 $\boldsymbol{n}$ 的微元 ΔS 上的应力, 只有在作用于三个坐标平面上的面元上的应力 $\boldsymbol{p}_x$, $\boldsymbol{p}_y$, $\boldsymbol{p}_z$ 都为已知时才是确定的, 并可由它们的各个投影(共九个量)线性表示出来。这九个量组成的应力张量 $\boldsymbol{P}$ 只是空间位置及时间的函数, 且完全表达了给定点 M 及给定时刻的应力状态, 一旦该时刻在该点的面积元确定(即该面积元的外法线单位矢量 $\boldsymbol{n}$ 确定), 则该面

积元上的应力 p_n 也就随之确定。虽然组成应力张量 P 的各分量的值依赖于坐标系的选择，但与矢量一样，张量 P 是一个表示流体应力状态的物理量，它并不依赖于坐标系的选取。根据力矩平衡可以证明，应力张量 P 是一个对称张量，即

$$p_{xy} = p_{yx}, p_{zx} = p_{xz}, p_{yz} = p_{zy}$$

它的九个分量中只有六个是独立的。

1.4.4　静止流体及无黏流体中的应力张量

由于静止流体不能承受切向应力（否则流体就将产生运动），因此静止流体中必有切向应力等于零，流体作用面上只有法向应力作用，且有

$$\boldsymbol{p}_n = n_x \boldsymbol{p}_x + n_y \boldsymbol{p}_y + n_z \boldsymbol{p}_z = n_x p_{xx} \boldsymbol{i} + n_y p_{yy} \boldsymbol{j} + n_z p_{zz} \boldsymbol{k}$$

和

$$\boldsymbol{p}_n = \boldsymbol{n} p_{nn} = n_x p_{nn} \boldsymbol{i} + n_y p_{nn} \boldsymbol{j} + n_x p_{nn} \boldsymbol{k}$$

比较两式可得 $p_{xx} = p_{yy} = p_{zz} = p_{nn}$，即静止流体中一点处的应力与过该点所取作用面的空间方位无关，是各向同性的。又因为流体几乎不能承受拉力，所以静止流体中的法向应力只能指向流体表面的内法线方向，并将其绝对值定义为压强 p（又称流体压力或热力学"压强"），即 $\boldsymbol{p}_n = -p\boldsymbol{n}$。这样，应力张量就为

$$\boldsymbol{P} = -p \begin{bmatrix} 1 & 0 & 0 \\ 0 & 1 & 0 \\ 0 & 0 & 1 \end{bmatrix} = -p\boldsymbol{I} \qquad (1.4.6)$$

式中，$\boldsymbol{I}$ 为三阶单位矩阵或称二阶单位张量。

前面已经指出，实际流体都是有黏性的，但若黏度或流场中速度梯度很小以至于流体的黏性（切向）应力可以忽略不计时，可以近似地把黏性应力取为零，并称这种"虚构"的流体为无黏（或理想）流体。

1.4.5　应力张量与应变率之间的关系

从广义上讲，反映物理性质之间的关系式统称为本构方程。在流体力学中，本构方程一般指应力张量与应变率张量之间的关系。式(1.2.2)给出的牛顿内摩擦定律表明，流体做任意层流直线运动时，两层流体间的切向应力与速度梯度成正比，即 $\tau = \mu \dfrac{\mathrm{d}u}{\mathrm{d}y}$，这就是最简单的应力张量分量 p_{xy} 与应变率张量 $\partial v_x / \partial y$ 之间的关系。

1848 年，斯托克斯采用理论推演方法得到了一般形式的应力张量 $\boldsymbol{P}$ 与应变率张量 $\boldsymbol{S}$ 之间的关系。假设：① 应力张量是应变率张量的线性函数；② 流体各向同性，即流体的性质与方向无关；③ 流体静止时应变率为零，流体中的应力就是流体的静压强。

由假设 ①，应力张量可写为 $\boldsymbol{P} = a\boldsymbol{S} + b\boldsymbol{I}$，$\boldsymbol{S}$ 的表达式已在前文给出，即

$$\boldsymbol{S} = \begin{bmatrix} \dfrac{\partial v_x}{\partial x} & \dfrac{1}{2}\left(\dfrac{\partial v_x}{\partial y} + \dfrac{\partial v_y}{\partial x}\right) & \dfrac{1}{2}\left(\dfrac{\partial v_x}{\partial z} + \dfrac{\partial v_z}{\partial x}\right) \\ \dfrac{1}{2}\left(\dfrac{\partial v_x}{\partial y} + \dfrac{\partial v_y}{\partial x}\right) & \dfrac{\partial v_y}{\partial y} & \dfrac{1}{2}\left(\dfrac{\partial v_y}{\partial z} + \dfrac{\partial v_z}{\partial y}\right) \\ \dfrac{1}{2}\left(\dfrac{\partial v_x}{\partial z} + \dfrac{\partial v_z}{\partial x}\right) & \dfrac{1}{2}\left(\dfrac{\partial v_y}{\partial z} + \dfrac{\partial v_z}{\partial y}\right) & \dfrac{\partial v_z}{\partial z} \end{bmatrix} = \begin{bmatrix} \varepsilon_{xx} & \varepsilon_{xy} & \varepsilon_{xz} \\ \varepsilon_{yx} & \varepsilon_{yy} & \varepsilon_{yz} \\ \varepsilon_{zx} & \varepsilon_{zy} & \varepsilon_{zz} \end{bmatrix}$$

由图 1.2.3 给出的简单剪切流动及牛顿内摩擦定律,可知有 $p_{xy} = \mu \dfrac{\partial v_x}{\partial y} = 2\mu\varepsilon_{xy}$ 成立,即 $a = 2\mu$,显然系数 a 与流体的物理特性有关,而与流动状态无关。再考察一个一般的流动状态,上述各张量的对角线上的分量之和满足关系

$$p_{xx} + p_{yy} + p_{zz} = 2\mu(\varepsilon_{xx} + \varepsilon_{yy} + \varepsilon_{zz}) + 3b = 2\mu\,\nabla \cdot V + 3b$$

可有

$$b = \frac{1}{3}(p_{xx} + p_{yy} + p_{zz}) - \frac{2}{3}\mu\,\nabla \cdot V$$

则应力张量 P 可写成

$$P = 2\mu S + \left[\frac{1}{3}(p_{xx} + p_{yy} + p_{zz}) - \frac{2}{3}\mu\,\nabla \cdot V\right]I$$

考虑到假设 ③,有 $P = -pI$ 和 $S = 0$,可知在 $\frac{1}{3}(p_{xx} + p_{yy} + p_{zz})$ 中应包含 $-p$ 项,而且由于 $p_{xx} + p_{yy} + p_{zz}$ 是应力张量的一个不变量,根据各向同性的假设 ②,它也应该与应变率张量的不变量 $\varepsilon_{xx} + \varepsilon_{yy} + \varepsilon_{zz} = \nabla \cdot V$ 有关,因此

$$\frac{1}{3}(p_{xx} + p_{yy} + p_{zz}) = -p + \mu'\,\nabla \cdot V$$

整理可得

$$P = 2\mu S + \left[-p + \left(\mu' - \frac{2}{3}\mu\right)\nabla \cdot V\right]I$$

若定义 $\lambda = \mu' - \frac{2}{3}\mu$,则有

$$P = 2\mu S + (-p + \lambda\,\nabla \cdot V)I$$

这就是广义牛顿应力公式。

为了了解 λ 的意义,定义运动状态下某点的平均压力(称力学压强)p_m 为

$$p_m = -\frac{1}{3}(p_{xx} + p_{yy} + p_{zz}) = p - \mu'\,\nabla \cdot V = p - \left(\lambda + \frac{2}{3}\mu\right)\nabla \cdot V$$

可见,静止流体或不可压缩流体($\nabla \cdot V = 0$)中的力学压强 p_m 等于热力学压强 p;对于可压缩流体($\nabla \cdot V \neq 0$),力学压强不等于热力学压强,且 λ 出现在与 $\nabla \cdot V$ 有关的项中。因此,λ 称为体积[动力]黏度或第二[动力]黏度,它的微观机理与体积变化时的能量耗散机制有关。为了消除 $p_m \neq p$ 的情况,斯托克斯假设 $\mu' = 0$ 即 $\lambda = -\frac{2}{3}\mu$。实验结果表明,尽管对于多数流体 λ 为正值,但在一般情况下,当 $\nabla \cdot V$ 不是很大时,λ 值也不会带来较大影响。这样便有

$$\begin{cases} P = 2\mu S - \left(p + \dfrac{2}{3}\mu\,\nabla \cdot V\right)I \\[3mm] P = -pI + \mu\left[2S - \dfrac{2}{3}(\nabla \cdot V)I\right] \end{cases} \tag{1.4.7}$$

可用矩阵形式表示为

$$\begin{bmatrix} p_{xx} & p_{xy} & p_{xz} \\ p_{yx} & p_{yy} & p_{yz} \\ p_{zx} & p_{zy} & p_{zz} \end{bmatrix} =$$

$$\begin{bmatrix} -p+2\mu\dfrac{\partial v_x}{\partial x}-\dfrac{2\mu}{3}\,\boldsymbol{\nabla}\cdot\boldsymbol{V} & \mu\left(\dfrac{\partial v_x}{\partial y}+\dfrac{\partial v_y}{\partial x}\right) & \mu\left(\dfrac{\partial v_z}{\partial x}+\dfrac{\partial v_x}{\partial z}\right) \\[3mm] \mu\left(\dfrac{\partial v_x}{\partial y}+\dfrac{\partial v_y}{\partial x}\right) & -p+2\mu\dfrac{\partial v_y}{\partial y}-\dfrac{2\mu}{3}\,\boldsymbol{\nabla}\cdot\boldsymbol{V} & \mu\left(\dfrac{\partial v_y}{\partial z}+\dfrac{\partial v_z}{\partial y}\right) \\[3mm] \mu\left(\dfrac{\partial v_z}{\partial x}+\dfrac{\partial v_x}{\partial z}\right) & \mu\left(\dfrac{\partial v_y}{\partial z}+\dfrac{\partial v_z}{\partial y}\right) & -p+2\mu\dfrac{\partial v_z}{\partial z}-\dfrac{2\mu}{3}\,\boldsymbol{\nabla}\cdot\boldsymbol{V} \end{bmatrix}$$

上式的适用范围很宽,即使是在高超声速情况下,只要不处理激波内部速度急剧变化的问题,它也是适用的。满足广义牛顿应力公式的流体统称为牛顿流体,否则称为非牛顿流体。

此外还可以看出,应力张量的法向应力分量由两部分组成:一部分是与流体微团变形无关的压力或力学压强 p;另一部分则与微团线变形率成正比。

1.5　描述流体运动的方法和基本概念

1.5.1　描述流体运动的两种方法

在流体力学中,通常采用两种方法描述流体的运动。

① 拉格朗日法。以流场中个别质点的运动作为研究的出发点,从而进一步研究整个流体的运动,它强调的是质点运动的整个历史过程。

② 欧拉法。不着眼于研究个别质点的运动特性,而是以流体流过空间某点时的运动特性作为研究的出发点,从而研究流体在整个空间(即流场)内的运动情况,它强调的是流场中各固定空间点上流体物理量的空间分布及其随时间变化情况。一般情况下,某固定空间点在不同时刻是由不同流体质点占据的,体现的物理量也是不同质点所具有的物理量,但欧拉法并不关心该空间点上的物理量究竟是属于哪个质点的。

下面举一个例子来说明拉格朗日法与欧拉法的区别。对于交通警察来说,他关注的是那些违反交通法规(如超速、超载、醉驾)的车辆,因此需要严格检查、追踪这些车辆,尤其是那些肇事后逃逸的车辆,这就类似于研究个别流体质点运动过程的拉格朗日法。而对于某段高速路的交通管理人员来说,他更关心不同时间段内这段高速路的车流情况,尽量避免发生交通堵塞,并不关心这些车辆来自何方、去往哪里,也不关心不同时间段内究竟是哪些车辆行进在这段高速路内,这就类似于研究某个固定空间内的流体运动随时间变化情况的欧拉法。

在实际问题研究中,研究者通常只对某确定空间(流场)内的流体物理量的场更感兴趣,而不必了解该流场内各空间点上的不同流体质点的整个运动"历史",而且跟踪无限多的质点,并去描述它们中每个的运动历程往往会遇到数学上的困难,一般很少使用(通常在研究流体的波动、振动等问题时采用),因此,欧拉法更为适用。

1. 拉格朗日坐标及欧拉坐标

拉格朗日法通过研究每个运动的流体质点的各个物理量(如速度、密度等)随时间变化以及相邻质点间这些物理量的变化特征,在综合全部质点运动情况的基础上,得到整个流体的运动情况。既然要研究某个确定的质点的运动,首先要对这个质点进行标识,比如用一组数(a_i,b_i,c_i)来表征之,并称这组数为拉格朗日坐标或随体坐标。拉格朗日坐标通常以某初始时刻(如 $t=t_0$ 时刻),该质点的位置坐标如$(x'_{i0},y'_{i0},z'_{i0})$来表示。为简单起见,这里定义了一个直角坐标系$(x',y',z')$,用于研究流体质点空间运动的整个历史过程。显然,不同质点的拉格朗日坐标不同(每一时刻、每一质点占据唯一确定的空间位置),但是不管某质点何时运动至何处,它的拉格朗日坐标始终不变。

欧拉法通过研究空间固定点上流体的各种物理量随时间变化以及相邻的空间点上这些物理量的变化特征,从而得到确定空间内的整个流体的运动情况。为了确定某一质点在不同时刻运动到该空间的某个位置,需要选择一个固定于该空间的坐标系。为简单起见,也采用直角坐标系(x,y,z),则某质点某时刻所处位置可用(x_i,y_i,z_i)这组坐标表示。根据连续介质模型,流体质点连续地充满流体所占据的空间,因此可认为质点与空间点,从而也与这组坐标是一一对应的,称这组坐标为欧拉坐标。显然,同一时刻不同流体质点位于不同的空间位置或者说具有不同的欧拉坐标,而它们于初始时刻又分别在不同的空间位置或者说具有不同的拉格朗日坐标。如果坐标系(x',y',z')与(x,y,z)是重合的,那么某流体质点在初始时刻的拉格朗日坐标与欧拉坐标就是相同的。随时间变化,该流体质点的拉格朗日坐标始终是不变的,而欧拉坐标则是随其运动而变化的。因此,拉格朗日坐标与欧拉坐标既不同又相关。

2. 拉格朗日描述

设某流体质点的拉格朗日坐标为(a_i,b_i,c_i),则其在初始时刻 t_0 的拉格朗日描述为

$$x'_{i0}=a_i,y'_{i0}=b_i,z'_{i0}=c_i$$

或

$$r'_i=r'_i(a_i,b_i,c_i,t_0)=ia_i+jb_i+kc_i$$

而在其后任意时刻 t 该质点所处空间位置的拉格朗日描述为

$$x'_i=x'_i(a_i,b_i,c_i,t),y'_i=y'_i(a_i,b_i,c_i,t),z'_i=z'_i(a_i,b_i,c_i,t)$$

或

$$r'_i=r'_i(a_i,b_i,c_i,t)=ix'_i+jy'_i+kz'_i$$

式中,r'_i 表示其质点的位置矢径。如果用上述公式表示所有质点在任意时刻的空间位置,只需去掉角标"i"。当 a,b,c 固定不变时,代表某个确定质点的运动轨迹;当 t 固定时,代表 t 时刻各质点所处的空间位置。因此,拉格朗日坐标组(a,b,c)和时间 t 都是自变量。

设 f 为流体质点的某一物理量,且为拉格朗日坐标组(a,b,c)和时间 t 的函数,其拉格朗日描述的数学表达为 $f=f(a,b,c,t)$,如压力 $p=p(a,b,c,t)$。质点速度的拉格朗日描述为

$$V(a,b,c,t)=\lim_{\Delta t\to 0}\frac{r'(a,b,c,t+\Delta t)-r'(a,b,c,t)}{\Delta t}=\frac{\partial r'(a,b,c,t)}{\partial t} \quad (1.5.1a)$$

或表示为分量形式

$$\begin{cases} v_{x'}(a,b,c,t)=\dfrac{\partial x'(a,b,c,t)}{\partial t} \\[2mm] v_{y'}(a,b,c,t)=\dfrac{\partial y'(a,b,c,t)}{\partial t} \\[2mm] v_{z'}(a,b,c,t)=\dfrac{\partial z'(a,b,c,t)}{\partial t} \end{cases} \quad (1.5.1b)$$

质点加速度的拉格朗日描述为

$$a(a,b,c,t) = \lim_{\Delta t \to 0} \frac{V(a,b,c,t+\Delta t) - V(a,b,c,t)}{\Delta t} = \frac{\partial V}{\partial t} = \frac{\partial^2 r'}{\partial t^2} \qquad (1.5.2)$$

3.欧拉描述

欧拉法认为流体的物理量随空间位置及时间的变化,可以表述为欧拉坐标及时间的函数。从数学分析可知,当某时刻某物理量在空间每一点的数值,或者说某时刻该物理量的空间分布确定时,就意味着该物理量在这个空间形成了一个场,因此欧拉描述实际上是描述了一个个不同的物理量的场,从而使得应用数学中场论的概念和研究方法来分析流体力学问题成为很自然的事。应该强调的是,所谓流场是指由连续运动的流体质点所占据的空间,而流场中固定空间点上的物理量是指某时刻占据该空间点的流体质点的物理量。假想一个拉格朗日坐标为 (a_i, b_i, c_i) 的流体质点从某初始时刻 $t = t_0$ 开始运动,其轨迹取决于它的运动参数,由于欧拉坐标标识的是流体质点在不同时刻运动到流场中的某个位置,那么欧拉坐标显然只能取在它的运动轨迹上,而不能任意选取,即流体质点运动过程中的坐标 (x, y, z) 是时间 t 的函数。如果研究所有流体质点的运动情况,某一时刻、某个固定空间点的欧拉坐标与此时刻占据该点的流体质点的拉格朗日坐标有关,而在另一时刻,它又与占据该点的另一个质点的拉格朗日坐标有关,即欧拉坐标是质点的拉格朗日坐标及时间 t 的函数,而且必须取在运动的流体质点所占据的空间,即流场中。

若以 f 表示流场中某空间点上的一个流体物理量,其欧拉描述的数学表达为

$$f = F(x,y,z,t) \text{ 或 } f = F[x(a,b,c,t), y(a,b,c,t), z(a,b,c,t), t]$$

如压力、速度可表示为 $p = p(x,y,z,t), V = V(x,y,z,t)$。在欧拉法中,若某一流体物理量 f 在流场中所有点上的数值都不随时间变化,称该流场为定常流场,即 $\partial f/\partial t = 0$。

1.5.2　随体导数

流体质点物理量随时间的变化率称为随体导数或质点导数,它意味着跟随质点运动时观测到的质点物理量的时间变化率。按拉格朗日描述,质点某一物理量 $f = f(a,b,c,t)$ 的随体导数就是 f 对时间的偏导数,即 $\partial f/\partial t$,如 $a(a,b,c,t) = \dfrac{\partial V(a,b,c,t)}{\partial t}$。按欧拉描述,物理量 $f = F(x,y,z,t)$ 或 $f = F[x(a,b,c,t), y(a,b,c,t), z(a,b,c,t), t]$ 随时间的变化率可根据复合函数求导法则得到

$$\frac{DF}{Dt} = \frac{\partial F}{\partial x}\frac{\partial x}{\partial t} + \frac{\partial F}{\partial y}\frac{\partial y}{\partial t} + \frac{\partial F}{\partial z}\frac{\partial z}{\partial t} + \frac{\partial F}{\partial t}\frac{\partial t}{\partial t}$$

由前述可知,欧拉坐标是流体质点在不同时刻运动到流场中的某个位置时的标识,设某一质点在 Δt 时刻内的位置矢径之差为 $\Delta r = i\Delta x + j\Delta y + k\Delta z$,由于当 $\Delta t \to 0$ 时,$\Delta r \to 0$,则 Δr 的方向就是位于 (x,y,z) 处的质点速度矢量 V 的方向,于是

$$\frac{\partial x}{\partial t} = \lim_{\Delta t \to 0} \frac{\Delta x}{\Delta t} = \lim_{\Delta t \to 0} \frac{x(a,b,c,t+\Delta t) - x(a,b,c,t)}{\Delta t} = v_x, \frac{\partial y}{\partial t} = v_y, \frac{\partial z}{\partial t} = v_z$$

即 $\dfrac{\partial x}{\partial t}, \dfrac{\partial y}{\partial t}, \dfrac{\partial z}{\partial t}$ 等于流体质点在空间固定点 (x,y,z) 处的速度分量,也可以直接说是空间固定点 (x,y,z) 处的速度分量,从而实现了这样的目的:按照拉格朗日法分析了流体质点的空间运动,但使用了欧拉法中的变量来描述质点物理量的变化情况。在流体力学研究中,通常采用拉格朗日的观点分析问题,而应用欧拉的方法处理问题。最后可得

$$\frac{\mathrm{D}F}{\mathrm{D}t} = \frac{\partial F}{\partial t} + v_x \frac{\partial F}{\partial x} + v_y \frac{\partial F}{\partial y} + v_z \frac{\partial F}{\partial z} = \frac{\partial F}{\partial t} + (\boldsymbol{V} \cdot \boldsymbol{\nabla})F \qquad (1.5.3)$$

式中，$\dfrac{\mathrm{D}F}{\mathrm{D}t}$ 表示随体导数，而方程右端是其欧拉描述的数学表达形式。

式（1.5.3）中的 $\dfrac{\partial F}{\partial t}$ 项表示 x, y, z 不变时，在该空间点上的物理量随时间变化率，称为局部或当地导数，它是由物理量的非定常性导致的。例如，在 $t, t+\Delta t, t+2\Delta t, \cdots$ 时刻，流场中某空间点 A 分别被流体质点 ①，②，③，$\cdots$ 所占据，当这些质点在不同时刻占据（或"到达"）点 A 时，如果它们所具有的某物理量 f 不相等，则有 $\dfrac{\partial F}{\partial t} \neq 0$，称为非定常流动；如果在不同时刻，它们所具有的物理量 f 不但在点 A 处相等，而且当它们"到达"流场中其他空间点处也相等时（但是不一定等于其在点 A 处的数值），则在整个流场中的所有空间点处均有 $\dfrac{\partial F}{\partial t} = 0$，称为定常流动。

式（1.5.3）中的 $(\boldsymbol{V} \cdot \boldsymbol{\nabla})F$ 项称为迁移导数，表示在有梯度 $\boldsymbol{\nabla}F$ 的非均匀 f 场中，由空间位置变化引起的物理量变化率。例如，在某 t 时刻，流场中所有空间点均被不同的流体质点所占据，如果不同质点所具有的某物理量 f 是不相等的，则非均匀 f 场的梯度为 $\boldsymbol{\nabla}F$，表示空间固定点 (x, y, z) 处的 f 沿最大变化率方向的变化率数值。假设某质点 ① 在 Δt 时间内以速度 $\boldsymbol{V}$ 从空间点 A 的邻近处运动至该点，它所具有的物理量 f 在这段距离（也就是 Δt 时间）内将发生变化。考虑到 Δt 时间内质点运动距离近似为 $|\boldsymbol{V}|\Delta t$，而 $\dfrac{\boldsymbol{V}}{|\boldsymbol{V}|} \cdot \boldsymbol{\nabla}F$ 等于物理量 f 在点 A 附近的最大变化率沿质点运动方向的投影，即沿 $\boldsymbol{V}$ 方向的变化率，则二者之积 $\boldsymbol{V} \cdot \boldsymbol{\nabla}F \Delta t$ 就是在该段距离内 f 的变化量，$(\boldsymbol{V} \cdot \boldsymbol{\nabla})F$ 表示物理量 f 沿质点运动方向随时间的变化率。显然，当 ①$\boldsymbol{V} = 0$ 即流体静止；②f 为均匀场即 $\boldsymbol{\nabla}F = 0$；③$\boldsymbol{V} \perp \boldsymbol{\nabla}F$ 即流体质点在等 f 面运动时，$(\boldsymbol{V} \cdot \boldsymbol{\nabla})F = 0$。

对于流体质点所具有的任意物理量（标量或矢量），其随体导数的欧拉描述的数学表达形式都类似于式（1.5.3），因此将下式定义为随体导数算子：

$$\frac{\mathrm{D}}{\mathrm{D}t} = \frac{\partial}{\partial t} + (\boldsymbol{V} \cdot \boldsymbol{\nabla}) \qquad (1.5.4)$$

例如，流体质点流过空间某点时的加速度可表示为

$$\boldsymbol{a} = \frac{\mathrm{D}\boldsymbol{V}}{\mathrm{D}t} = \frac{\partial \boldsymbol{V}}{\partial t} + (\boldsymbol{V} \cdot \boldsymbol{\nabla})\boldsymbol{V} \qquad (1.5.5)$$

式（1.5.5）在笛卡尔坐标系下的分量形式为

$$a_x = \frac{\mathrm{D}v_x}{\mathrm{D}t} = \frac{\partial v_x}{\partial t} + v_x \frac{\partial v_x}{\partial x} + v_y \frac{\partial v_x}{\partial y} + v_z \frac{\partial v_x}{\partial z}$$

$$a_y = \frac{\mathrm{D}v_y}{\mathrm{D}t} = \frac{\partial v_y}{\partial t} + v_x \frac{\partial v_y}{\partial x} + V_y \frac{\partial v_y}{\partial y} + v_z \frac{\partial v_y}{\partial z}$$

$$a_z = \frac{\mathrm{D}v_z}{\mathrm{D}t} = \frac{\partial v_z}{\partial t} + v_x \frac{\partial v_z}{\partial x} + v_y \frac{\partial v_z}{\partial y} + v_z \frac{\partial v_z}{\partial z}$$

由圆柱坐标系下算子 $\boldsymbol{\nabla}$ 的表达式及 $\dfrac{\partial \boldsymbol{e}_r}{\partial \theta} = \boldsymbol{e}_\theta, \dfrac{\partial \boldsymbol{e}_\theta}{\partial \theta} = -\boldsymbol{e}_r$，可直接得到

$$(\boldsymbol{V} \cdot \boldsymbol{\nabla})\boldsymbol{V} = \boldsymbol{e}_r \left(v_r \frac{\partial v_r}{\partial r} + \frac{v_\theta}{r} \frac{\partial v_r}{\partial \theta} + v_z \frac{\partial v_r}{\partial z} - \frac{v_\theta^2}{r} \right) +$$

$$\boldsymbol{e}_\theta \left(v_r \frac{\partial v_\theta}{\partial r} + \frac{v_\theta}{r} \frac{\partial v_\theta}{\partial \theta} + v_z \frac{\partial v_\theta}{\partial z} + \frac{v_r v_\theta}{r} \right) +$$

$$\boldsymbol{e}_z \left(v_r \frac{\partial v_z}{\partial r} + \frac{v_\theta}{r} \frac{\partial v_z}{\partial \theta} + v_z \frac{\partial v_z}{\partial z} \right)$$

于是，圆柱坐标系下流体质点的加速度公式可写为

$$\begin{cases} a_r = \left(\dfrac{\mathrm{D}\boldsymbol{V}}{\mathrm{D}t} \right)_r = \dfrac{\partial v_r}{\partial t} + v_r \dfrac{\partial v_r}{\partial r} + \dfrac{v_\theta}{r} \dfrac{\partial v_r}{\partial \theta} + v_z \dfrac{\partial v_r}{\partial z} - \dfrac{v_\theta^2}{r} = \dfrac{\mathrm{D}v_r}{\mathrm{D}t} - \dfrac{v_\theta^2}{r} \\[2mm] a_\theta = \left(\dfrac{\mathrm{D}\boldsymbol{V}}{\mathrm{D}t} \right)_\theta = \dfrac{\partial v_\theta}{\partial t} + v_r \dfrac{\partial v_\theta}{\partial r} + \dfrac{v_\theta}{r} \dfrac{\partial v_\theta}{\partial \theta} + v_z \dfrac{\partial v_\theta}{\partial z} + \dfrac{v_r v_\theta}{r} = \dfrac{\mathrm{D}v_\theta}{\mathrm{D}t} + \dfrac{v_r v_\theta}{r} \\[2mm] a_z = \left(\dfrac{\mathrm{D}\boldsymbol{V}}{\mathrm{D}t} \right)_z = \dfrac{\partial v_z}{\partial t} + v_r \dfrac{\partial v_z}{\partial r} + \dfrac{v_\theta}{r} \dfrac{\partial v_z}{\partial \theta} + v_z \dfrac{\partial v_z}{\partial z} = \dfrac{\mathrm{D}v_z}{\mathrm{D}t} \end{cases} \quad (1.5.6)$$

可以看出，径向加速度 a_r 由两项组成：一项是 $\dfrac{\mathrm{D}v_r}{\mathrm{D}t}$，它是径向速度分量 v_r 随时间的变化率；另一项为 $\dfrac{v_\theta^2}{r}$，它表示流体质点做圆周运动时所产生的向心加速度，该加速度指向转动中心，与 $\boldsymbol{r}$ 方向相反，故前面有一个负号。周向加速度 a_θ 也由两项组成：一项是 $\dfrac{\mathrm{D}v_\theta}{\mathrm{D}t}$，它是周向速度分量 v_θ 随时间的变化率；另一项为 $\dfrac{v_r v_\theta}{r}$，它是由于流体质点以周向速度分量 v_θ 做圆周运动时，径向分速度 v_r 因圆周运动而时刻改变其方向，使得流体质点沿周向产生附加的加速度 $\dfrac{v_r v_\theta}{r}$。而轴向加速度 a_z 与直角坐标系中的 z 轴方向加速度分量的表达式相同，这是因为这两个轴重合了的缘故。

1.5.3　系统与控制体

流体作为物质的一种运动形态，必须遵循自然界关于物质运动的一些普遍规律，如质量守恒原理、牛顿第二定律、能量守恒原理等，将这些普遍定律应用于流体运动这类物理现象，就可以得到联系诸流动参数之间的关系式，即流体动力学基本方程。但是，质量守恒原理、牛顿第二定律、能量守恒原理的原始形式都是针对"系统"写出来的，而对于许多实际流体力学问题，采用"控制体"的概念却方便得多。

1. 系统

如图 1.5.1 所示，系统是指由确定的流体质点组成的流体团。系统以外的环境称为外界，分隔系统与外界的真实或假想界面称为系统的边界。系统的特点是：系统的边界随流体一起运动，其形状、所围空间大小可以随时间变化，但属于系统的质点始终包含其内；系统与外界无质量交换，但通过边界可以有力的相互作用及能量（热、功）的交换。

应该指出，只有定义了严格而明确的系统之后，质量、力、热、功等概念才有确切的含义。例如，牛顿第二定律 $\boldsymbol{F} = m\boldsymbol{a}$ 就是应用于系统的，其中 $\boldsymbol{F}$ 指作用于系统上的合力；m 指系统的质量；$\boldsymbol{a}$ 指系统的质心加速度。显然，使用系统研究连续介质的流动，就意味着采用拉格朗日观点，即以确定的流体质点所组成的流体团作为研究对象。

图 1.5.1　系统和控制体

对于多数的流体力学实际问题,研究者往往对各个流体质点在不同时刻所占据的空间位置,以及它们所具有的诸物理量的值不感兴趣,而是对流体流过空间某些固定位置时的情况,例如,在飞行器运动过程中,其表面附近区域不同位置处的流体物理量分布情况更感兴趣,即应用欧拉的观点研究流体力学问题。与之对应,需要引入控制体的概念。

2. 控制体

控制体是指在流体所流过的空间内,以真实或假想边界所包围的固定不动、形状任意的空间体积(可运动或变形的控制体在此不做介绍)。包围这个空间体积的固定的封闭边界面称为控制面。控制体的特点是:控制体的形状、大小不变,相对于某坐标系固定不动,而控制体内的流体质点组成并非不变;控制体可以通过控制面与外界有质量及能量交换、力的相互作用。

显然,要用欧拉的观点研究流体流过控制体时参数的变化规律,必须把针对系统所建立的物理定律的数学表达式改写为适合控制体形式的数学描述,这就是雷诺输运定理的内容。

1.5.4　雷诺输运定理

设在 t 时刻的流场中,单位体积流体的物理量分布函数为 $\Phi(\boldsymbol{r}, t)$,则流体域 τ_0 内流体的总物理量 $I = \iiint_{\tau_0} \Phi(\boldsymbol{r}, t) \mathrm{d}\tau_0$。当 $\Phi(\boldsymbol{r}, t)$ 为 $\rho, \rho\boldsymbol{V}, \rho(\boldsymbol{r} \times \boldsymbol{V}), \rho\left(e + \dfrac{\boldsymbol{V}^2}{2}\right)$ 时,I 分别代表系统的质量、动量、动量矩及总能量。I 对时间的变化率即 $\dfrac{\mathrm{D}I}{\mathrm{D}t} = \dfrac{\mathrm{D}}{\mathrm{D}t}\iiint_{\tau_0} \Phi \mathrm{d}\tau_0$ 称为系统导数。显然,在计算该积分对时间的导数时,需要考虑被积函数 Φ 随时间的变化及流动域体积 τ_0 本身的变化,即 $I(t) = \iiint_{\tau_0(t)} \Phi(\boldsymbol{r}, t) \mathrm{d}\tau_0$。

如图 1.5.2 所示,设 t 时刻在流体中取一系统体积 $\tau_0(t)$,其周界面为 $S_0(t)$;在 $t + \Delta t$ 时刻,该体积移动至另一位置且变为 $\tau_0(t + \Delta t)$,周界面变为 $S_0(t + \Delta t)$。定义控制体体积及其周界面为 τ, S,且有 $\tau = \tau_0(t), S = S_0(t)$。由图 1.5.2 可知,系统总物理量 I 在 Δt 时间间隔内的变化量可表示为

$$\Delta I = I(t + \Delta t) - I(t) = \iiint_{\tau_0(t+\Delta t)} \Phi(\boldsymbol{r}, t + \Delta t) \mathrm{d}\tau_0 - \iiint_{\tau_0(t)} \Phi(\boldsymbol{r}, t) \mathrm{d}\tau_0 =$$

$$\iiint_{\tau_{01}+\tau_{02}} \Phi(\boldsymbol{r}, t + \Delta t) \mathrm{d}\tau_0 - \iiint_{\tau_{02}+\tau_{03}} \Phi(\boldsymbol{r}, t) \mathrm{d}\tau_0 =$$

$$\iiint_{\tau_{02}} [\Phi(\boldsymbol{r}, t + \Delta t) - \Phi(\boldsymbol{r}, t)] \mathrm{d}\tau_0 +$$

$$\iiint_{\tau_{01}} \Phi(\boldsymbol{r}, t + \Delta t) \mathrm{d}\tau_0 - \iiint_{\tau_{03}} \Phi(\boldsymbol{r}, t) \mathrm{d}\tau_0$$

由系统导数定义可知

$$\frac{\mathrm{D}I(t)}{\mathrm{D}t} = \lim_{\Delta t \to 0} \frac{\Delta I}{\Delta t} = \lim_{\Delta t \to 0} \frac{\iiint_{\tau_{02}} [\Phi(\boldsymbol{r}, t + \Delta t) - \Phi(\boldsymbol{r}, t)] \mathrm{d}\tau_0}{\Delta t} +$$

$$\lim_{\Delta t \to 0} \frac{\iiint_{\tau_{01}} \Phi(\boldsymbol{r}, t + \Delta t) \mathrm{d}\tau_0}{\Delta t} - \lim_{\Delta t \to 0} \frac{\iiint_{\tau_{03}} \Phi(\boldsymbol{r}, t) \mathrm{d}\tau_0}{\Delta t} \qquad (1.5.7)$$

图 1.5.2 雷诺输运定理

由微分中值定理可知

$$\Phi(\boldsymbol{r}, t + \Delta t) - \Phi(\boldsymbol{r}, t) = \Delta t \left(\frac{\partial \Phi}{\partial t} \right)_{t + \theta \Delta t}, 0 \leqslant \theta \leqslant 1$$

此外,此时有 $\tau_{02} \to \tau_0(t) = \tau$,而控制体不随时间变化,则式(1.5.7)中等号右端第一项可写为

$$\lim_{\Delta t \to 0} \frac{\iiint_{\tau_{02}} [\Phi(\boldsymbol{r}, t + \Delta t) - \Phi(\boldsymbol{r}, t)] \mathrm{d}\tau_0}{\Delta t} = \iiint_{\tau} \frac{\partial \Phi(\boldsymbol{r}, t)}{\partial t} \mathrm{d}\tau = \frac{\partial}{\partial t} \iiint_{\tau} \Phi(\boldsymbol{r}, t) \mathrm{d}\tau$$

若以 $\mathrm{d}S$ 表示控制体的 S_1, S_2 面上的某一微元面积,并设其外法线方向单位矢量为 $\boldsymbol{n}$,相对于微元面 $\mathrm{d}S$ 的流体质点速度为 $\boldsymbol{V}$。由图 1.5.2 可知,在 Δt 时间间隔内,流经此微元面积的流体质点近似充满在以 $\mathrm{d}S$ 为底,以 $\boldsymbol{V}\Delta t$ 矢量为棱边的斜柱形体内,即微元体积分别为 $-\boldsymbol{V}\Delta t \cdot \boldsymbol{n}\mathrm{d}S$ 和 $\boldsymbol{V}\Delta t \cdot \boldsymbol{n}\mathrm{d}S$(可理解为 Δt 时间内由微元面积 $\mathrm{d}S$ 移动产生的体积变化),前者取负号的原因是 S_1 面的 $\boldsymbol{n}$ 与速度方向成钝角,而微元体积不能为负值。于是,式(1.5.7)中等号右端第二、三项可写为

$$\lim_{\Delta t \to 0} \frac{\iiint_{\tau_{01}} \Phi(\boldsymbol{r}, t + \Delta t) \mathrm{d}\tau_0}{\Delta t} - \lim_{\Delta t \to 0} \frac{\iiint_{\tau_{03}} \Phi(\boldsymbol{r}, t) \mathrm{d}\tau_0}{\Delta t} \approx$$

$$\iint_{S_2} \Phi(\boldsymbol{r}, t) \boldsymbol{V} \cdot \boldsymbol{n}\mathrm{d}S - \left(-\iint_{S_1} \Phi(\boldsymbol{r}, t) \boldsymbol{V} \cdot \boldsymbol{n}\mathrm{d}S \right) =$$

$$\iint_{S_2} \Phi(\boldsymbol{r}, t) \boldsymbol{V} \cdot \boldsymbol{n}\mathrm{d}S + \iint_{S_1} \Phi(\boldsymbol{r}, t) \boldsymbol{V} \cdot \boldsymbol{n}\mathrm{d}S =$$

$$\oiint_{S} \Phi(\boldsymbol{r}, t) \boldsymbol{V} \cdot \boldsymbol{n}\mathrm{d}S$$

上式表示 t 时刻单位时间内从控制体 τ 的表面 S 净向外输运的物理量，或流入、流出的物理量之和。

综合上述各式结果，可有

$$\frac{\mathrm{D}I(t)}{\mathrm{D}t}=\frac{\mathrm{D}}{\mathrm{D}t}\iiint_{\tau_0(t)}\Phi(\boldsymbol{r},t)\mathrm{d}\tau_0=\frac{\partial}{\partial t}\iiint_{\tau}\Phi(\boldsymbol{r},t)\mathrm{d}\tau+\oiint_{S}\Phi(\boldsymbol{r},t)\boldsymbol{V}\cdot\boldsymbol{n}\mathrm{d}S \qquad (1.5.8)$$

这就是系统导数的欧拉法表达形式，通常称为雷诺输运定理。式中，$\dfrac{\partial}{\partial t}\iiint_{\tau}\Phi(\boldsymbol{r},t)\mathrm{d}\tau$ 表示单位时间内控制体 τ 中所含物理量 $\iiint_{\tau}\Phi(\boldsymbol{r},t)\mathrm{d}\tau$ 的增量，即系统位置不变时，仅由被积函数 $\Phi(\boldsymbol{r},t)$ 随时间变化而产生的积分式增量，这是由于流场的非定常性导致的。而 $\oiint_{S}\Phi(\boldsymbol{r},t)\boldsymbol{V}\cdot\boldsymbol{n}\mathrm{d}S$ 表示单位时间内，通过控制体的表面 S 流出的相应的物理量，即如果被积函数 $\Phi(\boldsymbol{r},t)$ 不随时间变化，由于系统位置的变化（流体质点运动引起的系统边界变化）而产生的积分增量，它是由于流场的非均匀性导致的。

基于上述讨论，雷诺输运定理可表述为：某时刻某系统具有的总物理量的时间变化率，等于该时刻与该系统重合的控制体中所含物理量的时间变化率与单位时间通过控制体边界净输运的流体物理量之和。式（1.5.8）可简化写成

$$\frac{\mathrm{D}I}{\mathrm{D}t}=\frac{\mathrm{D}}{\mathrm{D}t}\iiint_{\tau}\Phi\mathrm{d}\tau=\frac{\partial}{\partial t}\iiint_{\tau}\Phi\mathrm{d}\tau+\oiint_{S}\Phi\boldsymbol{V}\cdot\boldsymbol{n}\mathrm{d}S \qquad (1.5.9)$$

由式（1.3.6）可有

$$\oiint_{S}\Phi\boldsymbol{V}\cdot\boldsymbol{n}\mathrm{d}S=\iiint_{\tau}\boldsymbol{\nabla}\cdot(\Phi\boldsymbol{V})\mathrm{d}\tau$$

此外，因控制体空间坐标 (x,y,z) 不随时间 t 变化，或者说它们互为独立自变量。假设被积函数 Φ 对时间可微且其对 t 的一阶偏导数连续，则可互换微分、积分运算次序。于是式（1.5.9）可以写为

$$\frac{\mathrm{D}}{\mathrm{D}t}\iiint_{\tau}\Phi\mathrm{d}\tau=\iiint_{\tau}\left[\frac{\partial\Phi}{\partial t}+\boldsymbol{\nabla}\cdot(\Phi\boldsymbol{V})\right]\mathrm{d}\tau \qquad (1.5.10)$$

考虑到 $\boldsymbol{\nabla}\cdot(\Phi\boldsymbol{V})=\boldsymbol{V}\cdot\boldsymbol{\nabla}\Phi+\Phi\boldsymbol{\nabla}\cdot\boldsymbol{V}$ 及随体导数公式 $\dfrac{\mathrm{D}\Phi}{\mathrm{D}t}=\dfrac{\partial\Phi}{\partial t}+(\boldsymbol{V}\cdot\boldsymbol{\nabla})\Phi$，式（1.5.10）还可以写成

$$\frac{\mathrm{D}}{\mathrm{D}t}\iiint_{\tau}\Phi\mathrm{d}\tau=\iiint_{\tau}\left(\frac{\mathrm{D}\Phi}{\mathrm{D}t}+\Phi\boldsymbol{\nabla}\cdot\boldsymbol{V}\right)\mathrm{d}\tau \qquad (1.5.11)$$

若系统中不存在源或汇，则系统的质量不随时间变化。由式（1.5.11）有

$$0=\frac{\mathrm{D}}{\mathrm{D}t}\iiint_{\tau}\rho\mathrm{d}\tau=\iiint_{\tau}\left(\frac{\mathrm{D}\rho}{\mathrm{D}t}+\rho\boldsymbol{\nabla}\cdot\boldsymbol{V}\right)\mathrm{d}\tau$$

由于被积函数的连续性及积分区间的任意性，若使上式成立，则被积函数应处处为零，即 $\dfrac{\mathrm{D}\rho}{\mathrm{D}t}+\rho\boldsymbol{\nabla}\cdot\boldsymbol{V}=0$。若令某一物理量 $\Phi=\rho F$，则

$$\frac{\mathrm{D}}{\mathrm{D}t}\iiint_{\tau}\rho F\mathrm{d}\tau=\iiint_{\tau}\left[\frac{\mathrm{D}(\rho F)}{\mathrm{D}t}+\rho F\boldsymbol{\nabla}\cdot\boldsymbol{V}\right]\mathrm{d}\tau=\iiint_{\tau}\left(\rho\frac{\mathrm{D}F}{\mathrm{D}t}+F\frac{\mathrm{D}\rho}{\mathrm{D}t}+\rho F\boldsymbol{\nabla}\cdot\boldsymbol{V}\right)\mathrm{d}\tau$$

于是可有

$$\frac{\mathrm{D}}{\mathrm{D}t}\iiint_{\tau}\rho F\mathrm{d}\tau=\iiint_{\tau}\rho\frac{\mathrm{D}F}{\mathrm{D}t}\mathrm{d}\tau \qquad (1.5.12)$$

式(1.5.12)又被称为雷诺第二输运定理。

1.5.5　迹线、流线、流面及流管

1.迹线

流场中某被标定的流体质点在一段时间内所经过的所有空间点的集合(即该质点的运动轨迹),称为该流体质点的迹线。它直接与拉格朗日描述相联系,参考式(1.5.1)并利用欧拉描述法,可得到某质点迹线的微分方程为

$$\frac{\mathrm{d}x}{v_x(x,y,z,t)} = \frac{\mathrm{d}y}{v_y(x,y,z,t)} = \frac{\mathrm{d}z}{v_z(x,y,z,t)} = \mathrm{d}t \tag{1.5.13}$$

式中,$\boldsymbol{V}$ 是质点运动至某个空间位置时的速度,$\boldsymbol{V}=v_x\boldsymbol{i}+v_y\boldsymbol{j}+v_z\boldsymbol{k}$;$\mathrm{d}\boldsymbol{r}=\boldsymbol{i}\mathrm{d}x+\boldsymbol{j}\mathrm{d}y+\boldsymbol{k}\mathrm{d}z$ 代表 $\mathrm{d}t$ 时间内质点的运动距离矢径,是时间的函数。不同流体质点的迹线一般是不同的。在所观察的时间段内,某质点的迹线形状是唯一的。

2.流线

流线是流场中某瞬时的一条空间曲线(图 1.5.3),在该线上各点的流体质点速度矢量方向与曲线在该点的切线重合。它直接与欧拉描述相联系,设某时刻 t_0,在流线上任取一段微弧 $\mathrm{d}\boldsymbol{r}=\boldsymbol{i}\mathrm{d}x+\boldsymbol{j}\mathrm{d}y+\boldsymbol{k}\mathrm{d}z$,当 $\mathrm{d}\boldsymbol{r}\to 0$ 时,它就代表曲线在该点的切线方向,则有 $\mathrm{d}\boldsymbol{r}\times\boldsymbol{V}=0$,即

图 1.5.3　不同瞬时的流线

$$\frac{\mathrm{d}x}{v_x(x,y,z,t_0)} = \frac{\mathrm{d}y}{v_y(x,y,z,t_0)} = \frac{\mathrm{d}z}{v_z(x,y,z,t_0)} \tag{1.5.14}$$

式(1.5.14)为 t_0 时刻的流线微分方程,积分时 t_0 为常量,x,y,z 是与时间无关的独立变量。

流线具有如下特征:

(1)由于非定常流场中空间某固定点处的速度随时间变化,流线形状也将随之变化,但若速度仅有大小变化而无方向变化,则流线不变(如直线变速运动、等角加速度定轴转动的运动等),定常流场中流线形状不变。

(2)定常流场中经过某一点的流线与经过该点的流体质点迹线重合,设 L 为流场中 t_0 时刻的一条流线,选取流线上相距为 $\mathrm{d}\boldsymbol{r}$ 的两个空间点 1,2,定义位于点 1 的质点为 A、速度为 $\boldsymbol{V}_{A1}$,位于点 2 的质点为 B、速度为 $\boldsymbol{V}_{B2}$,质点 A 将沿速度方向(也就是点 1 处的流线切线方向或 $\mathrm{d}\boldsymbol{r}$ 方向)在 $\mathrm{d}t$ 时间后运动至点 2,由于流动是定常的,则当质点 A 到达点 2 时,其速度 $\boldsymbol{V}_{A2}$ 必须与 t_0 时刻质点 B 的速度 $\boldsymbol{V}_{B2}$ 相同,并且将沿 $\boldsymbol{V}_{B2}$ 方向(点 2 处的流线切线方向)运动至下一点,以此类推,可知流体质点的迹线与流线重合。

(3)由于某瞬时流场中某固定点处的速度是指占据该点的质点速度,而质点速度的大小、方向是唯一的,故同一瞬时经过空间一点只可能有一条流线,即一般情况下流线不可相交。但图 1.5.4 中所示的三种情况除外,如直匀流绕静止物体运动,A 点处流体质点速度为零(称驻点),而零矢量的方向可以是任意的;上、下两股速度不同的流体在 B 点处相切且重合为一条流线;流场中速度接近无限大的点处(称为奇点)。上述三种情况下流线出现相交。

(4)流场中每点都有流线通过,所有流线的集合称为流线谱或流谱。

图 1.5.4　流线相交的特殊情况

例 1.5.1　给定速度场 $v_x = x + t, v_y = -y - t$，求当 $t = 1$ 时，过 $(1,1)$ 点的质点迹线及过 $(1,1)$ 点的流线。

解　由迹线方程 $\dfrac{\mathrm{d}x}{\mathrm{d}t} = x + t, \dfrac{\mathrm{d}y}{\mathrm{d}t} = -y - t$，积分后有

$$x = c_1 \mathrm{e}^t - t - 1, \quad y = c_2 \mathrm{e}^{-t} - t + 1$$

对当 $t = 1$ 时，过 $(1,1)$ 点的质点有 $c_1 = \dfrac{3}{\mathrm{e}}, c_2 = \mathrm{e}$，得到迹线方程为

$$x = 3\mathrm{e}^{t-1} - t - 1, \quad y = \mathrm{e}^{1-t} - t - 1$$

由流线方程 $\dfrac{\mathrm{d}x}{x + t} = \dfrac{\mathrm{d}y}{-y - t}$，积分后有

$$(x + t)(y + t) = c_1$$

过 $(1,1)$ 点得到 $c_1 = (1 + t)^2$，则流线方程为

$$(x + t)(y + t) = (1 + t)^2$$

当 $t = 1$ 时的流线方程为 $(x + 1)(y + 1) = 4$，与迹线方程是不一致的。

3. 流面及流管

如图 1.5.5 所示，某瞬时在流场中任取一条非流线的曲线 C，通过 C 的每点做该瞬时的流线，这些无限多的流线构成的曲面称为流面。如果曲线 C 是封闭的非流线，则该流面构成流管。如果流管的横截面积足够小，则称这条流管为基元流管。由于流管是由流线构成的，因此流体不能穿出或穿入流管表面，类似于真实的固壁面。

图 1.5.5　流管及流面

1.6　热力学基础知识

1.6.1　热力学系统及热力学状态、特性、过程

无论是考虑空气的可压缩性影响，还是气动加热问题，高亚声速 $(Ma \geqslant 0.3)$ 至高超声

速范围内的空气运动过程中的状态变化,都与热力学过程密切相关。下面简要介绍经典热力学的一些定义与概念,并将其推广应用到运动气体的连续流场。

1. 热力学系统

与流体力学相似,取一部分物质或区域作为热力学研究对象,称为热力学系统(简称系统)。与所研究的热力学系统相邻接的物质或区域称为环境。系统与环境之间一般存在着传热、传质或功等的相互作用。若系统与环境之间:

(1) 既无质量交换,也无相互作用,称为孤立系统。

(2) 无质量交换但存在相互作用,称为封闭系统。它与流体力学中基于拉格朗日观点的系统概念对应,其中无热量交换的封闭系统又称绝热系统。

(3) 既有质量交换,也存在相互作用,称为开放系统。它与基于欧拉观点的控制体概念对应。

此外,还将完全均质的物质系统定义为均匀系统或单相系统,否则称为非均匀系统或多相系统。把只含一种化学组分的物质系统定义为单元系统,否则称为多元系统。

2. 热力学状态及特性

某个孤立系统在经过足够长的时间后,其热力学特性达到不再变化的状态称为热力学平衡状态(简称平衡态)。一个达到平衡态的系统的热力学特性(简称热力特性)可用若干被称为状态变量的宏观量来描述,用以表示系统的状态或某种性质。状态变量有压力 p、温度 T、容积 V、热力学能 E、焓 H、熵 S。其中 p,T 与所取系统大小及其包含的质量多少无关,属于强度量;而其余各量则与所取系统大小及其包含的质量多少直接相关,具有可加性,属于广延量。但是若把这些广延量除以系统所含的质量,就可得到单位质量系统的状态变量,如比体积 v(或密度 $\rho = \frac{1}{v}$)、比热力学能 e、比焓 h、比熵 s,并在形式上转化为强度量。

上述若干状态量均属于点函数,对任意闭合环路的积分为零,或者说某个量经过任意过程后的变化只与初、末状态有关,与过程路径无关,而且只要求系统初、末状态是平衡态,与中间状态是否为平衡态无关。此外,这些状态量之间存在一定的函数关系,可取其中任意两个量作为自变量,而其余各量均为这两个量的函数。要对系统的热力学状态给予完整的描述,需要两类气体状态方程,即热状态方程和量热状态方程。均匀系统的热状态方程根据实验观察可表示为

$$p = p(v,T) = p\left(\frac{1}{\rho},T\right) \text{ 或 } F(p,v,T) = F\left(p,\frac{1}{\rho},T\right) = 0 \tag{1.6.1}$$

式中各量均为可测量。量热状态方程可写为

$$e = e(v,T) = e\left(\frac{1}{\rho},T\right) \text{ 或 } h = h(v,T) = h\left(\frac{1}{\rho},T\right) \tag{1.6.2}$$

式中,比热力学能 e、比焓 h 是不可测量的量,需要通过热力学定律及热状态方程导出。

经典热力学的概念和定律通常是在系统处于热力学平衡状态时成立,将其推广应用到运动气体的连续流场,需要引入连续系统的概念。连续系统是这样的非均匀系统,其内部各点的强度量是连续变化的,在连续系统中任取一个具有假想的绝热壁面的微元体(近似认为是流体微团),假设其处于局部热平衡态,则可将微元体中状态量的平均值定义为描述连续系统热力特性的状态量,并用欧拉法表示为

$$p = p(x,y,z,t), T = T(x,y,z,t), \rho = \rho(x,y,z,t), e = e(x,y,z,t), \cdots$$

这就是局部状态原理,该原理适用于封闭均匀系统的一切经典热力学结论和概念,可以推广到连续系统中。

3. 热力学过程

当描述系统热力学特性的一个或几个状态量发生变化时,该变化过程称为热力学过程。可逆过程是一种理想化的热力学过程,它定义为:在封闭系统中,过程的每一步都可在相反的方向进行,而不对系统和环境引起任何其他变化。自然界的任何自发过程都是不可逆过程,如黏性导致的动量输运过程、热传导导致的能量输运过程等。如果有这样一种准静态过程,即在过程进行时,系统受到环境的作用是连续且无限小的,则可以认为系统始终处于平衡态,过程速率无限小,没有任何损耗,这种过程可近似看作可逆过程。

与热力学过程相关的物理量称为过程量,包括环境对系统所做的功 W 和传递的热量 Q,表示在该过程中系统发生了某种变化。对于某一闭合环路,过程量的积分不为零(即过程量不相同),或者说经过某个过程后它们的变化不仅取决于初、末状态,还与过程路径(即热力学过程进行的具体情况)有关。如功可以理解为力对路程的空间累积效应,不同的路程,功也不同。对于一个无限小的变化过程,微元功、微量热可用 $\delta W, \delta Q$ 表示,它们都不是全微分。如果所取的封闭系统具有单位质量,则表示为 $\delta w, \delta q$。

如图 1.6.1 所示,气体中任取封闭系统,设压力为 p,容积为 V,按准静态过程做可逆微量膨胀,若某微元面积 $\mathrm{d}\boldsymbol{S}$ 移动 $\mathrm{d}\boldsymbol{r}$ 距离,则该系统通过边界作用于环境的压力 p 所做的微元功可表示为

图 1.6.1　气体膨胀功

$$\delta W = \oiint_S p\boldsymbol{n}\,\mathrm{d}\boldsymbol{S} \cdot \mathrm{d}\boldsymbol{r} = p\mathrm{d}V$$

在整个可逆过程中做功为 $W = \int_{V_1}^{V_2} p\mathrm{d}V$。取单位质量系统,则有

$$\delta w = p\mathrm{d}v \text{ 或 } \delta w = p\mathrm{d}\left(\frac{1}{\rho}\right) \qquad (1.6.3\mathrm{a})$$

积分得

$$w = \int_{v_1}^{v_2} p\mathrm{d}v \text{ 或 } w = \int_{\rho_1}^{\rho_2} p\mathrm{d}\left(\frac{1}{\rho}\right) \qquad (1.6.3\mathrm{b})$$

定义系统对环境做的正功为正功,环境对系统做的正功为负功。热量定义为由系统和环境之间的温度差引起的,并通过系统界面传递的能量,由环境传入系统的热量为正,由系统传入环境的热量为负。系统与环境间的热量传递方式有热传导、热对流和辐射等,也可以由化学反应和相变所引起。

1.6.2　热力学能、热力学第一定律、焓及比热容

气体的热力学能包括分子微观热运动(取决于温度)所包含的能量(分子平移动能、转动动能、振动动能及电子激发能)、由于分子间存在相互作用而形成的内部位势能、分子内部能量(包括粒子能量)。其中,分子热运动能量可以用量子统计的方法计算,但通常忽略电子激发能。此外,对于单原子气体,不存在分子的转动和振动。

热力学第一定律是能量守恒原理在热能、机械能相互转化情况中的应用,可表述为:若环境给一封闭系统传递热量,则这部分热量一方面使系统热力学能增加,另一方面使系统对外做功。可用微分表示为

$$\delta Q = \mathrm{d}E + \delta W \qquad (1.6.4)$$

如果只考虑由于系统体积变化对环境所做的功,并取单位质量系统,可得

$$\mathrm{d}E = \delta Q - p\mathrm{d}V \text{ 或 } \mathrm{d}e = \delta q - p\mathrm{d}\left(\frac{1}{\rho}\right) \qquad (1.6.5)$$

引入函数焓、比焓,并定义

$$H = E + pV \text{ 或 } h = e + \frac{p}{\rho} \qquad (1.6.6)$$

将式(1.6.6)带入式(1.6.5),则得到热力学第一定律的另一种形式为

$$\mathrm{d}H = \delta Q + V\mathrm{d}p \text{ 或 } \mathrm{d}h = \delta q + \frac{\mathrm{d}p}{\rho} \qquad (1.6.7)$$

在特定的热力学过程中,单位质量的气体温度每升高一度所需吸入的热量称为比热容,即 $c = \frac{\delta q}{\partial T}$。由于选取物质量的单位不同,还可有摩尔热容、容积热容等。热力学中常用的比定容热容 c_V、比定压热容 c_p 可表示为

$$c_V = \left(\frac{\delta q}{\partial T}\right)_V \text{ 及 } c_p = \left(\frac{\delta q}{\partial T}\right)_p \qquad (1.6.8)$$

1.6.3　热力学第二定律及熵

热力学第二定律表明,能量转化是有条件和有方向性的,即如果沿着一个方向的变化过程可以实现,则沿逆方向的变化过程或者不能实现,或者只能有条件实现。例如,热可以从高温物体传递给低温物体,却不能反向传递;通过摩擦,机械功可以全部转化为热,但热却不能全部转化为可用功。因此,引入函数熵 S,通过它在不可逆过程中的变化描述热力学第二定律。若一封闭系统以准静态过程(即近似可逆过程)的方式吸收热量 Q_{rev},则定义

$$\mathrm{d}S = \frac{\delta Q_{\mathrm{rev}}}{T_{\mathrm{rev}}} \text{ 或 } \Delta S = S_2 - S_1 = \int_1^2 \frac{\delta Q_{\mathrm{rev}}}{T_{\mathrm{rev}}} \qquad (1.6.9\mathrm{a})$$

若取单位质量系统,可有

$$\mathrm{d}s = \frac{\delta q_{\mathrm{rev}}}{T_{\mathrm{rev}}} \text{ 或 } \Delta s = s_2 - s_1 = \int_1^2 \frac{\delta q_{\mathrm{rev}}}{T_{\mathrm{rev}}} \qquad (1.6.9\mathrm{b})$$

式中,Q_{rev} 或 q_{rev} 是一个人为规定的参考量值。式(1.6.9)表示如果环境能够可逆地向系统传递热量(可正、可负)将引起的熵变化,并可积分得到可逆过程的初、末状态的熵值之差。T_{rev} 是传热时的温度,或者说是可逆过程的初、末平衡态的系统温度,由于可逆过程可近似认为是一个过程速率无限小、系统始终处于平衡态的热力学过程,因此环境与系统间的温差无限小,T_{rev} 既是环境温度,也是系统温度。

在实际的热力学过程进行中,单位质量系统熵的变化 $\mathrm{d}s$ 可以分为两部分:一部分是由环境对系统输入或吸收物质、能量引起的熵流项 $(\mathrm{d}s)_{\mathrm{ex}}$,并可写成 $(\mathrm{d}s)_{\mathrm{ex}} = \frac{\delta q}{T}$,其中 δq 为该过程中环境对系统实际传递的热增量;另一部分是由系统内部的不可逆过程产生的熵增项 $(\mathrm{d}s)_{\mathrm{in}}$,如激波出现、黏性内摩擦、温度梯度导致的热传导、质量耗散等引起的熵增,且

$(\mathrm{d}s)_{\text{in}} \geqslant 0$，其中"="号在可逆过程时成立。因此，可有

$$\mathrm{d}s = \frac{\delta q}{T} + (\mathrm{d}s)_{\text{in}} \quad \text{或} \quad \mathrm{d}s \geqslant \frac{\delta q}{T} \tag{1.6.10}$$

此即热力学第二定律的表达式。如果假设过程是绝热的，则式(1.6.10)变为

$$\mathrm{d}s \geqslant 0 \tag{1.6.11}$$

热力学第二定律指出：在绝热的孤立系统中，如果过程可逆，则熵值保持不变，即 $\Delta s = 0$；如果过程不可逆，则熵必增加，即 $\Delta s > 0$。因此，热力学第二定律又称为熵增原理。

熵的概念和热力学第二定律提供了判断过程是否可逆的标准和衡量不可逆程度的尺度，能够预计过程进行的方向及能量可利用率的变化。在一个热力学过程中，如果系统的熵增加了，就可以说经过该变化过程后，系统中可利用的能量减少了，或者说不可利用的能量增加了。

将式(1.6.9)代入式(1.6.5)和式(1.6.7)中，可得到封闭均匀系统可逆过程条件下的热力学基本方程，即

$$\mathrm{d}e = T\mathrm{d}s - p\mathrm{d}\left(\frac{1}{\rho}\right) \quad \text{和} \quad \mathrm{d}h = T\mathrm{d}s + \frac{\mathrm{d}p}{\rho} \tag{1.6.12}$$

1.6.4　完全气体和气体状态方程

从微观角度看，完全气体是这样一种理想化的气体：分子体积与分子间的平均距离相比可忽略不计；仅考虑分子的热运动（包括弹性碰撞），分子间没有其他相互作用（如分子之间的内聚力）。完全气体可以分为量热完全气体、热完全气体、带化学反应的完全气体混合物等。其中，热完全气体满足热状态方程（即克拉贝隆方程）

$$p = \rho R T \tag{1.6.13}$$

式中，R 为气体常数，对不同的气体有不同的数值，对空气 $R = 287.053 \ \mathrm{N \cdot m/(kg \cdot K)}$。

热完全气体只是真实气体在一定温度和压力范围内的近似。在低温高压情况下，气体分子间的内聚力和分子本身的体积便不可忽略，此时克拉贝隆方程失效。若以临界温度 T_{cr} 表示某真实气体可能液化的最高温度，与临界温度相对应的压力称为临界压力 p_{cr}，则热完全气体成立的条件是 $T \gg T_{\text{cr}}$ 且 $p \ll p_{\text{cr}}$。此外，在高温低压情况下，气体分子发生离解、电离和其他化学反应，成为多组元的混合气体，即均匀多元系统，对于这种混合气体，尽管其中的每一气体组元还可以应用克拉贝隆方程，但对于整体而言已经不属于热完全气体了。

对于热完全气体，由于只考虑分子的热运动，气体热力学能只包括分子热运动能量，而这部分能量又仅取决于温度，因而量热状态方程式(1.6.2)可简写为

$$e = e(T) \quad \text{和} \quad h = h(T) \tag{1.6.14}$$

即热力学能和焓只依赖于一个独立变量 T。

由式(1.6.8)、式(1.6.5)及式(1.6.7)，并分别取定容过程、定压过程，可有

$$c_V = \left(\frac{\delta q}{\mathrm{d}T}\right)_V = \frac{\mathrm{d}e}{\mathrm{d}T} \quad \text{和} \quad c_p = \left(\frac{\delta q}{\mathrm{d}T}\right)_p = \frac{\mathrm{d}h}{\mathrm{d}T} \tag{1.6.15a}$$

或写成

$$\mathrm{d}e = c_V \mathrm{d}T \quad \text{和} \quad \mathrm{d}h = c_p \mathrm{d}T \tag{1.6.15b}$$

积分式(1.6.15b),得

$$e = \int_{T_0}^{T_1} c_V \mathrm{d}T + e_0 \text{ 和 } h = \int_{T_0}^{T_1} c_p \mathrm{d}T + h_0 \tag{1.6.16}$$

由焓的表达式及热状态方程,可有

$$\mathrm{d}h = \mathrm{d}e + \mathrm{d}\left(\frac{p}{\rho}\right) = \mathrm{d}e + R\mathrm{d}T$$

于是得

$$c_p \mathrm{d}T = c_V \mathrm{d}T + R\mathrm{d}T$$

即

$$c_p - c_V = R \tag{1.6.17}$$

若定义比热比(也称绝热指数)$k = \dfrac{c_p}{c_V}$,则得

$$c_V = \frac{R}{k-1} \text{ 和 } c_p = \frac{kR}{k-1} \tag{1.6.18}$$

在 600 K 以下的常温条件下,空气的主要成分是氧分子和氮分子,分子只具有平动动能及转动动能。由统计热力学知识可知,单位质量空气热力学能 $e = \dfrac{5}{2}RT$,则

$$c_V = \frac{5}{2}R = 717.6 \text{ J/(kg · K)}, c_p = \frac{7}{2}R = 1\,004.7 \text{ J/(kg · K)}, k = 1.4$$

即 c_V, c_p, k 均为常数。 通常称比热容和比热比为常数的气体为量热完全气体。 若取式 (1.6.16) 中积分的参考温度、热力学能、焓等均为零,即 $T_0 = 0, e_0 = 0, h_0 = 0$,则量热完全气体的量热状态方程为

$$e = c_V T = \frac{1}{k-1}RT = \frac{1}{k-1}\frac{p}{\rho} \text{ 和 } h = c_p T = \frac{k}{k-1}RT = \frac{k}{k-1}\frac{p}{\rho} \tag{1.6.19}$$

当温度为 $600 \sim 2\,500$ K 时,氧分子和氮分子的振动自由能被激发,但化学反应还未开始,此时有 $c_V = c_V(T)$, $c_p = c_V + R = c_p(T)$, $k = k(T)$,即比热容和比热比为温度的函数,空气仍属于完全气体,但已不是量热完全气体。

当空气的温度为 $2\,500 \sim 9\,000$ K 时,氧分子和氮分子将先后产生离解,且伴有氧原子与氮原子的复合反应及其他反应。当温度大于 9 000 K 时还会发生电离。总之,温度高于 2 500 K 时,空气是一种多组元、变成分、有化学反应的混合气体,尽管其中的每一气体组元还可以应用克拉贝隆方程,但对于整体而言,空气已经不属于热完全气体。空气在高温条件下将产生振动激发、离解、电离和化学反应等现象,称这些现象对气体特性的影响为高温气体真实效应。在高超声速飞行器绕流时,强激波后和靠近物面的气体温度均很高,从而可能出现各种真实气体效应。图1.6.2 定性地表示了上述变化关系。

图 1.6.2　空气的比热容随温度变化

1.6.5　等熵关系

由式(1.6.12)及克拉贝隆方程可有

$$ds = \frac{de}{T} + \frac{p}{T}d\left(\frac{1}{\rho}\right) = \frac{de}{T} + R\rho\, d\left(\frac{1}{\rho}\right), ds = \frac{dh}{T} - \frac{1}{T\rho}dp = \frac{dh}{T} - \frac{R}{p}dp$$

对于热完全气体，上式可进一步写成

$$ds = c_V \frac{dT}{T} + R\rho\, d\left(\frac{1}{\rho}\right), ds = c_p \frac{dT}{T} - R\frac{dp}{p}$$

积分上面两式，可有

$$s = \int_{T_0}^{T_1} c_V \frac{dT}{T} + R\ln\frac{1}{\rho} + \mathrm{const}\, 0, s = \int_{T_0}^{T_1} c_p \frac{dT}{T} - R\ln p + \mathrm{const}\, 0$$

对于量热完全气体，可简化为

$$s = c_V \ln T + R\ln\frac{1}{\rho} + \mathrm{const}\, 0 = c_V \ln\frac{T}{\rho^{k-1}} + \mathrm{const}\, 0 = c_V \ln\frac{p}{\rho^k} + \mathrm{const} \quad (1.6.20\mathrm{a})$$

$$s = c_p \ln T - R\ln p + \mathrm{const}\, 0 = c_p \ln\frac{T}{p^{\frac{k-1}{k}}} + \mathrm{const}\, 0 = c_p \ln\frac{p^{\frac{1}{k}}}{\rho} + \mathrm{const} \quad (1.6.20\mathrm{b})$$

式(1.6.20a)还可以写成

$$\Delta s = s_1 - s_0 = c_V \ln\left[\frac{p_1}{p_0}\left(\frac{\rho_0}{\rho_1}\right)^k\right] \text{ 或 } \Delta s = c_V \ln\left[\frac{T_1}{T_0}\left(\frac{\rho_0}{\rho_1}\right)^{k-1}\right] \quad (1.6.21)$$

对于等熵过程即 $\Delta s = 0$，考虑克拉贝隆方程，可得到如下等熵关系

$$\frac{p_1}{p_0} = \left(\frac{\rho_1}{\rho_0}\right)^k = \left(\frac{T_1}{T_0}\right)^{\frac{k}{k-1}} \quad (1.6.22)$$

　　等熵过程是既绝热又可逆的一种热力学过程，限制性较强，但很多实际的可压缩流动问题可以被假设为等熵的。考虑一个飞行器绕流问题，飞行器表面附近因气体黏性作用而形成相对很薄的附面层，其中的黏性耗散、热传导等很强，熵是增加的。然而，在附面层以外的流动中，黏性、热传导等的影响非常小，可以忽略不计，因此附面层以外的流动就是绝热可逆的等熵流动。处理这部分流场的流动问题，式(1.6.22)是非常有用的。

1.7　流体的理论模型

1.黏性流动与无黏(理想)流动

　　黏性是流体的一种物理属性，它表示流体各部分之间动量输运的难易程度以及流体抵抗剪切变形的能力。因此，黏性流体是一切真实流体的模型，具有普遍意义。流体的黏性是用[动力]黏度 μ 来衡量的，但是式(1.2.2)表明，即使某些流体(如空气、水)的 μ 值很小，如果流体运动的速度梯度很大，仍不可忽略黏性力的作用，而是必须将其作为黏性流动处理。比如，气流以一定速度绕静止平板运动(图1.7.1)，紧贴平板表面的气体速度因黏性作用为零，而距其无穷远处的气体运动速度则为未受扰动的常值。根据实验得知，在距平板表面 δ 距离处，气流速度就已经与远处未受扰动的气流速度极为接近了。如果平板长度以米计，δ 仅为毫米或厘米量级。这说明平板表面附近很薄的区域内存在较大的速度梯度，必须考虑黏性效应。通常将靠近物体表面附近、速度梯度很大的区域称为附面层(或边界层)。而在

附面层之外的区域,由于速度梯度近似为零,可以忽略黏性作用。此外,湍流是黏性流体运动中的另一个重要研究内容。

图 1.7.1　绕平板的黏性流动

黏性是一个十分复杂的问题,它甚至给实际流体运动规律的研究带来几乎不可克服的困难。因此,在实际工程和某些理论研究中,对于那些黏性效应不十分显著的流动,可以忽略其黏性作用,这样既不至于造成对流动主要特性分析的太大失真,又为流体运动分析带来简便。这种忽略黏性效应(或假想黏度等于零)的流动称为无黏(或理想)流动。在黏度和速度梯度均较小的情况下,无黏流动假设在解释很多实际问题(如机翼升力、诱导阻力等)时起到了重要作用,但它在解释物体在流体中运动时的阻力、流动分离、管道损失等问题时与实际情况差距较大,"达朗贝尔佯谬"就是一个例子。

此外,由分子运动论可知,流体的黏性和热传导性是分子热运动输运过程的两个不同方面,前者是动量输运的表现,后者是动能交换的结果,因此二者之间应有确定的关系,即[动力]黏度 μ 与热导率 λ 之间满足关系式 $\lambda = \mu \dfrac{c_p}{Pr}$($Pr$ 为普朗特数,近似为常数)。这就是说,对于无黏(理想)流体假设,$\mu = 0$ 就意味着 $\lambda = 0$,即无黏流动必然是无热传导流动。

2.可压缩流动与不可压缩流动

流体的压缩性是指流体体积或密度随外力变化而改变的性质,并用压缩系数 β 来衡量。严格来说,任何实际流体都是可以压缩的,只是程度不同而已。如前所述,考虑流体为可压缩的,流体运动研究变得复杂得多。其一,流体密度的变化不仅引起流体热力学状况变化,同时它又反过来影响流体的力学状态,在数学上增加了一个未知量并必须引入补充方程以封闭控制方程组;其二,在某些情况下可能产生物理量的间断面(如激波),流体质点通过间断面后,其参数将产生突越的变化。

出于处理问题方便的角度,常将压缩性很小的流体近似看作是不可压缩流体,即将密度视为常数或不变。如果将压缩系数表达式写为 $\beta \mathrm{d}p = \dfrac{\mathrm{d}\rho}{\rho}$,可以看出有两种方式满足密度近似为不变(即 $\dfrac{\mathrm{d}\rho}{\rho} \approx 0$)的要求。其一是压缩系数 β 很小,如通常压力变化范围下的液体;其二是压力变化很小(即 $\mathrm{d}p \approx 0$),如气体低速运动($Ma \leqslant 0.3$ 或速度小于 $100~\mathrm{m/s}$)时,速度变化导致的压力变化就是足够小的。不过,上述两种情况下也不是一定就可以将流动看作是不可压缩的,还需要视具体流动情况而定。例如,水下爆炸时的压强变化非常大,压缩系数很小的水的运动就必须视作可压缩流动;气体运动的非定常性很强时,低速运动的气体也要按可压缩流体来处理。因此,不可压缩流动只是一种密度变化较小时的真实流动情况的简化模型,用于显著简化理论分析和计算工作,而且在满足相应条件的工程问题研究中具有足够的精确度。

需要指出的是，不可压缩流动指的是每个流体质点的密度在运动过程中保持不变，即 $\dfrac{\mathrm{D}\rho}{\mathrm{D}t}=\dfrac{\partial \rho}{\partial t}+V\cdot\nabla\rho=0$，而不同质点的密度是可以不同的，即不可压缩流动不等同于流场中不同空间点处密度处处相等。此外，同一空间点在不同时刻将被不同的质点所占据，因而流场中某一空间点处密度还是时时不同的。但是，如果在流动的初始时刻，每个流体质点的密度都相同（即均质流体），不可压缩流动就意味着在其后的任意时刻所有流体质点的密度都相同。多数情况下，均质流体假设是可以近似成立的，因而，若假设流体是不可压缩的，也就意味着流场中所有空间点上的密度处处、时时相同。

3. 绝热流动与等熵流动

许多流动过程中都伴随着传热现象，热量的来源可能是该部分流体与外界环境之间的热交换（如管道流动中通过壁面的传热），也可能是由流体内部的物理、化学作用产生（如介质热辐射、放电将电能转化为热能、燃烧室中的加热、化学反应将化学能转化为热能等）。如果流体与外界之间不存在这类热量的输入或生成，而且流体内部也不存在热传导现象时，将这样的流动称为绝热流动。严格的绝热流动是很难实现的，即使没有上述的热量从外部传入或内部生成，也会由于流动中的温度分布不均匀而导致热传导现象出现。只有当传入或生成的热量非常小，而且热传导的影响也可以忽略不计时，才可以近似认为流动是绝热的。

流体的黏性作用以及流动中可能出现的激波，都使流动产生机械能损耗并转化为热能，这是绝热流动所允许的，并将存在机械能损耗的绝热流动称为不可逆绝热流动。这两个现象的共同点在于没有外界的热量输入，而区别之处在于，前者可以认为，黏性作用导致的机械能损耗转化为热能，属于能量形式的转化，尤其是可以证明机械能损耗与热能生成这两个过程（或能力）是近似同步（或相同）的，因此流体微团具有的总能量不变化；后者则是既有黏性耗散使得机械能损耗转化为热能，也存在热传导效应，但是由于流动所涉及的空间尺度远大于热传导所涉及的空间尺度，通常可忽略"微小"空间尺度的热传导效应，或将其也归结到能量转化的范畴，因此宏观流动仍可看作是绝热流动。此外，流体微团穿过激波后的总能量不变是可以得到证明的。

在流体流动中，如果每个流体质点的熵在运动过程中保持不变，则称该流动为等熵流动，即 $\dfrac{\mathrm{D}s}{\mathrm{D}t}=\dfrac{\partial s}{\partial t}+V\cdot\nabla s=0$，显然不同流体质点可以具有不同的熵值，即等熵流动不等同于全流场中熵时时、处处相等。但是，如果在流动的初始时刻，每个流体质点的熵相同，等熵流动就意味着在其后的任意时刻所有流体质点的熵都相同，这类流动称为均熵流动。没有机械能损耗（或者说忽略流体黏性、热传导）的可逆绝热流动可以（近似）看作是等熵流动。

4. 定常流动与非定常流动

流场内空间点上的流体物理量随时间变化的流动称为非定常流动，用数学表述即为 $\dfrac{\partial}{\partial t}\neq 0$。而且当流动变化过快时还可能产生新的物理现象，例如，管道水流在阀门突然关闭时将产生很强的惯性作用，动能迅速转化为压力能并使压强升高，水被压缩（通常认为水是不可压缩的），而且以压力波的形式将压强升高的现象沿管路道传播，这就是水锤（击）现象。

通常的流动都是非定常的，但某些流动，其流动状况随时间变化较小或者说流动状态不随时间变化,这种流动被称为定常流动(即 $\frac{\partial}{\partial t}=0$)。例如,站在岸边观察某一段固定水域(即控制体)内的水流,可以发现,尽管河水不断地进出该水域,且不同空间点处水流速度也不同,但在任意时刻所看到的流动状况却几乎是不变的(即流场内的不同空间点上的物理量不随时间变化)。由于对于定常流动的研究要简单得多,甚至有时在定常流动条件下,流体运动的微分方程可以直接积分出来,因此定常流动也是一种简化模型。

出于研究问题的简便处理,还可以将非定常流动问题转化为定常流动问题。如图1.7.2所示,在一个空气处于静止状态的固定空间区域内,考察一个做匀速直线运动的飞行器,在地面(或称绝对或称静止)坐标系下观察时可以看到,某一瞬时,远离飞行器、未受扰动空间处的气体质点速度为零,接近飞行器头部处的气体质点被推开,而尾部处气体质点又汇集起来;另一瞬时,随飞行器运动,原来某空间位置处未受扰动的气体质点受到了明显扰动,而受扰动的气体质点随飞行器远离而逐渐恢复至静止状态,整个流场内的质点运动图谱与前一时刻是不同的,或者说不同空间位置处的质点速度是随时间变化的,这显然是一个非定常流动问题。若把坐标系固定于飞行器上(称相对或运动坐标系)并随其做匀速直线运动时,再来观察同样的流动可以发现,远处气流以与飞行速度大小相等但方向相反的速度迎面流向飞行器,随着接近、远离飞行器,气流速度的大小、方向发生相应变化,但在相对坐标系下的整个空间内的流动状况并不随时间变化而改变,这就变成了一个定常流动问题了。根据力学的相对运动原理,只要所用的相对坐标系是做匀速直线运动的(即惯性坐标系),则物体所受的作用力不会随坐标系的不同而改变,因而匀速的飞行问题都采用相对坐标系去处理。

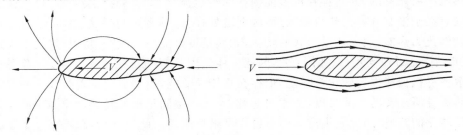

图 1.7.2　非定常运动与定常运动的转换

此外,在旋转式叶轮机械中(如汽轮机、航空发动机中的压气机及涡轮等)的流动问题研究中,经常采用随叶轮匀速旋转的相对坐标系,以实现非定常流动问题向定常流动问题的转化。在这种相对坐标系下研究流体质点运动学、动力学问题,具有简捷、物理概念清晰、计算编程方便等优点。但这是一个不能直接应用牛顿定律的非惯性坐标系,通常需要将惯性坐标系中的控制方程组变换到非惯性坐标系中,在绝对坐标系下使流体微团产生加速度的力,在相对坐标系下可分解为使其产生相对加速度、科氏加速度及向心加速度的力,后两者之和的负值即为相对(非惯性)坐标系中的惯性力。顺便提一下,将牛顿运动定律改写为 $\boldsymbol{F}-m\boldsymbol{a}=0$ 的形式时,称 $-m\boldsymbol{a}$ 为惯性力,这是达朗贝尔原理描述的内容。

5. 一维、二维、三维流动

如果流场内空间点上的流体参数是三个空间坐标的函数,称这样的流动是三维流动;如果是两个空间坐标的函数,称为二维或平面流动;如果仅是一个空间坐标的函数,称为一维流动。如果把时间和空间结合起来,则有一维定常及非定常流动、二维定常及非定常流动、三维定常及非定常流动等。

图 1.7.3(a) 表示气体在发动机尾喷管内流动的情况。在不需要精确设计喷管时，往往可近似认为气体的流动参数只沿喷管轴线方向(图中 x 轴方向)变化，而在其他方向没有变化，这样的流动就是一维流动。如果发动机处于稳定工作状态，气体在喷管中的流动就是一维定常流动；而在发动机启动或停车过程中就是一维非定常流动。需要说明的是，对于与喷管内流动类似的一维管道流动来说，并不一定要求管道轴线必须是直线(如笛卡尔坐标系中的 x 轴)，有时也可以是一条曲线，只要满足气体参数仅是沿着流动方向量取的曲线弧长的函数即可。

图 1.7.3(b) 表示均匀气流绕流机翼问题，若机翼翼展比翼弦大得多，且翼剖面相同，则可认为机翼(翼梢部分除外)沿翼展方向(图中 z 轴方向)流动参数没有变化或流动状况完全一样，只在 x 轴及 y 轴方向才有变化，这样的流动就是二维或平面流动。飞行器匀速飞行时，机翼绕流流动为二维定常流动；而在起飞或降落时为二维非定常流动。

图 1.7.3(c) 为气体在叶轮机械(如压气机、涡轮)流道内的流动情形，流动参数在轴向、径向、周向(这里采用圆柱坐标系)都有变化，这样的流动就是三维流动。也有这样的空间流动，虽然需要三个坐标变量描述流动，但是流动参数对于某个坐标轴来看却是对称的。例如，绕流回转体形式的导弹弹体的流动，在圆柱坐标系中可以发现流动参数对于回转轴(z 轴)来说是对称的，即流动参数不是 θ 的函数，只是 r 和 z 坐标的函数，这样的流动被称为轴对称流动，也是一种二维流动问题。

(a)　　　　　　　　　　(b)　　　　　　　　　　(c)

图 1.7.3　一维、二维、三维流动模型

应该指出的是，真正的一维流动、二维流动是很少见的，它们只是实际三维流动的一种近似模型。但在许多情况下，把复杂的三维流动简化为一维或二维流动来处理，仍可以得到较为满意的结果，因此在工程实践中有着广泛的应用。

6. 有旋流动与无旋流动

如图 1.7.4 所示，流体运动过程中流体质点本身有旋转的流动称为有旋流动，如质点边旋转边做直线运动是有旋流动，而质点不旋转就算其运动轨迹是圆周的也属于无旋流动。有旋流动是自然界中普遍存在的流动现象，如大气中的台风及龙卷风、绕流物体尾涡等。表征有旋流动的物理量称为涡量，用数学表述为

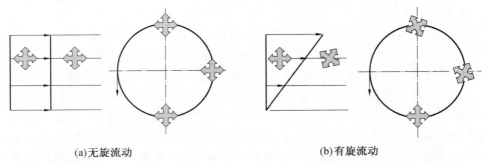

(a)无旋流动　　　　　　　(b)有旋流动

图 1.7.4　无旋、有旋流动模型

$$\boldsymbol{\Omega} = \begin{vmatrix} \boldsymbol{i} & \boldsymbol{j} & \boldsymbol{k} \\ \dfrac{\partial}{\partial x} & \dfrac{\partial}{\partial y} & \dfrac{\partial}{\partial z} \\ v_x & v_y & v_z \end{vmatrix}$$

考虑如图 1.2.3 所示的简单流动,即 $v_x = cy$,$v_y = 0$,$v_z = 0$,可知 $\boldsymbol{\Omega} = -\dfrac{\partial v_x}{\partial y}\boldsymbol{k} = -c\boldsymbol{k} \neq$ 0。与前面的讨论类似,流体微团(对角线)的旋转角速度为 $-\dfrac{1}{2}\dfrac{\partial v_x}{\partial y}$,即涡量是微团旋转角速度的 2 倍,因此黏性流动中必然产生涡。此外,如果流体是斜压的(即密度是温度及压强的函数,如海水、满足完全气体状态方程的气体等)、作用在流体上的力是非有势的,流体中都将产生涡。例如,飞机机翼的附面层内由黏性产生的涡量是导致飞机产生升力的本质原因;大气、海水既是有黏的斜压流体,又受到因地球自转产生的非有势科氏力作用(通常可忽略,但对大尺度运动如信风研究还是很重要的),因而大气、海洋中充满了尺度不一的涡。

无旋流动就是流体运动过程中流体质点无旋转的流动。尽管有旋流动是自然界中普遍存在的,但在一些假设或某种近似条件下,流动还是可以视为无旋的。例如,对于无黏、正压流体(流体密度仅是压力的函数即为正压流体,如等温、等熵流动假设,等密度流动是正压流体的一个特例),当假设质量力有势时,均匀来流绕流物体运动或从静止状态开始的流动就属于无旋流动。无旋流动的重要意义在于,无旋条件下可以得到速度的势函数,如果再假设流体是不可压缩的,就可以得到速度势的拉普拉斯方程,它在数学上有成熟的方法处理。因此无旋流动也是一种应用广泛的简化模型。

7. 重力流体与非重力流体

在流体运动中通常是要考虑重力作用的。对于低速运动的流体(如海洋、大气),惯性力较小,重力是影响流体运动的主要因素。此外,在由自由界面及密度分布不均匀引起的流体运动中,重力也起主要作用。但是在气体高速运动中,由于惯性力比气体重力大得多,通常忽略重力因素。

第 2 章　流体运动基本方程组

流体力学基本方程组是将流体运动时所应遵循的物理定律用方程的形式表达出来,其目的是从这些方程中求解得到流动的未知量。一般说来,流体力学必须遵循的定律有:① 质量守恒定律;② 动量守恒定律;③ 动量矩守恒定律;④ 能量守恒定律(即热力学第一定律);⑤ 熵不等式(即热力学第二定律)。这五个定律是制约流体运动的基本物理定律,前三个是力学的,后两个是热力学的。上述定律对流体运动的数学描述就是流体运动基本方程组,但这个方程组是不封闭的,为了能从中解出未知量,还要补充诸如本构方程、状态方程等有关物性方面的方程。尽管目前还得不到这个方程组的解析解,但研究它的性质具有极其重要的意义,毕竟各种流动现象都是由这个方程组规定的。此外,对具体的流体运动,不一定需要应用所有定律,如对不可压缩流体、不考虑热效应的流动,前两个定律就已经足够了。

流体运动基本方程组的数学表达式可以是积分形式的,也可以是微分形式的。积分形式的方程通过对流体取有限体积的控制体,应用基本定律经积分得到。微分形式的方程可以根据积分域的任意性而从积分形式的方程直接得出,也可以对流体取微体积元,运用基本定律直接得到。

积分形式的基本方程组所描述的是包含在系统或控制体内气体运动的总体性质,以及气体与物体之间相互作用的总效果。例如,物体作用于气体的合力(其反作用力即为气体对物体作用的合力)。特别是当流场中存在各种间断(如激波)或流动参数出现不连续时,积分形式的基本方程具有更大的优越性,由于间断条件也必须满足总体的守恒条件或者说间断条件已经自然包含在积分形式的基本方程内,因而无需专门去处理间断条件即可得到流动的总体性质和效应。微分形式的基本方程组可给出流场中每一流体微团的各个物理量之间的关系,用于了解流动细节。当流动对时间和空间都是连续的,流体物理量如 $p,\rho,\boldsymbol{V}$ 等都是时间和空间的连续函数时,积分形式的基本方程与微分形式的基本方程完全等价,利用高斯公式等可以很容易直接从积分形式的基本方程组导出其微分形式。但是,对于流动有间断的情况,微分形式的基本方程只适用于间断两侧的连续流动区,间断两侧的解需要以间断条件作为连接条件。由于所需研究的实际流动中的间断面形状、位置事先并不知道,它们是作为求解过程的一部分被求出来的,因此求解微分形式的基本方程组将会遇到很大困难。

2.1　连续方程

2.1.1　连续方程的积分形式及其应用

对于一个确定的系统,质量守恒原理可以表述为:在系统中不存在源或汇的条件下,系统的质量不随时间变化。用数学表述为

$$\frac{\mathrm{D}}{\mathrm{D}t}\iiint_{\tau_0}\rho\mathrm{d}\tau_0=0 \tag{2.1.1}$$

利用雷诺输运定理,式(2.1.1)又可写成

$$\frac{\partial}{\partial t}\iiint_{\tau}\rho\mathrm{d}\tau+\oiint_{S}\rho\boldsymbol{V}\cdot\boldsymbol{n}\mathrm{d}S=0 \quad 或 \quad -\frac{\partial}{\partial t}\iiint_{\tau}\rho\mathrm{d}\tau=\oiint_{S}\rho\boldsymbol{V}\cdot\boldsymbol{n}\mathrm{d}S \tag{2.1.2}$$

此为欧拉型的连续方程。它的物理意义是:单位时间内通过控制面 S 流出的质量,等于同时间内控制体质量的减少,反映了流场中一个有限空间内的流动变量之间的关系。由于连续方程不涉及力的作用问题,是一个运动学方程,它适用于无黏、有黏流体的流动。若流动是定常的,即 $\frac{\partial}{\partial t}=0$,则式(2.1.2)简化为

$$\oiint_{S}\rho\boldsymbol{V}\cdot\boldsymbol{n}\mathrm{d}S=\iint_{S_{\mathrm{in}}+S_{\mathrm{out}}}\rho\boldsymbol{V}\cdot\boldsymbol{n}\mathrm{d}S=0 \quad 或 \quad -\iint_{S_{\mathrm{in}}}\rho\boldsymbol{V}\cdot\boldsymbol{n}\mathrm{d}S=\iint_{S_{\mathrm{out}}}\rho\boldsymbol{V}\cdot\boldsymbol{n}\mathrm{d}S \tag{2.1.3}$$

式中,$\iint_{S}\rho\boldsymbol{V}\cdot\boldsymbol{n}\mathrm{d}S$ 为单位时间内流入或流出控制体的质量,称为质量流量,以 $\dot{m}$ 表示且始终取正值。再考虑到流体流入控制体时,$\boldsymbol{V}$ 与控制面外法线单位矢量 $\boldsymbol{n}$ 成钝角,即 $\boldsymbol{V}\cdot\boldsymbol{n}$ 应为负值,于是式(2.1.3)又可写成

$$\dot{m}=\iint_{S_{\mathrm{in}}}\rho v_n\mathrm{d}S=\iint_{S_{\mathrm{out}}}\rho v_n\mathrm{d}S=\mathrm{const} \tag{2.1.4}$$

式(2.1.3)或(2.1.4)表明,对于定常流动,当不存在源或汇时,经过控制面流入控制体的质量流量必然等于流出控制体的质量流量。

例 2.1.1 如图 2.1.1 所示,某储气容器(由气罐与管道组成)中的空气经管道向外界排出,且任意时刻容器中的空气性质都是均匀的。设 t_0 时刻管道出口处气流密度 ρ_0 为均匀分布,速度垂直于出口截面且其分布满足 $V=V_0\left[1-\left(\frac{r}{r_0}\right)^2\right]$。求 t_0 时刻从管口排出的空气质量流量及容器中空气密度的瞬时变化率。

图 2.1.1 高压容器排气

解 取如图 2.1.1 所示控制体,令 $S_0=\pi r_0^2$,根据质量流量公式可有

$$\dot{m}=\iint_{S}\rho V\mathrm{d}S_0=\rho_0 V_0\int_0^{r_0}\left(1-\frac{r^2}{r_0^2}\right)2\pi r\mathrm{d}r=\frac{\pi r_0^2}{2}\rho_0 V_0=\frac{\rho_0 V_0 S_0}{2}$$

由于 $\frac{\partial}{\partial t}\iiint_{\tau}\rho\mathrm{d}\tau+\iint_{S}\rho V\mathrm{d}S_0=0$,考虑到任意时刻控制体中空气性质是均匀的,即 ρ 仅是 t 的函数,则有

$$\frac{\mathrm{d}\rho}{\mathrm{d}t}\tau+\dot{m}=0 \quad 或 \quad \frac{\mathrm{d}\rho}{\mathrm{d}t}=-\frac{\dot{m}}{\tau}=-\frac{\rho_0 V_0 S_0}{2\tau}$$

式中,τ 为容器体积。可知储气容器中空气密度随时间增加而减少。

例 2.1.2 射流泵是一种利用射流提高流动速度及压强的装置,如图 2.1.2 所示。设截面积为 S 的圆管中流体以匀速 V_1 运动,一高速射流沿圆管中心线射出,其速度及截面积分别为 V_j,S_j。若流动是定常的,两种流体为同一流体且密度为常数。求混合气体的平均速度 V_2。

解 取如图 2.1.2 所示控制体,设截面 2 处气体混合均匀且具有平均速度 V_2,于是

$$\rho(S-S_j)V_1+\rho S_j V_j=\rho SV_2$$

即
$$V_2 = V_1 + \frac{S_j}{S}(V_j - V_1) > V_1$$

例 2.1.3　设涡轮喷气发动机尾喷管内为定常流动，且进出口截面参数分布是均匀的。若进口截面 1 处的参数为：$p_1 = 2.05 \times 10^5$ N/m^2，$T_1 = 865$ K，$V_1 = 288$ m/s，$S_1 = 0.19$ m^2；出口截面 2 处的参数为：$p_2 = 1.143 \times 10^5$ N/m^2，$T_2 = 766$ K，$S_2 = 0.153\ 8$ m^2，求通过尾喷管的质量流量及出口流速。设燃气的气体常数 $R = 287.4$ J/(kg·K)。

图 2.1.2　射流泵原理

解　由质量流量公式可有
$$\dot{m}/(\mathrm{kg \cdot s^{-1}}) = \rho_1 V_1 S_1 = \frac{p_1}{RT_1} V_1 S_1 = 45.1$$

根据
$$\dot{m} = \rho_1 V_1 S_1 = \rho_2 V_2 S_2$$

得到
$$V_2/(\mathrm{m \cdot s^{-1}}) = V_1 \frac{S_1}{S_2} \frac{p_1}{p_2} \frac{T_2}{T_1} = 565.1$$

2.1.2　连续方程的微分形式及其应用

利用雷诺输运定理的表达式，连续方程的积分形式又可写成
$$\frac{\mathrm{D}}{\mathrm{D}t}\iiint_\tau \rho \mathrm{d}\tau = \iiint_\tau \left[\frac{\partial \rho}{\partial t} + \nabla \cdot (\rho \boldsymbol{V})\right] \mathrm{d}\tau = 0 \ \text{和}\ \frac{\mathrm{D}}{\mathrm{D}t}\iiint_\tau \rho \mathrm{d}\tau = \iiint_\tau \left[\frac{\mathrm{D}\rho}{\mathrm{D}t} + \rho \nabla \cdot \boldsymbol{V}\right] \mathrm{d}\tau = 0$$

由于积分区间是任意选取的，若假定被积函数连续，则只有被积函数处处为零，上式才能成立。于是可以得到连续方程的微分形式
$$\frac{\partial \rho}{\partial t} + \nabla \cdot (\rho \boldsymbol{V}) = 0 \ \text{或}\ \frac{\mathrm{D}\rho}{\mathrm{D}t} + \rho \nabla \cdot \boldsymbol{V} = 0 \qquad (2.1.5)$$

它建立了流场中某点（即占据该空间点的流体质点）的流动变量之间的关系。

若流动是定常的，则有
$$\nabla \cdot (\rho \boldsymbol{V}) = 0 \qquad (2.1.6)$$

式（2.1.6）表明从单位体积流体净流出的质量为零。对于不可压缩流体，因为流体质点的密度在运动过程中保持不变，即 $\frac{\mathrm{D}\rho}{\mathrm{D}t} = 0$，所以有

$$\nabla \cdot \boldsymbol{V} = 0 \ \text{或}\ \frac{\partial v_x}{\partial x} + \frac{\partial v_y}{\partial y} + \frac{\partial v_z}{\partial z} = 0 \qquad (2.1.7)$$

该式表明不可压缩流体在流动过程中速度的散度处处为零，或流体体积既不膨胀也不收缩。它规定了速度场中各速度分量之间所应满足的关系，可用于判断给定的速度场在物理上是否可能存在的问题。

例 2.1.4　设不可压缩流体的流动速度分布为 $\boldsymbol{V} = 6(x + y^2)\boldsymbol{i} + (2y + z^3)\boldsymbol{j} + (x + 4z)\boldsymbol{k}$，试问这种流动是否连续？若某流体的流动速度分布为 $\boldsymbol{V} = y^2\boldsymbol{i} + (2y + z^3)\boldsymbol{j} + (x - 2z)\boldsymbol{k}$，试问这种流体是不可压缩的吗？

解　由速度分布可知流动为定常流动,由于流体是不可压缩的,若对应第一种速度场的流动连续,则应有 $\nabla \cdot V = 0$ 成立。现在有

$$\frac{\partial v_x}{\partial x} = 6, \frac{\partial v_y}{\partial y} = 2, \frac{\partial v_z}{\partial z} = 4$$

即 $\dfrac{\partial v_x}{\partial x} + \dfrac{\partial v_y}{\partial y} + \dfrac{\partial v_z}{\partial z} = 12 \neq 0$,说明上述给定速度场的流动是不连续的。

对于第二种给定的速度场分布,若为不可压缩流体,则也应满足 $\nabla \cdot V = 0$。现在有 $\dfrac{\partial v_x}{\partial x} + \dfrac{\partial v_y}{\partial y} + \dfrac{\partial v_z}{\partial z} = 0 + 2 - 2 = 0$ 成立,说明流体是不可压缩的。

2.1.3　一维定常流动的连续方程形式

所谓一维定常流动,是指垂直于流动方向的某一截面上,流动参数(如速度、压力、温度、密度等)都均匀一致且不随时间变化的流动。在一维定常流动中,流动参数仅是沿着流动方向量取的弧长的函数(即只是一个曲线坐标的函数),通常取流道各截面的中心点连接而成的曲线作为坐标轴(或线),其切线方向(与流动方向同向)就是气流的速度方向,因此曲线坐标轴也就是流线。这是一种最简单、理想化的流动模型,实际的流体运动中并不存在真正的一维定常流动,如黏性作用总会使得各气流参数在同一截面上分布不均匀。但是,对于许多工程实际问题,在一定条件下仍可近似认为是一维定常流动(如涡轮喷气发动机的进气道、尾喷管中的流动),只要沿流动方向管道截面积变化缓慢(即管道的扩张角或收缩角较小),且管道轴线曲率半径比管道半径大得多,这时气流速度的管道轴线方向分量远大于其径向分量,其他物理量沿管轴方向变化也比其他方向的变化大得多,则可用截面的平均流动参数代表一维流动变量。一维定常流动假设的最大优点是其非常简单,在某些条件下可以给出解析解或半解析半数值结果,为许多工程问题提供了快速计算方法,因而有着极其广泛的应用。

一维流动控制体如图2.1.3所示。考虑一维流动假设:其一,侧壁面或者可以认为其外法线单位矢量与气流速度方向垂直且有 $V \cdot n = 0$ 成立,或者可以认为是固壁面无流体流过;其二,流动方向与截面垂直且流动参数均匀一致,则式(2.1.2)可写成

图 2.1.3　一维流动的控制体

$$\frac{\partial}{\partial t}\iiint_\tau \rho \,\mathrm{d}\tau + (\rho V S)_2 - (\rho V S)_1 = 0 \quad (2.1.8)$$

式中,下标1,2分别代表进、出口截面处的参数。若流动是定常的,则有

$$\dot{m} = (\rho V S)_2 = (\rho V S)_1 = \rho V S = \mathrm{const} \tag{2.1.9}$$

即在一维定常流动中,通过同一管道或流管任意截面的流体质量流量保持不变。它表示流体流动的连续性。若流动是不可压的,即 $\rho = \mathrm{const}$,有

$$SV = \mathrm{const} \tag{2.1.10}$$

SV 也称为体积流量。由式(2.1.10)可见,对于一维不可压定常流动,流速随截面积缩小而增加。但该结论对于可压缩流动并不总是正确的,这个问题将在后面的有关章节进行讨论。

对式（2.1.9）取对数，再微分，即可得到一维定常流动连续方程的微分形式，即

$$\frac{\mathrm{d}\rho}{\rho} + \frac{\mathrm{d}V}{V} + \frac{\mathrm{d}S}{S} = 0 \tag{2.1.11}$$

2.2　动量方程

2.2.1　动量方程的积分形式及其应用

动量方程可以表述为：系统的动量对时间的变化率等于外界作用于该系统上的合力。考虑质量力、表面力的定义，其数学表述为

$$\frac{\mathrm{D}}{\mathrm{D}t} \iiint_{\tau_0} \rho \boldsymbol{V} \mathrm{d}\tau_0 = \sum \boldsymbol{F} = \iiint_{\tau_0} \rho \boldsymbol{f} \mathrm{d}\tau_0 + \oiint_S \boldsymbol{P} \cdot \boldsymbol{n} \mathrm{d}S \tag{2.2.1}$$

利用雷诺输运定理，式（2.2.1）又可写成

$$\frac{\partial}{\partial t} \iiint_{\tau} \rho \boldsymbol{V} \mathrm{d}\tau = \iiint_{\tau} \rho \boldsymbol{f} \mathrm{d}\tau + \oiint_S \boldsymbol{P} \cdot \boldsymbol{n} \mathrm{d}S - \oiint_S \rho \boldsymbol{V}(\boldsymbol{V} \cdot \boldsymbol{n}) \mathrm{d}S \tag{2.2.2}$$

此为欧拉型的动量方程。它的物理意义是：作用在控制体内流体上的合力与单位时间通过控制面流出的流体动量（$\oiint_S \rho \boldsymbol{V}(\boldsymbol{V} \cdot \boldsymbol{n}) \mathrm{d}S = \oiint_S \boldsymbol{V} \mathrm{d}\dot{m}$）之差，等于控制体内的流体动量随时间的变化率。

根据本构方程，并用 $\boldsymbol{\tau}$ 表示应力张量 $\boldsymbol{P}$ 中与黏性有关的项，则有

$$\boldsymbol{P} = -p\boldsymbol{I} + \mu\left[2\boldsymbol{S} - \frac{2}{3}(\boldsymbol{\nabla} \cdot \boldsymbol{V})\boldsymbol{I}\right] = -p\boldsymbol{I} + \boldsymbol{\tau} \tag{2.2.3}$$

可证明单位张量 $\boldsymbol{I}$ 与控制面外法线单位矢量 $\boldsymbol{n}$ 的点乘有 $\boldsymbol{I} \cdot \boldsymbol{n} = \boldsymbol{n}$，即

$$\boldsymbol{I} \cdot \boldsymbol{n} = \begin{bmatrix} 1 & 0 & 0 \\ 0 & 1 & 0 \\ 0 & 0 & 1 \end{bmatrix} \cdot \boldsymbol{n} = n_x \boldsymbol{i} + n_y \boldsymbol{j} + n_z \boldsymbol{k} = \boldsymbol{n}$$

则式（2.2.2）又可写成

$$\frac{\partial}{\partial t} \iiint_{\tau} \rho \boldsymbol{V} \mathrm{d}\tau = \iiint_{\tau} \rho \boldsymbol{f} \mathrm{d}\tau - \oiint_S p\boldsymbol{n} \mathrm{d}S + \oiint_S \boldsymbol{\tau} \cdot \boldsymbol{n} \mathrm{d}S - \oiint_S \rho \boldsymbol{V}(\boldsymbol{V} \cdot \boldsymbol{n}) \mathrm{d}S \tag{2.2.4}$$

将控制体的边界分为有流体流过的面、无流体流过的非固壁面以及固壁面三类，并改写式（2.2.4），有

$$\frac{\partial}{\partial t} \iiint_{\tau} \rho \boldsymbol{V} \mathrm{d}\tau = \iiint_{\tau} \rho \boldsymbol{f} \mathrm{d}\tau + \left[-\oiint_S p\boldsymbol{n} \mathrm{d}S + \oiint_S \boldsymbol{\tau} \cdot \boldsymbol{n} \mathrm{d}S - \oiint_S \rho \boldsymbol{V}(\boldsymbol{V} \cdot \boldsymbol{n}) \mathrm{d}S\right]_{\mathrm{I}} +$$

$$\left(-\oiint_S p\boldsymbol{n} \mathrm{d}S + \oiint_S \boldsymbol{\tau} \cdot \boldsymbol{n} \mathrm{d}S\right)_{\mathrm{II}} + \left(-\oiint_S p\boldsymbol{n} \mathrm{d}S + \oiint_S \boldsymbol{\tau} \cdot \boldsymbol{n} \mathrm{d}S\right)_{\mathrm{III}}$$

将上式右端项中固壁面对流体的作用力定义为 $\boldsymbol{F}_e$，则又可写成

$$\frac{\partial}{\partial t} \iiint_{\tau} \rho \boldsymbol{V} \mathrm{d}\tau = \iiint_{\tau} \rho \boldsymbol{f} \mathrm{d}\tau + \left[-\oiint_S p\boldsymbol{n} \mathrm{d}S + \oiint_S \boldsymbol{\tau} \cdot \boldsymbol{n} \mathrm{d}S - \oiint_S \rho \boldsymbol{V}(\boldsymbol{V} \cdot \boldsymbol{n}) \mathrm{d}S\right]_{\mathrm{I}} +$$

$$\left(-\oiint_S p\boldsymbol{n} \mathrm{d}S + \oiint_S \boldsymbol{\tau} \cdot \boldsymbol{n} \mathrm{d}S\right)_{\mathrm{II}} + \boldsymbol{F}_e$$

考虑如图 2.2.1 给出的三种情况，上式中各项面积分的特点如下：

（1）第一种是典型的空间绕流物体流场。取控制体如图 2.2.1(a) 所示，假设其进出口

边界 S_1，S_2 距物体足够远，进口边界 S_1 是未受扰动的匀速来流，与黏性有关的积分项为零（匀速流动 $V=\mathrm{const}$，即 $\tau=0$）；出口边界 S_2 是扰动后参数混合均匀的出流，一般说来，已知流体密度、速度及压强分布，但通常忽略由速度梯度导致的与黏性有关的积分项，即假设 $\tau=0$。因此，上式右端中与第 I 类面有关的项可写为

$$-\left[\iint_{S_2}\rho\mathbf{V}(\mathbf{V}\cdot\mathbf{n})\mathrm{d}S-(\rho\mathbf{V}v_nS)_1\right]+(\overrightarrow{p_1S_1}+\overrightarrow{p_2S_2})$$

若侧边界 S_3 也距物体足够远，则可视为未受扰动的匀速流动，即 $\tau=0$，流体运动方向与 S_3 面平行，即属于无流体穿过的非固壁面（也是流线），压强互相抵消或压强合力为零。因此，上式右端中与第 II 类面有关的项等于零。S_4 面由流体内部假想的两条近似重合边界组成，与之有关的面积分也均为零。S_5 面的面积分值即为 $\mathbf{F}_e$。

　　（2）第二种是管道中有绕流物体（也可能是旋转叶轮）时的流场，取控制体如图 2.2.1(b) 所示，假设其进出口边界与第一种情况相同，第 II 类面不存在，包含壁面、物体的 S_3 面的面积分值为 $\mathbf{F}_e$。

　　（3）第三种则是流体通过管道时的流场，取控制体如图 2.2.1(c) 所示，设其进出口边界也与第一种情况相同，壁面处 S_3 面的面积分值为 $\mathbf{F}_e$。

图 2.2.1　推导动量方程的控制体

综合上述三种情况，动量方程可以简写成

$$\frac{\partial}{\partial t}\iiint_\tau\rho\mathbf{V}\mathrm{d}\tau+\iint_{S_2}\rho\mathbf{V}(\mathbf{V}\cdot\mathbf{n})\mathrm{d}S-(\rho\mathbf{V}v_nS)_1=\iiint_\tau\rho\mathbf{f}\mathrm{d}\tau+(\overrightarrow{p_1S_1}+\overrightarrow{p_2S_2})+\mathbf{F}_e$$

再考虑连续方程及 $\dot{m}$ 的定义，上式为

$$\frac{\partial}{\partial t}\iiint_\tau\rho\mathbf{V}\mathrm{d}\tau+\iint_{S_2}\mathbf{V}\mathrm{d}\dot{m}-\dot{m}\mathbf{V}_1=\iiint_\tau\rho\mathbf{f}\mathrm{d}\tau+(\overrightarrow{p_1S_1}+\overrightarrow{p_2S_2})+\mathbf{F}_e \qquad (2.2.5)$$

若假定为定常流动且忽略质量力，则有

$$\iint_{S_2}\mathbf{V}\mathrm{d}\dot{m}-\dot{m}\mathbf{V}_1=(\overrightarrow{p_1S_1}+\overrightarrow{p_2S_2})+\mathbf{F}_e \qquad (2.2.6)$$

若假定出口截面也为匀速流动，则有

$$\dot{m}(\mathbf{V}_2-\mathbf{V}_1)=(\overrightarrow{p_1S_1}+\overrightarrow{p_2S_2})+\mathbf{F}_e \qquad (2.2.7)$$

从上面的推导过程可以看出，动量方程积分形式的适用性十分普遍，它与流体性质（无黏或有黏）、流动过程（如热力学过程、化学过程等）无关，只要在进出口截面上的气流参数是已知的，就可以得到作用于固壁及绕流物体表面上的合力 $-\mathbf{F}_e$，而不必深入了解控制体内流动的详细参数及过程。

例 2.2.1　一均匀平行流流过翼型后，由于黏性影响会在翼型尾缘后产生如图 2.2.2

所示的尾迹区。试求翼型的阻力系数 $c_d = \dfrac{X}{\dfrac{1}{2}\rho_\infty V_\infty^2 c}$。设流动是不可压缩定常流动。

图 2.2.2　翼型阻力系数

解　取如图 2.2.2 所示的控制体,设进出口截面距翼型足够远且压强均等于未受扰动气流压强,则 x 向压强合力为零,侧表面为距翼型足够远的流线或未受扰动匀速绕流流线(即无流体穿过、可忽略黏性影响、压强合力为零)。定义 dy_1, dy_2 为微小控制体在进出口截面处的 y 向长度且满足连续方程 $\rho V_\infty dy_1 = \rho V(y) dy_2$,取控制体垂直纸面方向的长度为 1,则有 x 向动量方程

$$\int_{y_2} \rho V(y) V(y) dy_2 - \int_{y_1} \rho V_\infty V_\infty dy_1 = (F_e)_x$$

合并得

$$(F_e)_x = \rho \int_{y_2} V(y)[V(y) - V_\infty] dy_2$$

由于流体所受到的翼型作用力即为翼型所受到的流体作用力 X 的负值,即 $(F_e)_x = -X$,令翼型弦长为 c,则有

$$c_d = \frac{X}{\dfrac{1}{2}\rho_\infty V_\infty^2 c} = \frac{\rho \displaystyle\int_{y_2} V(y)[V_\infty - V(y)] dy_2}{\dfrac{1}{2}\rho_\infty V_\infty^2 c}$$

例 2.2.2　推导喷气发动机推力公式。

解　取与发动机以相同速度 V 运动的相对坐标系,即气流以与飞行速度 V 大小相等、方向相反的速度流向发动机,以速度 V_e 从发动机的尾喷管射出。取如图 2.2.3 所示控制体,进口截面 $O'O$ 位于远离发动机入口处的未受扰动区,气流压力为大气压强 p_a,速度为 V;出口截面 $e'e$ 位于发动机尾喷管处,其中喷管出口

图 2.2.3　喷气发动机推力

ee 面上的气流平均压强为 p_e,平均速度为 V_e,而环形截面 ee' 上的气流参数假设与进口截面处相同,并近似认为通过控制面 $O'O$ 及 $e'e$ 的气体的动量变化率为零。则控制体进、出口截面的动量变化率仅是流入、流出发动机进、出口截面(即 OO 面与 ee 面)的气流动量变化率 $\dot{m}_e V_e - \dot{m} V$,其中 $\dot{m}$ 为流入发动机的气流质量流量,$\dot{m}_e = \dot{m} + \dot{m}_f$ 为流出发动机的气流质量,式中 $\dot{m}_f$ 为燃油流量。外界气体作用在进口截面轴向力为 $p_a S$,作用在出口截面的力为 $p_a(S - S_e) + p_e S_e$。侧表面 $O'e'$ 是未受扰动的匀速流动,无流体穿过且压强合力为零。于是得到 x 方向动量方程

$$(\dot{m} + \dot{m}_f) V_e - \dot{m} V = p_a S - p_a(S - S_e) - p_e S_e + (F_e)_x$$

式中,$(F_e)_x$ 为气流流经发动机内、外壁面时所受到的合力,其中气流流经外壁面所受的力

即为摩擦力或称发动机所受到的气流外部阻力。假设气流无摩擦地流过发动机外壁面,则发动机推力(即发动机内壁面所受到的气流作用力)R 为

$$-R = (F_e)_x = [(\dot{m} + \dot{m}_f)V_e - \dot{m}V] + (p_e - p_a)S_e$$

上式表明,发动机的推力主要由两项组成:① 进入和排出发动机的气体动量变化导致的动量推力或速度推力,这是推力的主要部分。在相同进口条件下,若提高排气速度、增加燃油流量(可使得 $\dot{m}_f$ 和 V_e 同时增加),则推力越大。② 取决于发动机进出口截面处压强大小的压力推力,通常较小。

若忽略燃油流量 $\dot{m}_f$ 及压力推力项,则有

$$-R = \dot{m}(V_e - V)$$

式中,"$-$"号表示推力指向 x 轴的反方向或飞行速度方向。

例 2.2.3 如图 2.2.4 所示,水流在变截面弯管中流动,设流量为 $\dot{m}$,已知进口处平均压力 p_1、面积 S_1 及出口处平均压力 p_2、面积 S_2。忽略水流重量,求其对管壁的作用力。

图 2.2.4 弯管受力

解 取如图 2.2.4 所示控制体,则 x,y 方向动量方程分别为

$$-\dot{m}V_1 = p_1 S_1 + (F_e)_x, \quad -\dot{m}V_2 = p_2 S_2 + (F_e)_y$$

移项得

$$(F_e)_x = -\dot{m}V_1 - p_1 S_1, \quad (F_e)_y = -\dot{m}V_2 - p_2 S_2$$

由连续方程可有 $V_1 = \dfrac{\dot{m}}{\rho S_1}, V_2 = \dfrac{\dot{m}}{\rho S_2}$,代入上式可有

$$(F_e)_x = -\frac{\dot{m}^2}{\rho S_1} - p_1 S_1 < 0 \text{ 和} (F_e)_y = -\frac{\dot{m}^2}{\rho S_2} - p_2 S_2 < 0$$

则水流对管壁的作用力为

$$F = \sqrt{[-(F_e)_x]^2 + [-(F_e)_y]^2}, \theta = \arctan\left[\frac{(F_e)_y}{(F_e)_x}\right]$$

2.2.2 动量方程的微分形式及若干简化形式

由前述可知,动量方程的积分形式为

$$\frac{\mathrm{D}}{\mathrm{D}t}\iiint_{\tau_0} \rho \boldsymbol{V}\mathrm{d}\tau_0 = \iiint_{\tau_0} \rho \boldsymbol{f}\mathrm{d}\tau + \oiint_s \boldsymbol{P} \cdot \boldsymbol{n}\mathrm{d}S$$

式中应力张量 $\boldsymbol{P} = -p\boldsymbol{I} + \mu\left[2\boldsymbol{S} - \dfrac{2}{3}(\boldsymbol{\nabla} \cdot \boldsymbol{V})\boldsymbol{I}\right]$,则上式又可写为

$$\frac{\mathrm{D}}{\mathrm{D}t}\iiint_{\tau} \rho \boldsymbol{V}\mathrm{d}\tau = \iiint_{\tau} \rho \boldsymbol{f}\mathrm{d}\tau - \oiint_s p\boldsymbol{n}\mathrm{d}S + \oiint_s 2\mu\boldsymbol{S} \cdot \boldsymbol{n}\mathrm{d}S - \oiint_s \frac{2}{3}\mu(\boldsymbol{\nabla} \cdot \boldsymbol{V})\boldsymbol{n}\mathrm{d}S$$

利用雷诺输运定理,上式中等号左端项为

$$\frac{\mathrm{D}}{\mathrm{D}t}\iiint_{\tau} \rho \boldsymbol{V}\mathrm{d}\tau_0 = \iiint_{\tau} \left[\frac{\partial(\rho\boldsymbol{V})}{\partial t} + \boldsymbol{\nabla} \cdot (\rho\boldsymbol{V}\boldsymbol{V})\right]\mathrm{d}\tau \text{ 或} \frac{\mathrm{D}}{\mathrm{D}t}\iiint_{\tau} \rho\boldsymbol{V}\mathrm{d}\tau = \iiint_{\tau} \rho \frac{\mathrm{D}\boldsymbol{V}}{\mathrm{D}t}\mathrm{d}\tau$$

根据高斯公式,式中等号右端的第二、三、四项分别为

$$\oiint_s p\boldsymbol{n}\mathrm{d}S = \iiint_{\tau} \boldsymbol{\nabla} p\mathrm{d}\tau$$

$$\oiint_s 2\mu\boldsymbol{S} \cdot \boldsymbol{n}\mathrm{d}S = \iiint_{\tau} \boldsymbol{\nabla} \cdot (2\mu\boldsymbol{S})\mathrm{d}\tau$$

$$\oiint_{S} \frac{2}{3}\mu(\boldsymbol{\nabla} \cdot \boldsymbol{V})\boldsymbol{n}\mathrm{d}S = \iiint_{\tau} \frac{2}{3}\boldsymbol{\nabla}[\mu(\boldsymbol{\nabla} \cdot \boldsymbol{V})]\mathrm{d}\tau$$

在一般情况下,μ 是温度的函数,可以不考虑其随空间位置的变化,将它作为常量而写到导数之外,即

$$\oiint_{S} \frac{2}{3}\mu(\boldsymbol{\nabla} \cdot \boldsymbol{V})\boldsymbol{n}\mathrm{d}S = \iiint_{\tau} \frac{2}{3}\mu\boldsymbol{\nabla}(\boldsymbol{\nabla} \cdot \boldsymbol{V})\mathrm{d}\tau, \oiint_{S} 2\mu\boldsymbol{S} \cdot \boldsymbol{n}\mathrm{d}S = \iiint_{\tau} 2\mu\boldsymbol{\nabla} \cdot \boldsymbol{S}\mathrm{d}\tau$$

因此,动量方程的积分形式又可写为

$$\iiint_{\tau} \left[\frac{\partial(\rho\boldsymbol{V})}{\partial t} + \boldsymbol{\nabla} \cdot (\rho\boldsymbol{V}\boldsymbol{V})\right]\mathrm{d}\tau = \iiint_{\tau} \left[\rho\boldsymbol{f} - \boldsymbol{\nabla} p + 2\mu\boldsymbol{\nabla} \cdot \boldsymbol{S} - \frac{2}{3}\mu\boldsymbol{\nabla}(\boldsymbol{\nabla} \cdot \boldsymbol{V})\right]\mathrm{d}\tau$$

或

$$\iiint_{\tau} \rho\frac{\mathrm{D}\boldsymbol{V}}{\mathrm{D}t}\mathrm{d}\tau = \iiint_{\tau} \left[\rho\boldsymbol{f} - \boldsymbol{\nabla} p + 2\mu\boldsymbol{\nabla} \cdot \boldsymbol{S} - \frac{2}{3}\mu\boldsymbol{\nabla}(\boldsymbol{\nabla} \cdot \boldsymbol{V})\right]\mathrm{d}\tau$$

于是可以得到动量方程的微分形式,即

$$\left.\begin{array}{l} \dfrac{\partial(\rho\boldsymbol{V})}{\partial t} + \boldsymbol{\nabla} \cdot (\rho\boldsymbol{V}\boldsymbol{V}) \\[3mm] \rho\dfrac{\mathrm{D}\boldsymbol{V}}{\mathrm{D}t} \end{array}\right\} = \rho\boldsymbol{f} - \boldsymbol{\nabla} p + 2\mu\boldsymbol{\nabla} \cdot \boldsymbol{S} - \frac{2}{3}\mu\boldsymbol{\nabla}(\boldsymbol{\nabla} \cdot \boldsymbol{V}) \qquad (2.2.8)$$

式(2.2.8)称为纳维－斯托克斯方程(简称 N－S 方程)。方程左端项代表单位体积流体的惯性力,右端第一项表示单位体积流体的质量力,第二项表示作用在单位体积流体的压强梯度力,第三项表示黏性变形应力,第四项代表黏性体积膨胀应力。对黏性变形应力项 $\boldsymbol{\nabla} \cdot \boldsymbol{S}$ 做进一步的分析,可有

$$\boldsymbol{\nabla} \cdot \boldsymbol{S} = \left(\boldsymbol{i}\frac{\partial}{\partial x} + \boldsymbol{j}\frac{\partial}{\partial y} + \boldsymbol{k}\frac{\partial}{\partial z}\right) \cdot \begin{bmatrix} \dfrac{\partial v_x}{\partial x} & \dfrac{1}{2}\left(\dfrac{\partial v_x}{\partial y} + \dfrac{\partial v_y}{\partial x}\right) & \dfrac{1}{2}\left(\dfrac{\partial v_x}{\partial z} + \dfrac{\partial v_z}{\partial x}\right) \\[3mm] \dfrac{1}{2}\left(\dfrac{\partial v_x}{\partial y} + \dfrac{\partial v_y}{\partial x}\right) & \dfrac{\partial v_y}{\partial y} & \dfrac{1}{2}\left(\dfrac{\partial v_y}{\partial z} + \dfrac{\partial v_z}{\partial y}\right) \\[3mm] \dfrac{1}{2}\left(\dfrac{\partial v_x}{\partial z} + \dfrac{\partial v_z}{\partial x}\right) & \dfrac{1}{2}\left(\dfrac{\partial v_y}{\partial z} + \dfrac{\partial v_z}{\partial y}\right) & \dfrac{\partial v_z}{\partial z} \end{bmatrix}$$

以上式中 $\boldsymbol{i}$ 方向分量为例,有

$$\frac{\partial}{\partial x}\frac{\partial v_x}{\partial x} + \frac{1}{2}\frac{\partial}{\partial y}\left(\frac{\partial v_x}{\partial y} + \frac{\partial v_y}{\partial x}\right) + \frac{1}{2}\frac{\partial}{\partial z}\left(\frac{\partial v_x}{\partial z} + \frac{\partial v_z}{\partial x}\right) =$$

$$\frac{1}{2}\frac{\partial}{\partial x}\frac{\partial v_x}{\partial x} + \frac{1}{2}\frac{\partial}{\partial y}\frac{\partial v_x}{\partial y} + \frac{1}{2}\frac{\partial}{\partial z}\frac{\partial v_x}{\partial z} + \frac{1}{2}\frac{\partial}{\partial x}\frac{\partial v_x}{\partial x} + \frac{1}{2}\frac{\partial}{\partial x}\frac{\partial v_y}{\partial y} + \frac{1}{2}\frac{\partial}{\partial x}\frac{\partial v_z}{\partial z} =$$

$$\frac{1}{2}\boldsymbol{\nabla} \cdot (\boldsymbol{\nabla} v_x) + \frac{1}{2}\frac{\partial}{\partial x}(\boldsymbol{\nabla} \cdot \boldsymbol{V}) = \frac{1}{2}\boldsymbol{\nabla}^2 v_x + \frac{1}{2}\frac{\partial}{\partial x}(\boldsymbol{\nabla} \cdot \boldsymbol{V})$$

则 $\boldsymbol{\nabla} \cdot \boldsymbol{S}$ 的矢量形式为

$$\boldsymbol{\nabla} \cdot \boldsymbol{S} = \boldsymbol{i}\left[\frac{1}{2}\boldsymbol{\nabla}^2 v_x + \frac{1}{2}\frac{\partial}{\partial x}(\boldsymbol{\nabla} \cdot \boldsymbol{V})\right] + \boldsymbol{j}\left[\frac{1}{2}\boldsymbol{\nabla}^2 v_y + \frac{1}{2}\frac{\partial}{\partial y}(\boldsymbol{\nabla} \cdot \boldsymbol{V})\right] +$$

$$\boldsymbol{k}\left[\frac{1}{2}\boldsymbol{\nabla}^2 v_z + \frac{1}{2}\frac{\partial}{\partial z}(\boldsymbol{\nabla} \cdot \boldsymbol{V})\right] =$$

$$\frac{1}{2}\boldsymbol{\nabla}^2\boldsymbol{V} + \frac{1}{2}\boldsymbol{\nabla}(\boldsymbol{\nabla} \cdot \boldsymbol{V})$$

因此,式(2.2.8)又可写成

$$\left.\begin{array}{c}\dfrac{\partial(\rho \boldsymbol{V})}{\partial t} + \boldsymbol{\nabla} \cdot (\rho \boldsymbol{V}\boldsymbol{V}) \\[3mm] \rho\dfrac{\mathrm{D}\boldsymbol{V}}{\mathrm{D}t}\end{array}\right\} = \rho \boldsymbol{f} - \boldsymbol{\nabla} p + \mu\, \boldsymbol{\nabla}^2 \boldsymbol{V} + \dfrac{1}{3}\mu\, \boldsymbol{\nabla}(\boldsymbol{\nabla} \cdot \boldsymbol{V}) \qquad (2.2.9)$$

由式(2.2.9)可以看出,黏性流体中处处都存在着黏性应力,但它也不是在流场中的任何地方都重要。$\boldsymbol{\nabla}^2 \boldsymbol{V} = \boldsymbol{\nabla} \cdot (\boldsymbol{\nabla} \boldsymbol{V})$ 项表明,只有在速度梯度变化剧烈的地方,黏性应力才起重要作用。例如,对于气流绕平板的二维定常运动(参见图 1.7.1),附面层之外的大部分流动区域速度梯度近似为零,可以不考虑黏性应力的影响,而在附面层内近似有 $\dfrac{\partial v_x}{\partial y} \sim \dfrac{V_\infty}{\delta}$ 和 $\dfrac{\partial}{\partial y}\left(\dfrac{\partial v_x}{\partial y}\right) \sim \dfrac{V_\infty}{\delta^2}$,由于附面层厚度 δ 通常极小(毫米或厘米量级),因而平板表面附近很薄的附面层区域内存在较大的速度梯度或者说 $\boldsymbol{\nabla} \cdot (\boldsymbol{\nabla} \boldsymbol{V})$ 项较大,必须考虑黏性效应。这是附面层理论赖以建立的一个基本事实。

式(2.2.9)中的左端项 $\boldsymbol{\nabla} \cdot (\rho \boldsymbol{V}\boldsymbol{V})$ 可写成矢量形式,即

$$\boldsymbol{\nabla} \cdot (\rho \boldsymbol{V}\boldsymbol{V}) = \left(\boldsymbol{i}\frac{\partial}{\partial x} + \boldsymbol{j}\frac{\partial}{\partial y} + \boldsymbol{k}\frac{\partial}{\partial z}\right) \cdot (\boldsymbol{i}v_x\rho\boldsymbol{V} + \boldsymbol{j}v_y\rho\boldsymbol{V} + \boldsymbol{k}v_z\rho\boldsymbol{V}) =$$

$$\frac{\partial}{\partial x}(v_x\rho\boldsymbol{V}) + \frac{\partial}{\partial y}(v_y\rho\boldsymbol{V}) + \frac{\partial}{\partial z}(v_z\rho\boldsymbol{V}) =$$

$$\boldsymbol{i}\left[\frac{\partial(\rho v_x v_x)}{\partial x} + \frac{\partial(\rho v_x v_y)}{\partial y} + \frac{\partial(\rho v_x v_z)}{\partial z}\right] +$$

$$\boldsymbol{j}\left[\frac{\partial(\rho v_y v_x)}{\partial x} + \frac{\partial(\rho v_y v_y)}{\partial y} + \frac{\partial(\rho v_y v_z)}{\partial z}\right] +$$

$$\boldsymbol{k}\left[\frac{\partial(\rho v_z v_x)}{\partial x} + \frac{\partial(\rho v_z v_y)}{\partial y} + \frac{\partial(\rho v_z v_z)}{\partial z}\right]$$

于是可写出 N−S 方程的分量形式

$$\left\{\begin{array}{l}\dfrac{\partial(\rho v_x)}{\partial t} + \left[\dfrac{\partial(\rho v_x v_x)}{\partial x} + \dfrac{\partial(\rho v_x v_y)}{\partial y} + \dfrac{\partial(\rho v_x v_z)}{\partial z}\right] = \\[3mm] \rho f_x - \dfrac{\partial p}{\partial x} + \mu\left(\dfrac{\partial^2 v_x}{\partial x^2} + \dfrac{\partial^2 v_x}{\partial y^2} + \dfrac{\partial^2 v_x}{\partial z^2}\right) + \dfrac{\mu}{3}\dfrac{\partial}{\partial x}\left(\dfrac{\partial v_x}{\partial x} + \dfrac{\partial v_y}{\partial y} + \dfrac{\partial v_z}{\partial z}\right) \\[3mm] \dfrac{\partial(\rho v_y)}{\partial t} + \left[\dfrac{\partial(\rho v_y v_x)}{\partial x} + \dfrac{\partial(\rho v_y v_y)}{\partial y} + \dfrac{\partial(\rho v_y v_z)}{\partial z}\right] = \\[3mm] \rho f_y - \dfrac{\partial p}{\partial y} + \mu\left(\dfrac{\partial^2 v_y}{\partial x^2} + \dfrac{\partial^2 v_y}{\partial y^2} + \dfrac{\partial^2 v_y}{\partial z^2}\right) + \dfrac{\mu}{3}\dfrac{\partial}{\partial y}\left(\dfrac{\partial v_x}{\partial x} + \dfrac{\partial v_y}{\partial y} + \dfrac{\partial v_z}{\partial z}\right) \\[3mm] \dfrac{\partial(\rho v_z)}{\partial t} + \left[\dfrac{\partial(\rho v_z v_x)}{\partial x} + \dfrac{\partial(\rho v_z v_y)}{\partial y} + \dfrac{\partial(\rho v_z v_z)}{\partial z}\right] = \\[3mm] \rho f_z - \dfrac{\partial p}{\partial z} + \mu\left(\dfrac{\partial^2 v_z}{\partial x^2} + \dfrac{\partial^2 v_z}{\partial y^2} + \dfrac{\partial^2 v_z}{\partial z^2}\right) + \dfrac{\mu}{3}\dfrac{\partial}{\partial z}\left(\dfrac{\partial v_x}{\partial x} + \dfrac{\partial v_y}{\partial y} + \dfrac{\partial v_z}{\partial z}\right)\end{array}\right. \qquad (2.2.10\text{a})$$

若将式(2.2.9)中的左端项 $\rho\dfrac{\mathrm{D}\boldsymbol{V}}{\mathrm{D}t}$ 写成矢量形式

$$\rho\frac{\mathrm{D}\boldsymbol{V}}{\mathrm{D}t} = \rho\left[\frac{\partial \boldsymbol{V}}{\partial t} + (\boldsymbol{V} \cdot \boldsymbol{\nabla})\boldsymbol{V}\right] = \rho\left\{\frac{\partial \boldsymbol{V}}{\partial t} + \left[(\boldsymbol{i}v_x + \boldsymbol{j}v_y + \boldsymbol{k}v_z) \cdot \left(\boldsymbol{i}\frac{\partial}{\partial x} + \boldsymbol{j}\frac{\partial}{\partial y} + \boldsymbol{k}\frac{\partial}{\partial z}\right)\boldsymbol{V}\right]\right\} =$$

$$\rho\left[\frac{\partial \boldsymbol{V}}{\partial t} + \left(v_x\frac{\partial}{\partial x} + v_y\frac{\partial}{\partial y} + v_z\frac{\partial}{\partial z}\right)\boldsymbol{V}\right] =$$

$$\boldsymbol{i}\left[\rho\,\frac{\partial v_x}{\partial t}+\rho\left(v_x\,\frac{\partial v_x}{\partial x}+v_y\,\frac{\partial v_x}{\partial y}+v_z\,\frac{\partial v_x}{\partial z}\right)\right]+\boldsymbol{j}\left[\rho\,\frac{\partial v_y}{\partial t}+\rho\left(v_x\,\frac{\partial v_y}{\partial x}+v_y\,\frac{\partial v_y}{\partial y}+v_z\,\frac{\partial v_y}{\partial z}\right)\right]+$$

$$\boldsymbol{k}\left[\rho\,\frac{\partial v_z}{\partial t}+\rho\left(v_x\,\frac{\partial v_z}{\partial x}+v_y\,\frac{\partial v_z}{\partial y}+v_z\,\frac{\partial v_z}{\partial z}\right)\right]=$$

$$\rho\,\frac{\mathrm{D}v_x}{\mathrm{D}t}\boldsymbol{i}+\rho\,\frac{\mathrm{D}v_y}{\mathrm{D}t}\boldsymbol{j}+\rho\,\frac{\mathrm{D}v_z}{\mathrm{D}t}\boldsymbol{k}$$

则可得到 N－S 方程的另一种分量形式

$$\begin{cases}\rho\,\dfrac{\mathrm{D}v_x}{\mathrm{D}t}=\rho f_x-\dfrac{\partial p}{\partial x}+\mu\left(\dfrac{\partial^2 v_x}{\partial x^2}+\dfrac{\partial^2 v_x}{\partial y^2}+\dfrac{\partial^2 v_x}{\partial z^2}\right)+\dfrac{\mu}{3}\dfrac{\partial}{\partial x}\left(\dfrac{\partial v_x}{\partial x}+\dfrac{\partial v_y}{\partial y}+\dfrac{\partial v_z}{\partial z}\right)\\[2mm]\rho\,\dfrac{\mathrm{D}v_y}{\mathrm{D}t}=\rho f_y-\dfrac{\partial p}{\partial y}+\mu\left(\dfrac{\partial^2 v_y}{\partial x^2}+\dfrac{\partial^2 v_y}{\partial y^2}+\dfrac{\partial^2 v_y}{\partial z^2}\right)+\dfrac{\mu}{3}\dfrac{\partial}{\partial y}\left(\dfrac{\partial v_x}{\partial x}+\dfrac{\partial v_y}{\partial y}+\dfrac{\partial v_z}{\partial z}\right)\\[2mm]\rho\,\dfrac{\mathrm{D}v_z}{\mathrm{D}t}=\rho f_z-\dfrac{\partial p}{\partial z}+\mu\left(\dfrac{\partial^2 v_z}{\partial x^2}+\dfrac{\partial^2 v_z}{\partial y^2}+\dfrac{\partial^2 v_z}{\partial z^2}\right)+\dfrac{\mu}{3}\dfrac{\partial}{\partial z}\left(\dfrac{\partial v_x}{\partial x}+\dfrac{\partial v_y}{\partial y}+\dfrac{\partial v_z}{\partial z}\right)\end{cases} \tag{2.2.10b}$$

通过简单证明,就可以知道式(2.2.10a)与式(2.2.10b)是等同的。

下面讨论 N－S 方程的几种简化形式。

(1) 当流体为不可压缩时,有 $\boldsymbol{\nabla}\cdot\boldsymbol{V}=0$,则式(2.2.9)为

$$\rho\,\frac{\mathrm{D}\boldsymbol{V}}{\mathrm{D}t}=\rho f-\boldsymbol{\nabla}p+\mu\,\boldsymbol{\nabla}^2\boldsymbol{V} \tag{2.2.11}$$

(2) 静力学方程。此时 $\boldsymbol{V}=0$,则式(2.2.9)为

$$\rho f=\boldsymbol{\nabla}p \tag{2.2.12}$$

(3) 对于无黏流体,式(2.2.9)变为欧拉方程,即

$$\rho\,\frac{\mathrm{D}\boldsymbol{V}}{\mathrm{D}t}=\rho f-\boldsymbol{\nabla}p\quad\text{或}\quad\rho\left[\frac{\partial\boldsymbol{V}}{\partial t}+(\boldsymbol{V}\cdot\boldsymbol{\nabla})\boldsymbol{V}\right]=\rho f-\boldsymbol{\nabla}p \tag{2.2.13}$$

(4) 兰姆－葛罗米柯方程。考虑矢量恒等式 $(\boldsymbol{V}\cdot\boldsymbol{\nabla})\boldsymbol{V}=\boldsymbol{\nabla}\left(\dfrac{V^2}{2}\right)-\boldsymbol{V}\times(\boldsymbol{\nabla}\times\boldsymbol{V})$,则欧拉方程可改写为

$$\frac{\partial\boldsymbol{V}}{\partial t}+\boldsymbol{\nabla}\left(\frac{V^2}{2}\right)-\boldsymbol{V}\times(\boldsymbol{\nabla}\times\boldsymbol{V})=f-\frac{\boldsymbol{\nabla}p}{\rho} \tag{2.2.14}$$

该方程的特点是把计及旋涡运动部分的项分离出来,使得无旋流动时的动量方程大为简化。它表明,如果忽略旋涡的起源(当然是由黏性导致的),对于一个已经存在旋涡的流动,可以通过不考虑黏性的动量方程即兰姆－葛罗米柯方程来研究旋涡在流场中的输运过程。只不过既然不考虑黏性,流体微团不会受到切向力的作用,其旋度不变,原来无旋的流动将始终保持为无旋流,而有旋流动将继续保持为旋度不变的有旋流。

(5) 克罗克方程。根据 $\mathrm{d}\varphi=\mathrm{d}\boldsymbol{R}\cdot\boldsymbol{\nabla}\varphi$(沿迹线的微矢量方向成立),可将热力学第一定律 $\mathrm{d}h=T\mathrm{d}s+\dfrac{\mathrm{d}p}{\rho}$ 改写为 $\boldsymbol{\nabla}h=T\,\boldsymbol{\nabla}s+\dfrac{\boldsymbol{\nabla}p}{\rho}$ 的形式,将其代入式(2.2.14)中并忽略质量力,可有

$$\frac{\partial\boldsymbol{V}}{\partial t}+\boldsymbol{\nabla}\left(\frac{V^2}{2}\right)-\boldsymbol{V}\times(\boldsymbol{\nabla}\times\boldsymbol{V})=T\,\boldsymbol{\nabla}s-\boldsymbol{\nabla}h \tag{2.2.15}$$

定义滞止焓或总焓 $h^*=h+\dfrac{V^2}{2}$,则式(2.2.15)可写为

$$\frac{\partial \boldsymbol{V}}{\partial t} - \boldsymbol{V} \times (\nabla \times \boldsymbol{V}) = T \nabla s - \nabla h^* \tag{2.2.16}$$

此即克罗克方程,它把流动气体在流场中每一点的流动参数与热力学状态参数建立了联系,即表明了流场中焓分布(即温度分布)、熵分布与涡量分布、速度分布之间的关系。

下面利用克罗克方程分析几种完全气体定常绝热流动的概念。

(1)若全流场中 $\nabla s = 0$,即流场中所有流线(也是迹线)上的熵值都相等时,称为均熵流动,此时有 $\boldsymbol{V} \times (\nabla \times \boldsymbol{V}) = \nabla h^*$。由于流场中所有空间点处熵值都相等,而每个空间点处的物理量是占据该点的流体质点的物理量,就意味着所有流体质点的熵值都相等,因而均熵流动与等熵流动(即 $\frac{\mathrm{D}s}{\mathrm{D}t} = 0$)是不同的概念。在一般情况下,后者表示每个流体质点的熵值在运动过程中保持不变,但不同流体质点的熵值可以是不同的。一般来说,由于滞止焓梯度的产生往往伴随着熵梯度的形成,该式所描述的流动实际意义很小。

(2)若全流场中 $\nabla h^* = 0$,即流场中所有流线上的滞止焓值都相等时,称为均能流动,此时有 $-\boldsymbol{V} \times (\nabla \times \boldsymbol{V}) = T \nabla s$。由于 $\boldsymbol{V} \times (\nabla \times \boldsymbol{V})$ 这一矢量的方向垂直于 $\boldsymbol{V}$,也就是说,如果存在垂直于流线的熵梯度,则流动必是有旋的。例如,超声速均匀无旋(或不存在熵梯度)气流流过钝头物体时将产生曲线激波,波后不同流线上的熵值不同,即形成熵梯度,尽管波前后气流的滞止焓仍不变,但波后流动变成了有旋流。超声速均匀无旋气流穿过直激波或斜激波时,尽管波后气流熵值增加,但各流线上的熵值仍保持相等,故仍是无旋流。

(3)若全流场中滞止焓值、熵值处处都相等,称为均能均熵流动,即 $\boldsymbol{V} \times (\nabla \times \boldsymbol{V}) = 0$ 成立。有三种流动满足该式,即 $\boldsymbol{V} = 0$(静止流场但无实际意义)、$\nabla \times \boldsymbol{V} = 0$(无旋流场)和 $\boldsymbol{V} /\!/ (\nabla \times \boldsymbol{V})$,其中第三种流动状态又称为螺旋运动,表示的是流体质点一边沿流线运动,一边以流线为瞬时轴做旋转运动的情况。这种情况在二维流动中显然是不可能存在的,二维流动必有 $\boldsymbol{V} \perp (\nabla \times \boldsymbol{V})$ 成立,那么只有当 $\nabla \times \boldsymbol{V} = 0$ 时才会满足 $\boldsymbol{V} \times (\nabla \times \boldsymbol{V}) = 0$,即二维流动中无旋流与均能均熵流是等价的。

2.2.3　伯努利积分和拉格朗日积分

对于许多实际问题,仅用动量方程的微分形式就可以揭示流动的基本特征,在一些简化条件下,微分方程可以单独被积分出来,获得各流动参数之间所应满足的简单代数关系式。

如前所述,流体的密度一般是温度、压强等的函数,这种流体称为斜压流体。而当流体的密度仅是压强的函数时则称为正压流体,如均质不可压缩流体 $\rho = \mathrm{const}$、气体等容过程 $v = \mathrm{const}$ 或等温过程 $\frac{p}{\rho} = RT$ 或等熵过程 $\frac{p}{\rho^k} = \mathrm{const}$ 等。这样就可以定义一个关于压强 p 的单值数量函数 $P(p) = \int \frac{\mathrm{d}p}{\rho(p)}$(即有 $\mathrm{d}P = \frac{\mathrm{d}p}{\rho}$ 或 $\nabla P = \frac{\nabla p}{\rho}$ 成立)。再考虑到许多流体运动都是在属于地球重力场的范围内进行,可假设质量力是有势的或质量力只为重力,则可定义一个势函数 U,且 $\boldsymbol{f} = \nabla U$ 或 $\boldsymbol{f} = -g\boldsymbol{k} = \nabla(-gz)$,取直角坐标系 z 轴垂直于水平面且指向大气。于是,对于无黏(理想)的正压流体,在质量力有势的条件下,可将兰姆—葛罗米柯方程式(2.2.14)写成

$$\frac{\partial \boldsymbol{V}}{\partial t} + \nabla \left(\frac{V^2}{2} + P - U \right) - \boldsymbol{V} \times (\nabla \times \boldsymbol{V}) = 0 \tag{2.2.17}$$

1. 伯努利积分

若流动是定常的，则式(2.2.17)可写为

$$\boldsymbol{\nabla}\left(\frac{V^2}{2}+P-U\right)-\boldsymbol{V}\times(\boldsymbol{\nabla}\times\boldsymbol{V})=0$$

用流线(定常条件下就是迹线)微元 $\mathrm{d}\boldsymbol{r}$ 点乘上式各项。对于 $[\boldsymbol{V}\times(\boldsymbol{\nabla}\times\boldsymbol{V})]\cdot\mathrm{d}\boldsymbol{r}$ 项，由于微元 $\mathrm{d}\boldsymbol{r}$ 与 $\boldsymbol{V}$ 同向，而 $\boldsymbol{V}\times(\boldsymbol{\nabla}\times\boldsymbol{V})$ 这一矢量的方向垂直于 $\boldsymbol{V}$，因此 $[\boldsymbol{V}\times(\boldsymbol{\nabla}\times\boldsymbol{V})]\cdot\mathrm{d}\boldsymbol{r}=0$。又由于 $\mathrm{d}\varphi=\mathrm{d}\boldsymbol{r}\cdot\boldsymbol{\nabla}\varphi$，则上式又可写成

$$\mathrm{d}\left(\frac{V^2}{2}+P-U\right)=0$$

沿流线积分，并假设质量力只是重力，就得到一般形式的伯努利积分，即

$$\frac{V^2}{2}+\int\frac{\mathrm{d}p}{\rho(p)}+gz=C(\psi) \tag{2.2.18}$$

式中，$C(\psi)$ 为随流线不同而不同的伯努利常数。伯努利积分适用于可压缩或不可压缩流体的无旋或有旋的定常流动，且仅沿流线成立。但若各流线起始处(如无穷远处的均匀起点)具有相同的流动参数，则各流线的伯努利常数也相同，该方程就对全流场的任何点都成立。

若流动是定常且无旋的，推导式(2.2.18)时的微元 $\mathrm{d}\boldsymbol{r}$ 就不必是流线的微元，而可以是任意的，此时式(2.2.18)可以写成

$$\frac{V^2}{2}+\int\frac{\mathrm{d}p}{\rho(p)}+gz=\mathrm{const} \tag{2.2.19}$$

该方程对全流场的任意点均成立。

对于均质不可压缩流体 $\rho=\mathrm{const}$，则有

$$\frac{V^2}{2}+\frac{p}{\rho}+gz=\mathrm{const} \tag{2.2.20a}$$

式(2.2.20a)表明，流场中各点的机械能即单位质量流体具有的动能、以压强 p 向周围流体所做的功、重力势能三者之和为常数，因而不可压流体的伯努利方程是一个不含机械能损耗、不考虑机械能输入或输出的机械能守恒方程。对于气体，可忽略重力影响，则有

$$\frac{V^2}{2}+\frac{p}{\rho}=\mathrm{const}\ 或\ p+\frac{\rho V^2}{2}=\mathrm{const} \tag{2.2.20b}$$

由于完全气体等熵过程满足 $\dfrac{p}{\rho^k}=\mathrm{const}$，可知

$$\int_{p_1}^{p_2}\frac{\mathrm{d}p}{\rho}=\frac{k}{k-1}\left(\frac{p_2}{\rho_2}-\frac{p_1}{\rho_1}\right)=\frac{k}{k-1}\frac{p_1}{\rho_1}\left(\frac{p_2}{p_1}\frac{\rho_1}{\rho_2}-1\right)=\frac{k}{k-1}RT_1\left[\left(\frac{p_2}{p_1}\right)^{\frac{k-1}{k}}-1\right]$$

忽略重力，则有

$$\frac{V^2}{2}+\frac{k}{k-1}\frac{p}{\rho}=\mathrm{const}\ 或\ \frac{V_2^2-V_1^2}{2}=\frac{k}{k-1}RT_1\left[1-\left(\frac{p_2}{p_1}\right)^{\frac{k-1}{k}}\right] \tag{2.2.20c}$$

2. 拉格朗日积分

若流动是无旋的，即 $\boldsymbol{\nabla}\times\boldsymbol{V}=0$，则必有势函数 ϕ 满足 $\boldsymbol{V}=\boldsymbol{\nabla}\phi$，则式(2.2.17)可写为

$$\frac{\partial\,\boldsymbol{\nabla}\,\phi}{\partial t}+\boldsymbol{\nabla}\left(\frac{V^2}{2}+P-U\right)=0$$

由于时间自变量与坐标自变量是相互独立无关的，可以互换运算次序，即

$$\boldsymbol{\nabla}\left(\frac{\partial\phi}{\partial t}+\frac{V^2}{2}+P-U\right)=0$$

上式点乘任意微元 d$\boldsymbol{r}$,有

$$\mathrm{d}\left(\frac{\partial\phi}{\partial t}+\frac{V^2}{2}+P-U\right)=0$$

积分可得到拉格朗日积分或称柯西积分为

$$\frac{\partial\phi}{\partial t}+\frac{V^2}{2}+\int\frac{\mathrm{d}p}{\rho(p)}+gz=C(t) \tag{2.2.21}$$

式中,$C(t)$ 是随时间变化的常数,在同一时刻 $C(t)$ 对全流场为同一常数,式(2.2.21)适用于全流场的任意点。

例 2.2.4　如图 2.2.5 所示,平面叶栅由无数个形状相同的叶片组成,求气流作用在叶片上的气动力。设不可压无黏气体做定常流动。

解　取如图 2.2.5 所示控制体,设垂直纸面方向

图 2.2.5　作用在叶片上的力

为单位长度,AB,CD 距叶栅上、下游足够远且参数均匀,AC,BD 是两个状态完全相同的流面(即无流体穿过)。由于只有 x 向速度分量才能使气体进入控制体,根据连续方程可有

$$\rho v_{1x}d=\rho v_{2x}d \quad \text{或} \quad v_{1x}=v_{2x}=v_x$$

因为 AC,BD 面上压强完全相同但方向相反,则合力为零。于是,动量方程可写为

$$\dot{m}(v_{2x}-v_{1x})=(p_1-p_2)d+(F_e)_x,\dot{m}(v_{2y}-v_{1y})=(F_e)_y$$

移项得

$$R_x=-(F_e)_x=d(p_1-p_2),R_y=-(F_e)_y=\rho v_x d(v_{1y}-v_{2y})$$

考虑伯努利方程,得

$$\frac{v_{1x}^2+v_{1y}^2}{2}+\frac{p_1}{\rho}=\frac{v_{2x}^2+v_{2y}^2}{2}+\frac{p_2}{\rho}$$

化简得

$$p_1-p_2=\frac{1}{2}\rho(v_{2y}^2-v_{1y}^2)=\frac{1}{2}\rho(v_{2y}-v_{1y})(v_{2y}+v_{1y})$$

则有

$$R_x=\frac{\rho d}{2}(v_{2y}^2-v_{1y}^2) \quad \text{和} \quad R_y=\rho v_x d(v_{1y}-v_{2y})$$

引入逆时针方向的绕叶片环量 Γ,考虑到沿 AC,BD 段的环量积分互相抵消,则可得到 $\Gamma=d(v_{2y}-v_{1y})$。　于是

$$R_x=\frac{\rho\Gamma}{2}(v_{2y}+v_{1y}) \quad \text{和} \quad R_y=-\rho v_x\Gamma$$

注意到平均合速度

$$\boldsymbol{V}_m=\frac{v_{2x}+v_{1x}}{2}\boldsymbol{i}+\frac{v_{2y}+v_{1y}}{2}\boldsymbol{j}=v_x\boldsymbol{i}+\frac{v_{2y}+v_{1y}}{2}\boldsymbol{j}=\frac{\boldsymbol{V}_2+\boldsymbol{V}_1}{2} \quad \text{及} \quad \frac{R_y}{R_x}=-\frac{v_x}{(v_{2y}+v_{1y})/2}$$

即叶片所受合力方向垂直于平均合速度方向,其大小或模为

$$| \boldsymbol{R} | = \rho | \varGamma | \sqrt{\left(\frac{v_{2y} + v_{1y}}{2}\right)^2 + v_x^2} = \rho | \varGamma | | \boldsymbol{V}_\mathrm{m} |$$

这就是关于叶栅中翼型升力的库塔－儒科夫斯基定理，它表明气流对叶片的合力的大小与气体密度、平均合速度及绕叶片环量成正比，其方向指向平均合速度方向的垂直方向（或将 $\boldsymbol{V}_\mathrm{m}$ 的方向逆 $\varGamma$ 方向转 $90°$ 所指的方向就是合力方向）。注意到本例题中 $\varGamma < 0$，或者说环量 $\varGamma$ 的实际方向是顺时针的，因此气流对叶片的合力 $\boldsymbol{R}$ 的方向如图 2.2.5 所示。

从该例题中所得到的结果出发，进一步推导单个翼型的受力情况。如果使两相邻叶片间的距离 d 越来越大，而同时令环量 $\varGamma = d(v_{2y} - v_{1y})$ 保持不变，则速度差 $(v_{2y} - v_{1y})$ 将越来越小。当 $d \to \infty$ 时，可有 $(v_{2y} - v_{1y}) \to 0$，即 $\boldsymbol{V}_2 \to \boldsymbol{V}_1$，这意味着单个翼型前后方无穷远处的速度完全一样。于是，合成平均速度 $\boldsymbol{V}_\mathrm{m} = \dfrac{\boldsymbol{V}_2 + \boldsymbol{V}_1}{2} = \boldsymbol{V}_\infty$，即等于无穷远处未受扰动的来流速度。从而得到作用在单位翼展长度翼型上的力 $\boldsymbol{R}$，其方向与来流速度 $\boldsymbol{V}_\infty$ 相垂直，而大小为 $\rho | \boldsymbol{V}_\infty | | \varGamma |$。

2.2.4　一维定常流动的动量方程形式

一维流动控制体如图 2.2.1(c) 所示。根据一维定常流动假设，并设作用于控制体内流体的质量力为 $\boldsymbol{F}_\mathrm{B}$，则动量方程的积分形式可参考式（2.2.7）写出，即

$$\dot{m}(\boldsymbol{V}_2 - \boldsymbol{V}_1) = (\overrightarrow{p_1 \boldsymbol{S}_1} + \overrightarrow{p_2 \boldsymbol{S}_2}) + \boldsymbol{F}_\mathrm{B} + \boldsymbol{F}_\mathrm{e} \tag{2.2.22}$$

由定常、无黏流动，质量力仅为重力等条件，可将式（2.2.14）写成

$$\nabla\left(\frac{V^2}{2}\right) - \boldsymbol{V} \times (\nabla \times \boldsymbol{V}) = \nabla(-gz) - \frac{\nabla p}{\rho}$$

考虑到一维流动的曲线坐标轴就是流线，用流线微元 $d\boldsymbol{r}$ 点乘上式各项，可得到动量方程的微分形式为

$$d\left(\frac{V^2}{2}\right) + \frac{dp}{\rho} + g dz = 0 \tag{2.2.23}$$

2.3　能量方程

2.3.1　能量方程的积分形式及其应用

能量方程是热力学第一定律应用于流动气体时的数学表达式。热力学第一定律可以表述为：单位时间内由外界传入系统的热量等于该系统的总能量对时间的变化率与系统对外界输出的功率，可以写成

$$\frac{\delta Q}{dt} = \frac{DE}{Dt} + \frac{\delta W}{dt} \quad \text{或} \quad \dot{Q} = \frac{DE}{Dt} + \dot{W}$$

式中，$\dfrac{\delta Q}{dt} = \dot{Q}$，为单位时间内由外界传入系统的热量，并规定外界向系统传热为正值；$\dfrac{\delta W}{dt} = \dot{W}$，为单位时间内系统对外界做功的功率，规定系统对外界做功为正值；$\dfrac{DE}{DT}$ 为系统所储存的总能量随时间的变化率，对于运动的系统而言，单位质量流体储存的总能量等于热力

学能 e 与动能 $V^2/2$ 之和。综上讨论,能量方程的数学表述为

$$\frac{\mathrm{D}}{\mathrm{D}t}\iiint_{\tau_0}\rho\left(e+\frac{V^2}{2}\right)\mathrm{d}\tau_0=\dot{Q}-\dot{W} \tag{2.3.1}$$

利用雷诺输运定理,式(2.3.1)又可写成

$$\iiint_{\tau}\frac{\partial}{\partial t}\left[\rho\left(e+\frac{V^2}{2}\right)\right]\mathrm{d}\tau=\dot{Q}-\dot{W}-\oiint_{S}\rho\left(e+\frac{V^2}{2}\right)(\boldsymbol{V}\cdot\boldsymbol{n})\mathrm{d}S \tag{2.3.2}$$

此为欧拉型的能量方程。它的物理意义是:单位时间内传给控制体内流体的热量、控制体内流体对外界所做的功与通过控制面流出的流体总能量这三者之差,等于控制体内流体的总能量对时间的变化率。此外,式(2.3.3)也是欧拉型能量方程的表达形式,即

$$\iiint_{\tau}\rho\,\frac{\mathrm{D}}{\mathrm{D}t}\left(e+\frac{V^2}{2}\right)\mathrm{d}\tau=\dot{Q}-\dot{W} \tag{2.3.3}$$

外界与控制体进行热量交换的形式包括热辐射、燃烧生成热、电磁场生成热及热传导等。令 $\iiint_{\tau}q_{\mathrm{R}}\rho\mathrm{d}\tau$ 表示由于辐射或化学能释放等因素产生的控制体内单位体积流体热量;$-\oiint_{S}\boldsymbol{q}_{\mathrm{h}}\cdot\boldsymbol{n}\mathrm{d}S=-\oiint_{S}(-\lambda\,\boldsymbol{\nabla}T)\cdot\boldsymbol{n}\mathrm{d}S=\oiint_{S}\lambda\,\boldsymbol{\nabla}T\cdot\boldsymbol{n}\mathrm{d}S$(即傅里叶定律)表示单位时间内通过控制体表面传入(或传出)热量,式中第一个负号表示热流矢量与外法线方向 $\boldsymbol{n}$ 相反,即热量进入控制体时须取负号。于是得

$$\dot{Q}=\iiint_{\tau}q_{\mathrm{R}}\rho\mathrm{d}\tau-\oiint_{S}\boldsymbol{q}_{\mathrm{h}}\cdot\boldsymbol{n}\mathrm{d}S=\iiint_{\tau}q_{\mathrm{R}}\rho\mathrm{d}\tau+\oiint_{S}\lambda\,\boldsymbol{\nabla}T\cdot\boldsymbol{n}\mathrm{d}S \tag{2.3.4a}$$

由于外力包括质量力与表面力,因而外界对控制体内的流体做功也分为质量力做功和表面力做功。单位时间内质量力(有势且仅考虑重力)对流体做功(取负号)为

$$-\iiint_{\tau}\rho\boldsymbol{f}\cdot\boldsymbol{V}\mathrm{d}\tau=-\iiint_{\tau}\rho\,\boldsymbol{\nabla}U\cdot\boldsymbol{V}\mathrm{d}\tau=-\iiint_{\tau}\rho\,\boldsymbol{\nabla}(-gz)\cdot\boldsymbol{V}\mathrm{d}\tau=\iiint_{\tau}\rho\,\boldsymbol{\nabla}(gz)\cdot\boldsymbol{V}\mathrm{d}\tau$$

$$\tag{2.3.4b}$$

式(2.3.4b)等号右端的负号消失表明,当质量力仅考虑重力时,是流体自身的重力对外界做功。

表面力做功一般分为表面法向力做功与表面剪切力(即黏性力)做功两项。参考式(2.2.3),将应力张量写成 $\boldsymbol{P}=-p\boldsymbol{I}+\boldsymbol{\tau}$,则单位时间内表面力对流体做功为

$$-\oiint_{S}(\boldsymbol{P}\cdot\boldsymbol{n})\cdot\boldsymbol{V}\mathrm{d}S=\oiint_{S}p\boldsymbol{n}\cdot\boldsymbol{V}\mathrm{d}S-\oiint_{S}(\boldsymbol{\tau}\cdot\boldsymbol{n})\cdot\boldsymbol{V}\mathrm{d}S=\oiint_{S}\frac{p}{\rho}\rho\boldsymbol{n}\cdot\boldsymbol{V}\mathrm{d}S-\oiint_{S}(\boldsymbol{\tau}\cdot\boldsymbol{n})\cdot\boldsymbol{V}\mathrm{d}S$$

$$\tag{2.3.4c}$$

式中,$\oiint_{S}\dfrac{p}{\rho}\rho\boldsymbol{n}\cdot\boldsymbol{V}\mathrm{d}S$ 项可以这样理解:

$p\left(\dfrac{1}{\rho}\right)(\rho\boldsymbol{n}\cdot\boldsymbol{V}\mathrm{d}S)=$(控制体某微元边界上单位面积所受的压强力 p)×

　　　　　　　　(该力推动单位质量流体从单位表面积上流出时移动的距离 $1/\rho$)×
　　　　　　　　(单位时间从控制体微元边界上流出的质量流量 $\rho\boldsymbol{V}\cdot\boldsymbol{n}\mathrm{d}S$)=
　　　　　　　　控制体微元边界上的压力对外界所做的膨胀功率=
　　　　　　　　控制体该微元边界上流动所做的流动功率

因此,p/ρ 实际上代表了流体通过控制体边界时对外界所做的流动功,而比焓 $h=e+\dfrac{p}{\rho}$

可以认为是流动的流体自身带入或带出控制体的能量。

根据上述各式改写式(2.3.2),得

$$\dot{Q} = \iiint_\tau \frac{\partial}{\partial t}\left[\rho\left(e + \frac{V^2}{2}\right)\right]\mathrm{d}\tau + \oiint_s \rho\left(e + \frac{V^2}{2}\right)(\boldsymbol{V} \cdot \boldsymbol{n})\mathrm{d}S - \iiint_\tau \rho\,\boldsymbol{\nabla} U \cdot \boldsymbol{V}\mathrm{d}\tau +$$
$$\oiint_s \frac{p}{\rho}\rho\boldsymbol{n} \cdot \boldsymbol{V}\mathrm{d}S - \oiint_s (\boldsymbol{\tau} \cdot \boldsymbol{n}) \cdot \boldsymbol{V}\mathrm{d}S \tag{2.3.5}$$

注意到 $\iiint_\tau \rho\,\boldsymbol{\nabla} U \cdot \boldsymbol{V}\mathrm{d}\tau = \iiint_\tau \left[\boldsymbol{\nabla} \cdot (\rho U \boldsymbol{V}) - U\,\boldsymbol{\nabla} \cdot (\rho\boldsymbol{V})\right]\mathrm{d}\tau$,再考虑连续方程,可得

$$\iiint_\tau \rho\,\boldsymbol{\nabla} U \cdot \boldsymbol{V}\mathrm{d}\tau = \iiint_\tau \left[\boldsymbol{\nabla} \cdot (\rho U \boldsymbol{V}) + U\frac{\partial\rho}{\partial t}\right]\mathrm{d}\tau$$

根据高斯公式,假设质量力势函数 U 在空间固定点处不随时间变化,则有

$$\iiint_\tau \rho\,\boldsymbol{\nabla} U \cdot \boldsymbol{V}\mathrm{d}\tau = \oiint_s \rho U \boldsymbol{V} \cdot \boldsymbol{n}\mathrm{d}S + \iiint_\tau \frac{\partial(\rho U)}{\partial t}\mathrm{d}\tau$$

因此,式(2.3.5)可写成

$$\dot{Q} = \iiint_\tau \frac{\partial}{\partial t}\left[\rho\left(e + \frac{V^2}{2} - U\right)\right]\mathrm{d}\tau + \oiint_s \rho\left(e + \frac{p}{\rho} + \frac{V^2}{2} - U\right)(\boldsymbol{V} \cdot \boldsymbol{n})\mathrm{d}S - \oiint_s (\boldsymbol{\tau} \cdot \boldsymbol{n}) \cdot \boldsymbol{V}\mathrm{d}S \tag{2.3.6}$$

这就是适用于控制体的能量方程积分形式。

如图 2.3.1 所示,考察式(2.3.6)中的面积分项在控制体边界处的情况。

(1) 进、出口边界 S_1,S_2 处,有

$$\iint_{S_1+S_2} \rho\left(e + \frac{p}{\rho} + \frac{V^2}{2} - U\right)(\boldsymbol{V} \cdot \boldsymbol{n})\mathrm{d}S \text{ 和} \iint_{S_1+S_2} (\boldsymbol{\tau} \cdot \boldsymbol{n}) \cdot \boldsymbol{V}\mathrm{d}S$$

(2) 侧表面 S_3 处,若 S_3 面为静止固壁面,则式中右端第二项积分因 $\boldsymbol{V} \cdot \boldsymbol{n}\mathrm{d}S = 0$ 或认为无流体穿过而为零,右端第三项与黏性有关的积分可以这样考虑:黏性作用导致紧贴固壁面的流体速度等于零,对静止的观察者来说,固壁加于流体的剪切力是存在的或已被考虑,但没有使流体运动或并没有对流体做功,则该项积分也为零;若 S_3 面为流面,式中右端第二项积分仍为零,但与黏性有关的积分项则应计入。 此时有 $\iint_{S_3} (\boldsymbol{\tau} \cdot \boldsymbol{n}) \cdot \boldsymbol{V}\mathrm{d}S \neq 0$。但是,如果 S_3 面为流面,且其与相邻流面间不存在速度梯度(如处于均匀流动状态),则由于 $\boldsymbol{\tau} = 0$,也有 $\iint_{S_3} (\boldsymbol{\tau} \cdot \boldsymbol{n}) \cdot \boldsymbol{V}\mathrm{d}S = 0$。

图 2.3.1　控制体积分形式能量方程

(3) 物体表面 S_4 处,若物体为旋转机械如飞机发动机的涡轮,当叶轮旋转时,流体将进入叶片原先占据的空间即 $\boldsymbol{V} \cdot \boldsymbol{n}\mathrm{d}S \neq 0$,式(2.3.6)中右端第二项积分不为零,而右端第三项与黏性有关的积分必是不为零的,S_4 面上的这两项积分之和表示旋转机械与流体之间交换的机械功率,记作

$$\dot{W}_s = \iint_{S_4} \rho\left(e + \frac{p}{\rho} + \frac{V^2}{2} - U\right)(\boldsymbol{V} \cdot \boldsymbol{n})\mathrm{d}S - \iint_{S_4} (\boldsymbol{\tau} \cdot \boldsymbol{n}) \cdot \boldsymbol{V}\mathrm{d}S$$

根据上述讨论,式(2.3.6)可写成

$$\dot{Q} = \iiint_\tau \frac{\partial}{\partial t}\left[\rho\left(e + \frac{V^2}{2} - U\right)\right]\mathrm{d}\tau + \iint_{S_1+S_2}\rho\left(e + \frac{p}{\rho} + \frac{V^2}{2} - U\right)(\boldsymbol{V}\cdot\boldsymbol{n})\mathrm{d}S + \dot{W}_s -$$

$$\iint_{S_1+S_2+S_3}(\boldsymbol{\tau}\cdot\boldsymbol{n})\cdot\boldsymbol{V}\mathrm{d}S$$

通常忽略进出口界面处的黏性力做功项,若再假定侧表面为固壁或无速度梯度的流面,则上式为

$$\dot{Q} = \iiint_\tau \frac{\partial}{\partial t}\left[\rho\left(e + \frac{V^2}{2} - U\right)\right]\mathrm{d}\tau + \iint_{S_2}\rho\left(e + \frac{p}{\rho} + \frac{V^2}{2} - U\right)(\boldsymbol{V}\cdot\boldsymbol{n})\mathrm{d}S +$$

$$\iint_{S_1}\rho\left(e + \frac{p}{\rho} + \frac{V^2}{2} - U\right)(\boldsymbol{V}\cdot\boldsymbol{n})\mathrm{d}S + \dot{W}_s \tag{2.3.7}$$

这就是适用于研究流体通过叶轮机械流道流动时的积分形式能量方程。它说明单位时间内外界向控制体内流体传给的热量,等于流道(即控制体)内流体通过旋转机械对外界的做功的功率、通过控制面流体净带走的总能量和控制体内流体的总能量变化率三者之和。需要指出的是,在推导上述能量方程时,并未涉及流体在控制体内流动过程的具体情况,因此,对于控制体内的流动无论可逆过程或不可逆过程都是适用的,其限制条件是忽略进出口界面处的黏性力做功,并假定侧表面为固壁或无速度梯度的流面。

将 $h = e + \dfrac{p}{\rho}$,$U = -gz$ 带入式(2.3.7),则有

$$\dot{Q} = \iiint_\tau \frac{\partial}{\partial t}\left[\rho\left(e + \frac{V^2}{2} + gz\right)\right]\mathrm{d}\tau + \iint_{S_2}\rho\left(h + \frac{V^2}{2} + gz\right)(\boldsymbol{V}\cdot\boldsymbol{n})\mathrm{d}S +$$

$$\iint_{S_1}\rho\left(h + \frac{V^2}{2} + gz\right)(\boldsymbol{V}\cdot\boldsymbol{n})\mathrm{d}S + \dot{W}_s \tag{2.3.8}$$

下面讨论能量方程式(2.3.8)的几种简化形式。

(1)若流动是定常的,则有

$$\dot{Q} - \dot{W}_s = \iint_{S_2}\rho\left(h + \frac{V^2}{2} + gz\right)(\boldsymbol{V}\cdot\boldsymbol{n})\mathrm{d}S + \iint_{S_1}\rho\left(h + \frac{V^2}{2} + gz\right)(\boldsymbol{V}\cdot\boldsymbol{n})\mathrm{d}S \tag{2.3.9}$$

(2)若流动是一维定常的,则有

$$\dot{Q} - \dot{W}_s = \dot{m}\left[\left(h_2 + \frac{V_2^2}{2} + gz_2\right) - \left(h_1 + \frac{V_1^2}{2} + gz_1\right)\right]$$

或

$$\dot{q} - \dot{w}_s = \left(h_2 + \frac{V_2^2}{2} + gz_2\right) - \left(h_1 + \frac{V_1^2}{2} + gz_1\right) \tag{2.3.10a}$$

式中,$\dot{q}$ 为单位质量流体所吸收的热量;$\dot{w}_s$ 为对外界所做的机械功。对气体而言,当高度变化不大时可忽略重力势能的变化,即

$$\dot{q} - \dot{w}_s = \left(h_2 + \frac{V_2^2}{2}\right) - \left(h_1 + \frac{V_1^2}{2}\right) \tag{2.3.10b}$$

对于绝能流动(即无热量、功的交换),式(2.3.10b)可进一步写成

$$h_1 + \frac{V_1^2}{2} = h_2 + \frac{V_2^2}{2} = h + \frac{V^2}{2} = \mathrm{const} \tag{2.3.10c}$$

由于对量热完全气体有 $h = c_p T$ 成立,得

$$c_p T_1 + \frac{V_1^2}{2} = c_p T_2 + \frac{V_2^2}{2} = c_p T + \frac{V^2}{2} = \frac{kR}{k-1}T + \frac{V^2}{2} = \frac{k}{k-1}\frac{p}{\rho} + \frac{V^2}{2} = \mathrm{const}$$

$$\tag{2.3.10d}$$

式 (2.3.10d) 表明,在绝能流动中,管道各个截面上气流的焓和动能之和保持不变,但二者之间却可以互相转换。如果气体的焓(或温度)下降,则动能增加;反之,气体的动能减小,则焓(或温度)增加。

忽略与外界间的功交换,沿流线为等熵流动的伯努利方程式 (2.2.20c) 与绝热流动能量方程式 (2.3.10d) 在形式上是一致的,但在使用范围上有所区别。前者只适用于沿流线等熵的可逆过程,而后者适用于绝热流动,允许在管道任何两个截面之间存在激波间断、管壁摩擦阻力这类不可逆过程中应用,即能量方程既适用于等熵的可逆过程,也适用于绝热不等熵的不可逆过程。总之,能量方程的使用范围比伯努利方程要广些,但对于绝热的无黏流动而言,这两个方程无疑是等价的。

例 2.3.1　如图 2.3.2 所示,空气从收缩喷管做定常流动喷出,稳定段空气压强、温度为 p_1, T_1,喷管出口处压强为 p_a。忽略空气在喷管内流动时的摩擦损失,假定在流动中与外界无热量交换,空气的 c_p 为常数。求喷管出口截面上的空气速度及温度。

图 2.3.2　喷管示意图

解　取图 2.3.2 所示控制体的进出口截面,考虑到稳定段直径远大于喷管出口直径,可以认为稳定段中的气流速度相当小,即 $V_1 \approx 0$。则有

$$c_p T_1 + \frac{V_1^2}{2} = c_p T_2 + \frac{V_2^2}{2}$$

于是得

$$V_2 = \sqrt{2 c_p (T_1 - T_2)} = \sqrt{\frac{2k}{k-1} R T_1 \left(1 - \frac{T_2}{T_1}\right)}$$

由于忽略空气在喷管内流动时的摩擦损失,并假定在流动中与外界无热量交换,则无损耗的绝热流动可以认为是等熵流动。因此,由等熵关系式 $\dfrac{p_2}{p_1} = \left(\dfrac{T_2}{T_1}\right)^{\frac{k}{k-1}}$,得

$$T_2 = T_1 \left(\frac{p_a}{p_1}\right)^{\frac{k-1}{k}} \quad \text{和} \quad V_2 = \sqrt{\frac{2k}{k-1} R T_1 \left[1 - \left(\frac{p_a}{p_1}\right)^{\frac{k-1}{k}}\right]}$$

例 2.3.2　如图 2.3.3 所示,压气机做定常运动,其输入功率(即对空气做功)为 $\dot{W}_s$,空气质量流量为 $\dot{m}$。设进出口截面流动参数均匀且进口处速度为零,空气为理想气体,忽略流动损失及重力影响。求单位时间传给空气的热量。

图 2.3.3　压气机示意图

解　取图 2.3.3 所示控制体,可有

$$\dot{Q} - (-\dot{W}_s) = \dot{m} \left[\left(h_2 + \frac{V_2^2}{2}\right) - \left(h_1 + \frac{V_1^2}{2}\right)\right]$$

考虑 $V_2 = \dfrac{\dot{m}}{\rho_2 S_2} = \dfrac{\dot{m}}{S_2} \dfrac{p_2}{R T_2}$,得

$$\dot{Q} = \dot{m} \left[c_p (T_2 - T_1) + \frac{1}{2}\left(\frac{\dot{m}}{S_2} \frac{p_2}{R T_2}\right)^2\right] - \dot{W}_s$$

2.3.2　能量方程的微分形式

积分形式的能量方程还可写成

$$\iiint_\tau \rho \frac{\mathrm{D}}{\mathrm{D}t}\left(e+\frac{V^2}{2}\right)\mathrm{d}\tau = \iiint_\tau q_\mathrm{R}\rho\mathrm{d}\tau + \oiint_S \lambda\,\boldsymbol{\nabla} T \cdot \boldsymbol{n}\mathrm{d}S + \iiint_\tau \rho\boldsymbol{f} \cdot \boldsymbol{V}\mathrm{d}\tau -$$

$$\oiint_S p\boldsymbol{n} \cdot \boldsymbol{V}\mathrm{d}S + \oiint_S (\boldsymbol{\tau} \cdot \boldsymbol{n}) \cdot \boldsymbol{V}\mathrm{d}S \qquad (2.3.11)$$

根据高斯公式,式(2.3.11)为

$$\iiint_\tau \rho \frac{\mathrm{D}}{\mathrm{D}t}\left(e+\frac{V^2}{2}\right)\mathrm{d}\tau = \iiint_\tau [q_\mathrm{R}\rho + \boldsymbol{\nabla} \cdot (\lambda\,\boldsymbol{\nabla} T) + \rho\boldsymbol{f} \cdot \boldsymbol{V} - \boldsymbol{\nabla} \cdot (p\boldsymbol{V}) + \boldsymbol{\nabla} \cdot (\boldsymbol{\tau} \cdot \boldsymbol{V})]\mathrm{d}\tau$$

于是可以得到能量方程的微分形式为

$$\rho \frac{\mathrm{D}}{\mathrm{D}t}\left(e+\frac{V^2}{2}\right)=q_\mathrm{R}\rho + \boldsymbol{\nabla} \cdot (\lambda\,\boldsymbol{\nabla} T) + \rho\boldsymbol{f} \cdot \boldsymbol{V} - \boldsymbol{\nabla} \cdot (p\boldsymbol{V}) + \boldsymbol{\nabla} \cdot (\boldsymbol{\tau} \cdot \boldsymbol{V}) \quad (2.3.12)$$

式中右端第四项$\boldsymbol{\nabla} \cdot (p\boldsymbol{V})$为单位时间内单位体积流体对外界所做的流动功。该项可拆分为

$$\boldsymbol{\nabla} \cdot (p\boldsymbol{V}) = (p\,\boldsymbol{\nabla} \cdot \boldsymbol{V} + \boldsymbol{V} \cdot \boldsymbol{\nabla} p) \qquad (2.3.13\mathrm{a})$$

式中,$p\,\boldsymbol{\nabla} \cdot \boldsymbol{V}$项表示单位体积流体在压强作用下对外界所做的膨胀功(或压缩功);$\boldsymbol{V} \cdot \boldsymbol{\nabla} p$表示单位体积流体在压强梯度的作用下(或称在压强的推动下)对外界所做的位移功(或推动功)。

式中右端第五项$\boldsymbol{\nabla} \cdot (\boldsymbol{\tau} \cdot \boldsymbol{V})$为单位时间内黏性力对运动着的单位体积流体所输运的机械能。注意到$\iiint_\tau \boldsymbol{\nabla} \cdot (\boldsymbol{\tau} \cdot \boldsymbol{V})\mathrm{d}\tau = \oiint_S (\boldsymbol{\tau} \cdot \boldsymbol{n}) \cdot \boldsymbol{V}\mathrm{d}S$,若控制体取固壁形成的封闭域,则因黏性作用而使得紧贴壁面处流体$\boldsymbol{V}=0$,即$\iiint_\tau \boldsymbol{\nabla} \cdot (\boldsymbol{\tau} \cdot \boldsymbol{V})\mathrm{d}\tau = \oiint_S (\boldsymbol{\tau} \cdot \boldsymbol{n}) \cdot \boldsymbol{V}\mathrm{d}S = 0$,这表明黏性力做功并不导致控制体内能量总和的变化,而只是起到改变能量空间分布的作用,或者说在具有不同能量的各部分流体之间输运能量,因此称$\boldsymbol{\nabla} \cdot (\boldsymbol{\tau} \cdot \boldsymbol{V})$为输运项。如果控制体以无穷远处的均匀流动区作为边界,由于$\boldsymbol{\tau}=0$,可得到同样的结论。该项也可以拆分为两项,即

$$\boldsymbol{\nabla} \cdot (\boldsymbol{\tau} \cdot \boldsymbol{V}) = \Phi + \boldsymbol{V} \cdot (\boldsymbol{\nabla} \cdot \boldsymbol{\tau}) \qquad (2.3.13\mathrm{b})$$

式中,$\boldsymbol{V} \cdot (\boldsymbol{\nabla} \cdot \boldsymbol{\tau})$表示黏性力对单位体积流体所做的位移功;$\Phi$称为耗散函数,它的表达式可如下推导:由于

$$\boldsymbol{\nabla} \cdot (\boldsymbol{\tau} \cdot \boldsymbol{V}) = \left(\boldsymbol{i}\frac{\partial}{\partial x} + \boldsymbol{j}\frac{\partial}{\partial y} + \boldsymbol{k}\frac{\partial}{\partial z}\right) \cdot [\boldsymbol{i}(\boldsymbol{\tau}_x \cdot \boldsymbol{V}) + \boldsymbol{j}(\boldsymbol{\tau}_y \cdot \boldsymbol{V}) + \boldsymbol{k}(\boldsymbol{\tau}_z \cdot \boldsymbol{V})] =$$

$$\frac{\partial}{\partial x}(\boldsymbol{\tau}_x \cdot \boldsymbol{V}) + \frac{\partial}{\partial y}(\boldsymbol{\tau}_y \cdot \boldsymbol{V}) + \frac{\partial}{\partial z}(\boldsymbol{\tau}_z \cdot \boldsymbol{V}) =$$

$$\boldsymbol{\tau}_x \cdot \frac{\partial \boldsymbol{V}}{\partial x} + \boldsymbol{\tau}_y \cdot \frac{\partial \boldsymbol{V}}{\partial y} + \boldsymbol{\tau}_z \cdot \frac{\partial \boldsymbol{V}}{\partial z} + \boldsymbol{V} \cdot \left(\frac{\partial \boldsymbol{\tau}_x}{\partial x} + \frac{\partial \boldsymbol{\tau}_y}{\partial y} + \frac{\partial \boldsymbol{\tau}_z}{\partial z}\right) =$$

$$\boldsymbol{\tau}_x \cdot \frac{\partial \boldsymbol{V}}{\partial x} + \boldsymbol{\tau}_y \cdot \frac{\partial \boldsymbol{V}}{\partial y} + \boldsymbol{\tau}_z \cdot \frac{\partial \boldsymbol{V}}{\partial z} + \boldsymbol{V} \cdot (\boldsymbol{\nabla} \cdot \boldsymbol{\tau})$$

则$\Phi = \boldsymbol{\tau}_x \cdot \frac{\partial \boldsymbol{V}}{\partial x} + \boldsymbol{\tau}_y \cdot \frac{\partial \boldsymbol{V}}{\partial y} + \boldsymbol{\tau}_z \cdot \frac{\partial \boldsymbol{V}}{\partial z}$。将其展开后得到

$$\Phi = \tau_{xx}\frac{\partial v_x}{\partial x} + \tau_{xy}\frac{\partial v_y}{\partial x} + \tau_{xz}\frac{\partial v_z}{\partial x} + \tau_{yx}\frac{\partial v_x}{\partial y} + \tau_{yy}\frac{\partial v_y}{\partial y} + \tau_{yz}\frac{\partial v_z}{\partial y} + \tau_{zx}\frac{\partial v_x}{\partial z} + \tau_{zy}\frac{\partial v_y}{\partial z} + \tau_{zz}\frac{\partial v_z}{\partial z} =$$

$$\tau_{xx}\frac{\partial v_x}{\partial x}+\tau_{xy}\frac{1}{2}\left(\frac{\partial v_x}{\partial y}+\frac{\partial v_y}{\partial x}\right)+\tau_{xz}\frac{1}{2}\left(\frac{\partial v_x}{\partial z}+\frac{\partial v_z}{\partial x}\right)+\tau_{yx}\frac{1}{2}\left(\frac{\partial v_x}{\partial y}+\frac{\partial v_y}{\partial x}\right)+\tau_{yy}\frac{\partial v_y}{\partial y}+$$

$$\tau_{yz}\frac{1}{2}\left(\frac{\partial v_y}{\partial z}+\frac{\partial v_z}{\partial y}\right)+\tau_{zx}\frac{1}{2}\left(\frac{\partial v_x}{\partial z}+\frac{\partial v_z}{\partial x}\right)+\tau_{zy}\frac{1}{2}\left(\frac{\partial v_y}{\partial z}+\frac{\partial v_z}{\partial y}\right)+\tau_{zz}\frac{\partial v_z}{\partial z}$$

根据 S 的表达式可以看出，Φ 的表达式恰好等于 τ 的每个分量与 S 的每个分量相乘后再相加，因此可表示为

$$\Phi=\tau:S$$

根据 $\tau=\mu\left[2S-\dfrac{2}{3}(\nabla\cdot V)I\right]$ 的矩阵形式

$$\begin{bmatrix}\tau_{xx}&\tau_{xy}&\tau_{xz}\\\tau_{yx}&\tau_{yy}&\tau_{yz}\\\tau_{zx}&\tau_{zy}&\tau_{zz}\end{bmatrix}=2\mu\begin{bmatrix}\dfrac{\partial v_x}{\partial x}&\dfrac{1}{2}\left(\dfrac{\partial v_x}{\partial y}+\dfrac{\partial v_y}{\partial x}\right)&\dfrac{1}{2}\left(\dfrac{\partial v_x}{\partial z}+\dfrac{\partial v_z}{\partial x}\right)\\\dfrac{1}{2}\left(\dfrac{\partial v_x}{\partial y}+\dfrac{\partial v_y}{\partial x}\right)&\dfrac{\partial v_y}{\partial y}&\dfrac{1}{2}\left(\dfrac{\partial v_y}{\partial z}+\dfrac{\partial v_z}{\partial y}\right)\\\dfrac{1}{2}\left(\dfrac{\partial v_x}{\partial z}+\dfrac{\partial v_z}{\partial x}\right)&\dfrac{1}{2}\left(\dfrac{\partial v_y}{\partial z}+\dfrac{\partial v_z}{\partial y}\right)&\dfrac{\partial v_z}{\partial z}\end{bmatrix}-$$

$$\frac{2\mu}{3}\nabla\cdot V\begin{bmatrix}1&0&0\\0&1&0\\0&0&1\end{bmatrix}$$

将 Φ 的表达式重新书写，得

$$\Phi=2\mu S:S-\frac{2\mu}{3}(\nabla\cdot V)I:S=$$

$$2\mu\left[\left(\frac{\partial v_x}{\partial x}\right)^2+\left(\frac{\partial v_y}{\partial y}\right)^2+\left(\frac{\partial v_z}{\partial z}\right)^2+\frac{1}{2}\left(\frac{\partial v_x}{\partial y}+\frac{\partial v_y}{\partial x}\right)^2+\right.$$

$$\left.\frac{1}{2}\left(\frac{\partial v_y}{\partial z}+\frac{\partial v_z}{\partial y}\right)^2+\frac{1}{2}\left(\frac{\partial v_z}{\partial x}+\frac{\partial v_x}{\partial z}\right)^2\right]-$$

$$\frac{2\mu}{3}\left(\frac{\partial v_x}{\partial x}+\frac{\partial v_y}{\partial y}+\frac{\partial v_z}{\partial z}\right)^2=$$

$$\mu\left[\left(\frac{\partial v_x}{\partial y}+\frac{\partial v_y}{\partial x}\right)^2+\left(\frac{\partial v_y}{\partial z}+\frac{\partial v_z}{\partial y}\right)^2+\left(\frac{\partial v_z}{\partial x}+\frac{\partial v_x}{\partial z}\right)^2\right]+$$

$$\frac{2\mu}{3}\left[\left(\frac{\partial v_x}{\partial x}-\frac{\partial v_y}{\partial y}\right)^2+\left(\frac{\partial v_z}{\partial z}-\frac{\partial v_x}{\partial x}\right)^2+\left(\frac{\partial v_y}{\partial y}-\frac{\partial v_z}{\partial z}\right)^2\right]\geqslant0 \qquad (2.3.13c)$$

根据上述各式改写式(2.3.12)，得

$$\rho\frac{\mathrm{D}}{\mathrm{D}t}\left(e+\frac{V^2}{2}\right)=q_{\mathrm{R}}\rho+\nabla\cdot(\lambda\nabla T)-p\nabla\cdot V+\Phi+\rho f\cdot V-V\cdot\nabla p+V\cdot(\nabla\cdot\tau)$$

$$(2.3.14)$$

将动量方程式(2.2.8)写成 $\rho\dfrac{\mathrm{D}V}{\mathrm{D}t}=\rho f-\nabla p+\nabla\cdot\tau$ 的形式，并用速度 V 点乘之，可有

$$V\cdot\rho\frac{\mathrm{D}V}{\mathrm{D}t}=V\cdot\rho f-V\cdot\nabla p+V\cdot(\nabla\cdot\tau)$$

或

$$\rho\frac{\mathrm{D}}{\mathrm{D}t}\left(\frac{V^2}{2}\right)=V\cdot\rho f-V\cdot\nabla p+V\cdot(\nabla\cdot\tau) \qquad (2.3.15)$$

比较上面两式可知，质量力及表面力做功率并不都是用于增加流体内能的，其中质量力

对流体的做功率仅与流动动能的增加有关。而表面力做功率可以分为两部分：一部分与速度有关，且转化为动能，表示单位时间内单位体积流体在压强梯度作用下产生位移而对外界做的功（速度就是单位时间内的位移）即 $\boldsymbol{V} \cdot \boldsymbol{\nabla} p$ 项，以及黏性力对单位体积流体所做的位移功，即 $\boldsymbol{V} \cdot (\boldsymbol{\nabla} \cdot \boldsymbol{\tau})$ 项；而另一部分与速度的空间变形率有关，且转化为热力学能，表示与微元体变形（包括体积与形状的改变）有关的功。

将式（2.3.14）与式（2.3.15）做相减处理，得到用热力学能表示的能量方程为

$$\rho \frac{\mathrm{D}e}{\mathrm{D}t} = q_{\mathrm{R}} \rho + \boldsymbol{\nabla} \cdot (\lambda \boldsymbol{\nabla} T) - p \boldsymbol{\nabla} \cdot \boldsymbol{V} + \Phi$$

或

$$\frac{\mathrm{D}e}{\mathrm{D}t} = q_{\mathrm{R}} + \frac{\boldsymbol{\nabla} \cdot (\lambda \boldsymbol{\nabla} T)}{\rho} - \frac{p}{\rho} \boldsymbol{\nabla} \cdot \boldsymbol{V} + \frac{\Phi}{\rho} \qquad (2.3.16)$$

根据前述讨论可知，$\boldsymbol{\nabla} \cdot (\boldsymbol{\tau} \cdot \boldsymbol{V}) = \Phi + \boldsymbol{V} \cdot (\boldsymbol{\nabla} \cdot \boldsymbol{\tau})$ 并不导致控制体内能量总和，即 $e + \dfrac{V^2}{2}$ 的变化，而且 $\Phi \geqslant 0$ 只是转化为热力学能，这表明黏性力对流体的做功率的一部分总是不断地使得流体运动的机械能转化为热，并由热转化为热力学能（$e = c_V T$），这一转化是不可逆的，因此又称 Φ 为耗散项，它是黏性力对流体所做的用于抵抗变形的功，也就是流体对抵抗变形的黏性力所做的功，其来源是机械能的消耗。由于在空间的任何位置它都是将机械能耗散为热能，因而对于机械能而言，它属于负的"源项"。

下面讨论能量方程式（2.3.16）的几种其他形式。

（1）熵形式的能量方程。

由连续方程有

$$\boldsymbol{\nabla} \cdot \boldsymbol{V} = -\frac{1}{\rho} \frac{\mathrm{D}\rho}{\mathrm{D}t} = \rho \frac{\mathrm{D}}{\mathrm{D}t} \left(\frac{1}{\rho} \right)$$

将其带入式（1.6.12），则得

$$T \frac{\mathrm{D}s}{\mathrm{D}t} = \frac{\mathrm{D}e}{\mathrm{D}t} + p \frac{\mathrm{D}}{\mathrm{D}t} \left(\frac{1}{\rho} \right) = \frac{\mathrm{D}e}{\mathrm{D}t} + \frac{p}{\rho} \rho \frac{\mathrm{D}}{\mathrm{D}t} \left(\frac{1}{\rho} \right) = \frac{\mathrm{D}e}{\mathrm{D}t} + \frac{p}{\rho} \boldsymbol{\nabla} \cdot \boldsymbol{V}$$

于是有熵方程（忽略辐射热项）

$$T \frac{\mathrm{D}s}{\mathrm{D}t} = \frac{\boldsymbol{\nabla} \cdot (\lambda \boldsymbol{\nabla} T)}{\rho} + \frac{\Phi}{\rho} \qquad (2.3.17a)$$

由式（2.3.17a）可见，若想保持 $\dfrac{\mathrm{D}s}{\mathrm{D}t} = 0$，则 $\dfrac{\boldsymbol{\nabla} \cdot (\lambda \boldsymbol{\nabla} T)}{\rho} + \dfrac{\Phi}{\rho} = 0$（即流场中每一点上均有热传导项与耗散项恰好互相抵消，这在实际流动中很难实现），或者 $\boldsymbol{\nabla} \cdot (\lambda \boldsymbol{\nabla} T) = 0$ 及 $\Phi = 0$。因此，可逆的绝热流动是等熵流动，而不可逆的绝热流动是非等熵流动。也就是说，只有忽略流体黏性与热传导的流动才可近似看作等熵流动。

（2）焓形式的能量方程。

由比焓表达式 $h = e + \dfrac{p}{\rho}$ 有

$$\frac{\mathrm{D}h}{\mathrm{D}t} = \frac{\mathrm{D}e}{\mathrm{D}t} + \frac{\mathrm{D}}{\mathrm{D}t} \left(\frac{p}{\rho} \right) = \frac{\mathrm{D}e}{\mathrm{D}t} + p \frac{\mathrm{D}}{\mathrm{D}t} \left(\frac{1}{\rho} \right) + \frac{1}{\rho} \frac{\mathrm{D}p}{\mathrm{D}t} = \frac{\mathrm{D}e}{\mathrm{D}t} + \frac{p}{\rho} \boldsymbol{\nabla} \cdot \boldsymbol{V} + \frac{1}{\rho} \frac{\mathrm{D}p}{\mathrm{D}t}$$

于是有焓方程（忽略辐射热项）

$$\frac{\mathrm{D}h}{\mathrm{D}t} = \frac{\boldsymbol{\nabla} \cdot (\lambda \boldsymbol{\nabla} T)}{\rho} + \frac{\Phi}{\rho} + \frac{1}{\rho} \frac{\mathrm{D}p}{\mathrm{D}t} \qquad (2.3.17b)$$

（3）温度形式的能量方程。

对于量热完全气体有 $e=c_V T$，$h=c_p T$ 成立，则可得到温度方程为

$$\begin{cases} c_V \dfrac{\mathrm{D}T}{\mathrm{D}t} = \dfrac{\boldsymbol{\nabla} \cdot (\lambda \boldsymbol{\nabla} T)}{\rho} - \dfrac{p}{\rho} \boldsymbol{\nabla} \cdot \boldsymbol{V} + \dfrac{\Phi}{\rho} \\[2mm] c_p \dfrac{\mathrm{D}T}{\mathrm{D}t} = \dfrac{\boldsymbol{\nabla} \cdot (\lambda \boldsymbol{\nabla} T)}{\rho} + \dfrac{\Phi}{\rho} + \dfrac{1}{\rho} \dfrac{\mathrm{D}p}{\mathrm{D}t} \end{cases} \tag{2.3.17c}$$

由关系式 $\dfrac{\mathrm{D}p}{\mathrm{D}t} = \dfrac{\partial p}{\partial t} + \boldsymbol{V} \cdot \boldsymbol{\nabla} p$ 及连续方程，式（2.3.13a）可写成

$$\boldsymbol{\nabla} \cdot (p\boldsymbol{V}) = p \boldsymbol{\nabla} \cdot \boldsymbol{V} + \boldsymbol{V} \cdot \boldsymbol{\nabla} p = p\rho \frac{\mathrm{D}(1/\rho)}{\mathrm{D}t} + \left(\frac{\mathrm{D}p}{\mathrm{D}t} - \frac{\partial p}{\partial t} \right) =$$

$$\rho \left[p \frac{\mathrm{D}(1/\rho)}{\mathrm{D}t} + \frac{1}{\rho} \frac{\mathrm{D}p}{\mathrm{D}t} \right] - \frac{\partial p}{\partial t} = \rho \frac{\mathrm{D}(p/\rho)}{\mathrm{D}t} - \frac{\partial p}{\partial t}$$

若质量力仅考虑重力，即 $\boldsymbol{f} = \boldsymbol{\nabla} U = \boldsymbol{\nabla}(-gz)$，则

$$\frac{\mathrm{D}U}{\mathrm{D}t} = \frac{\partial U}{\partial t} + \boldsymbol{V} \cdot \boldsymbol{\nabla} U = \frac{\partial U}{\partial t} + \boldsymbol{V} \cdot \boldsymbol{f}$$

假设质量力势函数 U 在空间固定点处不随时间变化，则有 $\dfrac{\mathrm{D}U}{\mathrm{D}t} = \boldsymbol{V} \cdot \boldsymbol{f}$。因此式（2.3.12）还可写成

$$\rho \frac{\mathrm{D}}{\mathrm{D}t} \left(e + \frac{V^2}{2} \right) = q_{\mathrm{R}}\rho + \boldsymbol{\nabla} \cdot (\lambda \boldsymbol{\nabla} T) + \rho \frac{\mathrm{D}(-gz)}{\mathrm{D}t} - \left[\rho \frac{\mathrm{D}(p/\rho)}{\mathrm{D}t} - \frac{\partial p}{\partial t} \right] + \boldsymbol{\nabla} \cdot (\boldsymbol{\tau} \cdot \boldsymbol{V})$$

化简可得

$$\rho \frac{\mathrm{D}}{\mathrm{D}t} \left(e + \frac{p}{\rho} + gz + \frac{V^2}{2} \right) = q_{\mathrm{R}}\rho + \boldsymbol{\nabla} \cdot (\lambda \boldsymbol{\nabla} T) + \frac{\partial p}{\partial t} + \boldsymbol{\nabla} \cdot (\boldsymbol{\tau} \cdot \boldsymbol{V}) \tag{2.3.18a}$$

或

$$\frac{\mathrm{D}}{\mathrm{D}t} \left(h + gz + \frac{V^2}{2} \right) = q_{\mathrm{R}} + \frac{\boldsymbol{\nabla} \cdot (\lambda \boldsymbol{\nabla} T)}{\rho} + \frac{1}{\rho} \frac{\partial p}{\partial t} + \frac{\boldsymbol{\nabla} \cdot (\boldsymbol{\tau} \cdot \boldsymbol{V})}{\rho} \tag{2.3.18b}$$

从式（2.3.18b）可以得出如下结论：

（1）当流体做定常流动且与外界无热量交换时，有 $\dfrac{\mathrm{D}}{\mathrm{D}t}\left(h + gz + \dfrac{V^2}{2} \right) = \dfrac{\boldsymbol{\nabla} \cdot (\boldsymbol{\tau} \cdot \boldsymbol{V})}{\rho}$ 或 $\boldsymbol{V} \cdot \boldsymbol{\nabla}\left(h + gz + \dfrac{V^2}{2} \right) = \dfrac{\boldsymbol{\nabla} \cdot (\boldsymbol{\tau} \cdot \boldsymbol{V})}{\rho}$ 成立，即单位质量流体所具有的焓值、动能与势能之和是随流（即沿迹线或流线）变化的，这种变化来自于某条流线中的某个流体微团与邻近流线中的其他流体微团之间，由于黏性应力作用而传输的能量，进而改变了流体总能量的空间分布。需要指出的是，定常流动这一条件通常还隐含了一个前提，即此时也无机械功的输入输出，否则就与定常流动条件相矛盾了。

（2）当流体做定常流动（且与外界无机械功交换）、与外界无热量交换时，若流体是无黏的，可有 $\dfrac{\mathrm{D}}{\mathrm{D}t}\left(h + gz + \dfrac{V^2}{2} \right) = 0$ 或 $h + gz + \dfrac{V^2}{2} = \mathrm{const}$，即流体的总能量沿流线为常数或不变，而且由于流体是无黏的，即使流场中其他迹线或流线上流体所具有的总能量不同，相邻迹线或流线间也不会出现能量传输的现象，因而上述结论仍然成立。假设组成流场的所有流线都有一个起点且起点处流体微团所具有的总能量并不完全相同时，则起点之后的流场中不同流线的总能量仍是不完全相同的，但每条流线的总能量却是不变的；若所有流线起点处的

总能量都相同,则流场中流体所具有的总能量处处、时时相等,这就是前面所述的均能流动概念。

（3）当流体做定常流动（且与外界无机械功交换）、与外界无热量交换,并假设为静止管道内的一维流动时（图2.3.4）,可以看出,若考虑流体的黏性作用,管截面上的流动参数如速度是非均匀分布或存在梯度的（至少在管壁附近必然如此）。如果气流速度管轴方向分量远大于径向分量,且沿管轴方向变化也比其他方向变化大得多,则可用截面平均流动速度近似代表整个截面的流动速度,进而得到一维流动。此时,在黏性作用

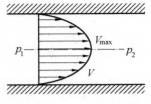

图 2.3.4　管道内速度分布

下仅在管壁处因 $\boldsymbol{V}=0$ 而导致速度梯度出现,并产生了管道侧表面作用于流体上的黏性应力。但是,对静止的观察者来说,管壁处的流体并不在这一黏性应力的作用下移动,即黏性应力不对流体做功。因此,有 $\dfrac{\mathrm{D}}{\mathrm{D}t}\left(h+gz+\dfrac{V^2}{2}\right)=0$ 成立,根据随体导数定义,这表明静止管道内的绝能定常一维流动中单位质量流体具有的总能量沿流线不变,即

$$h+gz+\frac{V^2}{2}=\mathrm{const} \tag{2.3.19}$$

该式对无黏、有黏流动（或可逆过程、不可逆过程）皆成立。

2.4　N－S 方程的定解条件及定解问题的适定性

以微分形式的黏性流体力学控制方程组即 N－S 方程组为例,可以看出（设热导率 λ、[动力]黏度 μ、比定压热容 c_p 等为已知）,方程组所具有的方程数目等于所出现的未知量数目,即方程组是封闭的。根据一般的看法,N－S 方程组正确地反映了诸如空气、水等典型流体的运动规律,但是仅有 N－S 方程组本身还不能确定流动的具体形态,满足该方程组的流体运动的解是无穷多的,流动的形态还与初始情况、边界情况有关。也就是说,一个封闭的微分方程组,加上正确规定的初始条件和边界条件,才可能构成一个定解问题,并得到具体的解。初始条件和边界条件统称定解条件。

表 2.4.1　方程数目及未知量

方程及其数目	未知量及其数目
连续方程 1 个,$\dfrac{\mathrm{D}\rho}{\mathrm{D}t}+\rho\,\boldsymbol{\nabla}\cdot\boldsymbol{V}=0$	4 个,即 $\rho,\boldsymbol{V}$
动量方程 3 个,$\rho\dfrac{\mathrm{D}\boldsymbol{V}}{\mathrm{D}t}=\rho\boldsymbol{f}+\boldsymbol{\nabla}\cdot\boldsymbol{P}$	9 个,即 $\boldsymbol{P}$
应力张量对称性关系 3 个,$p_{xy}=p_{yx}$,$p_{zx}=p_{xz}$,$p_{yz}=p_{zy}$	
本构方程 6 个,$\boldsymbol{P}=-p\boldsymbol{I}+\mu\left[2\boldsymbol{S}-\dfrac{2}{3}(\boldsymbol{\nabla}\cdot\boldsymbol{V})\boldsymbol{I}\right]$	1 个,即 p
焓形式的热力学能方程 1 个,$\dfrac{\mathrm{D}h}{\mathrm{D}t}=\dfrac{\boldsymbol{\nabla}\cdot(\lambda\,\boldsymbol{\nabla}\,T)}{\rho}+\dfrac{\varPhi}{\rho}+\dfrac{1}{\rho}\dfrac{\mathrm{D}p}{\mathrm{D}t}$	1 个,即 $T(h=c_pT)$
状态方程 1 个,$\rho=\rho(p,T)$,如 $p=\rho RT$	

2.4.1　初始条件

通常,初始条件由 $t=t_0$ 时流场中各未知量的函数分布给出,如

$$\begin{cases} \boldsymbol{V}=\boldsymbol{V}(x,y,z,t_0)=\boldsymbol{V}_0(x,y,z) \\ p=p(x,y,z,t_0)=p_0(x,y,z) \\ \rho=\rho(x,y,z,t_0)=\rho_0(x,y,z) \\ T=T(x,y,z,t_0)=T_0(x,y,z) \end{cases} \tag{2.4.1}$$

对于定常流动,显然不需要也不能给出初始条件。

2.4.2　边界条件

任一时刻,在运动流体所占据空间的边界上所必须满足的条件称为边界条件。例如,流体被固壁所限而不应有穿过固壁的速度分量;在流体与外界无热传导的边界上,流体与边界之间无温差等。由于各种具体问题不同,边界条件的提法也是多种多样的,但应该提得恰当,即物理上是正确的,数学上不能是随意或矛盾的,可用来确定积分方程中的积分常数。通常的流体边界可以分为流固交界面、流流(液液、液气或气气)交界面,也可以分为静止边界和运动边界,还可以分为与力有关的动力学条件、与速度有关的运动学条件。常见的有固体壁面上的边界条件、无限远处或管道进出口处的边界条件、自由面上的边界条件等,如图2.4.1所示。

图 2.4.1　流动的物面及远场边界条件

1.流固分界面的边界条件

一般而言,流体在固体边界上的速度依据是否考虑流体黏性而定。对于黏性流体,流体将黏附于固体表面(或称无滑移条件),即

$$\boldsymbol{V}\,|_{\mathrm{f}}=\boldsymbol{V}\,|_{\mathrm{b}} \text{ 或 } \boldsymbol{V}\,|_{\mathrm{f}}=0(\text{静止固壁}) \tag{2.4.2}$$

即流固边界面上,流体在一点的速度等于固体在该点的速度。对于理想(无黏)流体,由于流体内不存在黏性摩擦力,因此流体与固体表面之间不存在切向力,即流体沿固体表面可以滑动。此外,固体表面又是不可渗透的(即流体不能穿越固体壁面),无分离情况下流体始终紧贴壁面而不形成空隙(即绕流假设)。综上可知,在固体表面上,流体相对于壁面的法向分速度应为零,即固体表面上任一点的速度矢量与紧贴该点的流体质点的速度矢量,在该点处的法向分量相等,即

$$(\boldsymbol{V}\,|_{\mathrm{f}}-\boldsymbol{V}\,|_{\mathrm{b}})\cdot\boldsymbol{n}=0 \text{ 或 }(v_n)\,|_{\mathrm{f}}=(v_n)\,|_{\mathrm{b}} \text{ 或 }(v_n)\,|_{\mathrm{f}}=0(\text{静止固壁}) \tag{2.4.3}$$

若设固体壁面做非定常运动且满足

$$A(x,y,z,t)=0 \tag{2.4.4}$$

令紧贴于固体壁面的任一流体质点在 Δt 时刻后仍紧贴于固体壁面,则满足函数关系

$$A[x+(v_x)_f\Delta t,y+(v_y)_f\Delta t,z+(v_z)_f\Delta t,t+\Delta t]=0 \tag{2.4.5}$$

做泰勒展开,得

$$A(x+\Delta x,y+\Delta y,z+\Delta z,t+\Delta t)=A(x,y,z,t)+\frac{\partial A}{\partial x}(v_x)_f\Delta t+\frac{\partial A}{\partial y}(v_y)_f\Delta t+$$

$$\frac{\partial A}{\partial z}(v_z)_f\Delta t+\frac{\partial A}{\partial t}\Delta t$$

或写成

$$\frac{\mathrm{D}A}{\mathrm{D}t}\Big|_b=\left(\frac{\partial A}{\partial t}+\boldsymbol{V}\big|_f\cdot\boldsymbol{\nabla}A\right)\Big|_b=0 \tag{2.4.6}$$

若固体壁面是静止的(即不随时间变化),则有

$$\boldsymbol{V}\big|_f\cdot\boldsymbol{\nabla}A\big|_b=0\text{ 或}(v_x)\big|_f\left(\frac{\partial A}{\partial x}\right)\Big|_b+(v_y)\big|_f\left(\frac{\partial A}{\partial y}\right)\Big|_b+(v_z)\big|_f\left(\frac{\partial A}{\partial z}\right)\Big|_b=0 \tag{2.4.7}$$

根据梯度的概念可知,对于静止固壁即满足 $A(x,y,z)=0$ 的等势面而言,有 $\boldsymbol{n}=\dfrac{\boldsymbol{\nabla}A}{|A|}$

成立,即式(2.4.7)与 $\boldsymbol{V}\big|_f\cdot\boldsymbol{n}=0$ 或 $(v_n)\big|_f=0$ 是等价的。

此外,还可以给出定常问题的固体壁面温度边界条件,如已知通过单位壁面面积的导热量 q_w 时,有

$$-\left(\lambda\frac{\partial T}{\partial n}\right)\Big|_f=q_w \tag{2.4.8}$$

还可给出等温壁面条件或绝热壁面条件,如

$$T\big|_f=T\big|_b\text{ 或}\frac{\partial T}{\partial n}\Big|_b=0 \tag{2.4.9}$$

2. 流流分界面的边界条件

一般而言,对于密度不同的两种流体,其分界面两侧有

$$\boldsymbol{V}\big|_1=\boldsymbol{V}\big|_2,T\big|_1=T\big|_2,p\big|_1=p\big|_2 \tag{2.4.10}$$

其中, $\boldsymbol{V}\big|_1=\boldsymbol{V}\big|_2$ 表示两种流体的法向速度分量应相等(保证界面的唯一性)、切向速度应相等或连续(即速度梯度不能无限大而使得黏性力无限大,进而出现非平衡现象)。此外,对切应力及热传导有

$$\tau=\left(\mu\frac{\partial v_x}{\partial n}\right)\Big|_1=\left(\mu\frac{\partial v_x}{\partial n}\right)\Big|_2\text{ 和}Q=\left(\lambda\frac{\partial T}{\partial n}\right)\Big|_1=\left(\lambda\frac{\partial T}{\partial n}\right)\Big|_2 \tag{2.4.11}$$

式中, v_x 为切向速度分量。

若为液气交界面(如水与大气的分界面即自由面),则考虑表面张力时,界面两侧介质的压强差与表面张力有关系式

$$p\big|_2-p\big|_1=\sigma\left(\frac{1}{R_1}+\frac{1}{R_2}\right) \tag{2.4.12}$$

此即自由面上的动力学条件,式中 σ 为表面张力系数。当不考虑表面张力时,有

$$p=p_a\text{(大气压强)} \tag{2.4.13}$$

若设自由面是运动和变形的,且有方程

$$F(x,y,z,t)=0 \tag{2.4.14}$$

令组成自由面的流体质点始终保持在自由面上,则流体质点在自由面上一点的法向速度应该等于自由面本身在这一点的法向速度。设组成自由面的任一流体质点在 Δt 时刻后运动至$(x+v_x\Delta t, y+v_y\Delta t, z+v_z\Delta t)$处,仿照式(2.4.6)的推导过程可得到

$$\frac{\mathrm{D}F}{\mathrm{D}t}=\frac{\partial F}{\partial t}+\boldsymbol{V}\cdot\boldsymbol{\nabla}F=0 \tag{2.4.15}$$

此即自由面的运动学条件。

3. 无限远处的边界条件

流体力学中的很多问题,流体域可以取在无限远处,如飞行器在空中飞行时,流体是无界的。如果将坐标系取在运动物体上,无限远处的边界条件为

$$\boldsymbol{V}=\boldsymbol{V}_\infty, p=p_\infty \tag{2.4.16}$$

2.4.3　N−S 方程组定解问题适定性的讨论

对于一个定解问题,无论从数学的角度还是从物理的角度出发,都会关心以下问题:解是否存在,即解的存在性问题;解是否唯一,即解的唯一性问题;解是否依赖于定解条件和自由项,或者说定解条件和自由项的微小变化是否引起解的微小变化,即解的稳定性问题。如果一个定解问题的解存在、唯一且稳定,则称此定解问题是适定的。N−S 方程组定解问题的适定性非常复杂,只能根据流动的实际表现来描述这一问题。

解的存在性没有任何问题。由于各种初边值条件下的实际物理流动总是存在的,如果承认 N−S 方程组是能够正确反映实际流动的数学模型,而且定解条件提得恰当、正确,则解必是存在的。

至于解的唯一性和稳定性问题应基于流态的不同来讨论。对于层流流动(雷诺数较低),实验和理论均已证明,只要定解条件规定正确,则解是唯一和稳定的。而且,实验还进一步发现,对于同样的边界条件,若给出不同的初始扰动且扰动能量不大,对于足够低的雷诺数,这些初始扰动将逐渐衰减并最终消失,整个流场趋于完全相同的定常流动。高雷诺数时的湍流流动则完全不同,方程可以有多种解,解的非唯一性是其特征。相同的定常边界条件可以有完全不同的非定常湍流脉动运动,至今尚无法找到边界条件与湍流脉动细节的直接联系,尽管其平均运动与边界条件是密切相关的。可以这样认为,只在有限程度上流体运动按规定的边界条件进行,而在更大程度上,流体按"自己"的方式运动,而不管边界条件的规定如何。

从数学上讲,给定的初始条件、边界条件以及给定了系数的 N−S 方程组共同构成了一个确定的动力学系统,这个系统应给出一个确定性的过程。但在高雷诺数时,这种过程对初始条件极其敏感,它会仅由初始条件的微小差别而发展成完全不同的流动。所以,从物理上看,这种确定性的系统也可能得到类似于随机的、非确定性的结果。这些现象都与 N−S 方程组的非线性有关,它们涉及分叉、混沌、稳定性和湍流理论等,很难归于定解条件适定性的经典理论范畴。

2.5　黏性流体动力学的相似律

与黏性流体运动有关的许多工程和科学问题是极为复杂的,限于数学本身或者数值计

算方法发展的困扰,往往较难完全采用数学方法来处理,需要借助于实验。在某些情况下可以进行原型实验,而在另外一些情况下,可能受到种种条件的限制而不得不进行几何尺寸缩小或放大的模型实验。如用实验方法研究飞机的外部流场时,显然不可能为此制造可容纳全尺寸飞机的风洞,因为仅驱动风洞气流所需的能量就大得惊人。为了使得模型实验能够真实、定量地反映原型实物的流动情况,要求寻求保证流动相似的条件,这就必须研究能够正确进行模型实验的指导理论,即相似理论。

2.5.1 N－S方程组和边界条件的无量纲化处理

如前文所述,一个遵循流体力学基本理论的、封闭的流体力学微分方程组及其定解条件,可用来描述一个确定的流动现象或过程,而包含其中的诸物理量可能属于流动相似问题的各个方面。由于所研究流动问题的原型对象和模型对象的属性相同,因此描述流动问题原型与描述该问题模型的方程组应具有相同形式,即方程组具有不变性。那么若通过某种变换如无量纲化处理,使得原型与模型流动所遵循的微分方程组及其定解条件恒等,实际上也就满足了流动的相似条件。

将算子形式及展开形式的 N－S 方程组写为

$$
\begin{cases}
\dfrac{\partial \rho}{\partial t} + \boldsymbol{\nabla} \cdot (\rho \boldsymbol{V}) = 0 \text{ 或} \dfrac{\partial \rho}{\partial t} + \dfrac{\partial (\rho v_x)}{\partial x} + \dfrac{\partial (\rho v_y)}{\partial y} + \dfrac{\partial (\rho v_z)}{\partial z} = 0 \\
\dfrac{\mathrm{D} \boldsymbol{V}}{\mathrm{D} t} = \boldsymbol{f} - \dfrac{\boldsymbol{\nabla} p}{\rho} + \dfrac{\mu}{\rho} \boldsymbol{\nabla}^2 \boldsymbol{V} + \dfrac{1}{3} \dfrac{\mu}{\rho} \boldsymbol{\nabla}(\boldsymbol{\nabla} \cdot \boldsymbol{V})
\end{cases}
\tag{2.5.1a}
$$

或

$$
\begin{cases}
\dfrac{\partial v_x}{\partial t} + v_x \dfrac{\partial v_x}{\partial x} + v_y \dfrac{\partial v_x}{\partial y} + v_z \dfrac{\partial v_x}{\partial z} = \\
f_x - \dfrac{1}{\rho} \dfrac{\partial p}{\partial x} + \dfrac{\mu}{\rho}\left(\dfrac{\partial^2 v_x}{\partial x^2} + \dfrac{\partial^2 v_x}{\partial y^2} + \dfrac{\partial^2 v_x}{\partial z^2}\right) + \dfrac{1}{3} \dfrac{\mu}{\rho} \dfrac{\partial}{\partial x}\left(\dfrac{\partial v_x}{\partial x} + \dfrac{\partial v_y}{\partial y} + \dfrac{\partial v_z}{\partial z}\right) \\
\dfrac{\partial v_y}{\partial t} + v_x \dfrac{\partial v_y}{\partial x} + v_y \dfrac{\partial v_y}{\partial y} + v_z \dfrac{\partial v_y}{\partial z} = \\
f_y - \dfrac{1}{\rho} \dfrac{\partial p}{\partial y} + \dfrac{\mu}{\rho}\left(\dfrac{\partial^2 v_y}{\partial x^2} + \dfrac{\partial^2 v_y}{\partial y^2} + \dfrac{\partial^2 v_y}{\partial z^2}\right) + \dfrac{1}{3} \dfrac{\mu}{\rho} \dfrac{\partial}{\partial y}\left(\dfrac{\partial v_x}{\partial x} + \dfrac{\partial v_y}{\partial y} + \dfrac{\partial v_z}{\partial z}\right) \\
\dfrac{\partial v_z}{\partial t} + v_x \dfrac{\partial v_z}{\partial x} + v_y \dfrac{\partial v_z}{\partial y} + v_z \dfrac{\partial v_z}{\partial z} = \\
f_z - \dfrac{1}{\rho} \dfrac{\partial p}{\partial z} + \dfrac{\mu}{\rho}\left(\dfrac{\partial^2 v_z}{\partial x^2} + \dfrac{\partial^2 v_z}{\partial y^2} + \dfrac{\partial^2 v_z}{\partial z^2}\right) + \dfrac{1}{3} \dfrac{\mu}{\rho} \dfrac{\partial}{\partial z}\left(\dfrac{\partial v_x}{\partial x} + \dfrac{\partial v_y}{\partial y} + \dfrac{\partial v_z}{\partial z}\right)
\end{cases}
\tag{2.5.1b}
$$

$$
c_V \dfrac{\mathrm{D} T}{\mathrm{D} t} = \dfrac{\lambda}{\rho} \boldsymbol{\nabla}^2 T - \dfrac{p}{\rho} \boldsymbol{\nabla} \cdot \boldsymbol{V} + \dfrac{\Phi}{\rho}
$$

或

$$
c_V \dfrac{\partial T}{\partial t} + c_V\left(v_x \dfrac{\partial T}{\partial x} + v_y \dfrac{\partial T}{\partial y} + v_z \dfrac{\partial T}{\partial z}\right) = \dfrac{\lambda}{\rho}\left(\dfrac{\partial^2 T}{\partial x^2} + \dfrac{\partial^2 T}{\partial y^2} + \dfrac{\partial^2 T}{\partial z^2}\right) - \dfrac{p}{\rho}\left(\dfrac{\partial v_x}{\partial x} + \dfrac{\partial v_y}{\partial y} + \dfrac{\partial v_z}{\partial z}\right) + \dfrac{\Phi}{\rho}
\tag{2.5.1c}
$$

式中,耗散函数 Φ 的表达式见前文。

定义一组可以表征黏性流动问题的特征物理量(即根据对流动物理情况的了解而选定的具有代表性的常量),并用这些量除以方程及边界条件中相应的变量,则可得到无量纲变量(用上角标加"＊"表示)。特征量及无量纲变量见表 2.5.1。

表 2.5.1　特征量及无量纲变量

特征长度	L_0	$x^* = \dfrac{x}{L_0}, y^* = \dfrac{y}{L_0}, z^* = \dfrac{z}{L_0}$
特征时间	t_0	$t^* = \dfrac{t}{t_0}$
特征速度	V_0	$\boldsymbol{V}^* = \dfrac{\boldsymbol{V}}{V_0}$ 或 $v_x^* = \dfrac{v_x}{V_0}, v_y^* = \dfrac{v_y}{V_0}, v_z^* = \dfrac{v_z}{V_0}$
特征密度	ρ_0	$\rho^* = \dfrac{\rho}{\rho_0}$
特征重力	g_0	$\boldsymbol{f}^* = \dfrac{\boldsymbol{f}}{g_0}$ 或 $f_x^* = \dfrac{f_x}{g_0}, f_y^* = \dfrac{f_y}{g_0}, v_z^* = \dfrac{f_z}{g_0}$
特征压力	p_0	$p^* = \dfrac{p}{p_0}$
特征[动力]黏度	μ_0	$\mu^* = \dfrac{\mu}{\mu_0}$
特征比定容热容	c_{V0}	$c_V^* = \dfrac{c_V}{c_{V0}}$
特征比定压热容	c_{p0}	$c_p^* = \dfrac{c_p}{c_{p0}}$
特征温度	T_0	$T^* = \dfrac{T}{T_0}$
特征热导率	λ_0	$\lambda^* = \dfrac{\lambda}{\lambda_0}$

将上述关系式带入式(2.5.1a)中,得

$$\frac{\partial(\rho^* \rho_0)}{\partial(t^* t_0)} + \frac{\partial(\rho^* \rho_0 v_x^* V_0)}{\partial(x^* L_0)} + \frac{\partial(\rho^* \rho_0 v_y^* V_0)}{\partial(y^* L_0)} + \frac{\partial(\rho^* \rho_0 v_z^* V_0)}{\partial(z^* L_0)} = 0$$

化简后,上式即为无量纲化的连续方程,即

$$\left(\frac{L_0}{t_0 V_0}\right) \frac{\partial \rho^*}{\partial t^*} + \boldsymbol{\nabla}^* \cdot (\rho^* \boldsymbol{V}^*) = 0 \tag{2.5.2a}$$

类似的,可得到无量纲化的动量方程、能量方程,即

$$\left(\frac{L_0}{t_0 V_0}\right) \frac{\partial \boldsymbol{V}^*}{\partial t^*} + \boldsymbol{V}^* \cdot \boldsymbol{\nabla}^* \boldsymbol{V}^* = \left(\frac{L_0 g_0}{V_0^2}\right) \boldsymbol{f}^* - \left(\frac{p_0}{\rho_0 V_0^2}\right) \frac{\boldsymbol{\nabla}^* p^*}{\rho^*} +$$
$$\left(\frac{\mu_0}{\rho_0 V_0 L_0}\right) \left[\frac{\mu^*}{\rho^*} \boldsymbol{\nabla}^{*2} \boldsymbol{V}^* + \frac{1}{3} \frac{\mu^*}{\rho^*} \boldsymbol{\nabla}^* (\boldsymbol{\nabla}^* \cdot \boldsymbol{V}^*)\right]$$
$$\tag{2.5.2b}$$

$$\left(\frac{L_0}{t_0 V_0}\right) c_V^* \frac{\partial T^*}{\partial t^*} + c_V^* \boldsymbol{V}^* \cdot \boldsymbol{\nabla}^* T^* = \left(\frac{\lambda_0}{c_{p0} \rho_0 V_0 L_0}\right) \left(\frac{c_{p0}}{c_{V0}}\right) \frac{\lambda^*}{\rho^*} \boldsymbol{\nabla}^{*2} T^* - \left(\frac{p_0}{c_{V0} \rho_0 T_0}\right) \frac{p^*}{\rho^*} \boldsymbol{\nabla}^* \cdot \boldsymbol{V}^* +$$
$$\left(\frac{\mu_0}{\rho_0 V_0 L_0}\right) \left(\frac{V_0^2}{c_{V0} T_0}\right) \frac{\varPhi^*}{\rho^*}$$
$$\tag{2.5.2c}$$

式(2.5.2)中包含了几组由特征物理量组成的无量纲因子,它们都具有一定的物理意义。

(1) $\dfrac{L_0}{t_0 V_0}$：与流场的非定常性有关的参数。$\dfrac{L_0}{V_0}$ 表示特征滞留时间，若以机翼弦长为特征长度 L_0，V_0 为远前方来流速度，则 $\dfrac{L_0}{V_0}$ 近似代表流体流过机翼所需的时间，而 t_0 表示当地状态发生变化所需的典型时间。所以 $\dfrac{L_0}{t_0 V_0}$ 是衡量流场非定常性的参数，称斯特劳哈尔（V. Strouhal）数，表示为 Sr，计算公式为

$$Sr = \frac{L_0}{t_0 V_0} \tag{2.5.3a}$$

显然，若流动是定常的，方程组中不会出现 Sr 数，即流动相似与它无关。而若要两个非定常流动相似，必须满足 Sr 数相等这一条件。此外，从式（2.5.2b）还可以得出其他两个关于 Sr 数的描述：其一是 Sr 数代了局部加速度（或导数）与迁移加速度（或导数）之比；其二是若 Sr 数相等，则两个相似的非定常流动的惯性力（用 $\dfrac{\mathrm{D}\boldsymbol{V}}{\mathrm{D}t} = \dfrac{\partial \boldsymbol{V}}{\partial t} + \boldsymbol{V} \cdot \boldsymbol{\nabla}\boldsymbol{V}$ 表示）是力学相似的。

(2) $\dfrac{L_0 g_0}{V_0^2}$：代表重力与惯性力之比。由于 $\boldsymbol{V} \cdot \boldsymbol{\nabla}\boldsymbol{V}$ 为迁移加速度，则单位质量流体所受惯性力的典型值可表示为 $\dfrac{V_0^2}{L_0}$，所以得到上述结论。定义上式倒数的开方为弗劳德（W. Froude）数，表示为 Fr，计算公式为

$$Fr = \frac{V_0}{\sqrt{L_0 g_0}} \tag{2.5.3b}$$

在重力起较大作用的流动中，流动相似必须满足 Fr 数相等的条件。

(3) $\dfrac{p_0}{\rho_0 V_0^2}$：与流体的运动状态及物性有关的物理量，称为欧拉（L. Euler）数，表示为 Eu，计算公式为

$$Eu = \frac{p_0}{\rho_0 V_0^2} \tag{2.5.3c}$$

由于单位质量流体所受压差力的典型值为 $\dfrac{\boldsymbol{\nabla} p}{\rho} \sim \dfrac{p_0}{\rho_0 L_0}$，因此欧拉数表示压差力与惯性力之比。对于可压缩流体，考虑声速公式 $a^2 = k \dfrac{p}{\rho}$（具体推导见后文内容），可有

$$Eu = \frac{a_0^2}{k_0 V_0^2} = \frac{1}{k_0 Ma_0^2} \text{ 或 } k_0 Ma_0^2 = \frac{\rho_0 V_0^2}{p_0} \tag{2.5.3d}$$

式中，$Ma = \dfrac{V}{a}$ 称为马赫（E. Mach）数。可见，Eu 数是 Ma 数的另一种表达形式。公式 $\dfrac{p_0}{\rho_0 V_0^2}$ 对可压缩流体而言是表示气体物性和马赫数影响的判据，特别是当两个流动的 k_0 相等时，Ma 数相等是流动相似的必要条件，是表征流体可压缩性对流动影响的物理量。

(4) $\dfrac{\mu_0}{\rho_0 V_0 L_0}$：与黏性流动有关的无量纲量，其倒数称为雷诺（O. Reynolds）数，表示为 Re，计算公式为

$$Re = \frac{\varrho_0 V_0 L_0}{\mu_0} \tag{2.5.3e}$$

由于单位质量流体所受压黏性力的典型值为 $\mu\dfrac{\boldsymbol{\nabla}^2\boldsymbol{V}}{\rho}\sim\mu_0\dfrac{V_0}{\rho_0 L_0^2}$，因此 Re 数表示惯性力与黏性力之比。在考虑黏性的相似流动中，雷诺数相等是必须满足的条件。

(5) $\dfrac{\lambda_0}{c_{p0}\rho_0 V_0 L_0}$：与热传导有关的无量纲量，又可写成

$$\frac{\lambda_0}{c_{p0}\rho_0 V_0 L_0}=\frac{\mu_0}{\rho_0 V_0 L_0}\frac{\lambda_0}{\mu_0 c_{p0}}=\frac{1}{Re}\frac{1}{Pr}$$

式中，$Pr=c_{p0}\dfrac{\mu_0}{\lambda_0}$，称为普朗特（L. Prandtl）数，代表分子动量输运与动能输运之比。由于单位质量流体因热传导得到的热量的典型值为 $\dfrac{\lambda\boldsymbol{\nabla}^2 T}{\rho}\sim\dfrac{\lambda_0 T_0}{\rho_0 L_0^2}$，而因对流运动引起的换热的典型值为 $c_V\boldsymbol{V}\cdot\boldsymbol{\nabla}T\sim\dfrac{c_{V0}V_0 T_0}{L_0}$，于是对流热与传导热之比为

$$\frac{c_{V0}V_0 T_0}{L_0}\bigg/\left(\frac{\lambda_0 T_0}{\rho_0 L_0^2}\right)=\frac{\rho_0 V_0 L_0}{\mu_0}\frac{\mu_0 c_{p0}}{\lambda_0}\frac{c_{V0}}{c_{p0}}=\frac{Re\cdot Pr}{k_0}$$

称 $Pe=Re\cdot Pr$ 为贝克莱（Peclet）数。可知，当两个流动的 k_0，Re 数相等时，Pr 数表征了对流热与传导热之比。

(6) $\dfrac{p_0}{c_{V0}\rho_0 T_0}$：可以写成

$$\frac{p_0}{c_{V0}\rho_0 T_0}=\frac{R_0}{c_{V0}}=k_0-1$$

(7) $\dfrac{V_0^2}{c_{V0}T_0}$：可以写成

$$\frac{V_0^2}{c_{V0}T_0}=\frac{V_0^2(k_0-1)}{R_0 T_0}=\frac{V_0^2 k_0(k_0-1)}{k_0 p_0/\rho_0}=Ma_0^2 k_0(k_0-1)$$

将上述无量纲量代入式(2.5.2)中，得到无量纲化的方程组为

$$Sr\frac{\partial\rho^*}{\partial t^*}+\boldsymbol{\nabla}^*\cdot(\rho^*\boldsymbol{V}^*)=0 \tag{2.5.4a}$$

$$Sr\frac{\partial\boldsymbol{V}^*}{\partial t^*}+\boldsymbol{V}^*\cdot\boldsymbol{\nabla}^*\boldsymbol{V}^*=\frac{1}{Fr^2}\boldsymbol{f}^*-\frac{1}{k_0 Ma_0^2}\frac{\boldsymbol{\nabla}p^*}{\rho^*}+$$
$$\frac{1}{Re}\left[\frac{\mu^*}{\rho^*}\boldsymbol{\nabla}^{*2}\boldsymbol{V}^*+\frac{1}{3}\frac{\mu^*}{\rho^*}\boldsymbol{\nabla}^*(\boldsymbol{\nabla}^*\cdot\boldsymbol{V}^*)\right] \tag{2.5.4b}$$

$$Src_V^*\frac{\partial T^*}{\partial t^*}+c_V^*\boldsymbol{V}^*\cdot\boldsymbol{\nabla}^*T^*=\frac{k_0}{Re\cdot Pr}\frac{\lambda^*}{\rho^*}\boldsymbol{\nabla}^{*2}T^*-(k_0-1)\frac{p^*}{\rho^*}\boldsymbol{\nabla}^*\cdot\boldsymbol{V}^*+$$
$$\frac{Ma_0^2 k_0(k_0-1)}{Re}\frac{\varPhi^*}{\rho^*} \tag{2.5.4c}$$

对于边界条件也可以用同样的方法进行无量纲化处理，这里就不详细讨论了，如无限远边界条件 $\boldsymbol{V}=\boldsymbol{V}_\infty$ 无量纲化处理后为 $\boldsymbol{V}^*=\dfrac{\boldsymbol{V}_\infty}{V_0}$ 等。但是，有时边界条件的无量纲化处理也可以得到具有确定物理意义的无量纲量。例如，对固壁热流量条件式(2.4.8)无量纲化后得到

$$-\left(\lambda^*\frac{\partial T^*}{\partial n^*}\right)\bigg|_f=Nuq_w^*$$

式中，$q_w^* = \dfrac{q_w}{q_{w0}}$；$Nu = \dfrac{L_0 q_{w0}}{\lambda_0 T_0}$，$Nu$ 称为努塞尔（Nusselt）数，代表固壁热流量与流体内部传导热的典型值之比。

2.5.2　两个流体运动相似的充要条件

每个具体的流场都是由封闭的基本方程组和定解条件决定的。若两个流场满足条件：① 流体边界几何相似；② 无量纲化基本方程组完全一样；③ 无量纲化定解条件完全一样，则这两个流场的无量纲形式的解就是完全一样的，即在两个流场相互对应的点上和对应的瞬时，无量纲速度、压强等都具有相同的值，此时称这两个流场是相似的。所以上述三个条件是两个流场相似的充要条件。这里所谓的无量纲化基本方程组和定解条件完全一样，指的是这些方程和定解条件所包含的所有无量纲组合量都一一对应且相等，即对于 A，B 两个流场，应有

$$(Sr)_A = (Sr)_B, (Fr)_A = (Fr)_B, (Ma)_A = (Ma)_B, k_A = (c_{p0}/c_{V0})_A = (c_{p0}/c_{V0})_B = k_B$$
$$(Re)_A = (Re)_B, (Pr)_A = (Pr)_B, (Nu)_A = (Nu)_B, \cdots$$

上述这些无量纲组合量被称为相似参数或相似准则。

为了保证严格相似，必须使所有相似准则都满足要求，而这在实际上几乎是不可能的，主要是因为有些相似准则相互矛盾。例如，尺寸不同的船舶有不同的入水深度，船体最低点所受到的压力也不同，为保证重力效应相同，Fr 数必须满足 $(Fr)_A = (Fr)_B$ 或 $\left(\dfrac{V^2}{gL}\right)_A = \left(\dfrac{V^2}{gL}\right)_B$，考虑到地球表面重力加速度 g 可视为常数，则可写为 $\left(\dfrac{V^2}{L}\right)_A = \left(\dfrac{V^2}{L}\right)_B$。若再要求 Re 数相同即须满足 $\left(\dfrac{\rho VL}{\mu}\right)_A = \left(\dfrac{\rho VL}{\mu}\right)_B$，假设模型实验时的工质也是水，则有 $(VL)_A = (VL)_B$，显然 Fr 准则与 Re 准则不能同时满足。实际上，各个相似准则的重要程度不是在任何具体流动中都是完全一样的，人们可以根据所研究的具体情况只保证某些起主要作用的相似准则相等。比如，研究绕流物体的阻力时，必须满足 Re 准则，因为在这个问题中黏性是主要因素。

由于各个无量纲相似准则的大小反映了各种物理因素在具体条件下的相对重要性，因而可对有关项进行数量级分析，舍去某些项以简化方程组。例如，对于定常不可压流动，忽略质量力，并取特征压力 $p_0 = \rho_0 V_0^2$，则式（2.5.4b）可写成

$$\boldsymbol{V}^* \cdot \nabla \boldsymbol{V}^* = -\frac{\nabla p^*}{\rho^*} + \frac{1}{Re} \nabla^2 \boldsymbol{V}^*$$

可以看出，当 Re 数较高（即惯性力远大于黏性力）时，可忽略与黏性有关的项，上式即为欧拉方程，这正是理想流体在某些条件下可代表高 Re 数下真实流动的原因。当 Re 数较小（即黏性力远大于惯性力）时，可忽略方程右端的惯性力项，转化为

$$\frac{\nabla p^*}{\rho^*} = \frac{1}{Re} \nabla^2 \boldsymbol{V}^*$$

此即蠕动流的基本方程。

第3章 不可压理想气体的定常平面势流流动

真实流体具有黏性、可压缩性、传热性等多方面的物理属性,这些属性对流体的运动特性有着不同程度的影响。因此,空气的实际运动问题所满足的基本方程组(N-S方程)及其边界条件是极为复杂的,对于一般的实际流动问题来说,求解满足复杂边界条件的基本方程是非常困难的,或实际上办不到的。但是,对于某些具体问题,流体不同方面的物理属性的重要程度是不同的,在处理这些问题时如果能够找到起主导作用的属性,忽略一些不重要的属性,就可以使得流动问题及其所遵循的基本方程、边界条件得以简化,便于进行数学处理和求解。本书第1章所介绍的一些流体模型就是将实际流体的某些物理属性简化后得到的。

前面已经讲过,对于定常流动,当流场内空间点上的流体参数仅是两个空间坐标的函数时,称这样的流动为定常二维流动。若流场内空间点上的流体速度都平行于某一固定平面,并且各物理量在该平面的垂直方向没有变化,则称这种二维流动为平面流动。例如,取笛卡尔坐标系中的 xOy 平面或圆柱坐标系中的 $rO\theta$ 平面,它们均与 z 轴垂直,则平面流动假设就意味着,任意物理量 B 均应满足 $\dfrac{\partial B}{\partial z}=0$ 且 $v_z=0$。当然,在实际工程问题和自然现象中,并不存在严格的平面运动,但是若流动的物理量在某一方向(如 z 轴方向)的变化相对于其他方向上的变化为小量,并且在此方向上的速度接近于零时,就可以简化为平面流动问题。例如,空气绕流机翼时,机翼翼展比翼弦大得多,垂直于翼展的各平面上的流动状况差异很小,尤其是机翼的中段部分,这时就可以将垂直于翼展方向的平面上的流动简化为平面流动。如果流体质点平面内还是做无旋(有势)流动的,称该流动为平面势流流动。

3.1 旋涡运动的基本理论

由柯西-亥姆霍兹速度分解定理可知,任何流体微团的运动是由平移、变形及旋转三部分组成的。其中,流体微团的平均旋转角速度为

$$\begin{cases} \omega_x = \dfrac{1}{2}\left(\dfrac{\partial v_z}{\partial y} - \dfrac{\partial v_y}{\partial z}\right) \\ \omega_y = \dfrac{1}{2}\left(\dfrac{\partial v_x}{\partial z} - \dfrac{\partial v_z}{\partial x}\right) \\ \omega_z = \dfrac{1}{2}\left(\dfrac{\partial v_y}{\partial x} - \dfrac{\partial v_x}{\partial y}\right) \end{cases}$$

或

$$\omega = \frac{1}{2}\operatorname{rot} \boldsymbol{V} = \frac{1}{2}\,\boldsymbol{\nabla} \times \boldsymbol{V} = \frac{\boldsymbol{\Omega}}{2}$$

定义流体微团速度的旋度 $\boldsymbol{\Omega}$（即流体微团旋转角速度的两倍）为流场的涡量。若 $\boldsymbol{\Omega}=0$，称无旋流动或有势流动；若 $\boldsymbol{\Omega} \neq 0$，称有旋流动或旋涡流动。流体的旋涡运动是一种基本的流动现象，它普遍存在于工程实际和自然界中。例如，龙卷风、旋风、绕物体流动的尾涡等都是旋涡运动。在空气动力学中，旋涡运动的基本理论十分重要，因为旋涡运动不仅要耗散能量、产生阻力，而且翼型和有限翼展机翼的升力也与旋涡有直接的联系。

需要指出的是，判断流体微团的运动是有旋的还是无旋的，其依据为 $\boldsymbol{\Omega}$ 是否为零，而不是流体微团的运动迹线是否是圆周的。图 3.1.1 就给出了几种有旋流动、无旋流动的简单模型。

(a) 均匀流（无旋）　　(b) 自由涡（无旋）　　(c) 剪切流（有旋）　　(d) 受迫涡（有旋）

图 3.1.1　　无旋流动与有旋流动

3.1.1　旋涡的若干概念及性质

涡量 $\boldsymbol{\Omega}$ 是空间坐标 x,y,z 和时间 t 的连续函数，并构成了矢量场，称为涡量场。

1. 涡线、涡面及涡管

如图 3.1.2 所示，涡线是在某瞬时涡量场中所做的一条空间曲线，在该瞬时，位于涡线上的所有流体质点的涡量矢量 $\boldsymbol{\Omega}$ 均与该曲线相切。因此，涡线是某给定瞬时，曲线上所有流体质点的转动轴线，它的形状表示流体质点旋转方向的分布情况。此外，涡线的形状及其在空间的位置都随时间而不断变化，只有在定常流动中，涡线的形状才保持不变。涡线的特点类似于流线，例如在某一瞬时，涡量场中的某一点上只能有一条确定的涡线通过，即涡线不能相交。此外，涡线与流线是不同性质的两条曲线，一般情况下，流体质点的运动速度方向与其旋转角速度方向并不相同，所以涡线与流线是不重合的。但是，当流体质点做螺旋运动时，二者是重合一致的。此时，若不考虑变形，流体质点像"珠子"一样穿在流线上，一边沿流线运动，一边以流线为瞬时轴做旋转运动。在这种情况下，流场中的任一流体质点的运动速度方向与其旋转角速度方向在流动中就是处处重合的。

图 3.1.2　　涡线、涡面及涡管

涡线方程可表示为

$$\boldsymbol{\Omega} \times \mathrm{d}\boldsymbol{l} = 0 \tag{3.1.1a}$$

式中，$\mathrm{d}\boldsymbol{l}$ 是涡线上的一个长度为 $\mathrm{d}l$，方向为与涡线在该处的切线方向重合的微元（弧段）矢量，它也等于径矢微元增量 $\mathrm{d}\boldsymbol{r}$。在笛卡尔坐标中，涡线方程的微分形式为

$$\frac{\mathrm{d}x}{\Omega_x(x,y,z,t)} = \frac{\mathrm{d}y}{\Omega_y(x,y,z,t)} = \frac{\mathrm{d}z}{\Omega_z(x,y,z,t)} \tag{3.1.1b}$$

积分式（3.1.1b）得到的曲线即为涡线。

给定瞬时，在涡量场中选取一条非涡线的任意曲线，过该曲线上的每一点作涡线所形成的曲面称为涡面。如果该曲线是封闭的，则称所形成的管形曲面为涡管。无限细的涡管称为涡丝。根据定义可知，涡面、涡管上任一点的法线方向 $\boldsymbol{n}$ 与该点的涡量 $\boldsymbol{\Omega}$ 是垂直的。

2. 涡管强度

如图 3.1.3 所示，对于涡量场中的某一曲面 $\boldsymbol{S}$，其面积分

$$J = \iint_S \boldsymbol{\Omega} \cdot \mathrm{d}\boldsymbol{S} = \iint_S \boldsymbol{\Omega} \cdot \boldsymbol{n}\mathrm{d}S = \iint_S \Omega_n \mathrm{d}S \tag{3.1.2}$$

称为过曲面 $\boldsymbol{S}$ 的涡通量或旋涡强度。对于涡量场中某时刻的涡管，若取涡管的一个横截面 $\boldsymbol{S}$，则过曲面 $\boldsymbol{S}$ 的涡通量称为该瞬时的涡管强度。

根据速度环量的定义及斯托克斯定理可知，沿封闭曲线 L 的速度环量 Γ 等于穿过以该曲线为周界的任意曲面的涡通量 J，即

图 3.1.3　涡量及速度环量

$$\Gamma = \oint_L \boldsymbol{V} \cdot \mathrm{d}\boldsymbol{l} = \iint_S (\boldsymbol{\nabla} \times \boldsymbol{V}) \cdot \mathrm{d}\boldsymbol{S} = \iint_S \boldsymbol{\Omega} \cdot \mathrm{d}\boldsymbol{S} = J \tag{3.1.3a}$$

式中速度环量的符号不仅与流场的速度方向有关，还与积分时绕行 L 的方向有关，通常取逆时针绕行的方向为正方向（即封闭曲线所包围的区域总是在积分绕行方向的左侧）。式（3.1.3a）的微分形式为

$$\Omega_n = \frac{\mathrm{d}\Gamma}{\mathrm{d}S} \tag{3.1.3b}$$

式（3.1.3）建立了涡通量与速度环量之间的关系，刻画了流体在运动过程中的旋涡特性。由于速度环量为线积分且被积函数是速度本身，而涡通量为面积分且被积函数是速度的偏导数。因此，无论从数学计算的角度还是从测量的角度出发，使用速度环量要更方便些。另外，在分析某些流动问题时，为了避免数学上的困难，一方面略去流体运动的旋涡性质即假设流动是有势的，另一方面却又保留旋涡运动的定量代表量 Γ。例如，分析翼型升力问题时就是这样，一方面假设流动是有势的，另一方面又认为有绕翼型的速度环量存在。

需要指出的是，使用式（3.1.3）是有条件的，它要求曲面是连续的，不能有"洞"，即曲面上的速度及其偏导数都必须是连续的，所以曲面是属于单连通域的。对于复连通域，要求封闭曲线的速度环量时，不能直接应用式（3.1.3），而必须引入辅助线，将复连通域变成单连通域，然后再应用斯托克斯定理。

例 3.1.1　图 3.1.4 所示的是气流绕翼型流动时的流场，已知绕翼型表面的速度环量为 $\Gamma_0 > 0$。（1）若翼型外的流动为有旋流动，求绕包围翼型的任意封闭曲线的速度环量与绕翼型表面的速度环量间的关系式；（2）若翼型外的流动为无旋流动，求绕包围翼型的任意

封闭曲线的速度环量。

解　由于流场中的一部分空间区域被翼型占据,因而包围翼型的任意封闭曲线 ABA 不是可压缩曲线,即这种空间区域不是单连通域而是复连通域。引入辅助线 AC,将翼型表面的封闭曲线 CDC 与曲线 ABA 连接起来,形成一条新的封闭曲线 $ABACDCA$,并将该封闭曲线称为 L,则曲线 L 包围的区域为单连通域,且该区域内速度及其偏导数连续。沿曲线 L 的速度环量为

图 3.1.4　气流绕翼型的速度环量

$$\Gamma_L = \oint_L \boldsymbol{V} \cdot \mathrm{d}\boldsymbol{l} = \oint_{ABA} \boldsymbol{V} \cdot \mathrm{d}\boldsymbol{l} + \int_A^C \boldsymbol{V} \cdot \mathrm{d}\boldsymbol{l} + \oint_{CDC} \boldsymbol{V} \cdot \mathrm{d}\boldsymbol{l} + \int_C^A \boldsymbol{V} \cdot \mathrm{d}\boldsymbol{l} =$$

$$\iint_S (\boldsymbol{\nabla} \times \boldsymbol{V}) \cdot \mathrm{d}\boldsymbol{S} = \iint_S \boldsymbol{\Omega} \cdot \mathrm{d}\boldsymbol{S}$$

由于 $\displaystyle\int_A^C \boldsymbol{V} \cdot \mathrm{d}\boldsymbol{l} = -\int_C^A \boldsymbol{V} \cdot \mathrm{d}\boldsymbol{l}$,所以

$$\Gamma_L = \oint_{ABA} \boldsymbol{V} \cdot \mathrm{d}\boldsymbol{l} + \oint_{CDC} \boldsymbol{V} \cdot \mathrm{d}\boldsymbol{l} = \iint_S \boldsymbol{\Omega} \cdot \mathrm{d}\boldsymbol{S}$$

考虑到在构造单连通域并应用斯托克斯定理时,沿曲线 ABA 的积分路线是逆时针的,而沿曲线 CDC 的积分路线方向则是顺时针的。根据图 3.1.4 中所示的积分路线,有

$$\Gamma_{ABA}^+ + \Gamma_{CDC} = \Gamma_{ABA}^+ - \Gamma_0 = \iint_S \boldsymbol{\Omega} \cdot \mathrm{d}\boldsymbol{S}$$

对于翼型外的流动为无旋流动的情况($\boldsymbol{\Omega} = 0$),可得

$$\Gamma_{ABA}^+ - \Gamma_0 = 0 \ \text{或} \ \Gamma_{ABA}^+ = \Gamma_0$$

即绕包围翼型的任意封闭曲线的速度环量都等于绕翼型表面的速度环量。

例 3.1.1 表明:对于任意的复连通域流场,如果复连通域外边界与内边界所确定的空间域内流动是有势流动,那么绕包围内边界的任意封闭曲线的速度环量都等于绕内边界的速度环量;如果内、外边界所确定的空间域内流动是有旋流动,那么绕内、外边界速度环量之差就等于内、外边界所包围面积上的旋涡强度。

3. 涡管强度守恒定理

在同一时刻,同一涡管的各个以绕涡管壁面的封闭曲线为边界的曲面上,涡通量都是相同的。这就是涡管强度守恒定理。

考虑如图 3.1.5 所示的涡管段,与涡管相交的两个任意曲面为 S_1,S_2(它们的边界线为绕涡管的封闭曲线),涡管段的侧表面记为 S_3。这三个面的外法线方向的单位矢量分别为 n_1,n_2',n_3。根据高斯公式及式(3.1.2),可写出过这个涡管段的整个表面的涡通量表达式,即

图 3.1.5　涡管段

$$J = \iint_{S_1+S_2+S_3} \boldsymbol{\Omega} \cdot \mathrm{d}\boldsymbol{S} = \iint_{S_1} \boldsymbol{\Omega} \cdot \boldsymbol{n}_1 \mathrm{d}S + \iint_{S_2} \boldsymbol{\Omega} \cdot \boldsymbol{n}'_2 \mathrm{d}S + \iint_{S_3} \boldsymbol{\Omega} \cdot \boldsymbol{n}_3 \mathrm{d}S = \iiint_{\tau} (\boldsymbol{\nabla} \cdot \boldsymbol{\Omega}) \mathrm{d}\tau$$

由于 $\boldsymbol{\nabla} \cdot \boldsymbol{\Omega} = \boldsymbol{\nabla} \cdot (\boldsymbol{\nabla} \times \boldsymbol{V}) \equiv 0$，且在侧表面 S_3 上有 $\boldsymbol{\Omega} \cdot \boldsymbol{n}_3 = 0$，于是得

$$\iint_{S_1} \boldsymbol{\Omega} \cdot \boldsymbol{n}_1 \mathrm{d}S + \iint_{S_2} \boldsymbol{\Omega} \cdot \boldsymbol{n}'_2 \mathrm{d}S = 0$$

或

$$\iint_{S_1} \boldsymbol{\Omega} \cdot \boldsymbol{n}_1 \mathrm{d}S = \iint_{S_2} \boldsymbol{\Omega} \cdot \boldsymbol{n}_2 \mathrm{d}S$$

式中，$\boldsymbol{n}_2$ 为 S_2 面的内法线方向的单位矢量。因为曲面 S_1，S_2 是沿涡管任意选取的，故在同一时刻，同一涡管的各个截面上的涡通量相同，与截面的选取无关。对于微元涡管，若近似认为曲面 S_1，S_2 上的涡量为常数，且其方向分别与 $\boldsymbol{n}_1$，$\boldsymbol{n}_2$ 一致，则涡管强度守恒定理可以写成

$$\Omega_1 S_1 = \Omega_2 S_2$$

如图 3.1.6 所示，由涡管强度守恒定理可以知道：

（1）对于同一涡管，截面积越小的地方，涡量越大，即流体微团的旋转角速度越大。

（2）涡管截面不可能收缩至零。因为若收缩至零，则涡量将趋于无穷大，这在物理上是不可能的。因此，涡管不能在流体中产生或终止，只能在流体中形成环形涡环，或始于、终于边界，或伸展至无穷远处。

图 3.1.6　涡管的存在形式

3.1.2　汤姆森定理和亥姆霍兹旋涡定理

由于速度环量 Γ 也刻画了流体在运动过程中的旋涡特性，而且有时使用起来更为方便。那么，如果知道了速度环量随时间的变化规律，也就知道了流场旋涡强度随时间的变化规律。尤其是如果确定了流动起始瞬间的性质（有旋流动还是无旋流动），就能够判断出随后流动的性质。

如图 3.1.7 所示，在运动的流体中取一条由流体质点组成的封闭流体周线 L，流体运动时，流体周线 L 不但跟随流体一起运动，且形状也随之发生变化。从图 3.1.7 中可以看到，t 时刻的流体周线微元 $\mathrm{d}\boldsymbol{l}$，在 $t + \Delta t$ 时刻

图 3.1.7　封闭流体周线的速度环量

成为 $\mathrm{d}\boldsymbol{l} + \dfrac{\mathrm{D}(\mathrm{d}\boldsymbol{l})}{\mathrm{D}t}\Delta t$，且有

$$\mathrm{d}\boldsymbol{l} + (\boldsymbol{V} + \boldsymbol{\nabla}\,\boldsymbol{V} \cdot \mathrm{d}\boldsymbol{l})\Delta t = \boldsymbol{V}\Delta t + \left[\mathrm{d}\boldsymbol{l} + \frac{\mathrm{D}(\mathrm{d}\boldsymbol{l})}{\mathrm{D}t}\Delta t\right]$$

成立，即

$$\boldsymbol{\nabla}\,\boldsymbol{V} \cdot \mathrm{d}\boldsymbol{l} = \frac{\mathrm{D}(\mathrm{d}\boldsymbol{l})}{\mathrm{D}t} \quad \text{或} \quad \mathrm{d}\boldsymbol{V} = \frac{\mathrm{D}(\mathrm{d}\boldsymbol{l})}{\mathrm{D}t}$$

于是有

$$\frac{\mathrm{D}}{\mathrm{D}t}(\boldsymbol{V} \cdot \mathrm{d}\boldsymbol{l}) = \frac{\mathrm{D}\boldsymbol{V}}{\mathrm{D}t} \cdot \mathrm{d}\boldsymbol{l} + \boldsymbol{V} \cdot \frac{\mathrm{D}(\mathrm{d}\boldsymbol{l})}{\mathrm{D}t} = \frac{\mathrm{D}\boldsymbol{V}}{\mathrm{D}t} \cdot \mathrm{d}\boldsymbol{l} + \mathrm{d}\left(\frac{V^2}{2}\right)$$

将上式对封闭周线 L 积分，并注意到组成周线 L 的流体质点不随时间变化，即微分、积分顺序可互换，以及 $\displaystyle\oint_L \mathrm{d}\left(\frac{V^2}{2}\right) = 0$，可以得

$$\frac{\mathrm{D}\Gamma}{\mathrm{D}t} = \frac{\mathrm{D}}{\mathrm{D}t}\oint_L \boldsymbol{V} \cdot \mathrm{d}\boldsymbol{l} = \oint_L \frac{\mathrm{D}}{\mathrm{D}t}(\boldsymbol{V} \cdot \mathrm{d}\boldsymbol{l}) = \oint_L \frac{\mathrm{D}\boldsymbol{V}}{\mathrm{D}t} \cdot \mathrm{d}\boldsymbol{l} \qquad (3.1.4)$$

式(3.1.4)表明，封闭流体周线的速度环量对于时间的变化率等于该封闭流体周线的加速度的环量。

根据第 2 章的有关知识，对于质量力有势（即 $\boldsymbol{f} = \boldsymbol{\nabla} U$）的正压流体（即 $\boldsymbol{\nabla} P = \dfrac{\boldsymbol{\nabla} p}{\rho}$），理想流体的欧拉方程可写成

$$\frac{\mathrm{D}\boldsymbol{V}}{\mathrm{D}t} = \boldsymbol{\nabla} U - \boldsymbol{\nabla} P$$

将其带入式(3.1.4)可得

$$\frac{\mathrm{D}\Gamma}{\mathrm{D}t} = \oint_L (\boldsymbol{\nabla} U - \boldsymbol{\nabla} P) \cdot \mathrm{d}\boldsymbol{l} = \oint_L (\mathrm{d}U - \mathrm{d}P) = \oint_L \mathrm{d}(U - P)$$

考虑到微分号内的量都是空间点的单值连续函数，其沿封闭周线的积分值必然等于零，于是有

$$\frac{\mathrm{D}\Gamma}{\mathrm{D}t} = 0 \quad \text{或} \quad \Gamma = \mathrm{const} \qquad (3.1.5)$$

式(3.1.5)即为汤姆森定理（也称凯尔文定理）的数学表达式。它表明：在质量力有势、流场正压条件下的理想流体的运动中，沿任一封闭流体周线的速度环量不随时间而变化。这里需要强调的是，汤姆森定理中的封闭周线是流体周线，而非空间固定封闭周线。对于后者而言，除非在定常流动情况下，速度环量一般是随时间变化的。

从汤姆森定理和斯托克斯定理可以直接推证拉格朗日定理，即在质量力有势、流场正压条件下的理想流体的运动中，若某一时刻、流体的某一部分内没有旋涡，则在以前及以后的时间里，该部分流体内也不会有旋涡。假设在某一时刻 t_1，在所研究的那部分流体中处处有 $\boldsymbol{\Omega} = 0$，即流动是无旋的。在这部分流体中任取一封闭周线 L，以其为边界的流体曲面为 $\boldsymbol{S}$，则由斯托克斯定理可知

$$\Gamma = \oint_L \boldsymbol{V} \cdot \mathrm{d}\boldsymbol{l} = \iint_S \boldsymbol{\Omega} \cdot \mathrm{d}\boldsymbol{S} = \iint_S \boldsymbol{\Omega} \cdot \boldsymbol{n}\mathrm{d}S = \iint_S \Omega_n \mathrm{d}S = 0$$

即在所讨论的这部分流体中，沿任意封闭流体周线的速度环量在 t_1 时刻为零。再由汤姆森定理可知，在以前任意时刻 t_0 和以后任意时刻 t_2，该部分流体中任一封闭流体周线的速

度环量始终为零。由于对所讨论的这部分流体中的任意流体曲面 S 有下式成立：

$$\iint_S \boldsymbol{\Omega} \cdot \mathrm{d}\boldsymbol{S} = \oint_L \boldsymbol{V} \cdot \mathrm{d}\boldsymbol{l} = \varGamma = 0$$

考虑到曲面 S 选取的任意性，若想使上式成立，则必须有 $\boldsymbol{\Omega} = 0$ 处处成立。由此得证拉格朗日定理。同理也可推出，在有旋流动中，旋涡也不会自行消失。

在满足理想流体、质量力有势、流场是正压的这三个条件下，流场中的旋涡既不会自生，也不会自灭。因此，汤姆森定理和拉格朗日定理是用来判断流场是否有旋的重要定理。例如，在满足上述条件的情况下，无穷远均匀来流（或从静止状态开始运动的流体）的绕流物体（如机翼）流场就是无旋流场。

实际上，流体总是有黏性的，而且也不一定是正压流体，因此流动过程中既会产生旋涡，所产生的旋涡也会消失。就像大气中会有旋风产生，而旋风在运动过程中又会逐渐减弱直至消逝一样。然而，在较短时间内，如果黏性的影响较小、流体又接近是正压的，那么汤姆森定理的条件就会近似得到满足，也就可以用来初步分析一段时间内流体运动的性质。

从汤姆森定理出发，还可以很容易地证明涡线、涡面及涡管强度的保持性定理，该定理又被称为亥姆霍兹旋涡定理。

1. 涡线、涡面及涡管的保持性定理

该定理叙述如下：如果流体是理想的、流场是正压的、质量力有势，则在某一时刻构成涡线、涡面、涡管的流体质点，在运动的全部时间内仍将构成涡线、涡面、涡管。 如图 3.1.8 所示，假设在初始时刻（如 t 时刻）的流体涡面上，任取一个以封闭流体周线 L 为周界的流体曲面 S，根据涡面定义（即涡面上 $\boldsymbol{\Omega} \cdot \boldsymbol{n} \equiv 0$）及斯托克斯定理，可得

$$\oint_L \boldsymbol{V} \cdot \mathrm{d}\boldsymbol{l} = \iint_S \boldsymbol{\Omega} \cdot \mathrm{d}\boldsymbol{S} = \iint_S \boldsymbol{\Omega} \cdot \boldsymbol{n}\mathrm{d}S = 0$$

图 3.1.8　涡面随时间运动

在 t 时刻之后或之前的任一时刻，由不变的流体质点组成的周线 L 运动至不同位置，并变形为周线 L_1 或 L_2，它们成为曲面 S_1 或 S_2 的周界。由汤姆森定理可知

$$\frac{\mathrm{D}\varGamma}{\mathrm{D}t} = \frac{\mathrm{D}}{\mathrm{D}t}\oint_L \boldsymbol{V} \cdot \mathrm{d}\boldsymbol{l} = 0 \text{ 或} \oint_L \boldsymbol{V} \cdot \mathrm{d}\boldsymbol{l} = \oint_{L_1} \boldsymbol{V} \cdot \mathrm{d}\boldsymbol{l} = \oint_{L_2} \boldsymbol{V} \cdot \mathrm{d}\boldsymbol{l} = 0$$

再由斯托克斯定理得

$$\oint_{L_1} \boldsymbol{V} \cdot \mathrm{d}\boldsymbol{l} = \iint_{S_1} \boldsymbol{\Omega} \cdot \boldsymbol{n}\mathrm{d}S = 0 \text{ 和} \oint_{L_2} \boldsymbol{V} \cdot \mathrm{d}\boldsymbol{l} = \iint_{S_2} \boldsymbol{\Omega} \cdot \boldsymbol{n}\mathrm{d}S = 0$$

由于所取周线及涡面的任意性，因此在曲面 S_1 或 S_2 上的任一点有 $\boldsymbol{\Omega} \perp \boldsymbol{n}$，这说明曲面 S_1 或 S_2 均是涡面。

涡管是涡面的特殊情况，上述结论依然成立。而涡线则可以看作是两个涡面的交线，因

而也保持不变。

2. 涡管强度的保持性定理

前面已经证明了在同一时刻,涡管强度是守恒的。如果流体是理想的、流场是正压的、质量力有势,则涡管强度在运动的全部时间内保持不变。由于涡管强度等于通过该涡管的任意截面的涡通量,由斯托克斯定理可知

$$J = \iint_S \boldsymbol{\Omega} \cdot \mathrm{d}\boldsymbol{S} = \oint_L \boldsymbol{V} \cdot \mathrm{d}\boldsymbol{l} = \Gamma$$

而汤姆森定理表明 $\dfrac{\mathrm{D}\Gamma}{\mathrm{D}t} = 0$,再由亥姆霍兹涡面保持性定理,即可知道涡管强度在运动的过程中保持不变。

3.1.3 兰金组合涡及比奥 — 萨伐尔公式

对于自然界的龙卷风,在平行于地面的某一平面内测得空气速度分布如图 3.1.9 所示。这种流动的外部、内部性质有所不同,在某一半径 $r \leqslant R_0$ 范围内空气速度为

$$\boldsymbol{V} = \omega \boldsymbol{e}_z \times r\boldsymbol{e}_r = \omega r \boldsymbol{e}_\theta$$

$$\boldsymbol{V} = \frac{\Omega}{2} \boldsymbol{e}_z \times r\boldsymbol{e}_r = \frac{\Omega r}{2} \boldsymbol{e}_\theta$$

式中,$\omega \boldsymbol{e}_z$ 是流体质点的旋转角速度,且只有垂直于纸面的 z 轴方向的分量;而空气速度 $\boldsymbol{V}$ 只有周向分量,且与半径 r 成正比。由前面的知识可知

$$\nabla \cdot \boldsymbol{V} = 0, \varepsilon_{r\theta} = \varepsilon_{rz} = \varepsilon_{\theta z} = 0, \boldsymbol{\Omega} = \Omega \boldsymbol{e}_z$$

即流体质点只有旋转而无变形。在 $r > R_0$ 范围内,空气速度为

$$\boldsymbol{V} = \frac{\Gamma}{2\pi r} \boldsymbol{e}_\theta$$

式中,Γ 为速度环量,上式的物理意义将在下面介绍。即空气速度与半径 r 成反比。同样可得到

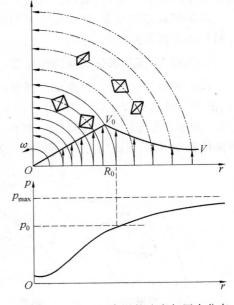

图 3.1.9　兰金组合涡的速度与压力分布

$$\nabla \cdot \boldsymbol{V} = 0, \varepsilon_{r\theta} = -\frac{\Gamma}{2\pi r^2}, \varepsilon_{rz} = \varepsilon_{\theta z} = 0, \boldsymbol{\Omega} = 0$$

即流体质点无旋转、无线变形,而有角变形。

综合上面的分析可以看出,$r \leqslant R_0$ 范围内的流体如同刚体那样(无线变形及角变形)做旋转运动,称为涡核或受迫涡;而涡核外部 $r > R_0$ 范围,流体做无旋的圆周运动,称为势涡或自由涡。整个流场是由受迫涡和自由涡组合而成的,这样的流动结构称为兰金组合涡。此外,图 3.1.9 中还给出了流场中压强分布情况。考虑到无穷远处流体速度为零,则在 $r > R_0$ 的自由涡区域,可由伯努利方程得

$$p + \frac{\rho V^2}{2} = p_\infty + \frac{\rho_\infty V_\infty^2}{2} = p_\infty$$

式中,p_∞ 为无穷远处流体压强。因此流场中任一点压强为

$$p = p_\infty - \frac{\rho V^2}{2} = p_\infty - \frac{1}{8}\rho\frac{\Gamma^2}{\pi^2 r^2}$$

即 r 越小，速度越快，压强越小，且在涡核边界 $r=R_0$ 处自由涡速最大，压强最小，即

$$V_0 = V_{max} = \frac{\Gamma}{2\pi R_0},\ p_0 = p_{min} = p_\infty - \frac{\rho V_0^2}{2} = p_\infty - \frac{1}{8}\rho\frac{\Gamma^2}{\pi^2 R_0^2}$$

而在 $r \leqslant R_0$ 的涡核区域，由于伯努利方程不能解出不同流线间的压强关系，应用二维欧拉方程，即

$$\begin{cases} v_x\dfrac{\partial v_x}{\partial x} + v_y\dfrac{\partial v_x}{\partial y} = -\dfrac{1}{\rho}\dfrac{\partial p}{\partial x} \\[2mm] v_x\dfrac{\partial v_y}{\partial x} + v_y\dfrac{\partial v_y}{\partial y} = -\dfrac{1}{\rho}\dfrac{\partial p}{\partial y} \end{cases}$$

由于涡核内的流体旋转角速度 $\omega = \mathrm{const}$，则对任一点有

$$v_x = -\omega r\sin\theta = -\omega y,\ v_y = \omega x$$

于是有

$$\frac{\partial v_x}{\partial x} = 0,\ \frac{\partial v_x}{\partial y} = -\omega,\ \frac{\partial v_y}{\partial x} = \omega,\ \frac{\partial v_y}{\partial y} = 0$$

欧拉方程变为

$$\begin{cases} \omega^2 x = \dfrac{1}{\rho}\dfrac{\partial p}{\partial x} \\[2mm] \omega^2 y = \dfrac{1}{\rho}\dfrac{\partial p}{\partial y} \end{cases}$$

将上面两式分别乘以 $\mathrm{d}x, \mathrm{d}y$ 后，相加并积分得

$$p = \frac{\rho\omega^2}{2}(x^2 + y^2) + C = \frac{\rho}{2}\omega^2 r^2 + C\ \text{或}\ p - \frac{\rho}{2}\omega^2 r^2 = \mathrm{const}$$

由于 $V_0 = \omega R_0$，再将涡核边界处的压强 p_0 代入上式，则有

$$p = p_0 - \frac{\rho}{2}\omega^2 R_0^2 + \frac{\rho}{2}\omega^2 r^2 = p_\infty - \frac{\rho V_0^2}{2} - \frac{\rho}{2}\omega^2 R_0^2 + \frac{\rho}{2}\omega^2 r^2 =$$

$$p_\infty - \frac{\rho V_0^2}{2} - \frac{\rho V_0^2}{2} + \frac{\rho}{2}\omega^2 r^2 =$$

$$p_\infty - \rho V_0^2 + \frac{\rho}{2}\omega^2 r^2$$

即涡核内的压强随 r 减小而减小，在核心 $r=0$ 处压强达到最小值 $p_\infty - \rho V_0^2$。因此，对于兰金组合涡，压强分布随半径 r 的减小而减小，当物体接近这种流动（如龙卷风）时，常常有被卷吸入内的危险。上面几式还表明，旋涡强度 Γ 越大，或者涡核半径 R_0 越小，核心处的压强越低。

那么，这种流动是怎样形成的呢？假设在静止的流体中存在一个旋转的涡核，在运动刚开始时，旋转的涡核与静止的流体间的速度梯度较大，存在较强烈的黏性作用。于是，涡核之外区域内的静止流体将被涡核带动，产生绕涡核的圆周运动。但是，在流动趋于稳定后，若忽略黏性对涡核周围静止流体的"启动效应"，黏性作用就仅是使得流体微团产生角变形，并没有使流体形成旋转运动。通常情况下，研究者之所以需要考虑流体的黏性作用，是出于对黏性作用而导致的旋涡运动问题较为关注的原因。既然流动是无旋的，也就可将流体视

为理想的、无黏的。这样一来,涡核周围流体的运动机制可以近似理解为是"被旋转的涡核感生或诱导出来的"。更进一步,与涡核之外的流动区域相比,涡核区域是非常狭小的,而且在某些情况下,研究者对于自由涡区域内的流动问题更感兴趣,因而甚至可以将涡量集中在一条涡线上,而忽略涡核内的具体流动情况。

顺便提一下,涡核的产生当然也是由黏性导致的,但是当流动稳定后,若假定旋涡强度不变,也需要忽略黏性的影响,将涡核内的流动视为理想流体运动,否则黏性流动中旋涡运动总是会逐渐减弱直至消逝的。这也是前面用欧拉方程分析涡核内流动参数分布情况的原因。

通常把流场中由于旋涡的存在而产生的速度场称为感生速度场或诱导速度场。下面的分析将表明,旋涡的感生流动具有包围涡线的环形流线,感生速度和所讨论的点到涡线的距离成反比。因而,近涡线处的流体质点做高速运动,形成强烈的低压,使得水、尘土甚至物体被卷吸入内飞旋,这种旋涡作用就是龙卷风、水卷等自然现象形成的根源。

如图 3.1.10 所示,设在流场有限区域 τ 内给定旋涡场,流体是不可压缩的,即在整个流场中无散度场,可有:

在 τ 内

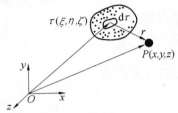

$$\nabla \cdot \boldsymbol{V} = 0, \nabla \times \boldsymbol{V} = \boldsymbol{\Omega} \tag{3.1.6a}$$

在 τ 外

$$\nabla \cdot \boldsymbol{V} = 0, \nabla \times \boldsymbol{V} = 0 \tag{3.1.6b}$$

图 3.1.10　涡量场已知的感生速度

由数学知识可知,$\nabla \cdot (\nabla \times \boldsymbol{B}) \equiv 0$,因此一定存在某一矢量 $\boldsymbol{B}$,使得 $\boldsymbol{V} = \nabla \times \boldsymbol{B}$。于是在区域 τ 内有

$$\nabla \times \boldsymbol{V} = \nabla \times (\nabla \times \boldsymbol{B}) = \nabla(\nabla \cdot \boldsymbol{B}) - \nabla^2 \boldsymbol{B} = \boldsymbol{\Omega}$$

假定 $\nabla \cdot \boldsymbol{B} = 0$(后面将证明这个假定的意义),则上式写为

$$\nabla^2 \boldsymbol{B} = -\boldsymbol{\Omega} \tag{3.1.7}$$

式(3.1.7)是矢量型的泊松方程,它的特解为

$$\boldsymbol{B} = \frac{1}{4\pi} \iiint_{\tau} \frac{\boldsymbol{\Omega}(\xi, \eta, \zeta)}{r} \mathrm{d}\tau \tag{3.1.8}$$

式中,$\mathrm{d}\tau = \mathrm{d}\xi\mathrm{d}\eta\mathrm{d}\zeta$,$r = \sqrt{(x-\xi)^2 + (y-\eta)^2 + (z-\zeta)^2}$ 为积分元到所求感应点 $P(x, y, z)$ 的距离。由于"∇"是对 x, y, z 取偏导数的算子,与 ξ, η, ζ 无关,故可移到积分号内,而且

$$\nabla \times \left[\frac{\boldsymbol{\Omega}(\xi, \eta, \zeta)}{r}\right] = \nabla\left(\frac{1}{r}\right) \times [\boldsymbol{\Omega}(\xi, \eta, \zeta)] + \frac{1}{r} \nabla \times [\boldsymbol{\Omega}(\xi, \eta, \zeta)] =$$

$$\nabla\left(\frac{1}{r}\right) \times \boldsymbol{\Omega} = -\frac{\nabla r}{r^2} \times \boldsymbol{\Omega} = -\frac{r}{r^3} \times \boldsymbol{\Omega}$$

式中

$$\nabla r = \frac{1}{\sqrt{(x-\xi)^2 + (y-\eta)^2 + (z-\zeta)^2}} [(x-\xi)\boldsymbol{i} + (y-\eta)\boldsymbol{j} + (z-\zeta)\boldsymbol{k}] = \frac{r}{r}$$

于是,得到对应的感生速度为

$$\boldsymbol{V} = \nabla \times \boldsymbol{B} = \frac{1}{4\pi} \iiint_{\tau} \nabla \times \left(\frac{\boldsymbol{\Omega}}{r}\right) \mathrm{d}\tau = -\frac{1}{4\pi} \iiint_{\tau} \frac{r \times \boldsymbol{\Omega}}{r^3} \mathrm{d}\tau = \frac{1}{4\pi} \iiint_{\tau} \frac{\boldsymbol{\Omega} \times r}{r^3} \mathrm{d}\tau \tag{3.1.9}$$

下面讨论 $\nabla \cdot \boldsymbol{B} = 0$ 这一假定的物理意义。记 ∇' 是对变量 ξ, η, ζ 的微分算子,则

$$\nabla' r = -\nabla r$$

注意到 $\nabla' \cdot \mathbf{\Omega} \equiv 0$，并应用高斯公式，可有

$$\nabla \cdot \mathbf{B} = \frac{1}{4\pi}\iiint_{\tau} \nabla \cdot \left(\frac{\mathbf{\Omega}}{r}\right)\mathrm{d}\tau = \frac{1}{4\pi}\iiint_{\tau} \nabla\left(\frac{1}{r}\right) \cdot \mathbf{\Omega}\mathrm{d}\tau = \frac{1}{4\pi}\iiint_{\tau} \left(-\frac{1}{r^2}\nabla r\right) \cdot \mathbf{\Omega}\mathrm{d}\tau =$$

$$\frac{1}{4\pi}\iiint_{\tau} \left(\frac{1}{r^2}\nabla' r\right) \cdot \mathbf{\Omega}\mathrm{d}\tau = -\frac{1}{4\pi}\iiint_{\tau} \nabla'\left(\frac{1}{r}\right) \cdot \mathbf{\Omega}\mathrm{d}\tau =$$

$$-\frac{1}{4\pi}\iiint_{\tau} \left[\nabla' \cdot \left(\frac{\mathbf{\Omega}}{r}\right) - \frac{1}{r}\nabla' \cdot \mathbf{\Omega}\right]\mathrm{d}\tau =$$

$$-\frac{1}{4\pi}\iiint_{\tau} \nabla' \cdot \left(\frac{\mathbf{\Omega}}{r}\right)\mathrm{d}\tau = -\frac{1}{4\pi}\oiint_{S} \frac{\mathbf{\Omega} \cdot \mathbf{n}}{r}\mathrm{d}S$$

因此，$\nabla \cdot \mathbf{B} = 0$ 意味着 $\oiint_{S} \mathbf{\Omega} \cdot \mathbf{n}\mathrm{d}S \equiv 0$，即在包围有限区域 τ 的封闭曲面 S 上，处处满足涡量的法向分量为零这一条件。

在实际流场中，存在这样的情况，涡量集中在一条十分细的涡管附近区域中，可以近似地将其看作是几何上的一条线（即涡线或涡丝），而在涡线之外区域的流动则是无旋的。如图 3.1.11 所示，在涡管上取微元管段 $\mathrm{d}l$，截面积为 ΔS，则微元体积为 $\Delta S\mathrm{d}l$。设涡量分布为 $\mathbf{\Omega}$，并近似认为 $\mathbf{\Omega}$ 的方向与 ΔS 的法线方向重合，则有

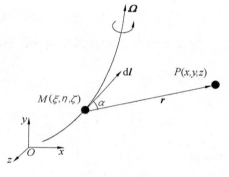

图 3.1.11　空间涡线诱导的速度

$$|\mathbf{\Omega}|\mathrm{d}\tau = |\mathbf{\Omega}|\Delta S\mathrm{d}l$$

令

$$\lim_{\substack{\Delta S \to 0 \\ \mathbf{\Omega} \to \infty}} \iint_{\Delta S} \mathbf{\Omega} \cdot \mathrm{d}S = (|\mathbf{\Omega}|\Delta S)_{\substack{\Delta S \to 0 \\ \mathbf{\Omega} \to \infty}} = \Gamma = \mathrm{const}$$

称速度环量 Γ 为涡线强度。因此

$$\mathbf{\Omega}\mathrm{d}\tau = \Gamma\mathrm{d}l$$

将其带入式（3.1.9），得

$$\mathbf{V} = \frac{\Gamma}{4\pi}\int_{l} \frac{\mathrm{d}l \times \mathbf{r}}{r^3} \tag{3.1.10a}$$

式中，l 为涡线全长，$\mathrm{d}l$ 的方向与 $\mathbf{\Omega}$ 的方向一致；$\mathbf{r} = (x-\xi)\mathbf{i} + (y-\eta)\mathbf{j} + (z-\zeta)\mathbf{k}$，是从 $\mathrm{d}l$ 指向感应点 P 的向径。式（3.1.10a）即为涡线诱导速度公式，又称比奥－萨伐尔公式。由于式（3.1.9）成立的条件是，包围某有限区域内的旋涡场的封闭曲面上处处满足涡量的法向分量为零，因此应用比奥－萨伐尔公式时，涡线或者是封闭曲线，或者是伸向无穷远的直线。式（3.1.10a）的微分形式为

$$\mathrm{d}\mathbf{V} = \frac{\Gamma}{4\pi}\frac{\mathrm{d}l \times \mathbf{r}}{r^3} \tag{3.1.10b}$$

在研究涡量场感生的速度场时，最简单但也是十分重要的是直涡线所感生的速度场，许多旋涡运动都可以认为是由直涡线组成的旋涡的运动。如图 3.1.12 所示，设直涡线 AB 与 z 轴平行，其强度为 Γ，P 点为距直涡线距离为 r 的空间点，AB 与 AP，AB 与 BP 的夹角分别为 β_A，β_B。由于 $\mathrm{d}l = \mathrm{d}l\mathbf{e}_z$，$\mathbf{r} = r\mathbf{e}_r$，则

$$\mathrm{d}l \times \mathbf{r} = \mathrm{d}l\mathbf{e}_z \times r\mathbf{e}_r = r\mathrm{d}l\sin\alpha\mathbf{e}_\theta$$

式中，α 为 $\mathrm{d}l$ 与 $\mathbf{r}$ 的夹角。

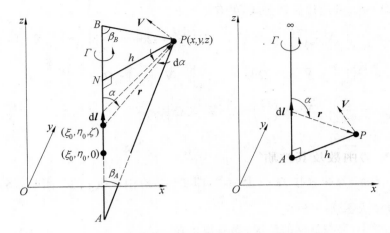

图 3.1.12　直线涡、半无限长直线涡的感生速度

定义 h 为 P 点距直涡线的垂直距离,由几何关系可知

$$\mathrm{d}l = \frac{r\mathrm{d}\alpha}{\sin \alpha} \text{ 和 } r = \frac{h}{\sin \alpha}$$

于是

$$\boldsymbol{V} = \frac{\Gamma}{4\pi}\int_{l}\frac{\mathrm{d}\boldsymbol{l} \times \boldsymbol{r}}{r^{3}} = \frac{\Gamma}{4\pi}\int_{l}\frac{r\mathrm{d}l\sin \alpha}{r^{3}}\boldsymbol{e}_{\theta} = \frac{\Gamma}{4\pi}\int_{\beta_{A}}^{\pi-\beta_{B}}\frac{\mathrm{d}\alpha}{r}\boldsymbol{e}_{\theta} = \frac{\Gamma}{4\pi h}\boldsymbol{e}_{\theta}\int_{\beta_{A}}^{\pi-\beta_{B}}\sin \alpha\mathrm{d}\alpha$$

积分得

$$\boldsymbol{V} = \frac{\Gamma}{4\pi h}(\cos \beta_{A} + \cos \beta_{B})\boldsymbol{e}_{\theta} \tag{3.1.11}$$

这就是直线涡诱导产生的速度场。如果直线涡是无限长的,则有 $\beta_{A} = \beta_{B} = 0$,于是

$$\boldsymbol{V} = \frac{\Gamma}{2\pi h}\boldsymbol{e}_{\theta} \tag{3.1.12}$$

式(3.1.12)就是无限长直涡线对距其 h 处的一点 P 诱导的速度。从式(3.1.12)可以看到,无限长直涡线所诱导的速度场有如下特点:速度方向是沿圆周切线方向的,该圆周位于与直线涡垂直的平面上,且以直线涡与平面的交点为圆心;速度大小除与涡线强度 Γ 有关外,只与所求点到直涡线的垂直距离 h 有关。因此,某强度为 Γ 的无限长直涡线对应的是平面流场,可以将该直涡线看成是平面上的一个强度为 Γ 的平面点涡。这样,无限长直涡线影响下的流体运动问题可以归结为在点涡影响下的平面流动问题。另外,式(3.1.12)还表明,流场中某点处的速度与该点到直涡线的垂直距离 h 成反比,越靠近直涡线,旋涡做圆周运动的速度越快,当 $h \to 0$ 时,速度 $V \to \infty$,这在物理上当然是不可能的。因此,涡线只是细涡管的一种近似,仅在涡核(或涡管)之外的区域式(3.1.12)才成立,只不过当所讨论的流动现象并不涉及直涡线本身的结构时,通常不需要考虑这一问题。还应指出,无限长直涡线邻域的流体都是绕其旋转的,因此并不引起直涡线本身的运动,即单根无限长直涡线不对自身产生诱导速度。但是,对于任意形状的(曲线)涡线,涡线上任一点将对涡线上其他的点产生诱导速度,而该点同时也要在涡线上其他点的影响下产生速度,即涡线本身要以一定的速度移动,不过要求这个速度是相当困难的。

升力线理论中要应用到半无限长的直涡线。从 A 点沿 z 轴正方向发出一条强度为 Γ 的涡线，在过 A 点且垂直于涡线的直线上有一点 P，它距 A 点的距离为 h，则由式（3.1.11）可知诱导速度为

$$V = \frac{\Gamma}{4\pi h} e_\theta \tag{3.1.13}$$

3.2　平面流动的势函数与流函数

3.2.1　势函数及其性质

在空气动力学中，可以根据流体微团是否旋转而把流体运动分为有旋运动或无旋运动。无旋运动的特征是流体微团运动速度的旋度等于零，即

$$\nabla \times V = 0 \text{ 或 } \frac{\partial v_x}{\partial z} = \frac{\partial v_z}{\partial x}, \frac{\partial v_x}{\partial y} = \frac{\partial v_y}{\partial x}, \frac{\partial v_y}{\partial z} = \frac{\partial v_z}{\partial y}$$

由高等数学可知，上式是 $v_x \mathrm{d}x + v_y \mathrm{d}y + v_z \mathrm{d}z$ 能够成为某一函数全微分的充要条件。因此，无旋流动中必然存在一个函数 $\phi(x, y, z)$，它的全微分是

$$\mathrm{d}\phi = v_x \mathrm{d}x + v_y \mathrm{d}y + v_z \mathrm{d}z = V \cdot \mathrm{d}r$$

称函数 $\phi(x, y, z)$ 为速度势函数，简称势函数。由 $\mathrm{d}\phi = \nabla \phi \cdot \mathrm{d}r$ 可知

$$V = \nabla \phi \text{ 或 } v_x = \frac{\partial \phi}{\partial x}, v_y = \frac{\partial \phi}{\partial y}, v_z = \frac{\partial \phi}{\partial z} \tag{3.2.1}$$

由圆柱坐标系下的势函数的梯度表达形式可得

$$\begin{cases} \mathrm{d}\phi = \dfrac{\partial \phi}{\partial r}\mathrm{d}r + \dfrac{\partial \phi}{\partial \theta}\mathrm{d}\theta + \dfrac{\partial \phi}{\partial z}\mathrm{d}z = v_r \mathrm{d}r + v_\theta r \mathrm{d}\theta + v_z \mathrm{d}z \\ v_r = \dfrac{\partial \phi}{\partial r}, v_\theta = \dfrac{\partial \phi}{r \partial \theta}, v_z = \dfrac{\partial \phi}{\partial z} \end{cases} \tag{3.2.2}$$

正如场论所分析的那样，无旋条件是速度有势的充要条件，即无旋必有势，有势必无旋。因而无旋流场又称为有势流场，或简称位势流。而且，只要满足无旋条件，必有速度势函数存在，而不论流体是否可压缩，也不论是定常流动还是非定常流动。引进势函数的意义在于，可以用一个标量函数代替三个速度分量函数，在解决流体动力学问题时，可以使所需的方程数目减少两个，从而大为简化计算。

下面讨论速度势函数的一些性质。

（1）速度势函数在任意 l 方向的偏导数等于速度在该方向的投影，即 $v_l = \dfrac{\partial \phi}{\partial l}$。

由式（3.2.1）可知，势函数对于三个坐标轴的偏导数等于速度在对应坐标上的分量。实际上，对任意指定方向上述结论都成立。如图 3.2.1 所示，设在无旋流场中，某个点 M 的速度为 V，l 为过点 M 的任意曲线，v_l 为速度 V 在曲线 l 上过点 M 的切线方向的分量。若曲线 l 在点 M 处切线方向三个方向余弦分别为 $\cos(l, x), \cos(l, y), \cos(l, z)$，则

$$v_l = V \cdot n_l = v_x \cos(l, x) + v_y \cos(l, y) + v_z \cos(l, z)$$

由几何关系可有

$$\cos(l, x) = \frac{\mathrm{d}x}{\mathrm{d}l}, \cos(l, y) = \frac{\mathrm{d}y}{\mathrm{d}l}, \cos(l, z) = \frac{\mathrm{d}z}{\mathrm{d}l}$$

考虑到式（3.2.1），可得

$$v_l = v_x \frac{\mathrm{d}x}{\mathrm{d}l} + v_y \frac{\mathrm{d}y}{\mathrm{d}l} + v_z \frac{\mathrm{d}z}{\mathrm{d}l} = \frac{\partial \phi}{\partial x} \frac{\mathrm{d}x}{\mathrm{d}l} + \frac{\partial \phi}{\partial y} \frac{\mathrm{d}y}{\mathrm{d}l} + \frac{\partial \phi}{\partial z} \frac{\mathrm{d}z}{\mathrm{d}l} = \frac{\partial \phi}{\partial l}$$

（2）在单连通域无旋流动流场中，沿任意封闭空间曲线的速度环量总是等于零。

如图 3.2.2 所示，在流场中取一条任意的空间封闭曲线 $P_0 B_1 P B_2 P_0$，沿该曲线流体运动速度是连续变化的，则有

$$\Gamma = \oint_{P_0 B_1 P B_2 P_0} \mathbf{V} \cdot \mathrm{d}\mathbf{r} = \oint_{P_0 B_1 P B_2 P_0} \mathbf{V} \cdot \mathrm{d}\mathbf{l} = \oint_{P_0 B_1 P B_2 P_0} v_x \mathrm{d}x + v_y \mathrm{d}y + v_z \mathrm{d}z$$

式中，径矢微元增量 $\mathrm{d}\mathbf{r}$，也就是曲线上一个长度为 $\mathrm{d}l$、方向为与曲线在该处的切线方向重合的微元矢量。上式为速度环量的一般表达式，既适用于无旋流动，也适用于有旋流动。由于单连通域中的任意曲线都是可缩曲线，则由斯托克斯定理得

$$\oint_{P_0 B_1 P B_2 P_0} \mathbf{V} \cdot \mathrm{d}\mathbf{r} = \iint_S (\nabla \times \mathbf{V}) \cdot \mathbf{n} \mathrm{d}S$$

式中，$\mathbf{n}$ 为以封闭曲线 $P_0 B_1 P B_2 P_0$ 为边界的开口曲面 S 的法线方向。由于流动是无旋的，则由 $\nabla \times \mathbf{V} = 0$ 和式（3.2.1），得

$$\Gamma = \oint_{P_0 B_1 P B_2 P_0} v_x \mathrm{d}x + v_y \mathrm{d}y + v_z \mathrm{d}z = \oint_{P_0 B_1 P B_2 P_0} \mathrm{d}\phi = \phi_{P_0} - \phi'_{P_0} = 0 \text{ 或 } \phi_{P_0} = \phi'_{P_0}$$

因此，在单连通域无旋流场中，速度势为单值函数，而且沿任意封闭空间曲线的速度环量总是等于零。上式还可以写成

$$0 = \oint_{P_0 B_1 P B_2 P_0} \mathbf{V} \cdot \mathrm{d}\mathbf{r} = \int_{P_0 B_1 P} \mathbf{V} \cdot \mathrm{d}\mathbf{r} + \int_{P B_2 P_0} \mathbf{V} \cdot \mathrm{d}\mathbf{r} = \int_{P_0 B_1 P} \mathbf{V} \cdot \mathrm{d}\mathbf{r} - \int_{P_0 B_2 P} \mathbf{V} \cdot \mathrm{d}\mathbf{r}$$

即

$$\phi_P - \phi_{P_0} = \int_{P_0 B_1 P} \mathbf{V} \cdot \mathrm{d}\mathbf{r} = \int_{P_0 B_2 P} \mathbf{V} \cdot \mathrm{d}\mathbf{r} = \int_{P_0}^{P} \mathbf{V} \cdot \mathrm{d}\mathbf{r}$$

所以，单连通域无旋流场中任意两点的速度势之差等于沿两点之间任意曲线的积分。需要注意的是，如果流体所占据的区域不是单连通域时，上述结论不一定成立，在此不作进一步讨论。

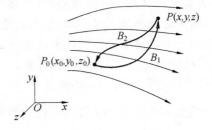

图 3.2.1　ϕ 在任意方向的偏导数　　　图 3.2.2　空间两点的速度势之差

（3）不可压缩流体的有势流动，速度势函数满足拉普拉斯方程。

对于不可压缩流体的运动，连续方程可写为

$$\nabla \cdot \mathbf{V} = 0$$

将式（3.2.1）代入上式，得

$$\nabla^2 \phi = 0 \text{ 或 } \frac{\partial^2 \phi}{\partial x^2} + \frac{\partial^2 \phi}{\partial y^2} + \frac{\partial^2 \phi}{\partial z^2} = 0 \tag{3.2.3}$$

式（3.2.3）即为不可压无旋流动的速度势方程，它是拉普拉斯方程。这样一来，求解有势流动的问题，就变成了如何得到满足一定边界条件的拉普拉斯方程的解的问题。

3.2.2　流函数及其性质

对于不可压缩流体平面流动,连续方程在直角坐标系中可写为

$$\frac{\partial v_x}{\partial x} + \frac{\partial v_y}{\partial y} = 0 \ \text{或} \ \frac{\partial v_x}{\partial x} = -\frac{\partial v_y}{\partial y}$$

由高等数学可知,上式是 $-v_y \mathrm{d}x + v_x \mathrm{d}y$ 能够成为某一函数全微分的充要条件。因此,必然存在满足下述关系式的一个点函数 $\psi(x, y)$:

$$\mathrm{d}\psi = \frac{\partial \psi}{\partial x}\mathrm{d}x + \frac{\partial \psi}{\partial y}\mathrm{d}y = -v_y \mathrm{d}x + v_x \mathrm{d}y \ \text{或} \ \frac{\partial \psi}{\partial x} = -v_y, \frac{\partial \psi}{\partial y} = v_x \qquad (3.2.4)$$

对式(3.2.4)积分得到 $\psi = \int -v_y \mathrm{d}x + v_x \mathrm{d}y$,并称函数 $\psi(x, y)$ 为流函数。在平面流动假设下,圆柱坐标系下不可压缩流动的连续方程可简化为

$$\frac{\partial (rv_r)}{\partial r} = -\frac{\partial v_\theta}{\partial \theta}$$

上式即为存在流函数 $\psi(r, \theta)$ 的充要条件,故有

$$\mathrm{d}\psi = \frac{\partial \psi}{\partial r}\mathrm{d}r + \frac{\partial \psi}{\partial \theta}\mathrm{d}\theta = -v_\theta \mathrm{d}r + v_r r \mathrm{d}\theta \ \text{或} \ v_r = \frac{\partial \psi}{r \partial \theta}, v_\theta = -\frac{\partial \psi}{\partial r} \qquad (3.2.5)$$

式(3.2.4)、式(3.2.5)中的负号是人为规定的,其依据的原则是:ψ 对某一坐标方向的偏导数反映了该坐标方向顺时针旋转 $90°$ 后的方向的速度。

综上可知,流函数是从连续方程出发来定义的。对于不可压缩流体,只要流动是二维(或平面)的,就一定存在流函数。而对势函数而言,只要流动是无旋的,就一定存在势函数。因此,对于不可压缩流体,只要流动是二维且无旋的,流场中就同时存在流函数和势函数。此外,还要指出的是,对于可压缩流体,流函数存在的充要条件是不仅要求流动是二维的,而且还要求流动是定常的,二者缺一不可,而且流函数的定义也与式(3.2.4)有所不同,这将在后面的有关章节中介绍。对于不可压缩流体作二维非定常流动的情况,流函数存在且为时间的函数,同一流场、不同瞬时的流函数是不同的。

下面分析流函数的性质。

(1)等流函数线即为流线。

对于平面流动,流线微分方程为

$$\frac{v_x}{\mathrm{d}x} = \frac{v_y}{\mathrm{d}y} \ \text{或} -v_y \mathrm{d}x + v_x \mathrm{d}y = 0$$

将其代入式(3.2.4)可得

$$\mathrm{d}\psi = \frac{\partial \psi}{\partial x}\mathrm{d}x + \frac{\partial \psi}{\partial y}\mathrm{d}y = -v_y \mathrm{d}x + v_x \mathrm{d}y = 0$$

积分上式得到 $\psi = C$。因此,在平面不可压缩流动中,流线即为等流函数线。当常数 C 取不同数值时,一组等流函数线便对应一簇流线。反过来也可以证明,等流函数方程就是流线方程,二者等价。

(2)平面不可压缩流动中两条流线间通过的流体体积流量,等于两条流线的流函数之差。

如图 3.2.3 所示,在流场中任取 A, B 两点,AB 为连接两点的任意曲线。对于平面问题而言,该线所代表的是在 z 轴方向为无限长的柱面。由于在流函数的定义中已经人为规定了正负号,为了使其与流量同号,也应规定曲线的法线方向。通常规定绕 B 点逆时针方向为

正,即绕 B 点逆时针方向穿过曲线 AB 的流量为正,反之为负。平面问题中的流量指的是通过 z 轴方向为单位高度的柱面的体积流量。

在曲线上任取 M 点,过该点沿曲线 AB 的微元弧段为 $\mathrm{d}l$,其方向为沿着由 A 指向 B 的方向,M 点处曲线的单位法线矢量为 $\boldsymbol{n}$。于是通过微元弧段 $\mathrm{d}l$ 的流体体积流量为

$$\mathrm{d}Q = \boldsymbol{V} \cdot \boldsymbol{n}\mathrm{d}l = [v_x\cos(\boldsymbol{n},x) + v_y\cos(\boldsymbol{n},y)]\mathrm{d}l$$

由于

$$\cos(\boldsymbol{n},x) = \frac{\mathrm{d}y}{\mathrm{d}l}, \cos(\boldsymbol{n},y) = -\frac{\mathrm{d}x}{\mathrm{d}l}$$

再由流函数定义,可得

$$\mathrm{d}Q = v_x\mathrm{d}y - v_y\mathrm{d}x = \mathrm{d}\psi$$

积分得

$$Q = \int_A^B \mathrm{d}Q = \int_A^B \mathrm{d}\psi = \psi_B - \psi_A$$

由于同一条流线上各点的流函数为常数,所以沿流线长度上两流线间的流量保持不变,或流经任意单位高度曲线 AB 的流量,等于曲线两端点上的流函数数值之差,而与曲线的形状无关。

(3) 等流函数线与等势线正交。

对于不可压缩流体的平面无旋流动,流场中同时存在势函数与流函数。定义速度势函数 $\phi = \mathrm{const}$ 的线为等势线(或等位线),考虑空间的这样一条线,即该线上各点的切线方向与 $\nabla \phi$ 一致,称为梯度线。显然,ϕ 的梯度线与等势线正交,而且由于 $\nabla \phi = \boldsymbol{V}$,可知这条梯度线就是流线。再由流线也是 $\psi = \mathrm{const}$ 的等流函数线可推知,等流函数线与等势线正交。换言之,二者将构成正交网格,如图 3.2.4 所示。也可以采用下面方法证明这一点,对等势线、等流函数线分别有下式成立:

$$\mathrm{d}\phi = v_x\mathrm{d}x + v_y\mathrm{d}y = 0 \text{ 和 } \mathrm{d}\psi = -v_y\mathrm{d}x + v_x\mathrm{d}y = 0$$

它们的斜率分别为

$$\left(\frac{\mathrm{d}y}{\mathrm{d}x}\right)_{\phi=\mathrm{const}} = -\frac{v_x}{v_y} \text{ 和 } \left(\frac{\mathrm{d}y}{\mathrm{d}x}\right)_{\psi=\mathrm{const}} = \frac{v_y}{v_x}$$

于是有

$$\left(\frac{\mathrm{d}y}{\mathrm{d}x}\right)_{\phi=\mathrm{const}}\left(\frac{\mathrm{d}y}{\mathrm{d}x}\right)_{\psi=\mathrm{const}} = -1$$

即二者互相垂直。

图 3.2.3　流函数与流量

图 3.2.4　等势线与流线的关系

（4）不可压缩流体平面有势流动，流函数满足拉普拉斯方程。

对平面有势（无旋）流动，有 $\Omega_z = \dfrac{\partial v_y}{\partial x} - \dfrac{\partial v_x}{\partial y} = 0$ 成立。再由不可压缩流体平面流动的流函数定义 $v_x = \dfrac{\partial \psi}{\partial y}, v_y = -\dfrac{\partial \psi}{\partial x}$，可得

$$\frac{\partial^2 \psi}{\partial x^2} + \frac{\partial^2 \psi}{\partial y^2} = 0 \text{ 或 } \nabla^2 \psi = 0 \qquad (3.2.6)$$

因此在平面有势流场中，流函数也满足拉普拉斯方程，求解平面有势流动问题也转化为对满足一定边界条件的流函数的拉普拉斯方程的求解问题。

3.2.3　拉普拉斯方程及其基本解的叠加原理

前面的讨论表明，不可压缩流体平面有势流动必同时存在势函数 ϕ 和流函数 ψ，而且这两个函数都满足拉普拉斯方程。数学上，凡是满足拉普拉斯方程的函数被称为调和函数。此外，势函数 ϕ 和流函数 ψ 还满足柯西—黎曼条件，即

$$\begin{cases} v_x = \dfrac{\partial \phi}{\partial x} = \dfrac{\partial \psi}{\partial y} \\[2mm] v_y = \dfrac{\partial \phi}{\partial y} = -\dfrac{\partial \psi}{\partial x} \end{cases} \qquad (3.2.7)$$

因此 ϕ, ψ 为共轭调和函数。要描述一个平面不可压势流，若已知 ϕ, ψ 中的一个，就可以积分得到另一个。在求解一个具体的定常流场速度分布时，只要根据所给定的边界条件，求解拉普拉斯方程式（3.2.3）或式（3.2.6），便可以求出 ϕ 或 ψ。

对于任何一个具体的定常不可压理想势流的绕流问题，其势函数 ϕ、流函数 ψ 所满足的基本方程都是式（3.2.3）、式（3.2.6）。但是，由于流体所流过的物体形状各不相同，流动情况也是不相同的，如气流绕流球体、锥体或机翼时，各物体表面上的流线、压力分布等都不相同。因此，从同一个控制方程出发而得到不同气动外形的流场解，要求流场控制方程的边界条件符合真实流场的流动情况。这个问题，在数学上被称为边值问题。所谓边界条件就是在流场的边界上对流动所规定的条件。如图 3.2.5 所示，通常将绕物体外部流动的流场边界分为外边界、内边界。对于飞行器的空气动力学而言，内边界为飞行器表面，而外边界为距飞行器无穷远处流场的边界。

图 3.2.5　无黏流动的边界条件

流体动力学中的边值问题,按照是在边界上对势函数 ϕ、流函数 ψ 自身值给出的,还是对它们的法向导数给出的,可以分为如下三种类型:

(1) 第一边值问题,又称狄利希里问题,它给出边界上 ϕ,ψ 的自身值。

(2) 第二边值问题,又称纽曼问题,它给出边界上 ϕ,ψ 的法向导数值。

(3) 第三边值问题即混合边值问题,又称庞加莱问题,它给出一部分边界上的 ϕ,ψ 的自身值,而在另一部分边界上给出 ϕ,ψ 的法向导数值。

空气动力学问题大多数属于第二边值问题。若使用相对坐标系,即把坐标系和飞行器连接在一起,则外边界条件是在远离物体处,空气相对于物体的速度是直匀流 V_∞。内边界条件是物体表面不允许流体穿透,或者说物体表面处,沿物面的法向分速等于零;至于沿物面的切向分速则不做规定,因为在理想流体假设下,空气是从物面上滑过去的。

下面将上述边界条件用势函数、流函数来表示。

(1) 外边界条件。外边界位于物体的无穷远处,且各个方向的流动都是未受扰动的均匀自由来流。令 V_∞ 与 x 轴在同一方向上,表示无穷远处的自由来流速度,则有

$$\begin{cases} v_x = \dfrac{\partial \phi}{\partial x} = \dfrac{\partial \psi}{\partial y} = V_\infty \\ v_y = \dfrac{\partial \phi}{\partial y} = -\dfrac{\partial \psi}{\partial x} = 0 \end{cases} \tag{3.2.8}$$

式(3.2.8)在物体各个方向的无穷远处都适用。如图 3.2.5 所示,这两个速度边界条件在翼型的前后、上下的无穷远处都成立。

(2) 内边界条件。本书第 2 章曾经讲过,若流体是有黏性的,则物面处的气流速度为零。而对于无黏流动,物面上的流动速度不为零,且气流又不能穿过固体壁面,则物面上的气流速度必须与物面相切,或者说垂直于物面的法向分速为零。令 $\boldsymbol{n}$ 表示物面的法向单位矢量,则有

$$\boldsymbol{V} \cdot \boldsymbol{n} = \nabla \phi \cdot \boldsymbol{n} = 0$$

根据势函数的性质,上式即为

$$\frac{\partial \phi}{\partial n} = 0 \tag{3.2.9a}$$

对于流函数,由于物面的外形轮廓线本身就是一条流线,而对于同一条流线来说,满足 $\psi = \mathrm{const}$ 即流函数的值为常数。若假设物面方程为 $y_\mathrm{b} = f(x)$,则有

$$\psi_{y_\mathrm{b} = f(x)} = \mathrm{const} \tag{3.2.9b}$$

这其实是一个第一边值问题。式(3.2.9b)也可以写成 $\dfrac{\partial \psi}{\partial s} = 0$,式中 s 表示沿物面测得的长度。

当处理物面边界条件时,还可以不使用势函数、流函数,而由流线方程 $\dfrac{\mathrm{d}y}{\mathrm{d}x} = \dfrac{v_y}{v_x}$ 直接得到下面的条件:

$$\frac{\mathrm{d}y_\mathrm{b}}{\mathrm{d}x} = \left(\frac{v_y}{v_x}\right)_{y_\mathrm{b} = f(x)} \tag{3.2.9c}$$

式(3.2.9c)也表明物面实际上就是一条流线。顺便提一下,由于没有用到 ϕ,ψ,该式所给出的物面相切条件适用于所有的无黏流动问题。

可以证明,对于式(3.2.3)、式(3.2.6),若在给定的物体表面上满足式(3.2.9),并且在无穷远处满足式(3.2.8),其解是唯一的(对于绕物体环量一定的情况)。也就是说,如果在无穷远处和物体表面上分别满足外、内边界条件,此外还有绕物体的环量大小已知,则绕该物体的无旋不可压理想流动的唯一性便被确定。因此,求解物体的不可压缩无黏无旋绕流的流动问题就简化为求解拉普拉斯方程合适特解的数学问题。

拉普拉斯方程的基本解指的是一些满足式(3.2.3)、式(3.2.6)的势函数 ϕ、流函数 ψ,这些基本解代表了理想不可压流体的一些最基本的平面无旋流动。其中,有的流场中存在着流速趋于无穷大的奇异点,这种流动又被称为奇点流,与之对应的基本解称为奇异基本解。

由于拉普拉斯方程是一个二阶线性的偏微分方程,根据数学理论可知,线性方程的解满足叠加原理,因此拉普拉斯方程的解也是满足叠加原理的。所以,在求解一个形式复杂的不可压流体平面有势流动问题时,可以将其分解为若干个简单的不可压流体平面有势流动,再通过求解这些简单流动问题的解,并将其叠加后得到符合实际情况的复杂流场解。反之,也可以通过适当的布置若干个简单平面势流(主要是奇点流),并使得它们的线性组合满足具体问题的边界条件,那么这个叠加流动的解就是所求问题的解。这种方法常被称为奇点分布法或奇点叠加法。下面以势函数为例证明叠加原理。

假设 $\phi_1,\phi_2,\cdots,\phi_n$ 是分别满足拉普拉斯方程基本流动的势函数,即

$$\frac{\partial^2 \phi_i}{\partial x^2}+\frac{\partial^2 \phi_i}{\partial y^2}+\frac{\partial^2 \phi_i}{\partial z^2}=0, i=1,2,\cdots,n$$

令 $\phi=\phi_1+\phi_2+\cdots+\phi_n$ 为由上述基本流动叠加得到的新的流动的速度势函数。于是有

$$\frac{\partial^2 \phi}{\partial x^2}+\frac{\partial^2 \phi}{\partial y^2}+\frac{\partial^2 \phi}{\partial z^2}=\frac{\partial^2 (\phi_1+\phi_2+\cdots+\phi_n)}{\partial x^2}+\frac{\partial^2 (\phi_1+\phi_2+\cdots+\phi_n)}{\partial y^2}+$$

$$\frac{\partial^2 (\phi_1+\phi_2+\cdots+\phi_n)}{\partial z^2}=$$

$$\left(\frac{\partial^2 \phi_1}{\partial x^2}+\frac{\partial^2 \phi_1}{\partial y^2}+\frac{\partial^2 \phi_1}{\partial z^2}\right)+\left(\frac{\partial^2 \phi_2}{\partial x^2}+\frac{\partial^2 \phi_2}{\partial y^2}+\frac{\partial^2 \phi_2}{\partial z^2}\right)+\cdots+$$

$$\left(\frac{\partial^2 \phi_n}{\partial x^2}+\frac{\partial^2 \phi_n}{\partial y^2}+\frac{\partial^2 \phi_n}{\partial z^2}\right)=0$$

即由势函数 $\phi_1,\phi_2,\cdots,\phi_n$ 叠加而得到的流动也满足拉普拉斯方程,也是不可压理想无旋流动。根据速度分量与势函数的关系,由式(3.2.1)可得到不同方向的速度分量,例如,x 方向的速度分量为

$$v_x=\frac{\partial \phi}{\partial x}=\frac{\partial (\phi_1+\phi_2+\cdots+\phi_n)}{\partial x}=v_{x1}+v_{x2}+\cdots+v_{xn}$$

式中,$v_{x1},v_{x2},\cdots,v_{xn}$ 分别是流动1、流动2……流动 n 的 x 向速度分量。所以流场中各点的速度分量都是可以叠加的。但是,流场各点处的压强值不能用叠加的方法获得,因为压强与速度的函数关系是非线性的。因此,描述参数的关系式是否为线性是叠加原理能否适用的条件。

3.3　几种简单的平面势流

本节介绍几种用简单函数表示的平面势流。它们是最基本的流动,许多复杂的流动可以由它们组合而成。

3.3.1　直匀流

直匀流是流场中任一点的速度均为常数的均匀流动，它是一种最简单的无旋流动，如图 3.3.1 所示，设在整个流场中速度为 V_∞，且与 x 轴的夹角为 α，它的分量可写为

$$v_x = V_\infty \cos \alpha = \mathrm{const}\ 1$$
$$v_y = V_\infty \sin \alpha = \mathrm{const}\ 2$$

图 3.3.1　直匀流

由 $\Omega_z = \dfrac{\partial v_y}{\partial x} - \dfrac{\partial v_x}{\partial y} = 0$ 可知流动有势。将其代入式(3.2.1)，得

$$v_x = \frac{\partial \phi}{\partial x} = V_\infty \cos \alpha$$

$$v_y = \frac{\partial \phi}{\partial y} = V_\infty \sin \alpha$$

于是

$$\mathrm{d}\phi = \frac{\partial \phi}{\partial x}\mathrm{d}x + \frac{\partial \phi}{\partial y}\mathrm{d}y = V_\infty \cos \alpha \mathrm{d}x + V_\infty \sin \alpha \mathrm{d}y$$

积分后得到势函数

$$\phi = x V_\infty \cos \alpha + y V_\infty \sin \alpha + C_1$$

同理，可求出流函数

$$\mathrm{d}\psi = \frac{\partial \psi}{\partial x}\mathrm{d}x + \frac{\partial \psi}{\partial y}\mathrm{d}y = -v_y \mathrm{d}x + v_x \mathrm{d}y = -V_\infty \sin \alpha \mathrm{d}x + V_\infty \cos \alpha \mathrm{d}y$$

积分即得

$$\psi = -x V_\infty \sin \alpha + y V_\infty \cos \alpha + C_2$$

上面两式中的常数 C_1，C_2 可以任意选取，例如，令过原点的势函数、流函数的值为零，则 $C_1 = 0$，$C_2 = 0$，于是得到直匀流的势函数、流函数为

$$\begin{cases} \phi = x V_\infty \cos \alpha + y V_\infty \sin \alpha \\ \psi = -x V_\infty \sin \alpha + y V_\infty \cos \alpha \end{cases} \tag{3.3.1}$$

常选用的直匀流是沿 x 轴方向的，即 $\alpha = 0$，则沿 x 轴方向直匀流的势函数、流函数分别为

$$\begin{cases} \phi = V_\infty x \\ \psi = V_\infty y \end{cases} \tag{3.3.2a}$$

若用极坐标形式表示，考虑到 $x = r\cos \theta$，$y = r\sin \theta$，则有

$$\begin{cases} \phi = V_\infty r\cos \theta \\ \psi = V_\infty r\sin \theta \end{cases} \tag{3.3.2b}$$

3.3.2　点源（汇）

如图 3.3.2 所示，设不可压缩流体由平面上一点径向均匀地向外流出，流动完全对称，这种流动称为点源，该点称为源点。如果流体径向均匀地流向一点，这种流动称为点汇，该

点称为汇点。若将源点或汇点放在坐标原点上,那么这种流动便只有径向速度 v_r,而 $v_\theta=0$,以原点为中心、r 为半径作圆,基于连续方程可知,通过以该圆为底边的单位高度圆柱面的体积流量 $\pm 2\pi r v_r$ 应等于点源流出或点汇流入的体积流量 Q,定义流量 Q 为点源或点汇的强度,且为定值,则有

$$v_r = \pm \frac{Q}{2\pi r}, v_\theta = 0 \tag{3.3.3}$$

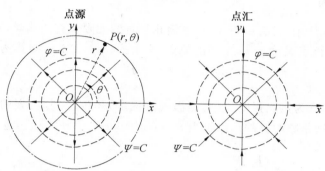

图 3.3.2　点源与点汇

式(3.3.3)中点源取正号,点汇取负号。将式(3.3.3)代入圆柱坐标系下 Ω_z 的表达式中,可得

$$\Omega_z = \frac{v_\theta}{r} + \frac{\partial v_\theta}{\partial r} - \frac{\partial v_r}{r\partial \theta} = 0$$

即点源、点汇均是有势流动。点源、点汇的流场中某点速度大小与该点到中心的距离成反比。注意到当 $r \to 0$ 时,$v_r \to \infty$,在数学上称源点或汇点为奇异点,而流场中其他地方速度均是有限值。如果把这一点从流场中圈出,则全流场都无奇异点,所以这是一种孤立奇异点的流动,称为奇点流。奇异点处的流动无意义,必须排除在所要研究的流场之外。对于点源,可有

$$d\phi = \frac{\partial \phi}{\partial r}dr + \frac{\partial \phi}{\partial \theta}d\theta = v_r dr + v_\theta r d\theta = v_r dr = \frac{Q}{2\pi r}dr$$

$$d\psi = \frac{\partial \psi}{\partial \theta}d\theta + \frac{\partial \psi}{\partial r}dr = v_r r d\theta - v_\theta dr = v_r r d\theta = \frac{Q}{2\pi}d\theta$$

积分得到势函数、流函数为

$$\begin{cases} \phi = \dfrac{Q}{2\pi}\ln r \\ \psi = \dfrac{Q}{2\pi}\theta \end{cases} \tag{3.3.4a}$$

若用直角坐标形式表示,则有

$$\begin{cases} \phi = \dfrac{Q}{2\pi}\ln\sqrt{x^2+y^2} \\ \psi = \dfrac{Q}{2\pi}\arctan\dfrac{y}{x} \end{cases} \tag{3.3.4b}$$

由式(3.3.4a)可知,当 $r=\mathrm{const}$ 时,等势函数线是一系列半径不同的圆即同心圆簇;当 $\theta=\mathrm{const}$ 时,等流函数线是由原点引出的半射线簇。

同理,可得到点汇的势函数、流函数为

$$\begin{cases} \phi = -\dfrac{Q}{2\pi}\ln r = -\dfrac{Q}{2\pi}\ln\sqrt{x^2+y^2} \\ \psi = -\dfrac{Q}{2\pi}\theta = -\dfrac{Q}{2\pi}\arctan\dfrac{y}{x} \end{cases} \tag{3.3.5}$$

3.3.3 点涡

如图 3.3.3(a) 所示,设有一与 xOy 平面相垂直的无限长直线涡丝,在 xOy 平面上看,它是平面点涡。若该点涡过 xOy 平面的原点,则由式(3.1.12)可知其诱导的速度可写为

$$v_r = 0, \quad v_\theta = \frac{\Gamma_0}{2\pi r} \tag{3.3.6}$$

式中,Γ_0 是个常数,称为点涡强度(也就是涡线的强度)。$\Gamma_0 > 0$,代表的流动是逆时针的;$\Gamma_0 < 0$,代表的流动是顺时针的。由于当 $r \to 0$ 时,$v_\theta \to \infty$,所以点涡也是一个奇异点。

图 3.3.3　点涡

如果绕点涡作任一封闭圆,并计算速度环量,得

$$\Gamma = \oint_L \boldsymbol{V} \cdot \mathrm{d}\boldsymbol{l} = \int_0^{2\pi} \frac{\Gamma_0}{2\pi r} r \, \mathrm{d}\theta = \Gamma_0$$

即 Γ_0 等于绕点涡封闭周线环量的值且为常数,不论用哪个圆计算都是相同的值。若计算一个不包围点涡(原点)的封闭曲线 $abcdefa$ 的环量,即

$$\Gamma_{abcdefa} = \Gamma_{abc} + \Gamma_{cd} + \Gamma_{def} + \Gamma_{fa}$$

由于 $\Gamma_{cd} = -\Gamma_{fa}$, $\Gamma_{abc} = -\Gamma_{def} = \Gamma_0$,故 $\Gamma_{abcdefa} = 0$。可见,流场中不包括点涡(原点)的流动是无旋流动,即点涡之外的流动是势流,因此,通常把点涡称为称势涡或自由涡。

对于点涡,可有

$$\mathrm{d}\phi = \frac{\partial \phi}{\partial r}\mathrm{d}r + \frac{\partial \phi}{\partial \theta}\mathrm{d}\theta = v_r \mathrm{d}r + v_\theta r \mathrm{d}\theta = v_\theta r \mathrm{d}\theta = \frac{\Gamma_0}{2\pi}\mathrm{d}\theta$$

$$\mathrm{d}\psi = \frac{\partial \psi}{\partial \theta}\mathrm{d}\theta + \frac{\partial \psi}{\partial r}\mathrm{d}r = v_r r \mathrm{d}\theta - v_\theta \mathrm{d}r = -v_\theta \mathrm{d}r = -\frac{\Gamma_0}{2\pi r}\mathrm{d}r$$

积分得到势函数、流函数为

$$\begin{cases} \phi = \dfrac{\Gamma_0}{2\pi}\theta = \dfrac{\Gamma_0}{2\pi}\arctan\dfrac{y}{x} \\ \psi = -\dfrac{\Gamma_0}{2\pi}\ln r = -\dfrac{\Gamma_0}{2\pi}\ln\sqrt{x^2+y^2} \end{cases} \tag{3.3.7}$$

由式(3.3.7)可知,等势函数线是由原点引出的半射线簇,等流函数线为同心圆簇,如图 3.3.3(b) 所示。若取任意半径 $r=r_0$ 处的一条流线为固体边界,变成一个旋转着的无限长圆柱体,由于流体质点不能穿越流线,这样做并不改变 $r>r_0$ 区域的流动特性,因而也就可以将 $r=r_0$ 圆周外的流动看作是由无限长圆柱体带动旋转的势流。

3.4　简单平面势流叠加举例

研究势流的目的在于求解反映运动特征的势函数 ϕ 与流函数 ψ,但当流动情况较为复杂时,要根据流动直接求 ϕ 或 ψ 往往较困难,因此常将 3.3 节得到的简单势流适当组合叠加以得到较复杂的流动。

3.4.1　等强度的点源与点汇的叠加 —— 偶极子

如图 3.4.1(a) 所示,设在 $(-\varepsilon,0)$ 点有强度为 Q 的点源,在 $(\varepsilon,0)$ 点有强度为 Q 的点汇,二者相距 2ε,显然流体将从点源流出并分散开来,然后向点汇集中,如图 3.4.1(b) 所示。对于流场中任意一点 $P(x,y)$,定义其距点源、点汇的距离分别为 r_1,r_2,而 r_1,r_2 与 x 轴的夹角分别为 θ_1,θ_2。由几何关系有

$$r_1=\sqrt{(x+\varepsilon)^2+y^2},r_2=\sqrt{(x-\varepsilon)^2+y^2}$$

$$\theta_1=\arctan\left(\frac{y}{x+\varepsilon}\right),\theta_2=\arctan\left(\frac{y}{x-\varepsilon}\right)$$

并可得到变换式

$$\frac{r_1}{r_2}=\sqrt{\frac{(x+\varepsilon)^2+y^2}{(x-\varepsilon)^2+y^2}}=\sqrt{\frac{(x-\varepsilon)^2+y^2+4x\varepsilon}{(x-\varepsilon)^2+y^2}}=\sqrt{1+\frac{4x\varepsilon}{(x-\varepsilon)^2+y^2}}$$

$$\tan(\theta_1-\theta_2)=\frac{\tan\theta_1-\tan\theta_2}{1+\tan\theta_1\tan\theta_2}=\frac{\dfrac{y}{x+\varepsilon}-\dfrac{y}{x-\varepsilon}}{1+\dfrac{y^2}{x^2-\varepsilon^2}}=$$

$$\frac{y(x-\varepsilon)-y(x+\varepsilon)}{x^2-\varepsilon^2+y^2}=\frac{-2y\varepsilon}{x^2+y^2-\varepsilon^2}$$

图 3.4.1　偶极子

于是,根据叠加原理,该流动的势函数、流函数可写为

$$\begin{cases} \phi = \dfrac{Q}{2\pi}(\ln r_1 - \ln r_2) = \dfrac{Q}{2\pi}\ln\dfrac{r_1}{r_2} = \dfrac{Q}{4\pi}\ln\left[1 + \dfrac{4x\varepsilon}{(x-\varepsilon)^2 + y^2}\right] \\ \psi = \dfrac{Q}{2\pi}(\theta_1 - \theta_2) = \dfrac{Q}{2\pi}\arctan\left(\dfrac{-2y\varepsilon}{x^2 + y^2 - \varepsilon^2}\right) \end{cases} \tag{3.4.1}$$

若使点源和点汇趋于无限接近,即 ε 趋于无限小量时,按照下述级数形式:

$$\ln(1+z) = z - \dfrac{z^2}{2} + \dfrac{z^3}{3} - \cdots, \arctan z = z - \dfrac{z^3}{3} + \dfrac{z^5}{5} - \cdots$$

并近似取第一项可得

$$\phi = \dfrac{Q}{4\pi}\dfrac{4x\varepsilon}{(x-\varepsilon)^2 + y^2}, \quad \psi = -\dfrac{Q}{2\pi}\dfrac{2y\varepsilon}{x^2 + y^2 - \varepsilon^2}$$

假定点源和点汇无限接近时,它们的强度相应的无限增强,且 $2Q\varepsilon$ 乘积的极限趋于某有限值 M。这样的一对源、汇称为偶极子(或偶极流),称 M 为偶极子的强度。将数值 M 引入到上式中,得到偶极子的势函数、流函数为

$$\begin{cases} \phi = \lim_{\substack{\varepsilon \to 0 \\ 2Q\varepsilon \to M}} \dfrac{Q}{4\pi}\dfrac{4x\varepsilon}{(x-\varepsilon)^2 + y^2} = \dfrac{M}{2\pi}\dfrac{x}{x^2 + y^2} \\ \psi = -\lim_{\substack{\varepsilon \to 0 \\ 2Q\varepsilon \to M}} \dfrac{Q}{2\pi}\dfrac{2y\varepsilon}{x^2 + y^2 - \varepsilon^2} = -\dfrac{M}{2\pi}\dfrac{y}{x^2 + y^2} \end{cases} \tag{3.4.2a}$$

极坐标形式的偶极子势函数、流函数可写为

$$\begin{cases} \phi = \dfrac{M}{2\pi}\dfrac{\cos\theta}{r} \\ \psi = -\dfrac{M}{2\pi}\dfrac{\sin\theta}{r} \end{cases} \tag{3.4.2b}$$

由式(3.4.2)可得到流场各点处偶极子所产生的速度及其分量,即

$$\begin{cases} v_x = \dfrac{\partial\phi}{\partial x} = \dfrac{M}{2\pi}\dfrac{y^2 - x^2}{(x^2 + y^2)^2}, v_y = \dfrac{\partial\phi}{\partial y} = -\dfrac{M}{2\pi}\dfrac{2xy}{(x^2 + y^2)^2} \\ v_r = \dfrac{\partial\phi}{\partial r} = -\dfrac{M}{2\pi}\dfrac{\cos\theta}{r^2}, v_\theta = \dfrac{\partial\phi}{r\partial\theta} = \dfrac{M}{2\pi}\dfrac{\sin\theta}{r^2} \\ V = \sqrt{v_x^2 + v_y^2} = \sqrt{v_r^2 + v_\theta^2} = \dfrac{M}{2\pi}\dfrac{1}{x^2 + y^2} = \dfrac{M}{2\pi}\dfrac{1}{r^2} \end{cases} \tag{3.4.3}$$

由于当 $r \to 0$ 时,$V \to \infty$,即当点源、点汇无限趋近于一点并形成偶极子时,这个点也是一个奇异点。因此,有的书中将偶极子也视为满足拉普拉斯方程的基本解。

当 $\phi = C_1, \psi = C_2$ 时,可由式(3.4.2)得到等势线簇及流线簇的方程式为

$$\left(x - \dfrac{M}{4\pi C_1}\right)^2 + y^2 = \left(\dfrac{M}{4\pi C_1}\right)^2 \text{ 和 } x^2 + \left(y + \dfrac{M}{4\pi C_2}\right)^2 = \left(\dfrac{M}{4\pi C_2}\right)^2$$

如图 3.4.1(c) 所示,偶极子的流线是圆心在 y 轴并切于原点的两簇圆。在偶极子中,流体从原点流出,沿着上述的两簇圆的圆周,又重新流入原点。而等势线是圆心在 x 轴并切于原点的两簇圆,它与流线正交。应该注意,偶极子是等强度的点源、点汇无限趋近时的极限情况,它是有轴线和有方向的。点源和点汇所在的直线就是它的轴线,它的正指向是由点汇指向点源。因此,图 3.4.1(c) 及式(3.4.2)给出的是以 x 轴为轴线、方向沿负 x 轴方向的偶极子的图谱及相应的势函数、流函数。

3.4.2　点源(汇)和点涡的叠加

如图 3.4.2 所示,将强度为 Q 的点源流动与强度为 Γ 的点涡流动叠加,并置于坐标原点,则组合流动的势函数、流函数为

$$\begin{cases} \phi = \dfrac{Q}{2\pi}\ln r + \dfrac{\Gamma}{2\pi}\theta \\[2mm] \psi = \dfrac{Q}{2\pi}\theta - \dfrac{\Gamma}{2\pi}\ln r \end{cases} \tag{3.4.4}$$

令 ϕ,ψ 分别等于某个常数,则有

$$Q\ln r + \Gamma\theta = C_1 , Q\theta - \Gamma\ln r = C_2$$

于是得到等势线、等流函数线为

$$r_\phi = e^{\frac{-\Gamma\theta + C_1}{Q}} = D_1 e^{-\frac{\Gamma}{Q}\theta} , r_\psi = e^{\frac{Q\theta - C_2}{\Gamma}} = D_2 e^{\frac{Q}{\Gamma}\theta} \tag{3.4.5}$$

图 3.4.2　点源与点涡的叠加

显然,流线与等势线是相互正交的对数螺旋线簇,称为源环流或螺旋流。离心式水泵导轮内的流动是符合式(3.4.5)所给出的规律的。当供水管(相当于点源)供水、泵轮旋转(相当于点涡)时,导轮内的流动就是点源流动与点涡流动的叠加。为防止流体在导轮内流动时与导轮发生碰撞,离心泵的导轮叶片应做成图 3.4.2 所示的流线形式。

若将点源改为点汇,则叠加流动的势函数、流函数为

$$\begin{cases} \phi = -\dfrac{Q}{2\pi}\ln r + \dfrac{\Gamma}{2\pi}\theta \\[2mm] \psi = -\dfrac{Q}{2\pi}\theta - \dfrac{\Gamma}{2\pi}\ln r \end{cases} \tag{3.4.6}$$

而等势线、等流函数线分别为

$$r_\phi = D_1 e^{\frac{\Gamma}{Q}\theta} , r_\psi = D_2 e^{-\frac{Q}{\Gamma}\theta} \tag{3.4.7}$$

式(3.4.7)表明,点汇与点涡叠加流动的流线与等势线也是相互正交的对数螺旋线簇,称为汇环流。它与源环流的不同之处在于,汇环流是按对数螺旋线从四周向中心流动。水轮机的引水室、旋风燃烧室、离心式喷油嘴等设备中,流体自外面沿圆周切向流入,从中心处不断流出。为减少损失,应使流体的引入符合对数螺旋线形状。

3.4.3　直匀流和点源的叠加

速度为 V_∞ 且沿 x 轴正向的直匀流和过坐标原点的点源叠加,形成的流动图谱如图 3.4.3(a) 所示。 根据叠加原理,这种流动的势函数、流函数分别为

$$\begin{cases} \phi = V_\infty r\cos\theta + \dfrac{Q}{2\pi}\ln r = V_\infty x + \dfrac{Q}{4\pi}\ln(x^2 + y^2) \\[2mm] \psi = V_\infty r\sin\theta + \dfrac{Q}{2\pi}\theta = V_\infty y + \dfrac{Q}{2\pi}\arctan\dfrac{y}{x} \end{cases} \tag{3.4.8}$$

流场的速度分布为

$$\begin{cases} v_x = \dfrac{\partial\phi}{\partial x} = V_\infty + \dfrac{Q}{2\pi}\dfrac{x}{x^2+y^2} = V_\infty + \dfrac{Q}{2\pi}\dfrac{\cos\theta}{r} \\[2mm] v_y = \dfrac{\partial\phi}{\partial y} = \dfrac{Q}{2\pi}\dfrac{y}{x^2+y^2} = \dfrac{Q}{2\pi}\dfrac{\sin\theta}{r} \end{cases} \tag{3.4.9}$$

由图 3.4.3(a) 可见，源的作用是将流来的直匀流推开，这一作用和一个物体前端的作用相当。因而这一流动图形与低速风洞中观察到的流线型物体前端驻点（即 x 轴线上合速度为零的点）附近的流动图形相似。下面求得驻点 A 的位置，显然，令 $v_{y_A}=0$，则有 $y_A=0$，即驻点位于 x 轴上；令 $v_{x_A}=0$，则驻点的 x 坐标为

$$x_A = -\frac{Q}{2\pi V_\infty}$$

驻点 A 处的速度之所以为零，是由于点源的速度在该点恰与直匀流的速度互相抵消的缘故。若用极坐标的形式表示驻点 A 的坐标，则有

$$r_A = \frac{Q}{2\pi V_\infty}, \theta_A = \pi$$

若将 $r_A V_\infty = \dfrac{Q}{2\pi}$ 代入流函数的公式，得

$$\psi = V_\infty y + \frac{Q}{2\pi}\theta = V_\infty (y + r_A\theta)$$

上式即为流线簇方程。若将驻点坐标 $y_A=0, \theta_A=\pi$ 代入上式，可有

$$\psi_A = r_A V_\infty \pi = \frac{Q}{2}$$

于是得到过驻点 A 的流线方程为

$$y = r_A(\pi-\theta) = \frac{Q}{2\pi V_\infty}(\pi-\theta) = \frac{Q}{2\pi V_\infty}\left(\pi - \arctan\frac{y}{x}\right)$$

这就是在驻点 A 分叉的流线，如图 3.4.3 中曲线 BAB' 所示。直匀流流向点源时速度逐渐下降，至驻点 A 处降为零；过驻点 A 后分成上、下对称的流动，它与 y 轴交于上、下对称的两点，即 $\left(0, \pm\dfrac{Q}{4V_\infty}\right)$；当 $x\to+\infty$ 时，$y\to\pm\dfrac{Q}{2V_\infty}$，即曲线 AB 和 AB' 在无穷远处逐渐趋于平行于 x 轴的直线。

图 3.4.3 直匀流与点源的叠加

由流线的性质可知，它是一道气流不可逾越的线。从这个意义上看，可以将流线看作是一个固体壁面。因此，流线 BAB' 像一道围墙一样把流场分为内、外两部分，其外部流场可以看作是由直匀流中放置了一个形状如 BAB' 那样的物体所造成的流动。但是由 BAB' 构成的物体的后面是不封口的，而是一个半无限长物体，所以不封口是因为在流场里只放了一

个强度为 Q 的点源,单位时间内有流量为 Q 的流体加入流场,而前面既然有了一条流线,流体流不出去,全部流体必然要流向 x 轴正方向,一直流到无限远处。这个半无限长物体在 x 轴正向无限远处的宽度(y 向尺寸)趋于一个渐近值,为 Q/V_∞。

流场中各点的压强系数可以由伯努利方程得到,即

$$C_p = \frac{p - p_\infty}{\dfrac{\rho V_\infty^2}{2}} = \frac{\left[\left(p_\infty + \dfrac{\rho V_\infty^2}{2} \right) - \dfrac{\rho V^2}{2} \right] - p_\infty}{\dfrac{\rho V_\infty^2}{2}} = 1 - \frac{V^2}{V_\infty^2} \tag{3.4.10a}$$

考虑到过驻点 A 的流线方程(即半无限长物体表面的曲线方程)还可以写成

$$r = \frac{Q}{2\pi V_\infty} \frac{\pi - \theta}{\sin \theta}$$

由式(3.4.9)可得到沿半无限长物体表面的速度为

$$v_x = V_\infty + \frac{Q}{2\pi} \frac{\cos \theta}{r} = V_\infty \left(1 + \frac{\cos \theta \sin \theta}{\pi - \theta} \right)$$

$$v_y = \frac{Q}{2\pi} \frac{\sin \theta}{r} = V_\infty \frac{\sin^2 \theta}{\pi - \theta}$$

再将上式代入压强系数表达式,即可得到沿半无限长物体表面的压强系数为

$$C_p = -\frac{\sin 2\theta}{\pi - \theta} - \left(\frac{\sin \theta}{\pi - \theta} \right)^2 \tag{3.4.10b}$$

物体表面压强系数分布沿 x 方向的变化关系如图 3.4.3(b)所示。由图可见,驻点处的流动速度为零,压强系数等于1。从驻点向后流动,流动速度迅速增大,压强系数急剧降低,在距驻点不远处,压强系数降为零,那里的合速度正好等于直匀流速度。再向后继续流动,气流速度进一步增大,压强系数进一步降低。在物体表面存在一个最大速度点,该处的压强系数最小,故该点又称为最低压强点。以后气流的速度逐渐下降,压强系数逐渐升高,在 x 趋于无限远处,速度恢复至远前方的值,即等于 V_∞,对应的压强系数恢复为零。这个结果表明,在直匀流里放置一个顺气流方向的半无限长物体,其头部附近产生较大的扰动,形成一个低速高压区,随后速度迅速上升,压强急剧下降。这也是大部分绕钝头体低速流动的特征。

由前面的讨论还可以知道,由于点源不断地向空间提供一定量的流体,它具有撑开气流的作用,点汇的作用正相反,它能收拢气流。因此,如果在上述叠加的流动的下游放置一个与点源强度相等的点汇流动,就可形成一个封闭的"物体",其流动图形如图 3.4.4 所示。如果将封闭的流线($\psi = 0$)当作物体的表面,可以得到一个绕椭圆柱体的流动,被称为兰金椭圆绕流。当源、汇的距离逐渐缩小时,椭圆的长短轴之比相应缩小。可以预料,当这一对等强度的源、汇转化为偶极子时,椭圆柱体将转化为圆柱体。

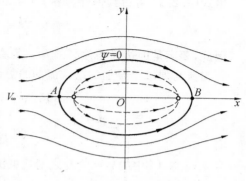

图 3.4.4　兰金椭圆绕流

3.5　库塔－儒科夫斯基定理

3.5.1　绕圆柱的无环量流动

理想不可压缩流体的平面势流问题中,绕流问题是一个主要的研究内容,其中平行流绕圆柱流动是最基本的问题之一。根据前面的讨论可知,直匀流中叠加一个偶极子就可以得到这一流动,如图 3.5.1 所示。

图 3.5.1　绕圆柱的无环量流动

设流体从无限远处以匀速 V_∞ 流向半径为 r_0 圆柱体,则绕流圆柱体流场的外边界为无限远处,内边界为圆柱体表面,用极坐标可分别表示为 $r=\infty$,$r=r_0$。将式(3.2.8)改写成极坐标形式,并考虑到直匀流势函数的表达形式(即式(3.3.2b)),则对外边界 $r=\infty$ 处有

$$v_r = \frac{\partial \phi}{\partial r} = V_\infty \cos \theta$$

$$v_\theta = \frac{\partial \phi}{r \partial \theta} = -V_\infty \sin \theta$$

由式(3.2.9)可得到内外边界 $r=r_0$ 处条件为

$$\frac{\partial \phi}{\partial n} = \frac{\partial \phi}{\partial r} = v_r = 0$$

因此,要满足内边界条件必须有一条流线和圆柱体表面重合,即 $r=r_0$ 为流线。

直匀流与偶极子叠加的组合流动的势函数、流函数为

$$\begin{cases} \phi = V_\infty r\cos \theta + \dfrac{M}{2\pi} \dfrac{\cos \theta}{r} \\[2mm] \psi = V_\infty r\sin \theta - \dfrac{M}{2\pi} \dfrac{\sin \theta}{r} \end{cases} \tag{3.5.1}$$

令式(3.5.1)中的 $\psi=0$(与之对应的流线称零流线),得

$$\sin \theta \left(V_\infty r - \frac{M}{2\pi r} \right) = 0$$

上式的解为

$$\sin \theta = 0,\quad V_\infty r - \frac{M}{2\pi r} = 0$$

即

$$\theta = 0 \ \text{或} \ \pi, r^2 = \frac{M}{2\pi V_\infty}$$

显然,第一个解为 x 轴的方程式,而后者则为圆的方程式。即这条流线由 x 轴和圆心在原点、半径为 $\sqrt{\dfrac{M}{2\pi V_\infty}}$ 的圆所组成。若选取这样的偶极子,令其强度满足

$$M = 2\pi V_\infty r_0^2 \tag{3.5.2}$$

则可得到零流线为

$$\theta = 0 \ \text{或} \ \pi, \quad r = r_0$$

可见,当所选取的偶极子强度满足某一特定条件时,就会得到一条满足内边界条件的流线,即流线和圆柱体表面重合。

将式(3.5.2)代入式(3.5.1)中,得

$$\begin{cases} \phi = V_\infty \cos \theta \left(r + \dfrac{r_0^2}{r} \right) \\ \psi = V_\infty \sin \theta \left(r - \dfrac{r_0^2}{r} \right) \end{cases} \tag{3.5.3}$$

而流场中速度分布则为

$$\begin{cases} v_r = \dfrac{\partial \phi}{\partial r} = V_\infty \cos \theta \left(1 - \dfrac{r_0^2}{r^2} \right) \\ v_\theta = \dfrac{\partial \phi}{r \partial \theta} = - V_\infty \sin \theta \left(1 + \dfrac{r_0^2}{r^2} \right) \end{cases} \tag{3.5.4}$$

在式(3.5.4)中,若 v_r, v_θ 的计算值为负值,则表示其指向与 r, θ 的正向相反。容易验证式(3.5.4)是满足流动的内、外边界条件的,即所选的势函数在数学上满足所给定的边界条件,是所要求的拉普拉斯方程的唯一解。将 $r = r_0$ 代入式(3.5.4),可得到圆柱体表面上的速度分布,即

$$v_r = 0, v_\theta = - 2V_\infty \sin \theta, V = 2V_\infty \sin \theta \tag{3.5.5}$$

v_θ 的表达式表明,在上半圆柱区域它的指向与 θ 的正向相反,而在下半圆柱区域则与 θ 的正向相同。

此外,基于上面各式还可以得出下述结果:① 当 $\theta = \pi$ 或 0 时,均有 $v_r = 0, v_\theta = 0$,定义圆柱体表面上的这两点为前驻点、后驻点;② 当 $\theta = \dfrac{\pi}{2}, \dfrac{3\pi}{2}$ 时,$v_{\theta \max} = \mp 2V_\infty$,即在这两点处速度为最大值,且为无限远处来流速度 V_∞ 的 2 倍,该值与圆柱体的半径无关,负号表示速度方向与 θ 的正向(或 V_∞ 的方向)相反;③ 沿包围圆柱体的任意周线的速度环量为

$$\Gamma = \oint_L \boldsymbol{V} \cdot \mathrm{d}\boldsymbol{l} = \int_0^{2\pi} \left[- V_\infty \sin \theta \left(1 + \frac{r_0^2}{r^2} \right) \right] r \mathrm{d}\theta = 0$$

即直匀流与偶极子叠加得到的流动为无环量绕圆柱流动。

对于有势流动,沿圆柱体表面的压强分布规律由伯努利方程求得,即

$$p - p_\infty = \left[\left(p_\infty + \frac{\varrho V_\infty^2}{2} \right) - \frac{\varrho V^2}{2} \right] - p_\infty = \frac{\rho}{2} (V_\infty^2 - V^2) = \frac{\varrho V_\infty^2}{2} (1 - 4 \sin^2 \theta)$$

通常用压强系数来表示圆柱体表面上任一点处的压强,其定义为

$$C_p = \frac{p - p_\infty}{\frac{\rho V_\infty^2}{2}} = 1 - 4\sin^2\theta \qquad (3.5.6)$$

可见，C_p 的分布规律不受 p_∞，V_∞ 的影响，也与圆柱体的半径 r_0 无关，仅是 θ 的函数。图 3.5.2 中的曲线 a 给出了 C_p 的分布曲线。前驻点 $A(\theta=\pi)$ 处气流速度为零，$C_p=1$。从驻点向后流动，气流速度逐渐增加，在 $\theta=150°$ 时流速增加至与来流速度相等，$C_p=0$。以后继续加速，在 $\theta=\frac{\pi}{2}$ 处达到最大值且为来流速度 2 倍，$C_p=-3.0$。过了速度最大点之后，气流减速，在后驻点 $B(\theta=0)$ 处速度为零，$C_p=1$。这个流动不仅是上、下对称的，而且左、右也是对称的，物面上的压强分布也是对称的，即圆柱体上下、前后表面所受合力都为零，既没有升力，也不存在阻力。

图 3.5.2　圆柱表面压强分布

可以证明，如果不考虑流体的黏性作用，只要无环量势流流经物体时不形成旋涡或分离，不仅像绕圆柱体这样对称的物体上没有阻力、升力，对于任意一个封闭物体的绕流情况，计算所得到的阻力（即沿流动方向的气动力）、升力（即沿垂直流动方向的气动力）都是等于零的，即流体作用在物体上的压强合力为零。这个结果是法国科学家达朗贝尔在 1750 年首先得出的，由于理论推得的结果与真实物理情况矛盾，因此又被称为达朗贝尔佯谬。那么这个矛盾是怎样产生的呢？因为即使是对绕圆柱体这样对称的流动而言，阻力也是应该存在的。根据前面的讨论可知，在理想流体假设下，圆柱体表面受到对称分布的压强作用，合力显然为零。但是，实验和数值计算结果表明，当流体绕流圆柱体时，由于真实流体具有黏性，紧贴柱面处存在附面层，固体壁面附近黏性摩擦力的影响不能忽略，一般在后半个柱面处，附面层将会发生分离或产生旋涡，流体不可能紧贴着柱面不断的减速下去，后半圆柱表面上的压强也不可能完全恢复至与前半圆柱体表面上的压强一样，这就破坏了流场压力分布的对称性，因而沿 x 轴方向便产生了一个向后的阻力（称压差阻力）。此外，即使没有发生附面层分离等现象，真实流体的黏性作用也会使得流体对圆柱表面产生 x 向的摩擦阻力。图 3.5.2 中的曲线 b，c 给出了对应不同流动情况的压强系数分布规律。所以，达朗贝尔佯谬产生的主要原因在于对流体所做的无黏假设，导致实际存在的摩擦阻力和压差阻力全被忽略了。

尽管理想流体理论得到的结论与实际情况很不相符,并且在一段时间内影响了流体力学,尤其是理论流体力学的发展,研究者甚至认为用无黏的势流理论去解决实际流动问题没有什么价值。但是,对于像机翼这样的流线型物体,抛开黏性来处理问题仍然是很有价值的,它抓住了影响物理现象的主要因素,能够在一定的前提条件下获得有指导意义的结果。例如,早期由经验得到的性能良好的翼型,最大的升力与阻力之比不过为几十比一,而在势流理论指导下,设计出来的翼型升阻比已达到 300,这充分显示了势流理论对解决工程实际问题的意义。

此外,在流体加速过程中,沿物体表面的压强梯度是负的,即 $\dfrac{\mathrm{d}p}{\mathrm{d}s} < 0$,称为顺压力梯度;而在流体减速过程中,沿物体表面的压强梯度是正的,即 $\dfrac{\mathrm{d}p}{\mathrm{d}s} > 0$,称为逆压力梯度。物体表面压强梯度的这种差别,对实际流体有黏流动的状态影响很大,是应当关注的重要物理现象。例如,前面提到的附面层分离就与逆压力梯度的分布情况密切相关。

下面再简单证明圆柱体表面所受合力为零这一结论。如图 3.5.3 所示,作用在单位长度圆柱体表面微小面积 $\mathrm{d}S = r_0 \mathrm{d}\theta$ 上的总压力为

$$\mathrm{d}F = pr_0 \mathrm{d}\theta$$

$\mathrm{d}F$ 沿 x 轴、y 轴方向的分量为

$$\mathrm{d}F_x = -pr_0 \cos\theta \mathrm{d}\theta$$
$$\mathrm{d}F_y = -pr_0 \sin\theta \mathrm{d}\theta$$

图 3.5.3　圆柱表面受力

式中,负号表示当 $\cos\theta$,$\sin\theta$ 为正时,$\mathrm{d}F_x$,$\mathrm{d}F_y$ 正好与 x 轴、y 轴正向相反。利用式(3.5.6),并直接应用下列积分公式:

$$\int_0^{2\pi} \cos\theta \mathrm{d}\theta = 0, \quad \int_0^{2\pi} \sin^2\theta \cos\theta \mathrm{d}\theta = 0$$

$$\int_0^{2\pi} \sin\theta \mathrm{d}\theta = 0, \quad \int_0^{2\pi} \sin^3\theta \mathrm{d}\theta = 0$$

得

$$F_x = -\int_0^{2\pi} \left[p_\infty + (1 - 4\sin^2\theta) \frac{\varrho V_\infty^2}{2} \right] r_0 \cos\theta \mathrm{d}\theta = 0$$

$$F_y = -\int_0^{2\pi} \left[p_\infty + (1 - 4\sin^2\theta) \frac{\varrho V_\infty^2}{2} \right] r_0 \sin\theta \mathrm{d}\theta = 0$$

即流体作用在圆柱体表面上的压强合力为零。

3.5.2　绕圆柱的有环量流动

绕圆柱体的有环量流动指的是流体绕旋转的圆柱体的流动。前面已经讲过,圆柱体在静止气体中旋转时,由于黏性作用,将带动周围的气体产生圆周运动,其速度随着距柱面距离的增加而减小,这样的流动可以用圆心处有一个强度为 Γ 的点涡来模拟。由于点涡造成的流动是绕点涡的圆周运动,因此,如果将圆柱体的无环量绕流与点涡流动叠加起来,绕圆柱的流线不会被破坏,也就可以通过将旋转的圆柱体放在直匀流中来研究旋转圆柱体的定

常绕流问题

如图 3.5.4 所示,将 x 轴方向的直匀流、位于原点且轴线为负 x 轴方向的偶极子和位于原点且强度为 $-\Gamma$(顺时针旋转)的点涡叠加,该组合流动的势函数、流函数为

$$\begin{cases} \phi = V_\infty \cos \theta \left(r + \dfrac{r_0^2}{r} \right) - \dfrac{\Gamma}{2\pi} \theta \\[2mm] \psi = V_\infty \sin \theta \left(r - \dfrac{r_0^2}{r} \right) + \dfrac{\Gamma}{2\pi} \ln r \end{cases} \tag{3.5.7}$$

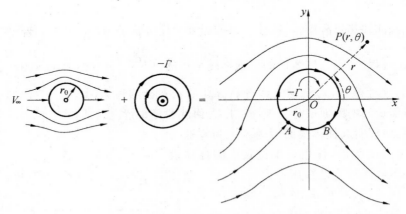

图 3.5.4　绕圆柱的有环量流动

流场中的速度分布为

$$\begin{cases} v_r = \dfrac{\partial \phi}{\partial r} = V_\infty \cos \theta \left(1 - \dfrac{r_0^2}{r^2} \right) \\[2mm] v_\theta = \dfrac{\partial \phi}{r \partial \theta} = -V_\infty \sin \theta \left(1 + \dfrac{r_0^2}{r^2} \right) - \dfrac{\Gamma}{2\pi r} \end{cases} \tag{3.5.8}$$

流场外边界 $r = \infty$ 处的条件为

$$v_r = V_\infty \cos \theta$$
$$v_\theta = -V_\infty \sin \theta$$

内外边界 $r = r_0$ 处的条件为

$$\frac{\partial \phi}{\partial n} = \frac{\partial \phi}{\partial r} = v_r = 0$$

容易验证式(3.5.8)是满足所给定的边界条件的,故式(3.5.7)是满足拉普拉斯方程的唯一解。此外,与圆柱体表面 $r = r_0$ 重合的等流函数线为 $\psi = \dfrac{\Gamma}{2\pi} \ln r_0$,圆柱体表面的速度分布为

$$v_r = 0, v_\theta = -2V_\infty \sin \theta - \frac{\Gamma}{2\pi r_0}, V = 2V_\infty \sin \theta + \frac{\Gamma}{2\pi r_0} \tag{3.5.9}$$

可见,在对称于 y 轴的所有点上 $\sin \theta$ 同号,即速度绝对值的分布对称于 y 轴;而在对称于 x 轴的所有点上 $\sin \theta$ 异号,即速度绝对值的分布不对称于 x 轴。其原因是在圆柱体的上半表面,顺时针的环流与无环量的绕流方向相同,因而速度较大;而在下半表面则方向相反,因而速度较小。例如,圆柱表面上 $\theta = \dfrac{\pi}{2}$ 的 P_1 点处速度为 $v_\theta = -\left(2V_\infty + \dfrac{\Gamma}{2\pi r_0} \right)$,指向 x 轴

正向；而 $\theta = \dfrac{3\pi}{2}$ 的 P_2 点处速度则为 $v_\theta = 2V_\infty - \dfrac{\Gamma}{2\pi r_0}$，

图 3.5.5　圆柱上下表面的速度

也指向 x 轴正向。基于伯努利方程可知，P_2 点处速度较低而压强较高，P_1 点处则速度较高而压强较低，如图 3.5.5 所示。

将 $v_\theta = 0$ 代入式（3.5.9），得到驻点位置为

$$\sin \theta_s = -\frac{\Gamma}{4\pi V_\infty r_0} \qquad (3.5.10)$$

式中，θ_s 为圆上驻点的辐角。由式（3.5.10）可见，驻点的位置与 V_∞，r_0 有关。若 $\Gamma < 4\pi V_\infty r_0$，则 $|\sin \theta_s| < 1$，在圆上有两个驻点且位于 Ⅲ、Ⅳ 象限，如图 3.5.6(b) 所示；若 $\Gamma = 4\pi V_\infty r_0$，则 $\sin \theta_s = -1$，在圆上的两个驻点重合且坐标为 $\left(r_0, \dfrac{3\pi}{2}\right)$，如图 3.5.6(c) 所示；若 $\Gamma > 4\pi V_\infty r_0$ 则式（3.5.10）无意义，这时在圆柱表面上无驻点，而在流体内部有一驻点，如图 3.5.6(d) 所示。考察 v_r 的表达式可知，不但 $r = r_0$ 时有 $v_r = 0$ 成立，当 $\theta = \dfrac{\pi}{2}, \dfrac{3\pi}{2}$ 时也有 $v_r = 0$。将 $\theta = \dfrac{3\pi}{2}$ 代入 v_θ 的表达式并令 $v_\theta = 0$，得

$$0 = V_\infty \left(1 + \frac{r_0^2}{r^2}\right) - \frac{\Gamma}{2\pi r} \quad \text{或} \quad r^2 - \frac{\Gamma}{2\pi V_\infty} r + r_0^2 = 0$$

于是有

$$r = \frac{\Gamma}{4\pi V_\infty} \pm \sqrt{\left(\frac{\Gamma}{4\pi V_\infty}\right)^2 - r_0^2}$$

所以，当 $\Gamma > 4\pi V_\infty r_0$ 时，负 y 轴上有两个驻点。一个在圆柱截面内部，它对所讨论的绕圆柱流动没有意义，故可以不予考虑；另一个则在圆柱截面外部的流场内，绕流流场被经过该驻点的闭合流线分为内、外两个区域，外部区域是直匀流绕圆柱的有环量流动，而在闭合流线和圆柱表面之间的绕流，则是自成闭合环流。

图 3.5.6 所示的流场情况可以做如下讨论。假设有一无黏、不可压缩流动，其自由来流速度为 V_∞，流经一个半径为 r_0 的圆柱体。当圆柱静止（即无环量或 $\Gamma = 0$）时，两个驻点位于 x 轴与圆柱表面的交点上；当圆柱顺时针旋转（即出现环量且强度为 $-\Gamma$）时，两个驻点向圆柱下表面移动；随旋涡强度增强，当 $\Gamma = 4\pi V_\infty r_0$ 时，两个驻点移至圆柱表面的最底部与负 y 轴的交点上并重合为一点；随环量值继续增大，驻点将离开圆柱表面，并在负 y 轴上向下、向上（不予考虑）移动。因此，在圆柱体半径 r_0、直匀流速度 V_∞ 给定的情况下，环量 Γ 对于绕圆柱流动来说是一个可以任意选择的参数，不同的 Γ 值对应着不同的势流解。

将式（3.5.9）代入伯努利方程，得

$$p - p_\infty = \frac{\rho V_\infty^2}{2}\left(1 - \frac{V^2}{V_\infty^2}\right) = \frac{\rho V_\infty^2}{2}\left[1 - \left(2\sin\theta + \frac{\Gamma}{2\pi V_\infty r_0}\right)^2\right]$$

于是圆柱体表面的压强系数可写为

$$C_p = 1 - \left(2\sin\theta + \frac{\Gamma}{2\pi V_\infty r_0}\right)^2 \qquad (3.5.11)$$

可以看出，由于圆柱体上半部有 $\sin\theta > 0$，而下半部则为 $\sin\theta < 0$，因此压强分布对称于 y 轴，但不对称于 x 轴。在对称于 x 轴的所有点上，圆柱体下半部的压强大于上半部压

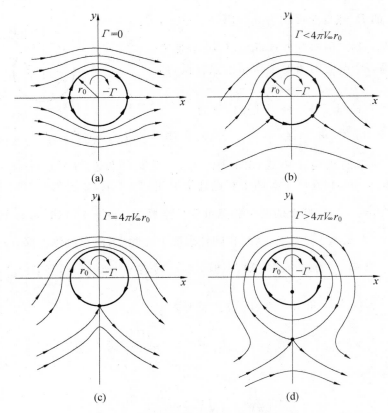

图 3.5.6　有环量圆柱绕流的驻点

强,这是由于下半部的速度小于上半部速度的缘故。于是将产生 y 方向的合力,即向上的升力,而 x 方向合力仍为零。图 3.5.7 给出了有环量、无环量圆柱体绕流情况下的表面压强分布对比。

图 3.5.7　有环量、无环量圆柱绕流压强分布对比

3.5.3 库塔－儒科夫斯基定理

下面采用积分形式的动量方程确定绕圆柱有环量流动时的升力。如图 3.5.8 所示，以原点为中心，画一个半径为 r_1 的大控制面 S_1，整个控制面 S 还包括圆的表面 S_2 以及连接 S_1，S_2 的两条割线（图中虚线表示）。由于两条割线上的压强、动量进出互相抵消，故可不予考虑。S_2 上的压强积分是物体所受的合力，在所研究的情况下，受力情况左右对称，不会有 x 向合力即阻力。因此，在圆柱表面作用的只有升力。对于积分形式的动量方程，若假设理想流体做定常运动，且略去质量力不计，得

$$0 = -\oiint_S p\boldsymbol{n}\,\mathrm{d}S - \oiint_S \rho\boldsymbol{V}(\boldsymbol{V}\cdot\boldsymbol{n})\,\mathrm{d}S$$

图 3.5.8 有环量圆柱绕流时的升力

将上式改写为

$$0 = -\left(\iint_{S_1} p\boldsymbol{n}\,\mathrm{d}S + \iint_{S_2} p\boldsymbol{n}\,\mathrm{d}S\right) - \left(\iint_{S_1} \rho\boldsymbol{V}(\boldsymbol{V}\cdot\boldsymbol{n})\,\mathrm{d}S + \iint_{S_2} \rho\boldsymbol{V}(\boldsymbol{V}\cdot\boldsymbol{n})\,\mathrm{d}S\right)$$

定义 $\boldsymbol{F}_e = -\iint_{S_2} p\boldsymbol{n}\,\mathrm{d}S$ 为物体对控制面内流体的作用力，并注意到 $\iint_{S_2} \rho\boldsymbol{V}(\boldsymbol{V}\cdot\boldsymbol{n})\,\mathrm{d}S = 0$，则得到物体所受到的流体的作用力为

$$(-\boldsymbol{F}_e) = -\iint_{S_1} p\boldsymbol{n}\,\mathrm{d}S - \iint_{S_1} \rho\boldsymbol{V}(\boldsymbol{V}\cdot\boldsymbol{n})\,\mathrm{d}S$$

将上式的 y 向分量形式写出，即

$$(-F_{ey}) = -\iint_{S_1} p\cos(\boldsymbol{n},\boldsymbol{j})\,\mathrm{d}S - \iint_{S_1} \rho v_y v_n\,\mathrm{d}S$$

在 r_1 大圆上，$\cos(\boldsymbol{n},\boldsymbol{j}) = \sin\theta$，$\mathrm{d}S = r_1\mathrm{d}\theta$，于是得

$$(-F_{ey}) = -2\int_{-\frac{\pi}{2}}^{\frac{\pi}{2}} r_1 p\sin\theta\,\mathrm{d}\theta - 2\int_{-\frac{\pi}{2}}^{\frac{\pi}{2}} \rho r_1 v_y v_r\,\mathrm{d}\theta$$

利用伯努利方程 $p_\infty + \dfrac{\rho V_\infty^2}{2} = p + \dfrac{\rho V^2}{2}$ 及式(3.5.8)给出的速度表达式，可将上式右端第一个积分中的 p 用速度表示，并注意到 $\int_{-\frac{\pi}{2}}^{\frac{\pi}{2}} \sin\theta\,\mathrm{d}\theta = 0$，$\int_{-\frac{\pi}{2}}^{\frac{\pi}{2}} \sin^3\theta\,\mathrm{d}\theta = 0$，$\int_{-\frac{\pi}{2}}^{\frac{\pi}{2}} \sin^2\theta\,\mathrm{d}\theta = \dfrac{\pi}{2}$ 等，可得

$$-2\int_{-\frac{\pi}{2}}^{\frac{\pi}{2}} r_1 p\sin\theta\,\mathrm{d}\theta = \rho\int_{-\frac{\pi}{2}}^{\frac{\pi}{2}} \frac{V_\infty \varGamma}{\pi}\left(1 + \frac{r_0^2}{r_1^2}\right)\sin^2\theta\,\mathrm{d}\theta = \frac{\rho V_\infty \varGamma}{2}\left(1 + \frac{r_0^2}{r_1^2}\right)$$

利用式(3.5.7)并令 $r = r_1$，得

$$v_y = -\frac{\partial \psi}{\partial x} = -V_\infty \frac{2r_0^2 xy}{r_1^4} - \frac{\varGamma}{2\pi}\frac{x}{r_1^2} = -V_\infty \frac{r_0^2}{r_1^2}\sin 2\theta - \frac{\varGamma}{2\pi}\frac{\cos\theta}{r_1}$$

将其代入 $-F_{ey}$ 表达式右端的第二个积分，得

$$-2\int_{-\frac{\pi}{2}}^{\frac{\pi}{2}} \rho r_1 v_y v_r\,\mathrm{d}\theta = \frac{\rho V_\infty \varGamma}{2}\left(1 - \frac{r_0^2}{r_1^2}\right)$$

于是有

$$L = (-F_{ey}) = \frac{\varrho V_\infty \Gamma}{2}\Big(1 + \frac{r_0^2}{r_1^2}\Big) + \frac{\varrho V_\infty \Gamma}{2}\Big(1 - \frac{r_0^2}{r_1^2}\Big) = \rho V_\infty \Gamma \qquad (3.5.12a)$$

式中,L 即为气流对物体的 y 向作用力。

上述结果说明,控制面半径 r_1 取多大都没有关系,作用在垂直纸面单位长度圆柱体上的 y 向合力 L 的大小总是等于来流速度、密度及环量三者的乘积,其指向为把来流方向逆环量方向旋转 $90°$,称为升力。升力等于 $\rho V_\infty \Gamma$,这个结果称为库塔－儒科夫斯基定理,该定理说明有环量才有升力,且升力正比于环量。在关于自由来流绕物体流动问题的讨论中,习惯上取自由来流从左向右流动,此时只有存在顺时针的环量即 $\Gamma < 0$ 时,才能获得为正(向上)的升力,因此本书中将库塔－儒科夫斯基定理直接写为

$$L = -\rho V_\infty \Gamma \qquad (3.5.12b)$$

这里虽然是通过绕圆柱流动来证明库塔－儒科夫斯基定理的成立,但这个结论可以推广到一般形状封闭物体的绕流问题。因为只要物体是封闭的而不是半无限体,代表物体的点源和点汇的流量(即强度)的总和必须等于零。即使它们不像偶极子那样叠加在一点上,而是分开一段距离,在远离物体的控制面上(r_1 取非常大),其总的作用和一个偶极子是没有什么区别的。因此,库塔－儒科夫斯基定理在绕流问题中具有普遍的意义,即不仅对圆柱是正确的,对于具有尖尾缘的任意翼型也是成立的。当然,库塔－儒科夫斯基定理只解决了不可压缩理想流体绕流物体的环量与物体所产生的升力之间的联系,而应用该定理的关键问题是如何得到某种流动条件下、绕某一形状物体的环量。

无论是圆柱体还是机翼绕流,产生升力(或者说环量)的根本原因都在于绕流流动的不对称性。例如,绕流圆柱体的环量是由圆柱体自身旋转引起的且 $\Gamma = 2\pi r_0^2 \omega$。绕流旋转圆柱后会产生升力(或者说将使得圆柱体产生横向运动)的这种现象称为马格努斯效应。在日常生活或体育运动中有很多属于这种现象的例子,如旋转的乒乓球、足球、网球、高尔夫球等向前运动时都有这样的效应,这也是产生"弧圈球""侧旋球""香蕉球"等的原因。

20 世纪初的环量升力理论引起了空气动力学理论的突破性进展,但这种理论只是实际的绕流物体产生升力原因的替代解释。实际上,物体绕流产生的气动力是物体表面上压力分布与黏性剪切应力分布共同作用的结果,而库塔－儒科夫斯基定理是对压力分布和剪切力分布进行数学分析得到的结果,是计算绕流物体升力的一个数学公式,而且应用起来较简便易行。

第4章 低速翼型及机翼的基本理论

机翼是飞行器(如飞机)产生升力的最重要部件,其气动特性影响到整机的性能与飞行品质,因此对机翼的研究在空气动力学中占有重要地位。一般情况下,机翼都有对称面,这个对称面通常是指通过飞行器自身轴线的、整个飞行器对于它对称的平面。平行于飞行器对称面截得的机翼剖面通常被称为翼型,机翼实际上是由翼型构成的。翼型的气动特性直接影响到机翼乃至整个飞行器的性能,在空气动力学理论和飞行器设计中也具有重要的地位。可以这样讲,飞行器设计之前必须要进行的一项最重要的工作就是翼型的选择和设计。

在第3章中已经介绍了低速、定常、二维物体产生升力的无黏机制,并得到了描述升力与环量之间关系的库塔—儒科夫斯基定理。但是,库塔—儒科夫斯基定理只解决了绕流物体(如翼型)的环量与物体所产生的升力之间的联系。为了得到翼型与空气有相对运动时翼型所受到的力、力矩等气动特性,必须知道绕翼型的环量。本章所讨论的正是如何计算得到低速翼型及机翼的升力、力矩等特性的理论方法。

对于一般翼型,环量的具体表达式是不容易得到的。另外,对于来流攻角较大、厚翼型等情况,实际流动的黏性作用会导致流动分离,使得库塔—儒科夫斯基定理失效。此外,大攻角、厚翼型导致的分离还会引起很大的压差阻力。因此,为了避免流动分离、降低阻力,常规飞行器机翼的翼型一般都设计得薄(如翼型相对厚度不大于12%)、平,在巡航条件下飞行攻角也较小(如攻角不大于10°)。在这种条件下,翼型对均匀流动的影响很小,仅使得均匀流场中的气动参数发生很小的变化,是一种小扰动。在小扰动条件下,存在确定环量,从而确定升力具体表达式的薄翼理论。

任何实际绕机翼的流动都是三维的。但是,如果机翼很长,则在绝大部分机翼展向区域,流动可近似看作是二维的,应用二维流动薄翼理论就能得到一些一般性的结论(如升力、力矩、压力中心、焦点位置等)。考虑机翼流动时,三维效应可以看作是一种对二维流动的修正。如果这种修正较小,可以用升力线理论计算升力;如果修正较大,就需要应用升力面理论来解决问题。

对于一些实际翼型和机翼,薄翼理论和升力线理论能够给出气动力的具体表达式。这些公式有助于理解各种因素对翼型、机翼气动特性的影响,是飞行器气动设计的重要理论基础。

4.1 翼型的几何参数、气动参数定义及其气动特性

为便于下面讨论问题,首先对坐标系作出统一规定。如图 4.1.1 所示,规定 x 轴是沿飞行器自身轴线的方向或来流方向;z 轴处在机翼所在的平面内,从飞行器头部向尾部看,指向右侧机翼,z 轴方向也称展向;y 轴与 xOz 平面垂直并指向飞行器上方。当 x 轴方向与自

由来流的速度方向重合时,上述的坐标系称为风轴坐标系(简称风轴系);当 x 轴方向指向飞行器轴线方向时,则称为体轴坐标系(简称体轴系)。一般情况下,xOy 平面即为飞行器对称面,则称平行于 xOy 平面(也是沿垂直于机翼的平面)截得的机翼剖面为翼型,不同展向位置(z坐标)处的翼型形状和大小可以是不同的。

图 4.1.1　　机翼坐标系定义

4.1.1　翼型的几何参数及其定义

适用于低速(也包括亚声速、跨声速及低超声速)飞行的飞行器机翼的翼型形状通常是圆头尖尾的,圆头的作用是适应不同的来流方向,尖尾的作用是减少翼型后面气流的旋涡损失。图 4.1.2 给出了(低速)翼型的几何参数及其定义,取体轴系即翼型是水平放置的。

图 4.1.2　　翼型的几何参数定义

(1) 翼型型面与中弧线。

如图 4.1.2 所示,翼型的形状是由上、下表面形状决定的,翼型上、下表面的型面称为翼型型面。可将翼型的上表面坐标记为 $y_+ = y_+(x)$,下表面坐标记为 $y_- = y_-(x)$,它们既可用数学解析式表示,也可以由数据表给出。

中弧线的定义方式主要有两种。一种是定义翼型上、下表面垂直(x 轴)连线的中点组成的线为翼型的中弧线,即

$$y_f(x) = \frac{1}{2}\left[y_+(x) + y_-(x)\right]$$

另一种是过翼型下表面任一点,寻找上表面与它距离最近的点,两点连线的中点组成的线就是中弧线。后一种定义还可以这样说,在翼型内作一系列内切圆,这些内切圆圆心的连线就是中弧线。

如果中弧线是一条直线,翼型上、下表面对于中弧线是对称的,这种翼型称为对称翼型;如果中弧线是曲线,就说该种翼型是有弯度的。对于对称翼型即在图中坐标系下有 $y_+(x) = -y_-(x)$ 成立时,或者翼型较薄且弯度很小,即 $y_+(x) \approx -y_-(x)$ 时,上述的两种中弧线定义是完全或近似等价的。飞机的水平尾翼、垂直尾翼的翼型大多是对称翼型,现代高速飞机的机翼翼型多半也是对称的。

（2）前缘、后缘及翼弦。

翼型最左边的点、最右边的点（或最前点、最后点）分别称为翼型的前缘（点）、后缘（点）。有时也将后缘称为尾缘。翼型前缘与后缘的连线称为翼型的弦线（简称翼弦），它们之间的距离称为弦长，一般用 c 表示。低速翼型的前缘一般做成类似圆弧的形状，定义翼型前缘的内切圆半径为前缘半径，用 r_1 表示，它也代表了翼型的前缘钝度。低速翼型的后缘是一个尖点，后缘处翼型上、下表面切线的夹角称为后缘角，用 τ 表示，它代表了后缘的尖锐度。不过，由于机械加工、强度等它原因，后缘不可能是几何意义上的尖点，也有一定的厚度。定义翼型后缘的内切圆半径为后缘半径，用 r_2 表示。

（3）厚度。

翼型上、下表面两点沿其垂直连线距离的一半的函数称为翼型厚度分布函数，即

$$y_b(x) = \frac{1}{2}[y_+(x) - y_-(x)]$$

厚度分布函数最大值的两倍称为翼型最大厚度，简称厚度，即 $b_{max} = \max\limits_{0<x<c}[2y_b(x)]$。也可以说，翼型最大的内切圆的直径就是翼型最大厚度。相对厚度定义为厚度与弦长的比值，即 $\bar{b} = \frac{b_{max}}{c}$。例如，$\bar{b} = 0.12$ 就是说厚度是弦长的 12%。一般将 $\bar{b} \leqslant 0.12$ 的翼型称为薄翼型。沿弦向由前缘到最大厚度处的距离 x_b 称为最大厚度位置。它与弦长的比值，即 $\bar{x}_b = \frac{x_b}{c}$，称为相对最大厚度位置。

（4）弯度。

翼型中弧线与翼弦之间的最大垂直距离称为翼型的最大弯度，简称弯度，用 f 表示，即 $f = \max\limits_{0<x<c} y_f(x)$。它与弦长的比值即 $\bar{f} = \frac{f}{c}$ 称为相对弯度。沿弦向由前缘到最大弯度处的距离 x_f 称为最大弯度位置。它与弦长的比值即 $\bar{x}_f = \frac{x_f}{c}$ 称为相对最大弯度位置。

不仅是翼型的厚度、弯度等参数，在实际应用中，翼型的所有几何尺寸都取对翼型弦长的比值。例如，翼型上表面及下表面的坐标、中弧线坐标、前缘半径等的相对值可表示为

$$\bar{x} = \frac{x}{c}, \bar{y}_+(\bar{x}) = \frac{y_+(x)}{c}, \bar{y}_-(\bar{x}) = \frac{y_-(x)}{c}, \bar{y}_f(\bar{x}) = \frac{y_f(x)}{c}, \bar{r}_1 = \frac{r_1}{c}$$

为简单起见，往往将表示比值的一横略去。

第一次世界大战期间，在德国哥廷根完成的翼型研究成果对后来翼型的发展具有重要影响。直到第二次世界大战，大多数的常用翼型或多或少是哥廷根工作成果的推广。在此期间，很多翼型族在不同国家的实验室进行试验。美国国家航空咨询委员会（简称 NACA）从 1929 年开始对翼型的性能做了系统的研究。结果表明：① 如果翼型不太厚，翼型的弯度作用和厚度作用可以分开考虑；② 各国从经验上获得的性能良好的翼型，如果将弯度改直即变为对称翼型，并且折算为同一相对厚度，其厚度分布几乎是一样的。于是，NACA 提出了四位数字翼型族，它采用了与具有优良性能的 Gottingen 398（德国）、Clark－Y（美国）等翼型相近的厚度分布，主要特点是最大升力系数较高、最小阻力系数较低。

NACA 四位数字翼型族的翼型厚度分布如图 4.1.3(a) 所示，其数学表达式为

$$y_b = \pm 5b(0.296\,9\sqrt{x} - 0.126x - 0.351\,6x^2 + 0.284\,3x^3 - 0.101\,5x^4)$$

这个公式给出的翼型最大厚度的弦向位置在 30% 弦长处。此外,前缘半径为

$$r_1 = 1.101 \, 9b^2$$

四位数字翼型族的中弧线如图 4.1.3(b) 所示,它由两段抛物线组成,两者在最大弯度处(即中弧线最高点)光滑相切,其方程为

$$y_f = \begin{cases} \dfrac{f}{x_f^2}(2x_f x - x^2), & 0 \leqslant x < x_f \\ \dfrac{f}{(1-x_f)^2}[(1-2x_f) + 2x_f x - x^2], & x_f \leqslant x \leqslant 1.0 \end{cases}$$

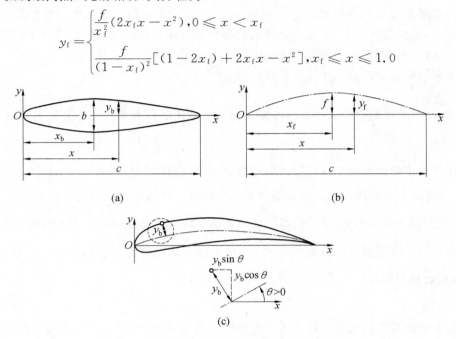

(a)　　　　　　　　(b)

(c)

图 4.1.3　NACA 四位数字翼型构造示意图

可以看出,这族翼型的形状取决于三个量,即弯度、最大弯度位置及厚度。它们用四位数字表示,以 NACA2412 为例:

(1)第一位数字"2"表示弯度 $f = 2\%$;

(2)第二位数字"4"表示最大弯度位置的十分数,即 $x_f = 40\%$;

(3)最后两位数字"12"表示厚度 $b = 12\%$。

所有 NACA 四位数字翼型族的最大厚度弦向位置 $x_b = 30\%$,多数翼型的最大弯度弦向位置 $x_f = 40\%$。

若要获得一个有弯度的翼型的上、下表面坐标,相当于将图 4.1.3(a) 中的翼型厚度附在中弧线的两侧,如图 4.1.3(c) 所示,即有

$$x_+ = x - y_b \sin \theta, \quad y_+ = y_f + y_b \cos \theta$$
$$x_- = x + y_b \sin \theta, \quad y_- = y_f - y_b \cos \theta$$

式中,θ 为中弧线在弦向位置 x 处的切线倾角。

为了进一步提高最大升力系数,NACA 又将翼型最大弯度位置前移,发展了五位数字翼型族。NACA 五位数字翼型族的翼型厚度分布与四位数字翼型族一样,但两者的中弧线是不同的。以 NACA23012 为例:

(1)第一位数字"2"表示设计升力系数的 $\dfrac{20}{3}$ 倍,即 $2 = \dfrac{20}{3}c_{\text{设}}$,或者说翼型的设计升力系

数为 $c_{l设} = \dfrac{2 \times 3}{20} = 0.3$。设计升力系数 $c_{l设}$ 指的是翼型中弧线在前缘的切线与来流平行时翼型的理论升力系数。

（2）第二位数字"3"表示弯度位置十分数的 2 倍，即 $3 = 20x_f$ 或 $x_f = \dfrac{3}{20} = 15\%$。

（3）第三位数字表示后段中弧线的类型，"0"为直线，"1"为反弯曲线。

（4）最后两位数字"12"表示厚度 $b = 12\%$。

所有 NACA 五位数字翼型族的最大厚度弦向位置 $x_b = 30\%$。

与 NACA 四位、五位数字低速翼型族相对应，在 20 世纪 20 年代至 30 年代，苏联中央流体力学研究所建立了 B 族、BS 族、PⅡ 族、D−2 族等翼型族。为了减少摩擦阻力，20 世纪 30 年代末至 40 年代，NACA 发展了层流翼型，有 1 族、2～5 族及 6 族、7 族翼型。NACA 1 族是最早根据预定压强分布设计的低阻力、高临界马赫数翼型。目前仍为高速飞机选用的 NACA 6 族翼型是按预定压强、临界马赫数和最大升力系数特性，由理论方法设计的。

翼型是机翼的基础，所以翼型的设计和选取一直是空气动力学的重要研究内容。世界各国研究者始终在研究新型的翼型，如平顶式翼型、尖峰式翼型、超临界翼型、亚临界翼型等。随着飞行器的发展，为满足不同的飞行要求，或为使机翼更完善，翼型将有更进一步的发展。

4.1.2　翼型的气动参数定义

翼型的气动参数包括升力、阻力、升阻比、力矩、升力系数、阻力系数、力矩系数、压力中心及焦点等。升力和阻力合称为空气动力（简称气动力），是空气在与翼型做相对运动时施加在翼型上的作用力。在做气动力分析时通常也包括力矩分析。由于空气绕翼型的流动是二维平面流动，因而翼型上的气动力、力矩应视为无限长翼展机翼在 z 轴方向（即垂直于纸面方向）截取的单位展长翼段上所受到的力、力矩。

（1）翼型的攻角。

在翼型平面上，把来流 V_∞ 和翼型弦线间的夹角定义为几何攻角，简称攻角，也称为迎角或冲角，用 α 表示，如图 4.1.4 所示。相对于翼弦而言，来流向上偏时 α 为正，向下偏时 α 为负。也可以这样说，从翼弦正方向（即从翼型前缘指向后缘）起，逆时针偏转至来流方向记为正，顺时针偏转记为负。在做理论分析时，一般取体轴坐标系即翼型是水平放置的，如图 4.1.4(a) 所示。但在分析力时，将来流看成水平的，把翼型抬起来（角度等于攻角）比较方便，即采用如图 4.1.4(b) 所示的风轴坐标系。这不但是因为实际飞行时，翼型就是通过抬起来获得攻角的，而且对于翼型的升力、阻力特性分析也是方便的。

（2）升力、阻力及力矩。

如图 4.1.5(a) 所示，翼型所受的气动力和力矩都是由分布在翼型上、下表面上的压强 p 和黏性剪切力 τ 引起的。它们产生的总的翼型气动力 $\boldsymbol{R}$ 可以分解为垂直于来流方向的升力 L 和平行于流方向的阻力 D，也可以分解为垂直弦线方向的法向力 N 和平行弦线方向的轴向力 A，如图 4.1.5(b) 所示。由图可见，风轴系中的翼型升力与阻力的指向是与坐标轴一致的。升力、阻力与法向力、轴向力之间满足如下关系式：

$$\begin{cases} L = N\cos \alpha - A\sin \alpha \\ D = N\sin \alpha + A\cos \alpha \end{cases} \tag{4.1.1}$$

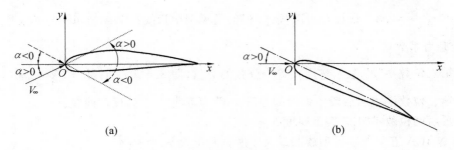

图 4.1.4　翼型攻角

升力与阻力的比值 L/D 称为升阻比。

图 4.1.5　翼型的气动力及力矩示意图

力矩是气动力相对于弦线上某点的力矩。比较常见的是对前缘取力矩,规定顺时针力矩即使翼型抬头向上的力矩为正,使翼型低头向下的力矩为负。图 4.1.5(b) 中的 N 实际上就产生了一个关于前缘的负力矩。由于考虑的是二维问题,因而只考虑绕 z 轴的力矩,该力矩使得翼型前俯后仰,也称俯仰力矩。力矩是飞行器控制的重要参数,计算整个飞行器的平衡时必须用到该参数。

为了得到气动力和力矩,下面详细分析压强和剪切应力沿整个翼型表面的积分。如图 4.1.6(a) 所示,定义基于翼弦方向的体轴系 $O\eta\xi$,设翼型上、下表面任意点的切线与翼弦方向 ξ 的夹角(称为对体轴倾角)为 σ_+,σ_-,且按从 ξ 轴正向起,逆时针偏转记为正,顺时针偏转记为负。由于翼型表面某点处的压强 p 总是与翼型表面法线方向一致(实际上总是指向翼型表面),因而其相对于 η 轴的夹角也为 σ_+,σ_-,同样定义从 η 轴正向起,逆时针偏转记为正,顺时针偏转记为负。而摩擦力 τ 则与翼型表面相切。因此,单位展长翼段上的总的法向力 N 和轴向力 A 可从翼型前缘点(LE)到后缘点(TE)积分得

$$N = \int_{LE}^{TE} (-p_+ \cos \sigma_+ + \tau_+ \sin \sigma_+) ds_+ + \int_{LE}^{TE} (p_- \cos \sigma_- + \tau_- \sin \sigma_-) ds_-$$

$$A = \int_{LE}^{TE} (p_+ \sin \sigma_+ + \tau_+ \cos \sigma_+) ds_+ + \int_{LE}^{TE} (-p_- \sin \sigma_- + \tau_- \cos \sigma_-) ds_-$$

式中,ds_+,ds_- 分别为翼型上、下表面的微弧段长度(也是微元面积)。对前缘的俯仰力矩为

$$M_{LE} = \int_{LE}^{TE} [(p_+ \cos \sigma_+ - \tau_+ \sin \sigma_+)\xi + (p_+ \sin \sigma_+ + \tau_+ \cos \sigma_+)\eta] ds_+ +$$

$$\int_{LE}^{TE} [-(p_- \cos \sigma_- + \tau_- \sin \sigma_-)\xi + (p_- \sin \sigma_- - \tau_- \cos \sigma_-)\eta] ds_-$$

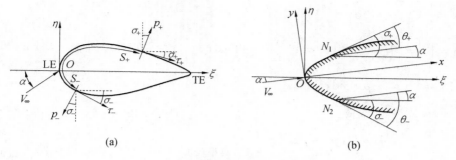

图 4.1.6　翼型表面压强和剪切应力的积分

考虑到 $d\xi = \cos\sigma ds$, $d\eta = \sin\sigma ds$, 则有

$$N = \int_0^c (p_- - p_+)\,d\xi + \int_0^c \left(\tau_+ \frac{d\eta_+}{d\xi} + \tau_- \frac{d\eta_-}{d\xi}\right)d\xi$$

$$A = \int_0^c \left(p_+ \frac{d\eta_+}{d\xi} - p_- \frac{d\eta_-}{d\xi}\right)d\xi + \int_0^c (\tau_+ + \tau_-)\,d\xi$$

$$M_{LE} = \int_0^c (p_+ - p_-)\xi\,d\xi - \int_0^c \left(\tau_+ \frac{d\eta_+}{d\xi} + \tau_- \frac{d\eta_-}{d\xi}\right)\xi\,d\xi + \tag{4.1.2}$$

$$\int_0^c \left(p_+ \frac{d\eta_+}{d\xi} + \tau_+\right)\eta_+\,d\xi + \int_0^c \left(p_- \frac{d\eta_-}{d\xi} - \tau_-\right)\eta_-\,d\xi$$

若不考虑摩擦力影响, 即 $\tau = 0$, 且假设翼型是平、薄的, 即

$$\eta_+ \to 0, \eta_- \to 0, \frac{d\eta}{d\xi} = \tan\sigma \approx \sigma$$

于是上述公式可简化为

$$\begin{cases} N = \displaystyle\int_0^c (p_- - p_+)\,d\xi \\[2mm] A = \displaystyle\int_0^c \left(p_+ \frac{d\eta_+}{d\xi} - p_- \frac{d\eta_-}{d\xi}\right)d\xi = \int_0^c (p_+\sigma_+ - p_-\sigma_-)\,d\xi \\[2mm] M_{LE} = \displaystyle\int_0^c (p_+ - p_-)\xi\,d\xi \end{cases} \tag{4.1.3a}$$

将其代入式 (4.1.1) 中, 并考虑攻角 α 较小时有 $\cos\alpha \approx 1$, $\sin\alpha \approx \alpha$, $\sigma\alpha \approx 0$ 等关系式, 则

$$\begin{cases} L = \displaystyle\int_0^c (p_- - p_+)\,d\xi \\[2mm] D = \displaystyle\int_0^c \left[p_+ \left(\frac{d\eta_+}{d\xi} - \alpha\right) - p_- \left(\frac{d\eta_-}{d\xi} - \alpha\right)\right]d\xi = \\[2mm] \displaystyle\int_0^c [p_+ (\sigma_+ - \alpha)(\sigma_- - \alpha)]\,d\xi \end{cases} \tag{4.1.3b}$$

若定义翼型上、下表面任意点 (如 N_1, N_2) 的切线与来流方向 (即 x 轴方向) 的夹角 (称为当地倾角) 分别为 θ_+, θ_-, 如图 4.1.6(b) 所示, 有下面几何关系成立:

$$\theta_+ = \sigma_+ - \alpha, \theta_- = \sigma_- - \alpha$$

再注意到攻角 α 较小时有 $c\cos\alpha \approx c$, $dx \approx d\xi\cos\alpha \approx d\xi$ 成立。则可将式 (4.1.3) 在风轴系中写出

$$
\begin{cases}
N = \int_0^c (p_- - p_+)\,\mathrm{d}x \\[2mm]
A = \int_0^c \left[p_+ \left(\dfrac{\mathrm{d}y_+}{\mathrm{d}x} + \alpha \right) - p_- \left(\dfrac{\mathrm{d}y_-}{\mathrm{d}x} + \alpha \right) \right] \mathrm{d}x = \int_0^c \left[p_+ (\theta_+ + \alpha) - p_- (\theta_- + \alpha) \right] \mathrm{d}x \\[2mm]
M_{\mathrm{LE}} = \int_0^c (p_+ - p_-) x\,\mathrm{d}x
\end{cases}
$$

$$(4.1.4\mathrm{a})$$

$$
\begin{cases}
L = \int_0^c (p_- - p_+)\,\mathrm{d}x \\[2mm]
D = \int_0^c \left(p_+ \dfrac{\mathrm{d}y_+}{\mathrm{d}x} - p_- \dfrac{\mathrm{d}y_-}{\mathrm{d}x} \right) \mathrm{d}x = \int_0^c (p_+ \theta_+ - p_- \theta_-)\,\mathrm{d}x
\end{cases}
$$

$$(4.1.4\mathrm{b})$$

可以看出,就升力而言,可以说它几乎完全是(翼型法向)压强合成的。而对于黏性剪切应力或者说摩擦力来说,一方面,它比压强小得多,只有几十分之一,至多为十几分之一;另一方面,若攻角较小,则翼型在 y 轴(或 η 轴)方向的投影面积也很小。因此,一般可以不考虑摩擦力对升力的影响。至于翼型阻力,第 3 章中的达朗贝尔佯谬指出,如果不考虑流体的黏性作用,对于任意一个封闭物体(如翼型)的低速绕流情况,只要是附体流动、没有分离,计算得到的阻力都等于零。但式(4.1.3)或式(4.1.4)却表明,即使不考虑黏性作用,阻力 D 也不一定为零,而且后面将会讲到,对翼型表面微元段上的法向压强沿来流方向的投影作积分,一般会得到一个与来流方向相同的力,即"阻力"。这一结果显然与达朗贝尔佯谬矛盾,即二维翼型在无黏势流中不可能有阻力出现。产生这一矛盾的症结在于没有考虑翼型前缘的绕流效应,实际上流体绕前缘向上翼面流动的过程中,在前缘附近会出现局部速度极其大、压强为负极大值的现象,从而使得前缘处出现一个与上面的"阻力"大小相等、方向相反的吸力(也称前缘吸力),进而保证了达朗贝尔佯谬的成立,即翼型不受阻力。

如果考虑气体的黏性作用,低速情况下的翼型阻力(也称翼型型阻)可分为两部分:① 翼型表面黏性剪切应力造成的摩擦力;② 翼型表面的附面层分离所引起的压差阻力。当攻角较小时,气流在翼型表面没有分离,翼型阻力主要是较小(甚至可以忽略)的摩擦力,这也就是攻角较小时翼型升阻比甚至可以高达 300 左右的原因。需要注意的是,翼型的升阻比远大于整个飞行器的升阻比。随来流攻角增加,而翼型下表面的流动情况变化不大,而上表面的空气流速加大,压强减小,若此时翼型上表面的气流仍没有出现明显的分离现象,升力将随攻角增加而增加(摩擦力仍很小且可忽略)。当攻角大到一定程度时,从翼型上表面后半段的某个位置开始将会出现大范围的附面层分离现象(这将在后面章节做详细讨论),分离后的气流就不再减速增压了,而是维持分离点处的较低压力,分离出现越早,则分离区的压强越低。于是,上翼面分离起始位置之后区域的压力沿来流方向投影的积分值就比没有出现分离时的数值小得多,或者说出现了一个很大的低压区。翼型上表面前、后半段的压力积分值之差就形成了一个较大的阻力,称为压差阻力。压差阻力不但在翼型型阻中所占的比例随攻角增大而显著增大,而且型阻本身也随压差阻力的增加而变得非常大。既然翼型上表面的后半段由于流动分离而出现了低压区,那么升力是否会增大些呢? 答案是升力也会出现突降。其原因是翼型上表面后半段的流动分离也影响了前半段的流动,后半段的流动"雍塞"使得翼型上表面前半段的流速比没有分离时小,压强增大,因而升力减小。从另一个角度分析也可以得出这个结论,流动分离使得流体不再贴着翼型表面流动,相当于把产生升力的翼型形状及来流情况改变了,翼型变"厚",也显得不那么弯,来流攻角不那么大,于是升力下降。

（3）气动力系数及力矩系数。

对于二维情况,升力、阻力及力矩一般以升力系数、阻力系数、力矩系数表示,它们分别定义为

$$c_l = \frac{L}{\frac{1}{2}\rho V_\infty^2 c}, c_d = \frac{D}{\frac{1}{2}\rho V_\infty^2 c}, c_{mLE} = \frac{M_{LE}}{\frac{1}{2}\rho V_\infty^2 c^2} \tag{4.1.5}$$

此外,定义压强系数、摩擦系数为

$$C_p = \frac{p - p_\infty}{\frac{1}{2}\rho V_\infty^2}, C_f = \frac{\tau_w}{\frac{1}{2}\rho V_\infty^2} \tag{4.1.6}$$

式中,τ_w 为翼型表面处的黏性剪切应力。将上述两式代入式(4.1.4)中,得

$$c_l = \frac{1}{c}\int_0^c \left[(C_p)_- - (C_p)_+\right]\mathrm{d}x \tag{4.1.7a}$$

$$c_d = \frac{1}{c}\int_0^c \left[(C_p)_+ \frac{\mathrm{d}y_+}{\mathrm{d}x} - (C_p)_- \frac{\mathrm{d}y_-}{\mathrm{d}x}\right]\mathrm{d}x = \int_0^c \left[(C_p)_+ \theta_+ - (C_p)_- \theta_-\right]\mathrm{d}x \tag{4.1.7b}$$

$$c_{mLE} = \frac{1}{c^2}\int_0^c \left[(C_p)_+ - (C_p)_-\right]x\,\mathrm{d}x \tag{4.1.7c}$$

（4）压力中心、焦点（或气动中心）。

翼型所受的气动力是由分布在翼型上、下表面上的压强载荷和黏性剪切力载荷引起的,并可用合力 **R** 来表示。那么,**R** 应该作用在翼型的什么位置呢？答案是它作用在翼型上的某个位置上,使得 **R** 产生与分布载荷相同的作用。如图 4.1.7 所示,翼型表面的分布载荷会产生一个对前缘的力矩,因而合力 **R** 的作用位置也必须对前缘产生同样的力矩。

图 4.1.7　翼型的压力中心

这一位置与翼型表面载荷分布的具体情况有关。翼型上气动合力作用点的位置称为压力中心,通常取合力与翼型弦线的交点作为压力中心。如果定义压力中心沿弦线方向距翼型前缘的距离为 x_{cp}（下标 cp 表示压力中心）,再考虑到此时轴向力 A 产生的力矩为零,则有

$$M_{LE} = -x_{cp}N \text{ 或 } x_{cp} = -\frac{M_{LE}}{N} \tag{4.1.8}$$

由于已经规定使翼型抬头的力矩为正,低头为负,则法向力 N 实际上产生了一个关于前缘的负力矩,所以式中等号右端存在负号。显然,若对压力中心取力矩,则分布载荷产生的力矩在整个翼型表面的积分等于零。因此,压力中心的另一种定义就是,使分布的气动载荷的总力矩为零的点。

在风轴系下,升力、阻力都会引起力矩。但是阻力本身就比升力小一个量级,阻力的力臂比升力的力臂也小不少,它对力矩的贡献是次要的。因此,下面只考虑升力引起的力矩。由于沿弦线方向定义的力臂（即 x_{cp}）与升力方向并不垂直,因而计算升力力矩时,其力臂应为 $x_{cp}\cos\alpha$,即沿弦线方向定义的力臂在垂直于升力方向的投影。不过,当翼型的攻角 α 较小时,可将式(4.1.8)变为

$$x_{cp} = -\frac{M_{LE}}{L\cos\alpha} \approx -\frac{M_{LE}}{L} \tag{4.1.9}$$

从理论力学可以知道,一个平面力系可以合成为作用在某个指定点上的一个力和一个力矩。因此,也可以这样定义分布载荷产生的力－力矩系统:最终的合力(近似等于升力)可以作用在物体上的任何点,只要同时也给出关于该点的力矩。图 4.1.8 给出了翼型上三种等效的力－力矩系统。可以看出,图 4.1.8(a) 表示升力 L 作用在压力中心,由于分布载荷对该点力矩为零,因而不需要附加额外的力矩;图 4.1.8(b) 表示升力 L 作用在前缘,则要附加对前缘的力矩 M_{LE};图 4.1.8(c) 表示升力 L 作用在距前缘 $c/4$ 处时,需要附加力矩 $M_{1/4}$。通过分析图 4.1.8,可以得到如下关系:

$$M_{LE} = -\frac{c}{4}L + M_{1/4} = -x_{cp}L \quad \text{或} \quad M_{1/4} = M_{LE} + \frac{c}{4}L = \left(-x_{cp} + \frac{c}{4}\right)L$$

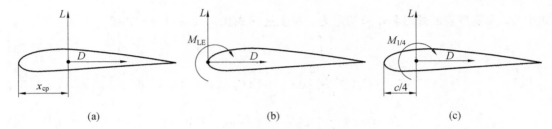

(a)   (b)   (c)

图 4.1.8 翼型上的力－力矩系统

对于沿弦线方向距前缘任意 x 点处的力矩来说,可有

$$M_x = M_{LE} + xL = (-x_{cp} + x)L \tag{4.1.10}$$

由升力系数、力矩系数的定义可知

$$c_{mx} = c_{mLE} + \frac{x}{c}c_1 \tag{4.1.11}$$

式(4.1.9)表明,当升力 L 增加时(如翼型攻角增大),x_{cp} 减小即压力中心前移;而 L 下降时 x_{cp} 会增大。当 $L \to 0$ 时,压力中心趋于无穷远处。因此空气动力学中的压力中心并不总是一个很方便的概念。理论和实验证明,翼型上存在这样一个固定点,在较大攻角范围内,气动力绕该点的力矩保持不变,或者说以该点为作用点的力矩与攻角无关,这个点称为焦点,也称气动中心,如图 4.1.9 所示。若定义焦点沿弦线方向距翼型前缘的距离为 x_{ac}(下标 ac 表示焦点),则由式(4.1.10)可得

图 4.1.9 翼型的焦点

$$\begin{cases} M_{ac} = M_{LE} + x_{ac}L = (-x_{cp} + x_{ac})L \\ c_{mac} = c_{mLE} + \dfrac{x_{ac}}{c}c_1 \end{cases} \tag{4.1.12}$$

由于一般情况下 $M_{ac} < 0$,当 $L > 0$ 时焦点位于压力中心之前。如果式(4.1.12)是一个攻角 α 的函数,则可根据 $\dfrac{\mathrm{d}M_{ac}}{\mathrm{d}\alpha} = 0$ 这一条件得到 x_{ac} 的数值。对于低速翼型,焦点一般在 1/4 弦长附近。对于薄翼型,后面的薄翼理论将证明,焦点正好位于 1/4 弦长处。在实际问题

中,因流动存在黏性或其他作用,焦点位置略有出入。大多数翼型的焦点都在0.23 ～0.24弦长处,而为了克服湍流所设计的层流翼型焦点可能在 0.26 ～ 0.27 弦长处。当然,焦点的实际位置取决于具体翼型的实验数据以及流动条件(尤其是雷诺数)。

4.1.3　　低速翼型的绕流图谱及其气动特性

图 4.1.10 给出了低速均匀气流以不同攻角流过一个圆头尖尾翼型时的流动图谱及翼型上、下表面的压强系数分布情况。如图 4.1.10(a) 所示,当攻角较小时,气流从下翼面距前缘不远处的前驻点 A 处分为上、下两支,一部分沿下翼面流动,另一部分绕过前缘后再沿上翼面流动,上、下翼面的流动在后缘处平顺汇合并向下游流去。由于驻点是气流速度为零的点,因而压强系数最大,即 $C_p = +1.0$。对于下翼面流动,在驻点之后的前缘附近区域,通流面积变化较大,流动是一种参数变化剧烈的加速、降压过程;在过了最低压强点之后,通流面积变化较为平缓,流动情况的变化也是比较平缓的;在接近后缘处,气流又有了略显明显的减速、增压。在中等攻角条件下,下翼面的压强系数始终为正值。对于上翼面流动,从驻点起,气流先是“倒流”绕过前缘,然后再沿上翼面向后缘流去。由于翼型前缘半径较小,曲率较大,气流绕前缘时将以较大的加速度加速流动,攻角越大则驻点距前缘越远,加速、降压流动越剧烈。然后,在前缘之后的一段距离内气流还是继续加速、降压的。在上翼面通流面积最小的位置附近,气流将在上翼面的某个位置达到压力最低、速度最大,其后开始减速、增压流动。由于上、下翼面的通流面积变化幅度不同,使得流过上翼面绝大部分区域的流体速度比下翼面的快,基于伯努利原理,速度快的地方压力小,从而下翼面压力大于上翼面压力,导致净升力的产生。再做进一步讨论,升力主要来源于位于下翼面前缘附近的前驻点位置处的压力增加,以及上翼面前缘附近(通流面积最小位置附近)因流速急剧加快而导致的低压。因而升力主要产生于翼型前 1/3 的部分,合力作用点也靠近前缘(约 1/4 弦长处)。虽然如此,翼型的后半段尤其是尖尾缘却是产生升力的本质来源,因为它导致了库塔条件成立。这将在后面详细讨论。

图 4.1.10　　绕翼型流动图谱及型面压强分布

在压强系数随弦向坐标的变化曲线中,习惯上将上翼面的负 C_p 画在上部,因为上翼面一般产生吸力,这种画法给人以直观的向上吸的印象。在同一弦向位置处,上、下翼面的压强系数曲线之间的距离代表了在该点产生升力的有效压强差,由升力系数表达式可有

$$c_l = \int_0^1 \left[(C_p)_- - (C_p)_+ \right] \cos \alpha \, \mathrm{d}x \approx \int_0^1 \left[(C_p)_- - (C_p)_+ \right] \mathrm{d}x$$

即上、下翼面的压强系数曲线之间的面积就是翼型的升力系数,压强系数曲线所围的面积越大,则翼型的升力系数也越大。

当攻角较小且气流在翼型表面没有发生分离时,流体黏性的影响,仅限于翼面附近很薄的附面层以及较窄的尾迹区中。从压强系数分布可以看出,与理想流体的情形相比,主要是上翼面黏性对压强分布有影响,但流动的本质特征基本不变。也就是说,作为一种近似,应用无黏势流理论讨论翼型绕流时的部分气动力问题还是可以得到合理的结论的。随着攻角 α 的增加,驻点逐渐后移,则上翼面的速度峰值(或吸力峰值)越大,其位置也越靠近前缘,即上翼面的流速更快,压强更小,而下翼面的压强变化不大。于是,升力将随 α 增大而增加,压力中心前移。实验和理论证明,在 α 较小的范围内(气流光滑的流过翼面且翼面大部分区域为附着流动),c_l 随 α 呈线性变化规律,无黏势流理论计算的升力系数与实验结果差别不大。

图 4.1.10(b)、(c) 给出了中等攻角下厚翼型($b > 0.12$)、薄翼型的流动图谱及压强系数曲线。可以看出,在较厚的圆头翼型上翼面的后缘附近,出现了由于流体的黏性所引起的流动分离现象。关于这个问题将在后面章节做详细分析,这里先简单讨论一下。当攻角 α 较大时,下翼面上的前驻点后移,上翼面的吸力峰值增加且靠近前缘,这就使得从最低压力点开始的减速、增压流动的距离变长,流动承受的逆压力梯度变强。由伯努利方程可知,当不考虑黏性因素时,气流的压力提高来自于其动能的降低。但由于实际流体总是有黏性的,气流动能的降低不但用于提高压力,还要用于抵抗黏性摩擦力。这样一来,在接近后缘时,黏性作用导致气流消耗了过多的动能,已经不可能再逆着压力流动了(或者说速度降为零),以致引起附面层分离,即流体不再贴着翼面流动,分离后的主流就不再减速、增压了。这时,气流分为分离区内部的流动和分离区外的主流流动,在分离边界(称为自由边界)上,二者的静压处处相等。分离区内的气流,被主流在自由边界上通过黏性作用不断地带走质量,分离区中心部分便不断地有气流从后面补入,并形成回流。分离区内气流的压强基本等于分离点处主流的压强。分离得越厉害,分离点越靠前,分离区内的压强也越低。因此,分离出现后的翼型的上翼面后段有很大的低压区,兼之此时攻角较大,结果形成很大的压差阻力。对较厚的翼型,后缘分离的发展是比较缓慢的。随攻角进一步增大,流动分离逐渐向前缘扩展,若分离不是很严重,升力系数 c_l 随 α 增大而增大。当攻角 α 增至某个临界值 α_{cr} 时,升力达到最大值即 $c_{l\max}$。当攻角 $\alpha > \alpha_{cr}$ 时,上翼面流动完全分离,翼型升力突然下降,而阻力则突然上升,这种现象称为翼型失速,通常将临界攻角 α_{cr} 称为失速攻角(或最大升力攻角)。不同翼型的失速攻角是不同的。压强系数分布表明,出现分离后,基于无黏势流理论得到的压强系数与实际结果有本质差别,也就不能用无黏势流理论处理翼型绕流的气动力问题了。

对于较薄的翼型,其前缘半径很小,当攻角不是很大时,在前缘附近就能发生层流附面层的分离。这是因为上翼面吸力峰之后的逆压力梯度过大,使得层流附面层无法承受。层流附面层分离在流动变成湍流之后,又会重新附着在翼面上,分离形成一个气泡,升力受到

较大影响,如图 4.1.10(c) 所示。分离气泡刚开始时很短,只有弦长的 2% ～ 3%,但它随 α 的增大而迅速扩展、拉长,到一定大小之后就不再重附了。

　　下面讨论低速翼型的一般气动特性。翼型的分布载荷和气动力包括压强分布、升力、阻力及俯仰力矩。所谓翼型的气动特性就是指这些气动载荷、气动力、力矩以及它们随各种影响因素变化的规律,而影响因素则涉及翼型的几何参数(如厚度、弯度)、翼型与气流间的相对运动条件(如翼型攻角、来流速度)、流体的属性(如黏性)等。

　　图 4.1.11 给出了翼型升力系数随来流攻角的典型变化规律。从图 4.1.11(a) 中可以看出,常用翼型在中小攻角范围内,升力系数 c_l 随来流攻角 α 线性变化。表明线性变化段的直线的斜率通常用 c_α 表示,即 $c_\alpha = \dfrac{\mathrm{d}c_l}{\mathrm{d}\alpha}$,并称之为升力线斜率。后面将会讲到,对于一般的薄翼型,有 $c_\alpha = 2\pi$。攻角再增加,气流在上翼面的后缘附近开始出现分离,升力系数随之非线性增加,直至最大升力系数 $c_{l\max}$,与之对应的攻角即为失速攻角 α_{cr}。攻角超过 α_{cr} 时,升力系数随攻角增大而下降,上翼面的气流完全分离。最大升力系数 $c_{l\max}$ 是非常重要的翼型气动特性,决定着飞行器的失速速度,$c_{l\max}$ 越大,失速速度就越小。既然失速的出现是因为上翼面的气流有明显分离的缘故,所以这是一种与流体黏性有关的现象。如图 4.1.11(b) 所示,实验结果表明,升力线斜率与雷诺数无关,而 $c_{l\max}$ 却随雷诺数的增加而增加。由于雷诺数是惯性力与黏性力之比的相似参数,雷诺数越大就意味着黏性效应对流动的相对作用减小了,

图 4.1.11　翼型升力系数随攻角等参数的变化

附面层相对较薄，即黏性作用只局限于离物面很薄的一层区域内，因而与气流完全分离对应的 α_{cr} 也就增加了。图 4.1.11(c) 表明，翼型表面粗糙度也对 c_{lmax} 有明显影响，不过其影响机制比较复杂，在此仅给出一个粗浅的解释。翼型表面粗糙度增加了附面层的厚度，改变了翼型的形状或者说使翼型变"厚"了，尤其在出现流动分离时，这种状况更为明显，于是 c_{lmax} 在翼型表面有粗糙度时要比"光滑"时小。

对于非对称（即有弯度）且弯度为正的翼型，在攻角 $\alpha = 0$ 时，翼型升力系数 c_l 并不为零。c_l 为零对应着一个不太大的负攻角，通常将对应于升力系数为零的攻角称为零升攻角，以 α_0 表示，如图 4.1.11(a) 所示，它的绝对值约与翼型弯度成正比。显然，对称翼型的零升攻角等于零。将过翼型后缘且与翼型弦线成 α_0 角的一条直线称为零升线，如图 4.1.12 所示。定义零升线与来流方向的夹角为翼型的绝对攻角 α_α，有

$$\alpha_\alpha = \alpha - \alpha_0 \tag{4.1.13}$$

由于相对于焦点的力矩 M_{ac} 与攻角无关，那么当攻角小至零升攻角，即升力为零时，力矩仍是同样大小。因此 M_{ac} 也称零升力矩。对于一般的翼型，在正弯度时 M_{ac} 是一个仅取决于弯度的小负值。图 4.1.13 给出了一种典型翼型的焦点力矩系数随攻角的变化，可以看出，在一定范围内该力矩近似为常数，约为 -0.035（大多数翼型的零升力矩系数接近这个数）。

图 4.1.12　翼型的三个攻角

图 4.1.13　焦点力矩随攻角变化

前面已经讲过，在二维情况下，翼型阻力（即型阻）主要是黏性引起的摩擦力与压差阻力。翼型阻力系数 c_d 的大小除了与翼型的形状（主要是厚度、弯度）有关外，还与攻角有关，它的量级一般是 $0.01 \sim 0.1$，图 4.1.14 给出了不同雷诺数下某翼型阻力系数随攻角的变化情况。需要指出的是，这些结果不是应用无黏势流理论得到的，因为该理论不能计算翼型阻力。由图 4.1.14 可知，当攻角较小时，对于薄翼型，翼型阻力主要是摩擦阻力，压差阻力很小。随 α 增加，c_d 起初增加的较为缓慢；当 α 增

图 4.1.14　阻力系数随攻角变化

加至 α_{cr} 附近时，由于翼型后部附面层出现严重的流动分离，使得后缘附近的压强降低，从而造成很大的压差阻力，c_d 迅速增大。阻力曲线有个最低点，相应的数值称为翼型最小阻力系数，记为 c_{dmin}。它所对应的升力系数不一定为零，一般有弯度的翼型，其 c_{dmin} 所对应的 c_l 都是一个不大的正值。翼型最小阻力系数 c_{dmin} 也是翼型的一个很主要的气动力特性，它与翼

型的厚度有关。随厚度的增加,压差阻力也增大,使得 c_{dmin} 加大,而摩擦阻力随厚度的变化一般很小。摩擦阻力、压差阻力都和流体的黏性有直接关系,所以雷诺数不同,c_d 曲线不同。通常来说,雷诺数大些,c_d 就小些,这是由于雷诺数增加时,黏性的相对作用减弱了。粗糙度与阻力系数也有很大关系,减少翼型表面的粗糙度显然会减小摩擦阻力。此外,阻力系数还与翼型上的附面层情况有关,由附面层理论可知,层流附面层的摩擦阻力要比湍流附面层的小。因此,为了减少摩擦阻力,应尽可能使翼型表面的附面层保持为层流流态。

4.1.4　库塔条件及翼型绕流环量产生的物理过程

第 3 章中已经讲过,如果不考虑流体的黏性作用,只要无环量势流流经物体时不形成旋涡或分离,对于任意一个封闭物体的绕流流动,流体作用在物体上的合力为零,也就是说,物体不会受到升力、阻力作用。此即达朗贝尔佯谬。因此,无旋的均匀来流绕翼型流动时,即使翼型是带弯度的、来流与翼弦之间是有攻角的,应用无黏势流理论分析绕翼型流动的气动力问题,也是得不到升力、阻力的。但在实际流动中,翼型不仅是有升力的,而且还可以通过攻角的变化来获得不同大小的升力。此外,第 3 章中还通过直匀流绕圆柱体的有环量流动推导出了库塔－儒科夫斯基定理,给出了描述升力与环量之间关系的表达式,即 $L = -\rho V_\infty \Gamma$,并指出该式在绕流问题中具有普遍意义,对圆柱或具有尖尾缘的翼型都是适用的。因此,若无环量的均匀流绕翼型流动时能够产生环量,翼型就具有升力;如果能够确定这个环量的值,也就得到了翼型升力的具体数值。这就是库塔条件所要解决的问题。

首先简单介绍复变函数在平面势流中的应用。第 3 章已经讲过,平面不可压无旋流动的势函数 ϕ、流函数 ψ 都满足拉普拉斯方程,属于调和函数。而由数学理论可知,复变函数 $z = x + \mathrm{i}y$ 的任意解析函数 $w(z)$ 的实部和虚部也是调和函数,即满足二维拉普拉斯方程。因此,只要把所要求的势函数、流函数看作是某一复变函数的实部、虚部,即 $w(z) = \phi + \mathrm{i}\psi$(称为复势函数或复位函数),平面不可压无旋流动问题就可以应用复变函数来处理。也可以这样说,任何一种实际的平面不可压无旋流动必具有一个确定的复势函数 $w(z)$;反之,任何一个解析复变函数 $w(z)$ 也就代表一种平面不可压无旋流动。但是,有一些复势本身可能并没有什么物理上的意义。

基于无旋流动与解析函数之间的关系,如果能在相同的边界条件下得到 $w(z)$ 的表达式,也就求得了不可压无旋流动的解。此外,当边界条件(如物体的几何外形)比较复杂而不易求解时,还可以利用复变函数中的保角变换方法,将任意封闭的二维物体变换为圆,从而使得计算、分析大为简化,这是使用复变函数方法的主要优点之一。由于解析函数经保角变换后仍为解析函数,因此变换后的平面上的解还是可以看成无旋流动;再把变换平面上的解变回到物理平面,就可以获得任一物体的势流解和合力数值。图4.1.15(a) 给出了无分离流动时保角变换方法的基本思想。给定 $\zeta = \xi + \mathrm{i}\eta$ 平面(即物理平面)中物面(如翼型)的形状,通过变换函数 $\zeta = f(z)$ 使得这个比较复杂的物面边界在 z 平面(即辅助平面)中变为形状简单的边界即半径为 a 的圆。复变函数理论中的黎曼定理表明,这样的变换是一定存在的。一般说来,在 z 平面可以较容易地得到绕圆柱流动的解 $w(z)$ 的具体表达形式,然后再通过逆变换 $z = f^{-1}(\zeta)$,就可以得到绕原物体的解 $w^*(\zeta) = w[f^{-1}(\zeta)] = w(z)$。由此可见,这个方法的关键在于寻求或者说构造适当的解析变换 $\zeta = f(z)$,以使得复杂的物面形状转换为简单形状。在图 4.1.15(b)、(c) 所示的变换中,z 平面上的圆变换为 ζ 平面上的翼型，z 平面上的圆外域变换为 ζ 平面上的翼型外的区域，这种将 z 平面上的圆柱绕流转换为 ζ 平面上翼型绕流的变换称为儒科夫斯基变换，相应的翼型称为儒科夫斯基翼型，包括对称翼型、非对称翼型（或称一般翼型）。应当注意的是，在儒科夫斯基变换中 z 平面上的圆可以是一个圆心不在坐标原点的偏心圆，而且变换得到的儒科夫斯基翼型的后缘角为零，即后缘是一个尖点或 $r_2 = 0$。需要指出的是，一般实用翼型的保角变换是很复杂的，而且也不能由这种绕圆柱的简单流动变换得到。但是，基于对绕圆柱流动一些特点的分析，再经过儒科夫斯基变换，可以知道绕儒科夫斯基翼型流动时翼型环量（或升力）产生的机制及其数值，而这种翼型环量的产生机制对于一般翼型也是成立的。

图 4.1.15　保角变换示意图

由于辅助平面 z 与物理平面 ζ 之间存在单值解析关系，从而可以得到两个平面间的一个重要关系：在 z 平面中任一封闭曲线上的速度环量等于 ζ 平面中相应封闭曲线上的速度环量，即说保角变换不改变环量的大小。因此，如果能够构造这样的变换，使得该变换不改变来流速度，则根据库塔－儒科夫斯基定理可知，两个平面上的物体的升力一样大。如图 4.1.16 所示，一个速度为 V_∞ 的直匀流绕圆柱流动可以通过旋转变换转化为带攻角 α 的绕圆柱流动，再通过线性变换可以得到带攻角的绕偏心圆柱流动，最后根据相应的儒科夫斯基变换关系式（这里就不给出了），就可以得到速度为 V_∞ 的均匀流以攻角 α 绕儒科夫斯基翼型的流动。由于保角变换不改变环量的大小，而直匀流绕圆柱流动是无环量的，那么带攻角的绕翼型流动自然也是无环量（升力）的，或者说带攻角的绕翼型无黏流动不会产生环量（升力），这是可以得到证明的。从图中所给出的辅助平面与物理平面上的对应点关系、流谱情况可以看出，z 平面上的带攻角的绕圆柱流动中，驻点 A，B 位于 III、I 象限，于是 ζ 平面上的带攻角的绕翼型流动中，对应的驻点 A^*，B^* 也位于 III、I 象限，也就是说，基于无黏势流理论，物理平面内的带攻角气流绕翼型流动时，下翼面流过来的理想流体将绕过翼型后缘点 T^* 而流动至上翼面。由复变函数理论计算可知，ζ 平面上的翼型后缘点 T^* 处的流体速度将趋于无穷大，然后再由无穷大速度减速至后驻点 B^*，即后缘至上翼面后驻点的这一段流动中的速度梯度也是无穷大的。这种翼型后缘点处流动速度无穷大、压强负无穷的流动现象仅在理论上存在，实际流动中是不可能出现的，或者说在物理上无意义。

图 4.1.16　带攻角的绕翼型流动变换

　　在观察了大量具有尖后缘翼型的定常绕流现象之后可以发现：对于具有尖后缘的翼型，无论其攻角大小如何，在附体流动（即流动尚未发生严重分离）的情况下，黏性效应将迫使翼型上、下表面的两股气流总是在尖翼型的后缘处平滑汇合，如图 4.1.17 所示，而且后缘处的气流速度为有限值。这就是库塔条件。由库塔条件可以知道，既然气流没有绕翼型后缘向上翼面流动，而是在后缘处汇合，那么只有叠加了另外一种流动，才能使后驻点后移。至于叠加了什么流动，通过对 z 平面上的绕圆柱流动的分析可以很容易看出，为了使 ζ 平面上的后驻点 B^* 处于后缘 T^* 处，对应到 z 平面，后驻点 B 就要移至 T 点的位置。为了使后驻点在 T 处，只要在圆心叠加一个强度为 $\Gamma<0$（顺时针旋转）的点涡，并保证该点涡在 T 点处诱导的速度与 T 点处原有的流体速度互相抵消，或者说合成速度为零即可。由于在 z 平面的绕圆柱流动上叠加了一个环量，才使得后驻点位于 T 点处，而保角变换并不改变环量的大小，则 ζ 平面上的绕翼型流动也必然出现了一个顺时针的环量。因此，库塔条件还可以这样描述：具有尖后缘的翼型在流体中运动时，会产生一个适当强度的绕物体环量，它的大小恰好使得翼型后缘为流动的驻点。

图 4.1.17　带攻角的绕儒科夫斯翼型实际流动及其变换

　　库塔条件的这两种描述表明,对于具有尖后缘的翼型,流线不能绕过尖后缘和在尖后缘处气流速度为有限值是可以唯一确定环量的条件,该条件称为库塔－儒科夫斯基环量假定。

　　为了能够在理论分析中恰当地应用后缘库塔条件,下面对翼型后缘处的流动情况做一简要讨论。如图 4.1.18(a) 所示,对于翼型后缘具有有限大小夹角的情况,定义上、下翼面后缘处的速度分别为 V_1,V_2,则它们在后缘点 T 处应该分别与上、下翼面相切。如果 T 点处上、下翼面的流动速度不为零,在该点处就会出现两个不同方向的速度,而这显然是不可能的。于是,合理的结果只能是后缘点为后驻点,即满足 $V_1=V_2=0$ 这一条件。对于图 4.1.18(b) 所示的后缘夹角为零的情况,由于上、下翼面后缘处的速度 V_1,V_2 的方向相同,则此时 V_1,V_2 的值可以是有限大小的。由于 T 点处的压力只可能是一个唯一的值,于是由伯努利方程得

$$p_T + \frac{1}{2}\rho V_1^2 = p_T + \frac{1}{2}\rho V_2^2 \ \text{或} \ V_1 = V_2$$

　　即气流沿上、下翼面流过翼型后缘的速度应为相等的有限值,且方向一致。最后对库塔条件做进一步的说明:

　　(1) 对于给定形状、给定攻角的翼型,绕翼型的环量大小恰好使得流体光滑的流过后缘点。

　　(2) 若翼型后缘夹角为有限大小,则后缘点为驻点。

　　(3) 若翼型后缘夹角为零,则气流沿上、下翼面流过翼型后缘的速度为相等的有限值。

图 4.1.18　不同后缘形式的流动情况与库塔条件的关系

　　如图 4.1.18(c) 所示,真实的翼型后缘不可能是几何意义上的尖点,而往往是由小圆弧构成,尖后缘的库塔条件不再适用。尽管如此,由于圆弧很小,下翼面的气流若是能够绕过后缘流到上翼面,还是会出现后缘处流动速度极其大的现象,这仍是不可能的。因此,对于翼型后缘为小圆弧的情况,上、下翼面的流动往往是从后缘处的两个邻近点 s_+,s_- 处与翼型分离并流向下游,s_+,s_- 两点相距很近,上、下两股气流脱体后在尾部形成的尾迹层很薄。实际测量表明,接近后缘的尾流中压力为常数,即 $p_+ = p_-$,于是由伯努利方程得到 $V_+ = V_-$。这被称为推广的库塔条件。上述的 s_+,s_- 点事先是未知的,它们与翼型的形状及流动情况有关。但是,对于良好翼型的绕流情况,s_+,s_- 点是非常接近尾缘点的,在计算中可以近似认为它们就在尾缘上。

　　顺便提一句,对于薄翼型来说,其前缘半径也是很小的,理论上讲,流体从前驻点绕前缘向上翼面流动时,也会出现局部速度极其大、压强为负极大值的情况。这是库塔条件不能解决的问题,也是后面将要讲到的薄翼理论不能正确分析翼型前缘点附近的流动问题的原因。但是,一旦离开前缘,这种只在理论上存在的流动现象就会迅速减弱,因而对总的气动力特性的影响是有限的。当然,对于实际流动,由于黏性效应,这个极其大的局部速度并不

会出现。

此外,尽管无黏势流理论不能解决翼型前缘速度极其大、压强为负极大值的问题,但是,极其大的负压强与极其小的前缘面积共同作用的结果可以是有限的,体现为前缘处出现一个近似与来流方向相反的前缘吸力。前缘吸力的大小不能直接计算得出,不过根据达朗贝尔佯谬的结论(即无黏势流流动中翼型不受阻力),前缘吸力沿来流方向的分量必等于翼型表面微元段上的法向压强沿来流方向投影的积分值。

导致升力产生的最主要原因有两个:一是翼型尖后缘的存在;二是翼型有向上的正弯度或抬头的正攻角。下面再讨论几个问题以加深对升力产生机制的理解。

(1) 为什么说翼型的尖后缘是产生升力的本质来源?

如果没有尖后缘,就不会出现气流绕后缘时流体速度理论上趋于无穷大,但物理上却不可能存在的矛盾,也就不会导致库塔条件。如图 4.1.19(a) 所示,对于绕椭圆流动,即使有攻角也不会产生升力。因为下表面的气流是可以绕过后缘流动至上表面的后驻点的,于是椭圆前半部分产生向上的力,而后半部分却会产生向下的力,导致合力为零(但会有力矩)。

图 4.1.19　对翼型升力机制的讨论

(2) 当绕翼型流动的库塔条件已经满足之后,如果再叠加一个顺时针方向的环量 $\Gamma' < 0$,流动将会是怎样的?

从图 4.1.17 中可以看出,在 z 平面的绕圆柱流动上叠加了一个环量 $\Gamma < 0$,就可以使得后驻点位于 T 点。如果再叠加环量 $\Gamma' < 0$,则驻点 A, B 将位于 Ⅲ、Ⅳ 象限,与之对应的绕翼型流动如图 4.1.19(b) 所示。这就意味着,上翼面流过来的理想流体将绕过翼型后缘而流动至下翼面的后驻点。显然,这仍将造成后缘处流体速度趋于无穷大的流动现象,也是实际流动中不可能出现的。为满足库塔条件,流场中会相应的产生一个强度大小与 $|\Gamma'|$ 相等、但却是逆时针旋转的环量,使得翼型后缘为流动的驻点。

(3) 为什么较大的正攻角会产生较大的升力?

从图 4.1.17 中可以看出,来流攻角越大,则 z 平面上的绕圆柱流动的后驻点与 x 轴夹角越大。于是绕翼型流动时,理论上讲,下翼面气流经后缘至上翼面后驻点的流动的“驱动力”越强。在这种情况下,能够使得翼型后缘成为驻点的环量强度必须增大才能满足库塔条件,因而升力较大。再进一步,如图 4.1.19(c) 所示,总会存在这样一个攻角(一般是个较小的负值),使得翼型的后缘就是绕翼型流动时的后驻点,此时当然无需产生使得翼型后缘为驻点的环量,翼型的升力为零。这个较小的负攻角就是前面讲到的零升攻角 α_0。从上面的讨论还可以知道,当攻角等于零(大于零升攻角)时,升力不为零,这就说明翼型弯度也是产生升力的原因之一。

对于无黏流动,第 3 章讲过的汤姆森定理表明,旋涡是不生不灭的。那么,导致翼型升力产生的这个涡(或者说环量)是如何“无中生有”产生出来的呢?对于这个复杂的问题,下面将以静止流场中翼型运动速度从 0 加速到 V_0 的过程为例,简要解释绕翼型环量的产生过程。首先在流场中做包围翼型的、延伸至足够远的封闭流体周线,如图4.1.20(a) 所示。在翼型启动前,该流体周线的环量为零,由汤姆森定理可知,这个流体周线上的环量将始终保持为零。若翼型突然启动,在启动过程开始的瞬间,翼型表面附近黏性还来不及起作用,流动仍可看作是无黏、无旋的,绕翼型的环量为零。于是,后驻点 B 位于上翼面的某个位置,在这个瞬间,下翼面的气流绕过后缘点 T 流动至上翼面的 B 点,对应的流谱如图 4.1.20(b) 所示(在随翼型一起运动的相对坐标系下观察)。由于这样的流动在后缘点处速度趋于无穷大、压强趋于负无穷大,而后驻点却是翼面上速度为零、压强最高的点,因此从后缘点 T 至上翼面后驻点 B 的这一段流动中的压力梯度是无穷大的,流体从低压区流动至高压区将遇到极高的逆压力梯度。由于黏性导致的附面层内的流体速度较低,附面层承受不了这么大的逆压力梯度,立刻从上翼面分离,从而产生如图4.1.20(c) 所示的逆时针旋转的旋涡,这个旋涡通常称为启动涡。之所以是逆时针的旋涡,可以这样粗略的判断,假设翼型表面附面层内的速度分布为 $v_x = -cy, v_y = 0, v_z = 0$,于是 $\boldsymbol{\Omega} = -\dfrac{\partial v_x}{\partial y}\boldsymbol{k} = c\boldsymbol{k} > 0$,即 $\Gamma > 0$,故启动涡是逆时针旋转的。启动涡是不稳定的,一旦形成就将随着流体向下游运动,直至由后缘脱落。由汤姆森定理可知,沿流体周线的总环量应该为零,因此必然存在与启动涡强度相等、旋向相反的一个附着在翼型表面上的涡,即附着涡,从而使绕翼型流动成为有负环量的无旋流动。这个顺时针绕翼型的环流将增加上翼面的气流速度,使得后驻点向后缘推移。由于开始时启动涡很小,则反向环流也很小,后驻点只向后移动了较短距离。因此,后缘处仍有从下翼面绕过后缘到上翼面的流动,于是流动继续分离,不断有启动涡生成并流向下游,绕翼型的环量也相应地不断增大,即附着涡逐步增强,后驻点位置不断后移,直到它推移到尾缘点为止,启动过程结束。这时,上、下翼面的两股气流在后缘处平滑汇合,流动图形如图4.1.20(d) 所示。 启动过程结束之后,如果翼型以速度 V_0 做匀速运动,后缘处不再有启动涡生成、脱落,启动涡系可以用一个集中涡近似代替并被遗留在远后方,附着在翼型表面的附着涡(或环量)也不再变化。这个环量值就是对应于无穷远处均匀流($V_\infty = -V_0$)绕翼型流动时的环量值,它与来流速度的大小、翼型攻角及翼型形状有关。实验表明,当翼型速度达到 V_0 后,再飞行 $1 \sim 2$ 个弦长的位置就可达到稳定的环量值。如果翼型的运动速度发生变化,如加速、减速,则将产生加速涡、减速涡,附着涡也将随之发生变化。

应特别注意的是,虽然绕翼型环量、启动涡的产生过程等与黏性有关,但一旦进入匀速运动后,黏性作用区就只是紧贴翼面的很薄的一层(即附面层),在无黏流动理论框架下,可以忽略附面层的存在。

图 4.1.20　翼型的启动过程及启动涡、绕翼型环量的产生

4.2　薄翼理论

低速(不可压流)翼型的升力、力矩等气动力参数可用两种方法计算:一种是保角变换法,另一种是奇点法。前者只适用于二维流动问题,例如,通过儒科夫斯基变换,可将绕圆柱的已知流动变换为绕儒科夫斯基翼型的流动,然后再根据保角变换不改变环量大小的原则得到绕翼型的环量,进而得到升力、力矩等参数。不过,一般实用翼型的保角变换是很复杂的,而且也不能变换为这种绕圆柱的简单流动,更难得到一般性的结论。奇点法则是通过在流场中布置一些奇异点(如源、汇、旋涡等)以代替绕流翼型,进而得到一些一般性的结论(如升力系数、力矩系数、压力中心、焦点等)。在实际应用中,奇点法不但比保角变换法简单得多,而且可用于三维流动。但是,奇点法通常只能提供近似解,而保角变换法可获得精确解。

应该指出的是,如果翼型较厚或攻角较大,绕翼型流动会出现分离,导致压差阻力增大,使得基于无黏势流理论得到的计算值与实验结果相差较大。不过,无论是为了减少阻力,还是使得无黏流理论(至少对升力预测)能用,大多数飞行器都采用薄、平(即弯度不大)翼型,攻角也不大。在这种前提下,利用基于奇点法的薄翼理论还是可以得到翼型的空气动力学变化规律的。

4.2.1　低速翼型绕流解的面涡理论

第 3 章介绍了点涡的概念以及点涡对其附近某点诱导的速度场与点涡强度之间的关系等知识。还指出点涡可以看作是一条垂直于纸面、两端延伸至无穷远处的直线涡(也称涡

丝),其强度为 $\Gamma < 0$。假设无穷多条、每条强度无穷小(但不一定相等)的涡丝排列在一起,形成如图 4.2.1(a)所示的面涡,则所有涡丝在 xOy 平面上可由图 4.2.1(b)来表示。令 s 为沿面涡在 xOy 平面上视图的曲线坐标,并定义 $\gamma(s)$ 为沿 s 方向的单位长度上的面涡强度(或涡强),它沿 s 坐标是变化的。于是,面涡上微元曲线段 ds(方向为 s 曲线上从左指向右)上的涡强为 $\gamma(s)ds$,这段面涡可视为一个强度为 $\gamma(s)ds$ 的独立涡丝(在 xOy 平面上看就是一个独立的点涡)。若定义顺时针方向的点涡涡强为正,则根据速度环量定义及斯托克斯定理可知,此时与点涡涡强对应的、绕该点涡(或面涡微元段)的环量应为负值,且可写为

$$d\Gamma = -\gamma(s)ds \qquad (4.2.1)$$

至于面涡上其他位置处的点涡,则对该微元段的环量没有影响,这是因为点涡诱导的是无旋流场,如果积分路径不包括某点涡,那么该点涡对此积分路径的环量就没有贡献,即绕某微元段的环量只与该微元段的涡强有关。

图 4.2.1　面涡及其诱导的速度

将式(4.2.1)代入式(3.1.12)中,可得到对于流场中的某点 $P(x,y)$,由面涡上微元曲线段 ds 诱导的无穷小速度的表达式为

$$dV = \frac{d\Gamma}{2\pi r} = -\frac{\gamma(s)ds}{2\pi r} \qquad (4.2.2)$$

式中,r 为点涡 $\gamma(s)ds$ 距点 P 的距离,速度 V 的方向与 r 垂直。式(4.2.2)对分析经典薄翼问题极为重要。整个面涡对点 P 的诱导速度为从 a 到 b 的所有面涡上无穷小微元段对点 P 所产生的诱导速度之和。此外,除某点涡自身所处位置外的所有点处,该点涡诱导的都是无旋流场,由叠加原理可知,整个面涡对除面涡外的所有点处,其诱导的速度场必满足无旋条件。同理可推得,整个面涡对除面涡外的所有点处,其诱导的速度场必满足连续性条件。这就意味着,面涡两侧的流体速度可能是不连续的,或者说出现速度值的突跃(即间断)现象。下面来证明这一点。如图 4.2.2 所示,取矩形

图 4.2.2　穿过面涡的切向速度间断

封闭周线包围面涡上的某微元段 ds,设与矩形周线上、下边相切的切向速度为 $v_{\tau+}$,$v_{\tau-}$,与左、右边相切的法向速度分别为 v_{n1},v_{n2},矩形周线上、下边相距的距离为 dn。由速度环量定义可知,该矩形周线上的环量为

$$d\Gamma = -v_{\tau+}ds + v_{n2}dn + v_{\tau-}ds - v_{n1}dn = (v_{\tau-} - v_{\tau+})ds + (v_{n2} - v_{n1})dn$$

当矩形周线的上、下边无限趋近于面涡时，即 $\mathrm{d}n \rightarrow 0$，则 $v_{\tau+}$，$v_{\tau-}$ 分别成为紧贴面涡上、下两侧的速度分量，或者说与面涡相切的速度分量，上式变为

$$\mathrm{d}\Gamma = (v_{\tau-} - v_{\tau+})\mathrm{d}s$$

将上式代入式（4.2.1），得

$$\gamma(s) = v_{\tau+} - v_{\tau-} \tag{4.2.3}$$

该式表明，穿过面涡的当地切向速度改变量等于当地面涡强度。也可以说，面涡上的切向速度是间断的、不连续的，而且突跃值就是当地面涡强度。前面已经讲过，凡是产生升力的翼型，它的每一段翼面的上、下两侧流速必然不相等。因此，若取一个微段计算环量，其环量值必不为零。如果将 $v_{\tau+}$，$v_{\tau-}$ 理解为上、下翼面上弦向位置相同的点的切向速度，则式（4.2.3）表明的内容正好与这一结论相符。当然，前提条件是这是一个绕薄、平翼型的小攻角流动。上述讨论给出了这样一个提示，可以用变面涡强度的面涡取代真实的翼型表面，若面涡强度已知或可以通过计算得到，则可得到绕翼型的环量，于是翼型的升力、力矩等参数也就能够得到了。此外，若取 $\mathrm{d}s \rightarrow 0$，容易证明 $v_{n1} = v_{n2}$，也可以写成 $v_n = v_{n+} = v_{n-}$，即面涡上的法向速度是连续的。这个结果也是与真实的绕翼型流动情况吻合的，因为垂直于翼面的气流速度的法向分速必为零，那么对于上、下翼面的对应点来说有 $v_{n+} = v_{n-} = 0$ 成立。

需要注意的是，面涡上任意微元段对点 P 所产生的诱导速度都与该微元段与点 P 的连线 r 垂直，而对于不同的微元段，r 的方向是不同的。因此，面涡上不同微元段对点 P 所产生的诱导速度的方向也不同，即点 P 处总的诱导速度应是无穷多个 $\mathrm{d}V$ 的矢量叠加之和。因此，采用速度势叠加的方法处理要方便一些。参考式（3.3.7），微元段 $\gamma(s)\mathrm{d}s$ 对点 P 产生的无穷小速度势为

$$\mathrm{d}\phi = \frac{\mathrm{d}\Gamma}{2\pi}\theta = -\frac{\gamma(s)\mathrm{d}s}{2\pi}\theta \tag{4.2.4a}$$

而整个面涡对点 P 产生的速度势为

$$\phi = -\frac{1}{2\pi}\int_a^b \theta\gamma(s)\mathrm{d}s \tag{4.2.4b}$$

式（4.2.4b）对应用面涡法计算绕厚翼型流动时的气动力参数有重要作用。

前面已经对面涡的特点做了分析和讨论，这些讨论对于分析绕翼型的低速无黏流动特性具有指导意义。如图 4.2.3 所示，对于一个均匀来流中的具有任意形状和厚度的翼型，以一个变面涡强度的面涡取代真实的翼型表面，在满足面涡诱导速度与速度大小为 V_∞ 的均匀来流叠加后，面涡为流线的条件下（即翼型表面为流线），计算出面涡强度分布 $\gamma(s)$，并对式（4.2.1）积分即可得到绕翼型的环量：

$$\Gamma = -\int \gamma(s)\mathrm{d}s \tag{4.2.5}$$

图 4.2.3　任意形状翼型的面涡模拟

此处的积分是沿整个翼型表面进行的。而翼型升力则由库塔－儒科夫斯基定理得到

$$L = -\rho V_\infty \Gamma$$

理论上讲可以利用上述方法计算翼型在均匀来流中的升力,但是对于任意形状和厚度的翼型却不存在统一的面涡强度 $\gamma(s)$ 的解析解,只能通过数值计算方法对 $\gamma(s)$ 进行求解,后面将要介绍的面涡法就是基于这一理论的。图 4.2.3 给出的用面涡替代翼型表面的思想不仅是一个数学手段,而且也有一定的物理意义。在实际物体的绕流问题中,由于黏性作用,物体表面存在一层厚度仅为毫米或厘米量级的、很薄的附面层,附面层内的速度梯度较大,考虑图 1.2.3 所示的简单流动,即 $v_x = cy, v_y = 0, v_z = 0$,可知

$$\boldsymbol{\Omega} = -\frac{\partial v_x}{\partial y}\boldsymbol{k} = -c\boldsymbol{k} \neq 0$$

也就是说,附面层内具有有限大小的旋度或涡量。因此,在有黏性的实际流体绕翼型流动时,翼型表面会存在一个涡量分布。但是,由于大多数实际问题中的附面层都很薄,可以将附面层看作是与翼型表面近似重合的面涡。这样一来,在无黏流动中用一个面涡代替翼型表面的思路也蕴含着对翼型表面黏性附面层的模拟。

式(4.2.5)表明,面涡强度的积分即为绕翼型的环量,它代表了附着在翼型表面上的附着涡的强度,而附着涡也可以用一个强度为 $\Gamma < 0$ 的顺时针旋转的集中点涡来模拟,如图 4.2.3 所示。因此,当考虑物体绕流问题中的合力时,具有适当强度的附着(点)涡在均匀流中的流动问题,与在均匀流中的有环量物体绕流是完全等价的。从上面的讨论中还可以知道,代表翼型有环量流动的附着涡并不是一个在流动中真实存在的旋涡,它既不是由固定的流体微团构成,也不会随流体一起运动,而是翼型表面的附面层内无穷多个旋涡的涡量之和的一种数学表示方式。

如果将翼型模拟为翼型上、下表面布置的面涡,其强度 $\gamma(s)$ 沿面涡是变化的,则由式(4.2.3)可知,前面讨论的库塔条件及推广的库塔条件(参考图 4.1.18)可以用数学公式描述为

$$\gamma_T = V_1 - V_2 = 0 \text{ 或 } \gamma_T = V_+ - V_- = 0 \tag{4.2.6}$$

4.2.2　薄翼理论的基本方程及其求解

薄翼型的定义:① 最大厚度比翼弦小得多,即 $b \ll 1$;② 最大弯度比翼弦小得多,即 $f \ll 1$;③ 攻角很小,即 $\alpha \ll 1$(以弧度表示)。在上述假设下,如果从远处看翼型,其上、下表面的面涡几乎是重合的,这样就可以近似地将薄翼型用一个沿中弧线连续分布的面涡来代替,面涡强度分布 $\gamma(s)$ 应满足与均匀来流叠加后翼型中弧线为一条流线、符合后缘库塔条件等条件。一旦得到了满足条件的面涡强度分布 $\gamma(s)$,便可以通过对 $\gamma(s)$ 从前缘至后缘的积分得到绕翼型的总环量 Γ,进而由库塔－儒科夫斯基定理得到作用在翼型上的升力。于是,问题归结为求解沿中弧线分布的面涡强度分布 $\gamma(s)$。一个薄翼型,就它的有关升力方面的特性(如零升攻角、升力线斜率、俯仰力矩、气动中心等)而言,只需计算中弧线的作用即可,这个理论称为薄翼理论。当然,实际翼型虽然很薄,但仍不可能完全满足薄翼型假设,故根据该假设所得到的理论结果只是实际翼型剖面的近似结果,可以给出翼型剖面的空气动力学变化规律的一些一般性结论。

参照第 3 章所讲的知识,对于绕翼型的低速无黏势流问题,在数学上可以描述为

$$\nabla^2 \phi = 0 \text{（在流场内）} \tag{4.2.7a}$$

$$\frac{\mathrm{d}y}{\mathrm{d}x}\bigg|_{y_\pm = y_\pm(x)} = \frac{v_y}{v_x}\bigg|_{y_\pm = y_\pm(x)} \quad \text{（在翼型表面）} \tag{4.2.7b}$$

$$\phi \to \phi_\infty \text{ 或} \begin{cases} v_{x\infty} = \left(\dfrac{\partial \phi}{\partial x}\right)_\infty \\ v_{y\infty} = \left(\dfrac{\partial \phi}{\partial y}\right)_\infty \end{cases} \text{（在远场边界）} \tag{4.2.8c}$$

如图 4.2.4 所示，对于体轴系下均匀来流中的一个翼型来说，在薄翼型假设下，翼型对于这个均匀流场的影响很小，是一种小扰动，即流场中速度、压强等参数所发生的偏离均匀值的变化幅度比原有的均匀值小得多。设均匀来流速度为 V_∞，攻角为 α，由于翼型存在而产生的扰动速度为 $U = v_x \boldsymbol{i} + v_y \boldsymbol{j}$，且满足 $v_x \ll V_\infty, v_y \ll V_\infty$，则合速度可写为

$$\boldsymbol{V} = (v_{x\infty} + v_x)\boldsymbol{i} + (v_{y\infty} + v_y)\boldsymbol{j} = (V_\infty \cos \alpha + v_x)\boldsymbol{i} + (V_\infty \sin \alpha + v_y)\boldsymbol{j} \tag{4.2.9}$$

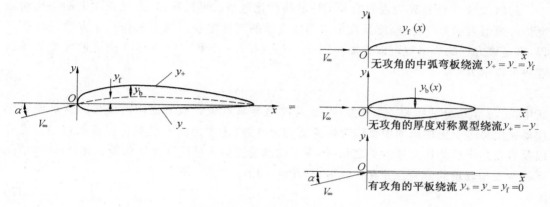

图 4.2.4　绕薄翼型的势流分解

若引入扰动速度势函数，即

$$\nabla \varphi = \boldsymbol{U} \text{ 或} \frac{\partial \varphi}{\partial x} = v_x, \frac{\partial \varphi}{\partial y} = v_y$$

则可得

$$\nabla \phi = (v_{x\infty}\boldsymbol{i} + v_{y\infty}\boldsymbol{j}) + (v_x\boldsymbol{i} + v_y\boldsymbol{j}) = \nabla(\phi_\infty + \varphi) \text{ 或} \phi = \phi_\infty + \varphi \tag{4.2.10}$$

即绕翼型流动的速度势可写为均匀流速度势和翼型存在引起的扰动速度势之和。此外，扰动速度势也满足拉普拉斯方程，即

$$\nabla^2 \varphi = 0 \tag{4.2.11}$$

即扰动速度势具有线性叠加特性。

根据上面的公式，翼型上、下表面的边界条件可写为

$$\frac{\mathrm{d}y}{\mathrm{d}x}\bigg|_{y_\pm = y_\pm(x)} = \frac{V_\infty \sin \alpha + v_y}{V_\infty \cos \alpha + v_x}\bigg|_{y_\pm = y_\pm(x)}$$

当攻角 α 较小时，上式可近似写成

$$\frac{\mathrm{d}y}{\mathrm{d}x}\bigg|_{y_\pm = y_\pm(x)} = \frac{\sin \alpha + \dfrac{v_y}{V_\infty}}{\cos \alpha + \dfrac{v_x}{V_\infty}}\bigg|_{y_\pm = y_\pm(x)} \approx \frac{\alpha + \dfrac{v_y}{V_\infty}}{1 + \dfrac{v_x}{V_\infty}}\bigg|_{y_\pm = y_\pm(x)}$$

再考虑到薄翼型的 $\dfrac{\mathrm{d}y}{\mathrm{d}x}$ 为小量,而 $\dfrac{v_x}{V_\infty} \ll 1$,于是上式可进一步简化为

$$\frac{\mathrm{d}y}{\mathrm{d}x}\bigg|_{y_\pm = y_\pm(x)} \approx \alpha + \frac{v_y}{V_\infty}\bigg|_{y_\pm = y_\pm(x)} = \alpha + \frac{1}{V_\infty}\frac{\partial \varphi}{\partial y}\bigg|_{y_\pm = y_\pm(x)} \qquad (4.2.12)$$

由于翼型中弧线坐标、厚度坐标分别为

$$y_{\mathrm{f}}(x) = \frac{1}{2}\big[y_+(x) + y_-(x)\big] \ \text{和} \ y_{\mathrm{b}}(x) = \frac{1}{2}\big[y_+(x) - y_-(x)\big]$$

于是有

$$y_+ = y_{\mathrm{f}} + y_{\mathrm{b}},\ y_- = y_{\mathrm{f}} - y_{\mathrm{b}} \qquad (4.2.13)$$

将式(4.2.13)代入式(4.2.12)中,得到翼型表面的边界条件为

$$\frac{\mathrm{d}y_{\mathrm{f}}}{\mathrm{d}x} \pm \frac{\mathrm{d}y_{\mathrm{b}}}{\mathrm{d}x} \approx \alpha + \frac{1}{V_\infty}\frac{\partial \varphi}{\partial y} \ \text{或} \ \frac{\partial \varphi}{\partial y} \approx V_\infty \frac{\mathrm{d}y_{\mathrm{f}}}{\mathrm{d}x} \pm V_\infty \frac{\mathrm{d}y_{\mathrm{b}}}{\mathrm{d}x} - V_\infty \alpha \qquad (4.2.14)$$

式(4.2.14)就是翼型表面边界条件的线性化近似。可以看出,翼型表面上的小扰动速度势可近似表示为弯度、厚度及攻角三部分贡献的线性之和。由于拉普拉斯方程是线性方程,满足该方程的势函数可以叠加。因此,由式(4.2.11)和式(4.2.14)决定的翼型扰动速度势可表示为

$$\varphi = \varphi_{\mathrm{f}} + \varphi_{\mathrm{b}} + \varphi_\alpha$$

式中,φ_{f},φ_{b},φ_α 分别代表了由弯度、厚度及攻角等影响所导致的扰动速度势。这表明翼型扰动速度势等于无攻角的中弧线弯板的扰动速度势、无攻角的厚度对称翼型的扰动速度势以及有攻角平板的扰动速度势之和,体现了扰动速度势 φ 可线性叠加获得。此外,多数情况下将弯度与攻角的影响合并在一起考虑,并统一用 φ_{f} 表示,即

$$\varphi = \varphi_{\mathrm{f}} + \varphi_{\mathrm{b}} \qquad (4.2.15)$$

φ_{f},φ_{b} 所满足的边界条件可写为

$$\boldsymbol{\nabla}^2 \varphi_{\mathrm{f}} = 0,\ \frac{\mathrm{d}y_{\mathrm{f}}}{\mathrm{d}x} - \alpha \approx \frac{1}{V_\infty}\frac{\partial \varphi_{\mathrm{f}}}{\partial y}$$

$$\boldsymbol{\nabla}^2 \varphi_{\mathrm{b}} = 0,\ \pm \frac{\mathrm{d}y_{\mathrm{b}}}{\mathrm{d}x} \approx \frac{1}{V_\infty}\frac{\partial \varphi_{\mathrm{b}}}{\partial y} \qquad (4.2.16\mathrm{a})$$

无论是从小扰动速度不应该影响到无穷远处流场参数的角度出发,还是考虑绕翼型的环量应是有限大小的值的因素,无穷远处小扰动速度应为 $v_x = 0$,$v_y = 0$,则对于远场边界条件有

$$\varphi_{\mathrm{f}}\big|_\infty = 0,\ \varphi_{\mathrm{b}}\big|_\infty = 0 \qquad (4.2.16\mathrm{b})$$

根据式(4.1.6)可知,绕翼型流动的流场中任一点的压强系数为

$$C_p = 1 - \frac{V^2}{V_\infty^2} = 1 - \frac{(V_\infty \cos \alpha + v_x)^2 + (V_\infty \sin \alpha + v_y)^2}{V_\infty^2}$$

考虑小扰动及 α 较小等条件,仅留下一阶小量,则有

$$C_p \approx -\frac{2v_x}{V_\infty} \qquad (4.2.17)$$

将式(4.2.17)应用于翼型表面上,则得到翼型表面压强系数为

$$C_p\big|_{y_\pm = y_\pm(x)} \approx -\frac{2}{V_\infty} v_x\big|_{y_\pm = y_\pm(x)} = -\frac{2}{V_\infty}\frac{\partial \varphi}{\partial x}\bigg|_{y_\pm = y_\pm(x)} = -\frac{2}{V_\infty}\left(\frac{\partial \varphi_{\mathrm{f}}}{\partial x} + \frac{\partial \varphi_{\mathrm{b}}}{\partial x} + \frac{\partial \varphi_\alpha}{\partial x}\right)\bigg|_{y_\pm = y_\pm(x)}$$

式中，$\dfrac{\partial \varphi_f}{\partial x}, \dfrac{\partial \varphi_b}{\partial x}, \dfrac{\partial \varphi_a}{\partial x}$ 可理解为由弯度、厚度、攻角等影响所导致的小扰动速度的分量。如果用 v_{xf}, v_{xb}, v_{xa} 表示这些速度分量，并考虑式（4.2.17）给出的压强系数公式，则翼型表面压强系数可写成

$$C_p \mid_{y_\pm = y_\pm(x)} = (C_{pf} + C_{pb} + C_{pa}) \mid_{y_\pm = y_\pm(x)} \tag{4.2.18}$$

即压强系数也是可以叠加的。

　　由于在薄翼型、小扰动等假设条件下，绕翼型的扰动速度势、翼型表面压强系数均可以线性叠加，则作用在薄翼型上的升力、力矩也可以视为弯度、厚度、攻角作用之和。因此，绕翼型的势流流动可以分解为三个简单势流之和（图 4.2.4）：① 无攻角的中弧线弯板的绕流流动；② 无攻角的厚度对称翼型的绕流流动；③ 有攻角平板的绕流流动。其中，厚度问题因流动上、下对称，翼面虽有压强作用，但上、下翼面对应点无压差，不产生升力和力矩，故可以忽略它的影响。弯度问题与攻角问题可以合并处理，称为攻角－弯板问题（或 $\alpha \neq 0$ 的中弧线弯板绕流问题）。因此，薄翼理论的另一种描述是，用有攻角的中弧线弯板的升力、力矩特性代表小攻角下薄翼型升力、力矩特性的理论。

　　如图 4.2.5（a）所示，仍取体轴坐标系，则 x 轴与翼型弦线重合，用一个沿中弧线连续分布的面涡替代薄翼型。当翼型较平（即中弧线弯度很小）、攻角较小时，可用弦线上的面涡作为中弧线上的面涡的近似，认为二者的作用是相同的。由比奥－萨伐尔公式可知，位于 x 轴上的 ξ 位置处，强度为 $\gamma(\xi)\mathrm{d}\xi$ 的（点）涡对 x 轴（即弦线）上坐标为 x 的某点诱导的 y 方向速度（即 y 向扰动速度）为

$$\mathrm{d}v_y = -\frac{\gamma(\xi)\mathrm{d}\xi}{2\pi(x-\xi)} = \frac{\gamma(\xi)\mathrm{d}\xi}{2\pi(\xi-x)}$$

图 4.2.5　中弧线上面涡的诱导速度

于是，中弧线上整个面涡在该点诱导的合速度为

$$v_y = \frac{1}{2\pi}\int_0^c \frac{\gamma(\xi)}{\xi-x}\mathrm{d}\xi$$

将其代入边界条件式（4.2.16a）得

$$\frac{1}{2\pi V_\infty}\int_0^c \frac{\gamma(\xi)}{\xi-x}\mathrm{d}\xi \approx \frac{\mathrm{d}y_f}{\mathrm{d}x} - \alpha \tag{4.2.19}$$

　　对于给定几何形状和攻角的翼型而言，式中的 $\mathrm{d}y_f/\mathrm{d}x, \alpha$ 是已知的，因而式（4.2.19）就是确定面涡强度分布函数 $\gamma(\xi)$ 的积分方程，也称薄翼理论的基本方程。考虑到诱导速度在无穷远处为 $v_x = 0, v_y = 0$，即远场边界条件自然满足。那么，除了满足式（4.2.19）之外，$\gamma(\xi)$ 还应在翼型后缘处满足库塔条件，即 $\gamma(c) = 0$。

从上述讨论还可以知道,若认为代替薄翼型的面涡近似位于 x 轴上,则对于上、下翼面 x 坐标相同的点来说有 $v_x(x,+0)=-v_x(x,-0)$ 成立,由式(4.2.3)可得

$$\gamma(x)=v_x(x,+0)-v_x(x,-0)=2v_x(x,+0)=-2v_x(x,-0)$$

或

$$v_x(x,+0)=-v_x(x,-0)=\frac{\gamma(x)}{2}$$

再由式(4.2.17)可知

$$C_p\approx-\frac{2v_x}{V_\infty}=-\frac{\gamma(x)}{V_\infty} \tag{4.2.20}$$

此外,图 4.2.5(b) 表明,式(4.2.19)就是中弧线为流线的数学描述。位于中弧线上 x 坐标为 ξ 位置处、强度为 $\gamma(\xi)\mathrm{d}s$ 的(点)涡,将对中弧线上坐标为 x 的位置处的某点 P 产生诱导速度,该速度的方向为垂直于 $\mathrm{d}s$ 和点 P 的连线 r,大小为 $-\displaystyle\int_0^c\frac{\gamma(\xi)\mathrm{d}s}{2\pi r}$。若将该诱导速度投影至中弧线点 P 处的法线方向,再由图中关系

$$r=\frac{x-\xi}{\cos\delta_2},\mathrm{d}s=\frac{\mathrm{d}\xi}{\cos\delta_1}$$

得

$$v_{Pn}=-\frac{1}{2\pi}\int_0^c\frac{\gamma(\xi)}{x-\xi}\mathrm{d}\xi\frac{\cos\delta_2\cos\delta_3}{\cos\delta_1}$$

对于弯度较小的平翼型,显然有 $\cos\delta_1\approx1,\cos\delta_2\approx1,\cos\delta_3\approx1$ 成立,于是得

$$v_{Pn}\approx\frac{1}{2\pi}\int_0^c\frac{\gamma(\xi)}{\xi-x}\mathrm{d}\xi$$

当上述假设成立时,v_{Pn} 就近似等于小扰动速度的 y 向分量 v_y。由图 4.2.5(b) 中关系还可以看出,均匀流在点 P 处的面涡法线方向的速度贡献为

$$V_{\infty n}=V_\infty\sin\left[\alpha-\arctan\left(\frac{\mathrm{d}y_f}{\mathrm{d}x}\right)\right]$$

对于薄、平翼型的小攻角流动条件,α,$\mathrm{d}y_f/\mathrm{d}x$ 都是小量。因此有

$$V_{\infty n}\approx V_\infty\left(\alpha-\frac{\mathrm{d}y_f}{\mathrm{d}x}\right)$$

为了使均匀流与涡诱导的流动叠加后,面涡为一条流线,则这两个流动对面涡上所有点在面涡法线方向上的速度贡献之和应为零,即 $v_{Pn}+V_{\infty n}=0$。于是,可得到与式(4.2.19)同样的结果。

一般用级数法对积分方程式(4.2.19)求解。为此做变换(图 4.2.6)得

$$\begin{cases}x=\dfrac{c}{2}(1-\cos\theta_0)\\[2mm]\xi=\dfrac{c}{2}(1-\cos\theta)\\[2mm]\mathrm{d}\xi=\dfrac{c}{2}\sin\theta\mathrm{d}\theta\end{cases}$$

图 4.2.6　积分变量置换

由于式(4.2.19)中的 x 为固定值,它就与固定的 θ 值对应,即 θ_0。翼型的前、后缘分别对应 $\theta=0$,$\theta=\pi$。式(4.2.19)变为

$$\frac{1}{2\pi}\int_0^\pi \frac{\gamma(\theta)\sin\theta}{\cos\theta-\cos\theta_0}\mathrm{d}\theta = V_\infty\left(\alpha-\frac{\mathrm{d}y_\mathrm{f}}{\mathrm{d}x}\right) \tag{4.2.21}$$

$\gamma(\theta)$ 可表示为傅里叶级数,即

$$\gamma(\theta) = 2V_\infty\left[A_0\cot\frac{\theta}{2}+\sum_{n=1}^\infty A_n\sin(n\theta)\right] =$$
$$2V_\infty\left[A_0\frac{1+\cos\theta}{\sin\theta}+\sum_{n=1}^\infty A_n\sin(n\theta)\right] \tag{4.2.22}$$

式中,$A_0,\cdots,A_n$ 为待定系数。而 $\cot\dfrac{\theta}{2}$ 的选取是基于如下考虑:① 在翼型前缘附近,流体由前驻点绕前缘向上翼面流动时,理论上将出现速度无穷大、压强为负无穷大的现象,因而 $\cot\dfrac{\theta}{2}\Big|_{\theta\to 0}\to\infty$ 就代表了由无穷大速度引起的无穷大面涡强度;② 在后缘处,要满足库塔条件 $\gamma(\theta)\big|_{\theta=\pi}=0$,显然有 $\cot\dfrac{\pi}{2}=0$。后面将看到,将式(4.2.22)代入式(4.2.21)后,会得到 $\gamma(0)\to\infty$,$\gamma(\pi)\to 0$。虽然在前缘处出现了无穷大的涡强,但离开前缘,涡强会很快减弱,从而积分得到的总的气动力是有限的。而且实际上,由于黏性作用的存在,并不会出现无穷大的局部涡强。这也是薄翼理论的局限性,即不能正确分析翼型前缘点附近的流动问题。

将式(4.2.22)代入式(4.2.21),得

$$\frac{1}{\pi}\int_0^\pi\left[A_0\frac{1+\cos\theta}{\cos\theta-\cos\theta_0}+\sum_{n=1}^\infty A_n\frac{\sin(n\theta)\sin\theta}{\cos\theta-\cos\theta_0}\right]\mathrm{d}\theta = \alpha-\frac{\mathrm{d}y_\mathrm{f}}{\mathrm{d}x}$$

将上式进一步写成

$$\sum_{n=0}^\infty J_n A_n = \alpha-\frac{\mathrm{d}y_\mathrm{f}}{\mathrm{d}x} \tag{4.2.23}$$

其中

$$J_0 = \frac{1}{\pi}\int_0^\pi\frac{1+\cos\theta}{\cos\theta-\cos\theta_0}\mathrm{d}\theta = \frac{1}{\pi}\int_0^\pi\frac{1}{\cos\theta-\cos\theta_0}\mathrm{d}\theta+\frac{1}{\pi}\int_0^\pi\frac{\cos\theta}{\cos\theta-\cos\theta_0}\mathrm{d}\theta$$

$$J_n = \frac{1}{\pi}\int_0^\pi\frac{\sin(n\theta)\sin\theta}{\cos\theta-\cos\theta_0}\mathrm{d}\theta,\quad n\geqslant 1$$

利用三角函数恒等式

$$\sin(n\theta)\sin\theta = \frac{\cos[(n-1)\theta]-\cos[(n+1)\theta]}{2}$$

得

$$J_n = \frac{1}{2\pi}\int_0^\pi\frac{\cos[(n-1)\theta]}{\cos\theta-\cos\theta_0}\mathrm{d}\theta-\frac{1}{2\pi}\int_0^\pi\frac{\cos[(n+1)\theta]}{\cos\theta-\cos\theta_0}\mathrm{d}\theta$$

利用公式(在此不做证明)

$$\int_0^\pi\frac{\cos(n\theta)}{\cos\theta-\cos\theta_0}\mathrm{d}\theta = \pi\frac{\sin(n\theta_0)}{\sin\theta_0}$$

于是

$$J_0 = 1$$
$$J_n = \frac{1}{2}\frac{\sin[(n-1)\theta_0]-\sin[(n+1)\theta_0]}{\sin\theta_0} = -\cos(n\theta_0),\ n\geqslant 1$$

将上式代入式(4.2.23),得到待定系数 A_n 的方程

$$\frac{\mathrm{d}y_f}{\mathrm{d}x} = \alpha - A_0 + \sum_{n=1}^{\infty}\cos(n\theta_0)A_n \tag{4.2.24}$$

由前面的推导过程及图 4.2.5(b) 中给出的几何关系可知,$\dfrac{\mathrm{d}y_f}{\mathrm{d}x}$ 指的是某固定 x 值处的曲线斜率,而该 x 值又是与 θ_0 对应的,即 $\dfrac{\mathrm{d}y_f}{\mathrm{d}x}$ 是 θ_0 的函数。因此,$\dfrac{\mathrm{d}y_f}{\mathrm{d}x}$ 可以展开为傅里叶余弦级数形式为

$$\frac{\mathrm{d}y_f}{\mathrm{d}x} = B_0 + \sum_{n=1}^{\infty}\cos(n\theta_0)B_n = \frac{1}{\pi}\int_0^{\pi}\frac{\mathrm{d}y_f}{\mathrm{d}x}\mathrm{d}\theta_0 + \sum_{n=1}^{\infty}\cos(n\theta_0)\left[\frac{2}{\pi}\int_0^{\pi}\frac{\mathrm{d}y_f}{\mathrm{d}x}\cos(n\theta_0)\mathrm{d}\theta_0\right]$$

将上式代入式(4.2.24) 中,得

$$\frac{1}{\pi}\int_0^{\pi}\frac{\mathrm{d}y_f}{\mathrm{d}x}\mathrm{d}\theta_0 + \frac{2}{\pi}\sum_{n=1}^{\infty}\cos(n\theta_0)\int_0^{\pi}\frac{\mathrm{d}y_f}{\mathrm{d}x}\cos(n\theta_0)\mathrm{d}\theta_0 = \alpha - A_0 + \sum_{n=1}^{\infty}\cos(n\theta_0)A_n$$

由于两相等的函数的级数的对应项系数应相等,所以

$$\begin{cases} A_0 = \alpha - \dfrac{1}{\pi}\int_0^{\pi}\dfrac{\mathrm{d}y_f}{\mathrm{d}x}\mathrm{d}\theta_0 \\ A_n = \dfrac{2}{\pi}\int_0^{\pi}\dfrac{\mathrm{d}y_f}{\mathrm{d}x}\cos(n\theta_0)\mathrm{d}\theta_0, n \geqslant 1 \end{cases} \tag{4.2.25}$$

即 A_0 是由攻角及中弧线形状决定的,而 A_n 仅与中弧线形状有关。还需注意的是,当对 $\mathrm{d}y_f/\mathrm{d}x$ 从 $0 \to \pi$ 作积分时,这个与某固定 x 值对应的 θ_0 的变化范围也是从翼型前缘至后缘的。因而,θ_0 与表示翼型前缘至后缘范围的 θ 是等价的。与之类似,坐标 ξ 与 x 也是等价的。

4.2.3　绕薄翼流动的气动特性

式(4.2.22) 及式(4.2.25)确定了面涡强度分布函数的计算方法。为了得到绕翼型流动时的气动力特性,一种方法是将势函数积分出来,再求速度,并利用伯努利方程积分升力、力矩特性;另一种方法是利用库塔 — 儒科夫斯基升力定理,将气动力与环量(也就是涡强)联系起来。一般采用后一种方法。由于所要研究的绕翼型势流流动问题是线性的,而库塔 — 儒科夫斯基升力定理也是线性的,即升力与环量呈线性关系,因此翼型上各微元段对升力的贡献都满足库塔 — 儒科夫斯基升力定理,即位于 ξ 的微元段 $\mathrm{d}\xi$ 产生的升力为

$$\mathrm{d}L = \mathrm{d}N\cos\alpha \approx \mathrm{d}N = -\rho V_{\infty}\mathrm{d}\Gamma$$

(1) 求环量。由环量表达式

$$\Gamma = \int\mathrm{d}\Gamma = -\int_0^c\gamma(\xi)\mathrm{d}\xi = -\int_0^{\pi}\gamma(\theta)\frac{c}{2}\sin\theta\mathrm{d}\theta =$$

$$-cV_{\infty}\int_0^{\pi}\left[A_0(1+\cos\theta) + \sum_{n=1}^{\infty}A_n\sin(n\theta)\sin\theta\right]\mathrm{d}\theta$$

将已知的定积分关系式

$$\int_0^{\pi}(1+\cos\theta)\mathrm{d}\theta = \pi, \int_0^{\pi}\sin(n\theta)\sin\theta\mathrm{d}\theta = \begin{cases} \dfrac{\pi}{2}, n=1 \\ 0, n \neq 1 \end{cases}$$

代入上式,得到翼型总的环量表达式

$$\Gamma = -\pi c V_\infty \left(A_0 + \frac{A_1}{2} \right) \tag{4.2.26}$$

则升力表达式为

$$L = \pi c \rho V_\infty^2 \left(A_0 + \frac{A_1}{2} \right) \tag{4.2.27}$$

从而升力系数为

$$c_1 = \frac{L}{\dfrac{1}{2} \rho V_\infty^2 c} = \pi (2A_0 + A_1) \tag{4.2.28}$$

升力线斜率为

$$c_a = \frac{\mathrm{d} c_1}{\mathrm{d} \alpha} = 2\pi \frac{\mathrm{d} A_0}{\mathrm{d} \alpha} + \pi \frac{\mathrm{d} A_1}{\mathrm{d} \alpha}$$

考虑到 $\dfrac{\mathrm{d} A_0}{\mathrm{d} \alpha} = 1, \dfrac{\mathrm{d} A_1}{\mathrm{d} \alpha} = 0$, 可有

$$c_a = 2\pi \tag{4.2.29}$$

　　该式表明升力线斜率等于常数, 即升力系数与攻角的关系是线性的。于是, 由图 4.1.11 可有

$$c_1 = c_a (\alpha - \alpha_0) = 2\pi (\alpha - \alpha_0) \tag{4.2.30}$$

式中, α_0 为零升攻角, 即升力系数为零时对应的攻角。由式 (4.2.30) 求得

$$\alpha_0 = \alpha - \frac{c_1}{c_a}$$

　　则攻角 $\alpha = 0$ 时的升力系数为 $c_{10} = -c_a \alpha_0 = -2\pi \alpha_0$。再将 c_1, c_a 的表达式及式 (4.4.25) 代入上式得

$$\alpha_0 = \alpha - \frac{2A_0 + A_1}{2} = \alpha - \frac{1}{2} \left[2 \left(\alpha - \frac{1}{\pi} \int_0^\pi \frac{\mathrm{d} y_f}{\mathrm{d} x} \mathrm{d} \theta_0 \right) + \frac{2}{\pi} \int_0^\pi \frac{\mathrm{d} y_f}{\mathrm{d} x} \cos \theta_0 \mathrm{d} \theta_0 \right] =$$

$$\frac{1}{\pi} \int_0^\pi \frac{\mathrm{d} y_f}{\mathrm{d} x} (1 - \cos \theta_0) \mathrm{d} \theta_0 \tag{4.2.31}$$

　　式 (4.2.31) 表明, 当翼型存在弯度时, 零升攻角不为零, 且零升攻角的绝对值随弯度增加而增大。当 $\theta_0 \to 0$ 时, 式中等号右端的被积函数为零; 当 $\theta_0 \to \pi$ 时, $(1 - \cos \theta_0) > 0$。另外, 对于有 (正) 弯度的翼型, 在翼型后段即 $\theta_0 \to \pi$ 的附近, 有 $\dfrac{\mathrm{d} y_f}{\mathrm{d} x} < 0$。因而 $\alpha_0 < 0$, 即零升攻角一般为负。

　　(2) 求相对前缘的力矩系数。由于翼型微元段 $\mathrm{d} \xi$ 产生的升力

$$\mathrm{d} L = \mathrm{d} N \cos \alpha \approx \mathrm{d} N = -\rho V_\infty \mathrm{d} \Gamma = \rho V_\infty \gamma (\xi) \mathrm{d} \xi$$

　　一般情况下, 力臂通常从翼型前缘沿弦线方向测量, 而升力是与来流垂直而不是与弦线 (即 x 轴) 垂直的, 则升力对前缘的力臂应为 $\xi \cos \alpha$, 考虑到薄翼型、小攻角的假设, 也可以认为 $\xi \cos \alpha \approx \xi$。于是合力矩可写为

$$M_{\mathrm{LE}} = -\int_0^c \mathrm{d} L \xi \cos \alpha \approx -\int_0^c \mathrm{d} L \xi = -\rho V_\infty \int_0^c \gamma (\xi) \xi \mathrm{d} \xi$$

考虑式 (4.2.22) 及 $\xi = \dfrac{c}{2} (1 - \cos \theta), \mathrm{d} \xi = \dfrac{c}{2} \sin \theta \mathrm{d} \theta$ 等, 得

$$M_{\mathrm{LE}} = -\frac{\pi}{4}\rho V_\infty^2 c^2 \left(A_0 + A_1 - \frac{A_2}{2}\right) \tag{4.2.32}$$

而对前缘的力矩系数为

$$c_{\mathrm{mLE}} = \frac{M_{\mathrm{LE}}}{\frac{1}{2}\rho V_\infty^2 c^2} = -\frac{\pi}{2}\left(A_0 + A_1 - \frac{A_2}{2}\right) = -\left[\frac{c_1}{4} + \frac{\pi}{4}(A_1 - A_2)\right] \tag{4.2.33}$$

（3）求焦点位置。由于相对焦点的力矩系数满足关系式

$$c_{\mathrm{mac}} = c_{\mathrm{mLE}} + \frac{x_{\mathrm{ac}}}{c}c_1$$

将式（4.2.33）代入上式，得

$$c_{\mathrm{mac}} = -\left[\frac{c_1}{4} + \frac{\pi}{4}(A_1 - A_2)\right] + \frac{x_{\mathrm{ac}}}{c}c_1 = \left(\frac{x_{\mathrm{ac}}}{c} - \frac{1}{4}\right)c_1 - \frac{\pi}{4}(A_1 - A_2) \tag{4.2.34}$$

根据 $\dfrac{\mathrm{d}c_{\mathrm{mac}}}{\mathrm{d}\alpha} = \dfrac{\mathrm{d}c_{\mathrm{mac}}}{\mathrm{d}c_1}\dfrac{\mathrm{d}c_1}{\mathrm{d}\alpha} = 0$ 这一条件可得到 x_{ac} 的数值，即

$$\left(\frac{x_{\mathrm{ac}}}{c} - \frac{1}{4}\right)\frac{\mathrm{d}c_1}{\mathrm{d}\alpha} = \left(\frac{x_{\mathrm{ac}}}{c} - \frac{1}{4}\right)2\pi = 0$$

可知焦点在 1/4 弦长处，即

$$x_{\mathrm{ac}} = \frac{c}{4} \tag{4.2.35}$$

由于相对于焦点的力矩与攻角无关，即使攻角小至零升攻角 α_0 即升力为零时，力矩仍不变，故称零升力矩。将式（4.2.35）代入式（4.2.34）就得到零升力矩系数，即

$$c_{\mathrm{mac}} = c_{\mathrm{m},1/4} = \frac{\pi}{4}(A_2 - A_1) \tag{4.2.36}$$

（4）求压力中心的位置。由压力中心定义可有

$$x_{\mathrm{cp}} = -\frac{c_{\mathrm{mLE}}}{c_1}c = \frac{\frac{c_1}{4} + \frac{\pi}{4}(A_1 - A_2)}{c_1}c = \frac{c}{4}\left[1 + \frac{\pi}{c_1}(A_1 - A_2)\right]$$

再将式（4.2.30）代入上式，得

$$x_{\mathrm{cp}} = \frac{c}{4}\left(1 + \frac{1}{2}\frac{A_1 - A_2}{\alpha - \alpha_0}\right) \tag{4.2.37}$$

由于对于有弯度的大部分翼型可以保证

$$A_1 - A_2 = \frac{2}{\pi}\int_0^\pi \frac{\mathrm{d}y_{\mathrm{f}}}{\mathrm{d}x}(\cos\theta_0 - \cos 2\theta_0)\mathrm{d}\theta_0 > 0$$

因此压力中心一般在 1/4 弦长以后的位置，且随攻角 α 增大，压力中心前移。此外，式（4.2.36）表明，零升力矩一般是负的，使得翼型低头。

例 4.2.1 有攻角的平板翼型气动力特性。

解 对于平板有 $\dfrac{\mathrm{d}y_{\mathrm{f}}}{\mathrm{d}x} = 0$，可知 $A_0 = \alpha, A_1 = A_2 = \cdots = A_n = 0$。于是得：

（1）面涡强度。

$$\gamma(\theta) = 2V_\infty \alpha \cot\frac{\theta}{2}$$

由于

$$\cot\frac{\theta}{2}=\sqrt{\frac{1+\cos\theta}{1-\cos\theta}}=\sqrt{\frac{2-\dfrac{2\xi}{c}}{\dfrac{2\xi}{c}}}=\sqrt{\frac{c-\xi}{\xi}}$$

即面涡强度还可写成

$$\gamma(x)=2V_\infty\alpha\sqrt{\frac{c-x}{x}}$$

（2）环量。

$$\Gamma=-\pi cV_\infty\left(A_0+\frac{A_1}{2}\right)=-\pi\alpha cV_\infty$$

（3）升力。

$$L=\pi c\rho V_\infty^2\left(A_0+\frac{A_1}{2}\right)=\pi\alpha c\rho V_\infty^2$$

升力系数

$$c_1=\pi(2A_0+A_1)=2\pi\alpha$$

升力线斜率

$$c_\alpha=\frac{\mathrm{d}c_1}{\mathrm{d}\alpha}=2\pi$$

（4）零升攻角。

$$\alpha_0=\alpha-\frac{c_1}{c_\alpha}=0$$

对 1/4 弦长处力矩

$$c_{\mathrm{m},1/4}=\frac{\pi}{4}(A_2-A_1)=0$$

即焦点位于 1/4 弦长处。

压力中心

$$x_{\mathrm{cp}}=\frac{c}{4}\left(1+\frac{1}{2}\frac{A_1-A_2}{\alpha-\alpha_0}\right)=\frac{c}{4}$$

（5）翼型上 y 向扰动速度。

$$v_y=\frac{\partial\varphi_\mathrm{f}}{\partial y}=V_\infty\left(\frac{\mathrm{d}y_\mathrm{f}}{\mathrm{d}x}-\alpha\right)=-V_\infty\alpha$$

图 4.2.7 给出了均匀流以小攻角绕流平板的图谱及涡强分布。可以看出，由于平板上、下表面的压强必是垂直于平板表面的，若不考虑黏性作用，则平板所受的气动合力 $\boldsymbol{R}$（就是法向力 N）也是垂直于平板表面的。将其沿来流方向分解，将出现一个与来流方向同向的分力，即

$$N\sin\alpha\approx N\alpha\approx L\alpha=\pi\alpha^2 c\rho V_\infty^2$$

这个力看似是"阻力"，但二维物体的无黏势流中是不可能出现阻力的，因此一定存在一个与来流方向相反、大小等于 $L\alpha$ 的力作用在平板上，以满足平板不受阻力的要求，这个力就是前缘吸力 F 沿来流方向的分量。前缘吸力的来源可以从图 4.2.7 中看出，由于前驻点位于平板下表面的前缘后不远处，有部分气流将从下表面绕前缘流到上表面，即出现前缘的绕流效应。因为在研究本流动问题时，平板前缘厚度是不被考虑的，即前缘半径为零，所以前

图 4.2.7 平板绕流

缘处的速度趋于无穷大,压强趋于负无穷大。负无穷大的前缘压强与零面积的前缘共同作用的结果就是形成有限大小的前缘吸力。严格说来,前缘吸力的指向并不是来流方向的相反方向,而是沿平板板面方向,其在来流方向投影的数值等于平板表面的法向压强沿来流方向投影的数值。于是,前缘吸力、前缘吸力系数分别为

$$F \approx F\cos \alpha = -L\alpha = -\pi\alpha^2 c\rho V_\infty^2 , c_F = -2\pi\alpha^2$$

而前缘吸力在升力方向投影的数值为 $F\sin \alpha \approx \pi\alpha^3 c\rho V_\infty^2$,当攻角较小时,该值远小于升力 $L = \pi\alpha c\rho V_\infty^2$,故可忽略不计。

例 4.2.2 无攻角($\alpha = 0$)的弯板翼型气动力特性。

解 将翼型的所有几何尺寸都取对翼型弦长的比值。设弯板曲线方程为

$$y_f = 4fx(1-x)$$

故有

$$\frac{\mathrm{d}y_f}{\mathrm{d}x} = 4f(1-2x) = 4f\cos \theta_0$$

于是得

$$A_0 = \alpha - \frac{4f}{\pi}\int_0^\pi \cos \theta_0 \mathrm{d}\theta_0 = \alpha = 0$$

$$A_1 = \frac{4f}{\pi}\int_0^\pi \cos^2 \theta_0 \mathrm{d}\theta_0 = 4f, \quad A_2 = A_3 = \cdots = A_n = 0$$

因此

(1) $\gamma(\theta) = 2V_\infty\alpha\cot \dfrac{\theta}{2} + 8V_\infty f\sin \theta = 2V_\infty\alpha \sqrt{\dfrac{1-x}{x}} + 16V_\infty f \sqrt{x(1-x)} = 16V_\infty f\sqrt{x(1-x)}$。

(2) $\Gamma = -\pi V_\infty\left(A_0 + \dfrac{A_1}{2}\right) = -\pi(\alpha + 2f)_\infty = -2\pi V_\infty f$。

(3) $L = \pi\rho V_\infty^2\left(A_0 + \dfrac{A_1}{2}\right) = \pi(\alpha + 2f)\rho V_\infty^2 = 2\pi\rho V_\infty^2 f, c_1 = 2\pi(\alpha + 2f) = 4\pi f, c_\alpha = 2\pi$。

(4) $\alpha_0 = -2f, c_{m,1/4} = -\pi f, x_{cp} = \dfrac{c}{4}\left(1 + \dfrac{1}{2}\dfrac{A_1 - A_2}{\alpha - \alpha_0}\right) = \dfrac{c}{4}\left(1 + \dfrac{1}{2}\dfrac{4f}{\alpha + 2f}\right) = \dfrac{c}{2}$。

(5) $v_y = V_\infty \left(\dfrac{\mathrm{d} y_f}{\mathrm{d} x} - \alpha \right) = V_\infty [4f(1-2x) - \alpha] = 4f(1-2x)V_\infty$。

(6) 对于前缘吸力,考虑到它在来流方向的投影应与翼型所受到的压强在来流方向的投影相互抵消,并考虑到弯板条件下有 $\dfrac{\mathrm{d} y_+}{\mathrm{d} x} = \dfrac{\mathrm{d} y_-}{\mathrm{d} x} = \dfrac{\mathrm{d} y_f}{\mathrm{d} x}$ 成立,于是仿照式(4.1.3)直接写出

$$F \approx F\cos \alpha = -\lim_{\varepsilon \to 0} \int_\varepsilon^1 \left[p_+ \left(\frac{\mathrm{d} y_f}{\mathrm{d} x} - \alpha \right) - p_- \left(\frac{\mathrm{d} y_f}{\mathrm{d} x} - \alpha \right) \right] \mathrm{d} x =$$
$$\lim_{\varepsilon \to 0} \int_\varepsilon^1 (p_- - p_+) \left(\frac{\mathrm{d} y_f}{\mathrm{d} x} - \alpha \right) \mathrm{d} x$$

式中,$\varepsilon = \dfrac{r_1}{c} \to 0$ 表示前缘半径无穷小。由于

$$\mathrm{d} L = (p_- - p_+)\mathrm{d} x, \mathrm{d} L = -\rho V_\infty \mathrm{d} \Gamma = \rho V_\infty \gamma(x) \mathrm{d} x$$

于是得到

$$p_- - p_+ = \rho V_\infty \gamma(x) \text{ 或} (C_p)_- - (C_p)_+ = \frac{2\gamma(x)}{V_\infty}$$

因此

$$c_F = \lim_{\varepsilon \to 0} \frac{2}{V_\infty} \int_\varepsilon^1 \gamma(x) \left(\frac{\mathrm{d} y_f}{\mathrm{d} x} - \alpha \right) \mathrm{d} x =$$
$$\lim_{\varepsilon \to 0} \frac{2}{V_\infty} \int_\varepsilon^1 \left[2V_\infty \alpha \sqrt{\frac{1-x}{x}} + 16 V_\infty f \sqrt{x(1-x)} \right] [4f(1-2x) - \alpha] \mathrm{d} x =$$
$$-2\pi\alpha^2 = 0$$

图 4.2.8 给出了均匀流无攻角绕流弯板的图谱及涡强分布。由于前缘恰好为驻点,没有绕前缘的流动,因而也就没有前缘处无穷大的涡强及前缘吸力。翼型前半段上某点所受到的力与后半段对应点所受到的力大小相等、方向相反,故相互抵消。

图 4.2.8　均匀流无攻角绕流弯板的图谱及涡强分布

4.3　任意形状翼型绕流的面涡法

在前文所述的薄翼理论推导过程中,对翼型的厚度、弯度、攻角等做了近似假设,所以该理论只适用于小攻角下薄翼型的气动力特性计算。在翼型厚度小于 12% 的情况下,薄翼理论的计算结果与实验结果吻合良好。但是,许多低速飞行器的翼型厚度都是大于 12% 的,而且大、中攻角(如飞行器起降过程)时的气动力特性也是值得关注的问题。因此,需要建立一个可以针对任意形状、厚度的翼型在任意飞行姿态下的气动力特性计算方法。下面将

要介绍的面涡法就是一种可以计算厚翼型气动力特性的方法。

如图 4.3.1 所示,对于一个均匀来流中的具有任意形状、厚度的翼型,将面涡布置在翼型表面而不是中弧线上。为了使翼型表面成为流线,一般需采用数值方法确定适当的面涡强度分布。将翼型表面等分成 n 个直线面涡元,设在面元 $j(j=1,2,\cdots,n)$ 上的旋涡强度的线密度 γ_j 为未知的常数,且不同面元上的 γ_j 是变化的。取每个面元的中点为控制点,并在该点满足翼面边界条件即流动在每一控制点处的法向速度为零。面涡法的主要思想就是求解出 $\gamma_j(j=1,2,\cdots,n)$,使得翼型表面为流线且满足后缘库塔条件。

图 4.3.1　翼型面涡法的数值解法示意图

设点 $P(x,y)$ 为流场中的任意点,r_{Pj} 为点 P 到第 j 个面元上任意点的距离,r_{Pj} 与 x 轴夹角为 θ_{Pj},s_j 为第 j 个面元的长度。由式(4.2.4)可知,第 j 个面元对点 P 产生的速度势为

$$\Delta\phi_j = -\frac{1}{2\pi}\int_{s_j}\theta_{Pj}\gamma_j\,\mathrm{d}s_j = -\frac{\gamma_j}{2\pi}\int_{s_j}\theta_{Pj}\,\mathrm{d}s_j \qquad (4.3.1)$$

式中,$\theta_{Pj}=\arctan\dfrac{y-y_j}{x-x_j}$。所有面元对点 P 产生的速度势可写为

$$\phi(P) = -\sum_{j=1}^{n}\frac{\gamma_j}{2\pi}\int_{s_j}\theta_{Pj}\,\mathrm{d}s_j \qquad (4.3.2)$$

由于点 P 为流场中的任意点,若将其放在第 i 个面元的控制点处,并令该控制点的坐标为 (x_I,y_I),则得到所有面元对第 i 个面元的控制点诱导的速度势为

$$\phi(x_I,y_I) = -\sum_{j=1}^{n}\frac{\gamma_j}{2\pi}\int_{s_j}\theta_{Ij}\,\mathrm{d}s_j \qquad (4.3.3)$$

式中,$\theta_{Ij}=\arctan\dfrac{y_I-y'_j}{x_I-x'_j}$,$x'_j$,$y'_j$ 为第 j 个面元上不同点的坐标。

在所有控制点处,流动的法向速度为零,而在控制点处的速度为均匀流与所有面涡元对该控制点诱导速度的叠加。均匀流 V_∞ 在第 i 个面元的控制点处的法向速度分量,以及所有面涡元对该控制点诱导的法向速度分别为

$$V_{\infty n}=V_\infty\cos\beta_I,\quad V_n=\frac{\partial\phi(x_I,y_I)}{\partial n_I}=-\sum_{j=1}^{n}\frac{\gamma_j}{2\pi}\int_{s_j}\frac{\partial\theta_{Ij}}{\partial n_I}\mathrm{d}s_j$$

式中,n_I 为第 i 个面元的法线方向,而 β_I 为该面元的法线方向与无穷远来流方向的夹角。于是,翼面边界条件可写为

$$-\sum_{j=1}^{n}\frac{\gamma_j}{2\pi}\int_{s_j}\frac{\partial\theta_{Ij}}{\partial n_I}\mathrm{d}s_j + V_\infty\cos\beta_I = 0 \qquad (4.3.4)$$

式（4.3.4）即为面涡法的控制方程。其中的积分只与面元所取的几何形状有关，而与来流状态无关。令 $J_{Ij} = \int_{s_j} \dfrac{\partial \theta_{Ij}}{\partial n_I} \mathrm{d}s_j$，且有

$$\frac{\partial \theta_{Ij}}{\partial n_I} = \frac{\partial}{\partial n_I} \left(\arctan \frac{y - y'_j}{x - x'_j} \right) \Bigg|_{\substack{x = x_I \\ y = y_I}} =$$

$$\left[1 + \left(\frac{y_I - y'_j}{x_I - x'_j} \right)^2 \right]^{-1} - \left[\frac{y_I - y'_j}{(x_I - x'_j)^2} \frac{\partial x}{\partial n_I} + \frac{1}{x_I - x'_j} \frac{\partial y}{\partial n_I} \right] \Bigg|_{\substack{x = x_I \\ y = y_I}}$$

而 $\dfrac{\partial x}{\partial n_I}\Big|_{\substack{x=x_I \\ y=y_I}} = (n_x)_I$，$\dfrac{\partial y}{\partial n_I}\Big|_{\substack{x=x_I \\ y=y_I}} = (n_y)_I$，$(n_x)_I$，$(n_y)_I$ 分别为 n_I 在 x，y 方向的分量。则当控制点取在第 i 个面元时，式（4.3.4）可写为

$$- \sum_{j=1}^n \frac{\gamma_j}{2\pi} J_{Ij} + V_\infty \cos \beta_I = 0 \tag{4.3.5}$$

式（4.3.5）即为第 i 个面元控制点处的翼面边界条件，它是一个线性代数方程，其未知数为 n 个即 $\gamma_j (j = 1, 2, \cdots, n)$。如果将式（4.3.5）用于所有面元的控制点处，就可以得到有 n 个未知数的 n 阶线性代数方程组。但是，在采用面涡法求解翼型气动力特性时，除了需要满足式（4.3.5）外，还需满足库塔条件即后缘处 $\gamma(c) = 0$。通常将上、下翼面紧靠后缘的面元取得很小，如图 4.3.1 中的第 $i, i-1$ 个面元，这样一来，库塔条件可表示为

$$\gamma_i + \gamma_{i-1} = 0 \tag{4.3.6}$$

于是，在流动求解中，为了满足库塔条件，式（4.3.6）必须同时考虑。但是，由于针对所有面元强度的式（4.3.5）和针对库塔条件的式（4.3.6）组成了一个超定方程组，即 $n+1$ 方程中只有 n 个未知数。为了使方程组适定，必须将式（4.3.5）中的针对某个控制点的方程舍去。

求得 γ_i 后，则得到绕翼型的环量、升力、力矩等为

$$\Gamma = - \sum_{j=1}^n \gamma_j s_j, \quad L = \rho V_\infty \sum_{j=1}^n \gamma_j s_j, \quad M_{\mathrm{LE}} = - \rho V_\infty \sum_{j=1}^n \gamma_j s_j x_j \tag{4.3.7}$$

至于翼型表面的切向速度可以这样得到，如图 4.3.2 所示，由于只关心翼型表面的流动，故可以认为紧靠翼型表面内侧的所有点的速度 $v_{\tau-}$ 为零。于是，由式（4.2.3）可知

$$\gamma(s) = v_{\tau+} - v_{\tau-} = v_{\tau+} \tag{4.3.8}$$

即翼型表面外侧各点的速度等于当地旋涡强度的线密度。在得到了翼型表面的速度分布后，便可由伯努利方程得到翼型表面的压力分布。

上述数值解法包括攻角、弯度及厚度的综合作用，计算公式也较简单。计算结果表明，只要 n 值取得足够大、面元沿翼型表面布置的比较合理，数值解与实验结果符合较好。若每个面元强度分布改为线性或其他分布，计算结果更好。图 4.3.3 给出了 9° 攻角时 NACA 0012 翼型压强系数分布的面涡计算结果与精确势流理论结果的对比，可以看出二者极为一致。面涡法还是有如下问题需要注意：

（1）如果每个面元都假定涡强为常数，则这种数值方法的精度是一阶的。有时需要在前缘和后缘布置大量的点，否则精度不够。

（2）为了使方程的数目与未知量的数目相等，需要在式（4.3.5）中舍弃一个方程，而到底舍弃哪一个，具有随意性，这对计算结果有影响。

（3）这样算得的涡强分布往往是不连续变化的，有时出现数值振荡。

为了解决这些问题,研究者发展了各种各样的改进方法,在此不再赘述。

图 4.3.2　翼型表面速度　　　　　　　　图 4.3.3　翼型表面压力分布

4.4　低速机翼的气动特性

前面已经讨论了低速翼型的空气动力学特性,翼型的气动力特性与各剖面形状相同的无限展长机翼的气动力特性是一样的。也就是说,无限展长机翼绕流流场是平行的平面流场,垂直于翼展方向各翼型剖面的流场完全一样。然而,所有真实飞行器的机翼都是有限展长的,由于翼梢的存在,机翼沿展向不同位置处的流动就可能不一样了。下面将利用已经掌握的翼型气动特性知识分析有限展长机翼的气动特性。

4.4.1　机翼的几何参数及气动参数定义

如图 4.4.1(a) 所示,对机体坐标系定义如下:x 轴为机体轴线方向且向后为正,y 轴为机翼竖轴且向上为正,在机体对称面内 y 轴与 x 轴正交,z 轴为机翼横轴且与 x 轴、y 轴构成右手坐标系,当俯看机体且机头向上时,z 轴向左为正。坐标原点一般取在机翼头部顶点(如后掠机翼),也常取在翼根的 1/4 弦点处(如平直机翼)。此外,出于机翼的空气动力学特性研究的需要,通常采用参考机翼的概念,即机翼除了它露在机身外面的部分之外,还包括嵌在机身里面,直至机体轴线的那部分。

图 4.4.1(b) 给出了几种典型机翼的平面形状。所谓机翼的平面形状是指机翼在 xOz 平面投影的形状。按平面形状不同,机翼可分为矩形机翼、椭圆形机翼、梯形机翼、后(前)掠机翼和三角形机翼等。早期低速飞机机翼大多采用矩形机翼,现在则采用梯形机翼,高速飞机则采用后掠机翼或三角形机翼。图 4.4.1(c)、(d) 给出了机翼的平面几何参数及其他几何参数的定义。

(1) 展长 l。它是机翼两侧翼尖之间的距离。有时也用到机翼长度的概念,即单侧机翼外露部分沿展向的长度,展长是两倍的机翼长度再加上机身的直径。

(2) 弦长 $c(z)$。它是机翼展向剖面的前缘与后缘之间的距离,是展向坐标 z 的函数。对于矩形机翼,弦长为常数。对于一般机翼,根弦 c_0(翼根是参考机翼在机身轴线即 $z=0$ 处的部分)和尖弦 c_1(翼尖是机翼最外侧即 $z=\pm\dfrac{l}{2}$ 处的部分)不一样大。平均气动弦长定义为

图 4.4.1　机翼的几何参数

$$c_A = \frac{2}{S} \int_0^{\frac{l}{2}} \left[c(z) \right]^2 \mathrm{d}z$$

式中，S 指机翼面积。该式用于纵向力矩系数的参考长度。当量弦长定义为 $c_{\mathrm{cp}} = \dfrac{S}{l}$，即把机翼当成矩形机翼，然后计算得到弦长。

（3）机翼面积 S。机翼面积有两个概念，一个是参考面积，指机翼在水平面（即 xOz 平面）的投影面积，包括嵌在机身里面的那部分，可表示为 $S = 2 \int_0^{l/2} c(z) \mathrm{d}z$；另一个是表面积，指露在机身外面的机翼的表面面积（曲面面积），也称浸润面积。如果不做强调，一般指参考面积。整个飞行器（包括机身）的浸润面积与机翼投影的参考面积的比值在飞行器设计中也是一个重要参数，参考面积决定了升力的大小，而浸润面积决定力摩擦阻力的大小，故浸润面积与参考面积之比越小，则升阻比越大。

（4）展弦比：$\lambda = \dfrac{l^2}{S} = \dfrac{l}{c_{\mathrm{cp}}}$。它反映了展长与弦长的比值，对于矩形机翼，它就是展长与弦长的比值。

（5）根梢比：$\eta = \dfrac{c_0}{c_1}$。它是翼根弦长与翼尖弦长的比值。

（6）后掠角 χ。它是机翼前缘或某条连接翼根、翼尖的直线与 z 轴的夹角。直前缘、直后缘、1/4 弦线、1/2 弦线对应的后掠角分别记为 $\chi_0, \chi_1, \chi_{1/4}, \chi_{1/2}$。而对于矩形机翼，上面的几个后掠角都是零。

(7) 几何扭转角 $\varphi(z)$。它是不同展向位置的翼型弦线与根弦的夹角。上扭为正,称上洗;下扭为负,称下洗。扭转使得不同展向位置的翼型的几何攻角不同。通常取翼尖处的扭转角 φ_1 为特征扭转角,对于简单的线性扭转机翼有 $\varphi(z) = \dfrac{z}{l/2}\varphi_1$。一般采用负的几何扭转即 $\varphi_1 = -2° \sim -4°$。除几何扭转外,还可采用气动扭转,如果在不同展向位置采用不同的翼型(但翼型弦线共面),那么当地零升攻角就不同,不同展向位置的零升攻角与翼根零升攻角的差称为气动扭转角。

(8) 上(下)反角 ψ。它是左、右两个机翼弦平面与 xOz 平面的夹角。定义上反为正,下反为负。通常机翼的 $\psi = +7° \sim -3°$,低速机翼采用一定的上反角可改善横向稳定性。

下面介绍机翼的气动参数。设整个机翼所受升力、阻力及绕 z 轴力矩为 L, D, M_0(抬头力矩为正),则升力、阻力、力矩的系数定义分别为

$$C_L = \frac{L}{\frac{1}{2}\rho V_\infty^2 S}, C_D = \frac{D}{\frac{1}{2}\rho V_\infty^2 S}, C_{m_z} = \frac{M_0}{\frac{1}{2}\rho V_\infty^2 S c_A} \tag{4.4.1}$$

4.4.2　有限翼展机翼的旋涡分析

对于无限长(矩形)翼展机翼,垂直于机翼横轴(z 轴)的所有剖面上的流动都是相同的二维流动,因而机翼上、下表面压强差所产生的升力或环量沿翼展是不变的。然而,流体流经有限翼展机翼时,由于翼尖存在、弦长随展向变化、机翼扭转、机翼后掠等因素,会出现三维效应,或者说绕有限翼展机翼的流动是三维的。下面以翼尖效应为例来考虑三维效应。机翼产生升力的原因是机翼下表面的压力整体上高于上表面的压力,但是到了翼尖处,机翼上、下表面流体是接触在一起的,下表面的高压空气将在该处绕过翼尖流至上表面,形成如图 4.4.2(a) 所示的情况。这将导致如下现象:

(1) 在翼尖处,上、下表面流体接触,从而压力基本相等,因而翼尖处没有压差,也就不产生升力(或环量为零)。由于流动是连续的,必然出现从翼尖至翼根的升力沿展向变化的情况,即单位展向长度机翼所受到的升力是逐渐增加的,图 4.4.2(a) 给出了升力沿机翼展向的变化曲线,升力作用点取在各个翼型剖面的气动中心处。由于升力来自于机翼上、下表面压强差的积分,那么它的变化表明沿翼展方向存在着的压力梯度,并导致出现展向流动。翼尖处的压力通常取机翼上、下表面翼尖处压力的折中值(或者说翼尖处的流动将自行调整至某个折中的压力值),即对于上表面来说翼尖压力提高了,而下表面翼尖处的压力是下降的。因此,展向压强变化的结果导致气流在机翼上表面由翼尖偏斜向翼根流动,而在下表面则由翼根偏斜向翼尖流动。

(2) 由于机翼上、下表面的气流速度方向不同,因而当它们在机翼后缘处相会时,将形成一个机翼上表面气流向内流动而下表面气流向外流动的速度不连续面(即分离面)。当然,在实际的黏性流体中并不会出现速度不连续的现象,但会形成一个很薄、速度梯度极大的剪切流区域。无论是无黏流中的速度不连续面,还是有黏流中的强剪切流区,都将导致机翼后缘处卷起许多沿展向分布的旋涡。由于这种涡的轴线沿流向,又在后缘产生,故通常称为流向涡或尾涡。显然,翼尖附近的那些尾涡是较强烈的。这些连续分布的尾涡流向下游时,会互相缠绕,并在翼尖内侧合并为两个对向旋转、环量大小相等、轴向基本与气流方向重合的大涡,通常称翼尖旋涡或翼梢旋涡、自由涡、尾涡等。对于像波音 747 那样的大型飞机,

图 4.4.2　机翼绕流的三维示意图

其机翼向下游拖出的翼梢旋涡的强度足可以使紧随其后飞行的小飞机失去控制。此外,如果从分离面的角度出发,也可以说是分离面顺下游方向向上卷起而形成两个翼梢旋涡,如图 4.4.2(b) 所示。

(3) 对于绕有限翼展机翼的三维流动,升力是由绕每个翼型剖面的环量产生的,这个环量代表着附着在该翼型剖面上的附着涡的强度,而附着涡也可以用一个强度为 $\Gamma < 0$ 的顺时针旋转的集中点涡来模拟。若将这个点涡置于某个翼型剖面的翼弦上的某个位置(如焦点)处,并将不同展向位置的点涡连接起来,就形成了一个沿展向的附着涡系。那么,对于无后掠(或后掠角很小)、大展弦比(如 $\lambda \geqslant 5.0$)的直机翼,可以用一个单独的附着涡系来代替机翼上的升力分布(或者说替代物理机翼)。如图 4.4.2(c) 所示,附着涡与翼梢旋涡组成了机翼三维流场中的旋涡系统,翼梢旋涡一直拖到无穷远处。其实,若考虑机翼的非定常启动过程,则附着涡、翼梢旋涡应该与流场下游远后方的启动涡共同形成一个封闭的旋涡系统。不过,为了主要研究机翼周围的流动过程,假设机翼由静止开始运动已经经历了一段很长的时间。在这种情况下,涡系就只是由机翼上的附着涡系和两个无限长(因为旋涡不能在流体中中断)的翼梢旋涡组成。

(4) 考察机翼三维流场中的旋涡系统,由比奥－萨伐尔公式可知,翼梢旋涡将在翼型剖面上引起一个不大的 y 向的诱导速度,由于该速度是向下的,称为下洗速度,并用 v_{yi} 表示。如果前面所讲的附着涡系代替物理机翼假设成立,下洗速度就作用在附着涡系的(展向)轴线上,即图 4.4.2(c) 中的 z 轴。此外,如果将附着涡看作是一个直涡线,它不会对其自身产生诱导速度。由于翼梢旋涡是从翼尖发出、沿 x 轴拖至无穷远处的,因而可近似将其看作是一条半无限长的直涡线。若将坐标原点放在附着涡的中点处,则 z 轴上坐标为 z 的任意点处由两个翼梢旋涡共同作用引起的下洗速度可由式(3.1.13)得到,即

$$v_{yi} = \frac{-\Gamma'}{4\pi\left(\dfrac{b}{2} - z\right)} + \frac{\Gamma'}{4\pi\left(-\dfrac{b}{2} - z\right)} = -\frac{\Gamma'}{4\pi\left(\dfrac{b}{2} - z\right)} - \frac{\Gamma'}{4\pi\left(\dfrac{b}{2} + z\right)} =$$

$$-\frac{\Gamma'}{4\pi}\frac{b}{\left(\dfrac{b}{2}\right)^2 - z^2}$$

式中,Γ' 表示翼梢旋涡所具有的环量的数值。

如图 4.4.2(d) 所示,由于下洗速度 v_{yi} 的存在,机翼每个剖面的实际有效速度 V_e 为无穷远处来流速度 V_∞ 与下洗速度 v_{yi} 的矢量和,称 V_e 为等效来流速度。这使得产生升力的攻角即等效攻角 α_{eff}(V_e 与翼弦间的夹角)与几何攻角 α(V_∞ 与翼弦间的夹角)相比减少了 $\Delta\alpha$,称 $\Delta\alpha$ 为下洗角,即

$$\alpha_{\text{eff}} = \alpha - \Delta\alpha \tag{4.4.2}$$

当地翼型剖面有效攻角的减小,一方面将使得升力下降(因为升力与攻角有关),另一方面,由于当地翼型剖面的升力方向与等效来流方向垂直,而等效来流已经不是水平方向,于是垂直于等效来流的升力在水平方向有一分量,这个分量就是由于下洗存在而产生的阻力,称为诱导阻力,用 D_i 表示。诱导阻力在理想二维翼型上是不存在的,它是由于有限翼展机翼的翼梢处存在拖向下游的翼梢旋涡而“额外”产生的,或者说,是因为下洗角的出现使得当地翼型剖面有效攻角减小而在来流方向形成的阻力。诱导阻力与流体的黏性无关,即使流动中不存在摩擦阻力或分离现象,机翼上也会出现沿自由来流方向的明显的阻力。此外,下面两种说法也可以解释诱导阻力的产生机制。其一是翼梢旋涡改变了有限翼展机翼表面的压力分布,使得机翼在来流方向的压力不能互相抵消、平衡,于是产生了阻力,从这一角度出发,可以将诱导阻力视为“压差阻力”。其二,翼梢旋涡具有较大的平动和转动动能,不断向下游运动的翼梢旋涡所需的能量也在不断增加,这个能量只能由飞行器的动力装置(如发动机)持续做功才能补充。由于翼梢旋涡的能量没有可利用之处,所以由动力装置提供的这部分能量是浪费掉的。实际上,这部分由动力装置转移到翼梢旋涡的额外能量正是动力装置提供的克服诱导阻力的动力。

应该注意的是,机翼升力是由机翼上、下表面的压强差产生的,而这种压强差也是翼尖处出现翼梢旋涡的原因。因而,诱导阻力与有限翼展机翼的升力的产生有关,故常被称为升致阻力。显然,机翼不可能毫无代价地产生升力,而诱导阻力就是产生升力的代价,飞行器的动力装置用来克服诱导阻力的能量也就是用来产生升力的能量。

4.4.3　升力线理论

有限翼展机翼的三维效应使得直接通过无旋流理论确定绕机翼流动的速度势函数是非常困难的。前面的定性分析表明,从升力特性看,有限翼展机翼与无限翼展机翼的主要区别是环量沿展向是变化的,以及机翼后出现了许多从后缘拖出的自由尾涡。不过,对于大展弦比(如 $\lambda \geqslant 5.0$)直机翼小攻角下的绕流来说,展向流动并不严重,或者说各翼型剖面上的展

向速度分量以及其他流动参数沿展向的变化,比起其他两个方向上的速度分量以及流动参数的变化要小得多,因而可以近似地把每个剖面上的流动看作是均匀流绕一个"孤立"的翼型剖面的二维平面流动,而不同展向剖面的二维流动由于受不同的尾涡的影响彼此又是不相同的。这种从局部剖面看是二维流动,从整个机翼的全体剖面看又是三维流动的假设被称为剖面假设。剖面假设实际上是准二维流动假设,机翼的展弦比 λ 越大,这种假设越接近实际,当 $\lambda \to \infty$ 时,该假设就是准确的。基于剖面假设,就不必去求三维流动的速度势函数,而只要设法得到环量沿翼展方向的分布函数,然后对每个翼型剖面应用库塔—儒科夫斯基定理求出该剖面的升力,最后再沿翼展积分即得到整个机翼所受的总升力。需要指出的是,对于后(前)掠机翼而言,侧向的压强梯度较大,导致展向流动一般较强,剖面假设也就不能成立了。

为了求出环量沿翼展方向的分布,需要对机翼和自由尾涡做出近似,为此普朗特建立了升力线理论。它包括以下几方面内容:

(1) 将数量很多的、具有有限厚度的尾涡用一个无限薄(没有厚度)的突跃面来代替,称为尾涡面。此外,对于大展弦比机翼,尾涡面的卷起和弯曲主要发生在远离机翼的地方。因此,在所研究的机翼附近区域内,假设这个尾涡面既不卷起也不耗散,始终保持为平面,从机翼后缘向流动的下游方向延伸至无穷远处。这样一来,均匀流绕大展弦比直机翼流动的气动模型可视为均匀流与附着涡面、尾涡面的组合。

(2) 将附着涡面、尾涡面用无数条 Π 形马蹄涡的叠加来模拟,如图 4.4.3 所示。图中的每条马蹄涡应该这样理解:它是一条涡线,而且有两个直角折转,中间垂直于来流方向的那段涡线长短是不一样的,用于体现该条马蹄涡对整个附着涡面所产生升力的"一部分"贡献;平行于来流方向的两段涡线延伸至下游无穷远处,既模拟了"一部分"尾涡面,又满足了涡线(或旋涡)不能在流体中中断的旋涡定理。需要强调的是,既然 Π 形马蹄涡是一条涡线,那么沿马蹄涡线的强度(即环量)就是不变的,即垂直于来流的那段涡线与平行于来流的两段涡线的环量(或涡线强度)均等于 $d\Gamma < 0$。环量之所以小于零,是因为本书约定逆时针方向的环量为正,而图中箭头按习惯画成了顺时针方向。不过,如果不是沿涡线的绕行方向,而是按坐标系观察,也可以认为两个成对出现的尾涡涡线环量大小相等、符号相反,它们在翼展内的强度之和为零;而垂直于来流的那段涡线环量,则与远方启动涡的逆时针方向环量互相抵消。这仍然是符合旋涡强度守恒定理的。

(3) 无数条长短不相同的马蹄涡的中间那段涡线叠加而成了"整个"附着涡系,可代替机翼的升力作用。可以看出,沿展向各剖面上通过的涡线数目不同,靠近翼展中间的剖面通过的涡线较多,环量(或升力)较大;随着离翼展中心,翼型剖面通过的涡线变少,环量(或升力)减小;而翼尖处的剖面无涡线通过,环量(或升力)为零。因而,无数条马蹄涡的中间那段涡线的叠加结果就模拟了机翼环量(或升力)的展向变化。这样处理后还会发现,叠加了 n 条马蹄涡的中间涡线的翼型剖面,与叠加了 $n+1$ 条涡线的相邻翼型剖面之间的环量变化量就等于这两个相邻剖面间拖出的尾涡强度,即机翼展向某点的环量变化量正好等于该点向后拖出的涡线强度。

(4) 对于大展弦比直机翼,由于弦长比展长小得多,因此可近似地将机翼上的附着涡系合并为一条展向变强度的附着涡线,并认为各翼型剖面的升力就作用在该线上,称为升力线假设。由于低速翼型的焦点位于 1/4 弦长处,因而通常将各翼型剖面的 1/4 弦长处的点连

图 4.4.3   大展弦比直机翼的涡系模型

接为一条弦线(称 1/4 弦线),并将附着涡线放在该弦线上,此即为升力线。基于升力线模型建立起来的机翼理论称为升力线理论。

如图 4.4.4 所示,当采用升力线假设时,绕机翼流动的气动模型就简化为均匀流与附着涡线、尾涡面的组合。此时,由于这条附着涡线上的强度是沿展向连续变化的,基于涡管强度沿涡管保持不变的原理,展向任一位置处的附着涡线强度的变化,必然由沿来流方向向后拖出的、强度与附着涡线环量变化量相同的尾涡来补偿。在图 4.4.4 中,x 轴顺来流方向向后,z 轴与升力线(即附着涡线)重合且指向左半机翼,y 轴与 x 轴、z 轴构成右手坐标系,指向上方。尾涡面与 xOz 平面重合,各尾涡涡线沿 x 轴方向拖向 $+\infty$。设附着涡线在展向位置 ξ 处的强度为 $\Gamma(\xi) < 0$(因为顺时针方向的环量才能产生向上的升力)。对于图示情况,在 $z > 0$ 的机翼半段上,环量绝对值是沿 z 轴正方向递减的,故有 $\mathrm{d}\Gamma > 0$,因而在 $\xi + \mathrm{d}\xi$ 处的涡强可写为 $\Gamma(\xi) + \dfrac{\mathrm{d}\Gamma}{\mathrm{d}\xi}\mathrm{d}\xi$,意味着 $\mathrm{d}\xi$ 微段拖出的半无限长尾涡的涡强为 $\dfrac{\mathrm{d}\Gamma}{\mathrm{d}\xi}\mathrm{d}\xi$。需要注意的是,$\mathrm{d}\Gamma > 0$ 是沿 z 轴正方向对环量变化情况进行分析得到的,并不代表物理上尾涡涡线就是逆时针旋转的,因为若将 z 轴正方向取图示的相反方向,就会得到 $\mathrm{d}\Gamma < 0$ 的结论。所以,在下面应用比奥-萨伐尔公式计算尾涡对升力线上任一点的诱导速度时,还是要根据尾涡的真实(物理)旋转方向确定诱导速度的正负。假设机翼后掠角较小,附着涡线就近似与尾涡涡线垂直,且附着涡在其自身轴线(即升力线)上任一点的诱导速度可忽略。因此,可以只考虑尾涡对升力线的诱导速度。根据比奥-萨伐尔公式,位于展向位置为 ξ、强度为 $\dfrac{\mathrm{d}\Gamma}{\mathrm{d}\xi}\mathrm{d}\xi$ 的半无限长尾涡涡线,对升力线上任一点 z 处诱导的下洗速度(定义向下为正)为

$$\mathrm{d}v_{yi}(z) = -\frac{\dfrac{\mathrm{d}\Gamma}{\mathrm{d}\xi}\mathrm{d}\xi}{4\pi(z-\xi)} = \frac{\dfrac{\mathrm{d}\Gamma}{\mathrm{d}\xi}\mathrm{d}\xi}{4\pi(\xi-z)} \tag{4.4.3}$$

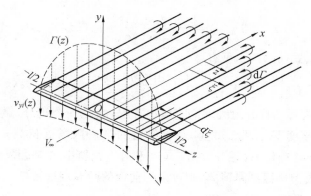

图 4.4.4　沿升力线的诱导速度

由于图 4.4.4 中 $z-\xi<0$，而 z 处的诱导速度方向应向下且定义为正值，因而添加了一个负号以保证式（4.4.3）左、右的正、负一致。将式（4.4.3）积分，得到整个尾涡面在升力线上任一点 z 处产生的总的下洗速度为

$$v_{yi}(z) = \int_{-\frac{l}{2}}^{\frac{l}{2}} \frac{1}{4\pi(\xi-z)}\frac{\mathrm{d}\Gamma(\xi)}{\mathrm{d}\xi}\mathrm{d}\xi \tag{4.4.4}$$

对于图中给出的那条位于 ξ 的尾涡来说，它对升力线上 $z-\xi>0$ 的点诱导的速度是向上的，式（4.4.3）也是符合这一物理情况的。对 $z<0$ 的机翼半段可做类似分析。总之，式（4.4.4）积分后得到的整个尾涡面对升力线上任一点 z 诱导的总的下洗速度一般为正值，即是向下的。根据图 4.4.2(d) 给出的几何关系，并考虑到一般情况下 $v_{yi}(z)$ 远小于 V_∞，下洗角 $\Delta\alpha$ 是一个很小的角度，至多达几度，可得到升力线上任一展向位置处的下洗角 $\Delta\alpha(z)$ 与当地下洗速度 $v_{yi}(z)$ 间的关系式，即

$$\Delta\alpha(z) \approx \tan\Delta\alpha = \frac{v_{yi}(z)}{V_\infty} \tag{4.4.5}$$

将式（4.4.4）与式（4.4.5）联立，得到下洗角与升力线环量分布之间的关系：

$$\Delta\alpha(z) = \frac{1}{4\pi V_\infty}\int_{-\frac{l}{2}}^{\frac{l}{2}} \frac{1}{\xi-z}\frac{\mathrm{d}\Gamma(\xi)}{\mathrm{d}\xi}\mathrm{d}\xi \tag{4.4.6}$$

此外，如果机翼存在扭转，几何攻角 α 也是展向位置的函数，否则为常数。不失一般性，定义几何攻角为 $\alpha(z)$，则式（4.4.2）可写为

$$\alpha_{\mathrm{eff}}(z) = \alpha(z) - \Delta\alpha(z) \tag{4.4.7}$$

基于剖面假设，可以将展向位置 z 处的翼型剖面看成是有等效攻角的二维翼型，即在分析翼型剖面的气动力特性时，相关计算公式中的攻角应该取等效攻角。因此，某展向位置 z 处的当地翼型剖面升力系数可参考式（4.2.30）写出

$$c_1(z) = c_a\big[\alpha_{\mathrm{eff}}(z) - \alpha_0(z)\big] \tag{4.4.8}$$

与前面的分析类似，如果机翼存在扭转，零升攻角 α_0 也是展向位置的函数，否则为常数。不失一般性，式（4.4.8）中也定义零升攻角为 $\alpha_0(z)$。再由升力系数的定义和库塔—儒科夫斯基定理，针对当地翼型剖面可得

$$L(z) = \frac{1}{2}\rho V_\infty^2 c_1(z)c(z) = -\rho V_\infty \Gamma(z) \text{ 或 } c_1(z) = -\frac{2\Gamma(z)}{V_\infty c(z)}$$

于是得

$$\alpha_{\text{eff}}(z) = -\frac{2\Gamma(z)}{V_\infty c(z)c_a} + \alpha_0(z) \tag{4.4.9}$$

结合式(4.4.6)、式(4.4.7),可有

$$-\frac{2\Gamma(z)}{V_\infty c(z)c_a} + \frac{1}{4\pi V_\infty}\int_{-\frac{l}{2}}^{\frac{l}{2}} \frac{\mathrm{d}\Gamma(\xi)}{\mathrm{d}\xi}\frac{\mathrm{d}\xi}{\xi - z} = \alpha(z) - \alpha_0(z) \tag{4.4.10}$$

式(4.4.10)即为普朗特升力线理论的基本方程,它是一个积分、微分混合方程。由于方程中的自由来流速度 V_∞ 为已知量,对于给定的某有限翼展机翼,当地翼型剖面弦长 $c(z)$、几何攻角 $\alpha(z)$ 是确定值,零升攻角 $\alpha_0(z)$ 和升力线斜率 c_a 都和翼型剖面有关,也是已知的。如果机翼各翼型剖面都是薄翼,则可采用前面的薄翼理论结果:

$$\begin{cases} c_a = 2\pi \\ \alpha_0 = \frac{1}{\pi}\int_0^\pi \frac{\mathrm{d}y_f}{\mathrm{d}x}(1 - \cos\theta_0)\mathrm{d}\theta_0 \end{cases} \tag{4.4.11}$$

因此,式(4.4.10)中唯一未定的参数就是 $\Gamma(z)$。求解该方程即可得到升力线上环量沿展向变化规律,进而得到机翼的升力、诱导阻力等其他气动力参数。

机翼的单位展向长度上所受到(垂直于等效来流方向)的力满足二维翼型的库塔-儒科夫斯基定理,即

$$\frac{\mathrm{d}R}{\mathrm{d}z} = -\rho V_\infty \Gamma(z)$$

沿展向积分得到总的力为

$$R = -\rho V_\infty \int_{-\frac{l}{2}}^{\frac{l}{2}} \Gamma(z)\mathrm{d}z \tag{4.4.12}$$

将其投影到垂直于自由来流的方向,并把这个分量定义为沿 y 轴的升力,则得

$$L = \int_{-\frac{l}{2}}^{\frac{l}{2}} \cos[\Delta\alpha(z)]\mathrm{d}R \approx \int_{-\frac{l}{2}}^{\frac{l}{2}} \mathrm{d}R = -\rho V_\infty \int_{-\frac{l}{2}}^{\frac{l}{2}} \Gamma(z)\mathrm{d}z \tag{4.4.13}$$

而诱导阻力则是式(4.4.12)沿自由来流方向的投影分量,即

$$D_i = \int_{-\frac{l}{2}}^{\frac{l}{2}} \sin[\Delta\alpha(z)]\mathrm{d}R \approx \int_{-\frac{l}{2}}^{\frac{l}{2}} \Delta\alpha(z)\mathrm{d}R = -\rho V_\infty \int_{-\frac{l}{2}}^{\frac{l}{2}} \Gamma(z)\Delta\alpha(z)\mathrm{d}z \tag{4.4.14}$$

而与 V_∞ 垂直和平行的机翼升力系数、阻力系数则可写为

$$C_L = -\frac{2}{V_\infty S}\int_{-\frac{l}{2}}^{\frac{l}{2}} \Gamma(z)\mathrm{d}z, \quad C_{Di} = -\frac{2}{V_\infty S}\int_{-\frac{l}{2}}^{\frac{l}{2}} \Gamma(z)\Delta\alpha(z)\mathrm{d}z \tag{4.4.15}$$

4.4.4　基于升力线理论的有限翼展机翼气动力特性

在普朗特升力线理论中,求得式(4.4.10)的解是得到有限翼展机翼气动力特性的关键。但是该方程只在少数特殊情况下才能得到精确的解析解,椭圆形环量分布是其中最重要的一种。因此,在讨论式(4.4.10)的一般解之前,先讨论一下这种简单却很有实用意义的情况。

如图4.4.5所示,考虑如下形式的环量分布:

$$\Gamma(z) = \Gamma_0 \sqrt{1 - \left(\frac{z}{l/2}\right)^2} \quad \text{或} \quad \left[\frac{\Gamma(z)}{\Gamma_0}\right]^2 + \left(\frac{z}{l/2}\right)^2 = 1 \qquad (4.4.16)$$

式中，$\Gamma_0 (<0)$ 为机翼对称平面（$z=0$）上绝对值最大的（负）环量值。显然，式(4.4.16)表示沿展向按椭圆规律分布的环量，由库塔 — 儒科夫斯基定理推知，机翼升力也是按椭圆规律分布的。此外，$\Gamma(\pm l/2) = 0$ 表明翼尖处的环量及升力为零。对式(4.4.16)微分可得

$$\frac{\mathrm{d}\Gamma}{\mathrm{d}\xi} = -\frac{4\Gamma_0}{l^2} \frac{\xi}{\sqrt{1 - 4\xi^2/l^2}}$$

图 4.4.5　椭圆环量分布及合成的下洗速度

将上式代入式(4.4.4)中，得

$$v_{yi}(z) = -\frac{\Gamma_0}{\pi l^2} \int_{-\frac{l}{2}}^{\frac{l}{2}} \frac{\xi}{(\xi - z)\sqrt{1 - 4\xi^2/l^2}} \mathrm{d}\xi$$

做如下变量置换，即

$$z = -\frac{l}{2}\cos\theta, \quad \xi = -\frac{l}{2}\cos\theta_1, \quad \mathrm{d}\xi = \frac{l}{2}\sin\theta_1 \mathrm{d}\theta_1$$

$z = -\dfrac{l}{2}, \dfrac{l}{2}$ 分别对应 $\theta = 0, \theta = \pi$。此时可有 $\Gamma(\theta) = \Gamma_0 \sin\theta$。诱导速度也可写为 θ 的函数形式，即

$$v_{yi}(\theta) = -\frac{\Gamma_0}{2\pi l} \int_0^\pi \frac{\cos\theta_1}{\cos\theta_1 - \cos\theta} \mathrm{d}\theta_1$$

再利用公式

$$\int_0^\pi \frac{\cos(n\theta_1)}{\cos\theta_1 - \cos\theta} \mathrm{d}\theta_1 = \pi \frac{\sin(n\theta)}{\sin\theta}$$

得

$$v_{yi} = -\frac{\Gamma_0}{2l} > 0 \qquad (4.4.17)$$

以及

$$\Delta\alpha = \frac{v_{yi}}{V_\infty} = -\frac{\Gamma_0}{2lV_\infty} > 0 \qquad (4.4.18)$$

即椭圆形环量分布时，沿展向的下洗速度和下洗角是不变的常值。翼展 $\pm l/2 \to \pm\infty$ 时，$v_{yi}, \Delta\alpha$ 都将趋于零。如果机翼是无（几何及气动）扭转的，则几何攻角（与几何扭转有

关)、零升攻角(与气动扭转有关)、等效攻角、剖面升力线斜率、剖面升力系数等沿展向也是不变的。

由式(4.4.13)可知,机翼升力可写为

$$L = -\rho V_\infty \Gamma_0 \int_{-\frac{l}{2}}^{\frac{l}{2}} \sqrt{1 - \frac{4z^2}{l^2}} \, \mathrm{d}z$$

做变换 $z = -\frac{l}{2}\cos\theta$, $\mathrm{d}z = \frac{l}{2}\sin\theta\mathrm{d}\theta$,得

$$L = -\rho V_\infty \Gamma_0 \frac{l}{2} \int_0^\pi \sin^2\theta\mathrm{d}\theta = -\rho V_\infty \Gamma_0 \frac{l}{4}\pi \tag{4.4.19}$$

考虑到 $L = \frac{1}{2}\rho V_\infty^2 S C_L$,于是由式(4.4.19)可以得

$$\Gamma_0 = -\frac{4L}{\rho V_\infty l\pi} = -\frac{2V_\infty S C_L}{l\pi} \quad \text{或} \quad C_L = -\frac{\Gamma_0 l\pi}{2V_\infty S} \tag{4.4.20}$$

将式(4.4.20)代入式(4.4.18),并考虑到展弦比 $\lambda = l^2/S$,可有

$$\Delta\alpha = \frac{SC_L}{l^2\pi} = \frac{C_L}{\lambda\pi} \tag{4.4.21}$$

该式给出了下洗角与机翼升力系数之间的关系。由于 $\Delta\alpha$ 为常数,则诱导阻力系数可简化为

$$C_{Di} = -\frac{2\Delta\alpha}{V_\infty S} \int_{-\frac{l}{2}}^{\frac{l}{2}} \Gamma(z)\mathrm{d}z = -\frac{\Delta\alpha\pi l\Gamma_0}{2V_\infty S}$$

将式(4.4.20)、式(4.4.21)代入上式,得

$$C_{Di} = \frac{C_L^2}{\lambda\pi} \tag{4.4.22}$$

式(4.4.22)表明,诱导阻力系数与升力系数的平方成正比,所以当 C_L 增大时,C_{Di} 急剧增大。尤其是当飞行器低速起飞或着陆时,C_L 较高,诱导阻力就占了总阻力的大部分。即使是在高速巡航阶段,诱导阻力依然占据全部阻力的 25% 左右。用式(4.4.22)计算得到的诱导阻力系数和展弦比 $\lambda = 5.0$ 的机翼测量值的对比示于图 4.4.6 中,这是用 $C_L \sim C_{Di}$ 曲线表示的(称为极曲线),体现了机翼的升阻特性。由图 4.4.6 可知,在攻角小于 20° 时,二者非常一致,它们的差几乎是个常数,这个差值源自机翼表面摩擦阻力,但在式(4.4.22)中并没有考虑在内。因此,一般将机翼的阻力系数写成

图 4.4.6　阻力系数的实验结果与理论值对比

$$C_D = C_{D0} + kC_L^2$$

式中,C_{D0} 是零升阻力系数,包括黏性阻力、型阻(与几何攻角、零升攻角有关);kC_L^2 是与升力有关的阻力系数。

下面再来考虑机翼的升力系数。单位翼展长度翼型的升力可表示为

$$\frac{\mathrm{d}L}{\mathrm{d}z} = \frac{1}{2}\rho V_\infty^2 c_1(z) c(z)$$

因而升力系数可写为

$$C_L = \frac{L}{\frac{1}{2}\rho V_\infty^2 S} = \frac{1}{S}\int_{-\frac{l}{2}}^{\frac{l}{2}} c_1(z) c(z)\mathrm{d}z$$

考虑到式(4.4.7)、式(4.4.8)及式(4.4.21),则有

$$c_1(z) = c_\alpha[\alpha(z) - \Delta\alpha(z) - \alpha_0(z)] = c_\alpha\left[\alpha(z) - \frac{C_L}{\lambda\pi} - \alpha_0(z)\right]$$

对于无扭转的椭圆机翼,$\alpha(z)$,$\alpha_0(z)$ 沿展向均为常数,因此

$$C_L = \left[c_\alpha\left(\alpha - \frac{C_L}{\lambda\pi} - \alpha_0\right)\right]\frac{1}{S}\int_{-\frac{l}{2}}^{\frac{l}{2}} c(z)\mathrm{d}z = c_\alpha\left(\alpha - \frac{C_L}{\lambda\pi} - \alpha_0\right)$$

由上式解得

$$C_L = \frac{c_\alpha}{1 + \frac{c_\alpha}{\lambda\pi}}(\alpha - \alpha_0) \tag{4.4.23}$$

考虑下洗效应的机翼升力线斜率由二维翼型的 c_α 变为 $c_\alpha\left(1 + \frac{c_\alpha}{\lambda\pi}\right)^{-1}$,即有限翼展机翼的升力线斜率小于无限翼展机翼。此外,式(4.4.22)、式(4.4.23)还表明,诱导阻力系数与展弦比 λ 成反比,而升力线斜率随 λ 增加而增大。因而,为降低有限翼展机翼阻力和增大升力起见,应尽量增大机翼的展弦比。不过,大展弦比机翼也对结构强度提出了更为苛刻的要求,因而飞行器机翼展弦比的选取应综合考虑空气动力学和结构力学的要求。

最后来分析椭圆形环量分布所对应的机翼平面形状,即弦长分布 $c(z)$。对于翼型剖面,有

$$\frac{1}{2}\rho V_\infty^2 c_1(z) c(z) = -\rho V_\infty \Gamma(z) \text{ 或 } c_1(z)c(z) = -\frac{2\Gamma(z)}{V_\infty}$$

在机翼对称平面($z = 0$)上,上式写为

$$c_1(0)c_0 = -\frac{2\Gamma_0}{V_\infty}$$

若假设机翼无扭转,前面的分析结果已经表明,剖面升力系数 c_1 沿展向是不变的。于是由上面两式得

$$\frac{c(z)}{c_0} = \frac{\Gamma(z)}{\Gamma_0} = \sqrt{1 - \left(\frac{z}{l/2}\right)^2} \tag{4.4.24}$$

即椭圆形环量分布机翼的各剖面弦长沿展向也是椭圆形分布的,称为椭圆形机翼。由于升力线取在机翼的 $1/4$ 弦线上,所以该椭圆是以 $l/2$ 为长轴,分别取 $\frac{c_0}{4}$,$\frac{3c_0}{4}$ 为短轴的两个半椭圆合并而成的"椭圆形",如图 4.4.5 所示。

椭圆形机翼的环量分布是椭圆形的,是升力线理论中最为简单的解析解。虽然根据升力线理论可以证明,椭圆形机翼是相同展弦比下具有最佳升阻特性的机翼平面形状(后面将会介绍),但因结构和工艺上的复杂性现已极少采用,目前广泛采用矩形翼和梯形翼。应用升力线理论在给定攻角下求解这些非椭圆翼的 $\Gamma(z)$ 可使用三角级数法。

与前面类似,作变量置换,$z=-\dfrac{l}{2}\cos\theta,\xi=-\dfrac{l}{2}\cos\theta_1,\mathrm{d}\xi=\dfrac{l}{2}\sin\theta_1\mathrm{d}\theta_1$,当 θ 从 0 至 π 时,z 由 $-l/2$ 变成 $l/2$,再将 Γ 转化为 θ 的函数,则式(4.4.10)可写成

$$-\frac{2\Gamma(\theta)}{V_\infty c(\theta)c_\alpha}+\frac{1}{2\pi V_\infty l}\int_0^\pi\frac{\mathrm{d}\Gamma(\theta_1)}{\mathrm{d}\theta_1}\frac{\mathrm{d}\theta_1}{\cos\theta-\cos\theta_1}=\alpha(\theta)-\alpha_0(\theta)\qquad(4.4.25)$$

将环量展开为如下级数形式:

$$\Gamma(\theta)=-2lV_\infty\sum_{n=1}^\infty A_n\sin(n\theta)\qquad(4.4.26)$$

将式(4.4.26)代入式(4.4.25),得到确定级数系数 A_n 的方程,即

$$\frac{4l}{c(\theta)c_\alpha}\sum_{n=1}^\infty A_n\sin(n\theta)-\frac{1}{\pi}\sum_{n=1}^\infty\int_0^\pi A_n n\frac{\cos(n\theta_1)}{\cos\theta-\cos\theta_1}\mathrm{d}\theta_1=\alpha(\theta)-\alpha_0(\theta)$$

利用定积分公式

$$\int_0^\pi\frac{\cos(n\theta_1)}{\cos\theta_1-\cos\theta}\mathrm{d}\theta_1=\pi\frac{\sin(n\theta)}{\sin\theta}\ \text{或}\int_0^\pi\frac{\cos(n\theta_1)}{\cos\theta-\cos\theta_1}\mathrm{d}\theta_1=-\pi\frac{\sin(n\theta)}{\sin\theta}$$

并记 $\mu(\theta)=\dfrac{c(\theta)c_\alpha}{4l}$,将上式化简为

$$\sum_{n=1}^\infty[\sin\theta+n\mu(\theta)]A_n\sin(n\theta)=\mu(\theta)[\alpha(\theta)-\alpha_0(\theta)]\sin\theta\qquad(4.4.27)$$

式(4.4.27)为无穷级数方程,没有解析解,一般采用近似方法求解。若在级数中保留 K 项,则称为 K 级近似,可有

$$\sum_{n=1}^K[\sin\theta+n\mu(\theta)]A_n\sin(n\theta)=\mu(\theta)[\alpha(\theta)-\alpha_0(\theta)]\sin\theta$$

这样,有 K 个未知数 $A_n(n=1,2,\cdots,K)$ 待求。为此,取 K 个角度值 $\theta=\theta_1,\theta_2,\cdots,\theta_K$,令式(4.4.27)在取这些角度时成立,即

$$\sum_{n=1}^K[\sin\theta_i+n\mu(\theta_i)]A_n\sin(n\theta_i)=\mu(\theta_i)[\alpha(\theta_i)-\alpha_0(\theta_i)]\sin\theta_i,i=1,2,\cdots,K$$

$$(4.4.28)$$

这样就得到了确定 $A_n(n=1,2,\cdots,K)$ 的 K 个方程。为了简便,取

$$\theta_1=\frac{\pi}{K},\theta_2=\frac{2\pi}{K},\cdots,\theta_K=\pi$$

一般情况下,由于机翼在展向存在对称面,从而 $\Gamma(\theta)=\Gamma(\pi-\theta)$,于是

$$\sum_{n=1}^K A_n\sin(n\theta)=\sum_{n=1}^K A_n\sin[n(\pi-\theta)]$$

考虑到关系式

$$\sin[n(\pi-\theta)]=\begin{cases}-\sin(n\theta),n=2k\\\sin(n\theta),n=2k+1\end{cases}$$

则有

$$\sum_{k=1}^K 2A_{2k}\sin(2k\theta)=0$$

由于上式对任意 θ 都是成立的,因此必有 $A_{2k}=0$,即只需确定系数 $A_1,A_3,A_5,\cdots$,而且

由于对称性,还可以只在一半平面考虑问题,从而可以在 $0 < \theta \leqslant \dfrac{\pi}{2}$ 范围内取 θ_i,图 4.4.7 给出了 $\Gamma(\theta)$ 的合成示意图。可以看出,椭圆形环量分布是式(4.4.26)只取一项时的最简单情况,即

图 4.4.7　环量的合成

$$\Gamma(\theta) = -2lV_\infty A_1 \sin\theta$$

由于

$$\Gamma_0 = \Gamma\left(\frac{\pi}{2}\right) = -2lV_\infty A_1$$

于是可以得到

$$\Gamma(\theta) = \Gamma_0 \sin\theta$$

将其作相反的变量置换,即为式(4.4.16)给出的环量分布公式。

得到环量分布函数中的系数后,就可以求出下洗角、升力系数、诱导阻力系数等。由式(4.4.6)、式(4.4.26)及变量置换关系可有

$$\Delta\alpha(z) = \frac{1}{4\pi V_\infty} \int_{-\frac{l}{2}}^{\frac{l}{2}} \frac{1}{\xi - z} \frac{\mathrm{d}\Gamma(\xi)}{\mathrm{d}\xi} \mathrm{d}\xi =$$

$$\frac{1}{4\pi V_\infty} \int_0^\pi \frac{2}{l} \frac{1}{\cos\theta - \cos\theta_1} \left[-2lV_\infty \sum_{n=1}^\infty nA_n \cos(n\theta_1) \mathrm{d}\theta_1 \right]$$

即

$$\Delta\alpha(\theta) = -\frac{1}{\pi} \sum_{n=1}^\infty nA_n \int_0^\pi \frac{\cos(n\theta_1)}{\cos\theta - \cos\theta_1} \mathrm{d}\theta_1$$

再利用已知的定积分公式

$$\int_0^\pi \frac{\cos(n\theta_1)}{\cos\theta - \cos\theta_1} \mathrm{d}\theta_1 = -\pi \frac{\sin(n\theta)}{\sin\theta}$$

上式可化简为

$$\Delta\alpha(\theta) = \sum_{n=1}^\infty nA_n \frac{\sin(n\theta)}{\sin\theta} = A_1 \left[1 + \frac{1}{A_1} \sum_{n=2}^\infty nA_n \frac{\sin(n\theta)}{\sin\theta} \right] \tag{4.4.29}$$

将式(4.4.26)、式(4.4.29)代入式(4.4.15),得到整个机翼的升力系数表达式为

$$C_L = -\frac{2}{V_\infty S} \int_{-\frac{l}{2}}^{\frac{l}{2}} \Gamma(z) \mathrm{d}z = \frac{2l^2}{S} \sum_{n=1}^\infty A_n \int_0^\pi \sin(n\theta) \sin\theta \mathrm{d}\theta$$

考虑到

$$\int_0^\pi \sin(n\theta) \sin\theta \mathrm{d}\theta = \begin{cases} \pi/2, & n = 1 \\ 0, & n > 1 \end{cases}$$

于是

$$C_L = \frac{l^2}{S} \pi A_1 = \pi\lambda A_1 \tag{4.4.30}$$

根据前面的分析可知,对于无扭转机翼,考虑式(4.4.29),C_L 还可写成

$$C_L = \frac{L}{\frac{1}{2}\rho V_\infty^2 S} = \frac{1}{S} \int_{-\frac{l}{2}}^{\frac{l}{2}} c_1(z) c(z) \mathrm{d}z = \frac{1}{S} \int_{-\frac{l}{2}}^{\frac{l}{2}} c_a \left\{ \left[\alpha - \Delta\alpha(z) - \alpha_0 \right] \right\} c(z) \mathrm{d}z =$$

$$c_\alpha \left\{ (\alpha - \alpha_0) - \frac{1}{S} \int_0^\pi A_1 \left[1 + \sum_{n=2}^\infty n \frac{A_n \sin(n\theta)}{A_1 \sin\theta} \right] c(\theta) \frac{l}{2} \sin\theta d\theta \right\} =$$

$$c_\alpha \left\{ (\alpha - \alpha_0) - A_1 \left[1 + \frac{l}{2S} \int_0^\pi \sum_{n=2}^\infty n \frac{A_n}{A_1} \sin(n\theta) c(\theta) d\theta \right] \right\}$$

上式中的积分项是一个与机翼平面形状有关的小正数,以 τ 表示,并认为下面关系式近似成立:

$$\tau = \frac{l}{2S} \int_0^\pi \sum_{n=2}^\infty n \frac{A_n}{A_1} \sin(n\theta) c(\theta) \frac{2}{l\sin\theta} \frac{l\sin\theta}{2} d\theta \approx$$

$$\sum_{n=2}^\infty n \frac{A_n}{A_1} \frac{\sin(n\theta)}{\sin\theta} \frac{1}{S} \int_{-\frac{l}{2}}^{\frac{l}{2}} c(z) dz =$$

$$\sum_{n=2}^\infty n \frac{A_n}{A_1} \frac{\sin(n\theta)}{\sin\theta}$$

于是得

$$C_L = c_\alpha \left[(\alpha - \alpha_0) - A_1(1 + \tau) \right] \tag{4.4.31}$$

再将式(4.4.30)代入式(4.4.31),计算后得

$$C_L = \frac{c_\alpha}{1 + \frac{c_\alpha}{\pi\lambda}(1 + \tau)} (\alpha - \alpha_0) \tag{4.4.32}$$

将 τ 的表达式代入式(4.4.29),并考虑式(4.4.30),得到平均下洗角表达式为

$$\Delta\alpha = \frac{C_L}{\pi\lambda}(1 + \tau) \tag{4.4.33}$$

利用 $\Gamma(z), \Delta\alpha(z), dz$ 的变量置换表达式,阻力系数可写为

$$C_{Di} = -\frac{2}{V_\infty S} \int_{-\frac{l}{2}}^{\frac{l}{2}} \Gamma(z) \Delta\alpha(z) dz = \frac{2l^2}{S} \int_0^\pi \left[\sum_{m=1}^\infty A_m \sin(m\theta) \right] \left[\sum_{n=1}^\infty n A_n \sin(n\theta) \right] d\theta$$

利用定积分公式

$$\int_0^\pi \sin(m\theta) \sin(n\theta) d\theta = \begin{cases} \pi/2, & m = n \\ 0, & m \neq n \end{cases}$$

得

$$C_{Di} = \frac{\pi l^2}{S} \sum_{n=1}^\infty n A_n^2 = \pi\lambda \sum_{n=1}^\infty n A_n^2 = \pi\lambda \left(A_1^2 + \sum_{n=2}^\infty n A_n^2 \right) =$$

$$\pi\lambda A_1^2 \left[1 + \sum_{n=2}^\infty n \left(\frac{A_n^2}{A_1^2} \right) \right] \tag{4.4.34}$$

再将式(4.4.30)代入式(4.4.34),得

$$C_{Di} = \frac{C_L^2}{\pi\lambda}(1 + \delta) \tag{4.4.35a}$$

式中,$\delta = \sum_{n=2}^\infty n \left(\frac{A_n^2}{A_1^2} \right) \geqslant 0$,故 $1 + \delta \geqslant 1$。定义 e 为机翼有效系数且 $e = \frac{1}{1 + \delta} \leqslant 1$,则

$$C_{Di} = \frac{C_L^2}{\pi\lambda e} \tag{4.4.35b}$$

将表示一般机翼升力及诱导阻力系数的式(4.4.32)、式(4.4.35)与表示椭圆形机翼升力及诱导阻力系数阻力的式(4.4.23)、式(4.4.22)对比可知,椭圆形机翼具有最大的升力

系数和最小的阻力系数,是一种升阻特性最佳的机翼平面形状。不过,前面已经讲过,椭圆形机翼加工昂贵、工艺复杂,现在已经极少采用,而是广泛采用矩形翼和梯形翼。图 4.4.8 表明,从载荷分布的角度出发,梯形翼无疑是一种较为接近椭圆形机翼气动特性的折中选择,而且具有机翼前、后缘易于加工的优势,通常用来替代椭圆形机翼。

图 4.4.8　各种机翼的下洗速度与剖面升力系数对比

任意平面形状大展弦比直机翼的气动特性,如平均下洗角 $\Delta\alpha$、升力线斜率 c_α、诱导阻力系数 C_{Di},均可以在椭圆形机翼计算公式的基础上通过对 τ,δ 的修正而得到,将前面得到的 $\Delta\alpha,c_\alpha,C_{Di}$ 的计算公式重新写出,即

$$\Delta\alpha = \frac{C_L}{\pi\lambda}(1+\tau), c_\alpha = \frac{c_{\alpha\infty}}{1+\frac{c_{\alpha\infty}}{\pi\lambda}(1+\tau)}, C_{Di} = \frac{C_L^2}{\pi\lambda}(1+\delta) \qquad (4.4.36)$$

式中,$c_{\alpha\infty}$ 表示机翼各翼型剖面的升力线斜率,也可以理解为无限翼展机翼的升力线斜率,若满足薄翼理论,则 $c_{\alpha\infty}=2\pi$;$\tau>0,\delta>0$ 为非椭圆环量的修正系数,取决于机翼平面形状、展弦比 λ 等,可使用三角级数计算。对于椭圆形机翼,显然有 $\tau=0,\delta=0$。

如果有两个大展弦比直机翼,它们由同一翼型组成的,但展弦比分别为 λ_1,λ_2,则根据升力线理论可将其升力特性曲线 $C_L\sim\alpha_\alpha$ 或 $C_L\sim\alpha$、诱导阻力系数互相换算。具体而言,就是对于展弦比为 λ_1 的机翼,当它在某绝对攻角 α_α 下产生的某个升力系数 C_L 已知的情况下,如何计算展弦比为 λ_2 的机翼产生同样的升力系数 C_L 所需的 α_α。由式(4.4.32)及 α_α 的表达式可得到如下关系式:

$$\alpha_\alpha = \alpha - \alpha_0 = \frac{C_L}{c_{\alpha\infty}} + \frac{C_L}{\pi\lambda}(1+\tau)$$

由于两个机翼由同一翼型组成,即 α_0 相同。因而当 C_L 相同时,可有

$$(\alpha_\alpha)_2 = (\alpha_\alpha)_1 + \frac{C_L}{\pi}\left(\frac{1+\tau_2}{\lambda_2} - \frac{1+\tau_1}{\lambda_1}\right) \text{ 或 } \alpha_2 = \alpha_1 + \frac{C_L}{\pi}\left(\frac{1+\tau_2}{\lambda_2} - \frac{1+\tau_1}{\lambda_1}\right) \quad (4.4.37)$$

根据式(4.4.37),可将展弦比为 λ_1 的机翼的 $C_L\sim\alpha_\alpha$ 或 $C_L\sim\alpha$ 曲线换算到展弦比为 λ_2 的机翼上,如图 4.4.9 所示。类似的,利用两机翼的 $c_{\alpha\infty}$ 相等的条件可得

$$c_{\alpha\infty} = \frac{(c_\alpha)_1}{1-\frac{(c_\alpha)_1}{\pi\lambda_1}(1+\tau_1)} = \frac{(c_\alpha)_2}{1-\frac{(c_\alpha)_2}{\pi\lambda_2}(1+\tau_2)} \qquad (4.4.38)$$

而两机翼的诱导阻力系数则满足下面的关系式:

$$(C_{Di})_2 = (C_{Di})_1 + \frac{C_L^2}{\pi}\left(\frac{1+\delta_2}{\lambda_2} - \frac{1+\delta_1}{\lambda_1}\right) \qquad (4.4.39)$$

上述换算公式的正确性已由实验所验证。图 4.4.10(a) 为 $\lambda=1\sim7$ 的矩形翼 $C_L\sim\alpha$ 实验曲线;图 4.4.10(b) 是将图 4.4.10(a) 中所有曲线按式(4.4.37)换算到 $\lambda=5$ 的情况,重

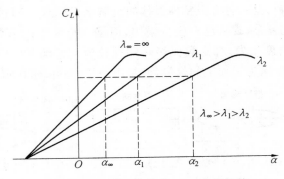

图 4.4.9   不同 λ 值的 $C_L \sim \alpha$ 曲线换算

合性是相当好的。图 4.4.11 是 $\lambda = 1 \sim 7$ 的矩形翼 $C_L \sim C_{Di}$ 曲线按式(4.4.39)换算到 $\lambda = 5$ 的情况,重合性也良好。

图 4.4.10 $C_L \sim \alpha$ 曲线的换算

升力线理论是一种大展弦比直机翼的近似势流理论,其优点是可以明确给出机翼的一些气动力参数。实际计算结果表明,在黏性影响不大的中小攻角情况下,如果 $\lambda \geqslant 5$, $\chi_{1/4} \leqslant 20°$,升力线理论结果与实验值符合较好,可为大展弦比机翼气动设计提供良好的理论基础。但是,升力线理论的应用有一定的范围,在如下情况下不可用:

(1) 攻角很大(出现分离),或雷诺数较低(无黏流假设不再有效),或机翼不是平、薄的(薄翼理论失效)。

(2) 后掠角很大($\chi_{1/4} > 20°$)、展弦比很小($\lambda < 5$)时,升力线模型和剖面假设不再正确。例如,对于 $\lambda < 4$ 的矩形翼,用升力线理论预测的升力线斜率比准确的升力面理论值高 10% 以上;对于 $\lambda = 5$, $\chi = 45°$, $\eta = 1$ 的后掠翼,升力线理论值比升力面理论值高 20%。

图 4.4.11　$C_L \sim C_{Di}$ 曲线的换算

4.4.5　升力面理论与涡格法

对后掠角较大或展弦比较小的机翼,升力线理论和剖面假设均已不能正确地表达实际流动情况和计算其气动特性,而必须采用升力面理论来计算。

1.升力面理论

如图 4.4.12 所示,均匀来流以 V_∞ 流过微弯薄翼,取风轴坐标系,假设机翼上、下表面与xOz 平面很靠近,机翼在该平面的投影称为基本平面。求解大后掠角或中小展弦比机翼的攻角—弯度问题虽然仍可用 Ⅱ 形马蹄涡与均匀流的叠加作为基本解,但不能再用一条直的、变涡强的升力线来替代整个机翼,而是用布置在不同弦线位置处的、与机翼局部后掠角度一致的

图 4.4.12　机翼基本平面上的升力面

无数条升力线来代替机翼。在距前缘 x 距离(指相对于整个机翼的最前缘)的弦向位置处,单位流向(x 轴方向)长度的升力线群的涡强为 $\gamma = \gamma(x,z)$。每条升力线向后拖出无数条尾涡,所有升力线拖出的尾涡叠加在一起,使得位于 x、单位展向(z 轴方向)距离的尾涡强度为 $\delta = \delta(x,z)$。这里的升力线集合与尾涡集合都可以看作是涡线,升力线代表的涡线群与机翼局部后掠角度一致,而尾涡代表的涡线群与 x 轴平行,这些涡线交织的面称为升力面。离开机翼后,升力线不再存在,尾涡线的强度不再是 x 的函数,因而从机翼后缘向后有 $\gamma = 0, \delta = \delta(z)$。在升力面理论中,由于讨论的是小攻角下的微弯薄翼,为计算方便,机翼上的附着涡面和尾涡面均可近似认为位于 xOz 平面内。此外,计算中还发现,当来流攻角较小时,若假设尾涡面平行于机翼轴线方向,对计算精度影响并不大。因此,图 4.4.12 中的坐标系

也可以采用体轴系,但是要注意,体轴系下得到的总的机翼气动力分别沿垂直于来流方向、平行于来流方向的分解才是机翼的升力、阻力。

考虑以 $(\xi,0,\zeta)$ 为中心,沿弦线长度为 $\mathrm{d}\xi$、展向距离为 $\mathrm{d}\zeta$、涡强为 $\gamma\mathrm{d}\xi$、环量方向为近似绕 z 轴顺时针的微元升力线对机翼上任一点 $P(x,0,z)$ 诱导的速度。由比奥-萨伐尔公式得

$$\mathrm{d}v_\gamma = -\frac{\gamma\mathrm{d}\xi}{4\pi}\frac{\mathrm{d}\zeta(x-\xi)}{[(x-\xi)^2+(z-\zeta)^2]^{3/2}} = -\frac{\gamma}{4\pi}\frac{(x-\xi)\mathrm{d}\xi\mathrm{d}\zeta}{[(x-\xi)^2+(z-\zeta)^2]^{3/2}}$$

(4.4.40a)

式中,$\mathrm{d}\zeta(x-\xi)=\mathrm{d}\zeta\dfrac{x-\xi}{\sqrt{(x-\xi)^2+(z-\zeta)^2}}\sqrt{(x-\xi)^2+(z-\zeta)^2}$,表示比奥-萨伐尔公式中的 $|\mathrm{d}\boldsymbol{l}\times r|=|\mathrm{d}\boldsymbol{l}||\boldsymbol{r}|\sin\theta$ 项。类似的,对于考虑以 $(\xi,0,\zeta)$ 为中心,沿弦线长度为 $\mathrm{d}\xi$、展向距离为 $\mathrm{d}\zeta$、涡强为 $\delta\mathrm{d}\zeta$、环量方向为近似绕 x 轴顺时针的微元尾涡线对机翼上任一点 $P(x,0,z)$ 诱导的速度。由比奥-萨伐尔公式得

$$\mathrm{d}v_\delta = -\frac{\delta\mathrm{d}\zeta}{4\pi}\frac{\mathrm{d}\xi(z-\zeta)}{[(x-\xi)^2+(z-\zeta)^2]^{3/2}} = -\frac{\delta}{4\pi}\frac{(z-\zeta)\mathrm{d}\xi\mathrm{d}\zeta}{[(x-\xi)^2+(z-\zeta)^2]^{3/2}}$$

(4.4.40b)

于是,附着涡面和尾涡面对机翼上任一点 $P(x,0,z)$ 的总的诱导速度为

$$v_{yi}(x,z) = -\frac{1}{4\pi}\iint_S \frac{\gamma(x-\xi)+\delta(z-\zeta)}{[(x-\xi)^2+(z-\zeta)^2]^{3/2}}\mathrm{d}\xi\mathrm{d}\zeta \tag{4.4.41}$$

式中,S 为升力面(即机翼在 xOz 平面上的投影,其面积近似等于机翼的参考面积)。

下面考虑机翼表面的边界条件。对于无黏理想流体,机翼表面的边界条件为流体的流动方向与机翼表面相切。若机翼很薄,则可近似用中弧面替代机翼表面。令中弧面坐标由 $y=f(x,z)$ 给出,从而得到描述中弧面形状的方程为

$$F(x,y,z) = y-f(x,z) = 0$$

假设风轴系下的绕机翼流动是一种小扰动流动,即

$$\boldsymbol{V} = (V_\infty+v_x)\boldsymbol{i} + v_y\boldsymbol{j} + v_z\boldsymbol{j}$$

其中,$v_x,v_y,v_z \ll V_\infty$ 分别表示扰动速度分量。于是,流速方向与机翼表面相切可写为

$$v_y|_b = \boldsymbol{V}\cdot\boldsymbol{\nabla}F = (V_\infty+v_x)\frac{\partial F}{\partial x} + v_y\frac{\partial F}{\partial y} + v_z\frac{\partial F}{\partial z} = 0$$

注意到 $\dfrac{\partial F}{\partial x}=-\dfrac{\partial f}{\partial x}$,$\dfrac{\partial F}{\partial y}=1$,$\dfrac{\partial F}{\partial z}=-\dfrac{\partial f}{\partial z}$,并略去高阶小量,上式又可以写成

$$-(V_\infty+v_x)\frac{\partial f}{\partial x} + v_y - v_z\frac{\partial f}{\partial z} = 0 \text{ 或 } v_y|_b - V_\infty\frac{\partial f}{\partial x} = 0$$

将其带入式(4.4.41)中,得

$$\frac{\partial f}{\partial x} = -\frac{1}{4\pi V_\infty}\iint_S \frac{\gamma(x-\xi)+\delta(z-\zeta)}{[(x-\xi)^2+(z-\zeta)^2]^{3/2}}\mathrm{d}\xi\mathrm{d}\zeta \tag{4.4.42}$$

式(4.4.42)即为升力面方程,它就是确定 $\gamma=\gamma(x,z)$,$\delta=\delta(x,z)$ 的积分方程。原则上,只要能通过数学方法解得 $\gamma=\gamma(x,z)$,$\delta=\delta(x,z)$ 的表达式,就可以求得机翼的气动特性。

2.涡格法

用解析的方法求解升力面方程比较困难,多采用数值计算方法,涡格法是升力面理论中

一种比较实用的数值计算方法。如图 4.4.13 所示,涡格法所采用的计算模型和基本计算步骤是:

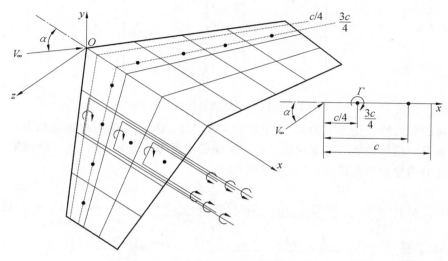

图 4.4.13　涡格法的格子翼示意图

（1）把机翼表面当作一个平面（或者用机翼在 xOz 平面上的投影替代机翼表面）,将机翼沿展向分成若干个平行于 x 轴的列、沿等百分比弦线分成若干行,行列交错形成若干个四边形的微小格子。

（2）每个格子都看成是一个机翼（称格子翼）,并布置一个马蹄涡,该马蹄涡的附着涡线与格子翼的 1/4 弦线重合,两条尾涡涡线从 1/4 弦线的两个端点沿 x 轴伸向下游无穷远处,从而将连续的升力面用有限数目的、离散的马蹄涡替代了。此外,取格子翼的 3/4 弦线的中点作为控制点,并在该控制点上求数值解。之所以将控制点取在 3/4 弦线处,以例 4.2.1 的绕二维平板流动为例说明。按薄翼理论,其环量为 $\Gamma=-\pi\alpha c V_\infty$,处于 1/4 弦线（因为压力中心、焦点均在此处）的强度为 $\gamma=-\Gamma=\pi\alpha c V_\infty$ 的点涡,在 3/4 弦线处诱导的速度为

$$v=\frac{\Gamma}{2\pi\dfrac{c}{2}}=-V_\infty\alpha$$

恰好与来流速度在平板法向方向的分量平衡,自动满足物面边界条件。

（3）每个格子翼的马蹄涡沿其涡线的强度为常值,但不同格子翼的马蹄涡强度不同。

（4）利用比奥－萨伐尔公式分别计算所有格子翼的马蹄涡对某一格子翼的控制点所诱导的速度,再对所有格子翼的诱导作用求和,就得到总的诱导速度。

（5）令诱导速度与来流速度叠加后,在每一格子翼的控制点的法向分量为零,就得到了确定马蹄涡涡强的线性代数方程组。

（6）确定了马蹄涡涡强后,由于这些涡强度与机翼的环量有关,因而与机翼上、下表面的压强差有关,对这些压强差积分即可得到合力、合力矩。

上述放置马蹄涡的网格（即格子翼）称为涡格,相应的气动模型称为涡格模型,求解这个流场数值解的步骤称为涡格法。

假设有 $n=I\times J$ 个格子翼,其中 I,J 分别为沿 x 轴、z 轴方向的格子翼个数。如图 4.4.14 所示,考虑格子翼 (i,j) 上的强度为 $\Gamma_{ij}<0$ 的马蹄涡对某控制点 P 诱导的速度。与

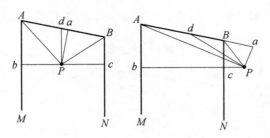

图 4.4.14　马蹄涡对控制点的影响

前面所讲的升力线理论不同的是,这里需要考虑 AM,AB,BN 这三段强度都为 $\Gamma_{ij}<0$ 的涡线段对点 P 的诱导速度。考虑涡线 AM,BN 向后拖至无穷远处,由比奥－萨伐尔公式可知,三段涡线的诱导的总的速度(取向下为正)为

$$v_{yi}=$$

$$-\Gamma_{ij}\left(\frac{\cos\angle MAP+\cos\angle AMP}{4\pi h_{pb}}+\frac{\cos\angle dAP+\cos\angle dBP}{4\pi h_{pa}}+\frac{\cos\angle NBP+\cos\angle BNP}{4\pi h_{pc}}\right)=$$

$$-\Gamma_{ij}\left(\frac{\cos\angle MAP+1}{4\pi h_{pb}}+\frac{\cos\angle dAP+\cos\angle dBP}{4\pi h_{pa}}+\frac{\cos\angle NBP+1}{4\pi h_{pc}}\right)$$

对上式做无量纲处理,得

$$\frac{v_{yi}}{V_\infty}=-\frac{\Gamma_{ij}}{lV_\infty}\left[\frac{\cos\angle MAP+1}{4\pi(h_{pb}/l)}+\frac{\cos\angle dAP+\cos\angle dBP}{4\pi(h_{pa}/l)}+\frac{\cos\angle NBP+1}{4\pi(h_{pc}/l)}\right]$$

式中,h_{pb},h_{pa},h_{pc} 分别为点 P 至涡线段 AM,AB,BN 的垂直距离。由于对每个格子翼来说,A,B,P 等点的坐标都是已知的,因而上式中各项几何参数也就可以求出。令

$$\gamma_{ij}=-\frac{\Gamma_{ij}}{lV_\infty}>0,\quad C=\frac{\cos\angle MAP+1}{4\pi(h_{pb}/l)}+\frac{\cos\angle dAP+\cos\angle dBP}{4\pi(h_{pa}/l)}+\frac{\cos\angle NBP+1}{4\pi(h_{pc}/l)}$$

则有

$$\frac{v_{yi}}{V_\infty}=C\gamma_{ij}$$

式中,C 称为马蹄涡(i,j)的影响系数,它表示涡强 $\gamma=1$ 的马蹄涡对控制点 P 诱导的速度与来流速度之比。最后,将格子翼(i,j)上的强度为 γ_{ij} 的马蹄涡对另一个格子翼(l,k)上的控制点诱导的速度写成

$$\frac{(v_{yi})_{ijlk}}{V_\infty}=C_{ijlk}\gamma_{ij}$$

式中,C_{ijlk} 表示涡强 $\gamma=1$ 的马蹄涡在格子翼(l,k)上的控制点的诱导速度与来流速度之比。对各格子翼的影响求和后,得到所有的马蹄涡在格子翼(l,k)上的控制点上的诱导速度为

$$\frac{(v_{yi})_{lk}}{V_\infty}=\sum_{i=1,j=1}^{I,J}C_{ijlk}\gamma_{ij} \tag{4.4.43}$$

在格子翼(l,k)的控制点上,机翼的中弧面沿 x 向的斜率为

$$\frac{dy_f(x_{lk},z_{lk})}{dx}=\tan\beta_{lk}\approx\beta_{lk} \tag{4.4.44}$$

令来流方向沿 x 轴,所以斜率一般为负。例如,对于攻角为 α 的平板,则 $\beta_{lk}=-\alpha$。由于物面是条流线,故

$$\frac{dy_f(x_{lk},z_{lk})}{dx}=-\frac{v_{yi}}{V_\infty}$$

上式等号右端之所以出现负号,是由于定义 v_{yi} 向下为正。将式(4.4.44)代入上式,得

$$(v_{yi})_{lk} \approx - V_\infty \beta_{lk} \tag{4.4.45}$$

于是

$$\sum_{i=1, j=1}^{I,J} C_{ijlk} \gamma_{ij} = -\beta_{lk}, l=1,2,\cdots,I; k=1,2,\cdots,J \tag{4.4.46}$$

由于各控制点的 β_{lk} 及 C_{ijlk} 均已知,因此式(4.4.46)给出了求解 γ_{ij} 的 $I \times J$ 个代数方程。

为了求升力系数、力矩系数,先考虑机翼剖面 j(即处于 $z = z_j$ 的翼型)的升力系数、力矩系数 c_{lj}, c_{mj}。根据升力系数的定义和库塔 — 儒科夫斯基定理,对翼型剖面有

$$\mathrm{d}\Gamma(z_j) = -\frac{1}{2} V_\infty c_{lj} c_j$$

式中,c_j 为剖面 j 的弦长;$\mathrm{d}\Gamma(z_j)$ 为剖面 j 所有格子翼$(i=1,2,\cdots,I)$ 对环量的贡献,再由 $\gamma_{ij} = -\dfrac{\Gamma_{ij}}{lV_\infty}$ 得

$$\mathrm{d}\Gamma(z_j) = -lV_\infty \sum_{i=1}^{I} \gamma_{ij}$$

于是得到剖面升力系数为

$$c_{lj} = \frac{2l}{c_j} \sum_{i=1}^{I} \gamma_{ij} \tag{4.4.47}$$

各剖面单位展长的升力为 $\dfrac{\mathrm{d}L}{\mathrm{d}z} = \dfrac{1}{2} \rho V_\infty^2 c_{lj} c_j$,所以机翼总的升力为

$$L = \frac{1}{2} \rho V_\infty^2 \sum_{j=1}^{J} c_{lj} c_j \Delta z_j$$

式中,Δz_j 为格子翼(i,j) 的展向网格尺寸。因此总的升力系数为

$$C_L = \frac{L}{\dfrac{1}{2} \rho V_\infty^2 S} = \frac{1}{S} \sum_{j=1}^{J} c_{lj} c_j \Delta z_j \tag{4.4.48}$$

类似的,可求出剖面 j 的力矩系数和总的力矩系数,即

$$c_{mj} = -\frac{2l}{c_j^2} \sum_{i=1}^{I} \gamma_{ij} x_{ij}, C_m = -\frac{1}{Sc_A} \sum_{j=1}^{J} c_{mj} c_j^2 \Delta z_j \tag{4.4.49}$$

式中,x_{ij} 为格子翼(i,j) 的控制点距整个机翼最前缘的距离,力矩也是相对最前缘的。

第5章　高速可压缩流动

当空气的运动速度不大时,流场中各点的压强变化也不大,根据空气的可压缩系数与空气的压强变化量、密度变化量间的关系式 $\beta \mathrm{d}p = \dfrac{\mathrm{d}\rho}{\rho}$ 可知,空气密度变化相对较小,此时通常可忽略空气的压缩性,将其作为不可压缩流体来处理。然而,当空气做高速(或非定常)运动时,其压力将发生显著变化,并导致密度也随之出现明显的改变,即空气必须按照可压缩流体来处理。本章还将证明,气流马赫数与气流速度、密度的相对变化量间满足关系式 $-Ma^2\dfrac{\mathrm{d}V}{V} = \dfrac{\mathrm{d}\rho}{\rho}$,当空气低速运动($Ma \leqslant 0.3$)时,气流速度的相对变化量所引起的密度相对变化量较小,一般可忽略即认为气流是不可压缩的;当空气高速运动($Ma > 0.3$)时就必须考虑空气的压缩性了。总之,随着空气运动速度的增加,尤其是当空气以可与声速相比拟的速度运动时,空气密度的变化情况必须考虑在内,否则所得到的结果可能与实际流动情况差别较大,甚至是完全不符合的。

由于压力、密度既是描述空气宏观运动的变量,也是描述空气热力学状态的变量,因而它们把空气的动力学问题和热力学问题耦合在一起,使得对于空气运动规律的研究变得极为复杂。从真实的物理现象中可以发现,可压缩气体运动过程中,总是伴随着热力学过程的发生。例如,气体在收缩喷管中做亚音速运动时,气流速度增加,而压强、密度、温度下降(热焓减少)。

本章将首先分析弱扰动的传播规律,并给出声速、马赫数的概念,然后推导一维定常等熵绝热流参数间的基本关系式,再重点介绍超声速气流中的膨胀波、激波现象,最后针对一些具体的超声速流动问题(如绕翼型流动、喷管内流动等)展开讨论,为深入研究在高速可压缩流动中的飞行器及其部件的气动特性提供必要的基础知识。

5.1　声速与马赫数

5.1.1　声速

如果对弹性介质(包括流体和固体)施加一个任意的小扰动,介质的某些参数(如压强)会产生微小的变化,而且这种变化还将以波的形式向四周传播。对于空气来说,在它所占据的空间内,若某点的压强、密度、温度等参数发生了变化,则称空气受到了扰动,造成扰动的根源称为扰动源。扰动有强弱之分,如果扰动导致的空气参数变化量与未受扰动时的数值相比极其微小,称其为弱扰动(如鼓膜、声带振动引起的扰动)。如果扰动使空气参数发生有限数值变化,则称为强扰动(如激波、爆炸波)。

日常生活中会遇到许多弱扰动传播的现象。例如,用鼓槌击鼓时会引起鼓膜的振动,鼓膜外凸导致紧邻鼓膜的静止空气薄层受到压缩,其压强、密度、温度略微增加,这层被压缩的、压强略大的空气会使得邻近的外层空气受到压缩;同样,被压缩后的外层空气又会对它邻近的、距鼓膜较远处的空气薄层产生压缩作用 …… 扰动就这样从鼓膜向四周传播出去,而已受扰动空气与未受扰动空气的分界面即是扰动波(面)。由于扰动较弱且空气受到压缩,又称其为微弱压缩波。同理,鼓膜内凹时,紧邻鼓膜的静止空气薄层将会膨胀,其压强、密度、温度略有下降,这种微弱膨胀波也会从鼓膜向四周传播出去。只要鼓膜连续振动,微弱压缩波和微弱膨胀波就将交替地在空气中传播,这种由交替的压缩波和膨胀波组成的微弱扰动波就是通常所说的声音或声波,或者说声音就是听觉器官对于弱扰动所导致的周围压力变化情况的感知。从上面这个例子可以得出三个结论:

(1) 微弱扰动波在介质中的传播是以一定速度进行的(距鼓膜远近不同的空气层的压缩或膨胀过程并不是同时进行的)。理论上可以证明,无论哪一种弱扰动波,其传播速度都一样,并统称为声速。换言之,在空气动力学中,声速不仅是指声波的传播速度,而且是所有微弱扰动波的传播速度。

(2) 微弱扰动波在介质中的传播速度或者说声速的大小与介质的物理属性、状态及传播过程的热力学性质密切相关。例如,弹性模量较大(或压缩系数较小或不易被压缩)的流体中声速较大,不可压缩流体(类似于体积不能改变的刚体)中微弱扰动波的传播几乎是瞬间完成的,即声速趋于无穷大,而可压缩流体中声速则较小,因而声速是衡量流体可压缩性的重要参数之一。

(3) 扰动波的传播速度与流体质点的运动速度不但数值是大不相同的(静止空气中仍可听到鼓声或存在声波传播现象),更为重要的是,它们属于两种性质不同的运动形态,即分别是波动、质点的机械运动。此外还需注意的是,声速仅用于描述微弱扰动波的传播速度,而强扰动波(如激波)的传播速度比声速大,且随扰动波的强度增大而加快,这将在后面章节中讨论。

下面用微弱压缩波在直圆管中的传播为例推导声速公式。如图 5.1.1 所示,半无限长直圆管内静止气体的压强、密度、温度分别为 p, ρ, T,圆管左端的活塞向右突然、轻微地推动一下,使活塞速度由零增加至 dV,而后保持恒速 dV 向右运动。此时,管内将出现一道以声速 a 向右传播的微弱压缩波,它所扫过的气体的压强、密度、温度均有一个微增量,即分别为 $p + dp, \rho + d\rho, T + dT$,并以微小速度 dV 运动,而波前方的气体仍处于静止状态,其流动参数也仍为未受扰动时的 p, ρ, T。显然,对于一个静止的观察者来说,这是一个非定常的一维流动问题。为使分析简单起见,选用与扰动波一起运动的相对坐标系,将上述流动问题转化为定常问题。此时扰动波静止不动,而压强、密度、温度为 p, ρ, T 的气体以声速 a 向扰动波流来,当气体经过扰动波后,速度降为 $a - dV$,而压强、密度、温度增大到 $p + dp, \rho + d\rho, T + dT$。如图 5.1.1 中虚线取控制体,令 S 为直圆管横截面积,忽略控制面上的黏性力,则可写出连续、动量方程为

$$\rho(-a)S = (\rho + d\rho)[-(a - dV)]S \text{ 或 } \rho a S = (\rho + d\rho)(a - dV)S \tag{5.1.1a}$$

$$-pS + (p + dp)S = \rho a S[-(a - dV) - (-a)] \tag{5.1.1b}$$

略去二阶小量,上面两式可写为 $a d\rho = \rho dV, dp = \rho a \, dV$,联立则可得

$$a^2 = \frac{dp}{d\rho} \text{ 或 } a = \sqrt{\frac{dp}{d\rho}} \tag{5.1.2}$$

图 5.1.1　声速公式推导

式(5.1.2)即为声速方程。若用微弱膨胀波（活塞向左突然、轻微地拉动一下即可产生）的传播过程进行类似推导，也可得到同样结果，即在相同介质的条件下，微弱膨胀波、压缩波的传播速度是一样的。按式(5.1.2)计算流体的声速，必须知道弱扰动传播过程中的流体密度随压力的变化率 $\mathrm{d}\rho/\mathrm{d}p$，可见，声速是衡量流体可压缩性大小的尺度。若 $\mathrm{d}\rho/\mathrm{d}p$ 较小即流体不易被压缩，则声速较大。对于不可压缩流体有 $\mathrm{d}\rho/\mathrm{d}p \to 0$，则 $a \to \infty$，这意味着任何微弱的扰动将会立即传遍整个流场，而可压缩流体中的弱扰动传播需要一定的时间，这正是二者之间的本质差别之一。当然，严格意义上的不可压缩流体实际上并不存在，即使对于密度变化很小的液体来说也是一样的。比如，在一般压力下的 20 ℃ 淡水中，声速约为 1 430 m/s。

对于弱扰动在流体中的传播性质，可以展开下面的讨论：

(1) 是否考虑热传导效应？由于弱扰动传播过程中的温度变化是一个连续且变化数值无限小的过程，即 $\mathrm{d}T \to 0$，则波前、波后流体的温差无限小，而扰动波的传播速度又很快。从时间尺度上看，扰动传播所涉及的时间比热交换所涉及的时间小得多，热交换来不及产生明显效果，因而流体内部的热传导是可以被忽略的。与之类似，如果假设扰动开始之前，管内流体温度与管外介质温度相同，扰动发生后，由于管内流体温度变化量无限小，则其与外界的温差也无限小，再考虑到扰动波传播速度很快，因而通过管壁的热传导也可以略去不计。

(2) 是否考虑黏性效应？由于通过扰动波的流体参数变化（或者说梯度）无限小，比如 $\mathrm{d}V \to 0$，则在这一过程中的黏性耗散效应也可以忽略不计。

因此，弱扰动传播的热力学过程是一个绝热的可逆过程，即等熵过程。于是，声速方程式(5.1.2)可写成

$$a = \sqrt{\left(\frac{\partial p}{\partial \rho}\right)_s} \qquad\qquad (5.1.3)$$

利用量热完全气体等熵关系式 $\dfrac{p}{\rho^k} = \mathrm{const}$ 和状态方程 $p = \rho RT$，可有 $\dfrac{\mathrm{d}p}{p} = k\dfrac{\mathrm{d}\rho}{\rho}$ 或 $\left(\dfrac{\partial p}{\partial \rho}\right)_s = k\dfrac{p}{\rho} = kRT$ 成立。因此，声速方程又可写成

$$a = \sqrt{kRT} \qquad\qquad (5.1.4)$$

式(5.1.4)表明，对于弱扰动的等熵传播过程而言，流体中声速的大小与流体的物理性

质(不同流体的 k,R 值不同)和温度 T(热力学状态变量)有关,且与热力学温度的平方根成正比,是一个状态函数或点函数。换言之,声速是指在某种介质中的某点某时(与某个热力学温度 T 对应)的声速,即当地声速。至于声速随温度发生变化的机制,可以这样理解,弱扰动的传播实际上取决于分子的热运动速度,而温度又是分子热运动动能的统计标度,显然温度越高意味着分子热运动越强烈,则弱扰动的传播速度即声速越快。

对于空气,$k=1.4$,$R=287.06$ J/(kg·K),则 $a=20.05\sqrt{T}$。取海平面上的空气温度为 288.2 K,对应声速值为 340.3 m/s;在 $y=11\ 000 \sim 24\ 000$ m 的同温层,空气温度为 216.7 K,声速值为 295.1 m/s。

应当指出,以上的声速公式是根据等截面直圆管中的弱扰动波传播过程推导而得到的,但对于由直线扰动源传播出去的柱面波、由点扰动源传播出去的球面波,都可以得到同样的结果。

最后,要将弱扰动传播的等熵过程与空气运动过程是否等熵加以区别。实际上,在任何等熵或非等熵流动过程中,弱扰动的传播过程都可视为是等熵的。这可以从两个角度来理解,其一,与所要研究的空气运动问题的时间尺度相比,弱扰动传播过程的时间尺度要小得多,大时间尺度上的"非等熵"流动与小时间尺度上的弱扰动"等熵"传播并不矛盾或互不干涉,即弱扰动的传播过程在任何流动中都是等熵的;其二,将弱扰动传播过程的"等熵"条件视作是弱扰动传播不会对空气运动过程产生"额外"的熵增,即使是对于存在熵增的流动,声速计算公式仍是不变的。

5.1.2　马赫数

忽略质量力的欧拉方程 $\dfrac{\partial(\rho \boldsymbol{V})}{\partial t} + \boldsymbol{\nabla}\cdot(\rho \boldsymbol{V}\boldsymbol{V}) = -\boldsymbol{\nabla}p$ 表明,空气的速度变化将会导致其密度、压强发生变化。因此,对于运动的空气来说,空气的压缩性除了与空气中的声速有关外,还与空气运动速度的大小有关。为了同时考虑这两个因素,引入马赫数这一概念来表示运动气体的压缩性。流场中任一点处的流速与该点处(即当地)空气的声速的比值,称为该点处气流的马赫数,以符号 Ma 表示,即

$$Ma = \frac{V}{a} \tag{5.1.5}$$

流场中各点的气体参数不同,马赫数的值也就不同,而且由于声速不是常数,相同的马赫数也不一定表示速度相同。马赫数是可压缩流动理论中的重要相似参数,它除了表征气流的压缩性之外,在研究空气的高速运动规律以及空气流动问题的计算、分析等方面,均有极其重要和广泛的用途。根据一维定常无黏流动的动量方程微分形式(式(2.2.23)),再将重力略去,可以得出马赫数与气流可压缩性的关系,即

$$-V\mathrm{d}V = \frac{\mathrm{d}p}{\rho} \quad 或 \quad -V\mathrm{d}V = \frac{\mathrm{d}\rho}{\rho}\frac{\mathrm{d}p}{\mathrm{d}\rho}$$

如果空气运动是等熵过程,则式中的 $\mathrm{d}p/\mathrm{d}\rho$ 项就是声速的平方,即 $\dfrac{\mathrm{d}p}{\mathrm{d}\rho}=a^2$。于是,上式可写为

$$-\frac{V^2}{a^2}\frac{\mathrm{d}V}{V} = \frac{\mathrm{d}\rho}{\rho} \quad 或 \quad -Ma^2\frac{\mathrm{d}V}{V} = \frac{\mathrm{d}\rho}{\rho}$$

　　上式表明,在绝能等熵流动中,气流速度相对变化量引起的密度相对变化量与 Ma^2 成正比,且变化趋势相反,速度增加则密度必然下降,而速度下降则密度必然增加,即气流可压缩性与马赫数的大小有密切关系。此外,当 $Ma \leqslant 0.3$ 时,比值 $\left| \dfrac{\mathrm{d}\rho}{\rho} \middle/ \dfrac{\mathrm{d}V}{V} \right| \leqslant 0.09$,一般可以不考虑密度的变化,即认为气体是不可压缩的,从而使问题简化;当 $Ma > 0.3$ 时,就必须考虑气体的压缩性影响,否则就会导致误差很大甚至与事实不符。

　　马赫数是研究空气高速运动的重要参数,是划分流动类型的标准。$Ma < 1$,即气流速度小于当地声速时称亚声速流动;$Ma > 1$,即气流速度大于当地声速时称超声速流动;$Ma = 1$ 时称为声速流动。后面章节会讲到,亚声速流动和超声速流动所遵循的规律有着本质上的区别。当流场中一部分区域的流动为 $Ma < 1$,而其余部分区域的流动为 $Ma > 1$,且此时流场中必有 $Ma = 1$ 的点(或线)存在,这种兼有亚声速、超声速流动的混合流动称为跨音速流动,马赫数的范围为 $0.8 \sim 1.2$。另外,高超声速流动是空气运动速度远大于声速的流动,通常用自由来流马赫数 $Ma_\infty > 5$ 作为高超声速流动的标志,但这个界限不是绝对的,它还与飞行器的具体形状有关。例如,对于钝体飞行器,当 $Ma_\infty > 3$ 时就开始出现高超声速流动的特征;而对于细长体飞行器,Ma_∞ 高达 10 时才出现高超声速流动的特征。

　　马赫数的物理意义还可以从下式看出:

$$Ma^2 = \frac{V^2}{a^2} = \frac{V^2}{kRT} = \frac{2}{k(k-1)} \frac{V^2/2}{c_V T} = \frac{2}{k(k-1)} \frac{V^2/2}{e}$$

或者写成

$$\frac{V^2/2}{e} = Ma^2 \frac{k(k-1)}{2}$$

　　即马赫数的平方代表气流的宏观运动动能与气体分子无规则热运动的热力学能(或者说分子平移动能及转动动能之和)的比值。当马赫数较小时,单位质量气体的动能相对于热力学能而言很小,速度的变化不会引起气体温度的显著变化。这就意味着,不可压缩气体假设既代表可以近似认为密度是常值,也表示温度近似为常值。

　　还应指出,若流动是非定常的,把可压缩气体当作不可压缩气体处理的条件,除了马赫数较小外,还要保证一个条件。令 l 表示流体运动的特征长度(如翼型弦长),t 表示流体运动的特征时间(如空气沿翼型弦线流过翼型的时间),a 表示声速,则当 $a \gg \dfrac{l}{t}$,即弱扰动的传播速度远大于流体运动的特征速度,或流体运动速度发生显著变化的时间远大于弱扰动扫过特征长度的时间,即 $t \gg \dfrac{l}{a}$,才能够满足不可压缩的假设条件。这一结论可以通过完全气体等熵过程的声速公式得以证明,由于等熵条件下有 $\dfrac{\mathrm{d}p}{p} = k \dfrac{\mathrm{d}\rho}{\rho}$ 成立,则声速公式 $a = \sqrt{\left(\dfrac{\partial p}{\partial \rho} \right)_s}$ 可以写成 $\mathrm{d}p = a^2 \mathrm{d}\rho$,将非定常流场中 p, ρ 的变化率表现为随体导数,即

$$\frac{\mathrm{D}p}{\mathrm{D}t} = a^2 \frac{\mathrm{D}\rho}{\mathrm{D}t}$$

可以看出,当 $a \to \infty$,$\dfrac{\mathrm{D}p}{\mathrm{D}t}$ 为有限值时,则有 $\dfrac{1}{a^2} \dfrac{\mathrm{D}p}{\mathrm{D}t} \to 0$,即 $\dfrac{\mathrm{D}\rho}{\mathrm{D}t} \to 0$,此时非定常运动的可压缩气体可当作不可压缩流体处理。不过,若流动的非定常性极强即 $\dfrac{\mathrm{D}p}{\mathrm{D}t} \to \infty$ 时(如水下爆炸),

则有 $\dfrac{1}{a^2}\dfrac{\mathrm{D}p}{\mathrm{D}t}$ 趋于某有限值或无穷大,于是 $\dfrac{\mathrm{D}\rho}{\mathrm{D}t}$ 也趋于有限值,此时即使流体是非常接近于不可压缩的(或者说声速极大),也必须要考虑其密度的变化,即按照可压缩流体处理,换言之,流动的非定常性也是导致流体密度发生变化的重要因素之一。

5.2　一维定常等熵绝热流参数间的基本关系式

在进行空气动力学计算时,通常把空气的压力、密度、温度、速度等参数转化为无量纲的形式,如马赫数就是空气速度的一种无量纲形式,这不但有助于从纷繁复杂的数据中分析流动的共同特点,揭示流动现象的物理本质,也有助于编制各种空气参数之间关系的图表以满足计算所需。此外,应用某些无量纲参数(如滞止参数),也为空气参数测量提供了方便的途径。

一维定常等熵绝热流动的能量方程式可以写成下面多种形式:

$$
\begin{cases}
h + \dfrac{V^2}{2} = \mathrm{const} \\[2mm]
c_p T + \dfrac{V^2}{2} = \mathrm{const} \\[2mm]
\dfrac{k}{k-1}RT + \dfrac{V^2}{2} = \mathrm{const} \\[2mm]
\dfrac{k}{k-1}\dfrac{p}{\rho} + \dfrac{V^2}{2} = \mathrm{const} \\[2mm]
\dfrac{a^2}{k-1} + \dfrac{V^2}{2} = \mathrm{const}
\end{cases}
\tag{5.2.1}
$$

上述各式中等号右端的常数可用某个参考状态的物理量即特征常数来表示。常用的特征常数有三种:① 速度为零时的滞止状态(参数上标以"*"表示);② 温度达到绝对零度时的最大速度($V_{\max}$)状态;③ 当地流速等于当地声速时的临界状态(参数下标以"cr"表示)。

5.2.1　滞止状态、滞止参数及其应用

空气从某一个真实状态经过绝能等熵过程或假想的绝能等熵过程,速度减少至零时的状态称为该真实状态所对应的滞止状态。滞止状态下的空气参数称为该真实状态的滞止参数(又称总参数)。基于上述定义,可得

$$
\begin{cases}
h + \dfrac{V^2}{2} = h^* \\[2mm]
c_p T + \dfrac{V^2}{2} = c_p T^* \\[2mm]
\dfrac{k}{k-1}RT + \dfrac{V^2}{2} = \dfrac{k}{k-1}RT^* \\[2mm]
\dfrac{k}{k-1}\dfrac{p}{\rho} + \dfrac{V^2}{2} = \dfrac{k}{k-1}\dfrac{p^*}{\rho^*} \\[2mm]
\dfrac{a^2}{k-1} + \dfrac{V^2}{2} = \dfrac{a^{*2}}{k-1}
\end{cases}
\tag{5.2.2}
$$

由式(5.2.2)可见,空气的滞止焓由两项组成:第一项 h 是空气的焓,又称静焓;第二项

$V^2/2$ 等于空气速度滞止到零时,动能转变成的焓。因此,滞止焓又称为总焓,代表空气所具有的总能量的大小。对于量热完全气体(c_p 为常数),空气的滞止温度也由两项组成:第一项 T 是空气的温度,又称为静温;第二项相当于空气速度滞止到零时动能转变成焓而引起的空气温度的升高,即 $\dfrac{V^2}{2c_p}$,一般称为动温。因此,滞止温度又称总温。总之,在滞止状态下,空气的一切有规则运动的能量(即动能),都转化为无规则热运动的能量(即热能),其能量的大小由总焓或总温表示。应用滞止参数分析或计算空气动力学问题时,动能项会单独出现,也就无需单独考虑动能的变化,从而使得问题得以简化。至于"静"参数的含义,是指站在与空气一起运动的坐标系下测量得到的空气参数,或者说当测量仪器随空气一起运动时所测得的空气参数值。显然,静参数是不易测量得到的,而应用滞止参数则为空气参数的测量提供了便捷的途径。比如测试仪器迎流安置于流场中,空气遇到其感应部时速度滞止为零,若忽略感应部热传导和黏性的影响,测得的就是空气滞止参数。

式(5.2.2)还可写成

$$T^* = T + \frac{V^2}{2\dfrac{kR}{k-1}} = T + \frac{k-1}{2}T\frac{V^2}{kRT} = T\left(1 + \frac{k-1}{2}Ma^2\right)$$

或者写成

$$\frac{T^*}{T} = 1 + \frac{k-1}{2}Ma^2 \qquad\qquad (5.2.3a)$$

考虑到滞止过程为绝能等熵过程,则可得

$$\frac{p^*}{p} = \left(\frac{T^*}{T}\right)^{\frac{k}{k-1}} = \left(1 + \frac{k-1}{2}Ma^2\right)^{\frac{k}{k-1}} \qquad\qquad (5.2.3b)$$

$$\frac{\rho^*}{\rho} = \frac{p^*}{p}\frac{T}{T^*} = \left(1 + \frac{k-1}{2}Ma^2\right)^{\frac{1}{k-1}} \qquad\qquad (5.2.3c)$$

由式(5.2.3)可见,如果给定了流场中任一点的空气的滞止参数和马赫数(或速度),就可以计算出该点空气的静参数;反之亦然。

如图 5.2.1 所示,假想气体从某容积足够大的储气箱中流经一段管路,设从储气箱出口至截面 ① 为绝能等熵流动,从截面 ① 至截面 ② 为绝热非等熵流动(计及摩擦影响),从截面 ② 至截面 ③ 为有热、功交换及考虑摩擦等的流动。显然,储气箱中的气体处于滞止状态,气流静参数即为滞止参数。气流至截面 ① 为绝能等熵流动,滞止参数不变,或者说流场中任一点处的气流滞止参数均相等,且等于储气箱中的气体参数。气流从截面 ① 至截面 ② 是计及摩擦的绝热非等熵流动过程。流场中某一点处的气流滞止参数应该这样得到,假想将气流从该点绝能等熵地引入到另一个容积很大的储气箱中,使其速度滞止为零,则这个假想的储气箱中的气流参数就是流场中该点气流的滞止参数,或者说该真实状态所对应的气流滞止参数。由于流动是绝热的,根据能量方程可知,流场中任一点处的气流滞止温度都是相同的且仍等于流动起始处的储气箱中的气流滞止温度,而滞止压力、滞止密度则是变化的且不等于流动起始处的储气箱中的气流滞止参数。从截面 ② 至截面 ③ 的流动过程中,由于存在热、功交换及摩擦,流场中任一点处的气流滞止参数都不等于流动起始处的储气箱中的气流滞止参数。因此,空气动力学中引入滞止状态的概念是将其作为一个假想的参考状态(当然也可能是真实存在的状态),它与所研究的空气实际流动过程无关。它是一个点函数,在任意流动过程中的每一点都具有确定的滞止参数值,流场中某一点的滞止参数与其他点的滞止参数可以是不同的。

图 5.2.1　滞止状态示意图

还应指出,上面引入的滞止参数是相对静止坐标系而言的。对于动坐标系,空气的滞止参数与静参数之比应该是相对运动的马赫数的函数。换言之,气流的滞止参数随选取坐标系的变化而不同,气流的静参数并不会随坐标系的变化而不同。

对于绕物体流动,总有一条流线连接无穷远状态及物面上的驻点(物面上气流速度为零的位置),驻点处的气流参数称为驻点参数(如图 5.2.2 中 A 点)。驻点参数和滞止参数是有区别的,如果无穷远处气流经过激波或其他非等熵过程滞止到驻点,那么对于以无穷远处为起始状态的流动而言,驻点处的驻点压力、驻点密度就不等于无穷远处的参数(或者滞止参数)。但在绝热假设下,驻点温度始终等于无穷远处的温度(或者滞止温度)。若无穷远处流动绝能等熵的滞止到驻点,驻点参数与滞止参数就是相等的。

图 5.2.2　驻点参数

例 5.2.1　如图 2.3.3 所示,某压气机做地面试验,当地大气温度为 288 K。问空气经过进气道进入压气机入口处的总温是多少? 若出口总温为 310 K,空气流量为 50 kg/s,求带动压气机所需的功率是多少? 若该压气机在 12 km 高空以 1 600 km/h 的速度平直飞行,问空气进入压气机进口处的总温又是多少? 已知空气的 $c_p = 1\,004.7$ J/(kg · K)。

解　因为空气流过进气道为绝能过程,根据 $T^* = T + \dfrac{V^2}{2c_p}$ 可知,在台架试车时 $V = 0$,即 $T_1^* = T_0^* = 288$ K。即气体做绝能流动时,无论过程是否可逆,总焓和总温保持不变。

再由能量方程可有 $\dot{q} - \dot{w}_s = h_2^* - h_1^* = c_p(T_2^* - T_1^*)$,考虑空气流速较快,假设流动中与外界的热量交换可以忽略,则

$$-\dot{w}_s = h_2^* - h_1^* = c_p(T_2^* - T_1^*)$$

可知压气机对每千克气体做功 $\dot{w}_s = -22.09$ kJ/kg,式中负号表示外界对气体做功。带动压气机所需的功率 $\dot{W}_s = \dot{m} \cdot \dot{w}_s = 1\,104.4$ kW。该结果表明,由于气流与外界交换功和热量,气

流的总焓将发生变化。

　　查表可得,12 km 高空处的大气温度 $T_0 = 216.7$ K,飞行速度 $V_0 = 444$ m/s,则可得

$$T_1^* / \mathrm{K} = T_0 + \frac{V_0^2}{2c_p} = 314.8$$

　　工程上通常需要用实验的方法确定流场中某一点的空气参数,如静温、静压、速度等。如前文所述,所谓"静参数"是指测量仪器感应部与空气以相同速度运动时所感受到的数值。比如,空气的静压是指在流场中某一点的空气,作用在通过该点并顺流线方向的无穷小、无穷薄的(假想)壁面上的压力。它等于这一点处的空气的大量分子无规则热运动的平均移动动能总和的 2/3,仅体现气体分子随机运动产生的压力贡献。假设空气沿管道做一维流动,则可在管壁壁面垂直于空气运动的方向开设小孔,小孔感受到的就是壁面处(也是该位置处管道整个截面)的空气静压。如果空气静压沿径向不同(即非一维流动),则需要测得流场中不同点处的静压,通常采用如图 5.2.3 所示的气动探针(也称为风速管),尽量保证探针头部与空气运动方向平行,并在距头部稍远处(图中 B点)开设与探针头部垂直的静压测孔,若忽略探

图 5.2.3　风速管

针对流场的干扰,即可近似得到流场中该点的静压。图中套装在静压管中的、迎流开口的圆管称为总压管,空气在总压管的迎流处即图中 A 点滞止,从而测得空气的总压。而空气的马赫数可根据式(5.2.3b)求出。从上面的讨论可以看出,由于空气速度很容易被滞止为零,测量空气的滞止参数比测量静参数相对方便得多。

　　如果空气静压的测量还可以较容易做到,静温的测量则相对困难一些。通常的接触式温度测量方法要求测温元件与被测空气充分接触,二者之间进行充分的热交换以达到热平衡状态,才能得到静温值。显然,要满足充分接触的要求,空气遇到感应部时就可能被滞止或"部分"滞止,从而使得测得数值高于真实静温。此外,运动空气与静止安放的感应部之间的(较长时间的)充分热交换也是很难保证的。因此,静温的直接测量是难以实现的。一般是利用气动探针测得空气的总压、静压后计算得到马赫数,再通过较易测得的总温值,根据式(5.2.3a)求得静温。已知静温后,再由马赫数计算公式即可得到空气的速度。

　　对于不可压缩流体,空气速度可以直接根据伯努利方程计算。在与外界无机械功交换、忽略黏性(或摩擦损失)的条件下,不可压缩空气滞止到速度为零时有

$$p^* = p + \frac{\rho V^2}{2} \quad \text{或} \quad V = \sqrt{\frac{2(p^* - p)}{\rho}} \tag{5.2.4}$$

式中, $\dfrac{\rho V^2}{2}$ 称为空气的动压,表示空气速度滞止为零时空气压强的升高。前已述及,当 $Ma \leqslant 0.3$ 时,可以将空气作为不可压缩流体处理。下面讨论一下利用式(5.2.4)计算空气速度所造成的误差。利用二项式定理将式(5.2.3b)展开为级数形式为

$$\frac{p^*}{p} = 1 + \frac{k}{2} Ma^2 + \frac{k}{8} Ma^4 + \cdots$$

或

$$p^* = p + \frac{k}{2}Ma^2 p\left(1 + \frac{1}{4}Ma^2 + \cdots\right)$$

由于 $\frac{k}{2}Ma^2 p = \frac{\rho}{2}\frac{kp}{\rho}\frac{V^2}{kRT} = \frac{\rho V^2}{2}$，于是上式可写为

$$p^* = p + \frac{\rho V^2}{2}\left(1 + \frac{1}{4}Ma^2 + \cdots\right)$$

令 $c = 1 + \frac{1}{4}Ma^2 + \cdots$，则由伯努利方程得到的速度与由上式得到的速度的相对误差为

$$\varepsilon = \frac{\sqrt{\dfrac{2(p^*-p)}{\rho}} - \sqrt{\dfrac{2(p^*-p)}{\rho c}}}{\sqrt{\dfrac{2(p^*-p)}{\rho c}}} = \sqrt{c} - 1 = \sqrt{1 + \frac{1}{4}Ma^2 + \cdots} - 1$$

可知 $Ma \leqslant 0.3$ 时的速度误差 $\varepsilon \leqslant 1.12\%$。

5.2.2　总压与熵

在空气动力学中，总压代表了空气的做功能力。图 5.2.4 表示两股气流在两个相同的收缩喷管内做绝能等熵加速流动，设管道入口处气流总温有 $T_1^* = T_1^{*\prime}$，即两股气流的总能量相同，但气流总压不同，即 $p_1^* > p_1^{*\prime}$，若管道出口处静压 $p_2 = p_2'$，由式(5.2.3)可知出口处马赫数 $Ma_2 > Ma_2'$，静温 $T_2 < T_2'$，因此得到 $V_2 > V_2'$，即进口总压较高的气流在管道出口处具有更高的速度或动能，而这种动能是可以用来做功的(如推动涡轮做功)。所以，尽管两股气流具有同样的总能量，但二者的做功能力却不相同，总压越高则做功能力越强。上述结论也可以通过对两种流动过程的 $T-s$ 图分析得到(图 5.2.4)。如果管道入口处气流总温不变，但进口总压降至与出口静压相等，显然气流不可能在管道中产生运动或者说速度为零，这就表示气流不再具有做功能力。因此，从热、功转换的角度看，气流具有的总能量中的热能若想更多地转换为机械功，必须提高它的总压。为此航空发动机中需要用压气机来提高气流的总压，以提高气流的做功能力，改善热能转换为功的有效程度。因而气流的总压也可以看作是气流能量可利用程度的度量。

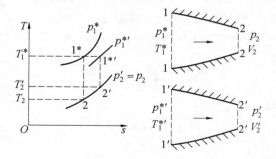

图 5.2.4　总压的物理意义

再来分析另外一种情况。如图 5.2.5 所示，两股气流在扩压管道入口处具有相同的总温、总压，但分别做绝能等熵、绝能非等熵流动，根据热力学第二定律可知，后者的流动只能是熵增过程。考虑到滞止状态是真实状态经过假想或真实的绝能等熵过程达到的，即 $s^* = s$，因此由式(1.6.20)可得到绝能流动过程的熵增表达式为

$$\Delta s = s_{2f} - s_1 = s_{2f}^* - s_1^* = c_p \ln \frac{T_{2f}^*}{T_1^*} - R \ln \frac{p_{2f}^*}{p_1^*} = -R \ln \frac{p_{2f}^*}{p_1^*} \geqslant 0$$

即有

$$p_1^* \geqslant p_{2f}^*$$

可见,在绝能非等熵过程中,熵增与总压下降是联系在一起的,由于黏性(包括激波中的黏性)损失,部分机械能(动能)不可逆地耗散为热能,使得气流总能量(以总温标识)中直接转换为机械能的部分减小了,气流做功能力下降,因此,气流总压的下降反映了气流做功能力的减小,或机械能可利用率的降低。工程上称 $\sigma = \dfrac{p_2^*}{p_1^*} < 1$ 为总压恢复系数(略去下标"f"),它还可以表示熵增的大小,或者说衡量绝能流动过程的不可逆程度,从而将物理意义比较抽象的熵较为直观地表示出来。此外,由熵的定义可知,气流与外界的热量交换将导致熵的变化,进而引起总压的变化。例如,发动机中通过燃烧以补充能量,但燃烧(加热)将导致增熵,并使得总压下降。

图 5.2.5　绝能流动中总压的变化

例 5.2.2　图 5.2.6 所示储气箱中的空气总压、总温分别为 2.943×10^5 Pa,288 K,通过喷管向外排入大气,大气压强为 9.81×10^4 Pa。设喷管出口处的气流压强等于大气压强:(1) 若空气在喷管中的流动是绝能等熵的;(2) 若空气在喷管中的流动中有摩擦损失,且出口处气流总压为储气箱中空气总压的 0.95。求两种情况下出口处的气流速度。

图 5.2.6　储气箱

解　对第一种情况,因喷管中为等熵流动,则 $p_2^* = p_1^*$,$T_2^* = T_1^*$,可有

$$\frac{p_2^*}{p_2} = \frac{p_1^*}{p_a} = \left(1 + \frac{k-1}{2} Ma_2^2\right)^{\frac{k}{k-1}}$$

即

$$Ma_2 = \sqrt{\frac{2}{k-1}\left[\left(\frac{p_1^*}{p_a}\right)^{\frac{k-1}{k}} - 1\right]} = 1.36$$

得

$$T_2/\text{K} = \frac{T_2^*}{1 + \dfrac{k-1}{2} Ma_2^2} = \frac{T_1^*}{1 + \dfrac{k-1}{2} Ma_2^2} = 210$$

则出口截面气流速度为

$$V_2/(\text{m} \cdot \text{s}^{-1}) = Ma_2 \sqrt{kRT_2} = Ma_2(20.05\sqrt{T_2}) = 396$$

对第二种情况，$\dfrac{p_{2f}^*}{p_{2f}} = \dfrac{0.95 p_1^*}{p_a} = \left(1 + \dfrac{k-1}{2} Ma_{2f}^2\right)^{\frac{k}{k-1}}$，即 $Ma_{2f} = 1.32$；因喷管中流动是绝热的，则 $T_2^* = T_1^*$，故

$$T_{2f}/\mathrm{K} = \frac{T_1^*}{1 + \dfrac{k-1}{2} Ma_{2f}^2} = 214$$

出口截面气流速度为

$$V_{2f}/(\mathrm{m \cdot s^{-1}}) = Ma_{2f}(20.05\sqrt{T_{2f}}) = 388$$

可见，与理想流动相比，考虑摩擦损失时喷管出口处的气流速度下降，而静温增加。

5.2.3　极限状态、临界状态及速度系数

速度达到最大，而静焓或静温为零时的状态称为极限速度或最大速度状态，这个极限速度用 V_{max} 表示。极限速度状态也是一种参考状态，可由某个真实状态经过假想的等熵过程达到。由式(5.2.1)可有

$$\frac{k}{k-1} RT^* = \frac{k}{k-1} RT + \frac{V^2}{2} = \frac{V_{max}^2}{2} \text{ 或 } V_{max} = \sqrt{\frac{2}{k-1} kRT^*} = a^* \sqrt{\frac{2}{k-1}} \quad (5.2.5)$$

式中，$a^* = \sqrt{kRT^*}$ 是对应于气流滞止状态的声速，称为滞止声速。它与极限速度 V_{max} 都只取决于气体的物性和总温 T^*，在绝能流动中是不变的常数，因而常被用来作为一个参考速度。显然，V_{max} 仅是一个理论上的极限值，因为任何气体在达到绝对零度（或达到 V_{max}）以前早已被液化了。

图 5.2.7 表明，在气流速度由零绝能等熵的增加到 V_{max} 的过程中，必然会有气流速度恰好等于当地声速（即 $Ma = 1$）的状态，称该状态为临界状态。与滞止状态一样，临界状态既可能存在于真实流动中，也可能是将某个真实状态经过假想的绝能等熵过程而达到的。出现临界状态的截面称为临界截面，临界状态时的气流参数称为临界参数，临界声速、临界速度分别用 a_{cr}，V_{cr} 表示。由式(5.2.1)有

图 5.2.7　声速与速度的变化关系

$$\frac{k}{k-1} RT^* = \frac{a^2}{k-1} + \frac{V^2}{2} = \frac{a_{cr}^2}{k-1} + \frac{V_{cr}^2}{2}$$

于是得

$$a_{cr} = V_{cr} = \sqrt{\frac{2}{k+1} kRT^*} = a^* \sqrt{\frac{2}{k+1}} \qquad (5.2.6)$$

对于一定的气体，临界声速只决定于气体的物性与总温 T^*，在绝能流动中是不变的，是一个方便的参考速度。将 $Ma = 1$ 代入式(5.2.3)可得到临界参数与滞止参数之间的关系：

$$\frac{T_{cr}}{T^*} = \frac{2}{k+1}, \quad \frac{p_{cr}}{p^*} = \left(\frac{2}{k+1}\right)^{\frac{k}{k-1}}, \quad \frac{\rho_{cr}}{\rho^*} = \left(\frac{2}{k+1}\right)^{\frac{1}{k-1}} \qquad (5.2.7)$$

　　式(5.2.7)表明,气体的临界参数与滞止参数之比仅是比热比 k 的函数,而且要使气流速度增大到临界速度(即出现临界状态),膨胀后气体的静压与开始膨胀时气体的总压之比需小于等于临界压强比,如对空气($k=1.4$)应满足 $\dfrac{p}{p^*} \leqslant \dfrac{p_{cr}}{p^*} = \left(\dfrac{2}{k+1}\right)^{\frac{k}{k-1}} = 0.528\,3$,对燃气(如 $k=1.33$)应满足 $\dfrac{p}{p^*} \leqslant 0.540\,2$。

　　应该指出,与滞止参数一样,临界参数也是点函数,在任意流动过程中的任何一点处流体都具有确定的临界参数。如果实际流动过程中气流在某一截面处 $Ma=1$,此时该截面(即临界截面)上的气流静参数即为临界参数。此外,声速与临界声速是两个不同的概念,声速是在气体所处状态下实际存在的,其大小可由当地静温确定。而临界声速是由该处的总温所确定,只有当气流的马赫数等于1时临界声速才实际存在。对于任意流动过程中的任一点处,都有确定的声速和与之对应的临界声速,并且只有在临界截面上二者才相等。

　　在空气动力学中,除了将马赫数作为无量纲参数之外,往往也用空气速度 V 与临界声速 a_{cr} 之比作为无量纲速度,称为速度系数,用 λ 表示,即

$$\lambda = \frac{V}{a_{cr}} \tag{5.2.8}$$

　　与 Ma 数相比,应用 λ 数的好处之一是在绝能流动的流场中,临界声速在整个流场内都是常数,由 λ 值的大小可直接判断出该点速度的模的大小,而 Ma 数中的声速是随气流当地静温变化的,属于局部量,不能依据 Ma 值直接判断速度的大小。此外,当达到极限状态时,因静温为零使得 $Ma \to \infty$,这样就很难根据总、静参数关系式获得 $V=V_{max}$ 附近的参数变化情况,而此时 λ 数仍为有限值,即 $\lambda_{max} = \dfrac{V_{max}}{a_{cr}} = \sqrt{\dfrac{k+1}{k-1}}$,所以有时用 λ 数比用 Ma 数更加方便些。由式(5.2.1)可有

$$\frac{a^2}{k-1} + \frac{V^2}{2} = \frac{a_{cr}^2}{k-1} + \frac{V_{cr}^2}{2} = \frac{k+1}{2(k-1)}a_{cr}^2$$

即

$$\frac{a^2}{a_{cr}^2} = \frac{k+1}{2} - \frac{k-1}{2}\lambda^2$$

再考虑到 $Ma^2 = \dfrac{V^2}{a^2}\dfrac{a_{cr}^2}{a_{cr}^2} = \lambda^2\dfrac{a_{cr}^2}{a^2}$,则可得到 λ 数与 Ma 数间的关系,即

$$Ma^2 = \frac{\lambda^2}{1 - \dfrac{k-1}{2}(\lambda^2-1)} \quad 和 \quad \lambda^2 = \frac{Ma^2}{1 + \dfrac{k-1}{k+1}(Ma^2-1)} \tag{5.2.9}$$

将式(5.2.9)写成

$$\lambda^2 = \frac{1}{\dfrac{k-1}{k+1} + \dfrac{2}{k+1}\dfrac{1}{Ma^2}}$$

　　可以看出,当 $Ma=1$ 时,必有 $\lambda=1$;当 $Ma<1$ 时,有 $\dfrac{k-1}{k+1} + \dfrac{2}{k+1}\dfrac{1}{Ma^2} > \dfrac{k-1}{k+1} + \dfrac{2}{k+1} = 1$,即必有 $\lambda<1$,且满足 $Ma<\lambda<1$;当 $Ma>1$ 时,必有 $\lambda>1$,且满足 $Ma>\lambda>1$。因而也可用 λ 数作为亚声速、超声速流动的判断标志。图 5.2.8 表明二者之间的对应关

系。将式(5.2.9)代入式(5.2.3)中,即可得到
以 λ 的函数表示的气流总、静参数之比关系式

$$\begin{cases} \tau(\lambda) = \dfrac{T}{T^*} = 1 - \dfrac{k-1}{k+1}\lambda^2 \\[2mm] \pi(\lambda) = \dfrac{p}{p^*} = \left(1 - \dfrac{k-1}{k+1}\lambda^2\right)^{\frac{k}{k-1}} \\[2mm] \varepsilon(\lambda) = \dfrac{\rho}{\rho^*} = \left(1 - \dfrac{k-1}{k+1}\lambda^2\right)^{\frac{1}{k-1}} \end{cases}$$

$$(5.2.10)$$

图 5.2.8　λ 与 Ma 数的变化关系

　　式(5.2.3),式(5.2.10)可以编制成表格
供计算时查用,便于进行精确或大量的计算。

　　例 5.2.3　已知某发动机尾喷管进口燃气参数为 $p_1^* = 2.4 \times 10^5$ Pa,$T_1^* = 790$ K,出口
截面处于临界状态,尾喷管总压恢复系数 $\sigma = 0.98$。求出口流速、静温及静压。设
$k = 1.33, R = 287.4$ J/(kg·K)。

　　解　假设尾喷管内气流为绝能流动,则 $T_2^* = T_1^*$,而 $\lambda_2 = 1.0$,故

$$V_2/(\mathrm{m \cdot s^{-1}}) = \lambda_2 a_{\mathrm{cr}} = \sqrt{\frac{2k}{k+1}RT_2^*} = 509.1$$

$$T_{2\mathrm{cr}}/\mathrm{K} = T_2^*\left(\frac{2}{k+1}\right) = 678.1$$

$$p_{2\mathrm{cr}}/\mathrm{Pa} = p_2^*\left(\frac{2}{k+1}\right)^{\frac{k}{k-1}} = \sigma p_1^*\left(\frac{2}{k+1}\right)^{\frac{k}{k-1}} = 1.27 \times 10^5$$

　　例 5.2.4　利用风速管测得空气流动中某点的总压、静压分别为 $p^* = 9.81 \times 10^4$ Pa,
$p = 8.44 \times 10^4$ Pa,用热电偶测得该点处空气总温 $T^* = 400$ K。求该点处的气流速度。

　　解　因为 $\pi(\lambda) = \dfrac{p}{p^*} = 0.86$,查表或由公式计算可得 $\lambda = 0.5025$,则有

$$V/(\mathrm{m \cdot s^{-1}}) = \lambda a_{\mathrm{cr}} = \lambda\sqrt{\frac{2k}{k+1}RT^*} = 184$$

　　例 5.2.5　某发动机涡轮导向器进口燃气参数为 $p_1^* = 1.18 \times 10^6$ Pa,$T_1^* = 1110$ K,出
口静压 $p_2 = 6.86 \times 10^5$ Pa,出口流速 $V_2 = 555$ m/s。求由于燃气流在导向器中的摩擦作用
所引起的总压损失即导向器的总压恢复系数 σ。已知燃气 $k = 1.33, R = 287.4$ J/(kg·K)。

　　解　假设导向器内气流为绝能流动,则 $T_2^* = T_1^*$,有

$$a_{2\mathrm{cr}}/(\mathrm{m \cdot s^{-1}}) = \sqrt{\frac{2k}{k+1}RT_2^*} = 604 \ \text{和} \ \lambda_2 = \frac{V_2}{a_{2\mathrm{cr}}} = 0.92$$

查表或由式(5.3.1)计算可得 $\pi(\lambda_2) = 0.5977$,故 $p_2^*/\mathrm{Pa} = \dfrac{p_2}{\pi(\lambda_2)} = 1.148 \times 10^6$ Pa,即
有

$$\sigma = \frac{p_2^*}{p_1^*} = 0.972$$

5.2.4　一维定常等熵管道流动的速度与截面积关系、流量函数

第 2 章中曾讲过,一维定常管道流动指的是垂直于管道轴线的每个截面上的气流参数

保持均匀一致,且不随时间变化的流动。例如,气体在变截面管道中的流动就可以简化为一维运动,只要管道截面积变化缓慢,管道的曲率半径比管道的水利半径大得多,这时气流物理量沿管轴方向的变化要比在其他方向上的变化大得多,因此可以用各个物理量的平均值去描述这个截面上的流动参数。管道流动也不是只局限于圆管流动,对于任意形状的非圆截面管道,可以定义水利学直径 $D = \dfrac{4S}{C_w}$,将非圆截面管道转化为直径为 D 的当量圆截面管道处理,式中 S 为流动横截面积,C_w 为流动界面湿润周界长度即湿周。对于许多涉及内部流动的工程问题,长期以来一直把求一维流动解作为主要手段,而对流动中实际存在的三维效应采用经验系数的方法进行修正。因此,在某些条件得以满足的前提下,把真实管道内的三维流动当作一维流动来分析、计算,虽然只是一定程度上的近似,但却大大简化了问题难度,仍可以得出许多有意义的结论,是解决工程问题常用的方法。此外,研究气体一维定常流动的重要性还在于,某些条件下,一维流动可以给出解析解或半解析半数值结果,这对于了解流体的运动规律极为重要。当然一维流动假设也有很大的局限性,如仅讨论一维流动是无法分析旋涡运动的。

在不可压缩流体假设下,由连续方程 $\dot{m} = \rho SV = \mathrm{const}$ 可知,管道收缩引起加速,管道扩张引起减速。由于不可压缩流是亚声速可压缩流的一种极限情况,因此不难想象,在亚声速情况下有类似结论。而对于超声速流,下面将要证明,结论正好相反,即管道收缩引起减速,而管道扩张引起加速。这里假设流动中的气体与外界没有热量、功的交换,没有流量的加入或引出,不计气体与管壁的摩擦作用。所讨论的气体是定比热容的完全气体,流动是一维等熵的。航空航天动力装置中的喷管、飞机进气道及实验风洞中的流动都可以近似看作是这样的流动。

1. 连续方程

由流量公式 $\dot{m} = \rho SV = \mathrm{const}$,取对数微分之,得

$$\frac{\mathrm{d}\rho}{\rho} + \frac{\mathrm{d}S}{S} + \frac{\mathrm{d}V}{V} = 0 \qquad (5.2.11a)$$

2. 动量方程

由动量方程 $V\mathrm{d}V + \dfrac{\mathrm{d}p}{\rho} = 0$ 得

$$\frac{\mathrm{d}V}{V} + \frac{\mathrm{d}p}{\rho V^2} = 0$$

对于量热完全气体 $a^2 = \dfrac{V^2}{Ma^2} = kRT = k\dfrac{p}{\rho}$,于是有 $\rho V^2 = kpMa^2$。将其代入上式,得

$$\frac{1}{kMa^2}\frac{\mathrm{d}p}{p} + \frac{\mathrm{d}V}{V} = 0 \qquad (5.2.11b)$$

3. 能量方程

能量方程的微分形式可写为 $\mathrm{d}h + V\mathrm{d}V = c_p\mathrm{d}T + V\mathrm{d}V = 0$,考虑到

$$c_p = \frac{kR}{k-1} = \frac{kR}{k-1}\frac{T}{T} = \frac{a^2}{(k-1)T}$$

于是有

$$\frac{\mathrm{d}T}{T} + (k-1)Ma^2 \frac{\mathrm{d}V}{V} = 0 \tag{5.2.11c}$$

4. 状态方程

对状态方程 $p = \rho RT$ 微分得

$$\frac{\mathrm{d}p}{p} - \frac{\mathrm{d}\rho}{\rho} - \frac{\mathrm{d}T}{T} = 0 \tag{5.2.11d}$$

式(5.2.11)即为考虑管道截面积变化时的一维定常等熵流动基本方程组。如果将 $\frac{\mathrm{d}S}{S}$ 看作是独立自变量,则可从该方程组中解出气流参数的变化 $\frac{\mathrm{d}p}{p}, \frac{\mathrm{d}\rho}{\rho}, \frac{\mathrm{d}T}{T}, \frac{\mathrm{d}V}{V}$ 与截面积的变化 $\frac{\mathrm{d}S}{S}$ 之间的关系。另外,由马赫数定义 $Ma = \frac{V}{a} = \frac{V}{\sqrt{kRT}}$ 微分得

$$\frac{\mathrm{d}Ma}{Ma} - \frac{\mathrm{d}V}{V} + \frac{1}{2}\frac{\mathrm{d}T}{T} = 0 \tag{5.2.12}$$

联立求解式(5.2.11)及式(5.2.12),得到气动参数的微分变量与 $\frac{\mathrm{d}S}{S}$ 的关系式如下:

$$\frac{\mathrm{d}V}{V} = -\left(\frac{1}{1-Ma^2}\right)\frac{\mathrm{d}S}{S} \tag{5.2.13a}$$

$$\frac{\mathrm{d}p}{p} = \frac{kMa^2}{1-Ma^2}\frac{\mathrm{d}S}{S} \tag{5.2.13b}$$

$$\frac{\mathrm{d}\rho}{\rho} = \frac{Ma^2}{1-Ma^2}\frac{\mathrm{d}S}{S} \tag{5.2.13c}$$

$$\frac{\mathrm{d}T}{T} = \frac{(k-1)Ma^2}{1-Ma^2}\frac{\mathrm{d}S}{S} \tag{5.2.13d}$$

$$\frac{\mathrm{d}Ma}{Ma} = -\frac{1+\dfrac{k-1}{2}Ma^2}{1-Ma^2}\frac{\mathrm{d}S}{S} \tag{5.2.13e}$$

根据上述方程,将截面积变化对气流参数的影响列于表 5.2.1 中。

表 5.2.1　管道截面积变化与气流参数变化关系

面积变化 气流参数比	dS < 0		dS > 0	
	Ma < 1	Ma > 1	Ma < 1	Ma > 1
$\mathrm{d}V/V, \mathrm{d}Ma/Ma$	⇑	⇓	⇓	⇑
$\mathrm{d}p/p, \mathrm{d}\rho/\rho, \mathrm{d}T/T$	⇓	⇑	⇑	⇓

表 5.2.1 清楚地表明了截面积变化对气流参数的影响。

(1)亚声速流($Ma < 1$)。$1-Ma^2 > 0$,$\mathrm{d}V$ 与 $\mathrm{d}S$ 异号,其物理意义是速度变化与面积变化的方向相反。即在收缩管道($\mathrm{d}S < 0$)内,亚声速气流是加速($\mathrm{d}V > 0$)、降压($\mathrm{d}p < 0$)的;在扩张管道($\mathrm{d}S > 0$)内,亚声速气流是减速($\mathrm{d}V < 0$)、增压($\mathrm{d}p > 0$)的。因此,亚声速气流在变截面管道中流动时,气流速度与管道截面积之间的关系仍保持不可压流的变化规律。

(2)超声速流($Ma > 1$)。$1-Ma^2 < 0$,$\mathrm{d}V$ 与 $\mathrm{d}S$ 同号,即 $\mathrm{d}V$ 与 $\mathrm{d}S$ 的变化相同。因此,超声速气流在变截面管道中流动时,气流速度与截面积之间的关系恰好与亚声速流的情况

相反。即在收缩管道（$dS < 0$）内，气流是减速的（$dV < 0$）；在扩张管道（$dS > 0$）内，气流是加速的（$dV > 0$）。

图 5.2.9 描绘了几种流动类型。一般说来，使气流加速、降压的管道称为喷管，使气流减速、增压的管道称为扩压器。

$Ma > 1$　　P 增加　V 减小　　　　$Ma > 1$　　P 减小　V 增加　　　　$Ma < 1$　　P 减小　V 增加　　　　$Ma < 1$　　P 增加　V 减小

超声速扩压器　　　　　超声速喷管　　　　　　亚声速喷管　　　　　　亚声速扩压器

图 5.2.9　几种变截面管道的流动类型

下面从 Ma 数不同时气体压缩性不同的角度出发，解释一下导致这种物理现象发生的原因。由方程 $\dot{m} = \rho SV = \mathrm{const}$ 可知，若管道是收缩的（$dS < 0$），则 ρV 值增加，满足该条件的情况无非有三种：ρ，V 均增加；V 增加而 ρ 下降，但 V 的增加量大于 ρ 的下降量；V 下降而 ρ 增加，但 V 的下降量小于 ρ 的增加量。根据忽略重力项的动量方程微分形式及声速公式可得到

$$-Ma^2 \frac{\mathrm{d}V}{V} = \frac{\mathrm{d}\rho}{\rho}$$

于是可知，上述的第一种情况不可能存在，因为速度与密度的变化方向必然是相反的；第二种情况必出现在 $Ma < 1$ 的亚声速流中，即速度变化对 ρV 值的增加起主导作用；第三种情况必出现在 $Ma > 1$ 的超声速流中，即密度变化对 ρV 值的增加起主导作用。当管道为扩张形状时（$dS > 0$），情况正好相反。因此，在超声速流动中，气体的可压缩性对流动参数变化的影响显得尤为重要。

（3）声速流（$Ma = 1$）。由于 $\mathrm{d}p, \mathrm{d}\rho, \mathrm{d}T, \mathrm{d}V, \mathrm{d}Ma$ 都不会趋于无穷大，故当 $Ma = 1$ 即 $1 - Ma^2 = 0$ 时，必有 $\mathrm{d}S = 0$。满足 $\mathrm{d}S = 0$ 的截面只能是流道最大截面积处或最小截面积处，但是亚声速流在收缩管道中才能加速至声速，超声速流也是在收缩流道中才能减速至声速，因此只有在流道最小截面积（用 S_t 表示）处气流速度才能达到声速，此时该截面称为临界截面。显然，临界截面的概念既与管道截面的几何特征有关（最小截面积处），也与流动状态有关（流速等于声速），不能简单理解为最小截面就是临界截面。最小截面是否达到声速还必须由一定的管道进出口截面的压强差来决定。比如，管道进出口截面压强相差较小，整个管道内的流动都是亚声速的，最小截面处速度最大但并没有达到声速，自然就不能称作临界截面。

那么，亚声速气流在收缩管道出口截面（最小截面积处）是否能够达到超声速呢？答案是不能。因为气流速度是从亚声速开始增加的，如果出口截面处 $Ma > 1$，就意味着出口截面前的某个截面处必有 $Ma = 1$，这就与前面所说的 $Ma = 1$ 时 $\mathrm{d}S = 0$ 相悖了。因此，亚声速气流在收缩管道最小截面处所能达到的最大速度就是声速。通过类似的分析可知，超声速气流在收缩管道最小截面积处所能达到的最小速度也是声速。所以，单纯的管道收缩不可能使亚声速气流加速至超声速气流，或超声速气流减速至亚声速气流，而必须采用收缩 —

扩张形管道,如图 5.2.10 所示。例如,要使气流从亚声速加速至超声速,管道的截面形状在亚声速段应是收缩的,在超声速段应是扩张的,而且声速流出现在最小截面处。当然,要产生超声速气流,管道上、下游还必须有足够的压力差,但管道先收缩后扩张这一点是必要的几何条件。这种收缩—扩张形喷管是 1889 年瑞典工程师拉伐尔发明的,故称之为拉伐尔喷管。

图 5.2.10　拉伐尔喷管

一维定常流动假设下的流量公式为 $\dot{m} = \rho V S$,直接按该式计算通过某截面的流量时,必须已知该截面处的密度、速度及截面面积。而在一般气动计算中,往往是给出某截面处的气流总参数、λ 数或 Ma 数,如果将流量公式写成以气流总参数和 λ 数函数表示的形式,会使计算大为简化。由于

$$\dot{m} = \rho V S = \frac{\rho V}{\rho_{cr} V_{cr}} \rho_{cr} V_{cr} S$$

式中

$$\rho_{cr} = \rho^* \left(\frac{2}{k+1}\right)^{\frac{1}{k-1}} = \frac{p^*}{RT^*} \left(\frac{2}{k+1}\right)^{\frac{1}{k-1}}, V_{cr} = \sqrt{\frac{2k}{k+1}RT^*}$$

$$\frac{\rho V}{\rho_{cr} V_{cr}} = \lambda \frac{\rho/\rho^*}{\rho_{cr}/\rho^*} = \lambda \left(1 - \frac{k-1}{k+1}\lambda^2\right)^{\frac{1}{k-1}} \left(\frac{k+1}{2}\right)^{\frac{1}{k-1}}$$

定义

$$q(\lambda) = \lambda \left(1 - \frac{k-1}{k+1}\lambda^2\right)^{\frac{1}{k-1}} \left(\frac{k+1}{2}\right)^{\frac{1}{k-1}} \tag{5.2.14}$$

并称之为流量函数,它的物理意义是无量纲密流,表示单位时间内通过单位面积的质量流量。当 $k = 1.4$ 时,$q(\lambda)$ 随 λ 数的变化趋势如图 5.2.11 所示。由图可见,当 $\lambda = 0$ 时,$q(\lambda) = 0$;当 $\lambda = \lambda_{max}$ 时,$q(\lambda) = 0$;当 $\lambda = 1$ 时,$q(\lambda) = 1$ 为最大值,即在 $\lambda = 1$ 的截面(临界截面)处无量纲密流最大。此外,还可看出一个流量函数值对应着两个 λ 数或 Ma 数,一个是亚声速的,另一个是超声速的,应用时须判断流动属于哪个范围,才能确定其对应的 λ 数或 Ma 数。应用

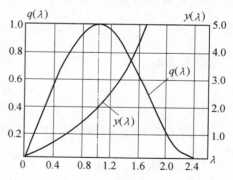

图 5.2.11　流量函数随 λ 的变化曲线

$q(\lambda)$ 可以直接根据总参数和 λ 数计算流量,将上述各式合并整理可得到

$$\dot{m} = K \frac{p^*}{\sqrt{T^*}} S q(\lambda) \tag{5.2.15}$$

式中,$K = \sqrt{\frac{k}{R} \left(\frac{2}{k+1}\right)^{\frac{k+1}{k-1}}}$。对于给定的气体($k, R$ 一定),K 为常数。对于空气,$k = 1.4$ 及 $R = 287.06$ J/(kg · K),$K = 0.040\,4$ s · K$^{\frac{1}{2}}$ · m^{-1};对于燃气,$k = 1.33$,$R = 287.4$J/(kg · K)

时，$K = 0.039\ 7\ \mathrm{s \cdot K^{\frac{1}{2}} \cdot m^{-1}}$。式(5.2.15)在气动分析、计算中是很重要的一个公式。它表明，在给定的 λ 数下，密流 $\dot{m}/S$ 与总压成正比、与总温的平方根成反比。

由一维定常流动连续方程可知，通过同一管道中不同截面的流量应为常数，即有 $\dot{m} = K\dfrac{p^*}{\sqrt{T^*}}Sq(\lambda) = \mathrm{const}$ 成立，若再假设流动是绝能等熵的即 p^*，T^* 不变，可有

$$Sq(\lambda) = \mathrm{const} \tag{5.2.16}$$

由此可得出如下重要结论：

（1）当气流为亚声速（$\lambda < 1$）时，由图 5.2.11 可见，随 λ 数的增大，$q(\lambda)$ 也随之增大，为保证流量守恒，则相应的流管面积必须减小，即对于亚声速流动，流管截面积减小时流速增加，而流管截面积增加时流速减小。

（2）当气流为超声速（$\lambda > 1$）时，随 λ 数增大，$q(\lambda)$ 却减小，相应的流管面积必须增大，即对于超声速流动，流管截面积减小时流速减小，流管截面积增加时流速增加。

（3）当 $\lambda = 1$ 时，$q(\lambda) = 1$ 达到最大值，相应的流管面积应该是流管的最小截面积，即临界截面（$\lambda = 1$ 的截面）必是流管中的最小截面积，但这个结论反过来并不一定正确，前面已经讨论到，流管最小截面积处的流速并非肯定会达到声速。

（4）如果要将气流绝能等熵的由亚声速加速到超声速情况，管道必须做成先收敛后扩张的形状，即拉伐尔喷管，此时管道任何一个截面积 S 与临界截面积 S_{cr} 之比满足 $Sq(\lambda) = S_{\mathrm{cr}}q(\lambda)_{\lambda=1} = S_{\mathrm{cr}}$ 或 $\dfrac{S_{\mathrm{cr}}}{S} = q(\lambda)$。

（5）在一维定常管道流动中，如果流动处于临界状态，则用临界截面处的参数计算流量最为方便，因为此时 $q(\lambda) = 1$。

此外，也可以将流量函数写成 Ma 数的函数，即

$$q(Ma) = Ma\left[\frac{2}{k+1}\left(1 + \frac{k-1}{2}Ma^2\right)\right]^{-\frac{k+1}{2(k-1)}}$$

流量公式则为

$$\dot{m} = K\frac{p^*}{\sqrt{T^*}}Sq(Ma) \tag{5.2.17}$$

当已知条件不是气流的总压而是静压时，也可用另一个气动函数 $y(\lambda) = \dfrac{q(\lambda)}{\pi(\lambda)}$，即

$$\dot{m} = K\frac{p^*}{\sqrt{T^*}}Sq(\lambda) = K\frac{pS}{\sqrt{T^*}}\frac{p^*}{p}q(\lambda) = K\frac{pS}{\sqrt{T^*}}\frac{q(\lambda)}{\pi(\lambda)} = K\frac{pS}{\sqrt{T^*}}y(\lambda) \tag{5.2.18}$$

图 5.2.11 也给出了 $y(\lambda)$ 随 λ 数的变化情况。

例 5.2.6　某扩压器进口空气总压 $p_1^* = 2.942 \times 10^5\ \mathrm{Pa}$，$\lambda_1 = 0.85$，进出口截面面积之比 $\dfrac{S_2}{S_1} = 2.5$，总压比 $\dfrac{p_2^*}{p_1^*} = 0.94$。求出口截面处的速度系数 λ_2 及静压 p_2。

解　假设扩压器内气流为绝能流动，则 $T_2^* = T_1^*$，有

$$K\frac{p_1^*}{\sqrt{T_1^*}}S_1q(\lambda_1) = K\frac{p_2^*}{\sqrt{T_1^*}}S_2q(\lambda_2)$$

即

$$q(\lambda_2) = \frac{p_1^*}{p_2^*} \frac{S_1}{S_2} q(\lambda_1) = 0.425\,5 q(\lambda_1)$$

查表或由公式计算可得 $\lambda_1 = 0.85$ 时 $q(\lambda_1) = 0.972\,9$，则 $q(\lambda_2) = 0.414\,0$。再查表或由公式计算可得到两个 λ 数，即 $\lambda_2 = 0.27$ 或 1.79，对于亚声速入口的渐扩流道内的流动来说，应为减速增压流动，即只有 $\lambda_2 = 0.27$ 成立，此时 $\pi(\lambda_2) = 0.957\,9$，故

$$p_2/\text{Pa} = p_2^* \pi(\lambda_2) = 2.649 \times 10^5$$

例 5.2.7　液体火箭发动机地面试车时，高速喷气所产生的推力 $F = 4.905 \times 10^5$ N，喷管进口处燃气总温 $T_1^* = 2\,700$ K，总压 $p_1^* = 30.99 \times 10^5$ Pa，喷管出口处燃气压强 p_2 等于大气压强 p_a，且 $p_a = 1.013 \times 10^5$ Pa。若流动是绝能等熵的，求喷管出口处的燃气速度、燃气流量、喷管最小截面及出口截面面积。已知燃气 $k = 1.33$，$R = 287.4$ J/(kg·K)。

解　地面试车时有 $V_1 = 0$，流动又是绝能等熵的，则 $T_2^* = T_1^*$，$p_2^* = p_1^*$，可有

$$\pi(\lambda_2) = \frac{p_2}{p_2^*} = \frac{p_a}{p_1^*} = 0.032\,7 < \frac{p_{cr}}{p^*} = \left(\frac{2}{k+1}\right)^{\frac{k}{k-1}} = 0.540\,2$$

即喷管出口处必为超声速流动，查表或由公式计算可得 $\lambda_2 = 2.01$，故

$$V_2/(\text{m·s}^{-1}) = \lambda_2 a_{cr} = \lambda_2 \sqrt{\frac{2k}{k+1} R T_1^*} = 1\,891.8$$

由推力计算公式

$$F = \dot{m}(V_2 - V_1) + S_2(p_2 - p_a) = \dot{m} V_2$$

可有

$$\dot{m}/(\text{kg·s}^{-1}) = \frac{F}{V_2} = 259.27$$

由于喷管最小截面处为临界状态即 $\lambda = 1$，故由公式

$$\dot{m} = K \frac{p_{cr}^*}{\sqrt{T_{cr}^*}} S_{cr} = K \frac{p_1^*}{\sqrt{T_1^*}} S_{cr}$$

可得到最小截面面积

$$S_{cr}/\text{m}^2 = \frac{\dot{m} \sqrt{T_1^*}}{K p_1^*} = 0.109\,6$$

而出口截面面积也可根据流量守恒关系

$$K \frac{p_1^*}{\sqrt{T_1^*}} S_{cr} = K \frac{p_1^*}{\sqrt{T_1^*}} S_2 q(\lambda_2)$$

得到，即

$$S_2/\text{m}^2 = \frac{S_{cr}}{q(\lambda_2)} = 0.449\,8$$

5.3　弱扰动在空气中的传播与马赫波

前面已经讲过，弱扰动在空气中是以声速向周围传播的，本节将着重讨论弱扰动在气流中的传播规律，尤其是在超声速气流中的传播规律，并给出弱扰动波的产生条件、性质及有关参数的理论计算方法。实际上，超声速气流有一个重要的特点：加速时要产生膨胀波，减速时一般会出现激波。而亚声速气流，无论是加速还是减速都不会出现这些物理现象。膨

胀波和激波既是超声速气流特有的重要物理现象,也是研究超声速流动的重要物理概念。随着飞行器和发动机性能的提高,超声速飞行器、超声速进气道、超声速压气机及涡轮、超声速喷管等已被广泛应用,超声速燃烧理论的研究也推动了超声速冲压发动机的研究进程。在进行这些部件的气动设计和流场分析时,首先就要遇到膨胀波和激波的问题。

5.3.1 弱扰动与马赫波

扰动源可分为运动扰动源和静止扰动源两类。一个微小物体在静止空气中运动,物体在其运动空间的每一点都对空气产生一个微弱扰动,这个微小物体就是运动扰动源;如果空气绕一个静止的微小物体运动,该物体也将在流场中产生微弱扰动,它是一个静止扰动源,而且它所产生的扰动波还将被气流带到下游。出于简化研究问题的考虑,也可以将物体在静止空气中的匀速直线运动问题(一种非定常问题),转化为相对坐标系(即坐标系取在运动物体上)下的定常运动问题,此时运动物体就成为相对坐标系中的静止扰动源。图 5.3.1 分别给出了静止空气($Ma = 0$)、亚声速气流($Ma < 1$)、声速气流($Ma = 1$)及超声速气流($Ma > 1$)中弱扰动传播的图画。可以看出:

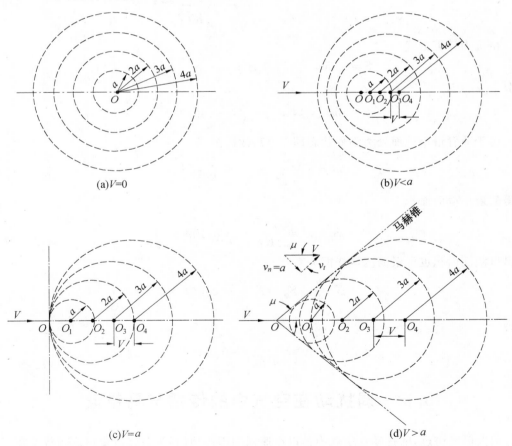

(a)$V=0$　　　　　　　　　　　　　(b)$V<a$

(c)$V=a$　　　　　　　　　　　　　(d)$V>a$

图 5.3.1　静止扰动源在运动气流中产生的弱扰动的传播示意图

(1)$V = 0$(即 $Ma = 0$)。

假设位于空间 O 点的微小物体做微小振荡,它所产生的弱扰动在静止空气中以球面波为传播形式、以声速 a 为传播速度向周围传播,受到扰动的空气与未受扰动空气的分界面是一个球面。若忽略空气黏性耗散的影响,且认为空气参数分布均匀,随时间推移,不同时刻的扰动波构成一系列的同心球面,扰动波可以传遍整个流场,并使得流场中的空气压力、密度等参数发生微小变化。

(2)$V < a$(即 $Ma < 1$)。

亚声速气流不断地流过扰动源,流场中将持续的产生扰动波,经过一段时间后观察,弱扰动波仍是一系列的球面,且随气流向下游运动。从以图 5.3.1(b) 中 O 点(即扰动源所处位置)为原点的坐标系来看,弱扰动波在各个方向上传播的绝对速度不再是声速 a,顺流方向传播速度为 $a+V$,逆流方向传播速度为 $a-V$,其他方向的传播速度介于 $a+V$ 与 $a-V$ 之间。由于 $V < a$,所以扰动波仍能逆流传播,即亚声速气流中,弱扰动波可以传遍整个流场,这是弱扰动波在亚声速气流中传播的主要特点。

(3)$V = a$(即 $Ma = 1$)。

如果气流速度恰好等于声速,弱扰动波在逆流方向的绝对传播速度等于零,即弱扰动波不能逆流传播。即使时间足够长,球面扰动波的半径趋于无穷大,其传播范围也只能是位于由物体出发、垂直于气流方向的平面的右侧空间内,而不能影响到平面的前方,或者说扰动源上游流场不再受扰动的影响。流场中出现的这个受扰动空气与未受扰动空气的分界面被称为马赫波,它是以物体所处位置为公切点的各个球面波的公切平面。

(4)$V > a$(即 $Ma > 1$)。

如果气流速度大于声速,物体(即扰动源)总是位于它所产生的扰动波的左侧,而且扰动传播的区域被局限在以物体所处位置为顶点且向空气运动方向张开的圆锥区域内。扰动永远不能传播到圆锥之外,受扰动气体与未受扰动气体的分界面是一个圆锥面。这个圆锥被称为弱扰动锥或马赫锥,圆锥面称为弱扰动边界波或马赫波。圆锥的母线与气流方向之间的夹角称为马赫角,用符号 μ 表示,它的大小反映了受扰动区域的大小。由图 5.3.1(d) 所示的几何关系可以看出

$$\sin \mu = \frac{a}{V} = \frac{1}{Ma} \text{ 或 } \mu = \arcsin \frac{1}{Ma} \tag{5.3.1}$$

因此,马赫角 μ 是由物体运动的 Ma 数决定的,Ma 数越大,则 μ 角越小;反之,Ma 数越小,则 μ 角越大。当 $Ma = 1$ 时,$\mu = 90°$,这就是图 5.3.1(c) 所示的情况。因为 $\sin \mu \leqslant 1$,所以当 $Ma < 1$ 时,式(5.3.1)无意义。从图中还可以看出,如果将气流速度 V 分解为垂直于马赫锥面和平行马赫锥面的两个分量 v_n,v_t,则可以得到 $v_n = V\sin \mu = a$,即垂直于马赫锥面的气流速度分量等于声速。而马赫波在气流中沿垂直波面方向以声速向外传播,这个传播速度与气流速度在该方向的分速度 v_n 大小相等、方向相反,因此马赫波能在气流中稳定不动。

当气流速度等于或大于声速时,在任何瞬时,流场中总是存在着马赫波,并将流场中的空气分为受扰动部分和未受扰动部分。这显然与空气静止或气流速度小于声速时的情形不同,在这两种条件下,若所研究的流动涉及的时间尺度比弱扰动传播所涉及的时间尺度大得多(即时间足够长),扰动波总是可以影响整个流场。

由上面的分析可以看出,对于亚声速气流,弱扰动可以逆气流前传,扰动的影响波及整个流场;对于声速流动和超声速气流,弱扰动不能逆气流前传,扰动的影响被限制在马赫锥内,这是超声速气流与亚声速气流的一个重要差别。图 5.3.2(a) 表明,亚声速直匀流绕流翼型时,物体发出的弱扰动波逆流传播,使得其前方的气流流线偏转,流动参数发生微小变化。而超声速直匀流流过微锥体时,如图 5.3.2(b) 所示,弱扰动波不能逆流传播,仅限于马赫锥范围之内,马赫锥之外的气流参数无任何变化,气流穿过马赫波时,其参数发生微小变化。

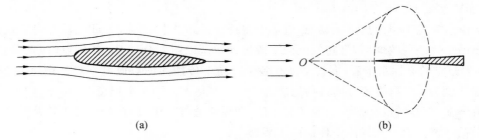

图 5.3.2　亚声速、超声速直匀流流过物体

如图 5.3.3(a) 所示,假设光滑固壁上某点处有一个微小的扰动源(如粘了一粒小沙粒),其流动图画与图 5.3.1(d) 中上半部分是一样的。如果弱扰动源是一个半无限展长(展向与 z 轴平行) 的微楔形物,如图 5.3.3(b) 所示,当超声速直匀流流过该物体时,受扰动气体与未受扰动气体的分界面(即马赫波) 是个楔面,这其实可以简化为一个二维超声速流动问题。如图 5.3.3(c) 所示,马赫波在 xy 平面上的投影是两条相交的直线,称为马赫线。对于一个面向下游的观察者来说,位于 Ox 轴上方的马赫线 Om 称为左伸马赫线(即以向左的方向伸向下游);而位于 Ox 轴下方的马赫线 Om' 称为右伸马赫线。后面将会讨论,气流流经微楔形物时所产生的马赫波 Om 和 Om' 被称为弱压缩波,即气流穿过它们时将受到微弱的压缩,波后气流压强增加了 $\mathrm{d}p$,密度增加了 $\mathrm{d}\rho$,而速度则减少了 $\mathrm{d}V$。如果气流通过马赫波后是膨胀的,即压强下降 $\mathrm{d}p$,密度下降 $\mathrm{d}\rho$,而速度增加 $\mathrm{d}V$,这类马赫波称为(弱) 膨胀波。如果把图 5.3.3(b) 中的微楔形物的上半部分放在一块平板上,就构成了一个超声速气流沿直壁面经内折壁面的流动,其流动图画与图 5.3.3(c) 的上半部是一样的,流场中仅有一条左伸压缩波。

图 5.3.3　二维超声速直匀流流过物体或内折壁面的情况

如果超声速气流速度沿 y 方向为不均匀分布,由于当地马赫角是随当地马赫数变化的,因而马赫线是曲线形式,如图 5.3.4 所示。若由直壁面起,沿 y 向气流速度渐增,则马赫线必凸向未受扰动区;反之,马赫线是凹向未受扰动区的。如果流场中流速是更复杂些的非均匀分布,则马赫线的形状也将是更复杂的。

图 5.3.4　速度分布与马赫线的形状

最后还要指出的是,在超声速气流中,除了上述讨论的弱扰动波(膨胀波与弱压缩波)外,在某些条件下还会出现突越的压缩波,即激波。气流经过一道突越压缩波,速度、压强等参数的变化不再是一个无限小量,而是一个有限值。这属于强扰动在超声速流动中的传播问题,将在后面讨论。

5.3.2　膨胀波、弱压缩波的形成及其特点

如图 5.3.5(a) 所示,假设超声速直匀流沿外凸壁 AOB 流动,壁面在 O 点向外折转一个微小的角度 $d\theta$。由于壁面的微小折转,使原来平行于壁面 AO 的超声速气流的参数发生微小改变,即受到微弱的扰动。因此,在壁面折转处(即扰动源)必产生一道马赫波 OL,且与来流方向的夹角为 $\mu = \arcsin \dfrac{1}{Ma}$。由于壁面折转造成的弱扰动波只能传播到马赫波 OL 以后的区域,而不能传到波 OL 之前的区域,因此波前气流参数不变,而在气流流经马赫波 OL 之后,参数值发生了微小变化。由图 5.3.5 可知,波后气流方向必平行于壁面 OB 即向外折转 $d\theta$ 角。因为如果不是这样,比如波后气流方向仍平行于壁面 AO,则在壁面 OB 与气流之间将出现一个没有气体存在的三角形"真空区",这显然是不可能的。从图中的几何关系可以看出(设垂直于 xOy 平面的宽度为单位长度),若来流流管截面积为 S,则马赫波 OL 之前、之后的流管截面积满足关系式

$$S = \overline{OD}\sin \mu < \overline{OD}\sin(\mu - d\theta) = S + dS \tag{5.3.2}$$

式中,$d\theta$ 为流线方向角的变化(即气流折转角),并规定逆时针方向折转为正,顺时针方向折转为负。假设气流流经壁面 AOB 为无摩擦的理想流动,那么超声速气流流经马赫波 OL 就是绝能等熵流动。在绝能等熵流动条件下,超声速气流在流管截面积增大时,由式(5.2.16)可知,流量函数 $q(\lambda)$ 下降,即气流速度(或马赫数)增大,再由式(5.2.3)可知,气流压强、密度相应降低。因此,超声速气流流经由微小外折角所引起的马赫波 OL,气流速度增加,压强、密度下降,这种马赫波称为膨胀波。

再假设超声速气流在图 5.3.5(b) 中的 O_1 点外折了一个微小角度 $d\theta_1$ 之后,在 O_2,O_3 等一系列点,继续外折一系列微小角度 $d\theta_2,d\theta_3,\cdots$。在壁面的每个折转处,都产生一道膨胀波 $O_1L_1,O_2L_2,O_3L_3,\cdots$。各膨胀波与该波波前气流方向的夹角为 $\mu_1,\mu_2,\mu_3,\cdots$。考虑到气流每经过一道膨胀波,Ma 数都有所增加,即 $Ma_1 < Ma_2 < Ma_3 < \cdots$。应用式(5.3.1)可得

$$\mu_1 = \arcsin \frac{1}{Ma_1} > \mu_2 = \arcsin \frac{1}{Ma_2} > \mu_3 = \arcsin \frac{1}{Ma_3} > \cdots$$

因此,气流经过每道膨胀波后均向外折转一个角度,且 μ 角逐渐减小,后面的膨胀波对 x 轴的倾角都比前面的小,即膨胀波既不会互相平行,也不会彼此相交,而是发散形的。根

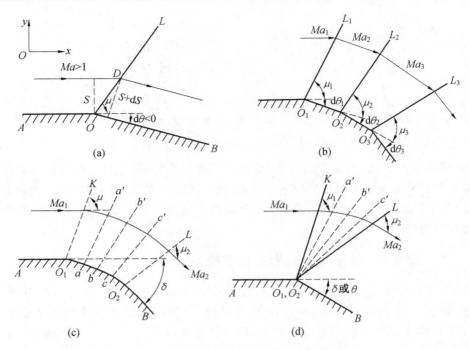

图 5.3.5　膨胀波的形成及普朗特－迈耶流动

据极限的概念,曲线是由无数段微元折线组成的,因而超声速气流绕外凸曲壁的流动与绕外凸折壁面的流动在本质上是相同的,只是这时曲壁上的每一点都等同于一个折点,自每一点都发出一道膨胀波,气流每经过一道这样的膨胀波,参数都会发生一个微小变化,折转一个微小角度 $d\theta \to 0$,气流经过由无数道膨胀波组成的膨胀波区后,参数就发生了一个有限值的变化,并且折转了一个有限角度 δ,如图 5.3.5(c) 所示。第一道波的马赫角 μ_1 为马赫线与来流方向夹角,而最后一道马赫角 μ_2 为马赫线与气流最终方向夹角,于是在图 5.3.5(c) 中可用有限道膨胀波表示无限多道膨胀波,并描述超声速气流绕外凸曲壁流动的问题。

　　最后再分析一个特殊的但却重要的情形。设想把图 5.3.5(c) 中的曲壁段 $O_1 O_2$ 逐渐缩短,在极限情况下两点重合,曲壁就变成一个具有一定折角的折壁 $AO_1 B$,由曲壁发出的一系列膨胀波就变成了从转折处发出的扇形膨胀波束 $O_1 K, O_1 a', O_1 b', \cdots, O_1 L$,超声速气流穿过这些膨胀波时,流动方向逐渐转折,最终沿着平行于 $O_1 B$ 壁面的方向流动,如图 5.3.5(d) 所示。这样的平面流动通常称为绕外钝角流动或普朗特－迈耶(P－M)流动。

　　超声速气流绕外钝角流动具有下列特点:

　　(1) 超声速气流为平行于 AO_1 壁面的定常直匀流,在壁面折转处必产生一组扇形膨胀波束,此扇形膨胀波束由无限多道马赫波组成。

　　(2) 气流每经过一道马赫波,其参数只发生无限小的变化,因而经过膨胀波束时,气流参数变化过程是连续的(速度增加,而压强、密度、温度减小)。在不考虑气体黏性及其与外界的热交换时,气流穿过膨胀波束的流动过程为绝能等熵的膨胀过程。

　　(3) 气流穿过膨胀波束后,将沿平行于壁面 $O_1 B$ 的方向流动,即气流方向朝着离开波面的方向向外转折。

　　(4) 当超声速来流为定常直匀流时,膨胀波束中的任一条马赫线均为直线,且马赫线上的所有气流参数均相同。

（5）对于给定的起始条件，膨胀波束中的任一点的速度大小只与该点的气流方向有关。

假设超声速直匀流沿内凹壁 AOB 流动，如图 5.3.6(a) 所示。壁面在 O 点向内折转一个微小的角度 $d\theta$。壁面折转处将产生一道马赫波 OL，气流流经马赫波 OL 之后，其流动方向向内折转了一个微小角度 $d\theta(>0)$ 且与壁面 OB 平行，气流参数发生了微小变化。由图可知，流管截面积变小，即超声速气流速度（或马赫数）降低，压强、密度增加，这种马赫波称为弱压缩波。

如果壁面在 O_1 点内折了一个微小角度 $d\theta_1$ 之后，在 O_2，O_3 等一系列点，继续内折一系列微小角度 $d\theta_2$，$d\theta_3$，…，如图 5.3.6(b) 所示，在这些点处将分别发出一系列弱压缩波。由于此时气流是逐渐减速的，即 $Ma_1 > Ma_2 > Ma_3 > \cdots$，所以各压缩波的马赫角是逐渐加大的，即 $\mu_1 < \mu_2 < \mu_3 < \cdots$。气流每经过一道压缩波都将向内折转一个角度，且 μ 角逐渐增加，因此各道压缩波必然会在离开内折点的上部的某个区域挤压在一起，并汇集成一道波。在压缩波系未汇集的有限空间区域内，气流依次穿过各道弱压缩波，流动过程仍是等熵压缩过程，参数发生连续的微小变化，而流经波系之前的气流参数与穿过波系之后的参数相比则发生了有限大小的变化。当无限多道弱压缩波系聚集成一道波时，波系在几何上就从一个有限空间域转化为一个面或线，气流经过这样的一道波面时，流动参数不再是连续变化的，而是出现了有限大小的突变。这种流动参数本身发生突跃的面或线称为强突跃面，无限多道弱压缩波系聚集而成的一道波也不再是弱压缩波，而是强压缩波或称激波。由于通过激波时气流参数剧烈变化，黏性和热传导影响就不能被忽略，是一个熵增过程。

根据极限的概念，如图 5.3.6(c)、(d) 所示，一个连续的凹曲壁可以看成是由无数段内折的微元折壁组成。超声速气流绕凹曲壁流动时，曲壁上的每一点都等同于一个折点，自每一点都发出一道弱压缩波，所有的弱压缩波组成一个连续的等熵压缩波区。气流每经过一道弱压缩波，参数值发生一个微小变化，折转一个微小角度，通过整个压缩波区后，气流参数值及折转角发生一个有限量的变化。但在离开凹曲壁的上部某个区域，各道压缩波挤压在一起，并汇集成一道激波，气流经过激波的过程变成了熵增过程。因此，对于以较高 Ma 数飞行的超声速飞机，其扩压进气道内壁有时便设计为光滑的内凹曲壁形式，这样一来，气流的减速增压过程就接近于等熵过程，其总压损失最小。

若将图 5.3.6(c)、(d) 中的曲壁段转化为一个具有一定折角的凹折壁，则在折点处将不会出现分散的弱压缩波系，而是直接形成一道激波，如图 5.3.6(e) 所示。之所以形成一道激波，而不是如图 5.3.5(d) 中气流绕凸折壁的流动那样产生连续的马赫波组，可以这样反证。假设从 O 点发出连续的弱压缩波组，由于气流在弱压缩波区是连续压缩的，即气流速度或马赫数是持续下降的，那么最后一道马赫波对应的马赫角必然是最大的，而第一道马赫波对应的马赫角却是最小的，这就意味着最后一道马赫波反而位于第一道马赫波的上游，这无疑是不可能的。因此，无数道弱压缩波只能重合为一道激波。

超声速气流中产生膨胀波、弱压缩波或激波的情况有三种：

（1）气流的偏转角（"方向"）所规定的波。这类情况出现在气体绕流物体流动、气流沿内凹或外折壁面流动的问题中。如图 5.3.5 和图 5.3.6 所示的流动，气流穿过波面后的流动方向平行于物面或壁面，这是一个对气流的强制性的边界条件，这类波是由来流马赫数和

图 5.3.6　弱压缩波的形成及激波

气流偏转角决定的。

（2）压力条件决定的波。如图 5.3.7 所示，超声速气流从管道中流出时，如果出口处气体的压力 p_e 高于或低于外界气体压力 p_b，气流流出后势必膨胀或压缩，直到它的压力与外界气体压力相等为止。超声速气流在管道出口膨胀或压缩时，出口的边缘就成为扰动源，从而形成以出口边缘为顶点的膨胀波束或压缩波（通常是激波）。经过膨胀波束或激波时，超声速气流向外逐渐折转或突然向内折转，压力逐渐减少或突跃增加至与外界气体压力相等。

图 5.3.7　平面超声速管道流动

（3）其他条件所决定的激波。例如在管道流动中可能出现这种情况，某个截面限制了流量，致使允许通过的流量比来自管道前方的流量小时，就会发生气流壅塞现象，管道上游的超声速气流受到阻滞，压力突然升高，也会出现激波。

5.3.3　P－M 波的计算及 P－M 函数

图 5.3.8 给出了不同物理边界条件下普朗特－迈耶流动的膨胀波或弱压缩波图谱。图 5.3.8 中 $\Delta\theta$ 为有限大小的壁面折转角,并规定从 x 轴正向起,逆时针方向为正,顺时针方向为负。以 OA 代表马赫波束,第一道马赫波与来流方向夹角为马赫角 μ,其后各道马赫波与经过前一道马赫波后的气流方向夹角均满足式(5.3.1)。气流流经马赫波束,受膨胀(凸壁面)或压缩(凹壁面)作用,速度变为 $V+\Delta V$(对膨胀过程 $\Delta V>0$,对压缩过程 $\Delta V<0$),气流方向与折转后的壁面平行。对气流流经凹壁面产生的弱压缩波束,不考虑无限多道弱压缩波汇集成一道激波的那部分流动区域。

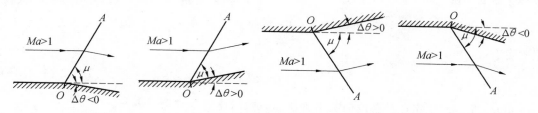

图 5.3.8　不同物理边界条件下的 P－M 流动图谱

气流经过膨胀波或弱压缩波是绝能等熵过程,波前后的气流总参数如 p^*,ρ^*,T^* 不变,静参数如 p,ρ,T 等只是 Ma 数(或 λ 数)的函数,而气流经过每一道波后的 Ma 数与气流方向角都在变化。定义 θ 为气流的方向角,即气流速度方向对于 x 轴正向的倾角,规定逆时针方向为正,顺时针方向为负。下面首先建立气流方向角 θ 与 Ma 数(或 λ 数)之间的关系,然后再确定波后其他的气流参数。

以图 5.3.8 中的左伸膨胀波束为例,取其中的第一道膨胀波为研究对象,如图 5.3.9 所示。设波前气流速度为 V,马赫波与速度 V 的夹角 $\mu=\arcsin\dfrac{1}{Ma}$,v_n,v_t 分别代表速度 V 在垂直波面和平行波面方向上的投影。气流穿过膨胀波后向外折转 $d\theta$ 角,速度增加为 $V'=V+\Delta V$,而 v'_n,v'_t 则是速度 V' 在垂直波面和平行波面方向上的速度分量。在紧邻波面的两侧建立一个以封闭周线 $abcd$ 表示的控制体,其中 ad,bc 面与波面平行,ab,cd 面与波面垂直。对控制体沿波面方向应用动量方程,并考虑到气流参数沿同一条马赫线是不变的,即作用在 ab,cd 面上的压强相等,得

图 5.3.9　马赫波前后的速度关系

$$(\rho'Sv'_n)v'_t-(\rho Sv_n)v_t=0$$

由连续方程 $\rho Sv_n=\rho'Sv'_n$,有

$$\rho S v_n (v'_t - v_t) = 0$$

由此可知

$$v'_t = v_t \tag{5.3.3a}$$

式(5.3.3a)表明,超声速气流经过膨胀波时,气流沿波面方向的速度分量保持不变,即波前后气流速度在波面上的投影必定相等,而气流速度的变化仅取决于垂直波面的速度分量。

再以微增量的形式对控制体写出连续方程,以及沿垂直波面方向的动量方程,得

$$\rho S v_n = (\rho + \mathrm{d}\rho)S(v_n + \mathrm{d}v_n) \text{ 和 } pS - (p + \mathrm{d}p)S = \rho S v_n[(v_n + \mathrm{d}v_n) - v_n]$$

整理并略去二阶微量,可得到

$$\rho \mathrm{d}v_n = -v_n \mathrm{d}\rho \text{ 和 } \rho \mathrm{d}v_n = -\frac{\mathrm{d}p}{v_n}$$

联立可有

$$v_n^2 = \frac{\mathrm{d}p}{\mathrm{d}\rho} = a^2 \text{ 或 } v_n = a \tag{5.3.3b}$$

可见,超声速气流在马赫波前的垂直波面方向的速度分量等于声速。

根据图 5.3.9 中的几何关系,由正弦定理可得

$$\frac{V + \mathrm{d}V}{V} = \frac{\sin\left(\frac{\pi}{2} + \mu\right)}{\sin\left(\frac{\pi}{2} - \mu - \mathrm{d}\theta\right)} = \frac{\sin\left(\frac{\pi}{2} - \mu\right)}{\sin\left[\frac{\pi}{2} - (\mu + \mathrm{d}\theta)\right]} =$$

$$\frac{\cos \mu}{\cos(\mu + \mathrm{d}\theta)} = \frac{\cos \mu}{\cos \mu \cos \mathrm{d}\theta - \sin \mu \sin \mathrm{d}\theta}$$

由于 $\mathrm{d}\theta$ 为无穷小量,即 $\sin \mathrm{d}\theta \approx \mathrm{d}\theta$,$\cos \mathrm{d}\theta \approx 1$,则上式变为

$$1 + \frac{\mathrm{d}V}{V} = \frac{1}{1 - \mathrm{d}\theta \tan \mu}$$

利用级数展开,当 $x < 1$ 时,有

$$\frac{1}{1 - x} = 1 + x + x^2 + x^3 + \cdots$$

略去高阶小量可得

$$\frac{\mathrm{d}V}{V} = \mathrm{d}\theta \tan \mu \text{ 或 } \mathrm{d}\theta = \frac{1}{\tan \mu} \frac{\mathrm{d}V}{V}$$

根据式(5.3.1)可知 $\tan \mu = \dfrac{1}{\sqrt{Ma^2 - 1}}$,将其代入上式并注意到 $\mathrm{d}\theta$ 沿顺时针方向为负的规定,则可得

$$-\mathrm{d}\theta = \sqrt{Ma^2 - 1} \frac{\mathrm{d}V}{V} \tag{5.3.4a}$$

式(5.3.4a)即为超声速气流沿外凸壁流动的基本微分方程。可以看出,对于左伸波,若壁面外折($\mathrm{d}\theta < 0$),则 $\mathrm{d}V > 0$,为加速、膨胀过程,马赫波为膨胀波;若壁面内凹($\mathrm{d}\theta > 0$),则 $\mathrm{d}V < 0$,为减速、压缩过程,马赫波为弱压缩波。对图 5.3.8 中右伸波做类似推导得

$$\mathrm{d}\theta = \sqrt{Ma^2 - 1} \frac{\mathrm{d}V}{V} \tag{5.3.4b}$$

为积分式(5.3.4),需要得到速度 V 与 Ma 数之间的关系。对 $V = Ma \cdot a$ 微分,得

$$\frac{\mathrm{d}V}{V} = \frac{\mathrm{d}Ma}{Ma} + \frac{\mathrm{d}a}{a} \tag{5.3.5}$$

而 $\dfrac{a^{*2}}{a^2} = \dfrac{T^*}{T} = 1 + \dfrac{k-1}{2}Ma^2$，所以

$$a^{*2} = a^2 + \frac{k-1}{2}a^2 Ma^2$$

由于气流穿过膨胀波为绝能等熵过程，于是 $a^* = \mathrm{const}$。对上式微分，得

$$\frac{\mathrm{d}a}{a} = -\frac{\dfrac{k-1}{2}Ma\,\mathrm{d}Ma}{1 + \dfrac{k-1}{2}Ma^2}$$

将该式代入式(5.3.5) 中，得

$$\frac{\mathrm{d}V}{V} = \frac{1}{1 + \dfrac{k-1}{2}Ma^2}\frac{\mathrm{d}Ma}{Ma}$$

再将上式代入式(5.3.4a) 中，得

$$\mathrm{d}\theta = -\frac{\sqrt{Ma^2 - 1}}{1 + \dfrac{k-1}{2}Ma^2}\frac{\mathrm{d}Ma}{Ma} \tag{5.3.6}$$

若假设气体是量热完全气体，则比热比 k 为常数，对上式积分，可得到适用于左伸波情形的关系式

$$\Delta\theta = \theta_2 - \theta_1 = -\int_{Ma_1}^{Ma_2} \frac{\sqrt{Ma^2 - 1}}{1 + \dfrac{k-1}{2}Ma^2}\frac{\mathrm{d}Ma}{Ma} = -\left[\nu(Ma_2) - \nu(Ma_1)\right] \tag{5.3.7a}$$

对式(5.2.3b) 做同样处理，得到适用于右伸波情形的关系式

$$\Delta\theta = \theta_2 - \theta_1 = \int_{Ma_1}^{Ma_2} \frac{\sqrt{Ma^2 - 1}}{1 + \dfrac{k-1}{2}Ma^2}\frac{\mathrm{d}Ma}{Ma} = \nu(Ma_2) - \nu(Ma_1) \tag{5.3.7b}$$

式中

$$\nu(Ma) = \sqrt{\frac{k+1}{k-1}}\arctan\sqrt{\frac{k-1}{k+1}(Ma^2 - 1)} - \arctan\sqrt{Ma^2 - 1} \tag{5.3.8}$$

$\nu(Ma)$ 称为普朗特—迈耶函数，其值取决于气体的 k 值和 Ma 数，其单位是角度。为使用方便，通常将 ν 与 Ma 数的函数关系制成数值表，以供计算时查用。

对于任意两个马赫数 Ma_1，Ma_2 的膨胀波或弱压缩波区间，P — M 流动满足式 (5.3.7)。若给定 $\Delta\theta$(即壁面折转角) 和 Ma_1，则可利用式(5.3.8) 确定 Ma_2；若再给出 T_1，p_1，ρ_1，则可通过等熵关系和式(5.2.3) 求出 T_2，p_2，ρ_2，即

$$\left\{\begin{aligned} &\frac{T_2}{T_1} = \frac{T_2/T^*}{T_1/T^*} = \frac{1 + \dfrac{k-1}{2}Ma_1^2}{1 + \dfrac{k-1}{2}Ma_2^2} \\ &\frac{p_2}{p_1} = \left(\frac{1 + \dfrac{k-1}{2}Ma_1^2}{1 + \dfrac{k-1}{2}Ma_2^2}\right)^{\frac{k}{k-1}}, \quad \frac{\rho_2}{\rho_1} = \left(\frac{1 + \dfrac{k-1}{2}Ma_1^2}{1 + \dfrac{k-1}{2}Ma_2^2}\right)^{\frac{1}{k-1}} \end{aligned}\right. \tag{5.3.9}$$

因此可以得出如下结论:超声速气流绕外凸壁或内凹壁流动时,气流参数的总变化只取决于波前气流参数和总的折转角度,而与气流的折转方式无关,即不论是一次折转,还是多次折转,不论是壁面的突然折转,还是经曲壁的逐渐折转,只要总的折转角度相同,其最后的参数数值就是相同的。

当 $Ma_1 = 1$ 时,可有 $\nu(1) = 0$,于是式(5.3.7)又可写成

$$对左伸波:\Delta\theta = \theta_2 - \theta_1 = -\nu(Ma_2) = -\nu(Ma)$$

$$对右伸波:\Delta\theta = \theta_2 - \theta_1 = \nu(Ma_2) = \nu(Ma)$$

因此,$\nu(Ma)$ 代表声速气流($Ma_1 = 1$)膨胀到某一马赫数 Ma 时,或者气流从某一马赫数 Ma 压缩至声速气流时的气流折转角度。

如果想要知道线段上任意两点之间的距离,既可以直接测量两点间的距离,也可以分别测得这两点距线段起点的距离后,再相减得到。与之思路类似,对于从任意马赫数 $Ma_1 > 1$ 开始膨胀的超声速气流,若要得到其折转 $\Delta\theta$ 角度后的气流马赫数 Ma_2,可以把声速状态当作一个假想的起始状态进行计算。因为 $\nu(Ma_1)$,$\nu(Ma_2)$ 分别代表了声速气流膨胀到 Ma_1,Ma_2 时的气流折转角,那么二者之差就等于气流从 Ma_1 膨胀到 Ma_2 时的折转角度 $\Delta\theta$。具体步骤为:由 Ma_1 查表或计算得到 $\nu(Ma_1)$,将 $\nu(Ma_1)$,$\Delta\theta$ 值代入式(5.3.7)中得到 $\nu(Ma_2)$,再查表或计算即可得到 Ma_2。

对于超声速气流从任意马赫数 $Ma_1 > 1$ 开始被弱压缩至 $Ma_2(1 < Ma_2 < Ma_1)$ 的情况,计算其偏转 $\Delta\theta$ 后气流马赫数的方法是一样的,只不过从假想的起始状态看,气流是从声速分别膨胀到 Ma_1,Ma_2 的,但气流马赫数从 Ma_1 变化到 Ma_2 的流动过程,却是一个弱压缩过程。

例 5.3.1 一个马赫数为 1.4 的超声速均匀空气气流绕外凸壁膨胀,气流逆时针折转 $20°$,求气流经过膨胀波系后的最终马赫数。

解 由 $Ma_1 = 1.4$ 查表或计算得 $\nu(Ma_1) = 9°$。因为气流穿过膨胀波为逆时针折转,故为右伸膨胀波,于是有

$$\Delta\theta = \theta_2 - \theta_1 = \nu(Ma_2) - \nu(Ma_1)$$

得到 $\nu(Ma_2) = \Delta\theta + \nu(Ma_1) = 29°$,查表或计算得 $Ma_2 = 2.096$。

例 5.3.2 一个马赫数为 2.0 的均匀空气气流绕外凸壁膨胀,气流最终方向相对于其最初方向折转了 $-10°$,膨胀波系前的气流压强、温度分别为 1.013×10^5 Pa,290 K。求气流的最终马赫数及静压、静温。

解 仿照例 5.3.1 的计算过程,并考虑到膨胀波系为左伸膨胀波,有

$$\Delta\theta = \theta_2 - \theta_1 = -[\nu(Ma_2) - \nu(Ma_1)]$$

即

$$-10° = -[\nu(Ma_2) - \nu(2.0)] = -\nu(Ma_2) + 26.38°$$

可有 $Ma_2 = 2.383$。再由式(5.3.9),可得到 $p_2 = 0.554 \times 10^5$ Pa,$T_2 = 244.1$ K。

例 5.3.3 设有 $Ma_1 = 2.21$,$p_1 = 0.1 \times 10^5$ Pa 的超声速气流,经过如图 5.3.6(c)所示的内凹曲壁后内折 $28°$。求经过弱压缩波后的气流马赫数、压强,以及第一道和最后一道压缩波的马赫角。

解 由 $Ma_1 = 2.21$ 查表或计算得 $\nu(Ma_1) = 32°$,$\mu_1 = 26.9°$。由适用于左伸压缩波计算公式得

$$\Delta\theta = \theta_2 - \theta_1 = -[\nu(Ma_2) - \nu(Ma_1)]$$

即

$$28° = -[\nu(Ma_2) - \nu(2.0)] = -\nu(Ma_2) + 32°$$

可得到 $Ma_2 = 1.218$ 和 $\mu_2 = 55.2°$。再由式(5.3.9)，可得到 $p_2 = 0.437 \times 10^5$ Pa。

例 5.3.4　如图 5.3.7 所示，假设平面超声速喷管出口气流的马赫数 $Ma_1 = 1.4$，压强 $p_1 = 1.25 \times 10^5$ Pa，外界大气压强 $p_a = 1.0 \times 10^5$ Pa。求经过膨胀波后的气流马赫数、气流外折角及马赫角 μ_1, μ_2。

解　由 $Ma_1 = 1.4$ 查表或计算得 $\nu(Ma_1) = 9°$，$\mu_1 = 45.53°$，$\dfrac{p_1}{p^*} = 0.314$。由于

$$\frac{p_2}{p^*} = \frac{p_a}{p^*} = \frac{p_a}{p_1}\frac{p_1}{p^*} = 0.251 = \left(1 + \frac{k-1}{2}Ma_2^2\right)^{-\frac{k}{k-1}}$$

得到 $Ma_2 = 1.55$。查表或计算得 $\nu(Ma_2) = 13.5°$，$\mu_2 = 40°$，则可得到气流经过右伸膨胀波后的折转角为

$$\Delta\theta = \theta_2 - \theta_1 = \nu(Ma_2) - \nu(Ma_1) = 13.5° - 9° = 4.5°$$

类似的，气流经过左伸膨胀波后的折转角为 $-4.5°$。

马赫波极角 φ 是表示气流从声速开始膨胀至某一个 Ma 数时，扇形膨胀波区所张开的角度，如图 5.3.10 所示。显然，扇形膨胀波区前缘的马赫角 $\mu_1 = 90°$，后缘马赫角则为 $\mu = \arcsin\dfrac{1}{Ma}$。当 $\theta_1 = 0°$ 时，$\nu(Ma)$ 代表声速气流膨胀到某一马赫数时的折转角度，由式(5.3.7)及其转化形式可知，对左伸波 $\theta = -\nu(Ma)$，对右伸波则有 $\theta = \nu(Ma)$。由图 5.3.10 中几何关系可得（图中 θ 为负值）

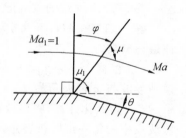

图 5.3.10　马赫波极角

$$\varphi + \mu + \theta = 90° \quad \text{或} \quad \varphi = 90° - \mu + \nu(Ma) \tag{5.3.10}$$

式(5.3.10)对左伸波、右伸波均成立。可以看出，当气体性质一定时，马赫波极角 φ 仅与 Ma 数有关。

对于从任意马赫数 $Ma_1 > 1$ 开始绕外凸壁流动的超声速气流，若膨胀波束后的气流马赫数为 Ma_2，根据 Ma_1，Ma_2 及式(5.3.10)，分别计算出 φ_1，φ_2，则该扇形膨胀波区所张的角度为 $\Delta\varphi$，且

$$\Delta\varphi = \varphi_2 - \varphi_1$$

如图 5.3.11 所示，假定超声速气流从方向角 $\theta = 0°$、马赫数 $Ma = 1$ 的状态绕外凸壁流动，若令 r 为壁面上某一点沿马赫线到流线的距离，显然，第一道马赫线是垂直于直壁面的，即 $\mu = \arcsin\dfrac{1}{Ma} = \arcsin 1 = 90°$，定义此处 $r = r^*$。膨胀过程中的流道截面积是逐渐增大的，且为 $r\sin\mu$（取垂直于纸面方向的宽度为单位长度）。在绝能等熵流动中可有

$$r^* q(\lambda)_{\lambda=1} = r\sin\mu q(\lambda)$$

移项得

$$q(\lambda) = \frac{r^*}{r\sin\mu} \quad \text{或} \quad \frac{r}{r^*} = \frac{Ma}{q(Ma)}$$

由 $q(Ma)$ 的表达式可得

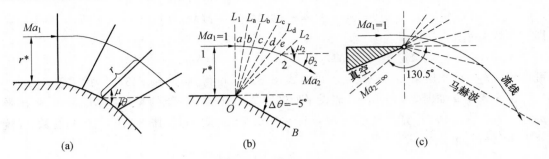

图 5.3.11　超声速气绕外凸壁的流线

$$\frac{r}{r^*} = \left(\frac{2}{k+1} + \frac{k-1}{k+1}Ma^2\right)^{\frac{k+1}{2(k-1)}} \tag{5.3.11}$$

式(5.3.11)表明，r/r^* 也是 Ma 数的函数，或者说对于某种性质确定的气体，当 r^* 给定时，r 仅是 Ma 数的函数。根据式(5.3.11)即可绘出超声速气流绕外凸壁或外折壁流动时的流线。

例 5.3.5　如图 5.3.11 所示，直匀流以 $Ma_1=1$、方向角 $\theta_1=0°$ 绕外凸壁折转 $\Delta\theta=-5°$。求气流的流线形状。

解　(1) 由 $Ma_1=1$ 可知，第一道膨胀波的马赫角 $\mu_1=90°$，与 x 轴夹角为 $90°$，可绘出该道马赫波。

(2) 根据 $Ma_1=1$，$\Delta\theta=\theta_2-\theta_1=\theta_2=-5°$，可得到 $Ma_2=1.257$，$\mu_2=52.7°$，则最后一道马赫波与 x 轴夹角为 $\mu_2+\theta_2=47.7°$，绘出该道马赫波。

(3) 为简化计算，将连续膨胀波区用有限道膨胀波束代替，需要保证气流穿过有限道膨胀波束中的每一道时折转角足够小，以满足气流参数发生微小、连续变化的条件，取气流穿过每道膨胀波时的折转角均为 $1°$，则气流方向角依次为 $0°$，$-1°$，$-2°$ 等。

(4) 根据式(5.3.7a)和起始条件($Ma_1=1$，$\theta_1=0°$)，分别计算气流从起始状态穿过第二道膨胀波($\theta_2=-1°$)、第三道膨胀波($\theta_2=-2°$)等后的马赫数、波角 μ，就可绘出各膨胀波的方向，同时还可由式(5.3.11)计算出对应于这些波的 r/r^* 值。

(5) 取定某个 r^* 值，得到与该 r^* 对应的一系列 r 值，即可绘出一条流线，若取多个不同的 r^* 值，就得到了流场中多条流线。

计算结果见表 5.3.1。

表 5.3.1　计算结果

区间	θ	ν	Ma	波	μ	$\mu+\theta$	r/r^*
①	$0°$	$0°$	1.000	OL_1	$90°$	$90°$	1
②	$-1°$	$1°$	1.083	OL_a	$67.28°$	$66.28°$	1.087
③	$-2°$	$2°$	1.133	OL_b	$62.00°$	$60.00°$	1.147
④	$-3°$	$3°$	1.177	OL_c	$58.06°$	$55.06°$	1.205
⑤	$-4°$	$4°$	1.218	OL_d	$55.08°$	$51.08°$	1.262
⑥	$-5°$	$5°$	1.257	OL_2	$52.7°$	$47.7°$	1.312

如果给定的来流马赫数大于1，通常把 $Ma_1=1$ 当作假想的起始状态进行计算。

　　从图 5.3.9 可以看出,气流穿过膨胀波时,平行于波面的速度分量 v_t 并没有变化,气流速度的变化仅由垂直于波面的速度分量 v_n 的变化决定,因此物理平面上的马赫线与图中的矢量 dV 垂直,在极限情况下即 dV 无穷小时,流线的切线方向与 dV 同向,则物理平面上的马赫线必与流线正交。

　　作为特例,计算如下特殊状况下的气流折转角。令超声速气流膨胀至真空状态即 $p=0,T=0,\rho=0$,此时 $Ma\to\infty$,气流折转角达到最大值,由式(5.3.8)可得

$$\nu(Ma)_{\max}=\frac{\pi}{2}\left(\sqrt{\frac{k+1}{k-1}}-1\right)\tag{5.3.12}$$

对于空气 $k=1.4$,则 $\nu(Ma)_{\max}=130.45°$,若壁面折转角 $\Delta\theta>\nu(Ma)_{\max}$,气流也只能膨胀折转 $\nu(Ma)_{\max}$,不可能再膨胀了,如图 5.3.11 所示。当然,这只是想象的极限,实际上在 Ma 数极大时,气体在静温降到 0 K 之前已被液化,量热完全气体模型也不再适用。

5.4　激波及激波前后气流参数的基本关系式

　　如图 5.3.5(d) 所示,超声速均匀气流绕外折壁流动时,若令 O_1 点为极点,AO_1 线为极轴,θ 为极角,则膨胀波区之外的气流参数如速度 V、静压 p、静温 T 的导数均为零,即 $\frac{\partial}{\partial\theta}=0$;当气流经过第一道马赫波进入膨胀波区,经过最后一道马赫波流出膨胀波区时,尽管气流参数的变化是连续的微小变化,但其导数在马赫波上发生了突跃,即从 $\frac{\partial}{\partial\theta}=0$ 变为 $\frac{\partial}{\partial\theta}\neq0$,这种流动参数的导数(而非流动参数本身)发生突跃的线称为弱突跃线。在膨胀波区内的各道波上,因为气流参数是连续、微小变化的,则其导数不为零但并不发生突跃,或者说气流参数的导数处处相等。由于膨胀波区内的气流速度梯度、温度梯度的变化率近似为零,超声速气流流经膨胀波区或弱压缩波区的过程是一个绝能等熵过程。

　　从图 5.3.6(e) 可以看出,超声速均匀气流绕内折壁流动时,折点处将形成一道强压缩波即激波。气流经过激波时,其参数不像超声速气流膨胀时那样发生连续的变化,而是突跃式的变化,气流压力、温度、密度在激波面上突跃式的增加,而速度则突跃式的下降,流动方向也发生突然折转,这种流动参数本身发生突跃的面称为强突跃面。激波是一种非线性传播的强扰动波,是超声速气流中的一个重要物理现象,它对流动阻力、损失等会产生很大的影响。

　　理论分析和实验测量表明,在一般情况下,激波的厚度非常小,大约为 2.5×10^{-5} cm,是气体分子平均自由行程的量级(一般为几个分子平均自由行程),因此激波可以看成是无限薄的。可以想象,在这样小的距离、极短的瞬间内,气流完成一个显著的压缩过程,激波内的物理过程必然是很剧烈的,这种变化中的每一状态都不可能是热力学平衡状态,即这种过程必然是一种不可逆的熵增过程。从穿越激波前后的气流参数的突跃式变化角度也可以得到同样结论,激波内气流速度梯度、温度梯度极大,黏性摩擦、热传导效应占有重要地位,必然导致熵增。下面再来讨论两个问题,以明晰气流穿过激波这一过程中的流动特性。

　　(1) 这一过程是绝热的吗?

　　所谓绝热流动指的是流体与外界之间不存在热交换,流体内部的流体微团之间也不存

在热传导现象的流动。按照这一定义,气流在穿过激波的过程中与外界没有热交换,但该过程中的温度分布不均匀性或者说温度梯度极大,存在强烈的热传导现象,因而不属于绝热流动。不过,尽管激波内的物理过程很剧烈,激波内部的结构很复杂,但激波的厚度非常小,因此从工程应用的角度,可以把激波所占据的空间距离理解为一个不具有宏观意义上的厚度的面,即激波面。也就是说,如果研究者感兴趣的是远方来流穿过激波后再流向远方这一气体运动过程中的物理问题,流动所涉及的空间尺度比激波内的热传导所涉及的空间尺度要大得多,这就可以近似忽略激波内的热传导效应,并将这一宏观流动视为绝热流动。但这是一个不可逆的绝热流动,即熵增流动。再进一步,由于这一过程中气流与外界也没有功的交换,因此气流穿越激波的过程属于绝能流动过程,激波前后的气流总焓或总温是不变的。

　　(2)均匀来流穿过激波前后的流动参数分布都是均匀的吗?

　　由于在工程应用上可以把激波所占据的空间距离处理为激波面,对于激波前后气流参数的变化来讲,激波面是个间断面,在该面上不存在微分形式的方程,但可以构造包含激波面在内的积分形式的方程。当把激波处理为一个空间面时,若紧贴激波做一个包含它在内的控制体,则从宏观上看,位于激波前后的控制体表面分别从上、下游紧贴激波,控制体的这两个面之间没有宏观意义上的厚度。但从微观上看,又可以假定这两个面距离激波中心结构足够远,远到激波微观结构里面的黏性耗散、热传导效应影响不到其上游控制面所处位置的流动状态,即位于激波上游的控制体表面处的气流参数是均匀或者说无梯度变化的,无需考虑黏性耗散、热传导效应。而激波下游控制面所处位置的流动状态已经达到平衡态,即经过激波微观结构后的流动参数变化已经趋于稳定,达到均匀状态或者说气流参数的梯度等于零,也可以不考虑黏性耗散、热传导效应。需要指出的是,上述讨论不适用于曲线激波的情况,这方面的内容将在后面加以讨论。

5.4.1　激波的形成及其传播

　　关于激波的形成可以从两个方面说明:其一是空间推进的运动激波的形成;其二是空间静止不动的驻激波的形成。

1. 运动激波

　　与前面讨论弱扰动波以声速传播的例子类似,以活塞在半无限长等截面直管内的加速运动说明运动激波形成的物理过程。如图 5.4.1(a)所示,设直管中充满静止气体,其压强、密度、温度分别为 p, ρ, T,直管左侧的活塞向右做加速运动以压缩管内气体。将活塞从静止状态加速到某一速度 V 的过程分解为若干阶段,每一阶段活塞只有一个微小的速度增量 ΔV,因而将产生若干道弱压缩波。

　　当活塞速度从零增加至 ΔV 时,紧邻活塞右侧的部分(或一层)气体先受到压缩,其压强、密度、温度略微提高至 $p+\mathrm{d}p, \rho+\mathrm{d}\rho, T+\mathrm{d}T$,并被活塞推动,以与活塞运动速度 ΔV 相同的速度向右移动,由于活塞的速度增量 ΔV 很小,此时气体中产生一道向右传播的弱压缩波,其传播速度是尚未被压缩气体中的声速 $a_1=\sqrt{kRT}$,这道弱压缩波将直管中的气体分为受扰动部分(波面左侧)和未受扰动部分(波面右侧),图 5.4.1(b)给出了 Δt 时刻管内气体的压强分布,压强出现微小变化的位置就是弱压缩波所处位置。

图 5.4.1　直管中形成激波示意图

当活塞速度从 ΔV 增加至 $2\Delta V$ 时，紧邻活塞右侧的、已经被第一道弱压缩波"扫过"气体再次受到压缩，在管内出现了第二道弱压缩波，由于它是在已经被第一道波压缩过的气体中产生的，其传播速度为 $a_2 = \sqrt{kR(T + \Delta T)} > a_1$。此外，由于经过第一次压缩后的气体还以速度 ΔV 向右运动，因此，第二道弱压缩波相对于静止管壁的绝对传播速度为 $a_2 + \Delta V > a_1$，$2\Delta t$ 时刻管内气体压强分布如图 5.4.1(c) 所示。

以此类推，活塞每次加速，管内气体中就出现一道弱压缩波，每道波总是在被前面几道压缩波压缩后的气体中以当地声速相对于被压缩后的气体向右传播。气体每受到一次压缩，声速就增加一次，而且随活塞运动速度增大，活塞附近气体跟随活塞一起向右运动的速度也增加，所以后面产生的压缩波的绝对传播速度总是比前面的快。

经过若干次加速，活塞的速度达到 V，管内形成了若干道弱压缩波，由于后面的压缩波比前面的波传播得快，随时间推移，波与波之间的距离逐渐减少，后面的波最终能够"追上"前面的波，并积聚在一起成为一道波。这道波就不再是弱压缩波了，而是强压缩波即激波。以后只要活塞以不变的速度 V 向右运动，在管内就能维持一个强度不变的激波。激波传播到某个位置，就相当于若干道弱压缩波在极其短暂的瞬间、极小的空间尺度突然通过那里，使得气体的压力突然增大，密度、温度也突然增加。

以上讨论说明，气体被压缩而产生的一系列弱压缩波总有积聚的趋势，当它们积聚在一起时就形成了激波。这种量的变化引起了质的飞跃，气流经过激波前后的参数发生突跃变化，这种突然而强烈的压缩，必然在气体内部产生强烈的黏性摩擦和热传导，从而使得气流流过激波的过程是绝能熵增过程。

有三个问题需要略加讨论。

（1）为什么后面产生的弱压缩波"追上"前面的波之后，只能是积聚在一起，而不是超越过去并形成新的连续压缩区？

其原因在于，后面压缩波的传播速度（即声速）之所以快于前面波的速度，是由于它是产生于已经被前面的压缩波"扫过"的气体（即温度略高的那部分气体）中，或者说只有在两道波之间有气体域的情形下，后面波的传播速度较快的条件才具备。一旦它们汇合在一起，这种条件就不具备了。因此，最终结果只能是所有的波积聚成一道波，并以某个共同的速度推进。

（2）为什么不会出现膨胀波集聚在一起的情形？

如果令图 5.4.1(a) 中的活塞向左做加速运动,直管内将产生一系列的、向右传播的膨胀波。不过,由于膨胀波"扫过"气体后将使其温度下降,因而后产生的波比先产生的波传播得慢,波与波之间的距离越来越大,也就无法积聚成一道波。

(3) 如果活塞加速运动到速度 V,但并没有大于声速,那么直管中气体的运动速度也就不是超声速的,这时为什么也会产生激波呢?

首先补充一个概念,如果流动是非定常的,一部分气体相对于另一部分气体,或者气体相对于内部的某种流动结构做高速运动时,也会产生膨胀波和激波。从上面对激波的形成过程的分析可知,第一道弱压缩波的传播速度最小且等于波前(即波面右侧)未受扰动气体中的声速,而最后一道弱压缩波的传播速度最大且等于前面所有压缩波后被压缩过的气体中的声速。因而,所有弱压缩波积聚成的激波的传播速度是介于二者之间的,即相对于波前未受扰动的静止气体,激波的传播速度必是超声速(大于 $\sqrt{kRT}$)的;而相对于波后被压缩的气体,激波的传播速度则是亚声速的(小于 $\sqrt{kR(T+n\Delta T)}$)。这样一来,就符合了前面的概念,直管中气体的运动速度不是超声速的,但是激波(这种流动结构)的传播速度相对于波前未受扰动的静止气体来说是超声速的。如果一个观察者站在运动的激波面上来考察直管中的气体运动情况,他会发现压强、密度、温度为 p,ρ,T 的气体以超声速的速度流向激波,穿过激波后,其速度降为亚声速,而压强、密度、温度则发生了突跃式的增加。

下面以直管内产生激波的过程为例,推导激波的传播速度。图 5.4.2 表示由于活塞的加速运动,在管内气体中形成的激波在某一瞬时的位置。用 $V_\mathrm{S},V_\mathrm{B}$ 分别代表激波向右传播的速度和激波后气体的运动速度(即活塞向右移动的速度)。为简化问题,取随激波一起运动的坐标系,并设激波运动方向为 x 轴正向。在这个坐标系下,激波静止不动,流动是定常的,激波前的气体压强、密度、温度分别为 p_1,ρ_1,T_1,以速度 $V_1=V_\mathrm{S}$ 向左流向激波,穿过激波后的气体参数变为 p_2,ρ_2,T_2,速度为 $V_2=V_\mathrm{S}-V_\mathrm{B}$。沿激波取控制体,设管道截面积为 S。对控制体作连续方程可有

图 5.4.2　管内激波及沿激波选取的控制体

$$\rho_1 S(-V_\mathrm{S}) = \rho_2 S[-(V_\mathrm{S}-V_\mathrm{B})]$$

或

$$\dot m = \rho_1 S V_\mathrm{S} = \rho_2 S(V_\mathrm{S}-V_\mathrm{B})$$

得到

$$V_\mathrm{B} = \frac{\rho_2-\rho_1}{\rho_2} V_\mathrm{S}$$

沿 x 方向的动量方程为

$$S(p_2-p_1) = \dot m[-(V_\mathrm{S}-V_\mathrm{B})-(-V_\mathrm{S})]$$

或

$$S(p_1-p_2) = \dot m[(V_\mathrm{S}-V_\mathrm{B})-V_\mathrm{S}]$$

将 $\dot m$ 的表达式代入上式,得

$$S(p_1 - p_2) = \rho_1 S V_S [(V_S - V_B) - V_S]$$

化简后为

$$V_S V_B = \frac{p_2 - p_1}{\rho_1}$$

联立上述关系式,可得

$$V_S = \sqrt{\frac{p_1}{\rho_1} \frac{\frac{p_2}{p_1} - 1}{1 - \frac{\rho_1}{\rho_2}}} = a_1 \sqrt{\frac{\frac{p_2}{p_1} - 1}{k\left(1 - \frac{\rho_1}{\rho_2}\right)}} \text{ 和 } V_B = \sqrt{\frac{p_1}{\rho_1}\left(\frac{p_2}{p_1} - 1\right)\left(1 - \frac{\rho_1}{\rho_2}\right)} \quad (5.4.1)$$

再由能量方程得

$$c_p T_1 + \frac{V_S^2}{2} = c_p T_2 + \frac{(V_S - V_B)^2}{2} \text{ 或} \frac{k}{k-1}\frac{p_1}{\rho_1} + \frac{V_S^2}{2} = \frac{k}{k-1}\frac{p_2}{\rho_2} + \frac{(V_S - V_B)^2}{2}$$

将式(5.4.1)中的 V_S,V_B 表达式代入上式中,可得

$$\frac{\rho_2}{\rho_1} = \frac{\frac{k+1}{k-1}\frac{p_2}{p_1} + 1}{\frac{p_2}{p_1} + \frac{k+1}{k-1}}$$

再将该式代入式(5.4.1)中,则有

$$V_S = a_1 \sqrt{1 + \frac{k+1}{2k}\frac{p_2 - p_1}{p_1}} \text{ 和 } V_S - V_B = a_2 \sqrt{1 - \frac{k+1}{2k}\frac{p_2 - p_1}{p_2}} \quad (5.4.2)$$

式(5.4.2)表明,对于激波传播速度 V_S 来说,由于波后压强 p_2 恒大于波前压强 p_1,因此有 $V_S > a_1$,即激波相对于波前气体的传播速度是超声速的,且激波越强($\frac{p_2}{p_1}$ 越大),激波传播速度越大。如果从随激波一起运动的坐标系来看问题,上述结论可以表述为激波前气流速度或 Ma 数越高,激波强度 $\frac{p_2}{p_1}$ 就越大;当激波较弱($\frac{p_2}{p_1} \to 1$)时,$V_S \to a_1$,即激波退化为弱压缩波,其传播速度为声速。对于激波相对于波后气体的传播速度 $V_S - V_B$ 来说,恒有 $V_S - V_B < a_2$,即该速度是亚声速的,且随激波加强,激波相对于波后气体的传播速度越小。如果也从运动坐标系的角度出发,这意味着波后气流速度随激波强度的增大而减小,而且由于波后气流速度是亚声速的,波后气体参数如压力的变化将会以声速传播至激波所处位置,并引起激波强度的变化。

　　管内激波向前传播时,如果要保持其强度不变,必须有一定数量的气体去填补激波压缩气体之后空出来的空间(气体体积相应变小),才能维持波后气体压力不变(否则就会出现真空或激波强度变弱),这就要求波后气体以一定的速度(即 V_B)向前运动。在管壁的限制下,当活塞以一定速度运动时,气体被迫以同样的速度运动。因此,在直管内产生激波之后,只要活塞按式(5.4.1)确定的速度 V_B 做匀速运动,尽管恒有 $V_S > V_B$ 成立,激波与活塞间的距离逐渐增大,仍能保持激波的强度不变,即激波是稳定的。活塞的运动速度可以是超声速的,也可以是亚声速的。

　　讨论这样一个问题,假设活塞不是在直管内运动,而是在自由空间内运动,而且活塞前面已经形成了一道激波,如图 5.4.3(a)所示。在激波的传播过程中,随着激波与活塞间的距离增大,波后被压缩的气体可以自由向四周流动,使得波后气体压力下降,这种压力变化

以声速传播至激波所处位置,则激波强度减弱,传播速度减小,即不可能形成稳定的激波。

图 5.4.3 物体运动时稳定激波形成的条件

　　类似的,当物体以亚声速在空间运动时,假设在起始的加速过程中,气体受到压缩作用产生许多道弱压缩波且积聚成激波(实际上这是不可能的)。由于激波的传播速度大于声速,而物体的运动速度小于声速,二者之间的距离越来越大,波后气体的自由流动导致波后压力降低,即激波强度减弱,传播速度减小,当激波退化为弱压缩波时,其传播速度为声速,仍大于物体的运动速度,弱压缩波与物体间的距离继续增大,直到这道弱压缩波也消失于无限远空间内。因此,亚声速运动的空间物体前面不会形成稳定的激波。

　　如果物体以超声速在空间运动,起始阶段仍会出现激波强度及其传播速度随距物体的距离变大而逐渐减小的情况。但是,由于物体是超声速运动的,当激波强度减小时,由式(5.4.2)可知,其传播速度将会下降(但仍是超声速的),当激波速度降至与物体运动速度相等时,激波与物体间的距离不再变化,激波强度也就保持不变了。这时,物体前面就会出现一道稳定的激波,如图 5.4.3(b) 所示。如果超声速运动的物体前面出现了稳定的激波,从相对运动的角度看,就等同于超声速气流遇到空间静止扰动源形成稳定驻激波的过程。

　　2. 驻激波

　　(1) 如前所述,超声速气流流经凹曲面时将产生一系列的弱压缩波,由于各压缩波马赫角是逐渐增大的,它们必然会在距凹曲面一定距离的上部汇集成一道激波。

　　(2) 超声速气流流经具有有限折角的凹折壁或者有限顶角的楔形物时,气流将在折点处直接形成一道激波。

　　(3) 超声速气流绕流对称楔形体、钝头体时,将会出现附体激波或脱体曲线激波。

　　超声速气流绕流钝头体或者顶角较大的楔形体时,由于物体对气体的压缩作用大,产生的激波强度大,起始阶段激波的逆向传播速度将大于来流速度,随激波远离物体,其传播速度逐渐减小,并最终在距物体一定的距离处等于来流速度,这样就会在物体前面形成一道稳定(或者说在空间静止不动)的曲线(或称弓形、弧形)激波,这种激波称为脱体激波。由于波后气体能够自由向四周散开,中间部分气体压力最大,越靠近外侧压力越小,因此,激波中间部分最强,传播速度最大,越靠外激波越弱,传播速度越小。在物体的正前方,激波波面与来流方向垂直,越靠外激波越倾斜。在较远的地方,激波变成弱压缩波,波的倾斜角趋于马赫角。超声速气流绕流顶角较小的楔形体时,由于其对气体的压缩作用较小,产生的激波强度小,激波逆向传播速度也较小,最终将会稳定地附着在物体上,即为附体激波。

　　按照激波的形状,可以将激波分为以下几种类型:

　　(1) 正激波,即气流方向与波面垂直。活塞在直管内加速运动形成的激波就是正激波。

　　(2) 斜激波,气流方向与波面不垂直。通常把气流方向与激波波面间的夹角称为激波角,用 β 表示。显然,正激波是斜激波的一种特例。

(3) 脱体激波,波面为曲线或弓形。可以认为它是由无数段微元斜激波组合而成,正中间的一个微元段是正激波。

驻激波的各种形式如图 5.4.4 所示。

图 5.4.4　　驻激波的各种形式

5.4.2　激波前后气流参数的基本关系式

图 5.4.5 表示的是超声速气流流过楔形体时产生的斜激波。图中 δ 是楔形体的半顶角,β 是激波角。激波前的气流沿水平方向运动,经过激波后,气流折转 δ 角,沿平行于楔形体表面的方向流动。与马赫波前后气流参数关系的推导过程类似,沿斜激波波面取控制体,将激波前后的气流速度分解为平行波面方向的分量 v_{1t},v_{2t} 和垂直波面方向的分量 v_{1n},v_{2n}。对所取控制体表面可写出下列基本方程组。

连续方程为

$$\rho_1 v_{1n} = \rho_2 v_{2n} \qquad (5.4.3a)$$

垂直波面方向动量方程为

图 5.4.5　斜激波控制体及其速度分解

$$p_1 - p_2 = \rho_2 v_{2n}^2 - \rho_1 v_{1n}^2 \qquad (5.4.3b)$$

平行波面方向动量方程为

$$v_{2t} = v_{1t} \qquad (5.4.3c)$$

能量方程为

$$c_p T_1 + \frac{v_{1t}^2 + v_{1n}^2}{2} = c_p T_2 + \frac{v_{2t}^2 + v_{2n}^2}{2} \text{ 或 } c_p T_1 + \frac{v_{1n}^2}{2} = c_p T_2 + \frac{v_{2n}^2}{2} \qquad (5.4.3d)$$

式(5.4.3)表明,经过斜激波,气流平行于波面方向速度分量不变,而垂直波面方向的法向速度分量减小。若将式(5.4.3)中的法向速度换为 V,便可得到如下的正激波基本方程组

$$\begin{cases} \rho_1 V_1 = \rho_2 V_2 \\ p_1 - p_2 = \rho_2 V_2^2 - \rho_1 V_1^2 \\ c_p T_1 + \frac{V_1^2}{2} = c_p T_2 + \frac{V_2^2}{2} \end{cases} \qquad (5.4.4)$$

5.4.3 朗金－雨贡纽关系式

对能量方程式(5.4.3d) 做变换,可得

$$\frac{k}{k-1} \frac{p_1}{\rho_1} + \frac{v_{1n}^2}{2} = \frac{k}{k-1} \frac{p_2}{\rho_2} + \frac{v_{2n}^2}{2}$$

移项得

$$\frac{k}{k-1} \left(\frac{p_2}{\rho_2} - \frac{p_1}{\rho_1} \right) = \frac{v_{1n}^2 - v_{2n}^2}{2}$$

将 $\rho_1 v_{1n} = \rho_2 v_{2n}$ 这一关系式代入式(5.4.3b),得

$$p_1 - p_2 = \rho_1 v_{1n}^2 \left(\frac{\rho_2 v_{2n}^2}{\rho_1 v_{1n}^2} - 1 \right) = \rho_1 v_{1n}^2 \left(\frac{\rho_1}{\rho_2} - 1 \right) \text{ 或 } p_1 - p_2 = \rho_2 v_{2n}^2 \left(1 - \frac{\rho_2}{\rho_1} \right)$$

因此有

$$v_{1n}^2 = \frac{p_1 - p_2}{\rho_1} \frac{\rho_2}{\rho_1 - \rho_2} = \frac{p_2 - p_1}{\rho_2 - \rho_1} \frac{\rho_2}{\rho_1}, v_{2n}^2 = \frac{p_2 - p_1}{\rho_2 - \rho_1} \frac{\rho_1}{\rho_2}$$

联立上述各式并消去 v_{1n}^2, v_{2n}^2,可得到激波前后压强比、密度比、温度比之间的关系为

$$\frac{p_2}{p_1} = \frac{\dfrac{k+1}{k-1} \dfrac{\rho_2}{\rho_1} - 1}{\dfrac{k+1}{k-1} - \dfrac{\rho_2}{\rho_1}}, \frac{\rho_2}{\rho_1} = \frac{\dfrac{k+1}{k-1} \dfrac{p_2}{p_1} + 1}{\dfrac{k+1}{k-1} + \dfrac{p_2}{p_1}}, \frac{T_2}{T_1} = \frac{\dfrac{p_2}{p_1} \left(1 + \dfrac{k-1}{k+1} \dfrac{p_2}{p_1} \right)}{\dfrac{p_2}{p_1} + \dfrac{k-1}{k+1}} \qquad (5.4.5)$$

式(5.4.5)即为朗金－雨贡纽关系式。式中不包含激波角,对于任意一道激波,一定的压强比对应着一定的密度比、温度比,它们之间的关系与激波的倾斜程度(即激波角)无关,所以适用于各种激波。由于推导朗金－雨贡纽关系式时并没有引入等熵假设,它反映了一种突跃、绝热、非等熵的流动过程,而对于等熵流动过程可有关系式 $\frac{p_2}{p_1} = \left(\frac{\rho_2}{\rho_1} \right)^k$。将这两种不同流动过程中的压强比与密度比的函数关系绘于图 5.4.6 中。可以看出,当 $\frac{p_2}{p_1} \to 1$ 即激波强度不大时,二者基本重合,气流经过弱激波的流动过程非常接近等熵过程;随 $\frac{p_2}{p_1}$ 的增大即激波增强时,二者差距越来越大,且对应相同的 $\frac{p_2}{p_1}$ 值,等熵过程的 $\frac{\rho_2}{\rho_1}$ 值大于突跃过程的数值,即等熵压缩的效果更好,这是因为熵增过程中黏性耗散导致的温度上升大于等熵过程中

的温度上升,而气体温度越高则越不易被压缩。由于同样的原因,当 $\dfrac{p_1}{p_2} \to \infty$ 即激波强度无限大时,突跃过程的 $\dfrac{\rho_2}{\rho_1}$ 将趋于一个有限值,由式(5.4.5)可知 $\dfrac{\rho_2}{\rho_1} \to \dfrac{k+1}{k-1}$,当 $k = 1.4$ 时,该值为 6。而按等熵规律,当 $\dfrac{p_1}{p_2} \to \infty$ 时,$\dfrac{\rho_2}{\rho_1}$ 也是趋于无限大的。这意味着激波对于超声速气流的压缩作用是有极限的。

图 5.4.6　等熵关系与朗金－雨贡纽关系

5.4.4　普朗特关系式

由式(5.4.3d) 得

$$\frac{k}{k-1}\frac{p_1}{\rho_1} + \frac{V_1^2}{2} = \frac{k}{k-1}\frac{p_2}{\rho_2} + \frac{V_2^2}{2} = \frac{k}{k-1}RT^* = \frac{k+1}{2(k-1)}a_{cr}^2$$

从上式可以分别得出

$$\frac{p_1}{\rho_1} = \frac{k+1}{2k}a_{cr}^2 - \frac{k-1}{2k}V_1^2 \text{ 和 } \frac{p_2}{\rho_2} = \frac{k+1}{2k}a_{cr}^2 - \frac{k-1}{2k}V_2^2$$

再由式(5.4.3a)、式(5.4.3b) 可有

$$v_{1n} - v_{2n} = \frac{p_2}{\rho_2 v_{2n}} - \frac{p_1}{\rho_1 v_{1n}}$$

将已经得到的 $\dfrac{p_1}{\rho_1},\dfrac{p_2}{\rho_2}$ 表达式代入上式,有

$$v_{1n}v_{2n} = a_{cr}^2 - \frac{k-1}{k+1}v_t^2 \text{ 或 } \lambda_{1n}\lambda_{2n} = 1 - \frac{k-1}{k+1}\lambda_t^2 < 1 \tag{5.4.6}$$

式(5.4.6)即为普朗特关系式。对于正激波 $v_t = 0$,则普朗特关系式可写成

$$\lambda_1 \lambda_2 = 1 \tag{5.4.7}$$

由于正激波前气流的速度系数 $\lambda_1 > 1$,则必有 $\lambda_2 < 1$,即气流经过正激波后必为亚声速流,且激波前气流的速度系数 λ_1 越大,则波后气流的速度系数 λ_2 越小,或者说气流的减速增压过程越强烈,即正激波越强。由式(5.3.3b) 可知,超声速气流在弱压缩波前的法向速度分量等于声速,那么超声速气流在斜激波前的法向速度分量必然是超声速的,否则就不可能形成激波。也可以这样理解,斜激波可以看作是一个能够形成正激波的超声速(速度即为 v_n)气流与一个平行于波面、速度为 v_t 的直匀气流叠加而成,所以它与正激波在本质上是相同的(只是站在不同的惯性参考系上观察流动而已),或者说任何一个激波经过变换后都可以看作是正激波,斜激波前后的气流速度法向分量应符合正激波的规律。因此,斜激波前的

法向速度分量是超声速的,而式(5.4.6)表明波后气流的法向速度分量必定是亚声速的。然而,斜激波后的气流合成速度则可能是超声速的,也可能是亚声速的。

5.4.5 激波前后气流参数的基本计算公式

下面推导在激波计算中常用的一些公式。

1. 激波前后的密度比、压强比及温度比

将普朗特关系式写成

$$v_{1\text{n}} v_{2\text{n}} = a_{\text{cr}}^2 - \frac{k-1}{k+1} v_{\text{t}}^2 = \frac{2k}{k+1} RT^* - \frac{k-1}{k+1} v_{\text{t}}^2 = \frac{2}{k+1} a_1^2 \frac{T^*}{T_1} - \frac{k-1}{k+1} v_{\text{t}}^2 =$$

$$\frac{2}{k+1} a_1^2 \left(1 + \frac{k-1}{2} Ma_1^2\right) - \frac{k-1}{k+1} v_{\text{t}}^2 = \frac{2}{k+1} a_1^2 + \frac{k-1}{k+1} v_{1\text{n}}^2$$

将等式两边同除以 $v_{1\text{n}}^2$,考虑到 $V_{1\text{n}} = V_1 \sin \beta$,再由连续方程可知 $\frac{\rho_2}{\rho_1} = \frac{v_{1\text{n}}}{v_{2\text{n}}}$,因此有

$$\frac{\rho_2}{\rho_1} = \frac{(k+1) Ma_1^2 \sin^2 \beta}{2 + (k-1) Ma_1^2 \sin^2 \beta} \qquad (5.4.8\text{a})$$

由动量方程可有

$$\frac{p_2}{p_1} = 1 + \frac{\rho_1 v_{1\text{n}}^2 - \rho_2 v_{2\text{n}}^2}{p_1} = 1 + \frac{\rho_1}{p_1} V_1^2 \sin^2 \beta \left(1 - \frac{v_{2\text{n}}}{v_{1\text{n}}}\right) =$$

$$1 + \frac{1}{RT_1} V_1^2 \sin^2 \beta \left(1 - \frac{v_{2\text{n}}}{v_{1\text{n}}}\right) = 1 + k Ma_1^2 \sin^2 \beta \left(1 - \frac{v_{2\text{n}}}{v_{1\text{n}}}\right)$$

再将前面得到的 v_{2n}/v_{1n} 表达式代入上式可得

$$\frac{p_2}{p_1} = \frac{2k}{k+1} Ma_1^2 \sin^2 \beta - \frac{k-1}{k+1} \ \text{或} \ \frac{p_2}{p_1} = 1 + \frac{2k}{k+1} (Ma_1^2 \sin^2 \beta - 1) \qquad (5.4.8\text{b})$$

根据完全气体状态方程可知 $\dfrac{T_2}{T_1} = \dfrac{p_2}{p_1} \dfrac{\rho_1}{\rho_2}$,于是得

$$\frac{T_2}{T_1} = \frac{\left(1 + \dfrac{k-1}{2} Ma_1^2 \sin^2 \beta\right) \left(\dfrac{2k}{k-1} Ma_1^2 \sin^2 \beta - 1\right)}{\dfrac{(k+1)^2}{2(k-1)} Ma_1^2 \sin^2 \beta} \qquad (5.4.8\text{c})$$

由式(5.4.8)可以看出,当绝热指数 k 一定时,激波前后的密度比、压强比及温度比只取决于来流的法向马赫数 $Ma_{1n} = Ma_1 \sin \beta$,随来流法向马赫数的增大,激波增强;在来流马赫数 Ma_1 一定时,激波角 β 越接近 $90°$,则激波越强。因此,在同样来流马赫数的条件下,正激波总是比斜激波强。当 $\beta = 90°$ 时,式(5.4.8)可写为

$$\begin{cases} \dfrac{\rho_2}{\rho_1} = \dfrac{(k+1) Ma_1^2}{2 + (k-1) Ma_1^2} \\[2mm] \dfrac{p_2}{p_1} = 1 + \dfrac{2k}{k+1} (Ma_1^2 - 1) \\[2mm] \dfrac{T_2}{T_1} = \dfrac{\left(1 + \dfrac{k-1}{2} Ma_1^2\right) \left(\dfrac{2k}{k-1} Ma_1^2 - 1\right)}{\dfrac{(k+1)^2}{2(k-1)} Ma_1^2} \end{cases} \qquad (5.4.9)$$

2. 激波前后马赫数的关系式

气流穿过激波时总温保持不变,因此

$$\frac{T_2}{T_1} = \frac{T_2/T^*}{T_1/T^*} = \frac{1 + \frac{k-1}{2}Ma_1^2}{1 + \frac{k-1}{2}Ma_2^2}$$

将式(5.4.8c) 代入上式,得

$$Ma_2^2 = \frac{Ma_1^2 + \frac{2}{k-1}}{\frac{2k}{k-1}Ma_1^2\sin^2\beta - 1} + \frac{Ma_1^2\cos^2\beta}{\frac{k-1}{2}Ma_1^2\sin^2\beta + 1} \tag{5.4.10a}$$

当 $\beta = 90°$ 时,式(5.4.10a) 可写为

$$Ma_2^2 = \frac{Ma_1^2 + \frac{2}{k-1}}{\frac{2k}{k-1}Ma_1^2 - 1} \tag{5.4.10b}$$

不难看出,当来流马赫数 Ma_1 一定时,随激波角 β 的增大,波后马赫数 Ma_2 减小。

3. 激波前后总压、熵的变化

由于滞止参数与静参数之间满足等熵关系式,即

$$\frac{p_1^*}{p_1} = \left(\frac{\rho_1^*}{\rho_1}\right)^k \text{ 和 } \frac{p_2^*}{p_2} = \left(\frac{\rho_2^*}{\rho_2}\right)^k$$

则得

$$\frac{p_2^*}{p_1^*} = \frac{p_2}{p_1}\left(\frac{\rho_2^*}{\rho_1^*}\right)^k\left(\frac{\rho_1}{\rho_2}\right)^k$$

再考虑气流穿过激波时总温保持不变,根据状态方程可有

$$RT^* = \frac{p_1^*}{\rho_1^*} = \frac{p_2^*}{\rho_2^*} \text{ 或 } \frac{p_2^*}{p_1^*} = \frac{\rho_2^*}{\rho_1^*}$$

于是

$$\frac{p_2^*}{p_1^*} = \left(\frac{p_1}{p_2}\right)^{\frac{1}{k-1}}\left(\frac{\rho_2}{\rho_1}\right)^{\frac{k}{k-1}}$$

将上式改写成

$$\frac{p_2^*}{p_1^*} = \left(\frac{\rho_2^k}{\rho_1^k}\frac{p_1}{p_2}\right)^{\frac{1}{k-1}} = \left(\frac{\rho_2}{\rho_{2等熵}}\right)^{\frac{k}{k-1}} < 1$$

从图5.4.6中可以看出,$\rho_{2等熵}$ 恒大于 ρ_2,因此激波前后气流的总压比总是小于1的。利用式(5.4.8)可得到激波前后总压比(即总压恢复系数 σ)为

$$\sigma = \frac{p_2^*}{p_1^*} = \frac{\left[\dfrac{(k+1)Ma_1^2\sin^2\beta}{2 + (k-1)Ma_1^2\sin^2\beta}\right]^{\frac{k}{k-1}}}{\left(\dfrac{2k}{k+1}Ma_1^2\sin^2\beta - \dfrac{k-1}{k+1}\right)^{\frac{1}{k-1}}} < 1 \tag{5.4.11a}$$

随着波前马赫数 $Ma_1\sin\beta$ 的增大,激波前后气流的总压比下降,即激波强度越大,通过激波的总压损失越多,当 $Ma_1\sin\beta = 1$ 时,激波变为弱压缩波,此时有 $p_1^* = p_2^*$。当 $\beta = 90°$ 时,式(5.4.11a) 可写为

$$\frac{p_2^*}{p_1^*}=\frac{\left[\dfrac{(k+1)Ma_1^2}{2+(k-1)Ma_1^2}\right]^{\frac{k}{k-1}}}{\left(\dfrac{2k}{k+1}Ma_1^2-\dfrac{k-1}{k+1}\right)^{\frac{1}{k-1}}} \tag{5.4.11b}$$

从前描述正激波前后状态参数比值的关系式可以看出,当 $Ma_1=1$ 时,激波强度趋于无限小(即退化为弱压缩波),则有

$$\frac{\rho_2}{\rho_1}=1,\frac{p_2}{p_1}=1,\frac{T_2}{T_1}=1,Ma_2=1,\frac{p_2^*}{p_1^*}=1$$

当 $Ma_1>1$ 且持续增大时,上述参数也将发生相应的变化;对于空气 $k=1.4$,当 $Ma_1\to\infty$ 时,则有

$$\lim_{Ma_1\to\infty}\frac{\rho_2}{\rho_1}=\frac{k+1}{k-1}=6,\ \lim_{Ma_1\to\infty}\frac{p_2}{p_1}\to\infty,\ \lim_{Ma_1\to\infty}\frac{T_2}{T_1}\to\infty$$

$$\lim_{Ma_1\to\infty}Ma_2=\sqrt{\frac{k-1}{2k}}=0.378,\ \lim_{Ma_1\to\infty}\frac{p_2^*}{p_1^*}\to 0$$

图 5.4.7 给出了正激波前后状态参数比值随波前马赫数 Ma_1 的变化曲线。

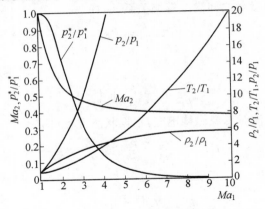

图 5.4.7　正激波前后状态参数比值随 Ma_1 变化

4. 波阻

如图 5.4.8 所示,设有物体在无黏气体中做超声速运动,物体的前方产生了激波。为便于讨论,取与物体一起运动的坐标系考察问题。取如图5.4.8中虚线所示的控制体,AC 和 BD 为距物体上、下两侧足够远处的两条流线,并认为受物体扰动较小,是平行于来流方向的直线;AB 和 CD 是在物体前、后方足够远处垂直于来流方向的两个截面。对该控制体应用动量方程,由于所取的控制面离物体很远,作用于控制面上的气体压强可认为是都等于物体远前方的压强 p_1,这部分合力等于零。气流经过激波后必有总压损失,CD 截面上的气流总压低于 AB 截面上的气流总压,而两个截面上的静压相等,故 CD 截面上的气流速度 V_2 小于 AB 截面上的气流速度 V_1。令 D_s 代表气体作用于物体上的力,根据动量方程可有

图 5.4.8　分析波阻示意图

$$\dot{m}(\boldsymbol{V}_2-\boldsymbol{V}_1)=\boldsymbol{F}_e=-D_S<0 \text{ 或 } D_S>0$$

上式表明,物体受到一个与来流方向一致的力的作用,对物体来说,这个力是一个阻力,它是由于激波存在而引起的,因此称为波阻。物体做超声速运动时都会遇到波阻,波阻的大小取决于激波的强度,激波越强则波阻越大。为减小激波损失和波阻,超声速飞机的机翼前缘、进气道前缘通常做成尖形,以产生强度较弱的斜激波。

5.4.6　经过斜激波的气流折转角及激波曲线

前面推导的斜激波前后气流参数计算公式,只适用于激波角 β 和波前马赫数 Ma_1 已知的情况。但对于由壁面折转而引起的斜激波,通常只已知波前的气流参数和气流经过激波时的折转角度 δ,而激波角并不知道。因此,需要推导气流折转角 δ 与 β,Ma_1 间的关系式,以便于计算任何情况下产生的激波。

根据图 5.4.5,并考虑 $v_{1t}=v_{2t}$,可得

$$\frac{v_{2n}}{v_{1n}}=\frac{\tan(\beta-\delta)}{\tan\beta}$$

由 $\dfrac{\rho_2}{\rho_1}=\dfrac{v_{1n}}{v_{2n}}$ 及式(5.4.3a),得

$$\frac{\tan\beta}{\tan(\beta-\delta)}=\frac{\rho_2}{\rho_1}=\frac{(k+1)Ma_1^2\sin^2\beta}{2+(k-1)Ma_1^2\sin^2\beta}$$

由三角形公式可知

$$\tan(\beta-\delta)=\frac{\tan\beta-\tan\delta}{1+\tan\beta\tan\delta}$$

于是得

$$\tan\delta=\frac{Ma_1^2\sin^2\beta-1}{\left[Ma_1^2\left(\dfrac{k+1}{2}-\sin^2\beta\right)+1\right]\tan\beta}$$

或

$$\tan\delta=2\cot\beta\,\frac{Ma_1^2\sin^2\beta-1}{Ma_1^2(k+\cos 2\beta)+2} \tag{5.4.12}$$

式(5.4.12)表明,气流折转角 δ 是来流马赫数 Ma_1、激波角 β 的函数,利用该式可由 Ma_1,β 求得 δ 角,也可由 Ma_1,δ 求得 β 角。需要指出的是,对于附体斜激波,气流折转角 δ 就是壁面内折角;而对于一般的曲线激波,气流折转角 δ 和激波角 β 是指波面某点上的当地气流折转角和当地激波角(即当地斜激波与来流方向夹角)。

从式(5.4.12)可以看出,当 $\beta=90°$ 或 $\beta=\arcsin\dfrac{1}{Ma_1}$ 时,有 $\delta=0$,即正激波或激波退化为弱马赫波时,气流折转角为零。由于 β 从马赫角 μ 变到 $90°$ 时,δ 总是正值,所以在这个范围内,δ 角必有一极大值 δ_{max},与 δ_{max} 对应的 β 角用 β_m 表示。β_m 值可通过对式(5.4.12)微分得出,即 $\beta=\beta_m$ 时,有 $\dfrac{\mathrm{d}\beta}{\mathrm{d}\delta}=0$,$\delta=\delta_{max}$,在此不做推导,直接写出结果:

$$\sin^2\beta_m=\frac{1}{kMa_1^2}\left[\frac{k+1}{4}Ma_1^2-1+\sqrt{(1+k)\left(1+\frac{k-1}{2}Ma_1^2+\frac{k+1}{16}Ma_1^4\right)}\right]$$

$$\tan\delta_{max}=\frac{2\left[(Ma_1^2-1)\tan^2\beta_m-1\right]}{\tan\beta_m\left[(kMa_1^2+2)(1+\tan^2\beta_m)+Ma_1(1-\tan^2\beta_m)\right]}$$

上式表明，δ_{max} 随着 Ma_1 的增大而增大，当 $k=1.4$，$Ma_1 \to \infty$ 时，δ_{max} 的极限值约为 $45.37°$。 还可以这样理解，既然 δ_{max} 是与某确定来流马赫数 Ma_1 对应的最大气流折转角，若 Ma_1 下降，则波后气流就不可能折转 δ_{max} 角，因此 Ma_1 就是与该 δ_{max} 对应的最小来流马赫数，记为 Ma_{1min}。 计算结果表明，β_m 先是随着 Ma_1 增大而减小，然后略为增大，当 $Ma_1 \to \infty$ 时，$\beta_m = \arcsin\sqrt{\dfrac{k+1}{2k}}$。再考虑式(5.4.10a)，当来流马赫数 Ma_1 一定时，随激波角 β 的增大，波后马赫数 Ma_2 减小。但当 β 较小时，Ma_2 仍可能大于1，即斜激波后气流仍为超声速流。当 β 增大至某一数值时将有 $Ma_2 = 1$，定义此时的 β 值为 β_m^*。当 $\beta > \beta_m^*$ 时，$Ma_2 < 1$，即波后气流是亚声速的。若上式中 $Ma_2 = 1$，则 β_m^* 应满足

$$\sin^2\beta_m^* = \frac{1}{kMa_1^2}\left[\frac{k+1}{4}Ma_1^2 - \frac{3-k}{4} + \sqrt{(1+k)\left(\frac{9+k}{16} - \frac{3-k}{8}Ma_1^2 + \frac{k+1}{16}Ma_1^4\right)}\right]$$

可以得出，当 $Ma_1 = 1$ 时，$\beta_m^* = 90°$，当 $Ma_1 \to \infty$ 时，$\beta_m^* = \arcsin\sqrt{\dfrac{k+1}{2k}}$。将其代入式 (5.4.12) 中可得到 δ_m^*。比较 β_m 与 β_m^*，δ_{max} 与 δ_m^*，不难看出它们是很接近的(但后者略小一些)，这意味着超声速气流经过斜激波时，若气流折转角达到最大值 δ_{max}，斜激波后的气流通常将是亚声速的。

顺便介绍一下如何通过式(5.4.12)，按给定的 Ma_1，δ 值求得 β 角。将式(5.4.12)改写为如下形式：

$$\tan^3\beta + A\tan^2\beta + B\tan\beta + C = 0$$

式中

$$A = \frac{1-Ma_1^2}{\tan\delta\left(1+\dfrac{k-1}{2}Ma_1^2\right)}, \quad B = \frac{1+\dfrac{k+1}{2}Ma_1^2}{1+\dfrac{k-1}{2}Ma_1^2}, \quad C = \frac{1}{\tan\delta\left(1+\dfrac{k-1}{2}Ma_1^2\right)}$$

计算结果如图 5.4.9 所示。在计算时会发现，对应给定的 Ma_1，δ 值可得到三个根，其中一个根已被证实无意义，另外两个 β 值中，一个较小，它对应于 $Ma_2 > 1$ 时的情况，称这时的 β 所对应的激波为弱斜激波；另一个较大，它对应于 $Ma_2 < 1$，称这时的 β 所对应的激波为强斜激波。这表明，对于给定的气流折转角 δ，存在两个性质不同的解，一个为弱激波解，一个为强激波解。在具体计算中应该取哪个解，取决于产生激波的具体条件。根据前面的内容可知，超声速气流中产生激波有三种情况：

(1) 气流折转角("方向")所规定的激波。如绕流物体(如楔形体)流动或气体沿内折壁

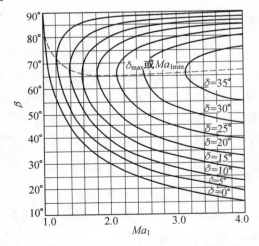

图 5.4.9　斜激波的 δ，β 及 Ma_1 关系曲线

面流动时产生的激波，此时要求某确定 Ma 数的气流满足折转角条件(即穿过波面后的气流流动方向平行于物面或壁面)。实验观察表明，凡是由气流折转角(或者说物面折角)规定的激波，只要是附体激波，都取弱激波解。

（2）压力条件决定的激波。如超声速气流从管道中流出时，若管道出口处的气体压力 p_e 低于外界环境压力 p_b（也称背压），超声速气流会产生斜激波以提高 p_e 至 p_b，激波强度由压强比 p_b/p_e 决定，激波角 β 满足式（5.4.8b），波后马赫数 Ma_2 由式（5.4.10a）得到，若 $Ma_2 > 1$，则为弱斜激波，反之，则为强斜激波。图 5.4.10 给出了不同背压下的管道流动激波结构图，图 5.4.10(a) 表示背压较低（仍高于管道出口气体压力）的情况，在管道出口的边缘 P 点产生弱激波，波后气流通常仍是超声速的；图 5.4.10(b) 表示背压较高的情况，P 点产生强激波，波后气流是亚声速的。

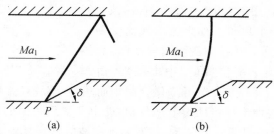

图 5.4.10　　不同背压下的管道流动激波结构图

（3）其他条件决定的激波。例如，管道流中可能发生某种壅塞现象，会迫使超声速的上游气流在某处产生激波，使气流做某种调整。这种激波的强度既不是由气流方向决定，也不是由环境压力决定，而是取决于最大流量的极限条件。

下面再来讨论一下气流参数经过激波后的变化趋势，如图 5.4.9 所示。

（1）$\delta = 0$ 曲线。它的曲线段部分对应弱压缩波情况，如壁面内折微小角度 $d\delta \to 0$ 时，此时 $\beta = \arcsin \dfrac{1}{Ma_1}$，即随 Ma_1 减小而逐渐增加；当 $Ma_1 = 1$ 时，$\beta = 90°$，对应的流动情况如壁面上有微小的凸起（但其前后均为平直壁面），或如图 5.3.1(c) 所示的流动。它的直线段部分即为 $\beta = 90°$ 时的坐标横轴，对应着正激波情况，如超声速气流从管道中流出产生正激波时的流动。

（2）$\delta = const$ 的曲线是这样得到的，确定某 δ 值后，取不同的 Ma_1，由式（5.4.12）计算 β 值，再将得到的有意义的弱解、强解绘成曲线。由前面的讨论可知，对于这个确定的 δ 值，总会有一组 β，Ma_1 值满足前面给出的 β_m，δ_{max} 的计算公式，这组 β，Ma_1 值就是 $\delta = const$ 曲线上的极值点坐标，其中的 Ma_1 值就是 Ma_{1min}。此外，Ma_1 取不同值时还可能出现式（5.4.12）无解的情况。连接各 δ 值下的 Ma_{1min} 点，得到图中虚线，该虚线将曲线分为上、下两支，下半支对应弱激波，上半支对应强激波。

（3）对于 $\delta = const$ 曲线，以 Ma_{1min} 点为分界点，其下半支对应弱激波情况。当超声速气流流过楔形体产生附体斜激波时，β 值随 Ma_1 增加而逐渐减小。其原因可从图 5.4.5 中看出，对于气流折转角 δ 不变的情况，若假设激波强度保持不变，则由式（5.4.8b）可知，与激波强度对应的 $Ma_1 \sin \beta$ 值不变，由于 Ma_1 增加了，β 值应减小。当然，上述解释并不是十分严密的，实际的多数情况是 Ma_1 增加的幅度大于 β 下降的幅度，由 $Ma_1 \sin \beta$ 决定的激波强度是增加的。不过在 δ_{max} 附近的弱激波范围，的确存在着 Ma_1 增加的幅度小于 β 下降的幅度，此时激波强度下降。δ 曲线上半支对应强激波情况，如超声速气流从管道中流出，其出口压力 p_e 低于外界环境压力 p_b 时，β 值随 Ma_1 的增加而迅速增加。这是由于超声速气流的 Ma_1 越高,则与之对应的 p_e 越低,则由压强 p_b/p_e 决定的激波强度也越高。由式(5.4.8b)可以看出,若要满足较高的激波强度,Ma_1、$\sin\beta$ 需要都增加才行。

那么,超声速气流流过楔形体为什么只会产生附体弱斜激波呢?这可以用激波稳定性来解释。激波稳定性是指激波由于某种(扰动)原因偏离平衡位置后,自动恢复到平衡位置的能力。以图5.4.11所示的超声速气流绕二维楔形体流动时形成的激波为例。假设楔形体前出现的是弱斜激波,如图5.4.11中第 I 道波,波后气流折转角等于楔形体的半顶角。如果波后气流受到一个低压扰动(即激波强度下降),则激波角 β 下降,激波向楔形体表面方向偏离平衡位置(图中虚线)。 由图

图 5.4.11　激波稳定性分析

5.4.9可知,弱激波情况下气流折转角 δ 随 β 减小而减小,波后气流就不再与楔形体表面平行,而是"冲向"壁面,这种流动将使得波后气流"重新"受到物面的压缩作用,波后压力升高,激波强度增大,由式(5.4.8b)可得到 β 增加,即激波能够恢复到原来的平衡位置。若波后气流受到一个高压扰动(即激波强度增加),激波角增加,将导致气流"远离"物面,波后压力或者激波强度下降,同样使得激波恢复到原来的平衡位置。

如果楔形体前出现的是强斜激波,如图5.4.11中第 II 道波,当流场中的扰动使激波角 β 下降时,由图5.4.9可知,强激波情况下气流折转角 δ 随 β 减小而增加,气流"远离"物面,波后压力或者激波强度进一步下降,并导致 β 角也进一步减小,激波不但不能恢复到原来的平衡位置,反而越来越偏离原来位置,直至 β 角减小到等于弱斜激波对应的 β 值,才能稳定下来,但此时激波已经是弱斜激波了。波后气流受到高压扰动时的情况就更为不同了,激波强度增加导致 β 增加而 δ 减小,气流"冲向"壁面使得波后压力、β 角继续增加,激波更加偏离原来位置。研究表明,即使 $\beta=90°$、$\delta=0$ 时,仍不能使激波稳定,直到激波离开物面,形成脱体激波为止。这就意味着超声速气流流过楔形体时,如果激波是附体的,就必然是弱斜激波。

(4)在弱激波范围,除了在 δ_{max} 附近很小的区域外,波后都是超声速流,即 $Ma_2>1$,并随 Ma_1 的增加而增大;在强激波范围,波后都是亚声速流,即 $Ma_2<1$ 且随 Ma_1 的增加而减小。

(5)从图5.4.9可以看出,对于某条 δ 曲线,若取小于该曲线上 Ma_{1min} 的一个 Ma_1 值时,找不到对应的激波解。

对于强激波情况,如超声速气流从管道中流出,其出口压力 p_e 低于外界环境压力 p_b 时,找不到激波解意味着气流无需偏转这么大的 δ 角(或者说无需这么强的激波)就能够实现压力相等。根据 p_b/p_e 值,由式(5.4.8b)计算激波角 β,再由式(5.4.12)就可得到与这个较小的 Ma_1 对应的气流折转角,当然这个气流折转角对应着另外一条 $\delta=\text{const}$ 曲线。

对于弱激波(即附体斜激波)情况,这意味着当 Ma_1 过小时,即使 β 等于曲线极值点对应的 β_m 值时(β_m 最大即斜激波达到最强),式(5.4.12)也不会成立或者说气流不可能折转该曲线对应的 δ 值,此时附体斜激波存在的条件消失(即气流折转角等于楔形体的半顶角),激波已经变成图5.4.12(b)所示的脱体激波。脱体激波沿波面激波角逐渐变化,正对楔形体前缘的部分接近正激波,沿波面向两侧激波角逐渐减小,激波强度逐渐减弱,依次转化为强斜激波、弱斜激波、马赫波(离物体较远处)。显然,若 Ma_1 增加至大于 Ma_{1min} 时,脱体激波

就会重新附体。脱体激波后的流场不再是单纯的超声速流场,在物体前缘附近有一个亚声速区,其他区域则是超声速的。脱体激波各点上的气流折转角都不相同,每一点上仍满足前面得到的斜激波关系式,只不过气流参数需采用当地值。由于没有通用的关系式能得到气流折转角、斜激波角等,脱体激波形状是未知的。但对于具体问题,即给定了壁面形状和来流条件的问题,还是可以通过较复杂的推导或计算得到气流折转角、激波形状等的,在此不做介绍。

图 5.4.12　　附体激波与脱体激波

类似的,假设 Ma_1 恰好等于某条 δ 曲线上的 Ma_{1min},从前面的讨论可知,这个 δ 值就是由该 Ma_1 决定的气流最大折转角 δ_{max}。若斜激波是附体的,则气流折转角必等于楔形体的半顶角,所以 δ_{max} 可以理解为该 Ma_1 值下能够存在附体斜激波的最大楔形体半顶角。显然,当楔形体半顶角小于 δ_{max} 时,对于该 Ma_1 值总会存在附体斜激波;当楔形体半顶角大于 δ_{max} 时,斜激波附体条件不存在(在较大 δ 值的曲线上找不到与该 Ma_1 对应的激波解),此时也将产生脱体激波。

最后还应强调的是,上述分析是针对楔形体的,对大型钝头体还需要进一步分析。

5.4.7　激波图表及其计算

在工程上为了计算方便,通常将激波前后的参数关系制成图表,以便于进行激波问题的计算。对正激波,可利用式(5.4.9)、(5.4.10b)、(5.4.11b)得到以 Ma_1 为自变量的参数关系表。对于斜激波,可以唯一确定一个斜激波的特征量有两个,或者是 Ma_1,δ,或者是 Ma_1,β,这三个参数的关系应符合式(5.4.12)或图5.4.9,当斜激波的任意两个特征量确定之后,就可以通过式(5.4.8)、(5.4.10a)、(5.4.11a)得到斜激波前后的参数关系表。

考察式(5.4.3)和(5.4.4)可以看出,将描述正激波的基本方程式中的激波前后速度 V_1,V_2 换成斜激波前后的法向速度 v_{1n},v_{2n},得到的就是描述斜激波的基本方程式。那么,对由基本方程式推导得到的正激波前后参数关系做类似变换,将其中的 Ma_1,Ma_2 分别换成 $Ma_{1n}=Ma_1\sin\beta,Ma_{2n}=Ma_2\sin(\beta-\delta)$ 后,所得到的就应当是斜激波前后的参数关系,这样就可以利用正激波数值表来计算斜激波情况。对比式(5.4.8)和(5.4.9)、式(5.4.10a)和(5.4.10b)、式(5.4.11a)和(5.4.11b)可以发现,从形式上看,式(5.4.10)给出的正、斜激波前后马赫数的关系并不符合上述变换准则。但是可以证明,式(5.4.10a)还可以写成如下形式:

$$Ma_2^2\sin^2(\beta-\delta)=\frac{Ma_1^2\sin^2\beta+\dfrac{2}{k-1}}{\dfrac{2k}{k-1}Ma_1^2\sin^2\beta-1}$$

上式与式(5.4.10b)的形式是一致的,即激波前、后马赫数关系也符合变换准则。

按上述方法计算斜激波,实际上就是把气体通过斜激波的流动看作是以其法向分速 v_n 通过正激波的流动与一个平行于波面、速度为平行波面方向分速 v_t 的直匀气流叠加而成。由于这是在两个不同的惯性参考系下考察流动,而气流静参数不会随坐标系的不同而变化。因此,在相对的、以速度为 v_t 匀速运动的正激波坐标系下获得的激波前后的气流静参数,等于绝对的、静止的斜激波坐标系下的气流静参数。当然,不同惯性坐标系下气流的滞止参数是不同的,因为法向分速只是气流速度的一部分,与之对应的滞止温度、滞止压力分别为

$$T_n^* = c_p T + \frac{v_n^2}{2} = T\left(1 + \frac{k-1}{2}Ma_n^2\right), \quad p_n^* = p\left(1 + \frac{k-1}{2}Ma_n^2\right)^{\frac{k}{k-1}} = p\left(\frac{T_n^*}{T}\right)^{\frac{k}{k-1}}$$

可以证明,在相对的正激波坐标系中得到的激波前后总压比 p_{2n}^*/p_{1n}^*,等于绝对的斜激波坐标系下的激波前后总压比 p_2^*/p_1^*,即 $\sigma = \dfrac{p_{2n}^*}{p_{1n}^*} = \dfrac{p_2^*}{p_1^*}$。由式(5.4.3d)可知 $T_{1n}^* = T_{2n}^*$,再由滞止参数与静参数间的等熵关系式得

$$\frac{p_{2n}^*}{p_{1n}^*} = \frac{p_2}{p_1}\left(\frac{T_{2n}^*}{T_2}\right)^{\frac{k}{k-1}}\left(\frac{T_1}{T_{1n}^*}\right)^{\frac{k}{k-1}} = \frac{p_2}{p_1}\left(\frac{T_1}{T_2}\right)^{\frac{k}{k-1}}$$

而由总压定义并考虑 $T_1^* = T_2^*$,也可得

$$\frac{p_2^*}{p_1^*} = \frac{p_2}{p_1}\left(\frac{T_2^*}{T_2}\right)^{\frac{k}{k-1}}\left(\frac{T_1}{T_1^*}\right)^{\frac{k}{k-1}} = \frac{p_2}{p_1}\left(\frac{T_1}{T_2}\right)^{\frac{k}{k-1}}$$

因此

$$\sigma = \frac{p_{2n}^*}{p_{1n}^*} = \frac{p_2^*}{p_1^*}$$

例 5.4.1　如图 5.4.13 所示,应用总压管测量超声速气流的马赫数及流速。

解　超声速气流中圆头型总压管的前方将出现一道曲线激波,且正对总压测孔处为正激波,总压管测得的是气流经过激波后的总压 p_2^*,则波后总压与波前静压之比的关系式可写为

$$\frac{p_2^*}{p_1} = \frac{p_2^*}{p_2}\frac{p_2}{p_1} = \left(1 + \frac{k-1}{2}Ma_2^2\right)^{\frac{k}{k-1}}\left[1 + \frac{2k}{k+1}(Ma_1^2 - 1)\right]$$

再将激波前后马赫数关系式代入得

$$\frac{p_2^*}{p_1} = \left(\frac{k+1}{2}Ma_1^2\right)^{\frac{k}{k-1}}\left[1 + \frac{2k}{k+1}(Ma_1^2 - 1)\right]^{-\frac{1}{k-1}}$$

于是,只要测得波后总压及波前静压即可得到超声速气流的马赫数 Ma_1。要计算流速,还需测量驻点温度,并考虑到气流经过激波时总温不变,将 Ma_1 代入式(5.2.3a)中得到波前气流静温后,再由当地声速计算即可得到气流速度。

例 5.4.2　设有如图 5.4.14 所示的超声速喷管,若其出口处气流马赫数为 1.8,压力为 0.288×10^5 Pa,外界环境气体压力为 0.985×10^5 Pa。求出口处的激波角、气流折转角和波后马赫数 Ma_2。

解　气流流出喷管后受到压缩作用且需达到外界环境压力,则

$$\frac{p_2}{p_1} = \frac{0.98 \times 10^5}{0.288 \times 10^5} = 3.4$$

由式(5.4.8b)得 $\beta = 76.7°$；由式(5.3.12)得 $\delta = 15°$；由式(5.4.10a)得 $Ma_2 = 0.72$。这是一道强激波。上述结果也可以通过查表计算得到，但是需要判断强解、弱解问题。

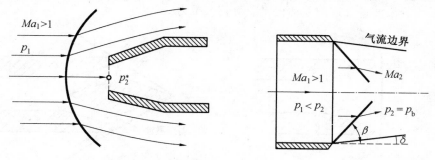

图 5.4.13　超声速气流速度测量　　　　　图 5.4.14　超声速喷管外的激波

例 5.4.3　　如图 5.4.15 所示，一个马赫数为 3 的流动，要求减速至亚声速。考虑两种途径：① 直接经过一道正激波减速；② 先经过一个激波角为 40° 的斜激波，随后再通过一道正激波减速。求两种途径的总压比。

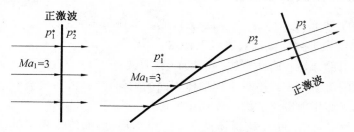

图 5.4.15　超声速气流经过不同激波的比较

解　（1）已知 $Ma_1 = 3$，查表或计算得到 $\dfrac{p_2^*}{p_1^*} = 0.328\,3$，$\dfrac{p_2}{p_1} = 10.3$，$Ma_2 = 0.475\,2$。

（2）由 Ma_1，β 计算可得 $\delta = 22°$；由 $Ma_{1n} = Ma_1 \sin\beta = 3 \times \sin 40° = 1.93$，可得 $\dfrac{p_2^*}{p_1^*} = 0.753\,5$，$\dfrac{p_2}{p_1} = 4.17$，$Ma_{2n} = 0.588$。

再由公式 $Ma_{2n} = Ma_2 \sin(\beta - \delta)$ 可得 $Ma_2 = 1.9$。对于一个来流马赫数为 1.9 的正激波，有 $\dfrac{p_3^*}{p_2^*} = 0.767\,4$，$\dfrac{p_3}{p_2} = 4.045$，$Ma_3 = 0.595\,6$，则气流通过途径 2 后有

$$\frac{p_3^*}{p_1^*} = \frac{p_3^*}{p_2^*}\frac{p_2^*}{p_1^*} = 0.578,\quad \frac{p_3}{p_1} = \frac{p_3}{p_2}\frac{p_2}{p_1} = 16.88$$

即组合激波增压比单独正激波增压的总压恢复系数更大，或者说总压损失更小、增压效率更高。这是由于在绝大多数情况下，超声速气体穿过激波时的总压损失随来流马赫数的增加而增加，激波越强这种趋势越明显，尤其是正激波情况。因此，如果能够使得一个流动的马赫数在穿越正激波之前减小，就会有效降低正激波导致的总压损失。如例5.4.3中所示，在第 2 种途径下，气流先是经过一道斜激波使其马赫数降低，然后再穿过正激波，尽管穿过斜激波也会有损失，但是要比直接穿过相同马赫数的正激波时小得多。考虑这样的一种极限情况：如果能够利用一个光滑曲壁使气流实现连续的微小折转，这时将产生无数道等熵弱压缩波，总压损失就将趋于零。

喷气发动机超声速进气道的设计就考虑了上述因素。如图 5.4.16(a) 所示，正激波在

进气道之前形成,造成了较大的压力损失;而斜激波进气道则是利用中央圆锥体先产生一道斜激波,流动在进气道边缘是通过一道相对较弱的正激波而进入进气道的。对于相同的飞行条件,采用斜激波进气道的发动机将获得较大推力。

图 5.4.16　正激波与斜激波进气道

5.4.8　锥面激波及乘波体飞行器

当来流马赫数不是过小($Ma_1 > Ma_{1min}$),或者半顶角不是过大($\delta < \delta_{max}$)时,零攻角、定常超声速气流绕楔形体的流动具有以下特点:

(1)具有从顶部开始的附体直线(或平面)斜激波。

(2)激波后的流动为流线平行于楔形体表面的均匀流动,波后气流参数处处相等。

(3)楔形体表面压力等于激波后流场中的静压。

如图 5.4.17(a)所示,由于楔形体是一个二维剖面,因而绕流楔形体流动是二维的,前面给出的二维斜激波理论适用于这种情况。

图 5.4.17　平面斜激波与锥面激波的比较

类似的,如图 5.4.17(b)所示,超声速气流绕锥形体流动时,如果来流马赫数不是过小或是半顶角不是过大,锥形体顶端处也会产生一个锥面激波,且与锥形体共轴。超声速进气道的中心锥、多数超声速飞行器的头部都是圆锥或接近于圆锥,在圆锥头部尖端处会产生锥面激波。锥面激波前后气流参数的变化规律与前面讨论的斜激波一样。事实上在推导斜激波前后参数的变化规律时,并没有做出波面是平面的假设。但是,气体在通过锥面激波后的流动情况和平面斜激波后的流动情况却有显著的差别。

如图 5.4.17(c)所示,假设一个任意直径的均匀流管绕流锥形体,若经锥面激波后气体立刻与锥面平行,且保持均匀直线等速运动,则只有波后的流管截面积为常值时才能满足连续方程,但由于包含于流管之内的锥形体的截面积是变化的,就使得流管截面积为常值的条件无法满足。上述讨论表明,气体经锥面激波后,其速度的大小、方向必然是逐渐变化的,流动具有三维效应,绕流流体可以在圆锥所有的子午面方向绕过圆锥。此外,比较具有同样半顶角的楔形体和锥形体的几何特性可知,由于锥形体迎风面积小,其对气流的压缩作用小,所产生的锥面激波强度、激波角也较小。因此,超声速气流绕锥形体的流动特点是:

(1)锥面激波波后流场不均匀,波后流线并不是立刻折转到与锥形体表面平行,而是折转一个较小角度(小于锥形体半顶角),然后,气流在锥面激波下游连续折转,若不计黏性,激波与物面之间的气体经历一个等熵压缩过程,其速度逐渐减小,其方向以锥形体母线为渐近线而逐渐趋向于与锥形体表面平行(理论上要到无限远处才与锥面平行)。因而,锥面激波下游的流线不是直线而是曲线,流线上各点切线与锥形体轴线的夹角逐渐增至与锥形体半顶角相等。

(2)锥面激波下游流场中的气流参数是不均匀的,锥形体表面压力不等于激波后流场中的静压。但是,锥形流理论假设,如果从锥顶任意画一条射线(在锥面激波与物面之间),那么在以这条射线为母线、绕锥体轴线旋转而成的任意一个中间锥面上,所有气流参数(如密度、压强、速度、总焓等)都是均匀的,包括锥面激波波面和锥形体表面。这种流动参数与 r(射线矢径)无关的流动统称为锥形流。实验证明,在研究超声速流流过锥形体的流场时,锥形流理论可以得到满意的结果。此外,对于锥形流流动,所有的待求物理量都有 $\frac{\partial}{\partial r}=0$, $\frac{\partial}{\partial \varphi}=0$ 的性质,φ 代表子午面(过锥形体轴线与圆锥相交的面)与基准子午面的夹角,若取如图 5.4.18 所示的球坐标系(r,ψ,φ),其

图 5.4.18　锥面激波计算坐标系

中 ψ 为射线矢径与锥体轴线在子午面上的夹角(称为球面角),零攻角超声速定常圆锥绕流的控制方程就变为只有一个变量 ψ 的常微分方程,计算过程大大简化(具体的控制方程及其求解方法在此不做介绍)。锥形流理论可以这样理解,假设在锥面激波和锥形体表面之间存在着无数道弱压缩波(以射线矢径 r 代表),气流在这个弱压缩波区内经历连续的等熵压缩过程,其方向趋于与物面平行,其速度逐渐降低而压力逐渐增加。因此,锥形体表面附近压力最高、速度最低。

(3)在已知来流马赫数 Ma_1 和锥形体半顶角 δ_c 的条件下,不能像平面斜激波那样直接利用 δ_c 来确定激波角 β,而是要经过较复杂的计算才能确定激波角。图 5.4.19 给出了按锥形流理论计算得到的锥面激波角 β 与来流马赫数 Ma_1、锥形体半顶角 δ_c 之间的关系。可以看出,如果来流马赫数和半顶角均相等,则楔形体产生的平面斜激波角大于锥形体产生的锥面激波角,锥面激波要弱一些。例如,当 $Ma_1=2.0$,$\delta_c=20°$ 时,二者的激波角分别为 $53.3°$,$37°$,斜激波波后气流折转恰好为 $20°$,而紧贴锥面波面后的气流折转仅为 $8°$,而后逐渐增大至与 δ_c 相等。相应地,由于锥面激波较弱,锥形体上的压力也小于楔形体上的压力。

(4)基于同样的原因,在相同来流马赫数条件下,锥面激波开始脱体时的半顶角比平面激波大,即锥面激波更不容易脱体;在半顶角相同的条件下,锥形体产生脱体激波的 $Ma_{1\min}$

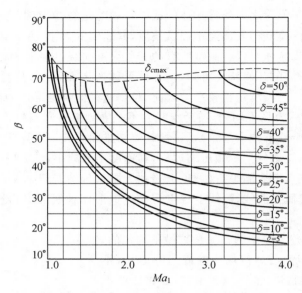

图 5.4.19　锥面激波的 δ, β 及 Ma_1 关系曲线

值小于楔形体的 $Ma_{1\min}$ 值。

　　对于超声速飞行的普通外形飞行器来说,翼型会在其绕流流场中产生激波(通常是脱体激波),激波强度随来流马赫数的增加而增强,从而导致较大的激波阻力。同时,翼型上、下表面之间的压差使得其边缘(前缘、侧缘或尾缘)附近的流体产生由下至上的绕"缘"流动,并发展成如前缘涡、侧缘涡或翼尖旋涡等流动结构,在多数情况下,这种上、下表面间的压力沟通会使得飞行器的升力下降。为了克服普通外形的诸多缺陷,1959 年诺威勒提出了乘波构型的概念(图5.4.20)。其基本思想是从一个给定的、有附体激波

图 5.4.20　诺威勒的乘波体方案

系的三维超声速流源流场的解析解或数值解的流面中,沿着流线切出一个近似锥形体作为飞行器的固体外表面,由此得到的飞行器是一种在其所有前缘都具有附体激波的高超声速($Ma \geqslant 5$)飞行器构型。

　　根据乘波体的生成方法及源流场的不同,可将乘波体分成不同的种类,如楔形流乘波体、锥形流乘波体、倾斜锥或者椭圆锥绕流的乘波体、楔/锥流乘波体、相切锥乘波体、定常/变楔角法乘波体、星形体等。下面以锥形流乘波体为例来说明乘波体的构型过程。如图5.4.21 所示,考察一个置于超声速来流中的锥形体,其顶端必产生一道锥面激波,如果有一个任意形状的曲面柱面与该锥面激波相交将得到一条交线,沿此交线的每一点都可以在锥形流场中得到一条流线并可组成一个流面。那么,若将生成锥面激波的锥形体去掉,并在流场中安放一个与刚才得到的流面一样的固体表面,再令同样的超声速来流绕流该固体表面,则在这个固体表面下方必形成一道局部锥面激波,二者之间区域内的高压气体作用在这个固体表面上可产生升力。因此,代替流面的这个固体表面就可以用作飞行器的升力面。但是,与常规飞行器不同的是,这道局部锥面激波并不在飞行器的前方,而在其下方,所有的前

缘都具有附体激波,飞行器飞行时其前缘平面与激波的上表面重合,就像骑在激波波面上,所以称为乘波体。至于飞行器的上表面,可以用多种方法生成,如图 5.4.21 中就是利用自由流面作为上表面,这样就形成了一个有一定容积的乘波体飞行器。乘波体飞行器没有常规飞行器的升力部件(机翼),而是采用三维设计的翼身融合体产生升力,这种设计可消除机身部件产生的附加阻力、机翼与机身间的干扰等,从而可以获得较高的升阻比,达到提高全机性能的目的。

图 5.4.21　锥形流乘波体

乘波体构型飞行器具有以下特点:

(1)乘波体的上表面通常与自由流平行,使得乘波体前、后的压差阻力较小。而下表面不但在设计马赫数下受到一个与常规外形一样的高压,而且乘波体外缘(或前缘)就是局部锥面激波波面,由于波面前、后的气流参数是不连续的,就基本消除了飞行器上、下表面的压力沟通,在提高升力的同时,最大限度地降低了升致阻力。此外,乘波体的下表面常常设计得较平,相对常规轴对称外形,平底截面外形的上、下压差要大得多,即升力也大得多。因此,乘波体构型飞行器具有低阻、高升力和大的升阻比等突出优势,特别是对于高超音速飞行器。

(2)来流经激波压缩后,沿着压缩面的流动被限制在前缘激波内,形成较均匀的下表面高压流场,可以消除发动机进口的横向流动,利于提高吸气式发动机的进气效率,使得这一构型便于进行飞行器机体 / 进气道 / 发动机一体化设计。

(3)由于飞行器上、下表面间没有压力沟通,也就不存在流动的互相干扰问题,因此上、下表面可以分开处理,大大简化了飞行器的初步设计和计算过程。

21 世纪以前,国内外研究者的绝大部分工作集中在用流线追踪法或参数设计法对乘波前体进行无黏与有黏的设计和优化,由单独考虑升阻比性能,逐步过渡到升阻比、容积率和热防护的多目标优化,使得乘波体飞行器在实用化道路上迈上了新台阶。进入 21 世纪后,由于乘波体构型机身设计理论渐趋成熟和完善,研究者把更多的注意力集中到高超声速乘波体飞行器机身 / 发动机一体化关键设计技术上来,其中包括前体 / 进气道一体化设计技术、燃烧室构型优化技术以及尾喷管 / 后体一体化设计技术等。

5.5　膨胀波、激波的反射与相交

前面所举的一些例子都是超声速流场中只存在单波系时的流动情况,但在实际问题中所遇到的波系往往是非常复杂的,比如波系在固体壁面或自由界面的反射、两簇或多簇性质相同或相异的波系的相交等。下面将讨论如何对一些典型波系进行分析,尤其是边界条件引起的速度方向或压强不匹配时诱发波系的物理现象,以及如何计算不同区域的流动参数。在分析中对膨胀波和弱压缩波做如下假设:将超声速气流经过波系时连续的、无数多道弱扰动波,用若干道有限数目(甚至一道)的波来代替。

5.5.1 膨胀波、激波在直固壁面上的反射

1.膨胀波在直固壁面上的反射

设有一如图 5.5.1 所示的超声速气流通道,下壁面在 A 点外折 δ 角,上壁面为直壁面。这时自 A 点必产生一束膨胀波束(用一道波 AB 代表),均匀来流经此膨胀波束向下折转 δ 角,与 A 点之后的下壁面平行。由于上壁面是平直的,折转后的气流就又与上壁面不平行了,相当于 ② 区气流在 B 点遇到了一个向上外折的壁面,因此在 B 点又产生了一道膨胀波 BC,波后

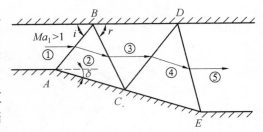

图 5.5.1　膨胀波的反射与消失

气流将再次折转为与上壁面平行,这道新产生的波就称为入射波 AB 的反射波。当然,还可以这样理解反射波的产生,若气流经膨胀波 AB 后,始终与下壁面平行,B 点处将会形成一个楔形真空区,或者说出现了一个低压扰动源,超声速气流需要经过一个膨胀过程以达到压力相等,因而 B 点处应产生膨胀波。气流经过膨胀波后的马赫数是增加的,波 BC 的马赫角小于波 AB 的马赫角,在一般情况下,入射角 i 与反射角 r 并不相等。同理,在下壁面的 C 点也要产生反射膨胀波,气流将再次膨胀、折转,重复上述过程。

气流经过最后一道膨胀波 DE 后,其方向为平行于上壁面。如果下壁面在 E 点向上折转 δ 角,使 E 点之后的下壁面平行于上壁面,那么 E 点处就不会再产生新的膨胀波束,即这时膨胀波 DE 在 E 点不反射,称这种情况为膨胀波的消失。在超声速风洞的喷管设计中,接近喷管出口处特别需要避免投射在壁面上的波的反射。

2.激波在直固壁面上的规则、不规则反射

如图 5.5.2 所示,马赫数为 Ma_1 的超声速气流在平面管道中流动,由于管壁的折转,在 A 点产生斜激波 AB,波后气流偏转 δ 角,与 A 点之后的下壁面平行。② 区气流在 B 点相当于遇到了一个向内折的壁面,则 B 点又产生了一道斜激波 BC,使得气流偏转为平行于上壁面,或者说气流将在 B 点处积聚形成高压扰动源,导致气流需要再次压缩、折转,斜激波 BC 可看作是入射激波 AB 的反射波。类似的,下壁面的 C 点也要产生反射激波,气流参数变化趋势与前面所说的情形相同。如果下壁面在 E 点处折转为平行于上壁面,E 点处就不会产生新的激波,称这种情况为激波的消失。

图 5.5.2 给出的是激波规则反射的情况,对于马赫数为 Ma_2 的 ② 区气流来说,只有壁面折转角 δ 小于该马赫数所对应的 δ_{2max} 时,或者说对于给定的壁面折转角 δ,只有 ② 区气流马赫数 Ma_2 大于该折转角所对应的 Ma_{2min} 时,才有可能产生第二道附体斜激波 BC。若上述条件不满足,流场中就会出现比较复杂的非规则反射(或称马赫反射)现象。如图5.5.3所示,若壁面折转角过大或 Ma_2 过小,不能在 B 点反射出斜激波。自 A 点发出的激波由直线逐渐弯曲到与上壁面垂直,并与上壁面交于 D 点(位于图5.5.2中 B 点上游)。由于曲线

激波 AD 的强度从 A 点至 D 点是逐渐增大的，A 点附近的激波最弱，波后仍是超声速流，气流发生折转。D 点附近的激波接近于正激波，波后则是亚声速流，气流仍平行于上壁面。这样一来，在激波 AD 上的某点 E 处，为了保证 E 点后的上、下方流动能够互相匹配，即具有相同的压强和方向，必产生一道斜激波 EF，使得整个波系呈"λ"形，激波 AE 在 E 点附近的一段以及激波 EF，ED 都是曲线激波。气流经过激波 AE，EF 提高压强，并与激波 ED 后的气体压强平衡。分别通过激波 EF 与 ED 后的两股气流将在流场中形成一个分界（流）面 EG，在该界面上，两股气流具有同样的流动方向和静压，但是它们经过的波系不同，上面的那股气流经过的激波较强（接近正激波），损失较大。而下面的气流经过两道斜激波，损失较小。因此，分界面 EG 两侧的气流总压、速度必不相等（还包括密度、熵等），即下面气流的总压及速度较大。既然在同一个界面两侧的气流速度不同，这种面就是气流参数不连续的面，由于主要是与该面相切的速度不连续（法向速度是相等的），一般称为切向不连续面或滑流面。切向速度不连续将导致分界面上产生许多连续分布的、逆时针旋转的旋涡，故切向不连续面的实质是个涡面。

图 5.5.2　激波的反射与消失　　　　　　图 5.5.3　斜激波的不规则反射

5.5.2　膨胀波、激波在自由边界上的反射

1. 膨胀波在自由边界上的反射

运动介质与其他介质之间的切向（与速度平行的方向）交界面称为自由边界，如射流与静止气体间的边界（即射流边界）就是一种自由边界。自由边界的特点是接触面两边的压强相等。

如图 5.5.4 所示，超声速气流从某喷管中流出，出口截面处气流压强 p_e 等于外界环境压强 p_b。设喷管出口边缘下部外折有限大小的 δ 角，于是从 A 点产生与自由边界相交的膨胀波束，令 AC_1 为第一道膨胀波，AC_2 为最后一道膨胀波，气流经过膨胀波束后向下偏转，压力下降为 $p_2 < p_e$。由于 $p_2 < p_e = p_b$，且自由边界两侧压强必须相等，则 C_1，C_2 点成为高压扰动源，必然产生弱压缩波系（或积聚成激波），该激波可看作是膨胀波束在自由边界上的反射波，即波的性质改变了。气流经过激波后压力增至 $p_3 = p_b$ 并再向下折转 δ 角。可见，气流经过膨胀波和激波后，尽管压力大小保持不变（速度大小也可能保持不变），但气流的折转角却增大了一倍。

2. 激波在自由边界上的反射

设有超声速气流自管道流出（图 5.5.5），BCD 为自由边界。若管道出口边缘下部向上折转 δ 角，则由 A 点发出一道斜激波，并与自由边界交于 C 点。经过激波 AC 后的气流向上折转 δ 角，压强升高为 $p_2 > p_e = p_b$，于是 C 点处必定产生膨胀波束，气流经此膨胀波束后压

强降为 $p_3 = p_b$,而且并再向上折转 δ 角。该膨胀波束可看作是斜激波在自由边界上的反射波,波的性质也是相反的。

 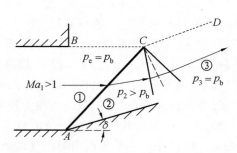

图 5.5.4 膨胀波在自由界面上的反射　　　图 5.5.5 激波在自由界面上的反射

5.5.3 膨胀波、激波的相交

1. 异侧膨胀波的相交、膨胀波在自由边界上的反射与相交

假定一平行气流在上、下壁面的 A, A' 处分别外折 $|\delta_a|$, $|\delta_b|$ 角,如图 5.5.6(a)所示。于是在两个折点处分别产生两簇膨胀波,并分别用 AB 和 $A'B$ 表示。① 区气流经波 AB, $A'B$ 进入 ②、③ 区,方向分别与 A, A' 点后的上、下壁面平行。如果继续保持这两个方向的流动,在交点 B 以后会形成楔形真空区,气流必须再做一次膨胀以"填补"这个空间。因此,在 B 点也会产生两道膨胀波 BC 和 BC',在波后的 ④ 区内上、下两股气流又汇合在一起。根据平衡条件,两股气流应具有相同的运动方向与压强,由于 $p = p^* \pi(\lambda)$,且气流经过膨胀波为等熵过程,则静压相等也就是速度大小相等。如果 $|\delta_a| = |\delta_b|$,则 ④ 区的气流方向与膨胀波上游 ① 区气流方向相同。因此,膨胀波相交之后仍为膨胀波。

如图 5.5.6(b)所示,设超声速射流出口处压强 p_e 大于外界环境压强 p_b,气流流出后经膨胀波系 AB 和 $A'B$ 外折 δ 角,②、③ 区内气流压强等于环境压强,即 $p_e > p_2 = p_3 = p_b$。由于 ②、③ 区内气流方向不平行,在 B 点处又产生两道膨胀波 BC 和 BC',使气流在 ④ 区内变成均匀的轴向气流,且有 $p_2 = p_3 = p_b > p_4$。膨胀波 BC,BC' 与射流边界交于 C, C' 点。由于 ④ 区内气流经过两次膨胀后又低于外界环境压强,于是将在 C, C' 点产生两簇压缩波(或积聚成激波)CD,$C'D$,波后 ⑤、⑥ 区内的气流内折一个 δ 角,压强重新等于外界压强 $p_5 = p_6 = p_b$。但气流积聚使得 D 点又成为一个新的高压扰动源,并将从该点产生两道激波。如果不考虑气体的黏性和激波损失,这种膨胀、压缩的交替过程将一直延续下去。但

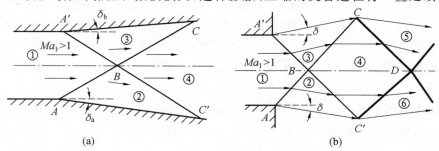

(a)　　　　　　　　　　　　(b)

图 5.5.6 膨胀波的相交

是,不但实际气体是有黏性的,气流通过激波是有损失的,而且流出的气体还将带动一部分环境气体运动而使自身的速度降低(即引射效应),这些都是导致气体总机械能、速度下降的因素,因而管道出口外的波系总是在经过一段距离后,由于气流速度最后降低为亚声速而消失。

2. 异侧激波的相交、激波在自由边界上的反射与相交、同侧激波的相交

如图 5.5.7(a) 所示,超声速气流在平面管道中流动,在 A,B 两点由于壁面折转产生激波 AC,BC,① 区气流经过激波 AC,BC 后分别向上、向下折转 δ_1,δ_2 角。由于 ②、③ 区内气流方向不平行,C 点因气流积聚而成为高压扰动源,必产生两道激波 CD,CE,即激波相交后仍为激波。②、③ 区内气流分别经过激波 CD,CE 后进入 ④、⑤ 区,④、⑤ 区内的气流必须具有相同的方向和静压。如果 $\delta_1 = \delta_2$,则上述条件自然满足;若 $\delta_1 \neq \delta_2$,则激波 AC,BC 的强度不同,CD,CE 的强度也不同,虽然 ④、⑤ 区内的气流具有相同的方向和静压,其他参数往往不同,所以 ④、⑤ 区之间会出现前面所说的滑流面。在空气动力学中,滑流面的计算既困难又重要,通常采用预估值试算的方法得到滑流面 CF 与来流方向的夹角 δ。

例如,若 $\delta_1 > \delta_2$,则滑流面 CF 应向上折转,预估 δ 角,然后根据 Ma_2,Ma_3 分别计算 ② 区气流折转 $\delta_1 + \delta$、③ 区气流折转 $\delta_2 - \delta$ 后的 ④、⑤ 区内气流压强,若二者相等,则预估 δ 角准确,若不相等,则重新预估 δ 角后再次计算,直到满足要求。最后,再计算其他气流参数。此外,若 δ_1,δ_2 过大或 Ma_1 过小,激波相交也会出现如图 5.4.7(b) 所示的不规则相交,此时有两个 λ 形波,构成弓形波系。具体分析过程可参考斜激波非规则反射的内容。此外,图 5.5.7(c)、(d)、(e) 还给出了其他不同情况下的斜激波不规则相交的情况,可以看出,随着 δ_1,δ_2 变大,逐渐接近甚至大于来流马赫数 Ma_1 所对应的 $\delta_{1\max}$ 时,波系中的反射波有可能消失,整个波系变成了一道凹向气流的曲线激波,直至脱体激波。

如图 5.5.7(f) 所示,若超声速气流在管道出口处的压强 p_e 小于外界环境压强 p_b,则在其出口边缘处产生两道斜激波 AB 和 $A'B$,气流经过这两道激波后向内折转,并有 $p_e < p_2 = p_b$。由于经过不同激波后的气流将在 B 点积聚,则该点又产生两道激波 BC 和 BC',使气流成为轴向气流,且有 $p_3 > p_2 = p_b$。由于该区内气流压力高于环境压强,C,C' 点必产生膨胀波束,使得波后气流分别向外折转,且压强重新等于外界压强,即 $p_4 = p_b$。但膨胀波束的相交又将成为新的低压扰动源,并从该点产生两簇膨胀波,从而形成一个压缩、膨胀交替进行的过程。

如图 5.5.7(g) 所示,若壁面 ABC 在 A,B 点分别折转 δ_1,δ_2 角,超声速气流流经此壁面时在 A,B 点产生同侧激波 AD,BD,这两道激波在 D 点相遇后合并成一道更强的激波 DE。根据平衡条件,经过 DE 波后的气流与经过 AD、BD 波后的气流应具有相同的方向与压强,而气流一次折转 $\delta_1 + \delta_2$ 角(经过 DE 波)和先折转 δ_1 角(经过 AD 波)、再折转 δ_2 角(经过 BD 波)后的气流参数必然不满足上述条件。因而,一是流场中将根据具体情况在 D 点产生弱激波 DF 或膨胀波 DG;二是最终的气流折转角不等于 $\delta_1 + \delta_2$(当然相差也不会太大)。具体计算过程如下:

(1) 在 ① 区,根据气流马赫数 Ma_1 和气流折转角 δ_1,算出第一道激波 AD 的激波角 β_1,再由 ① 区的静压 p_1、总压 p_1^* 等参数算出 ② 区的气流马赫数 Ma_2,p_2 及 p_2^* 等。

(2) 在 ② 区,根据 Ma_2 和 δ_2 算出第二道激波 BD 的激波角 β_2,以及 ③ 区的 Ma_3,p_3,p_3^* 等。

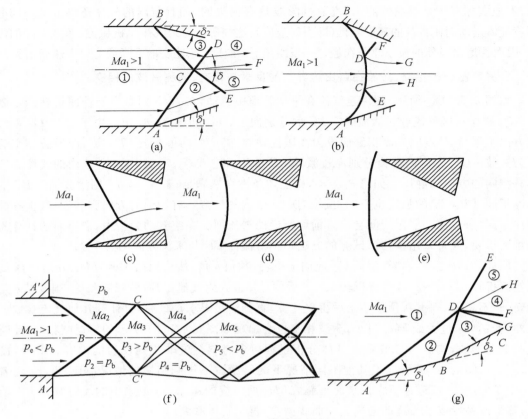

图 5.5.7　激波的相交

（3）根据 β_1，β_2 在物理平面上画出激波 AD，BD，并确定交点 D 的位置。

（4）首先假设气流经过激波 DE 后折转 $\delta_1 + \delta_2$ 角，则由 Ma_1 和 $\delta_1 + \delta_2$ 可算出激波角角 β_{DE}，以及 ⑤ 区的 Ma_5，p_5，p_5^* 等。

（5）一般来说，$p_5 \neq p_3$，若 $p_5 > p_3$，则 D 点产生弱激波 DF，使 ③ 区气流穿过这道反射波后压强提高至 p_5，且气流向下折转 δ 角；若 $p_5 < p_3$，则 D 点产生膨胀波 DG，使 ③ 区气流穿过这道反射波后压强降低至 p_5，且气流向上折转 δ 角。

（6）预估 δ 角（通常很小如 1° 左右），计算 ③ 区气流经激波 DF（$\delta < 0$）或膨胀波 DG（$\delta > 0$）后的压强 p_4。

（7）根据 Ma_1 和 $\delta_1 + \delta_2 \pm \delta$ 重新计算 ⑤ 区的 p_5，若 $p_5 = p_4$，则预估准确，若 $p_5 \neq p_4$，则重新预估 δ 角，并重复上述的计算。

由于反射波 DF 或 DG 一般较弱，在近似计算中通常可略去不计，也就是说可以认为 ① 区气流是一次折转 $\delta_1 + \delta_2$ 角后到达 ⑤ 区的，而且与经过两次折转后再到达 ④ 区的气流满足平衡条件。但是必须指出的是，虽然 ④、⑤ 区内气流的压强相等，流动方向相同，但它们的速度大小不等，因此存在滑流面 DH。

3.异侧、同侧膨胀波与激波的相交

在图 5.5.8(a) 中，上、下壁面都向上折转 δ 角，在折点 A，A' 处必产生一道激波 AB 和膨胀波束 $A'B$。虽然 ②、③ 区内气流方向是平行的，都向上折转了 δ 角，但气流的压强则不同，

②区气流经过的是膨胀波,压强下降,而③区气流经过的是激波,压强升高,有 $p_3 > p_2$。这样的两股气流不可能平行地流动下去,它们在 B 点相遇后,②区的低压气流将受到③区高压气流的影响,从而相对于②区气流,在 B 点处将产生激波 BC'。另一方面,③区气流将向②区膨胀,因此相对于③区气流,在 B 点处将产生膨胀波 BC。②、③区内气流分别经过压缩、膨胀作用后,在④区内达到方向一致(折转 2δ 角)、压强相等的状态。

　　设有超声速气流流过图 5.5.8(b)中的壁面,在 A 点产生斜激波,在 B 点则产生膨胀波束。先假设只有一道膨胀波,激波与膨胀波交于 N 点,①区气流经斜激波 AN 到达②区后压强升高,再由②区经膨胀波 BN 到达③区,尽管气流压强略有降低,但仍高于①区压强,因此①区气流经过交点 N 之上的波 NR 必是一个压缩过程才能满足与③区气流的平衡条件,即 NR 是激波且其强度小于激波 AN,激波角较小。由于激波 NR 后的⑤区内的气流与③区内的气流不可能同时满足方向一致、静压相等的条件,N 点通常还会产生一个强度较弱的反射波 NQ(一般是膨胀波),③区气流经过波 NQ 后到达④区,并实现与⑤区气流的平衡条件。④、⑤区之间存在滑流面 NT。

图 5.5.8　膨胀波与激波的相交

　　如果用有限道膨胀波描述膨胀波束,则每道膨胀波与激波相交的情形都与图 5.5.8(b)中的情况相类似,如图 5.5.8(c)所示,即在交点之上形成较弱的激波,在交点处反射出膨胀波。由于膨胀波束中包含无限多道膨胀波,故交点 N_1, N_2, N_3 等彼此都很靠近,使 N_1 以上的激波呈曲线形(激波 AN_1 为直线)。该曲线激波后的气流中布满了滑流面,成为一个不均匀的充满旋涡的流场。由于 N_i 点的反射波很弱,滑流面两侧气流参数相差不是很大,为简化起见,也可以不考虑反射波和滑流面的影响,这种简化的波系图谱就相当于将图 5.5.8(c)中的反射波、滑流面去掉后的情形。

5.6　喷管内的流动问题分析

5.6.1　收缩喷管

　　亚声速气流在截面积逐渐缩小的管道内将不断加速,这种管道就是收缩喷管或称收敛喷管,收缩喷管在许多实验设备(如风洞、管路系统的喷嘴)和涡轮喷气发动机中均得到了广泛应用。比如,通过调节收缩喷管进出口的压强比,可以在喷管出口得到所需 Ma 数的均匀亚声速气流;在涡轮喷气发动中,喷管进口的燃气具有较高的总温和总压,在喷管进出口压强差的作用下,高温燃气在喷管中加速、膨胀,气体的部分热焓转换为动能,在喷管出口以很高的速度喷出,使发动机产生很大的推力。由例 2.2.2 可知,喷气速度越大,发动机的推力也越大。

假设喷管中的流动为理想气体的绝能等熵流动,喷管各截面上的总温和总压都相同,且均等于喷管进口截面上的气流总温和总压。以下标"e"表示喷管出口截面的气流参数,"0"表示进口截面的气流参数,则有 $T_0^* = T_e^* = T^*$,$p_0^* = p_e^* = p^*$。由能量方程、等熵关系式、总静参数关系式等得

$$\left\{\begin{array}{l} V_e = \sqrt{2c_p(T_e^* - T_e)} = \sqrt{\dfrac{2k}{k-1}RT_e^*\left(1 - \dfrac{T_e}{T_e^*}\right)} = \sqrt{\dfrac{2k}{k-1}RT_e^*\left[1 - \left(\dfrac{p_e}{p_e^*}\right)^{\frac{k-1}{k}}\right]} \\[3mm] Ma_e = \sqrt{\dfrac{2}{k-1}\left[\left(\dfrac{p_e^*}{p_e}\right)^{\frac{k-1}{k}} - 1\right]} \\[3mm] V_e = Ma_e \cdot a_e = \lambda_e \cdot a_{cr} \end{array}\right.$$

$$(5.6.1)$$

式(5.6.1)表明,喷管出口截面上的气流速度主要取决于气流总温 T_e^* 和压强比 p_e/p_e^*,其次还与气体性质(k 值)有关。对于给定的气体,当 T_e^* 不变时,p_e/p_e^* 越小,气体在喷管中膨胀、加速得越厉害,由于 $h_e^* = h_e + \dfrac{V_e^2}{2}$,这就意味着可以把更多的静焓转变为动能,喷管出口截面上的气流速度 V_e 越大。当 p_e/p_e^* 不变时,T_e^* 越高即气流总能量增加,由于 $\dfrac{T_e}{T_e^*} = \left(\dfrac{p_e}{p_e^*}\right)^{\frac{k-1}{k}}$,则 T_e 增加,V_e 也越大。也就是说,气流总能量增加,一部分用于提高静温 T_e,另一部分用于增加动能。

但是,前面的讨论也表明,亚声速气流在收缩管道中的速度增加是有限的,在最小截面(出口截面)处,速度最大只能等于当地声速即 Ma_e 最大只能为 1,而 Ma_e 又是与压强比 p_e/p^* 对应的。将 $Ma_e = 1$ 时的压强比 p_{ecr}/p^* 称为临界压强比,记作 β_{cr},它的数值由式(5.2.7)确定,即

$$\beta_{cr} = \frac{p_{ecr}}{p_e^*} = \left(\frac{2}{k+1}\right)^{\frac{k}{k-1}} \tag{5.6.2}$$

对于空气 $k = 1.4$,$\beta_{cr} = 0.528$;对于 $k = 1.33$ 的燃气,$\beta_{cr} = 0.5404$。

通过喷管的流量为

$$\dot{m} = K\frac{p_0^*}{\sqrt{T_0^*}}S_0 q(\lambda_0) = K\frac{p_e^*}{\sqrt{T_e^*}}S_e q(\lambda_e) \tag{5.6.3a}$$

当压强比 p_e/p_e^* 下降时,λ_e 将随之增大,则亚声速流动时,$q(\lambda_e)$ 也是随之增大的,通过喷管的流量 $\dot{m}$ 相应增大。当出口截面上气流压强比达到 β_{cr} 时,因为当 $\lambda_e = 1$ 时,$q(\lambda_e) = 1$,故流量达到最大值,即

$$\dot{m}_{max} = K\frac{p_e^*}{\sqrt{T_e^*}}S_e \tag{5.6.3b}$$

因此,对于给定出口截面积的收缩喷管,在总温、总压一定的条件下,喷管流量的增加是有限的。一旦喷管出口截面的气流达到临界状态,则喷管截面积最小的出口截面(通常把最小截面称为喉部或喉部截面)就成为临界截面,通过喷管的流量达到最大值,其数值由式(5.6.3b)确定。显然,这时无论再怎样降低压强比(或背压)都无法进一步增大流量。也就

是说,在一定条件下变截面管道中通过的流量有一定的限制,再多就被"堵"住了,即发生了所谓的壅塞现象。

图 5.6.1　收缩喷管实验装置及参数变化曲线

为了了解喷管出口处的外界环境压力(称为背压,用 p_b 表示)对收缩喷管中气体流动的影响,参见图 5.6.1(a) 所示的实验装置。喷管进口的气流来自大气,喷管出口通过稳压箱与真空箱相连,真空箱内的空气被真空泵抽走而造成低压,稳压箱内气体的压强由阀门控制,即喷管出口的外界环境压力 p_b 在实验中可以改变,而喷管中气流的总压、总温在实验中不变,它们的值就是大气的压强和温度。在实验中,当背压逐渐改变时,可测出对应的喷管出口气流压强 p_e、喷管内气流压强沿轴向分布等,再根据大气压强及温度就可以算出相对流量 $\dot{m}/\dot{m}_{max}$,如图 5.6.1(b)、(c) 所示。从实验曲线可以看出,喷管内气体的流动分为三种状态:

(1) 亚临界流动状态。当阀门逐渐开大时,稳压箱内的气体压力 p_b(即外界压力) 逐渐降低,喷管出口气流速度不断增大,通过的流量也相应增大,这时整个喷管内的流动是亚声速的,因此背压 p_b 变化所引起的扰动(以声速传播) 可以逆流传遍整个喷管,即 p_b 的变化可以影响整个喷管内的流动。例如式(5.6.3a) 表明,随通过喷管流量增加,喷管进口截面 λ_0 也是增大的,而压力下降。由 $Ma_e < 1$ 可知,此时压强比 $\dfrac{p_b}{p_e^*} = \dfrac{p_e}{p_e^*} > \beta_{cr}$,这种流动状态称为亚临界流动状态。在这种流动状态下,喷管出口处气流压强 p_e 等于背压 p_b,气体在喷管中得到完全膨胀。

(2) 临界流动状态。当背压 p_b 降至 $\dfrac{p_b}{p_e^*} = \beta_{cr}$ 时,喷管出口处为声速流即 $Ma_e = 1$,出口气流压强 p_e 仍等于背压 p_b,气体在喷管中得到了完全膨胀,通过喷管的流量达到最大值。这种流动状态称为临界流动状态。

(3) 超临界流动状态。当背压降至 $\dfrac{p_b}{p_e^*} < \beta_{cr}$ 时,由于这时出口截面处已是声速流,所以背压引起的扰动不能越过声速面,也就不能影响喷管内的流动,出口截面处的气流压强 p_e 不再随背压 p_b 降低而降低,而是维持 $p_e = p_{ecr} = \beta_{cr} p_e^* > p_b$,出口截面上气流仍是声速流,即 $Ma_e = 1$,流量也仍是最大值。这种流动状态称为超临界流动状态。由于此时喷管出口处的气流压强大于背压,也就是说,气流压强没有完全膨胀到外界背压 p_b,所以这种状态又称未完全膨胀状态。声速气流在出口截面之后将继续膨胀,变成超声速气流。假设收缩喷管为平面喷管,从膨胀波知识可知,超声速气流在喷管出口将形成图 5.6.2 所示的复杂波系结构。由于出口截面处 $Ma_e = 1$,喷管上、下边缘 A,A' 点产生的膨胀波系中的第一道波 AA'

与出口截面重合,而最后一道波 $AC,A'C$ 的参数由 p_b/p_e^* 决定,交于 C 点,$AD,A'D$ 则代表膨胀波束的其余部分。由于气流经过任一道膨胀波后将向外折转微小角度,上、下两股气流方向不平行,因而 D,C 点将再发出两道膨胀波 DE,DE' 和 CB,CB',以使两股气流平行于喷管轴线方向。可以看出,ACA' 区内气流将经过四道膨胀波系,即 AA',AD 或 $A'D$,DF 或 DF',AC 或 $A'C$,由于气流只要经过 AA',AD,AC 或 $AA',A'D,A'C$ 后压力就可以等于 p_b,因此 ACA' 区内气流已处于过膨胀状态。设膨胀波 DE,DE' 与 $AC,A'C$ 分别交于 F,F' 点,则 ACA' 区内气流再穿过膨胀波 $FE,F'E'$ 后仍为过膨胀状态,于是 E,E' 点发出弱压缩波并交于 G 点。气流经过压缩波后将向内折转,则 G 点再发出两道弱压缩波 GB,GB' 以使气流方向一致。由上述分析可知,喷管出口后的波系可分为四个子区,①ACA' 区为多组膨胀波系的组合区,气流处于过膨胀状态,AA' 面的压力等于喷管出口压力 p_e,该区内气流的压力低于背压 p_b,应该注意的是,$AC,A'C$ 面上压力是不相等的,紧靠 A,A' 点的出口气流压力稍高,而 C 点压力最低。②$A'CB'$ 区、③ACB 区为膨胀波与弱压缩波的组合区,可近似认为互相抵消。④BCB' 区为两组压缩波系的组合区,气流被过度压缩,BB' 面压力增至 p_e。由于波系区内压力分布不均匀,气流速度也是不均匀的,因而所有马赫线都不是直线形的,而是呈现曲线形状。对于理想气体,从 AA' 面至 BB' 面间的流谱将顺流周期性重复出现,在实际流动中则将由于黏性、引射效应等的影响而最终消失。

上面的讨论表明,收缩喷管的工作状态完全是由压强比 p_b/p_e^* 确定的,而与喷管的收缩程度无关。对于每种工作状态,喷管出口截面上的气流参数具有相应的特点。因此,收缩喷管出口气流参数的计算方法是:先比较 p_b/p_e^* 与 β_{cr} 的大小,以此确定喷管的工作状态,然后根据每种工作状态的特点,求得出口的气流参数。

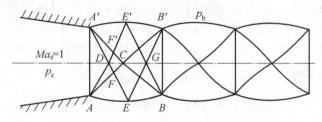

图 5.6.2　超临界状态喷管出口后波系

例 5.6.1　某涡轮发动机的收缩形尾喷管地面试验中,测得喷管进口处燃气总压、总温分别为 2.3×10^5 Pa,928.5 K,实验时的大气压强为 0.987×10^5 Pa,喷管出口面积为 0.167 5 m^2。若燃气比热比 $k=1.33$,$R=287.4$ J/(kg·K),求喷管出口截面上的气流速度、压强及通过喷管的流量。

解　首先判断喷管中气体的流动状态 $\dfrac{p_b}{p_e^*} = \dfrac{0.987 \times 10^5}{2.3 \times 10^5} = 0.429$。对于 $k=1.33$ 的燃气,由 β_{cr} 的计算公式得到 $\beta_{cr}=0.540\,4$。由于 $\dfrac{p_b}{p_e^*} < \beta_{cr}$,则流动处于超临界工作状态。因此,喷管出口截面上的各气流参数为

$$Ma_e = 1$$
$$p_e/\text{Pa} = \beta_{cr} p_e^* = 0.540\,4 \times 2.3 \times 10^5 = 1.242 \times 10^5$$
$$V_e/(\text{m} \cdot \text{s}^{-1}) = a_e = a_{cr} = \sqrt{\frac{2k}{k+1} R T_0^*} = \sqrt{\frac{2 \times 1.33}{1.33+1} \times 287.4 \times 928.5} = 552$$

$$\dot{m}/(\mathrm{kg \cdot s^{-1}}) = K\frac{p_e^*}{\sqrt{T_e^*}}S_e = 1.33 \times \frac{2.3 \times 10^5}{\sqrt{928.5}} \times 0.1675 = 50.3$$

例 5.6.2　在喷管实验设备中,真空箱内气体压强为 8.0×10^5 Pa,真空泵所抽走的流量为 0.18 kg/s,假设实验时大气压强、温度分别为 1.013×10^5 Pa,293 K。问收缩喷管中能否形成超临界工作状态? 为了保证喷管能通过最大流量,其出口截面直径应为多少?

解　真空箱内气体的压强就是喷管出口背压,大气压强、温度就是喷管中气流的总压、总温。根据压强比 $\dfrac{p_b}{p_e^*} = \dfrac{8.0 \times 10^3}{1.013 \times 10^5} = 0.0789 < \beta_{cr} = 0.528$ 可知,实验时在喷管中形成超临界工作状态。由于真空泵所能抽走的流量就是最大流量,根据流量公式可有

$$S_e/\mathrm{m}^2 = \frac{\dot{m}\sqrt{T_e^*}}{Kp_e^*} = \frac{0.18 \times \sqrt{293}}{0.0404 \times 0.103 \times 10^5} = 7.53 \times 10^{-4}$$

所以出口截面直径为

$$d_e/\mathrm{cm} = \frac{\sqrt{4S_e}}{\pi} = 3.1$$

前面已经讨论过,对于给定出口截面积 S_e 的收缩喷管,在总温、总压一定的条件下,当出口截面上的气流压强 $\dfrac{p_b}{p_e^*} = \beta_{cr}$ 时,有 $Ma_e = 1$,通过喷管的流量到达最大值,称这种流动状态为壅塞状态。这时,无论再怎样降低压强比(或背压)都无法使得出口截面处的气流马赫数继续增加、喷管流量增大。而且,改变进口气流总压、总温,也不能使喷管中任一截面上的无量纲参数如 Ma,p/p^*,T/T^* 发生变化。

若在壅塞状态下只增大喷管进口气流总压 p_0^*,由于此时仍有 $\dfrac{p_b}{p_e^*} < \beta_{cr}$,则出口截面处仍为 $Ma_e = 1$、气流速度 $V_e = \lambda_e \cdot a_{cr} = a_{cr}$ 及压强比 $\dfrac{p_e}{p_e^*} = \left(\dfrac{2}{k+1}\right)^{\frac{k}{k-1}}$ 不变。但是,p_e,$\dot{m} = K\dfrac{p_e^*}{\sqrt{T_e^*}}S_e$ 将随 p_0^* 的增加而成比例增加。若在壅塞状态下只增大进口气流总温 T_0^*,由于 T_0^* 的变化并不影响 p_b/p_e^* 的数值,则 $Ma_e = 1$、压强比 p_b/p_e^* 或出口截面压力 p_e 不变。但是,$V_e = a_{cr} = \sqrt{\dfrac{2k}{k+1}RT^*}$ 将增加,$\dot{m} = K\dfrac{p_e^*}{\sqrt{T_e^*}}S_e$ 将下降。因此,在涡轮喷气发动机中,常采用提高燃气总温的方法来增加喷气速度,以增加单位质量燃气流量所产生的推力。具体方法是在涡轮后对燃气再一次喷油燃烧,即加力燃烧。不过若出口面积保持不变的话,提高 T_0^* 将使得 $\dot{m}$ 下降,那么发动机的总推力并不一定是增加的,还需要相应的增大 S_e 才能保证 $\dot{m}$ 不变。若在壅塞状态下只增大 S_e,由于它并不影响压强比的数值,所以 Ma_e,V_e,p_b/p_e^*,p_e 等都保持不变,但 $\dot{m}$ 随 S_e 成比例增加。

设计收缩喷管时,一般要求在喷管出口产生均匀的一维流动,只有设计得很平滑的型面,才能使气流在喷管中逐渐得到膨胀,保证进口截面产生的横向压强梯度、径向分速逐渐减小,并在出口截面上趋于零。喷管壁面的设计方法之一就是按维托辛斯基公式来计算壁面型线,如图 5.6.3 所示,其公式为

$$\left(\frac{r_e}{r}\right)^2 = 1 - \left[1 - \left(\frac{r_e}{r_0}\right)^2\right] \frac{\left[1 - \left(\frac{x}{l}\right)^2\right]^2}{\left[1 + \frac{1}{3}\left(\frac{x}{l}\right)^2\right]^3}$$

图 5.6.3　收缩喷管型面设计

这种型面的喷管适合于连接两个不同尺寸的管道。它用在亚声速风洞上，经验表明，一直到 $\lambda = 0.90 \sim 0.95$ 的速度范围内，喷管后的速度场是足够均匀的。考虑到附面层的存在，通常还要按附面层位移厚度 δ^* 来修正壁面。

5.6.2　拉伐尔喷管

对于涡轮喷气发动机，当尾喷管出口的气流压力较高或外界环境压力较低时，若采用收缩喷管，就会由于气流在喷管内不能完全膨胀而造成较大的推力损失。为了将更多的静焓转变为动能以提高发动机的推力，需要采用拉伐尔喷管。拉伐尔喷管的主要目的是在其出口处获得所需的超声速气流，在这种流动条件就有可能会出现激波。超声速气流通过激波是非等熵过程，因此拉伐尔喷管内的流动一般是绝能非等熵流动。但是，在不出现激波时，或出现激波时的波前、波后的流动区域，仍可按绝能等熵流动来处理。

对于几何参数已知的拉伐尔喷管，其流动状态及特点通常取决于喷管进口气流总压 p_0^*、总温 T_0^*、喷管出口外界背压 p_b 及面积比 S_e/S_t（S_t 代表喷管喉部即最小截面的面积）。假设拉伐尔喷管内的流动是等熵的，且喉部处为声速流即 $Ma_t = 1$，则由式（5.2.16）可得到喷管的任一截面面积与喉部面积之比为

$$\frac{S}{S_t} = \frac{1}{q(Ma)} \text{ 或 } \frac{S}{S_t} = \frac{1}{Ma}\left[\left(1 + \frac{k-1}{2}Ma^2\right)\left(\frac{2}{k+1}\right)\right]^{\frac{k+1}{2(k-1)}} \tag{5.6.4}$$

由图 5.6.4 给出的 S/S_t 与气流 Ma 数的关系曲线可以发现，面积比的数值是由 Ma 数唯一确定的，也就是说，若要在喷管出口截面处得到某一马赫数 Ma_e 的超声速气流，产生这个指定马赫数的气流所需的面积比 S_e/S_t 是唯一的。这一点与收缩喷管不同，收缩喷管出口截面上的马赫数与喷管进出口面积比无关，仅由压强比唯一确定。图 5.6.4 还表明，每个面积比均有两个马赫数与之对应，一个是亚声速的，另一个是超声速的。由于 Ma_e 是与喷管进出口截面处的压强相比对应的，即

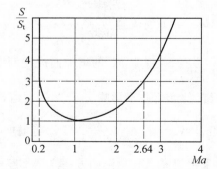

图 5.6.4　等熵流动时喷管 S/S_t 与 Ma 的关系

$$\frac{p_e^*}{p_e} = \left(1 + \frac{k-1}{2}Ma_e^2\right)^{\frac{k}{k-1}} = f\left(\frac{S_e}{S_t}\right) \tag{5.6.5}$$

因此，一定的面积比 S_e/S_t 和适当的压强比 p_e/p_e^* 是拉伐尔喷管出口截面处得到指定马赫数 Ma_e 的超声速气流的两个不可缺少的条件，前者是必要条件，后者是充分条件。

下面详细讨论当拉伐尔喷管的几何特性（如面积比）、进口截面总压 p_0^* 及总温 T_0^* 给定时，喷管工作状态随喷管下游外界背压 p_b 不同而发生变化的情况。

（1）临界状态。

由图 5.6.4 可知，对于一个确定的面积比 S_e/S_t，有两个马赫数与之对应，其中一个是亚声速的。这就意味着，在一个恰当的背压或压强比下，亚声速气流在拉伐尔喷管的收缩段加速，至喉部达到声速即 $Ma_t=1$，然后在扩张段减速，至出口处 $Ma_e<1$，且喷管出口截面处的压力 p_e 等于背压 p_b，这种流动状态称为拉伐尔喷管的临界状态。气流静压沿喷管轴线的分布如图 5.6.5 中的曲线 b 所示。临界状态的特点是 $Ma_t=1$，$Ma_e<1$，$p_e=p_b$，是一种完全膨胀状态，喷管内无激波，管内流动可看作是等熵的。记临界状态下的喷管出口截面压强或背压为 p_{III}，即压强比为 p_{III}/p_e^*。因此，当 $\dfrac{p_b}{p_e^*}=\dfrac{p_{\text{III}}}{p_e^*}$ 时，喷管的流动为临

图 5.6.5　拉伐尔喷管内的流动状态

界状态。该状态下的有关参数如下计算：

① 喷管出口马赫数 Ma_e，由公式 $q(Ma_e)=\dfrac{S_t}{S_e}$ 计算，且取 $Ma_e<1$ 的数值。

② 压强比 p_e/p_e^*，由公式 $\dfrac{p_e}{p_e^*}=\dfrac{p_b}{p_e^*}\equiv\dfrac{p_{\text{III}}}{p_e^*}=\left(1+\dfrac{k-1}{2}Ma_e^2\right)^{-\frac{k}{k-1}}=\pi(Ma_e)$ 计算。

③ 喷管出口静压 p_e，有 $p_e=p_b$。

④ 通过喷管的流量 $\dot m$ 为最大流量值，由公式 $\dot m_{\max}=K\dfrac{p_e^*}{\sqrt{T_e^*}}S_e q(\lambda_e)=K\dfrac{p_0^*}{\sqrt{T_0^*}}S_t$ 计算。

在临界状态下，喷管出口背压的微小扰动可以在扩张段内以声速逆流传播。如果背压增加，意味着通过喉部的最大流量不可能在喷管出口处流出，即出现壅塞现象，于是喉部处 $Ma_t<1$ 以维持流量守恒，整个喷管内均为亚声速流动，相当于扰动"越过"了声速线并进而影响整个喷管内的流动。当背压下降时，由于管内流量是不能超过最大流量的，而且还要求气流压力逐渐下降至等于背压，于是只有在喉部之后的扩张段出现超声速流动才能满足上述要求（因为亚声速流动在扩张段只能是减速增压的），即扩张段内为超声速气流的加速、降压运动，通过截面面积的增加与 $q(\lambda)$ 的减小以维持管内最大流量不变，之后的降压扰动将不会逆流穿过流场的超声速区。但是，前面已经讨论过，压强比、Ma 数与面积比三者之间存在对应的关系，假想这样一种情况，背压只是下降了一个微小量，喉部之后只需很短距离（远未到喷管出口截面）的扩张段内的超声速流动就可以达到背压要求，之后将出现什么样的流动状态呢？超声速气流参数至喷管出口处始终不变？显然这是不可能的，因为喷管截面积的变化必然导致气流参数发生变化。超声速气流在后面的扩张段内继续加速、降压？这也是不可能的，因为这样一来，超声速气流在喷管出口截面上的压力必然小于外部背压，整个流场的流动参数还应该接着发生变化，也就是说，这不是一个稳定的流动状态。于是只可能出现下面这种流动情形，喉部之后的超声速气流经过一段加速、降压流动后，压力比背压还要低一些，使得喷管内的某个恰当截面处出现一道正激波，气流压强增大且变为亚声速流，然后亚声速气流在激波后的扩张段做减速、增压流动，至喷管出口截面处与背压一致。

推而论之,若背压下降得再多一些,由于波后压力下降使得激波逆流传播速度减小,于是喷管内的激波将顺流向后移至一个新的稳定位置;若背压持续下降,激波将逐渐后移到喷管出口截面处,甚至转变为斜激波,使得管内流动变为等熵的;当压强比下降到与出口截面马赫数 Ma_e 之间的关系符合式(5.6.5)时,激波消失;若背压还在下降,那么将在喷管出口后出现膨胀波系,使得超声速气流加速、降压至和 p_b 相等。

(2)亚临界状态。

拉伐尔喷管内的流动全部为亚声速时,称为亚临界状态。例如,当 $\dfrac{p_e}{p_e^*}=\dfrac{p_b}{p_e^*}=1$ 时,整个喷管内无流动,静压等于总压且沿喷管轴线不变,如图 5.6.5 中平行于 x 向的直线所示,这是亚临界状态的一种极限情况。当 $1>\dfrac{p_b}{p_e^*}>\dfrac{p_{\text{Ⅲ}}}{p_e^*}$ 时,气流在收缩段加速,至喉部仍为亚声速即 $Ma_t<1$,之后在扩张段减速,至出口处 $Ma_e<1,p_e=p_b$。图 5.6.5 中的曲线 a 就属于亚临界状态,气流在喷管内得到完全膨胀,整个喷管内为亚声速流动。该状态下的有关参数计算如下:

① 喷管出口马赫数 Ma_e,由公式 $\dfrac{p_b}{p_e^*}=\left(1+\dfrac{k-1}{2}Ma_e^2\right)^{-\frac{k}{k-1}}=\pi(Ma_e)$ 计算。

② 喷管出口静压 p_e,有 $p_e=p_b$。

③ 通过喷管的流量 $\dot{m}$,由公式 $\dot{m}=K\dfrac{p_e^*}{\sqrt{T_e^*}}S_e q(\lambda_e)$ 计算。

(3)超临界状态。

当 $\dfrac{p_{\text{Ⅲ}}}{p_e^*}>\dfrac{p_b}{p_e^*}$ 时,拉伐尔喷管内的流动称为超临界状态。此时,气流在收缩段加速,至喉部 $Ma_t=1$,之后在扩张段内的流动根据 p_b/p_e^* 的大小不同,可能有下述几种情况:

(3-1)气流在扩张段内继续加速,至出口处 $Ma_e>1$,同时气流在喷管出口达到完全膨胀状态,即 $p_e=p_b$,整个扩张段内无激波,出口外也无激波或膨胀波,气流静压沿喷管轴线的分布如图 5.6.5 中的曲线 f 所示,这种状态也是拉伐尔喷管的设计状态。记该状态下的出口截面压强或背压为 p_{I},压强比为 p_{I}/p_e^*。当 $\dfrac{p_b}{p_e^*}=\dfrac{p_{\text{I}}}{p_e^*}$ 时,喷管内的流动为超临界状态,且气流在喷管出口达到完全膨胀。其特点是 $Ma_t=1,Ma_e>1,p_e=p_b$,该状态下的有关参数如下计算:

① 喷管出口马赫数 Ma_e,由公式 $q(Ma_e)=\dfrac{S_t}{S_e}$ 计算,且取 $Ma_e>1$ 的数值。

② 压强比 $\dfrac{p_e}{p_e^*}$,由公式 $\dfrac{p_e}{p_e^*}=\dfrac{p_b}{p_e^*}\equiv\dfrac{p_{\text{I}}}{p_e^*}=\pi(Ma_e)$ 计算。

③ 喷管出口静压 p_e,有 $p_e=p_b=p_{\text{I}}$。

④ 通过喷管的流量为最大,即 $\dot{m}=\dot{m}_{\max}$。

(3-2)当 $\dfrac{p_{\text{I}}}{p_e^*}>\dfrac{p_b}{p_e^*}$ 时,由于在背压满足 $\dfrac{p_{\text{I}}}{p_e^*}=\dfrac{p_b}{p_e^*}$ 的条件下,喷管出口处已有 $Ma_e>1$,那么再降低背压使 $p_{\text{I}}>p_b$,这种压力扰动无法逆流影响喷管出口截面以及喷管内的流动,因此喷管内的流动状况与(3-1)时的情形相同即 p_b 的变化不会影响到喷管内的流动,且有 $p_e=p_{\text{I}}>p_b$ 成立,气流在喷管内没有得到完全膨胀。因此,超声速气流将在喷管出口产生膨胀波束。其流动特点为 $Ma_t=1, Ma_e>1, p_e=p_I>p_b$ 及 $\dot{m}$ 达到最大值。如图 5.6.5 中的曲线 g 所示,这是一种未完全膨胀状态。$Ma_e, \dot{m}$ 的计算方法与(3—1)时相同。

(3—3) 当 $\dfrac{p_{II}}{p_e^*} \geqslant \dfrac{p_b}{p_e^*} > \dfrac{p_I}{p_e^*}$ 时,与(3—2)时的情形类似,压力扰动仍不能逆流影响喷管出口处及喷管内的流动。但是,由于此时背压 p_b 大于喷管出口压力 $p_e=p_I$,如图 5.6.5 中的曲线 e 所示,气流将在出口产生斜激波以提高压力至 p_b,其强度由激波前后压强比 p_b/p_e 确定。随这个压强比的不断增加,激波不断增强,激波角 β 逐渐加大,当 β 增加到 90° 时,斜激波变为紧贴在喷管出口截面的一道正激波,如图 5.6.5 中的曲线 d 所示,这种流动称过膨胀状态。显然,这种状态下背压 p_b 的变化仍不会影响到喷管内的流动,喷管内的流动特点、气流参数计算方法等与前面相同,但喷管出口后的流动就不一样了。记该状态下的外界背压为 p_{II},压强比 p_{II}/p_e^* 可根据正激波前后压强比 p_{II}/p_e(即 p_{II}/p_I)的关系式(5.4.9)确定,即

$$\frac{p_{II}}{p_e^*}=\frac{p_{II}}{p_I}\frac{p_I}{p_e^*}=\left(\frac{2k}{k+1}Ma_e^2-\frac{k-1}{k+1}\right)\pi(Ma_e) \qquad (5.6.5)$$

(3—4) 当 $\dfrac{p_{III}}{p_e^*} > \dfrac{p_b}{p_e^*} > \dfrac{p_{II}}{p_e^*}$ 时,在这个压强比范围内,随压强比增加,即正激波前后压强比增加,激波逆流传播速度加大,正激波将逐渐向喷管内移动。随逆流向距出口截面距离的加大,喷管扩张段内超声速气流压力越高而马赫数越小,这就意味着波前压力增加,激波强度及其逆流传播速度下降。因此当激波移动到喷管内的某个截面处,其传播速度与超声速气流速度相等时,激波就会稳定在这个位置,如图 5.6.5 中的曲线 c 所示。在激波前的扩张段,超声速气流为加速、降压流动,经过正激波后,气流压强增加且变为亚声速流,波后亚声速流在扩张段内减速、增压,直至出口处 $Ma_e<1, p_e=p_b$。此时喉部 $Ma_t=1, \dot{m}=\dot{m}_{max}$。若压强比继续增加,激波越接近喷管喉部,波前压力越高,激波强度越弱,当激波恰好移动至喉部时,波前马赫数为 1,激波就不存在了,此时也就是前面所说的临界状态。

喷管内激波的位置可以这样计算。令 S_s 表示激波所处截面的面积,对临界截面和出口截面应用连续方程,即

$$K\frac{p_0^*}{\sqrt{T_0^*}}S_t=K\frac{p_e}{\sqrt{T_e^*}}S_e y(\lambda_e)=K\frac{p_b}{\sqrt{T_0^*}}S_e y(\lambda_e)$$

可有 $y(\lambda_e)=\dfrac{p_0^*}{p_b}\dfrac{S_t}{S_e}$,查表或计算得到 λ_e 或 Ma_e,再次应用连续方程,即

$$K\frac{p_0^*}{\sqrt{T_0^*}}S_t=K\frac{p_e^*}{\sqrt{T_e^*}}S_e q(\lambda_e)=K\frac{\sigma(Ma_s)p_0^*}{\sqrt{T_e^*}}S_e q(\lambda_e)$$

则可计算出激波总压恢复系数 $\sigma(Ma_s)=\dfrac{S_t}{S_e}\dfrac{1}{q(\lambda_e)}$,查表或计算得到 Ma_s。由于喉部至激波所处位置之前的超声速流动区域内的流动是绝能等熵的,则有

$$q(\lambda_s)=\frac{S_t}{S_s} \text{ 或 } S_s=\frac{S_t}{q(\lambda_s)}$$

例 5.6.3 已知空气在拉伐尔喷管中流动,背压与进口气流总压之比为 $\dfrac{p_b}{p_e^*}=0.667$,面积比 $\dfrac{S_t}{S_e}=0.285\,7$。试问,喷管中有无激波存在?若有激波,求面积比 S_s/S_t。

解　① 首先求出与喷管工作状态对应的三个特征压强比。查表或根据公式计算,得到与面积比 $\dfrac{S_t}{S_e}=0.285\,7$ 对应的两个马赫数,即亚声速的 $\lambda_{e\text{Ⅲ}}=0.185\,7$ 和超声速的 $\lambda_{e\text{I}}=$ 1.914。于是,$\dfrac{p_\text{I}}{p_e^*}=\pi(\lambda_{e\text{I}})=0.036\,85$ 和 $\dfrac{p_\text{Ⅲ}}{p_e^*}=\pi(\lambda_{e\text{Ⅲ}})=0.98$。再由公式及 $\lambda_{e\text{I}}$,计算激波在出口截面时的压强比 $\dfrac{p_\text{Ⅱ}}{p_e^*}=\dfrac{p_\text{Ⅱ}}{p_\text{I}}\dfrac{p_\text{I}}{p_e^*}=0.330\,9$。于是可知

$$\frac{p_\text{Ⅲ}}{p_e^*}=0.98>\frac{p_b}{p_e^*}=0.667>\frac{p_\text{Ⅱ}}{p_e^*}=0.330\,9$$

即喷管中有激波存在。

② 由公式得到 $y(\lambda_e)=\dfrac{p_e^*}{p_b}\dfrac{S_t}{S_e}=1.5\times0.285\,7=0.428\,6$,查表或计算得到 $\lambda_e=0.269$;再由公式 $\sigma(Ma_s)=\dfrac{S_t}{S_e}\dfrac{1}{q(\lambda_e)}$ 可得到 $\sigma(Ma_s)=0.695\,5$,查表或计算得到 $Ma_s=2.054$;于是可知面积比 $\dfrac{S_s}{S_t}=\dfrac{1}{q(\lambda_s)}=1.76$。

例 5.6.4　某发动机在飞机起飞时,喷管内气流总压、总温分别为 $2.3\times10^5\,\text{Pa}$,928.5 K,若使气流在喷管内得到完全膨胀,应采用面积比 S_e/S_t 为多大的拉伐尔喷管? 这时的喷气速度比采用收缩喷管时的速度大多少? 设大气压强为 $0.981\times10^5\,\text{Pa}$,燃气比热比 $k=1.33$。

解　当气流在拉伐尔喷管内完全膨胀时,有 $p_e=p_b=0.981\times10^5\,\text{Pa}$,于是

$$\pi(\lambda_e)=\frac{p_e}{p_e^*}=\frac{0.981\times10^5}{2.3\times10^5}=0.426\,5$$

按 $\pi(\lambda_e)$ 计算或查表,可得到 $\lambda_e=1.16$。再按式(5.6.4)可得面积比 $\dfrac{S_e}{S_t}=\dfrac{1}{q(\lambda_e)}=$ 1.03。

当采用收缩喷管时,由于 $\dfrac{p_b}{p_e^*}=0.426\,5$,而临界压强比 $\beta_{cr}=0.540\,4$,即流动处于超临界工作状态且 $\lambda_e=1$,于是,喷管出口 $V_e=a_{cr}$。而采用拉伐尔喷管时,由于有 $V_e=\lambda_e a_{cr}=1.16a_{cr}$。因此,喷气速度比采用收缩喷管时的速度大 16%。

与收缩喷管相比,总压较高(或压强比 p_b/p_e^* 较小)的气流在拉伐尔喷管中能得到更多的膨胀,喷管出口截面的喷气速度较大,因而用在发动机上,就可以使发动机产生更大的推力。但是,面积比 S_e/S_t 不变的拉伐尔喷管,气流的膨胀程度也是一定的,即 p_e/p_e^* 是一定的。而涡轮喷气发动机在飞行过程中,由于发动机转速、飞行高度和速度都在宽广的范围内变化,压强比 p_b/p_e^* 变化很大。因而,要使发动机尾喷管在任何飞行情况下都在最佳状态下(即 $p_e=p_b$ 的完全膨胀状态)工作,就要求喷管面积比 S_e/S_t 要随着 p_b/p_e^* 的变化而变化,也就是说,拉伐尔喷管扩张段的几何尺寸要随着 p_b/p_e^* 的变化而变化,这在结构上是很难实现的。因此,在涡轮喷气发动机中常采用组合喷管(或称引射喷管)来解决这个问题。如图 5.6.6 所示,在发动机尾喷管的外面套一个外罩,这样在尾喷管和外罩之间又形成了第二个环形喷管,称为次喷管,原来的喷管称为主喷管。主喷管可以是收缩喷管,也可以是面积比 S_e/S_t 不是很大的拉伐尔喷管。发动机的燃气从主喷管中流出,称为主流,次喷管内另

外引入一股压强和温度都较燃气低的空气流,称为
次流。由于主流在主喷管中没有得到完全膨胀,在
主喷管出口,主流压强高于次流压强。因此,在喷管
出口之后的外罩内,主流继续膨胀,气流截面扩大,
压强下降,速度增大,周围的次流形成主流的"流体"
壁面,起着拉伐尔喷管扩张段的作用。次流的流量、
压强是可以调节的,调节次流的压强可以控制主流
在外罩的膨胀程度,这样在外罩内相当于形成一个

图 5.6.6　气流在组合喷管中的流动

截面积可以随工作状态变化的拉伐尔喷管。在设计组合喷管时,使得外罩出口截面上的气
流压强和周围大气压强相等,这样,主流在组合喷管中得到完全膨胀,这种流动状态称为设
计状态。

第6章　绕翼型、机翼的可压缩流动

与前面的平面不可压缩流体势流流动分析相似,对理想可压缩流体的绝热流动问题,也可以根据流动的性质简化其方程组,减少未知量和方程数目,从而仅需求解一类二阶的单个偏微分方程,这类方程称为在各种条件下的势函数、流函数方程。这是一种极其有用的求解理想流动的途径,如用于机翼等飞行器部件绕流问题的求解,直至今天仍有其优越之处。它揭示流动问题时主要矛盾或主控因素明显,物理概念清晰,适用于许多定常、非定常气体与固体相互作用问题。但是,势函数、流函数方程是二阶偏微分方程,除了少数非常简单的流动问题能够得到精确解之外,在一般情况下,要求得满足给定边界条件的解,需要繁杂的数值计算过程。由于工程上所讨论的许多实际物体,如高速运动的飞行器一般是机身细长、机翼平薄且飞行时攻角较小,高速旋转的压气机、涡轮等叶轮机械的叶片也具有类似的几何特征和工作状况。此时,运动物体对周围静止气体或均匀流场的扰动较小,可以利用小扰动线性化理论把非线性的势函数偏微分方程加以线性化,得到线性化的小扰动势函数方程。无论是亚声速流动还是超声速流动,这种线性化的势函数方程都比非线性的势函数方程易于求解。尽管这种解法是一种近似解,但由于它具有一定的精度,工程上具有实用价值,更重要的是,这种方法所求得的解是一种解析解,能反映马赫数对气动性能的影响。因此,小扰动理论在解决可压缩流体流动问题中占有重要的位置。

6.1　势函数、势函数方程及流函数、流函数方程

6.1.1　势函数及势函数方程

前已述及,可以根据流体微团是否旋转而把流体运动分为有旋运动或无旋运动,无旋运动中必然存在速度势函数 $\phi(x,y,z)$ 使得 $\boldsymbol{V}=\boldsymbol{\nabla}\phi$。无黏(理想)可压缩流体、定常、绝热流动且忽略质量力时的基本方程组可写为

$$\boldsymbol{\nabla}\cdot(\rho\boldsymbol{V})=0 \text{ 或 } \boldsymbol{V}\cdot\boldsymbol{\nabla}\rho+\rho\boldsymbol{\nabla}\cdot\boldsymbol{V}=0 \tag{6.1.1a}$$

$$(\boldsymbol{V}\cdot\boldsymbol{\nabla})\boldsymbol{V}=-\frac{\boldsymbol{\nabla}p}{\rho} \tag{6.1.1b}$$

$$\boldsymbol{V}\cdot\boldsymbol{\nabla}\left(h+\frac{V^2}{2}\right)=0 \tag{6.1.1c}$$

$$p=\rho RT\text{(热或量热完全气体状态方程)} \tag{6.1.1d}$$

对于量热完全气体,沿流线(即迹线)还可将式(6.1.1c)写成

$$c_p T_\infty+\frac{V_\infty^2}{2}=c_p T+\frac{V^2}{2} \text{ 或 } \frac{kR}{k-1}T_\infty+\frac{V_\infty^2}{2}=\frac{kR}{k-1}T+\frac{V^2}{2}$$

方程组中的四个方程包含四个未知量,即 $\boldsymbol{V},\rho,p,T$。因此,只要结合给定的边界条件求解该方程组,就可以得到所求的各参数。但是,并不是所有的可压缩理想流体定常绝热流

动都要从上述方程组出发加以求解,可以根据具体的流动情况对式(6.1.1)进行整合,以减少方程组中方程的个数。

由量热完全气体熵的定义可知 $s = c_V \ln\left(\dfrac{p}{\rho^k}\right)$,对其两端作随体导数运算,并考虑到 $a^2 = k\dfrac{p}{\rho}$, 得

$$\frac{\mathrm{D}s}{\mathrm{D}t} = c_V\left(\frac{1}{p}\frac{\mathrm{D}p}{\mathrm{D}t} - \frac{k}{\rho^k}\rho^{k-1}\frac{\mathrm{D}\rho}{\mathrm{D}t}\right) = \frac{c_V}{p}\frac{\mathrm{D}p}{\mathrm{D}t} - \frac{c_V}{p}k\frac{p}{\rho}\frac{\mathrm{D}\rho}{\mathrm{D}t}$$

移项得

$$\frac{\mathrm{D}p}{\mathrm{D}t} = a^2\frac{\mathrm{D}\rho}{\mathrm{D}t} + \frac{p}{c_V}\frac{\mathrm{D}s}{\mathrm{D}t}$$

当无黏流体做绝热流动时,由于流动过程中熵不变,即 $\dfrac{\mathrm{D}s}{\mathrm{D}t} = 0$,上式可写为

$$\frac{\mathrm{D}p}{\mathrm{D}t} = a^2\frac{\mathrm{D}\rho}{\mathrm{D}t}$$

展开得

$$\frac{\partial p}{\partial t} + \boldsymbol{V} \cdot \boldsymbol{\nabla} p = a^2\left(\frac{\partial \rho}{\partial t} + \boldsymbol{V} \cdot \boldsymbol{\nabla} \rho\right)$$

若流动是定常的,则得到量热完全气体等熵定常流动的声速方程

$$\boldsymbol{\nabla} p = a^2\boldsymbol{\nabla}\rho \tag{6.1.2}$$

因此,动量方程式(6.1.1b)可写为

$$(\boldsymbol{V} \cdot \boldsymbol{\nabla})\boldsymbol{V} = -\frac{\boldsymbol{\nabla} p}{\rho} = -\frac{a^2\boldsymbol{\nabla}\rho}{\rho}$$

把该方程与速度 $\boldsymbol{V}$ 点乘,并考虑恒等式 $(\boldsymbol{V} \cdot \boldsymbol{\nabla})\boldsymbol{V} = \boldsymbol{\nabla}\left(\dfrac{V^2}{2}\right) - \boldsymbol{V} \times (\boldsymbol{\nabla} \times \boldsymbol{V})$,得

$$\boldsymbol{V} \cdot \left[\boldsymbol{\nabla}\left(\frac{V^2}{2}\right) - \boldsymbol{V} \times (\boldsymbol{\nabla} \times \boldsymbol{V})\right] = -\frac{a^2}{\rho}(\boldsymbol{V} \cdot \boldsymbol{\nabla})\rho$$

由于 $\boldsymbol{V} \cdot [\boldsymbol{V} \times (\boldsymbol{\nabla} \times \boldsymbol{V})] \equiv 0$,再将连续方程式(6.1.1a)代入,得到理想气体等熵定常运动时的气体动力学方程为

$$(\boldsymbol{V} \cdot \boldsymbol{\nabla})\left(\frac{V^2}{2}\right) - a^2\boldsymbol{\nabla} \cdot \boldsymbol{V} = 0 \tag{6.1.3a}$$

由能量方程式(6.1.1c),并考虑到 $a^2 = kRT$,得

$$a^2 = a_\infty^2 + \frac{k-1}{2}(V_\infty^2 - V^2) \tag{6.1.3b}$$

把方程式(6.1.3a)在直角坐标系中展开,得

$$v_x\left(v_x\frac{\partial v_x}{\partial x} + v_y\frac{\partial v_y}{\partial x} + v_z\frac{\partial v_z}{\partial x}\right) + v_y\left(v_x\frac{\partial v_x}{\partial y} + v_y\frac{\partial v_y}{\partial y} + v_z\frac{\partial v_z}{\partial y}\right) +$$

$$v_z\left(v_x\frac{\partial v_x}{\partial z} + v_y\frac{\partial v_y}{\partial z} + v_z\frac{\partial v_z}{\partial z}\right) - a^2\left(\frac{\partial v_x}{\partial x} + \frac{\partial v_y}{\partial y} + \frac{\partial v_z}{\partial z}\right) = 0$$

整理后有

$$(v_x^2 - a^2)\frac{\partial v_x}{\partial x} + (v_y^2 - a^2)\frac{\partial v_y}{\partial y} + (v_z^2 - a^2)\frac{\partial v_z}{\partial z} +$$

$$v_x v_y \left(\frac{\partial v_y}{\partial x} + \frac{\partial v_x}{\partial y} \right) + v_x v_z \left(\frac{\partial v_z}{\partial x} + \frac{\partial v_x}{\partial z} \right) + v_y v_z \left(\frac{\partial v_z}{\partial y} + \frac{\partial v_y}{\partial z} \right) = 0 \quad (6.1.4)$$

如果流动是无旋的,则有势函数 ϕ 满足下面的关系式:

$$v_x = \frac{\partial \phi}{\partial x} = \phi_x, \frac{\partial v_x}{\partial x} = \frac{\partial^2 \phi}{\partial x^2} = \phi_{xx}, v_y = \frac{\partial \phi}{\partial y} = \phi_y, \frac{\partial v_y}{\partial y} = \frac{\partial^2 \phi}{\partial y^2} = \phi_{yy}, v_z = \frac{\partial \phi}{\partial z} = \phi_z, \frac{\partial v_z}{\partial z} = \frac{\partial^2 \phi}{\partial z^2} = \phi_{zz}$$

$$\frac{\partial v_x}{\partial y} = \frac{\partial^2 \phi}{\partial y \partial x} = \frac{\partial v_y}{\partial x} = \phi_{xy} = \phi_{yx}, \frac{\partial v_y}{\partial z} = \frac{\partial^2 \phi}{\partial z \partial y} = \frac{\partial v_z}{\partial y} = \phi_{yz} = \phi_{zy}, \frac{\partial v_z}{\partial x} = \frac{\partial^2 \phi}{\partial x \partial z} = \frac{\partial v_x}{\partial z} = \phi_{zx} = \phi_{xz}$$

将上述关系式代入式(6.1.4)、(6.1.3b),整理得

$$\left(1 - \frac{\phi_x^2}{a^2} \right) \phi_{xx} + \left(1 - \frac{\phi_y^2}{a^2} \right) \phi_{yy} + \left(1 - \frac{\phi_z^2}{a^2} \right) \phi_{zz} - 2 \frac{\phi_x \phi_y}{a^2} \phi_{xy} - 2 \frac{\phi_y \phi_z}{a^2} \phi_{yz} - 2 \frac{\phi_z \phi_x}{a^2} \phi_{zx} = 0$$

$$(6.1.5a)$$

$$a^2 = a_\infty^2 + \frac{k-1}{2} \left[V_\infty^2 - (\phi_x^2 + \phi_y^2 + \phi_z^2) \right] \quad (6.1.5b)$$

式(6.1.5a)即为无黏(理想)气体定常绝热无旋流动的速度势方程,将式(6.1.5b)代入后就构成了一个以速度势 ϕ 为待求函数的二阶非线性偏微分方程。由于方程中待求函数的各个最高阶(即二阶)偏导数项的系数均是 ϕ 的低阶(即一阶)偏导数的函数,并不含有 ϕ 的高阶偏导数,因此该方程又是一个拟线性偏微分方程。应用式(6.1.5)求解定常等熵无旋流场的一般步骤是:

(1)根据给定边界条件求得势函数 ϕ。

(2)从势函数 ϕ 算出流场中每一点处的流动速度 V。

(3)由速度 V 计算声速 a 及 Ma。

(4)利用等熵关系求出 ρ, p, T 在整个流场中的分布情况。

但是除了少数特殊情况外,要求得满足给定边界条件下该方程的精确解是极其困难的。为此,在许多情况下要设法把非线性的势函数方程线性化,以获得近似解。而线性偏微分方程的特点在于它的解可以叠加,这样就可以利用一些已知的简单解,用叠加的方法建立满足给定边界条件的复杂解。

对于不可压缩流动,声速 $a \to \infty$,则速度势方程可简化为拉普拉斯方程,即

$$\phi_{xx} + \phi_{yy} + \phi_{zz} = 0 \text{ 或 } \nabla^2 \phi = 0 \quad (6.1.6)$$

拉普拉斯方程(即连续方程)与给定的边界条件联立,可以独立求解出流场的运动学方程,然后再代入动力学方程(如伯努利方程)中可以求得压力分布。因此,对于理想不可压缩流体的无旋运动,运动学问题与动力学问题是可以分开求解的。但是对于理想可压缩气体的等熵定常无旋运动,由于 ρ 是变量,使运动学、动力学、热力学三方面互相耦合,不可分割,而且方程又是非线性的,数学处理变得困难。

式(6.1.3a)在圆柱坐标系 (r, θ, z) 中的展开形式可写为

$$v_r \left(v_r \frac{\partial v_r}{\partial r} + v_\theta \frac{\partial v_\theta}{\partial r} + v_z \frac{\partial v_z}{\partial r} \right) + \frac{v_\theta}{r} \left(v_r \frac{\partial v_r}{\partial \theta} + v_\theta \frac{\partial v_\theta}{\partial \theta} + v_z \frac{\partial v_z}{\partial \theta} \right) +$$

$$v_z \left(v_r \frac{\partial v_r}{\partial z} + v_\theta \frac{\partial v_\theta}{\partial z} + v_z \frac{\partial v_z}{\partial z} \right) - a^2 \left(\frac{\partial v_r}{\partial r} + \frac{v_r}{r} + \frac{\partial v_\theta}{r \partial \theta} + \frac{\partial v_z}{\partial z} \right) = 0$$

整理后有

$$\left(1 - \frac{v_r^2}{a^2} \right) \frac{\partial v_r}{\partial r} + \left(1 - \frac{v_\theta^2}{a^2} \right) \frac{\partial v_\theta}{r \partial \theta} + \left(1 - \frac{v_z^2}{a^2} \right) \frac{\partial v_z}{\partial z} - \frac{v_r v_\theta}{a^2} \left(\frac{\partial v_\theta}{\partial r} + \frac{\partial v_r}{r \partial \theta} \right) -$$

$$\frac{v_r v_z}{a^2}\left(\frac{\partial v_z}{\partial r}+\frac{\partial v_r}{\partial z}\right)-\frac{v_\theta v_z}{a^2}\left(\frac{\partial v_\theta}{\partial z}+\frac{\partial v_z}{r\partial\theta}\right)+\frac{v_r}{r}=0 \tag{6.1.7}$$

考虑到

$$\phi_r=\frac{\partial\phi}{\partial r}=v_r,\ \phi_{rr}=\frac{\partial^2\phi}{\partial r^2}=\frac{\partial v_r}{\partial r},\ \phi_\theta=\frac{\partial\phi}{\partial\theta}=rv_\theta$$

$$\phi_{\theta\theta}=\frac{\partial^2\phi}{\partial\theta^2}=r\frac{\partial v_\theta}{\partial\theta},\ \phi_z=\frac{\partial\phi}{\partial z}=v_z,\ \phi_{zz}=\frac{\partial^2\phi}{\partial z^2}=\frac{\partial v_z}{\partial z}$$

$$\phi_{\theta z}=\phi_{z\theta}=\frac{\partial^2\phi}{\partial\theta\partial z}=\frac{\partial^2\phi}{\partial z\partial\theta}=\frac{\partial v_z}{\partial\theta}=\frac{\partial(rv_\theta)}{\partial z}$$

$$\phi_{rz}=\phi_{zr}=\frac{\partial^2\phi}{\partial z\partial r}=\frac{\partial^2\phi}{\partial r\partial z}=\frac{\partial v_r}{\partial z}=\frac{\partial v_z}{\partial r}$$

$$\phi_{\theta r}=\phi_{r\theta}=\frac{\partial^2\phi}{\partial r\partial\theta}=\frac{\partial^2\phi}{\partial\theta\partial r}=\frac{\partial v_r}{\partial\theta}=\frac{\partial(rv_\theta)}{\partial r}$$

于是得到圆柱坐标系中速度势方程为

$$\left(1-\frac{\phi_r^2}{a^2}\right)\phi_{rr}+\left(1-\frac{\phi_\theta^2}{r^2a^2}\right)\frac{\phi_{\theta\theta}}{r^2}+\left(1-\frac{\phi_z^2}{a^2}\right)\phi_{zz}-$$

$$2\frac{\phi_r\phi_\theta}{r^2a^2}\phi_{r\theta}+\frac{\phi_r}{r}\frac{\phi_\theta^2}{r^2a^2}-2\frac{\phi_r\phi_z}{a^2}\phi_{rz}-2\frac{\phi_\theta\phi_z}{r^2a^2}\phi_{\theta z}+\frac{\phi_r}{r}=$$

$$\left(1-\frac{\phi_r^2}{a^2}\right)\phi_{rr}+\left(1-\frac{\phi_\theta^2}{r^2a^2}\right)\frac{\phi_{\theta\theta}}{r^2}+\left(1-\frac{\phi_z^2}{a^2}\right)\phi_{zz}-$$

$$2\frac{\phi_r\phi_\theta}{r^2a^2}\phi_{r\theta}-2\frac{\phi_r\phi_z}{a^2}\phi_{rz}-2\frac{\phi_\theta\phi_z}{r^2a^2}\phi_{\theta z}+\frac{\phi_r}{r}\left(1+\frac{\phi_\theta^2}{r^2a^2}\right)=0 \tag{6.1.8a}$$

$$a^2=a_\infty^2+\frac{k-1}{2}\left[V_\infty^2-(v_r^2+v_\theta^2+v_z^2)\right]=a_\infty^2+\frac{k-1}{2}\left[V_\infty^2-\left(\phi_r^2+\frac{\phi_\theta^2}{r^2}+\phi_z^2\right)\right] \tag{6.1.8b}$$

如果流动是轴对称的,并令 z 轴与主流方向一致,此时有 $v_\theta=\frac{\partial\phi}{r\partial\theta}=0$,其他各参数对 θ 的偏导数也为零,即流体微团没有周向分速度,则速度势方程可简化为

$$\left(1-\frac{\phi_r^2}{a^2}\right)\phi_{rr}+\left(1-\frac{\phi_z^2}{a^2}\right)\phi_{zz}-2\frac{\phi_r\phi_z}{a^2}\phi_{rz}+\frac{\phi_r}{r}=0 \tag{6.1.9}$$

如果取圆柱面内流场中 $v_r=\frac{\partial\phi}{\partial r}=0$,即流体微团没有径向分速度,速度势方程可简化为

$$\left(1-\frac{\phi_\theta^2}{r^2a^2}\right)\frac{\phi_{\theta\theta}}{r^2}+\left(1-\frac{\phi_z^2}{a^2}\right)\phi_{zz}-2\frac{\phi_\theta\phi_z}{r^2a^2}\phi_{\theta z}=0 \tag{6.1.10}$$

6.1.2　流函数及流函数方程

对于二维定常流动,将连续方程用滞止密度 ρ^* 通除,并在直角坐标系中展开可得

$$\frac{\partial}{\partial x}\left(\frac{\rho}{\rho^*}v_x\right)+\frac{\partial}{\partial y}\left(\frac{\rho}{\rho^*}v_y\right)=0\ \text{或}\ \frac{\partial}{\partial x}\left(\frac{\rho}{\rho^*}v_x\right)=\frac{\partial}{\partial y}\left(-\frac{\rho}{\rho^*}v_y\right) \tag{6.1.11}$$

式(6.1.11)是 $-\frac{\rho}{\rho^*}v_y\mathrm{d}x+\frac{\rho}{\rho^*}v_x\mathrm{d}y$ 能够成为某一函数全微分的充要条件。因此,存在满足下述关系式的一个点函数 $\psi(x,y)$,即

$$\mathrm{d}\psi = \frac{\partial \psi}{\partial x}\mathrm{d}x + \frac{\partial \psi}{\partial y}\mathrm{d}y = \frac{1}{\rho^*}(-\rho v_y \mathrm{d}x + \rho v_x \mathrm{d}y) \qquad (6.1.12a)$$

积分得

$$\psi = \int \frac{1}{\rho^*}(-\rho v_y \mathrm{d}x + \rho v_x \mathrm{d}y) \qquad (6.1.12b)$$

引入 ρ^* 是为了使流函数与势函数的量纲相同即均为速度。连续方程在圆柱坐标系中的展开形式为

$$\frac{\partial(\rho r v_r)}{r\partial r} + \frac{\partial(\rho v_\theta)}{r\partial \theta} + \frac{\partial(\rho v_z)}{\partial z} = 0$$

或

$$\frac{\partial}{r\partial r}\left(\frac{\rho}{\rho^*}r v_r\right) + \frac{\partial}{r\partial \theta}\left(\frac{\rho}{\rho^*}v_\theta\right) + \frac{\partial}{\partial z}\left(\frac{\rho}{\rho^*}v_z\right) = 0$$

于是，二维轴对称定常流动的流函数为（考虑自变量 r 与 z 无关的因素）

$$\begin{cases} \mathrm{d}\psi = \frac{\partial \psi}{\partial r}\mathrm{d}r + \frac{\partial \psi}{\partial z}\mathrm{d}z = \frac{1}{\rho^*}(\rho v_z r\mathrm{d}r - \rho v_r r\mathrm{d}z) \\ \psi = \int \frac{1}{\rho^*}(\rho v_z r\mathrm{d}r - \rho v_r r\mathrm{d}z) \end{cases} \qquad (6.1.13a)$$

类似的，二维圆柱面内定常流动的流函数为

$$\begin{cases} \mathrm{d}\psi = \frac{\partial \psi}{\partial \theta}\mathrm{d}\theta + \frac{\partial \psi}{\partial z}\mathrm{d}z = \frac{1}{\rho^*}(\rho v_z r\mathrm{d}\theta - \rho v_\theta \mathrm{d}z) \\ \psi = \int \frac{1}{\rho^*}(\rho v_z r\mathrm{d}\theta - \rho v_\theta \mathrm{d}z) \end{cases} \qquad (6.1.13b)$$

当无黏（理想）可压缩气体做定常、绝热、无旋、二维运动时，可以把无旋条件、葛罗米柯运动方程、声速方程加以合并，得到一个以流函数 $\psi(x,y)$ 表示的方程。在直角坐标系中，二维平面流动的无旋条件为

$$\frac{\partial v_x}{\partial y} = \frac{\partial v_y}{\partial x}$$

从流函数方程式(6.1.12)可得到 $\frac{\partial \psi}{\partial y} = \frac{\rho}{\rho^*}v_x$ 及 $\frac{\partial \psi}{\partial x} = -\frac{\rho}{\rho^*}v_y$，代入上式并展开，则有流函数方程的未完善形式：

$$\frac{\partial}{\partial y}\left(\frac{\rho^*}{\rho}\frac{\partial \psi}{\partial y}\right) = \frac{\partial}{\partial x}\left(-\frac{\rho^*}{\rho}\frac{\partial \psi}{\partial x}\right) \text{ 或 } \rho(\psi_{xx} + \psi_{yy}) = \psi_x \frac{\partial \rho}{\partial x} + \psi_y \frac{\partial \rho}{\partial y}$$

将声速方程式(6.1.2)、葛罗米柯方程分别向流线方向投影，得

$$\mathrm{d}p = a^2 \mathrm{d}\rho$$

和

$$\mathrm{d}p = -\rho \mathrm{d}\left(\frac{V^2}{2}\right) = -\rho \mathrm{d}\left(\frac{v_x^2 + v_y^2}{2}\right) = -\frac{\rho}{2}\mathrm{d}\left[\left(\frac{\rho^*}{\rho}\right)^2(\psi_x^2 + \psi_y^2)\right]$$

联立上面两式再展开有

$$\mathrm{d}\rho = \frac{\rho}{a^2}\left(\frac{\rho^*}{\rho}\right)^2\left[(\psi_x \mathrm{d}\psi_x + \psi_y \mathrm{d}\psi_y) - (\psi_x^2 + \psi_y^2)\frac{\mathrm{d}\rho}{\rho}\right]$$

用 $\mathrm{d}\psi_x = \psi_{xx}\mathrm{d}x + \psi_{xy}\mathrm{d}y$，$\mathrm{d}\psi_y = \psi_{yx}\mathrm{d}x + \psi_{yy}\mathrm{d}y$ 将上式中的 $\mathrm{d}\psi_x$，$\mathrm{d}\psi_y$ 展开，再将展开结果

与 $\mathrm{d}\rho = \dfrac{\partial \rho}{\partial x}\mathrm{d}x + \dfrac{\partial \rho}{\partial y}\mathrm{d}y$ 做对比,可有

$$\frac{\partial \rho}{\partial x} = -\frac{\dfrac{\rho}{a^2}\left(\dfrac{\rho^*}{\rho}\right)^2 (\psi_x\psi_{xx} + \psi_y\psi_{xy})}{1 - \dfrac{1}{a^2}\left(\dfrac{\rho^*}{\rho}\right)^2 (\psi_x^2 + \psi_y^2)} \text{ 和} \frac{\partial \rho}{\partial y} = -\frac{\dfrac{\rho}{a^2}\left(\dfrac{\rho^*}{\rho}\right)^2 (\psi_x\psi_{xy} + \psi_y\psi_{yy})}{1 - \dfrac{1}{a^2}\left(\dfrac{\rho^*}{\rho}\right)^2 (\psi_x^2 + \psi_y^2)}$$

将上面的表达式代入流函数方程的未完善形式,得

$$\left[1 - \left(\frac{\rho^*}{\rho}\right)^2 \frac{\psi_y^2}{a^2}\right]\psi_{xx} + \left[1 - \left(\frac{\rho^*}{\rho}\right)^2 \frac{\psi_x^2}{a^2}\right]\psi_{yy} + 2\left(\frac{\rho^*}{\rho}\right)^2 \frac{\psi_x\psi_y}{a^2}\psi_{xy} = 0 \quad (6.1.14)$$

式(6.1.14)即为无黏可压缩流体二维定常无旋绝热流动的流函数方程。

对于不可压缩流动,声速 $a \rightarrow \infty$,则流函数方程简化为拉普拉斯方程,即

$$\psi_{xx} + \psi_{yy} = 0 \text{ 或 } \mathbf{\nabla}^2 \psi = 0 \quad (6.1.15)$$

以流函数表示的轴对称流动、圆柱面内流动的运动微分方程为

$$\left[1 - \left(\frac{\rho^*}{\rho}\right)^2 \frac{\psi_z^2}{a^2 r^2}\right]\psi_{rr} + \left[1 - \left(\frac{\rho^*}{\rho}\right)^2 \frac{\psi_r^2}{a^2 r^2}\right]\psi_{zz} + 2\left(\frac{\rho^*}{\rho}\right)^2 \frac{\psi_r\psi_z}{a^2 r^2}\psi_{rz} - \frac{\psi_r}{r} = 0$$

$$(6.1.16\text{a})$$

$$\left[1 - \left(\frac{\rho^*}{\rho}\right)^2 \frac{\psi_z^2}{a^2}\right]\frac{\psi_{\theta\theta}}{r^2} + \left[1 - \left(\frac{\rho^*}{\rho}\right)^2 \frac{\psi_\theta^2}{a^2 r^2}\right]\psi_{zz} + 2\left(\frac{\rho^*}{\rho}\right)^2 \frac{\psi_\theta\psi_z}{a^2 r^2}\psi_{\theta z} = 0 \quad (6.1.16\text{b})$$

流函数方程也是二阶非线性的偏微分方程,在实质上与势函数方程是完全等价的,但它的形式要比势函数方程复杂,并且仅适用于二维流动,因此通常尽可能使用势函数方程解决问题。此外,还需指出的是,上面得到的流函数方程是针对无旋流的,而对应有旋流也存在流函数方程,不过要比无旋流的流函数方程更复杂,这里不再讨论。

6.2　小扰动线性化方程及边界条件、压强系数公式

为了减缓流动分离、降低阻力,常规飞行器一般都设计得比较薄、平。考察如图 6.2.1 所示的均匀平行流场,若物体对该均匀流场的扰动很小,即流场中密度、压力、速度等参数所发生的偏离均匀值的变化幅度比相应的均匀值小得多,就可称为小扰动。在小扰动情况下,速度势方程可以简化甚至线性化,大大简化问题的求解。线性化方法适合一般的亚声速和一般的超声速流动,即马赫数不太接近于 1,也不能太大的流动,而且适合于距飞行器驻点较远的地方。因为驻点处的速度为零,其附近的扰动属于大扰动。虽然如此,若驻点影响范围与整个流动区域相比很小,则流场中处处按小扰动线性化处理也是可以的。此外,还要求物面在来流方向较长,在垂直物面方向(近似于垂直来流方向)很薄。这时小扰动理论可得出亚、超声速流动的一些定性结论,某些定量结论与实验符合得也较好。

6.2.1　速度势方程的线性化

设均匀来流以速度 V_∞ 绕一个细长物体流动,其流动方向与 x 轴(也称风轴)一致,在来流上叠加因物体存在而产生的扰动速度 $U = U_x\mathbf{i} + U_y\mathbf{j} + U_z\mathbf{k}$,则合速度为

$$\mathbf{V} = (V_\infty + U_x)\mathbf{i} + U_y\mathbf{j} + U_z\mathbf{k} \text{ 或 } V_x = V_\infty + U_x, V_y = U_y, V_z = U_z \quad (6.2.1)$$

而且有

图 6.2.1　小扰动流动模型

$$\frac{U_x}{V_\infty}, \frac{U_y}{V_\infty}, \frac{U_z}{V_\infty} \ll 1$$

将式（6.2.1）代入式（6.1.4）、（6.1.3b），得

$$a^2 \left(\frac{\partial U_x}{\partial x} + \frac{\partial U_y}{\partial y} + \frac{\partial U_z}{\partial z} \right) =$$

$$(V_\infty + U_x)^2 \frac{\partial U_x}{\partial x} + U_y^2 \frac{\partial U_y}{\partial y} + U_z^2 \frac{\partial U_z}{\partial z} + (V_\infty + U_x)U_y \left(\frac{\partial U_y}{\partial x} + \frac{\partial U_x}{\partial y} \right) +$$

$$(V_\infty + U_x)U_z \left(\frac{\partial U_z}{\partial x} + \frac{\partial U_x}{\partial z} \right) + U_y U_z \left(\frac{\partial U_z}{\partial y} + \frac{\partial U_y}{\partial z} \right) \tag{6.2.2a}$$

$$a^2 = a_\infty^2 - \frac{k-1}{2}(2V_\infty U_x + U_x^2 + U_y^2 + U_z^2) \tag{6.2.2b}$$

将上面两式联立可得

$$(1 - Ma_\infty^2) \frac{\partial U_x}{\partial x} + \frac{\partial U_y}{\partial y} + \frac{\partial U_z}{\partial z} =$$

$$Ma_\infty^2 \left[(k+1) \frac{U_x}{V_\infty} + \frac{k+1}{2} \frac{U_x^2}{V_\infty^2} + \frac{k-1}{2} \frac{U_y^2 + U_z^2}{V_\infty^2} \right] \frac{\partial U_x}{\partial x} +$$

$$Ma_\infty^2 \left[(k-1) \frac{U_x}{V_\infty} + \frac{k+1}{2} \frac{U_y^2}{V_\infty^2} + \frac{k-1}{2} \frac{U_z^2 + U_x^2}{V_\infty^2} \right] \frac{\partial U_y}{\partial y} +$$

$$Ma_\infty^2 \left[(k-1) \frac{U_x}{V_\infty} + \frac{k+1}{2} \frac{U_z^2}{V_\infty^2} + \frac{k-1}{2} \frac{U_x^2 + U_y^2}{V_\infty^2} \right] \frac{\partial U_z}{\partial z} +$$

$$Ma_\infty^2 \left[\frac{U_y}{V_\infty} \left(1 + \frac{U_x}{V_\infty} \right) \left(\frac{\partial U_x}{\partial y} + \frac{\partial U_y}{\partial x} \right) + \frac{U_z}{V_\infty} \left(1 + \frac{U_x}{V_\infty} \right) \left(\frac{\partial U_x}{\partial z} + \frac{\partial U_z}{\partial x} \right) + \frac{U_y U_z}{V_\infty^2} \left(\frac{\partial U_z}{\partial y} + \frac{\partial U_y}{\partial z} \right) \right] \tag{6.2.3}$$

对于无旋流动，定义合成速度场（有物体存在时）的总速度势为 Φ，同时引入扰动速度势 φ，即 $\nabla \varphi = U$，则有

$$\nabla \Phi = (V_\infty + U_x)\boldsymbol{i} + U_y \boldsymbol{j} + U_z \boldsymbol{k} = V_\infty \boldsymbol{i} + (U_x \boldsymbol{i} + U_y \boldsymbol{j} + U_z \boldsymbol{k}) = \nabla(V_\infty x) + \nabla \varphi$$

或

$$\Phi = V_\infty x + \varphi$$

显然，存在关系式

$$\Phi_x = V_\infty + \varphi_x, \Phi_y = \varphi_y, \Phi_z = \varphi_z$$

将扰动速度势 φ 代入式（6.2.3）中，得

$$(1 - Ma_\infty^2)\varphi_{xx} + \varphi_{yy} + \varphi_{zz} =$$

$$Ma_\infty^2 \left[(k+1) \frac{U_x}{V_\infty} + \frac{k+1}{2} \frac{U_x^2}{V_\infty^2} + \frac{k-1}{2} \frac{U_y^2 + U_z^2}{V_\infty^2} \right] \varphi_{xx} +$$

$$Ma_\infty^2 \left[(k-1)\cdot\frac{U_x}{V_\infty} + \frac{k+1}{2}\frac{U_y^2}{V_\infty^2} + \frac{k-1}{2}\frac{U_z^2+U_x^2}{V_\infty^2} \right]\varphi_{yy} +$$

$$Ma_\infty^2 \left[(k-1)\frac{U_x}{V_\infty} + \frac{k+1}{2}\frac{U_z^2}{V_\infty^2} + \frac{k-1}{2}\frac{U_x^2+U_y^2}{V_\infty^2} \right]\varphi_{zz} +$$

$$Ma_\infty^2 \left[2\frac{U_y}{V_\infty}\left(1+\frac{U_x}{V_\infty}\right)\varphi_{xy} + 2\frac{U_z}{V_\infty}\left(1+\frac{U_x}{V_\infty}\right)\varphi_{xz} + 2\frac{U_yU_z}{V_\infty^2}\varphi_{yz} \right] \qquad (6.2.4)$$

式(6.2.4)为精确的速度势方程。在小扰动假设的条件下,根据流动的亚、跨、超声速性质,该式可以进一步简化。

1. 超声速流动和亚声速流动

对一般的超声速流动($1.3 < Ma_\infty \leqslant 3$)和亚声速流动,马赫数不太接近于 1,即 $1 - Ma_\infty^2$ 不能被当作小量来对待。如果所研究的流动满足小扰动假设,则扰动速度对来流速度、声速来说是一个小量,而且由于流场中物理量变化是连续的,扰动速度对坐标的导数也应是小量,即满足如下条件:

$$Ma_\infty^2\left(\frac{U_x}{V_\infty}\right)^2, Ma_\infty^2\left(\frac{U_y}{V_\infty}\right)^2, Ma_\infty^2\left(\frac{U_z}{V_\infty}\right)^2 \ll 1, \varphi_{xx}=\frac{\partial U_x}{\partial x}, \cdots, \varphi_{xy}=\frac{\partial U_y}{\partial x}, \cdots \ll \frac{V_\infty}{L}$$

式中,L 为物体的特征长度(如弦长)。因此,式(6.2.4)可简化为

$$(1-Ma_\infty^2)\varphi_{xx} + \varphi_{yy} + \varphi_{zz} = Ma_\infty^2(k+1)\frac{U_x}{V_\infty}\varphi_{xx} + Ma_\infty^2(k-1)\frac{U_x}{V_\infty}(\varphi_{yy}+\varphi_{zz}) +$$

$$2Ma_\infty^2\frac{U_y}{V_\infty}\varphi_{xy} + 2Ma_\infty^2\frac{U_z}{V_\infty}\varphi_{xz} \qquad (6.2.5)$$

式(6.2.5)中的 $\varphi_{xx}, \varphi_{yy}, \varphi_{zz}, \varphi_{xy}, \varphi_{xz}$ 应为同一量级,在 Ma_∞ 不太接近 1 的情况下,考虑到小扰动情况下还应有 $\frac{U_x}{V_\infty}, \frac{U_y}{V_\infty}, \frac{U_z}{V_\infty} \ll 1$ 成立,则方程右端各项相当于多乘了一个微量,其与左端各项相比,可以忽略不计。这样,式(6.2.5)可进一步简化为

$$(1-Ma_\infty^2)\varphi_{xx} + \varphi_{yy} + \varphi_{zz} = 0 \qquad (6.2.6)$$

式(6.2.6)即为无黏可压缩流体定常无旋流动的小扰动速度势线性化方程,适用于纯亚声速或纯超声速的小扰动无旋流动。

对于亚声速流,$Ma_\infty < 1$,令 $\beta^2 = 1 - Ma_\infty^2 > 0$,式(6.2.6)写成

$$\beta^2\varphi_{xx} + \varphi_{yy} + \varphi_{zz} = 0 \qquad (6.2.7)$$

这是椭圆型的线性二阶偏微分方程。

对于超声速流,$Ma_\infty > 1$,令 $B^2 = Ma_\infty^2 - 1 > 0$,式(6.2.6)写成

$$B^2\varphi_{xx} - \varphi_{yy} - \varphi_{zz} = 0 \qquad (6.2.8)$$

这是双曲型的线性二阶偏微分方程。

绕流物体驻点处的气流速度为零,扰动速度与气流速度近似为同一量级,因此在驻点邻域内,严格说来线性化方程并不适用。但由于驻点附近这种不符合线性化条件的区域与整个物体的绕流区域相比很小,因而用线性化方程所得出的升力系数、力矩系数等反映流体与物体间总体作用的量,还是令人满意的。

2. 跨声速流动

这里的跨声速流动是指:① 来流 Ma_∞ 接近于 1,即 $|1 - Ma_\infty^2|$ 为小量的流动;② 在局部区域,流场跨越声速,即流场中既存在亚声速区,又存在超声速区的流动。在这种情况下,

式(6.2.5)左端第一项中的系数 $1-Ma_\infty^2$ 与右端第一项中的系数 $Ma_\infty^2(k+1)\dfrac{U_x}{V_\infty}$ 可能是同一量级。根据式(6.2.2b),并考虑公式 $\dfrac{1}{1-x}=1+x+x^2+\cdots(|x|<1)$,可有

$$1-Ma^2=1-\frac{V^2}{a^2}=1-\frac{V_\infty^2+2V_\infty U_x+U_x^2+U_y^2+U_z^2}{a_\infty^2-\dfrac{k-1}{2}(2V_\infty U_x+U_x^2+U_y^2+U_z^2)}=$$

$$1-\frac{V_\infty^2\left(1+2\dfrac{U_x}{V_\infty}+\dfrac{U_x^2}{V_\infty^2}+\dfrac{U_y^2}{V_\infty^2}+\dfrac{U_z^2}{V_\infty^2}\right)}{a_\infty^2-\dfrac{k-1}{2}V_\infty^2\left(2\dfrac{U_x}{V_\infty}+\dfrac{U_x^2}{V_\infty^2}+\dfrac{U_y^2}{V_\infty^2}+\dfrac{U_z^2}{V_\infty^2}\right)}=$$

$$1-\frac{Ma_\infty^2\left(1+2\dfrac{U_x}{V_\infty}+\dfrac{U_x^2}{V_\infty^2}+\dfrac{U_y^2}{V_\infty^2}+\dfrac{U_z^2}{V_\infty^2}\right)}{1-\dfrac{k-1}{2}Ma_\infty^2\left(2\dfrac{U_x}{V_\infty}+\dfrac{U_x^2}{V_\infty^2}+\dfrac{U_y^2}{V_\infty^2}+\dfrac{U_z^2}{V_\infty^2}\right)}=$$

$$1-Ma_\infty^2\left(1+2\dfrac{U_x}{V_\infty}+\dfrac{U_x^2}{V_\infty^2}+\dfrac{U_y^2}{V_\infty^2}+\dfrac{U_z^2}{V_\infty^2}\right)\cdot$$

$$\left[1+\dfrac{k-1}{2}Ma_\infty^2\left(2\dfrac{U_x}{V_\infty}+\dfrac{U_x^2}{V_\infty^2}+\dfrac{U_y^2}{V_\infty^2}+\dfrac{U_z^2}{V_\infty^2}\right)+\cdots\right]=$$

$$1-Ma_\infty^2\left[1+2\dfrac{U_x}{V_\infty}+(k-1)Ma_\infty^2\dfrac{U_x}{V_\infty}+\cdots\right]$$

考虑到 Ma_∞ 接近于1,并忽略其他二阶小量,则可得

$$1-Ma^2\approx 1-Ma_\infty^2\left[1+(k+1)\dfrac{U_x}{V_\infty}\right]=(1-Ma_\infty^2)-(k+1)Ma_\infty^2\dfrac{U_x}{V_\infty}$$

由于在跨声速流动时,亚声速区内有 $1-Ma^2>0$,而超声速区内有 $1-Ma^2<0$,于是上式的右端既可能为正,也可能为负。由于对于某个确定来流条件来说 $1-Ma_\infty^2$ 为常值,那么,方程右端正、负号的不确定性就取决于 $Ma_\infty^2(k+1)\dfrac{U_x}{V_\infty}$(或者说流场中某点处的扰动速度)的变化。显然,只有当 $1-Ma_\infty^2$ 与 $Ma_\infty^2(k+1)\dfrac{U_x}{V_\infty}$ 量级相同时,后者的变化才足以影响方程右端的正、负。将式(6.2.5)写成下面形式:

$$\left[1-Ma_\infty^2-Ma_\infty^2(k+1)\dfrac{U_x}{V_\infty}\right]\varphi_{xx}+\varphi_{yy}+\varphi_{zz}=$$

$$Ma_\infty^2(k-1)\dfrac{U_x}{V_\infty}(\varphi_{yy}+\varphi_{zz})+2Ma_\infty^2\left(\dfrac{U_y}{V_\infty}\varphi_{xy}+\dfrac{U_z}{V_\infty}\varphi_{xz}\right)$$

可以看出,方程左端 φ_{xx} 项的系数近似等于 $1-Ma^2$,它决定了方程的类型是混合型的,即在亚声速区是椭圆型的,超声速区是双曲型的。前面已经证明,该系数中与 U_x/V_∞ 有关的量的量级与 $1-Ma_\infty^2$ 量级相当,应当保留,而且若略去含 U_x/V_∞ 的相关项,则方程将不具有混合型的性质。此外,跨声速流动时的气流参数沿 x 向存在急剧的变化,因而尽管 $\left[1-Ma_\infty^2-Ma_\infty^2(k+1)\dfrac{U_x}{V_\infty}\right]\dfrac{\partial U_x}{\partial x}$ 较小,但仍与 $\dfrac{\partial U_y}{\partial y}$, $\dfrac{\partial U_z}{\partial z}$ 属于同一量级。与方程左端的 φ_{yy}, φ_{zz} 项的系数1相比,由于方程右端各项的系数

$$Ma_\infty^2(k-1)\dfrac{U_x}{V_\infty}, 2Ma_\infty^2\dfrac{U_y}{V_\infty}, 2Ma_\infty^2\dfrac{U_z}{V_\infty}\ll 1$$

故均可略去。于是,小扰动跨声速流动方程可写为

$$\left[1 - Ma_\infty^2 - \frac{Ma_\infty^2}{V_\infty}(k+1)\varphi_x\right]\varphi_{xx} + \varphi_{yy} + \varphi_{zz} = 0$$

$$(6.2.9)$$

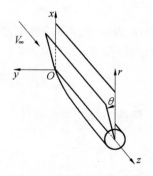

图 6.2.2 细长旋成体流动模型

不难看出,该方程仍是非线性的,但它比精确的扰动速度势方程简单得多,在研究跨声速流动中经常用到。

研究气流绕细长旋成体流动问题时采用圆柱坐标系比较方便。如果旋成体对气流产生的扰动满足小扰动假设,采用与上述类似的方法也能推导出线性化的小扰动方程,这里直接给出结果。如图 6.2.2 所示,取 z 轴与直匀流方向一致,则式(6.2.6) 可写为

$$(1 - Ma_\infty^2)\varphi_{zz} + \frac{\varphi_{\theta\theta}}{r^2} + \varphi_{rr} + \frac{\varphi_r}{r} = 0 \ 或 (1 - Ma_\infty^2)\varphi_{zz} + \frac{\varphi_{\theta\theta}}{r^2} + \frac{(r\varphi_r)_r}{r} = 0$$

$$(6.2.10a)$$

在轴对称绕流情况下,方程为

$$(1 - Ma_\infty^2)\varphi_{zz} + \varphi_{rr} + \frac{\varphi_r}{r} = 0 \ 或 (1 - Ma_\infty^2)\varphi_{zz} + \frac{(r\varphi_r)_r}{r} = 0 \qquad (6.2.10b)$$

式(6.2.10b) 也仅适用于纯亚声速或纯超声速的小扰动无旋流动,而不适用于跨声速流和高超声速流。

6.2.2 边界条件的线性化

对于无黏理想流体,固体表面边界条件是流体的运动方向必须与固体表面相切,换言之,速度矢量必须处处与固体表面的法线垂直。考虑图 6.2.3 所示的平薄机翼,设物体表面坐标由 $y = f(x, z)$ 给出,从而描述物面形状的方程可以写成

$$F(x, y, z) = y - f(x, z) = 0$$

由解析几何知识可知,物面法线方向单位矢量为

图 6.2.3 平薄机翼

$$\boldsymbol{n} = \frac{\boldsymbol{\nabla} F}{|\boldsymbol{\nabla} F|} = \frac{1}{|\boldsymbol{\nabla} F|}\left(\frac{\partial F}{\partial x}\boldsymbol{i} + \frac{\partial F}{\partial y}\boldsymbol{j} + \frac{\partial F}{\partial z}\boldsymbol{k}\right)$$

流速方向与物体表面相切,即可表述为 $\boldsymbol{V} \cdot \boldsymbol{\nabla} F = 0$,利用式(6.2.1) 可得

$$(V_\infty + U_x)\frac{\partial F}{\partial x} + U_y\frac{\partial F}{\partial y} + U_z\frac{\partial F}{\partial z} = 0 \qquad (6.2.11a)$$

考虑到 $F(x, y, z) = y - f(x, z) = 0$,可将式(6.2.11a) 改写为

$$-(V_\infty + U_x)\frac{\partial f}{\partial x} + U_y - U_z\frac{\partial f}{\partial z} = 0 \ 或 -\left(1 + \frac{U_x}{V_\infty}\right)\frac{\partial f}{\partial x} + \frac{U_y}{V_\infty} - \frac{U_z}{V_\infty}\frac{\partial f}{\partial z} = 0 \qquad (6.2.11b)$$

在小扰动条件及平薄物体假设下,有 $\dfrac{\partial f}{\partial x}, \dfrac{\partial f}{\partial z} \ll 1$ 及 $\dfrac{U_x}{V_\infty}, \dfrac{U_z}{V_\infty} \ll 1$,于是可略去式(6.2.11b) 中的高阶小量,得

$$U_y(x,h,z) \approx V_\infty \frac{\partial f}{\partial x} \qquad (6.2.12)$$

式中，h 表示 y 方向的物面坐标；$U_y(x,h,z)$ 指是紧贴物面的流体质点速度。由于物体是平薄的，对 U_y 在 $y=+0$（即 $h=+0$）处向上或 $y=-0$（即 $h=-0$）处向下做泰勒展开，可有

$$U_y(x,h,z) = U_y(x,\pm 0,z) + \left(\frac{\partial U_y}{\partial y}\right)_{y=\pm 0} h + \cdots$$

根据小扰动条件有 $\dfrac{\partial U_y}{\partial y} \ll \dfrac{V_\infty}{L}$，且物面平薄即 $h \to 0$，略去二阶小量，式(6.2.12)可写成

$$\left(\frac{\partial \varphi}{\partial y}\right)_{y=\pm 0} = U_y(x,\pm 0,z) = V_\infty \frac{\partial f}{\partial x} \qquad (6.2.13)$$

式(6.2.13)即为三维平薄物体的线性化物面边界条件，它对跨声速流动也是成立的。

对于二维薄翼，设物面坐标以 (x,y) 表示，x 轴与来流速度 V_∞ 方向一致，物面方程为 $y=f(x)$，则其线性化的物面条件为

$$\left(\frac{\partial \varphi}{\partial y}\right)_{y=\pm 0} = U_y(x,\pm 0) = V_\infty \frac{\mathrm{d}y}{\mathrm{d}x} \ \text{或} \ \frac{U_y(x,\pm 0)}{V_\infty} = \frac{\mathrm{d}y}{\mathrm{d}x} \qquad (6.2.14)$$

式中，U_y/V_∞ 表示物面处的流线斜率；$\mathrm{d}y/\mathrm{d}x$ 表示固体表面的斜率。

如图 6.2.4 所示，设翼型中弧线为 $y_{\mathrm{m}} = f_{\mathrm{m}}(x)$，翼型厚度分布为 $b = f_{\mathrm{t}}(x)$，上表面为 $y_+ = f_+(x)$，下表面为 $y_- = f_-(x)$，则有

$$f_{\mathrm{m}} = \frac{1}{2}(f_+ + f_-), \quad f_{\mathrm{t}} = \frac{1}{2}(f_+ - f_-) \ \text{或} \ f_+ = f_{\mathrm{m}} + f_{\mathrm{t}}, \quad f_- = f_{\mathrm{m}} - f_{\mathrm{t}}$$

于是上、下表面的边界条件式(6.2.14)可表示为

$$U_y(x,\pm 0) = V_\infty \left(\frac{\mathrm{d}f_{\mathrm{m}}}{\mathrm{d}x} \pm \frac{\mathrm{d}f_{\mathrm{t}}}{\mathrm{d}x}\right) = U_{y\mathrm{m}}(x,\pm 0) + U_{y\mathrm{t}}(x,\pm 0) \qquad (6.2.15)$$

这样，翼型绕流问题就可分解为非对称问题（对中弧线）和对称问题（对厚度），非对称问题考虑翼型的弯度和攻角，对称问题则考虑翼型的厚度，然后分别对它们进行求解。

对于轴对称细长体，若取圆柱坐标系的 z 轴与对称轴重合，且 z 轴与直匀流方向一致，那么 U_θ 必定与物面相切，所以只讨论包含 z 轴在内的任意平面上（也称为子午面，如图 6.2.5 所示）的边界条件就可以了。设轴对称细长体的母线方程为 $R = R(z)$，参考式(6.2.14)，并考虑到 $V_\infty \gg U_z$，则物面上的边界条件应为

$$\left(\frac{U_r}{V_\infty + U_z}\right)_{r=R} \approx \left(\frac{U_r}{V_\infty}\right)_{r=R} = \frac{\mathrm{d}R(z)}{\mathrm{d}z} \ \text{或} \ U_{r=R} = \left(\frac{\partial \varphi}{\partial r}\right)_{r=R} = V_\infty \frac{\mathrm{d}R}{\mathrm{d}z} \qquad (6.2.16a)$$

图 6.2.4　平薄翼型　　　　　　　　　　图 6.2.5　轴对称细长体子午面

在式(6.2.14)中，薄物体绕流的线性化边界条件是用 $y=0$ 处的速度近似代替物面上的速度，而在细长体绕流中，由于 U_r 在轴线附近变化非常剧烈，并不能用 $r=0$（轴线）处的速度 $U_{r=0}$ 代表物面上的速度 $U_{r=R}$。将式(6.2.10b)改写成

$$\frac{\partial}{\partial r}(r\varphi_r) = -(1 - Ma_\infty^2)r\frac{\partial U_z}{\partial z}$$

当 $r \to 0$ 时，由于 $\frac{\partial U_z}{\partial z}$ 为有限值，故上式等号右端趋于零，即 $r\varphi_r = rU_r = a_0(z)$，其中 $a_0(z)$ 为常数且在不同 z 向截面处可以是不同的。这说明轴线附近 $U_r \propto \frac{1}{r}$ 变化剧烈，但 rU_r 值在轴线附近则为常数。因此，可用 $r=0$ 处的 rU_r 值代替物面上的这一乘积值，将物面条件式(6.2.16a) 改写为

$$\left(R\frac{dR}{dz}\right)_b = \frac{(rU_r)_{r=0}}{V_\infty} \tag{6.2.16b}$$

式(6.2.16b) 就是轴对称细长体的简化边界条件。

边界条件除了固体表面条件外，还有无穷远处边界条件，该条件要求扰动速度为有限值或为零，视具体问题性质而定。

6.2.3　压强系数的线性化

在不可压缩流体动力学问题中，压强分布的确定是十分重要的，知道了压强分布情况，不仅可以计算流体对物体的作用力和力矩，还可以根据压强梯度的性质、大小来预估附面层的性质。

前面已经导出了小扰动线性化方程及其边界条件，这就构成了线性偏微分方程的定解问题，可以由此解出扰动速度势 φ 及扰动速度 U。然后就可利用已知的扰动速度，求出流场各处特别是物面上的压力分布。利用小扰动假设，也可对压强系数公式进行线性化处理。定义压强系数为

$$C_p = \frac{p - p_\infty}{\frac{1}{2}\rho_\infty V_\infty^2} = \frac{2}{kMa_\infty^2}\left(\frac{p}{p_\infty} - 1\right) \tag{6.2.17}$$

考虑式(6.1.3b)，将当地静温与来流静温之比表示为

$$\frac{T}{T_\infty} = \frac{a^2}{a_\infty^2} = \frac{a_\infty^2 + \frac{k-1}{2}(V_\infty^2 - V^2)}{a_\infty^2} = \frac{a_\infty^2 + \frac{k-1}{2}V_\infty^2\left(1 - \frac{V^2}{V_\infty^2}\right)}{a_\infty^2} = 1 + \frac{k-1}{2}Ma_\infty^2\left(1 - \frac{V^2}{V_\infty^2}\right)$$

由于小扰动流动属于等熵流动，则有

$$\frac{p}{p_\infty} = \left(\frac{T}{T_\infty}\right)^{\frac{k}{k-1}} = \left[1 + \frac{k-1}{2}Ma_\infty^2\left(1 - \frac{V^2}{V_\infty^2}\right)\right]^{\frac{k}{k-1}}$$

将上式代入式(6.2.17)，得到用速度比表述的压强系数公式

$$C_p = \frac{2}{kMa_\infty^2}\left\{\left[1 + \frac{k-1}{2}Ma_\infty^2\left(1 - \frac{V^2}{V_\infty^2}\right)\right]^{\frac{k}{k-1}} - 1\right\}$$

根据小扰动假设有 $1 - \frac{V^2}{V_\infty^2} = \frac{V_\infty^2 - V^2}{V_\infty^2} \ll 1$，利用二项式定理及式(6.2.1)将上式展开为

$$C_p \approx \frac{2}{kMa_\infty^2}\left\{\left[1 + \frac{k}{k-1}\frac{k-1}{2}Ma_\infty^2\left(1 - \frac{V^2}{V_\infty^2}\right) + \right.\right.$$

$$\left.\left. \frac{k}{k-1}\frac{1}{k-1}\frac{(k-1)^2}{4}\frac{1}{2}Ma_\infty^4\left(1 - \frac{V^2}{V_\infty^2}\right)^2 + \cdots\right] - 1\right\} \approx$$

$$\left(1 - \frac{V^2}{V_\infty^2}\right) + \frac{Ma_\infty^2}{4}\left(1 - \frac{V^2}{V_\infty^2}\right)^2$$

将上式展开,还可得

$$C_p \approx -\frac{2U_x}{V_\infty} - \left(\frac{U_x}{V_\infty}\right)^2 - \left(\frac{U_y}{V_\infty}\right)^2 - \left(\frac{U_z}{V_\infty}\right)^2 + \frac{Ma_\infty^2}{4}\left(4\frac{U_x^2}{V_\infty^2} + \cdots\right) \approx$$

$$-\frac{2U_x}{V_\infty} + (Ma_\infty^2 - 1)\left(\frac{U_x}{V_\infty}\right)^2 - \left(\frac{U_y}{V_\infty}\right)^2 - \left(\frac{U_z}{V_\infty}\right)^2 + \cdots$$

略去上面两式中的高阶小量,可得到小扰动线性化的压强系数表达式为

$$C_p \approx 1 - \frac{V^2}{V_\infty^2}$$

$$C_p \approx -\frac{2U_x}{V_\infty} = -\frac{2}{V_\infty}\frac{\partial \varphi}{\partial x} \tag{6.2.18}$$

式(6.2.18)即为理想气体定常等熵流动在小扰动假设下的压强系数一级近似公式,称为压强系数的线性化公式。它表明在小扰动流场中,压强系数与 x 轴方向的扰动速度分量成正比。因此,只要速度场确定,就可以得到压力场。对于平薄物体表面的压强系数,可写成

$$C_p \approx C_p(x,0,z) \approx -\frac{2}{V_\infty}U_x(x,0,z) \tag{6.2.19}$$

对于轴对称的细长体,取圆柱坐标系 z 轴与来流方向一致,有 $V^2 = (V_\infty + U_z)^2 + U_r^2$,于是式(6.2.18)可写成

$$C_p \approx 1 - \frac{V^2}{V_\infty^2} = 1 - \frac{(V_\infty + U_z)^2 + U_r^2}{V_\infty^2} = -\frac{2U_z}{V_\infty} - \left(\frac{U_z}{V_\infty}\right)^2 - \left(\frac{U_r}{V_\infty}\right)^2$$

前面已经证明,当 $r \to 0$ 时有 $rU_r = a_0(z)$,其中 $a_0(z)$ 为常数且在不同 z 坐标处数值不同。于是,可将 rU_r 在 $r = 0$ 邻域展开成幂级数 $rU_r = C_0 + C_1 r + C_2 r^2 + \cdots$,得

$$U_r = \frac{C_0}{r} + C_1 + C_2 r + \cdots$$

其中,C_0, C_1, C_2 等均为 z 的函数。根据无旋条件 $\dfrac{\partial U_r}{\partial z} = \dfrac{\partial U_z}{\partial r}$,得

$$\frac{\partial U_z}{\partial r} = \frac{1}{r}\frac{\mathrm{d}C_0}{\mathrm{d}z} + \frac{\mathrm{d}C_1}{\mathrm{d}z} + r\frac{\mathrm{d}C_2}{\mathrm{d}z} + \cdots$$

积分得

$$U_z = \frac{\mathrm{d}C_0}{\mathrm{d}z}\ln r + r\frac{\mathrm{d}C_1}{\mathrm{d}z} + \frac{r^2}{2}\frac{\mathrm{d}C_2}{\mathrm{d}z} + \cdots$$

比较可知,轴线附近($r \to 0$)扰动速度 U_r 的量级比 U_z 的量级大。因此,压强系数公式中的 $\dfrac{U_z}{V_\infty}$ 可能与 $\left(\dfrac{U_r}{V_\infty}\right)^2$ 量级相同,而 $\left(\dfrac{U_z}{V_\infty}\right)^2$ 与 $\dfrac{U_z}{V_\infty}$ 相比必属于高阶小量,故在轴对称绕流中,物体表面的压强系数公式可写为

$$\begin{cases} (C_p)_w \approx -\dfrac{2U_z}{V_\infty} - \left(\dfrac{U_r}{V_\infty}\right)^2 = -\dfrac{2}{V_\infty}\dfrac{\partial \varphi}{\partial z} - \dfrac{1}{V_\infty^2}\left(\dfrac{\partial \varphi}{\partial r}\right)^2 \\[3mm] (C_p)_w \approx -\dfrac{2U_z(z,R)}{V_\infty} - \dfrac{U_r^2(z,R)}{V_\infty^2} \end{cases} \tag{6.2.20}$$

式中,R 为物面上的径向坐标。对于物体外流场,凡 r 不是小量处,由式(6.2.10b)可知,U_r

与 U_z 量级相同,则 $\left(\dfrac{U_r}{V_\infty}\right)^2$ 与 $\dfrac{U_z}{V_\infty}$ 相比为可略去的高阶小量,压强系数公式为

$$C_p \approx -\frac{2U_z}{V_\infty} \tag{6.2.21}$$

将式(6.2.18)或式(6.2.21)代入式(6.2.17)中,得

$$p - p_\infty = C_p \frac{\rho_\infty V_\infty^2}{2} \approx -\rho_\infty V_\infty U_x \text{ 或 } p - p_\infty \approx -\rho_\infty V_\infty U_z \tag{6.2.22}$$

该式就是线性化的伯努利方程。

上述分析说明,由于采用了小扰动线性化处理的方法,使得理想可压缩气体的定常等熵无旋运动分析如同理想不可压缩流体的无旋运动那样简单,无需联立求解方程式(6.2.2),可以先由小扰动线性化方程式(6.2.6)和线性化边界条件式(6.2.13)解出扰动速度势 φ 和扰动速度 $\boldsymbol{U} = U_x\boldsymbol{i} + U_y\boldsymbol{j} + U_z\boldsymbol{k}$,然后再将 U_x 代入线性化压强系数公式中求出压力分布。小扰动线性化方程主要有以下一些解法:

(1)在某些特殊情况下,可以直接求出解析解,如沿波形壁面的流动、超声速平面翼型绕流等。

(2)在亚声速情况下,线性化的可压缩流与不可压缩流之间存在着仿射变换的相似法则,可以利用不可压缩流的解换算出所需结果。

(3)利用线性化基本流(即源、汇、偶极子)的叠加法求解,称为奇点分步法。

(4)用运算微积分法求解,超声速流用拉普拉斯变换,亚声速流用傅里叶变换。

(5)细长体理论。

其他还有锥型流解、反向关系式和反流定理等方法。

6.3　沿波形壁流动的二维精确解

作为小扰动线性化方程应用的经典例证,考察沿无限长的小波幅波形壁的二维定常流动,用以说明小扰动线性化方程的直接解法,并对亚声速流、超声速流的某些差异做初步分析,这个方法是由阿克莱给出的。如图 6.3.1 所示,波形壁面的方程为

$$y_w = \varepsilon \cos\left(\frac{2\pi}{\lambda}x\right) \tag{6.3.1}$$

式中,ε 为壁面波幅;λ 为壁面波长;$\dfrac{\varepsilon}{\lambda} \ll 1$(小扰动)。假设流体是无黏的。

6.3.1　亚声速流动

图 6.3.1　波形壁的几何形状

对于沿波形壁的二维亚声速流动,方程、物面边界条件及远场条件可分别写成

$$\beta^2 \varphi_{xx} + \varphi_{yy} = 0, \quad \beta^2 = 1 - Ma_\infty^2 \tag{6.3.1a}$$

$$\left(\frac{\partial \varphi}{\partial y}\right)_{y=0} = V_\infty \left(\frac{dy}{dx}\right)_w = -\frac{2\pi\varepsilon V_\infty}{\lambda} \sin\left(\frac{2\pi}{\lambda}x\right) \tag{6.3.1b}$$

$$\left(\frac{\partial \varphi}{\partial x}\right)_{y\to\infty} = 0, \left(\frac{\partial \varphi}{\partial y}\right)_{y\to\infty} = 0 \text{ 或 } U_x(x,\infty) = 0, U_y(x,\infty) = 0 \tag{6.3.1c}$$

由于研究的是亚声速流动,式(6.3.1a)属于椭圆型二阶线性偏微分方程。求解线性偏

微分方程的一个有效方法是假设该方程的解是几个独立函数的乘积,其中每个函数只与一个自变量有关,然后用分离变量法求得所假设的解。如果能找到满足边界条件的解,则该假设就是可行的,否则需要采取其他方法求解。分离变量法给出的解的表达式为

$$\varphi(x,y) = X(x)Y(y) \tag{6.3.2}$$

代入式(6.3.1a)中得

$$\beta^2 X''Y + Y''X = 0 \ \text{或} \ \frac{X''}{X} = -\frac{Y''}{\beta^2 Y}$$

由于上式左、右两端分别只是 x,y 的函数,若等式成立,只有共同等于某个常数才行,因而将其变为两个常微分方程,即

$$\frac{X''}{X} = -k^2 \ \text{和} \ \frac{Y''}{\beta^2 Y} = k^2 \tag{6.3.3a}$$

常数 k^2 前面加负号是根据解对 x 轴向具有周期性而决定的。式(6.3.3a)的通解分别为

$$X(x) = A_1 \sin kx + A_2 \cos kx \ \text{和} \ Y(y) = B_1 e^{-\beta ky} + B_2 e^{\beta ky} \tag{6.3.3b}$$

则式(6.3.1a)的通解为

$$\varphi(x,y) = (A_1 \sin kx + A_2 \cos kx)(B_1 e^{-\beta ky} + B_2 e^{\beta ky}) \tag{6.3.4}$$

由边界条件式(6.3.1c)可知 $B_2 = 0$。再将式(6.3.4)对 y 求导,然后代入式(6.3.1b)可有

$$\left(\frac{\partial \varphi}{\partial y}\right)_{y=0} = (A_1 \sin kx + A_2 \cos kx)(-B_1 \beta k) = -\frac{2\pi \varepsilon V_\infty}{\lambda} \sin\left(\frac{2\pi}{\lambda} x\right)$$

由于式中右端不存在余弦项,故 $A_2 = 0$。这样,等式两端只剩下正弦项,且它们的系数和幅角必须分别相等,即 $k = \frac{2\pi}{\lambda}, A_1 B_1 = \frac{\varepsilon V_\infty}{\beta}$。因此,式(6.3.4)的表达式为

$$\varphi(x,y) = \frac{\varepsilon V_\infty}{\beta} e^{-\frac{2\pi \beta}{\lambda} y} \sin\left(\frac{2\pi}{\lambda} x\right) \tag{6.3.5}$$

扰动速度分量、压强系数及壁面($y \approx 0$)压强系数分别为

$$U_x = \frac{\partial \varphi}{\partial x} = \frac{2\pi \varepsilon V_\infty}{\beta \lambda} e^{-\frac{2\pi \beta}{\lambda} y} \cos\left(\frac{2\pi}{\lambda} x\right) \tag{6.3.6a}$$

$$U_y = \frac{\partial \varphi}{\partial y} = -\frac{2\pi \varepsilon V_\infty}{\lambda} e^{-\frac{2\pi \beta}{\lambda} y} \sin\left(\frac{2\pi}{\lambda} x\right) \tag{6.3.6b}$$

$$C_p = -\frac{2U_x}{V_\infty} = -\frac{4\pi \varepsilon}{\beta \lambda} e^{-\frac{2\pi \beta}{\lambda} y} \cos\left(\frac{2\pi}{\lambda} x\right) \tag{6.3.6c}$$

$$(C_p)_w = -\frac{4\pi \varepsilon}{\beta \lambda} \cos\left(\frac{2\pi}{\lambda} x\right) \tag{6.3.6d}$$

可见,壁面处($y \approx 0$)扰动速度最大且压强系数(绝对值)最大。由于线性化速度势方程是在 $\frac{|U_x|}{V_\infty} \ll 1$ 这一条件下得出的,因此解的适用范围由下面条件决定:

$$\left(\frac{|U_x|}{V_\infty}\right)_{\max} = \frac{1}{\beta} \frac{2\pi \varepsilon}{\lambda} = \frac{1}{\sqrt{1-Ma_\infty^2}} \frac{\varepsilon}{\lambda} 2\pi \ll 1$$

即 Ma_∞ 越大,所允许的物体相对厚度 ε/λ 越小。

对于不可压缩流即 $Ma_\infty = 0$,则式(6.3.6d)可写成

$$[C_{pw}]_0 = -\frac{4\pi\varepsilon}{\lambda}\cos\left(\frac{2\pi}{\lambda}x\right) \tag{6.3.7}$$

即亚声速不可压缩流与可压缩流的壁面压强系数存在如下关系：

$$[C_{pw}]_{Ma_\infty} = \frac{[C_{pw}]_0}{\beta} = \frac{[C_{pw}]_0}{\sqrt{1-Ma_\infty^2}} \tag{6.3.8}$$

式(6.3.8)表明，若已知不可压缩流时壁面上的压强系数，就可利用该式计算亚声速可压缩流沿相同壁面流动时的压强系数。称 $\beta=\sqrt{1-Ma_\infty^2}$ 为普朗特—葛劳渥因子。可以看出，亚声速可压缩流的压强系数比不可压流的要大，并且随 Ma_∞ 的增加而增加。

流场的流线谱可根据平面流动的流线微分方程方程 $\dfrac{\mathrm{d}y}{\mathrm{d}x}=\dfrac{V_y}{V_x}$ 求得。在小扰动假设下，该方程可写为

$$\frac{\mathrm{d}y}{\mathrm{d}x}=\frac{U_y}{V_\infty+U_x}=\frac{U_y}{V_\infty+U_x+Ma_\infty^2 U_x - Ma_\infty^2 U_x}=\frac{U_y}{V_\infty+(1-Ma_\infty^2)U_x+Ma_\infty^2 U_x}$$

如果不讨论高亚声速情形，$Ma_\infty^2 U_x$ 与 $(1-Ma_\infty^2)U_x$ 相比可以略去不计，于是得

$$\frac{\mathrm{d}y}{\mathrm{d}x}=\frac{U_y}{V_\infty+(1-Ma_\infty^2)U_x}=\frac{-\dfrac{2\pi\varepsilon}{\lambda}\mathrm{e}^{-\frac{2\pi\beta}{\lambda}y}\sin\left(\dfrac{2\pi}{\lambda}x\right)}{1+\beta\dfrac{2\pi\varepsilon}{\lambda}\mathrm{e}^{-\frac{2\pi\beta}{\lambda}y}\cos\left(\dfrac{2\pi}{\lambda}x\right)}$$

整理后有

$$\mathrm{d}y=-\left[\frac{2\pi\varepsilon}{\lambda}\mathrm{e}^{-\frac{2\pi\beta}{\lambda}y}\sin\left(\frac{2\pi}{\lambda}x\right)\right]\mathrm{d}x-\left[\beta\frac{2\pi\varepsilon}{\lambda}\mathrm{e}^{-\frac{2\pi\beta}{\lambda}y}\cos\left(\frac{2\pi}{\lambda}x\right)\right]\mathrm{d}y$$

或

$$\mathrm{d}y=\varepsilon\,\mathrm{d}\left[\mathrm{e}^{-\frac{2\pi\beta}{\lambda}y}\cos\left(\frac{2\pi}{\lambda}x\right)\right]$$

积分上式有

$$y=\varepsilon\,\mathrm{e}^{-\frac{2\pi\beta}{\lambda}y}\cos\left(\frac{2\pi}{\lambda}x\right)+C$$

考虑到当 $y\rightarrow 0$ 时，上式中的指数项趋于 1，且流线应与壁面方程式(6.3.1)一致，即可定出积分常数为零，最后得到流线方程

$$y=\varepsilon\,\mathrm{e}^{-\frac{2\pi\beta}{\lambda}y}\cos\left(\frac{2\pi}{\lambda}x\right) \tag{6.3.9}$$

图 6.3.2 给出了沿波形壁亚声速流的流线、压强分布，可以看出：

(1)扰动速度计算公式(6.3.6a)和式(6.3.6b)表明，壁面对气流的扰动随离开壁面距离的增加而按指数规律衰减，当 $y\rightarrow\infty$ 时，扰动趋于零。扰动衰减还与 Ma_∞ 有关，Ma_∞ 越大，衰减越慢，也就是说，扰动影响区域越大。此外，流线关于 y 轴呈对称分布，即壁面扰动在各个方向均匀传播。

(2)流线方程式(6.3.9)表明，在波形壁上方，流线的波动与壁面同相。但流线波幅随离开壁面距离的增加而按指数规律衰减，当 $y\rightarrow\infty$ 时，流线变为一条直线。Ma_∞ 的大小会影响波幅衰减速度，Ma_∞ 越大，波幅衰减越慢。

(3)式(6.3.6d)表明，流场的压强分布也为谐波形式，但由于压强公式前面为负号，故与壁面形状存在 $180°$ 的相位差。在壁面波峰处，压强系数最小，而波谷处的压强系数最

大。由于压强系数分布对称于壁面的波峰,则波峰两侧壁面所受压力大小相等,方向相反,即壁面所受的压差阻力为零。此外,压强系数的变化幅度随 Ma_∞ 增加而增大。

图 6.3.2 沿波形壁亚声速流的流线、压强分布

例 6.3.1 由于制造上的不准确,在飞机机翼上当地马赫数为 0.7 的区域中存在一个长 $\lambda = 40$ mm,比周围高 $\varepsilon = 2$ mm 的小鼓包。若略去附面层影响,试估算小鼓包上的最大马赫数?如果在小鼓包的最高点上开设静压孔测量翼面静压,试问由于小鼓包的存在,造成的静压测量误差是多少?

解 设小鼓包上的最大扰动速度出现在它的最高点,可用壁面上的 $U_{x\max}$ 计算,即

$$U_{x\max} = \frac{V_\infty}{\sqrt{1-Ma_\infty^2}} \frac{2\pi\varepsilon}{\lambda} = \frac{V_\infty}{\sqrt{1-0.7^2}} \frac{2\pi \times 2}{40} = 0.22V_\infty$$

因壁面处速度矢量与表面的法线垂直,即 $U_y = 0$,于是 $V_{\max} = V_\infty + U_{x\max} = 1.22V_\infty$。由能量方程可有

$$\frac{a^2}{a_\infty^2} = 1 - \frac{k-1}{2}Ma_\infty^2 \left(2\frac{U_x}{V_\infty} + \frac{U_x^2 + U_y^2 + U_z^2}{V_\infty^2}\right) \approx 1 - (k-1)Ma_\infty^2 \frac{U_x}{V_\infty} =$$

$$1 - 0.4 \times 0.7^2 \times 0.22 \approx 0.9569$$

得到小鼓包的最大马赫数为

$$Ma = \frac{V_{\max}}{a} = \frac{1.22V_\infty}{a_\infty\sqrt{0.9569}} = \frac{1.22}{\sqrt{0.9569}} \times 0.7 \approx 0.873$$

再由式(6.2.22)得

$$\frac{p_\infty - p}{p_\infty} = \frac{\rho_\infty}{p_\infty}V_\infty U_x = kMa_\infty \frac{U_x}{a_\infty} = kMa_\infty \frac{V_\infty}{a_\infty} \frac{U_x}{V_\infty} = kMa_\infty^2 \frac{U_x}{V_\infty} = 1.4 \times 0.7^2 \times 0.22 = 0.15$$

所以,在小鼓包最高点测量翼面静压的测量误差为 15%。

6.3.2 超声速流动

对于沿波形壁的二维超声速流动,方程、物面边界条件及远场条件可分别写成

$$B^2\varphi_{xx} - \varphi_{yy} = 0, B^2 = Ma_\infty^2 - 1 \tag{6.3.10a}$$

$$\left(\frac{\partial\varphi}{\partial y}\right)_{y=0} = V_\infty\left(\frac{\mathrm{d}y}{\mathrm{d}x}\right)_\mathrm{w} = -\frac{2\pi\varepsilon V_\infty}{\lambda}\sin\left(\frac{2\pi}{\lambda}x\right) \tag{6.3.10b}$$

$$\left(\frac{\partial\varphi}{\partial x}\right)_{y\to\infty} = 有限值, \left(\frac{\partial\varphi}{\partial y}\right)_{y\to\infty} = 有限值 \tag{6.3.10c}$$

由于流动是超声速的,式(6.3.10a)属于双曲型二阶线性偏微分方程。原则上,该问题仍可用分离变量法求解,但由于它与波动方程具有相同的形式,故可直接写出其通解为

$$\varphi(x,y) = f(x - By) + g(x + By) \tag{6.3.11}$$

式中,函数 f 和 g 为任意函数,其具体形式由边界条件确定。

从式(6.3.11)可以看出,当满足条件

$$x - By = \text{const} \quad \text{和} \quad x + By = \text{const} \tag{6.3.12}$$

函数 f 和 g 保持不变,则有 $\varphi(x,y) = \text{const}$,即扰动速度 $\boldsymbol{U} = U_x \boldsymbol{i} + U_y \boldsymbol{j} + U_z \boldsymbol{k}$ 不变,考虑到式(6.3.12)实际上是定义了平面内的两簇直线,那么扰动速度在这两簇直线中的每条直线上是不变的,而在不同直线上则是变化的,这就意味着扰动沿式(6.3.12)所定义的直线向无穷远处传播且不会衰减,这也是 $\left(\dfrac{\partial \varphi}{\partial y}\right)_{y \to \infty}$,$\left(\dfrac{\partial \varphi}{\partial x}\right)_{y \to \infty}$ 不为零的原因。这种扰动传播线称为特征线,其斜率为

$$\begin{cases} \dfrac{\mathrm{d}y}{\mathrm{d}x} = \dfrac{1}{B} = \dfrac{1}{\sqrt{Ma_\infty^2 - 1}} = \tan \mu_\infty \\[4mm] \dfrac{\mathrm{d}y}{\mathrm{d}x} = -\dfrac{1}{B} = -\dfrac{1}{\sqrt{Ma_\infty^2 - 1}} = -\tan \mu_\infty \end{cases} \tag{6.3.13}$$

式中,μ_∞ 为对应于直匀来流 Ma_∞ 的马赫角。可见,超声速小扰动流动中的流场内存在的两簇特征线是与直匀来流中的左伸马赫线、右伸马赫线平行的,一切扰动只能沿马赫线向外传播到无穷远处。扰动究竟是沿着左伸马赫线向外传播,还是沿着右伸马赫线向外传播,或者同时沿两簇特征线向外传播,取决于流动的边界条件。如图 6.3.3 所示,对于从左向右沿固体壁的超声速流动,如果固体边界在流场的下方,则扰动必然是沿左伸马赫线向外传播的。因为,若扰动沿右伸马赫线向外传播,就会出现物面扰动沿直线 $x + By = \text{const}$ 向上游传播到无穷远处,这显然与超声流动中扰动只能向下游传播相矛盾。类似的,对于从左向右沿固体壁的超声速流动,如果固体边界在流场的上方,则扰动必然是沿右伸马赫线向外传播的;当流场为上、下两个固体表面所限制,或者气流绕固体上、下表面流过时,则扰动同时沿两簇马赫线向外传播。

图 6.3.3　沿不同壁面的超声速流中小扰动传播特征

仍然研究沿波形壁的流动问题。由于只在波形壁的上方存在超声速流场,因此流场的解为

$$\varphi(x,y) = f(x - By) \tag{6.3.14}$$

可有

$$U_y = \frac{\partial \varphi}{\partial y} = -Bf'(x - By)$$

这里 f' 表示函数 f 对变量 $(x - By)$ 求导数。在 $y = 0$ 处有

$$\left(\frac{\partial \varphi}{\partial y}\right)_{y=0} = -Bf'(x)$$

将上式与边界条件式(6.3.10b)对比,可知 $f'(x)$ 为 x 的正弦函数,即

$$f'(x) = \frac{2\pi\varepsilon V_\infty}{\lambda B}\sin\left(\frac{2\pi}{\lambda}x\right)$$

积分得

$$f(x) = -\frac{\varepsilon V_\infty}{B}\cos\left(\frac{2\pi}{\lambda}x\right) + \mathrm{const}$$

将式中的自变量 x 换成 $(x-By)$,得

$$\varphi(x,y) = f(x-By) = -\frac{\varepsilon V_\infty}{B}\cos\left[\frac{2\pi}{\lambda}(x-By)\right] + \mathrm{const} \tag{6.3.15}$$

扰动速度分量、压强系数及壁面($y\approx 0$)压强系数分别为

$$U_x = \frac{\partial\varphi}{\partial x} = \frac{2\pi\varepsilon V_\infty}{B\lambda}\sin\left[\frac{2\pi}{\lambda}(x-By)\right] \tag{6.3.16a}$$

$$U_y = \frac{\partial\varphi}{\partial y} = -\frac{2\pi\varepsilon V_\infty}{\lambda}\sin\left[\frac{2\pi}{\lambda}(x-By)\right] \tag{6.3.16b}$$

$$C_p = -\frac{2U_x}{V_\infty} = -\frac{4\pi\varepsilon}{B\lambda}\sin\left[\frac{2\pi}{\lambda}(x-By)\right] \tag{6.3.16c}$$

$$(C_p)_\mathrm{w} = -\frac{4\pi\varepsilon}{B\lambda}\sin\left(\frac{2\pi}{\lambda}x\right) = \frac{2}{B}\left(\frac{\mathrm{d}y}{\mathrm{d}x}\right)_\mathrm{w} \tag{6.3.16d}$$

流线所满足的微分方程为

$$\frac{\mathrm{d}y}{\mathrm{d}x} = \frac{U_y}{V_\infty + U_x} \approx \frac{U_y}{V_\infty} = -\frac{2\pi\varepsilon}{\lambda}\sin\left[\frac{2\pi}{\lambda}(x-By)\right] \tag{6.3.17}$$

图 6.3.4 给出了沿波形壁超声速流的流线、压强分布,可以看出:

(1)扰动速度的计算式(6.3.16a)和式(6.3.16b)表明,由于不存在衰减项,扰动以不变强度沿斜率为 $\dfrac{1}{B} = \dfrac{1}{\sqrt{Ma_\infty^2-1}}$ 的特征线,即平行于直匀流中马赫线的直线簇向外传播到无穷远处。这个结论当然是在理想流体的假设下得到的,当考虑黏性效应时,扰动还是会逐步衰减的。

(2)从流线的斜率表达式(6.3.17)可知,它是 $(x-By)$ 的函数,沿斜率为 $1/B$ 的特征线方向,即平行于直匀流中马赫线的直线簇方向,$x-By=\mathrm{const}$,则流线斜率也不变。因此,在超声速绕流中,流线不会发生变形,而是沿特征线方向做整体位移。流线沿 y 轴的不对称性表明,壁面扰动沿特征线方向偏向下游方向传播。

(3)壁面压强系数关系式(6.3.16d)表明,虽然它的分布仍是谐波形式,但其相位比壁面波形相位落后 $90°$。压强的不对称分布使得 x 轴方向的压力不能抵消,从而形成一种阻力,也称波阻。对于小波幅波形壁,有 $\theta_\mathrm{w}\approx\sin\theta_\mathrm{w}\approx\tan\theta_\mathrm{w}=\left(\dfrac{\mathrm{d}y}{\mathrm{d}x}\right)_\mathrm{w}$ 成立,即可用壁面斜率代替正弦,根据小扰动假设下的 $(C_p)_\mathrm{w}$ 计算公式,可得到一个波长壁面的阻力系数为

$$C_\mathrm{D} = \frac{1}{\lambda}\int_0^1 (C_p)_\mathrm{w}\sin\theta_\mathrm{w}\,\mathrm{d}x \approx \frac{1}{\lambda}\int_0^1 (C_p)_\mathrm{w}\left(\frac{\mathrm{d}y}{\mathrm{d}x}\right)_\mathrm{w}\mathrm{d}x = \frac{2}{B\lambda}\int_0^1\left(\frac{\mathrm{d}y}{\mathrm{d}x}\right)_\mathrm{w}^2\mathrm{d}x > 0$$

在超声速流动情况下,波阻并不简单地等同于激波阻力。对于小扰动超声速流动,并没有考虑激波存在,但仍然存在波阻。可以这样理解,实际物体总是有限的,物体的前端和末端收缩于一点,而中间部位最大。因此,流体遇到物体时,先收缩 $\left(\dfrac{\mathrm{d}y}{\mathrm{d}x}>0\right)$ 再扩张

图 6.3.4　沿波形壁超声速流的流线、压强分布

$\left(\dfrac{\mathrm{d}y}{\mathrm{d}x}<0\right)$，由式(6.3.16d)可知，当地压力由当地斜率唯一决定，则迎流面的压力必然大于背流面的压力，由此产生波阻。对于有激波情况，激波必然产生在迎风面，经过激波后的气流总压下降，于是产生激波阻力。此外，在超声速流动中，压强系数随 Ma_∞ 增加而减小。

最后，再来讨论一下通解中的另一项即函数 $g(x+By)$。显然，它代表的解具有这样的特征：沿着 $x+By=\mathrm{const}$ 的直线，流动参数为常数，波形壁的壁面扰动将以不变的形式沿着这簇直线传播出去并进入流场，这些直线是一簇互相平行的右伸马赫波。

6.4　亚声速绕薄翼型、机翼流动的相似法则

亚声速气流绕薄翼型流动，当攻角较小时，翼型对气流所产生的扰动不大，这种绕流作为一级近似，仍可按前面介绍的小扰动理论来处理。将支配流动的小扰动线性化速度势方程式(6.2.7)重新写出为

$$\beta^2\varphi_{xx}+\varphi_{yy}+\varphi_{zz}=0,\quad \beta^2=1-Ma_\infty^2 \tag{6.4.1a}$$

在式(6.2.11)给出的物面条件中，$\dfrac{\partial F}{|\nabla F|\partial x}$，$\dfrac{\partial F}{|\nabla F|\partial y}$，$\dfrac{\partial F}{|\nabla F|\partial z}$ 就是物面法线的三个方向余弦值。考虑到翼型平、薄的特点，物面法向几乎与 x 轴垂直，因而 $\dfrac{\partial F}{\partial x}$ 远小于 $\dfrac{\partial F}{\partial y}$，$\dfrac{\partial F}{\partial z}$，这样可略去式(6.2.11)中的 $U_x\dfrac{\partial F}{\partial x}$ 项，可写成

$$V_\infty\frac{\partial F}{\partial x}+U_y\frac{\partial F}{\partial y}+U_z\frac{\partial F}{\partial z}=0 \tag{6.4.1b}$$

无穷远处边界条件为

$$U_x=U_y=U_z=0 \tag{6.4.1c}$$

当翼型表面形状比较复杂时，要得到满足边界条件式(6.4.1b)、式(6.4.1c)的速度势方程式(6.4.1a)的解仍然是比较困难的。但是，与不可压缩势流的速度势方程（即拉普拉斯方程）相比，二者差别不大，只不过式(6.4.1a)中的左端第一项多了个系数 β^2。这就给出了下面的提示：可以设法通过变量变换的方法，把式(6.4.1a)转变为拉普拉斯方程，从而建立亚声速气流绕薄翼型流动时的气动特性与不可压缩流绕相关翼型时气动特性之间的相互关系式，这种关系式称为相似法则。根据相似法则，可以利用大量已有的低速翼型气动特性的理论与实验研究成果，以解决亚声速气流绕薄翼型流动的气动问题。

6.4.1 速度势方程、边界条件、翼型几何参数及压强系数的变换

1.线性化速度势方程的变换

用上标"'"表示不可压流中的参数,并令

$$x' = \lambda_x x, \ y' = \lambda_y y, \ z' = \lambda_z z, \ \varphi'(x', y', z') = \lambda_\varphi \varphi(x, y, z) \tag{6.4.2}$$

式中,$\lambda_x, \lambda_y, \lambda_z, \lambda_\varphi$ 为待定常数。于是有

$$U_x = \frac{\partial \varphi(x, y, z)}{\partial x} = \frac{\partial [\varphi'(x', y', z')/\lambda_\varphi]}{\partial (x'/\lambda_x)} = \frac{\lambda_x}{\lambda_\varphi} \frac{\partial \varphi'}{\partial x'} = \frac{\lambda_x}{\lambda_\varphi} U'_x \tag{6.4.3a}$$

$$\frac{\partial U_x}{\partial x} = \frac{\partial}{\partial x} \left[\frac{\partial \varphi(x, y, z)}{\partial x} \right] = \frac{\partial}{\partial (x'/\lambda_x)} \left(\frac{\lambda_x}{\lambda_\varphi} \frac{\partial \varphi'}{\partial x'} \right) = \frac{\lambda_x^2}{\lambda_\varphi} \frac{\partial^2 \varphi'}{\partial x'^2} = \frac{\lambda_x^2}{\lambda_\varphi} \frac{\partial U'_x}{\partial x'} \tag{6.4.3b}$$

$$U_y = \frac{\partial \varphi(x, y, z)}{\partial y} = \frac{\partial [\varphi'(x', y', z')/\lambda_\varphi]}{\partial (y'/\lambda_y)} = \frac{\lambda_y}{\lambda_\varphi} \frac{\partial \varphi'}{\partial y'} = \frac{\lambda_y}{\lambda_\varphi} U'_y \tag{6.4.3c}$$

$$\frac{\partial U_y}{\partial y} = \frac{\partial}{\partial y} \left[\frac{\partial \varphi(x, y, z)}{\partial y} \right] = \frac{\partial}{\partial (y'/\lambda_y)} \left(\frac{\lambda_y}{\lambda_\varphi} \frac{\partial \varphi'}{\partial y'} \right) = \frac{\lambda_y^2}{\lambda_\varphi} \frac{\partial^2 \varphi'}{\partial y'^2} = \frac{\lambda_y^2}{\lambda_\varphi} \frac{\partial U'_y}{\partial y'} \tag{6.4.3d}$$

$$U_z = \frac{\partial \varphi(x, y, z)}{\partial z} = \frac{\partial [\varphi'(x', y', z')/\lambda_\varphi]}{\partial (z'/\lambda_z)} = \frac{\lambda_z}{\lambda_\varphi} \frac{\partial \varphi'}{\partial z'} = \frac{\lambda_z}{\lambda_\varphi} U'_z \tag{6.4.3e}$$

$$\frac{\partial U_z}{\partial z} = \frac{\partial}{\partial z} \left[\frac{\partial \varphi(x, y, z)}{\partial z} \right] = \frac{\partial}{\partial (z'/\lambda_z)} \left(\frac{\lambda_z}{\lambda_\varphi} \frac{\partial \varphi'}{\partial z'} \right) = \frac{\lambda_z^2}{\lambda_\varphi} \frac{\partial^2 \varphi'}{\partial z'^2} = \frac{\lambda_z^2}{\lambda_\varphi} \frac{\partial U'_z}{\partial z'} \tag{6.4.3f}$$

将式(6.4.3)代入式(6.4.1a)中,得

$$\beta^2 \frac{\lambda_x^2}{\lambda_\varphi} \varphi'_{xx} + \frac{\lambda_y^2}{\lambda_\varphi} \varphi'_{yy} + \frac{\lambda_z^2}{\lambda_\varphi} \varphi'_{zz} = 0$$

若令 $\lambda_y = \lambda_z = \beta \lambda_x$,则得到拉普拉斯方程

$$\varphi'_{xx} + \varphi'_{yy} + \varphi'_{zz} = 0 \tag{6.4.4a}$$

它表明,如果选择常数 $\lambda_y = \lambda_z = \beta \lambda_x$,则 $\varphi'(x', y', z')$ 就可以代表不可压缩流体在 $x'y'z'$ 平面上的流动的速度势。

2.边界条件的变换

根据变换关系式(6.4.2),物面方程可写为

$$F(x, y, z) = F\left(\frac{x'}{\lambda_x}, \frac{y'}{\lambda_y}, \frac{z'}{\lambda_z} \right) = F'(x', y', z') = 0$$

即物面方程变换不会带来新的待定常数。若认为来流速度 V_∞ 保持不变,则物面边界条件变换为

$$V_\infty \frac{\partial F'(x', y', z')}{\partial (x'/\lambda_x)} + \frac{\lambda_y}{\lambda_\varphi} U'_y \frac{\partial F'(x', y', z')}{\partial (y'/\lambda_y)} + \frac{\lambda_z}{\lambda_\varphi} U'_z \frac{\partial F'(x', y', z')}{\partial (z'/\lambda_z)} = 0$$

整理后得

$$V_\infty \frac{\partial F'}{\partial x'} + \frac{\lambda_y}{\lambda_x} \frac{\lambda_y}{\lambda_\varphi} U'_y \frac{\partial F'}{\partial y'} + \frac{\lambda_z}{\lambda_x} \frac{\lambda_z}{\lambda_\varphi} U'_z \frac{\partial F'}{\partial z'} = V_\infty \frac{\partial F'}{\partial x'} + \beta \frac{\lambda_y}{\lambda_\varphi} U'_y \frac{\partial F'}{\partial y'} + \beta \frac{\lambda_z}{\lambda_\varphi} U'_z \frac{\partial F'}{\partial z'} = 0$$

若令 $\beta \dfrac{\lambda_y}{\lambda_\varphi} = \beta \dfrac{\lambda_z}{\lambda_\varphi} = 1$ 或 $\lambda_\varphi = \beta \lambda_y = \beta \lambda_z$,则物面边界条件为

$$V_\infty \frac{\partial F'}{\partial x'} + U'_y \frac{\partial F'}{\partial y'} + U'_z \frac{\partial F'}{\partial z'} = 0 \tag{6.4.4b}$$

无穷远处边界条件变换为

$$U'_x = U'_y = U'_z = 0 \tag{6.4.4c}$$

3. 二维翼型几何参数之间的转换关系

以二维亚声速翼型为例,变换前、后两相关翼型表面的斜率关系可写为

$$\frac{\mathrm{d}y}{\mathrm{d}x} = \frac{\lambda_x}{\lambda_y}\frac{\mathrm{d}y'}{\mathrm{d}x'} \quad 或 \quad \frac{\mathrm{d}y/\mathrm{d}x}{\mathrm{d}y'/\mathrm{d}x'} = \frac{\lambda_x}{\lambda_y} = \frac{1}{\beta} = \frac{1}{\sqrt{1-Ma_\infty^2}} \tag{6.4.5}$$

这表明,亚声速流中翼型表面各处的斜率都比不可压缩流中相关的翼型大 $\dfrac{1}{\sqrt{1-Ma_\infty^2}}$ 倍。变换前、后翼型其他几何参数间,如弦长 c、厚度 b、弯度 f、攻角 α 等的关系满足

$$\frac{c}{c'} = \frac{1}{\lambda_x}, \frac{b}{b'} = \frac{f}{f'} = \frac{1}{\lambda_y} = \frac{1}{\beta\lambda_x}, \frac{\alpha}{\alpha'} = \frac{U_y/V_\infty}{U'_y/V_\infty} = \frac{\lambda_y}{\lambda_\varphi} = \frac{\lambda_y}{\beta\lambda_y} = \frac{1}{\beta} \tag{6.4.6}$$

根据前面的讨论可知,用于确定比例系数 $\lambda_x,\lambda_y,\lambda_z,\lambda_\varphi$ 等的关系式只有两组,即 $\lambda_y = \lambda_z = \beta\lambda_x$ 和 $\lambda_\varphi = \beta\lambda_y = \beta\lambda_z$。由于 $\lambda_y = \lambda_z$,还需要一个关系式才能确定三个独立的未知量,因而三者中有一个是可以任意选取的。不失一般性,设 $\lambda_x = 1$,则有 $\lambda_y = \lambda_z = \beta,\lambda_\varphi = \beta^2$。由图 6.4.1 所示的变换前、后的相关翼型形状可知,与可压缩流翼型相比,变换后的不可压流翼型变薄了($\beta < 1$)。

图 6.4.1　翼型之间的对应关系

仿射相似(又称为仿射变换)是几何相似的一种推广。以二维翼型为例,若翼型 x 方向尺度不变,y 方向尺度乘以某一个常数因子,则称由此得到的翼型与原始翼型仿射相似。例如,具有一条公共对角线的所有菱形翼型都是仿射相似的。显然,对于前面所讨论的翼型变换问题,若取 $\lambda_x = 1$,则有 $\lambda_y = \lambda_z = \beta = \sqrt{1-Ma_\infty^2} = \mathrm{const} < 1$,就是一种翼型的仿射变换。

4. 压强系数的变换

由线性化压强系数公式(6.2.18)可直接得出

$$\frac{C_p}{C'_p} = \frac{2U_x/V_\infty}{2U'_x/V_\infty} = \frac{\lambda_x}{\lambda_\varphi} = \frac{\lambda_x}{\beta\lambda_y} = \frac{1}{\beta^2} \tag{6.4.7}$$

6.4.2　亚声速气流绕薄翼型流动的相似法则

1. 戈太特法则

戈太特法则可叙述如下:亚声速线性化流场的参数可以借助于一个仿射变换的不可压缩无旋流场的相应参数间接求出。若令满足仿射变换要求的比例系数为

$$\lambda_x = 1, \lambda_y = \lambda_z = \beta, \lambda_\varphi = \beta^2 \tag{6.4.8a}$$

则由式(6.4.2)、(6.4.3)、(6.4.7)可得到变换前后的速度势方程、流场对应点处参数关系为

$$\varphi = \frac{\varphi'}{\beta^2} \tag{6.4.8b}$$

$$U_x = \frac{U'_x}{\beta^2}, U_y = \frac{U'_y}{\beta}, U_z = \frac{U'_z}{\beta} \tag{6.4.8c}$$

$$C_p = \frac{C'_p}{\beta^2} \tag{6.4.8d}$$

于是,上述两个流场的空间关系由式(6.4.8a)规定,而相应点的流动参数间的关系由式(6.4.8b)～(6.4.8d)规定。戈太特法则的适用范围与小扰动方程的适用范围是一致的,因为在导出这个法则时,没有引入新的限制条件。

由式(6.4.6)可得到符合仿射变换的两个翼型几何参数间的关系为

$$c = c', b = \frac{b'}{\beta}, \ f = \frac{f'}{\beta}, \alpha = \frac{\alpha'}{\beta} \tag{6.4.9}$$

定义流线对 x 轴的倾角为 θ,则有

$$\theta \approx \tan\theta = \frac{U_y}{U_x + V_\infty} \approx \frac{U_y}{V_\infty} \ \text{和} \ \theta' \approx \tan\theta' \approx \frac{U'_y}{V_\infty} = \beta\frac{U_y}{V_\infty}$$

于是得

$$\theta = \frac{\theta'}{\beta} \tag{6.4.10}$$

这表明,两个仿射相似流场的流线是彼此线性关联的,不可压缩流场流线的倾角与对应的可压缩流场流线的倾角相比变小了。这也验证了式(6.4.16)给出的两个流场攻角之间的关系。

最后,再来确定升力系数及力矩系数的转换关系。按定义,升力系数可以表示为

$$c_1 = \frac{1}{c}\int_0^{c\cos\alpha} [(C_p)_- - (C_p)_+]\mathrm{d}x$$

式中,$(C_p)_+,(C_p)_-$ 分别表示上、下翼面的压强系数。当攻角 α 较小时,$c\cos\alpha \approx c$,即

$$c_1 = \frac{1}{c}\int_0^c [(C_p)_- - (C_p)_+]\mathrm{d}x$$

由于 $\mathrm{d}x' = \lambda_x\mathrm{d}x = \mathrm{d}x$,$C_p = \dfrac{C'_p}{\beta^2}$,所以升力系数间的对应关系为

$$c_1 = \frac{c'_1}{\beta^2} \tag{6.4.11}$$

同理可以证明,力矩系数的转换关系为

$$c_m = \frac{c'_m}{\beta^2} \tag{6.4.12}$$

上述结果表明,对于按戈太特法则变换的两个翼型,当均匀来流马赫数为 Ma_∞ 的亚声速气流以攻角 α 绕厚度为 b、弯度为 f 的薄翼型流动时,翼型上任一点的压强系数、翼型升力及力矩系数分别等于不可压缩流体以攻角 $\beta\alpha$ 绕仿射翼型($b' = \beta b$,$f' = \beta f$)流动时,对应点上的压强系数、翼型升力及力矩系数的 $\dfrac{1}{\beta^2} = \dfrac{1}{1 - Ma_\infty^2} > 1$ 倍。戈太特法则的实际意义在于,如果要得到亚声速流绕薄翼型流动时翼型表面的压强系数、翼型升力及力矩系数,只要找到仿射相关的翼型,然后利用已有的丰富的不可压流绕薄翼型流动的理论和实验资料,求得不可压流绕仿射相关翼型流动时的翼型表面压强系数、翼型升力及力矩系数,再乘以 $1/\beta^2$,就

得到亚声速流绕原始翼型流动时的相关参数。

2. 普朗特－葛劳渥法则

戈太特法则建立了可压缩及不可压缩流场中不同翼型间的参数关系。但是,对于不同的来流 Ma_∞,与之对应的不可压缩流的翼型是不同的。此外,不可压缩流的翼型要比可压缩流的翼型薄,因此,当 Ma_∞ 较大时,仿射相关的翼型厚度就可能小于已有的低速翼型的厚度,也就不能直接利用已积累的相关资料,而需要重新进行理论计算或实验测量,所以应用戈太特法则将不可压缩流的研究结果推广到可压缩流是不方便的。而普朗特－葛劳渥法则是建立了可压缩与不可压缩流场中相同翼型、相同来流攻角情况下的气动力参数之间的关系,从而得到了可压缩性对同一翼型气动力特性的影响。

线性化压强系数公式(6.2.18)表明,它与扰动速度分量 U_x 成正比。而在小扰动情况下,翼型对气流所产生的扰动可以认为是由攻角、厚度和弯度这三个因素所产生的扰动叠加而成。显然,扰动的大小(如 U_x)与翼型的攻角、厚度、弯度成正比。因此,如果有两个不可压缩流绕翼型流场 1,2,其中翼型 1 流场的攻角 α_1、翼型厚度分布 b_1 及弯度分布 f_1 都是翼型 2 流场中的对应攻角 α_2、翼型厚度分布 b_2 及弯度分布 f_2 的 A 倍,则前一翼型上的压强分布 C_{p1} 是后一翼型上压强分布 C_{p2} 的 A 倍。若取 $A = \beta = \sqrt{1 - Ma_\infty^2}$,则有

$$\frac{\alpha_1}{\alpha_2} = \frac{b_1}{b_2} = \frac{f_1}{f_2} = \beta \quad \text{和} \quad \frac{(C_{p1})_w}{(C_{p2})_w} = \frac{c_{l1}}{c_{l2}} = \frac{c_{m1}}{c_{m2}} = \beta$$

另一方面,根据戈太特法则,当可压缩流场中的翼型与不可压缩流场中的翼型 1 符合仿射关系式(6.4.9)时,则可得到可压缩流场中的翼型与不可压缩流场中的翼型 2 之间的关系式,即

$$\frac{\alpha}{\alpha_2} = \frac{\alpha}{\alpha_1}\frac{\alpha_1}{\alpha_2} = \frac{1}{\beta}\beta = 1, \frac{b}{b_2} = \frac{b}{b_1}\frac{b_1}{b_2} = 1, \frac{f}{f_2} = 1 \tag{6.4.13a}$$

$$\frac{(C_p)_w}{(C_{p2})_w} = \frac{(C_p)_w}{(C_{p1})_w}\frac{(C_{p1})_w}{(C_{p2})_w} = \frac{1}{\beta^2}\beta = \frac{1}{\beta}, \frac{c_l}{c_{l2}} = \frac{1}{\beta}, \frac{c_m}{c_{m2}} = \frac{1}{\beta} \tag{6.4.13b}$$

这就是普朗特－葛劳渥法则,它表明二维亚声速薄翼型的可压缩修正因子为 $1/\beta$。普朗特－葛劳渥法则可以这样应用:

(1)无论来流马赫数 Ma_∞ 是多少,采用与可压缩流完全一样的翼型、相同的攻角和来流条件,通过不可压缩流的拉普拉斯方程,结合给定的边界条件求解出流场中的小扰动速度分布,得到压强系数等的分布后,按照式(6.4.13b)计算可压缩流翼型的表面压强系数、翼型升力及力矩系数,即均应比不可压缩流时的参数增加 $1/\beta$ 倍。或者,在实验中基于不可压缩流的计算公式(如伯努利方程)处理压强等参数,再通过式(6.4.13b)得到可压缩流情形下的数值。

(2)如果已知某来流 Ma_∞ 的可压缩流参数,可以获得其他来流 Ma_∞ 时的可压缩流参数。根据式(6.4.13b)可有

$$\frac{[C_p^{(1)}]_w}{[C_p^{(2)}]_w} = \frac{c_l^{(1)}}{c_l^{(2)}} = \frac{c_m^{(1)}}{c_m^{(2)}} = \frac{\beta_2}{\beta_1} = \frac{\sqrt{1 - Ma_{\infty 2}^2}}{\sqrt{1 - Ma_{\infty 1}^2}} \tag{6.4.14}$$

式中,$[C_p^{(1)}]_w$,$[C_p^{(2)}]_w$ 表示 Ma_∞ 分别等于 $Ma_{\infty 1}$,$Ma_{\infty 2}$ 时同一翼型表面上的压强系数,其余类推。图 6.4.2(a)为实验测得的 NACA0012 翼型表面压强系数分布情况,实验来流 $Ma_{\infty 1} = 0.4$;图 6.4.2(b)～图 6.4.2(d)则为根据式(6.4.14)计算得到的 $Ma_{\infty 2} = 0.6$,

$0.7,0.8$ 时翼型表面压强系数与实验结果的对比曲线。可以看出,当 $Ma_{\infty 2}=0.6$ 时,用普朗特－葛劳渥法则得到的计算结果与实验结果较为吻合,当 $Ma_{\infty 2}>0.7$ 时,误差相对较大。

图 6.4.2　普朗特－葛劳渥法则与实验对比

若亚声速流动与不可压缩流动中的两个翼型具有相同的压强系数时,由

$$1=\frac{(C_p)_w}{(C_{p2})_w}=\frac{(C_p)_w}{(C_{p1})_w}\frac{(C_{p1})_w}{(C_{p2})_w}=\frac{1}{\beta^2}\frac{(C_{p1})_w}{(C_{p2})_w}$$

于是有

$$\frac{(C_{p1})_w}{(C_{p2})_w}=\beta^2$$

可知式(6.4.13a)转换为

$$\frac{\alpha}{\alpha_2}=\frac{\alpha}{\alpha_1}\frac{\alpha_1}{\alpha_2}=\frac{1}{\beta}\beta^2=\beta,\frac{b}{b_2}=\beta,\frac{f}{f_2}=\beta$$

即不可压缩流中的攻角 α_2、翼型厚度分布 b_2、弯度分布 f_2 应比可压缩流中对应的攻角 α、翼型厚度分布 b、弯度分布 f 增大 $1/\beta$ 倍。这种形式的普朗特－葛劳渥法则对于预估高速(即考虑可压缩性)气流绕翼型流动时产生附面层分离的问题时较有意义,由于附面层分离在很大程度上取决于翼型表面的压强系数梯度,若不可压缩流中的压强梯度有可能导致附面层分离现象的发生,那么可压缩流中的翼型就要做得比不可压缩流所允许的翼型厚度再薄些,弯度、攻角再小些,即比例系数应取得比 β 略小些。

6.4.3　适用于亚声速薄机翼的普朗特－葛劳渥法则

下面分析有限翼展机翼三维绕流问题中的可压缩性影响。如图 6.4.3 所示,薄翼弦长为 c,展长为 l,展弦比 $\lambda=\dfrac{l}{c}$,置于来流均匀的亚声速流场中,设来流速度 V_∞ 沿 x 轴方向,攻角为 α。参照亚声速气流绕薄翼型流动的普朗特－葛劳渥法则的推导过程,可得到可压缩与不可压缩流场中同一机翼、相同来流攻角情况下的气动力之间的关系。

首先,按戈太特法则,在不可压缩流场中虚构一个与给定的亚声速机翼相对应的低速机翼(标号为 1),以及一个与给定的亚声速机翼的几何尺寸相同的机翼(标号为 2)。机翼 1、2 的几何关系满足下式:

图 6.4.3　有限翼展机翼

$$x_1=x_2,y_1=\beta y_2,z_1=\beta z_2$$

$$\lambda_1=\beta\lambda_2,\alpha_1=\beta\alpha_2$$

式中,比例系数 $\beta=\sqrt{1-Ma_\infty^2}$。原来的亚声速机翼与

机翼 2 的几何尺寸相同,自然满足下式:

$$x = x_2 , y = y_2 , z = z_2 , \lambda = \lambda_2 , \alpha = \alpha_2$$

由式(4.4.23)可知,不可压缩流场中的机翼 1、2 的升力系数可写为

$$C_{L1} = \frac{\lambda_1 \pi \alpha_1}{1 + \lambda_1 \pi / c_\alpha} , C_{L2} = \frac{\lambda_2 \pi \alpha_2}{1 + \lambda_2 \pi / c_\alpha}$$

式中,c_α 表示机翼剖面作为二维翼型的升力线斜率(对薄翼型有 $c_\alpha = 2\pi$)。此外,还假设机翼是无扭转的椭圆机翼,且忽略零升攻角的影响。由上式可有

$$\frac{C_{L1}}{C_{L2}} = \beta^2 \frac{1 + \lambda_2 \pi / c_\alpha}{1 + \lambda_1 \pi / c_\alpha} \tag{6.4.15}$$

戈太特法则表明,亚声速机翼与仿射变换得到的不可压缩流场中的低速机翼 1 之间的变换关系为

$$x = x_1 , y = \frac{y_1}{\beta} , z = \frac{z_1}{\beta} , \lambda = \frac{\lambda_1}{\beta}$$

而且有

$$\frac{(C_p)_w}{(C_{p1})_w} = \frac{C_L}{C_{L1}} = \frac{C_m}{C_{m1}} = \frac{1}{\beta^2} \tag{6.4.16}$$

将 $\lambda = \lambda_2 , \alpha = \alpha_2 , \lambda_1 = \beta \lambda$ 和式(6.4.16)代入式(6.4.15),消去 C_{L1},得

$$\frac{C_L}{C_{L2}} = \frac{1 + \dfrac{\lambda \pi}{c_\alpha}}{1 + \beta \dfrac{\lambda \pi}{c_\alpha}} \tag{6.4.17}$$

将上式除以式(6.4.15),可有

$$\frac{C_L}{C_{L1}} = \frac{1}{\beta^2} \tag{6.4.18}$$

由式(6.4.17)还可以得到升力曲线斜率的关系为

$$\frac{\dfrac{dC_L}{d\alpha}}{\dfrac{dC_{L2}}{d\alpha}} = \frac{1 + \dfrac{\lambda \pi}{c_\alpha}}{1 + \beta \dfrac{\lambda \pi}{c_\alpha}} \tag{6.4.19}$$

当 $\lambda \to \infty$ 时(即翼展无限长的机翼),对式(6.4.17)和式(6.4.19)取极限,就可以得到对翼型的普朗特－葛劳渥法则,即

$$\frac{C_L}{C_{L2}} = \frac{1}{\beta} , \frac{\dfrac{dC_L}{d\alpha}}{\dfrac{dC_{L2}}{d\alpha}} = \frac{1}{\beta}$$

当 $\lambda \to 0$ 时(即细长机翼),可得

$$\frac{C_L}{C_{L2}} = 1 , \frac{\dfrac{dC_L}{d\alpha}}{\dfrac{dC_{L2}}{d\alpha}} = 1$$

于是可合理推知,当机翼展弦比较小时,可压缩性对升力、升力曲线斜率的影响较小,或者说升力、升力曲线斜率与 Ma_∞ 无关。

假设 $c_\alpha = 1.8\pi$(这里没有做薄翼型假设),则有

$$\frac{C_L}{C_{L2}} = \frac{1.8 + \lambda}{1.8 + \lambda \sqrt{1 - Ma_\infty^2}}, \frac{\dfrac{\mathrm{d}C_L}{\mathrm{d}\alpha}}{\dfrac{\mathrm{d}C_{L2}}{\mathrm{d}\alpha}} = \frac{1.8 + \lambda}{1.8 + \lambda \sqrt{1 - Ma_\infty^2}}$$

图 6.4.4 绘出了根据上式计算得到的展弦比对可压缩性的影响曲线。可以看出,在亚声速范围内,对于同一平面形状的机翼,随 Ma_∞ 的增大(即 $\beta\lambda$ 减小),机翼的升力、升力曲线斜率将增大。

图 6.4.4　不同展弦比下的升力曲线斜率与 Ma_∞ 的关系

由式(4.4.22)可知,不可压缩流场中的椭圆机翼 1,2 的诱导阻力系数可写为

$$C_{Di1} = \frac{C_{L1}^2}{\lambda_1 \pi}, C_{Di2} = \frac{C_{L2}^2}{\lambda_2 \pi} \tag{6.4.20}$$

可以证明,在亚声速情况下,也有

$$C_{Di} = \frac{C_L^2}{\lambda \pi} \tag{6.4.21}$$

将式(6.4.21)除以式(6.4.20)中的第二式,并考虑到式(6.4.17),得

$$C_{Di} = \left(\frac{1 + \dfrac{\lambda \pi}{c_\alpha}}{1 + \beta \dfrac{\lambda \pi}{c_\alpha}} \right)^2 C_{Di2} \tag{6.4.22}$$

可以看出,当展弦比较小时,可压缩性对机翼诱导阻力系数的影响小于展弦比较大的机翼。

亚声速流动与不可压缩流动在性质上是类似的,例如在任何点的扰动将传遍整个流场,气动力特性的变化趋势也是一致的。但是,从数值上看,亚声速流动由于空气的密度变化,扰动将比在同样边界条件下的不可压缩流动大一些。

6.5　超声速气流绕薄翼型、机翼流动

6.5.1　物理模型与数学模型的建立

超声速气流绕翼型流动的直接求解方法是超声速小扰动线性化方程的一个重要应用。这个方法是阿克莱于 1925 年提出的。

如图 6.5.1(a)所示,当一个薄翼型位于均匀的超声速气流中时,若假设翼型攻角为零,

则在翼型前缘将出现两道分别指向斜下方、斜上方的斜激波,气流经过激波时,其参数将出现突跃式的非线性、非等熵变化;在翼型中间(或最大厚度处)将出现膨胀波束,气流遇到该波束中的第一道膨胀波及经过最后一道膨胀波时,气流参数的导数将出现突跃式的非线性变化;在翼型尾缘处,还将出现两道斜激波,气流参数再次发生非线性变化。气流参数的上述变化必然导致流场中各点处的声速或马赫数发生明显变化,而在超声速流小扰动假设中,速度势方程 $B^2 \varphi_{xx} - \varphi_{yy} - \varphi_{zz} = 0$ 成立的假设条件之一就是 $Ma_\infty^2 \dfrac{U_x}{V_\infty} \ll 1$,即可被忽略,由6.2节推导可知,基于该条件可得

$$1 - Ma^2 = (1 - Ma_\infty^2) - (k+1) Ma_\infty^2 \frac{U_x}{V_\infty} + \cdots \approx 1 - Ma_\infty^2$$

即小扰动假设下流场中的马赫数或速度(还包括密度等)近似与无穷远处相等,并没有考虑流场中 Ma 数的真实变化情况。此外,超声速流中小扰动的传播范围还与当地 Ma 数有关,某点的参数是该点前的依赖区内各点参数变化积累的结果。

图 6.5.1　超声速薄翼型流场的真实流谱及其简化

要把上述的非线性问题线性化,就要求置于流场中的翼型对均匀来流产生的压缩或膨胀的强度都比较小,或者说对流场的扰动比较小。这样,就可以假定翼型各点的扰动均是以来流 Ma_∞ 数作为变化的起点。线性化的结果是将真实的非线性流场图谱转变为图 6.5.1(b) 所示的线性化流场,前缘及尾缘激波、膨胀波束等被两簇平行的马赫波取代且满足式 (6.3.13),马赫波前后均是等熵的且在无穷远处仍可保持原有的强度,气流参数的变化满足式 (6.3.16),即仅由当地气流对来流的偏角决定。因此,超声速绕翼型流动线性化解的物理前提是:薄翼型、小攻角、尖前缘及尾缘、Ma_∞ 不太高($1.3 < Ma_\infty \leqslant 3$)。总之,使翼型对均匀气流的扰动较小,不产生较强的激波,只有在这样的条件下,小扰动线性化的假设才有意义。

定义翼型弦长为 c,上、下翼面型线方程为

$$y_+ = h_+(x), y_- = h_-(x) \tag{6.5.1}$$

二维超声速的小扰动线性化方程、翼面边界条件分别可写为

$$B^2 \varphi_{xx} - \varphi_{yy} = 0, B^2 = Ma_\infty^2 - 1 = \frac{1}{\tan^2 \mu_\infty} \tag{6.5.2a}$$

$$\left(\frac{\partial \varphi}{\partial y} \right)_{y=0} = V_\infty \frac{\mathrm{d} y_\pm}{\mathrm{d} x} = V_\infty h'_\pm(x) \tag{6.5.2b}$$

按照简化的物理模型,用马赫波代替激波,则来流条件是指前缘处马赫波前的扰动速度势 φ 值为零。根据式(6.3.13)可知,前缘上、下的两道马赫波方程为 $x - By = 0, x + By = 0$,

于是来流条件为

$$\varphi_{(x\mp By)\leqslant 0}=0 \qquad\qquad (6.5.2c)$$

6.5.2　求解方法

式(6.5.2a)的通解为

$$\varphi(x,y)=f(x-By)+g(x+By) \qquad\qquad (6.5.3)$$

对于翼型上部流场必有$g(x+By)=0$,而对于翼型下部流场则有$f(x-By)=0$,因此,在翼型上、下表面有

$$\varphi_+(x,y)=f(x-By),\varphi_-(x,y)=g(x+By) \qquad\qquad (6.5.4)$$

因此,在马赫线 Ⅰ：$x-By=\text{const}$ 以及马赫线 Ⅱ：$x+By=\text{const}$ 上,$\varphi_+(x,y)$ 和 $\varphi_-(x,y)$ 保持不变,即扰动参数不变。将翼面边界条件式(6.5.2b)代入后,得

$$\left(\frac{\partial\varphi_+}{\partial y}\right)_{y=0}=-Bf\,'(x)=V_\infty h'_+(x),\left(\frac{\partial\varphi_-}{\partial y}\right)_{y=0}=Bg'(x)=V_\infty h'_-(x) \quad (6.5.5)$$

积分上式并用$(x-By)$替换x,得到翼型上、下部流场的解为

$$f(x-By)=-\frac{V_\infty}{B}h_+(x-By),g(x+By)=\frac{V_\infty}{B}h_-(x+By) \qquad (6.5.6)$$

于是得

$$\varphi_+(x,y)=-\frac{V_\infty}{B}h_+(x-By),\varphi_-(x,y)=\frac{V_\infty}{B}h_-(x+By) \qquad (6.5.7)$$

可以证明,上式只适用于$0<x\mp By<c$的流场范围内。在翼型的尾流区即$x\mp By>c$处扰动为零。这是因为线性化流场是均熵的,在尾缘后的x轴上,气流速度、压力等必然是连续的,则在尾缘后的$y=0$处任取一点,应有下列关系式

$$\left(\frac{\partial\varphi_+}{\partial x}\right)_{y=+0}=\left(\frac{\partial\varphi_-}{\partial x}\right)_{y=-0},\left(\frac{\partial\varphi_+}{\partial y}\right)_{y=+0}=\left(\frac{\partial\varphi_-}{\partial y}\right)_{y=-0}$$

或

$$f\,'(x)=g'(x),-Bf\,'(x)=Bg'(x)$$

要求上面两式同时成立,必有$f\,'(x)=g'(x)=0$,即尾流区内扰动速度势φ只能为常数,或扰动参数为零。

翼型上、下流场的x向扰动速度为

$$U_{x+}=-\frac{V_\infty}{B}h'_+(x-By),U_{x-}=\frac{V_\infty}{B}h'_-(x+By) \qquad (6.5.8a)$$

在翼型上、下表面处则为

$$(U_{x+})_{y=0}=-\frac{V_\infty}{B}h'_+(x)=-\frac{V_\infty}{B}\frac{\mathrm{d}y_+}{\mathrm{d}x}\approx-\frac{V_\infty}{B}\theta_+(x)$$
$$\qquad\qquad\qquad\qquad\qquad\qquad\qquad\qquad\qquad (6.5.8b)$$
$$(U_{x-})_{y=0}=\frac{V_\infty}{B}h'_-(x)=\frac{V_\infty}{B}\frac{\mathrm{d}y_-}{\mathrm{d}x}\approx\frac{V_\infty}{B}\theta_-(x)$$

式中,θ_+,θ_- 分别表示翼型上、下表面的当地斜率,即相对水平来流的倾角。该式表明,当地扰动仅由翼型在该处的斜率θ决定,翼型对流场的扰动可视为翼型的各个局部单独置于均匀来流中产生的扰动,因而每条马赫波前参数均取为来流参数,而波后参数则是受当地扰动后的当地参数(同一条马赫波后的参数是相等的),或者说流场内各点的参数都是以来流

Ma_∞ 数为起点,根据翼型当地斜率计算得到的。因而每条马赫波都是孤立、具有一定强度、伸向无穷远处的,流场就是由这些平行的马赫波组成。翼型上、下流场及翼型上、下表面的压强系数为

$$C_{p+} = -\frac{2U_{x+}}{V_\infty} = \frac{2}{B}h'_+(x - By),\ C_{p-} = -\frac{2U_{x-}}{V_\infty} = -\frac{2}{B}h'_-(x + By) \quad (6.5.9a)$$

$$(C_{p+})_w = \frac{2}{B}h'_+(x) = \frac{2}{B}\frac{dy_+}{dx} \approx \frac{2}{B}\theta_+(x),\ (C_{p-})_w = -\frac{2}{B}h'_-(x) = -\frac{2}{B}\frac{dy_-}{dx} \approx -\frac{2}{B}\theta_-(x)$$
$$(6.5.9b)$$

可以看出,翼型表面各点的压强系数也是仅取决于当地翼型斜率(或称当地攻角),上表面处若斜率为正值,则 $(C_{p+})_w > 0$,表示压缩;若斜率为负值,则 $(C_{p+})_w < 0$,表示膨胀。下表面则与此相反。结果翼型的前半段增压(即与来流压力相比增加),后半段减压,产生了阻力(称为波阻)。翼型上任何点斜率的局部变化只影响该处的参数,并不像亚声速那样影响到全流场各处。此外,式(6.5.9b)还表明,超声速来流的 Ma_∞ 数越大即 B 值越大,则扰动越小。这是由于超声速流动时气流密度的变化幅度大于速度的变化幅度,Ma_∞ 越大则这种趋势越明显,也就使得速度的变化(扰动)随 Ma_∞ 增大而变小了。如前所述,超声速翼型的线性化解在某种程度上歪曲了真实的流动图像,但仍揭示了该问题的本质,即超声速来流的可压缩性影响。

图 6.5.2 为相对厚度为 10％ 的某对称圆弧翼型在 $Ma_\infty = 2.13$ 来流中以四个攻角,即 $\alpha = 0°,4°,8°,10°$ 绕流时的压强系数分布。由图 6.5.2 可见,线性化结果在小攻角时基本符合实验结果,但当攻角较大时(如 $\alpha \geqslant 8°$),误差变得显著。此外,在上翼面尾缘附近误差也较大,这是由于尾缘激波与附面层干扰引起这一段的增压所致。

图 6.5.2　某对称翼型压强系数的理论值与实验结果对比

上面介绍的是小扰动情况下超声速翼型气动参数计算的简单波法,此外还可以采用激波－膨胀波理论进行同样的计算。假设超声速气流绕对称菱形翼型流动,翼型上的流动情况如图 6.5.1(a) 所示,上、下翼面被激波、膨胀波和滑移线分为七个流动区域,每个区域的流动参数都是均匀的。以上翼面为例,首先利用斜激波理论,由 p_1,Ma_1 及 ① 区、② 区之间的气流偏转角(由尖楔半顶角 ε 决定),即可得到 p_2,Ma_2 值。然后,由于 B 点处产生的是普朗特－迈耶流动,利用膨胀波理论,由 ② 区、④ 区之间已知的气流偏转角,以及 p_2,Ma_2 值,又可以得到 p_4,Ma_4 值。类似的,可以求出下翼面 ③ 区、⑤ 区中的压力和马赫数。由 D 点发出的两道激波的强度应恰使 ⑥ 区、⑦ 区中的压力和流动方向相同,当来流没有攻角时,绕

对称翼型的流动自然满足这一条件,且气流方向与来流方向相同,则这两个区的参数可以求出。当来流有较小的攻角时,则应用一条滑移线将⑥区、⑦区的流动分开,再求解这两个区的参数。但是,由于翼型的气动力与最后这两个区的流动参数没有关系,所以通常不予考虑。

6.5.3　气动力参数的计算

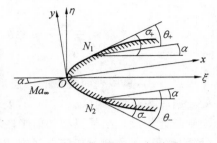

图 6.5.3　翼型几何关系

定义如图 6.5.3 所示的风轴系 Oxy 与体轴系 $O\eta\xi$。设翼型上、下表面任意点(如 N_1, N_2)的切线与翼弦方向 ξ 的夹角(称为对体轴倾角)为 σ_+, σ_-,与来流方向 x 的夹角(称为当地倾角)为 θ_+, θ_-,则有下面几何关系成立:

$$\theta_+ = \sigma_+ - \alpha, \quad \theta_- = \sigma_- - \alpha \qquad (6.5.10)$$

式中,α, σ, θ 均按从 ξ 轴、x 轴正向起,逆时针偏转记为正,顺时针偏转记为负。则式(6.5.9b)可改写成

$$(C_{p+})_w = \frac{2}{\sqrt{Ma_\infty^2 - 1}}(\sigma_+ - \alpha), \quad (C_{p-})_w = -\frac{2}{\sqrt{Ma_\infty^2 - 1}}(\sigma_- - \alpha) \qquad (6.5.11)$$

考虑升力系数的定义式

$$c_1 = \frac{1}{c}\int_0^{c\cos\alpha} \left[(C_p)_- - (C_p)_+\right]_w \mathrm{d}x$$

当攻角 α 较小时,有

$$c\cos\alpha \approx c, \quad \mathrm{d}x \approx \mathrm{d}\xi\cos\alpha \approx \mathrm{d}\xi$$

得

$$c_1 = -\frac{2}{c\sqrt{Ma_\infty^2 - 1}}\int_0^c (\sigma_+ + \sigma_- - 2\alpha)\mathrm{d}\xi$$

由于

$$\int_0^c \sigma_+ \mathrm{d}\xi = \int_0^c \frac{\mathrm{d}\eta_+}{\mathrm{d}\xi}\mathrm{d}\xi = \int_0^c \mathrm{d}\eta_+ = 0, \quad \int_0^c \sigma_- \mathrm{d}\xi = 0$$

上式可简化为

$$c_1 = -\frac{2}{c\sqrt{Ma_\infty^2 - 1}}\int_0^c (-2\alpha)\mathrm{d}\xi = \frac{4\alpha}{\sqrt{Ma_\infty^2 - 1}} \qquad (6.5.12)$$

即超声速二维薄翼的升力与攻角成正比,而与翼型形状无关。

参考式(4.1.4),阻力系数可写为

$$c_d = \frac{1}{c}\int_0^{c\cos\alpha}\left[(C_p)_+\frac{\mathrm{d}y_+}{\mathrm{d}x} - (C_p)_-\frac{\mathrm{d}y_-}{\mathrm{d}x}\right]_w \mathrm{d}x \approx \frac{1}{c}\int_0^{c\cos\alpha}\left[(C_p)_+\theta_+ - (C_p)_-\theta_-\right]_w \mathrm{d}x =$$

$$\frac{2}{c\sqrt{Ma_\infty^2 - 1}}\int_0^{c\cos\alpha}(\theta_+^2 + \theta_-^2)\mathrm{d}x \approx$$

$$\frac{2}{c\sqrt{Ma_\infty^2 - 1}}\int_0^c \left[\sigma_+^2 + \sigma_-^2 - 2\alpha(\sigma_+ + \sigma_-) + 2\alpha^2\right]\mathrm{d}\xi$$

定义 $\bar{\sigma}_+^2$, $\bar{\sigma}_-^2$ 分别为翼型上、下表面倾角 σ_+, σ_- 的平方平均值,即有

$$\bar{\sigma}_+^2 = \frac{1}{c} \int_0^c \sigma_+^2 \, \mathrm{d}\xi, \quad \bar{\sigma}_-^2 = \frac{1}{c} \int_0^c \sigma_-^2 \, \mathrm{d}\xi.$$

再考虑到 $2\alpha \int_0^c (\sigma_+ + \sigma_-) \mathrm{d}\xi = 0$，则阻力系数表达式为

$$c_\mathrm{d} = \frac{4\alpha^2}{\sqrt{Ma_\infty^2 - 1}} + \frac{2}{\sqrt{Ma_\infty^2 - 1}} (\bar{\sigma}_+^2 + \bar{\sigma}_-^2) \tag{6.5.13}$$

式中，第一项是由于具有攻角即存在升力而产生的阻力，称为升力波阻；第二项是由于翼型具有厚度而产生的阻力，称为厚度波阻。即在超声速绕流问题中，不计黏性仍有阻力，也称为波阻。

对翼型前缘的力矩系数可写为

$$c_\mathrm{mLE} = \frac{1}{c^2} \int_0^c \left[(C_p)_+ - (C_p)_- \right]_\mathrm{w} \xi \mathrm{d}\xi = \frac{2}{c^2 \sqrt{Ma_\infty^2 - 1}} \int_0^c (\sigma_+ + \sigma_- - 2\alpha) \xi \mathrm{d}\xi =$$

$$- \frac{2\alpha}{\sqrt{Ma_\infty^2 - 1}} + \frac{2}{c^2 \sqrt{Ma_\infty^2 - 1}} \int_0^c (\sigma_+ + \sigma_-) \xi \mathrm{d}\xi$$

考虑到 $\mathrm{d}(\eta\xi) = \eta \mathrm{d}\xi + \xi \mathrm{d}\eta$，则对于上、下表面有

$$\int_0^c \sigma_+ \xi \mathrm{d}\xi = \int_0^c \frac{\mathrm{d}\eta_+}{\mathrm{d}\xi} \xi \mathrm{d}\xi = (\eta\xi) \Big|_{\xi=0}^{\xi=c} - \int_0^c \eta_+ \, \mathrm{d}\xi = -\int_0^c \eta_+ \, \mathrm{d}\xi = -A_+$$

和

$$\int_0^c \sigma_- \xi \mathrm{d}\xi = -\int_0^c \frac{\mathrm{d}\eta_-}{\mathrm{d}\xi} \xi \mathrm{d}\xi = +A_-$$

式中，A_+，A_- 分别表示翼型在几何弦之上、之下的剖面面积。于是有

$$c_\mathrm{mLE} = -\frac{2\alpha}{\sqrt{Ma_\infty^2 - 1}} - \frac{2}{c^2 \sqrt{Ma_\infty^2 - 1}} (A_+ - A_-) \tag{6.5.14a}$$

或

$$c_\mathrm{mLE} = -\frac{1}{2} c_1 - \frac{2}{c^2 \sqrt{Ma_\infty^2 - 1}} (A_+ - A_-) \tag{6.5.14b}$$

对于对称翼型，式 (6.5.14b) 简化为

$$c_\mathrm{mLE} = -\frac{1}{2} c_1 = -\frac{2\alpha}{\sqrt{Ma_\infty^2 - 1}}$$

图 6.5.4 给出了相对厚度为 10% 的对称圆弧翼型在 $Ma_\infty = 2.13$ 来流中的升力、阻力实验值与理论值对比曲线。可以看出，升力理论值是接近于实际的，但偏高一些，这是因为附面层在尾缘附近有些分离，且上翼面尾缘附近因激波干扰产生了增压作用。值得注意的是，当攻角 $\alpha > 14°$ 时，下翼面的激波应该脱体，但理论值仍较接近实验结果。由于阻力理论值只考虑了波阻，而没有考虑摩擦阻力，因而实验值高于理论值是很自然的。当攻角稍大时，上翼面尾缘前由于激波干扰而压力增加，有助于减小波阻，因此在这些攻角下的理论波阻值较实际波阻值偏大一些。当攻角较大时，线性化理论的压力分布将出现明显偏差，但对总体量 c_1，c_d 却影响较小。由于上翼面尾缘附近的实际压力要比理论值高，且力臂又较大，从而 c_mLE 值将比理论值高许多，故对力矩系数不宜采用小扰动线性化方法求解。

图 6.5.4　对称圆弧翼型的升力、阻力结果对比

6.5.4　翼型的升力系数及阻力系数的叠加计算

式(6.5.9)表明,翼型表面各点的压强系数与当地翼型斜率呈线性关系,而当地斜率又可以理解为来流攻角、弯度(中弧线偏离水平线程度)以及翼型厚度的线性叠加。因此,基于小扰动线性化方程的解的叠加性原理,超声速气流绕翼型流动时的翼型表面压强系数可由气流绕下述三种翼型流动时的表面压强系数叠加而得:① 与翼型所处攻角相同的平板绕流(以 α 表示);② 零攻角下的翼型中弧线绕流(以 f 表示);③ 零攻角下具有原翼型厚度的对称翼型绕流(以 b 表示),如图 6.5.5 所示。故可写出

$$C_{p+} = (C_{p+})_\alpha + (C_{p+})_f + (C_{p+})_b,\quad C_{p-} = (C_{p-})_\alpha + (C_{p-})_f + (C_{p-})_b \qquad (6.5.15)$$

图 6.5.5　压强系数的叠加

显然,翼型的升力系数、阻力系数也可由上述三部分叠加而得。

(1)平板部分。上、下表面斜率均为 $\dfrac{\mathrm{d}y_+}{\mathrm{d}x} = \dfrac{\mathrm{d}y_-}{\mathrm{d}x} = -\alpha$,上表面为膨胀流动,下表面为压缩流动,由式(6.5.9)有

$$(C_{p+})_\alpha = -\frac{2\alpha}{\sqrt{Ma_\infty^2 - 1}},\quad (C_{p-})_\alpha = \frac{2\alpha}{\sqrt{Ma_\infty^2 - 1}} \qquad (6.5.16a)$$

(2)中弧线弯度部分。上、下表面斜率均为 $\left(\dfrac{\mathrm{d}y_+}{\mathrm{d}x}\right)_f = \left(\dfrac{\mathrm{d}y_-}{\mathrm{d}x}\right)_f = \left(\dfrac{\mathrm{d}y}{\mathrm{d}x}\right)_f$,当 $\left(\dfrac{\mathrm{d}y}{\mathrm{d}x}\right)_f > 0$ 时,上表面为压缩流动,下表面为膨胀流动;当 $\left(\dfrac{\mathrm{d}y}{\mathrm{d}x}\right)_f < 0$ 时,上表面为膨胀流动,下表面为压缩流动。由式(6.5.9)有

$$(C_{p+})_f = \frac{2}{\sqrt{Ma_\infty^2 - 1}}\left(\frac{\mathrm{d}y}{\mathrm{d}x}\right)_f,\quad (C_{p-})_f = -\frac{2}{\sqrt{Ma_\infty^2 - 1}}\left(\frac{\mathrm{d}y}{\mathrm{d}x}\right)_f \qquad (6.5.16b)$$

(3)厚度部分。对称翼型上、下表面对应点的斜率大小相等、方向相反,当上表面斜率

$\left(\dfrac{\mathrm{d}y_+}{\mathrm{d}x}\right)_{\mathrm{b}} > 0$ 时，为压缩流动，当 $\left(\dfrac{\mathrm{d}y_+}{\mathrm{d}x}\right)_{\mathrm{b}} < 0$ 时，为膨胀流动；当下表面斜率 $\left(\dfrac{\mathrm{d}y_-}{\mathrm{d}x}\right)_{\mathrm{b}} > 0$ 时，

为膨胀流动，当 $\left(\dfrac{\mathrm{d}y_-}{\mathrm{d}x}\right)_{\mathrm{b}} < 0$ 时，为压缩流动。由式(6.5.9)有

$$(C_{p+})_{\mathrm{b}} = \frac{2}{\sqrt{Ma_\infty^2 - 1}}\left(\frac{\mathrm{d}y_+}{\mathrm{d}x}\right)_{\mathrm{b}}, (C_{p-})_{\mathrm{b}} = -\frac{2}{\sqrt{Ma_\infty^2 - 1}}\left(\frac{\mathrm{d}y_-}{\mathrm{d}x}\right)_{\mathrm{b}} = \frac{2}{\sqrt{Ma_\infty^2 - 1}}\left(\frac{\mathrm{d}y_+}{\mathrm{d}x}\right)_{\mathrm{b}}$$

$$(6.5.16\mathrm{c})$$

综合上面各式，可有

$$C_{p+} = \frac{2}{\sqrt{Ma_\infty^2 - 1}}\left[-\alpha + \left(\frac{\mathrm{d}y}{\mathrm{d}x}\right)_{\mathrm{f}} + \left(\frac{\mathrm{d}y_+}{\mathrm{d}x}\right)_{\mathrm{b}}\right]$$

$$C_{p-} = \frac{2}{\sqrt{Ma_\infty^2 - 1}}\left[\alpha - \left(\frac{\mathrm{d}y}{\mathrm{d}x}\right)_{\mathrm{f}} - \left(\frac{\mathrm{d}y_-}{\mathrm{d}x}\right)_{\mathrm{b}}\right] = \frac{2}{\sqrt{Ma_\infty^2 - 1}}\left[\alpha - \left(\frac{\mathrm{d}y}{\mathrm{d}x}\right)_{\mathrm{f}} + \left(\frac{\mathrm{d}y_+}{\mathrm{d}x}\right)_{\mathrm{b}}\right]$$

$$(6.5.17)$$

下面求翼型的升力及阻力系数，设翼型弦长为 c。

(1) 平板部分。由式(6.5.16a)可知，压力沿翼弦分布为常数，且上、下表面的压力都是垂直于平板的，再由压强系数公式(6.2.17)，可得到垂直于平板的法向力为

$$N_\alpha = \frac{1}{2}\rho_\infty V_\infty^2 c(C_{p-} - C_{p+})_\alpha$$

而垂直于来流方向的升力为

$$L_\alpha = N_\alpha\cos\alpha \approx N_\alpha = \frac{1}{2}\rho_\infty V_\infty^2 c(C_{p-} - C_{p+})_\alpha$$

从而有

$$(c_1)_\alpha = \frac{L_\alpha}{\frac{1}{2}\rho_\infty V_\infty^2 c} = (C_{p-} - C_{p+})_\alpha = \frac{4\alpha}{\sqrt{Ma_\infty^2 - 1}} \qquad (6.5.18\mathrm{a})$$

沿来流方向的分量为

$$D_\alpha = N_\alpha\sin\alpha \approx N_\alpha\alpha$$

则有

$$(c_{\mathrm{d}})_\alpha = \frac{D_\alpha}{\frac{1}{2}\rho_\infty V_\infty^2 c} \approx \frac{N_\alpha\alpha}{\frac{1}{2}\rho_\infty V_\infty^2 c} = (C_{p-} - C_{p+})_\alpha\alpha = \frac{4\alpha^2}{\sqrt{Ma_\infty^2 - 1}} \qquad (6.5.18\mathrm{b})$$

(2) 中弧线弯度部分。作用于弯板微元段 $\mathrm{d}S$ 上的法向力及升力可写为

$$\mathrm{d}N_{\mathrm{f}} = (C_{p-} - C_{p+})_{\mathrm{f}}\mathrm{d}S\frac{1}{2}\rho_\infty V_\infty^2 \text{ 和 } \mathrm{d}L_{\mathrm{f}} = \mathrm{d}N_{\mathrm{f}}\cos\theta = (C_{p-} - C_{p+})_{\mathrm{f}}\mathrm{d}S\cos\theta\frac{1}{2}\rho_\infty V_\infty^2$$

考虑到 $\mathrm{d}x = \mathrm{d}S\cos\theta$，故

$$\mathrm{d}L_{\mathrm{f}} = \frac{1}{2}\rho_\infty V_\infty^2(C_{p-} - C_{p+})_{\mathrm{f}}\mathrm{d}x$$

于是

$$L_{\mathrm{f}} = \int_0^c \frac{1}{2}\rho_\infty V_\infty^2(C_{p-} - C_{p+})_{\mathrm{f}}\mathrm{d}x = \frac{-4}{\sqrt{Ma_\infty^2 - 1}}\frac{1}{2}\rho_\infty V_\infty^2\int_0^c\left(\frac{\mathrm{d}y}{\mathrm{d}x}\right)_{\mathrm{f}}\mathrm{d}x = 0$$

即翼型的弯度在超声速流下不产生升力，有 $(c_1)_{\mathrm{f}} = 0$。法向力在来流方向的分量(考虑 θ

正负的定义）为

$$\mathrm{d}D_{\mathrm{f}} = -\frac{1}{2}\rho_{\infty}V_{\infty}^{2}(C_{p-}-C_{p+})_{\mathrm{f}}\mathrm{d}S\sin\theta = -\frac{1}{2}\rho_{\infty}V_{\infty}^{2}(C_{p-}-C_{p+})_{\mathrm{f}}\mathrm{d}S\tan\theta\cos\theta =$$

$$-\frac{1}{2}\rho_{\infty}V_{\infty}^{2}(C_{p-}-C_{p+})_{\mathrm{f}}\left(\frac{\mathrm{d}y}{\mathrm{d}x}\right)_{\mathrm{f}}\mathrm{d}x$$

于是，得到波阻系数

$$(c_{\mathrm{d}})_{\mathrm{f}} = \frac{D_{\mathrm{f}}}{\frac{1}{2}\rho_{\infty}V_{\infty}^{2}c} = \frac{-\frac{1}{2}\rho_{\infty}V_{\infty}^{2}\int_{0}^{c}\frac{-4}{\sqrt{Ma_{\infty}^{2}-1}}\left(\frac{\mathrm{d}y}{\mathrm{d}x}\right)_{\mathrm{f}}\left(\frac{\mathrm{d}y}{\mathrm{d}x}\right)_{\mathrm{f}}\mathrm{d}x}{\frac{1}{2}\rho_{\infty}V_{\infty}^{2}c} =$$

$$\frac{4}{c\sqrt{Ma_{\infty}^{2}-1}}\int_{0}^{c}\left(\frac{\mathrm{d}y}{\mathrm{d}x}\right)_{\mathrm{f}}^{2}\mathrm{d}x \tag{6.5.19}$$

（3）厚度部分。由于翼型表面上、下对称，对应点处 $\mathrm{d}L_{+}$ 与 $\mathrm{d}L_{-}$ 相互抵消，故$(c_{\mathrm{l}})_{\mathrm{b}}=0$。而上、下表面对波阻的贡献是相同的，因此上、下表面对应点处微元段所产生的波阻等于上表面微元段 $\mathrm{d}S_{+}$ 所产生的波阻的两倍，即

$$\mathrm{d}D_{\mathrm{b}} = \rho_{\infty}V_{\infty}^{2}(C_{p+}\sin\theta_{+}\ \mathrm{d}S_{+})_{\mathrm{b}} = \rho_{\infty}V_{\infty}^{2}(C_{p+})_{\mathrm{b}}\left(\frac{\mathrm{d}y_{+}}{\mathrm{d}x}\right)_{\mathrm{b}}\mathrm{d}x$$

于是

$$(c_{\mathrm{d}})_{\mathrm{b}} = \frac{D_{\mathrm{b}}}{\frac{1}{2}\rho_{\infty}V_{\infty}^{2}c} = \frac{4}{c\sqrt{Ma_{\infty}^{2}-1}}\int_{0}^{c}\left(\frac{\mathrm{d}y_{+}}{\mathrm{d}x}\right)_{\mathrm{b}}^{2}\mathrm{d}x \tag{6.5.20}$$

最后，薄翼型的升力系数与翼型中弧线弯度、翼型厚度无关，只由攻角产生，即

$$c_{\mathrm{l}} = (c_{\mathrm{l}})_{\alpha} = \frac{4\alpha}{\sqrt{Ma_{\infty}^{2}-1}} \tag{6.5.21a}$$

因此，超声速翼型没有必要做成弯的。

翼型的波阻系数为

$$c_{\mathrm{d}} = (c_{\mathrm{d}})_{\alpha} + (c_{\mathrm{d}})_{\mathrm{f}} + (c_{\mathrm{d}})_{\mathrm{b}} = \frac{4}{\sqrt{Ma_{\infty}^{2}-1}}\left\{\alpha^{2} + \frac{1}{c}\int_{0}^{c}\left[\left(\frac{\mathrm{d}y}{\mathrm{d}x}\right)_{\mathrm{f}}^{2} + \left(\frac{\mathrm{d}y_{+}}{\mathrm{d}x}\right)_{\mathrm{b}}^{2}\right]\mathrm{d}x\right\}$$

$$\tag{6.5.21b}$$

式（6.5.21b）表明，翼型波阻系数由两部分组成，一部分与升力有关，另一部分与翼型弯度、厚度有关。后者又称为零升波阻系数，以$(c_{\mathrm{d}})_{0}$ 表示，即

$$(c_{\mathrm{d}})_{0} = \frac{4}{c\sqrt{Ma_{\infty}^{2}-1}}\int_{0}^{c}\left[\left(\frac{\mathrm{d}y}{\mathrm{d}x}\right)_{\mathrm{f}}^{2} + \left(\frac{\mathrm{d}y_{+}}{\mathrm{d}x}\right)_{\mathrm{b}}^{2}\right]\mathrm{d}x \tag{6.5.22}$$

6.5.5　薄机翼超声速绕流的一些基本概念

首先讨论几个薄机翼超声速绕流的基本概念和物理现象，以便于更好地理解薄机翼的超声速气动特性。

（1）前、后马赫锥。

如图 6.5.6 所示，超声速流场内，从任意一点 P 作两个轴线与来流方向平行的马赫锥，一个锥底迎着来流，另一个背着来流，前者称为点 P 的前马赫锥，后者称为点 P 的后马赫

锥。马赫锥的半顶角为 μ_∞，称为来流马赫角且 $\tan\mu_\infty = \dfrac{1}{\sqrt{Ma_\infty^2-1}}$。前马赫锥所围的区域称点 P 的依赖域，在该马赫锥内所有的扰动源都能对点 P 产生影响；后马赫锥所围的区域称点 P 的影响域，即点 P 如为扰动源，则后马赫锥内所有的空间点都要受到点 P 的影响。

图 6.5.6　前、后马赫锥

考察超声速气流绕有限翼展矩形机翼的三维流动情况。如图 6.5.7 所示，机翼前缘的每个点引起的扰动都将沿马赫锥面传播，无数个马赫锥的包络面形成马赫波面。该机翼上某个点 $P(x,0,z)$ 只受到由点 P 发出的前马赫锥内各点的扰动影响，而两个翼尖仅对 BAC 及 EFD 区内的流场有影响，机翼的其余部分 $ACDF$ 区则不受翼尖的影响。

图 6.5.7　超声速流中的矩形机翼

（2）前缘、后缘和侧缘。

超声速机翼本身的不同边界对机翼的绕流性质有很大的影响，从而影响机翼的气动特性。为便于分析，将机翼的边界分为前缘、后缘及侧缘。如图 6.5.8 所示，机翼与来流方向平行的直线段相交的第一点的边界称为前缘，相交的第二点的边界称为后缘，与来流方向平行的机翼边界称为侧缘。因此，对于同一个机翼，它的边界是前缘、后缘还是侧缘，并不是一成不变的，要视来流方向而定。

图 6.5.8　前缘、后缘及侧缘

（3）后掠翼及其前、后缘绕流的性质及定义。

后掠翼在高速飞行器上应用广泛，它通过延迟机翼上的阻力增加和其他可压缩效应来提高飞行器的飞行临界马赫数、巡航速度。后掠效应可以应用矢量分解原理来分析。如图 6.5.9(a) 所示，设后掠翼（即无限长斜置翼）的后掠角为 χ，来流速度为 V_∞ 且其在水平面

（即 xOz 平面）上的投影与 x 轴正向相同，攻角为 α（数值较小）。由于前缘的法线（指在水平面上投影的法线）与来流不平行，而是成角度 χ，因此来流速度、机翼弦长在前缘法线方向的投影为

$$V_n = V_\infty \cos\alpha \cos\chi \approx V_\infty \cos\chi, \quad c_n = c\cos\alpha\cos\chi \approx c\cos\chi$$

而法线速度分量对应的攻角为

$$\sin\alpha_n = \frac{c\sin\alpha}{c_n} = \frac{\sin\alpha}{\cos\chi} \quad \text{或} \quad \alpha_n \approx \frac{\alpha}{\cos\chi}$$

图 6.5.9　后掠翼及其前、后缘绕流性质定义

上述讨论表明，一个来流速度为 V_∞、攻角为 α 的无限长斜置翼的气动特性等同于一个来流速度为 $V_n \approx V_\infty \cos\chi$、攻角为 $\alpha_n \approx \dfrac{\alpha}{\cos\chi}$ 的正置翼（即无后掠的机翼）的特性。因此，斜置翼的翼面上任一点的压力系数 C_p 可以由正置翼按 V_n, α_n 给出，即

$$C_p = \frac{p-p_\infty}{\frac{1}{2}\rho V_\infty^2} = \frac{p-p_\infty}{\frac{1}{2}\rho V_\infty^2 \cos^2\chi}\cos^2\chi = C_{pn}\cos^2\chi \qquad (6.5.23)$$

式中，C_{pn} 为正置翼在攻角为 α_n 时对应的压力系数，由正置翼（二维翼型）理论得到。不过，由于 C_{pn} 对应的攻角 α_n 大于 α，而 $\cos^2\chi < 1$，故从式（6.5.23）看不出后掠对压力系数的影响。此外，升力系数、阻力系数、升阻比等满足下述关系式（这里不做推导），即

$$C_L = C_{Ln}\cos^2\chi, \quad C_D = C_{Dn}\cos^3\chi, \quad \frac{L}{D} = \frac{C_L}{C_D} = \frac{L_n}{D_n\cos\chi} \qquad (6.5.24)$$

由于后掠翼的绕流特性只决定于垂直于前缘的法向翼型剖面的绕流特性，故仅当来流 Ma_∞ 数垂直于机翼前缘的法线分量 $Ma_{\infty n} = Ma_\infty \cos\chi > 1$ 时，后掠翼的绕流才具有超声速特性，否则即使来流是超声速的（$Ma_\infty > 1$），如果后掠角 χ 较大，使其法向分量的马赫数 $Ma_{\infty n} = Ma_\infty \cos\chi < 1$，这时后掠翼的绕流特性仍是亚声速的，不存在波阻。如图 6.5.9(b) 所示，可以根据前后缘与马赫线的相对位置来判断其绕流性质。由于来流速度 V_∞ 垂直于前缘的分速为 $V_{\infty n} = V_\infty \cos\chi$，垂直于马赫线的分速则为 $V_\infty \sin\mu_\infty$，考虑到 $\sin\mu_\infty = \dfrac{1}{Ma_\infty}$，

可得到 $a_\infty = V_\infty \sin \mu_\infty$，即来流速度 V_∞ 垂直于马赫线的分速恰为声速。因此，当机翼最前缘发出的马赫线位于机翼前缘之后时，前缘具有性质 $V_{\infty n} > a_\infty$，这就是超声速前缘；如果马赫线位于机翼前缘之前，前缘具有性质 $V_{\infty n} < a_\infty$，这就是亚声速前缘。以上分析同样适用于后缘。图 6.5.9(c) 给出了具有超声速前缘的后掠翼的翼面上某个点 $P(x,0,z)$ 的依赖域范围，如图中阴影区所示。

　　(4) 二维流区、三维流区。

　　在超声速三维机翼中可以找到一些区域，这些区域中的流场与二维机翼的流场一样，仅受到单一前缘的影响，称为二维流区，如图 6.5.10 中的阴影区所示。该区域中的每点的依赖域都只包含一个前缘，这个前缘以外的部分的影响区域没有覆盖到阴影区，因而与二维机翼没有区别。在二维流区中，可将机翼看成为一无限翼展直机翼，如图 6.5.10(a) 中的二维区，或将机翼看成为一无限翼展斜置翼，如图 6.5.10(c)、(e) 中的二维区。与之对应，在有限翼展机翼上存在与二维流区不同的三维流区，如图 6.5.10 中的非阴影区。该区域中每点的依赖域包含两个前缘，如图 6.5.10(b)、(d) 所示，或一个前缘及一个侧缘如图 6.5.10(a) 所示，或者还包括后缘的影响，如图 6.5.10(f) 所示。二维流区的特点是流动参数仅与翼型（包括攻角）有关，可以直接引用对应的无限翼展直机翼或斜置翼的相关公式来计算，而三维流区的流动参数不仅与翼型有关，还要受到机翼平面形状的影响。

图 6.5.10　二维流区、三维流区

6.5.6　超声速机翼绕流流动的气动力特性

　　下面再介绍几种典型平面形状的平板机翼的压强分布、升力特性和阻力特性。

　　(1) 压强系数。

　　有限翼展薄机翼的超声速绕流特性与其前、后缘的性质有很大关系。如图 6.5.11 所示，对于前、后缘后掠的机翼，随来流 Ma_∞ 数的不同，可以是亚声速前、后缘，或者是亚声速前缘、超声速后缘，或者是超声速前、后缘。图 6.5.11(a) 给出的是亚声速前、后缘时的情况，机翼前缘附近的点，不仅要受到一部分机翼的影响，而且上、下翼面彼此要互相影响，因此前缘附近的绕流性质符合亚声速的绕流特性。类似的，后缘附近的绕流性质也要符合亚声速的绕流特性，即气流在后缘处必须满足库塔条件，沿平板后缘平滑的离开机翼。某一截面（如 aa 截面）处的弦向压强系数可以这样计算，根据前缘 a 点处的后掠角 χ_a 及来流参数，可得到与其等效的正置翼亚声速绕流时的压强系数 C_{pn}，再由式 (6.5.23) 即可计算出后掠翼的压强系数 C_p。由式 (4.2.20) 及图 4.2.7 可知，小攻角条件下亚声速平板机翼前缘处的压强系数趋于无限大，而后缘处压强系数趋于零。对于图 6.5.11(b) 所示的情况，由于后缘是超声速的，上、下翼面对气流的扰动不会相互影响，于是后缘处压强系数为有限值，按式 (6.5.16a)、式 (6.5.23) 计算。当机翼的前、后缘均为超声速性质时，如图 6.5.11(c) 所示，其在前、后缘附近的绕流特性和沿弦向的压强系数分布，与超声速二维平板机翼的绕流相似。

(a) 亚声速前、后缘　　　　　　　　　　(b) 亚声速前缘、超声速后缘

(c) 超声速前、后缘

图 6.5.11　压强系数的弦向分布

　　压强系数沿不同平面形状的平板机翼展向的分布情况可以从图 6.5.12 中看出。对于矩形翼,如果从两个翼尖发出的马赫线不在翼面相交,压强系数如图 6.5.12(a) 所示,可以证明,两个翼尖三维流区的压强系数平均值仅为二维流区的一半,即三维流区的压强系数较二维流区有显著的降低。对这种物理现象的定性解释是,在二维流区,依赖域中包含的机翼翼面是"饱满"的,而在三维流区,依赖域包含的机翼翼面与二维流区的相比,相当于"缺掉"了一块,即缺少一部分固体壁面的扰动效应,压强的绝对值就变小了。图 6.5.12(b)、(c) 给出了三角翼、后掠翼的压强系数展向分布情况。

(a)　　　　　　　　　　　(b)　　　　　　　　　　　(c)

图 6.5.12　压强系数的展向分布

　　(2) 升力系数。

　　如图 6.5.13 所示,矩形翼、三角翼的升力系数随展弦比的变化曲线表明,对矩形翼,当展弦比增大时,升力系数增大,并趋于二维值。对三角翼,展弦比较大时,超声速前缘的升力

系数与二维薄翼型超声速绕流时的情况相似，即
曲线后半部分的平直段；展弦比较小时，对超声速
来流，三角翼也呈现出亚声速前缘性质，并且随展
弦比减小，升力系数逐渐降低。

　　（3）阻力系数。

　　对带攻角的对称翼型的超声速机翼，可以将
其分解为厚度问题和攻角问题来分析。在厚度问
题中，相当于超声速气流以零攻角流过一具有对
称翼型的机翼，这时只产生波阻而没有升力，这一
部分波阻称为零升波阻；在攻角问题中，相当于超

图 6.5.13　矩形翼、三角翼的升力系数

声速气流以攻角流过一无厚度的平板机翼，这时既产生升力也产生阻力，这一部分阻力称为
诱导阻力。

6.6　跨声速翼型绕流

　　所谓跨声速流动（也称混合流动）指的是来流 Ma_∞ 数接近于 1，即 $|1-Ma_\infty^2|$ 为小量
的流动。此时，流场的局部区域跨越声速，流场中既存在亚声速区，又存在超声速区。基于
前面的分析结果可知，在小扰动假设下，亚声速、超声速气流绕翼型或机翼流动时的压强系
数计算公式满足

$$C_{p,\text{亚}} \propto \frac{1}{\sqrt{1-Ma_\infty^2}}, C_{p,\text{超}} \propto \frac{1}{\sqrt{Ma_\infty^2-1}}$$

　　那么，可否直接利用亚声速或超声速流动的解，取马赫数接近 1 以获得跨声速流动的解
呢？由上式可以看出，当 $Ma_\infty \to 1$ 时，分母 $\sqrt{1-Ma_\infty^2}$ 或 $\sqrt{Ma_\infty^2-1}$ 趋于零，即压强系数趋
于无限大。此外，以翼型阻力为例，在超声速情况下，阻力系数满足

$$c_\text{d} \propto \frac{1}{\sqrt{Ma_\infty^2-1}}$$

　　因而，当 $Ma_\infty \to 1$ 时，阻力也是趋于无限大的。当然，真实的阻力并没有这么大，否则
任何飞行器都无法逾越声速。图 6.6.1 给出了某翼型上某点全马赫数范围内的压强系数变
化示意图，可以看出，马赫数 1 附近的压强系数不能视作亚声速或超声速流动的极限，而是
有限的。

　　实际上，跨声速流场中兼有亚声速区和超声速区，描述跨声速流动的小扰动速度势方程
不但是混合型的，而且还是非线性的。因此，跨声速流动不能简单从数学上看成是亚声速或
超声速流动在 $Ma_\infty \to 1$ 时的极限。

　　限于篇幅，下面不对跨声速流动理论做全面介绍，只着重讨论跨声速流动的一些重要物
理图画及主要特征。需要指出的是，在处理实际问题时，如果流场中跨声速区域的影响所占
的比重较小，以至整个流场按纯亚声速或纯超声速流理论得到的结果足够精确，那么就不必
按跨声速流动处理；否则，必须按跨声速流动处理。

图 6.6.1 全马赫数范围内的压强系数变化图

6.6.1 临界马赫数与临界压力

定常亚声速气流无分离的绕流弯曲物体表面（如翼型）时，某些地方流道较小而气流加速，某些地方正好相反。在加速的地方，物面上的气流马赫数 Ma 高于远前方来流马赫数 Ma_∞，而压力 p 低于远前方来流静压 p_∞；在减速的地方，物面上 Ma 低于 Ma_∞，而 p 高于 p_∞。由等熵关系式可知，物面压力最低点，当地气流马赫数最高。随来流马赫数增大，物面附近的流速也随之增加，当来流马赫数超过某临界值即临界马赫数 Ma_{cr} 时，物面附近就出现超声速区域。当来流马赫数等于 Ma_{cr} 时，物面上压力最低点处出现孤立声速点（即当地马赫数为 1 的点），物面上最低压力点处的压力称为临界压力 p_{cr}。所谓临界指的是超过该临界值，流场中就出现超声速区了。当 Ma_∞ 稍大于 Ma_{cr} 时，物面上将出现超声速区，这时便成为跨声速流动。若流动是等熵的，可得到流场中某点压力 p 与来流静压 p_∞ 之比，即

$$\frac{p}{p_\infty} = \left[\frac{1 + \dfrac{k-1}{2}Ma_\infty^2}{1 + \dfrac{k-1}{2}Ma^2}\right]^{\frac{k}{k-1}}$$

当该点压力达到临界压力即 $p = p_{cr}$ 时，有 $Ma = 1, Ma_\infty = Ma_{cr}$，于是有

$$\frac{p_{cr}}{p_\infty} = \left(\frac{2}{k+1} + \frac{k-1}{k+1}Ma_{cr}^2\right)^{\frac{k}{k-1}} = \left[\frac{2}{k+1}\left(1 + \frac{k-1}{2}Ma_{cr}^2\right)\right]^{\frac{k}{k-1}} \quad (6.6.1)$$

由此得到临界压强系数为

$$C_{pcr} = \frac{p_{cr} - p_\infty}{\dfrac{1}{2}\rho_\infty V_\infty^2} = \frac{p_{cr} - p_\infty}{\dfrac{1}{2}kp_\infty Ma_{cr}^2} = \frac{2}{kMa_{cr}^2}\left(\frac{p_{cr}}{p_\infty} - 1\right) =$$

$$\frac{2}{kMa_{cr}^2}\left[\left(\frac{2}{k+1} + \frac{k-1}{k+1}Ma_{cr}^2\right)^{\frac{k}{k-1}} - 1\right] \quad (6.6.2)$$

式（6.6.2）即为等熵流动中的临界压强系数 C_{pcr} 与临界马赫数 Ma_{cr} 的关系式，如图 6.6.2 中曲线 1 所示。

实际计算时，C_{pcr} 是按翼型最低压力点的压强系数 C_{pmin} 求得的。这是因为，就某个给定的翼型而言，Ma_∞ 增大时，最低压力点最早达到临界状态。C_{pmin} 可按普朗特－葛劳渥公式或卡门－钱学森公式求出，即

$$
\begin{cases}
C_{p\min} = \dfrac{(C_{p\min})_1}{\sqrt{1 - Ma_\infty^2}} \\[3mm]
C_{p\min} = \dfrac{(C_{p\min})_1}{\sqrt{1 - Ma_\infty^2} + \dfrac{1}{2}(C_{p\min})_1(1 - \sqrt{1 - Ma_\infty^2})}
\end{cases} \tag{6.6.3}
$$

式中，$(C_{p\min})_1$ 表示翼型最低压力点的压强系数在对应的不可压缩流中的压强系数，认为是已知值，可根据低速机翼理论或实验数据确定。图 6.6.2 中曲线 2，表示不同厚度 b 的某类翼型在零攻角时按卡门—钱学森公式算出的翼型最低压力点的压强系数随来流 Ma_∞ 数的变化情况。曲线 1、2 的交点所对应的 $C_{p\min}$ 和 Ma_∞ 分别为该翼型的临界压强系数 $C_{p\mathrm{cr}}$ 与临界马赫数 Ma_{cr}。由图 6.6.2 可知，随厚度 b 减小，翼型的临界马赫数增高。也就是说，在来流马赫数确定的条件下，翼型越厚，越容易出现局部超声速区。在设计中，

图 6.6.2　临界压力与临界马赫数

希望提高临界马赫数，使得在较高来流马赫数情况下，全流场尽量保持亚声速，减弱产生强激波的超声速区。

对于无限斜置翼而言，临界压强系数 $C_{p\mathrm{cr}}$ 还与斜置角 χ 有关，即式（6.6.2）可写为

$$
C_{p\mathrm{cr}} = \frac{2}{kMa_{\mathrm{cr}}^2}\left[\frac{\left(1 + \dfrac{k-1}{2}Ma_{\mathrm{cr}}^2\cos^2\chi\right)^{\frac{k}{k-1}}}{\left(\dfrac{k+1}{2}\right)^{\frac{k}{k-1}}} - 1\right]
$$

计算结果表明，在同一 $C_{p\mathrm{cr}}$ 值时，斜置角 χ 越大，则 Ma_{cr} 越大，故斜置作用确实能够提高临界马赫数。对于有限翼展的后掠翼来说，$C_{p\mathrm{cr}}$ 随 Ma_{cr} 的变化趋势与斜置翼相同，因而增大机翼的后掠角可以提高其临界马赫数。

6.6.2　超声速气流绕翼型流动的物理图像

考虑绕翼型的流动，来流马赫数为 Ma_∞，攻角为 α，翼型略带弯度（上表面类似收缩—扩张流道），如图 6.6.3 所示。

（1）当来流马赫数小于临界马赫数时，流场处处为亚声速。由于翼型前缘半径较小，曲率较大，气流绕前缘以较大的加速度加速流动，并在其后的一段距离内继续加速；之后，或者在背压的作用下，或者在翼型流道为最小的位置，气流将在翼面上某个位置达到压力最低而速度最大，并开始减速流动。当 Ma_∞ 增大时，翼面附近流速增大，翼面压力最低点处的当地气流马赫数最大，如图 6.6.3(a) 所示。

（2）当 $Ma_\infty = Ma_{\mathrm{cr}}$ 时，翼面上压力最低点处出现孤立声速点，其他地方均为亚声速流动，如图 6.6.3(b) 所示。

（3）当 Ma_∞ 略高于 Ma_{cr} 时，在翼面上表面出现局部超声速区，且随远离翼型而逐渐减弱，并过渡到均匀的高亚声速流区，超声速区的起点并不一定在翼面压力最低点处。它与亚声速区之间存在分界面，如图 6.6.3(c) 所示，虚线表示声速线，实线表示弱激波。来流从亚声速区经过声速线，光滑的过渡到超声速区，再光滑过渡或经过弱激波过渡至高亚声速区。

图 6.6.3　绕翼型的流动图画

（4）如图 6.6.3(d) 所示，当 Ma_∞ 继续增加但仍小于 1 时，上翼面超声速区增大，由于翼型为连续外折曲面，超声速气流经膨胀波束而逐渐加速，类似膨胀波在自由边界上反射时的情形，膨胀波在分界面上产生一系列的弱压缩波。这组弱压缩波在翼型固壁上再次反射出弱压缩波系，并收敛成一个具有一定强度的激波，该激波与声速线连成一体，超声速气流经激波向右到达亚声速区。气流在靠近翼面处折转较大，激波强度也较大，激波、声速线及翼面形成封闭的超声速区。气流穿越激波时熵增加，且靠近翼面处熵较大。翼型上、下表面的两股气流在尾缘处汇合时，由于静压、法向速度相同而总压不等，因此切向速度出现不连续，并产生滑流面。

随来流 Ma_∞ 增加，上翼面的超声速区扩大，激波位置后移且强度增大，将形成很强的超声速波阻，尤其是当 Ma_∞ 超过某临界值时，总阻力系数骤增。这种引起波阻迅速增加的现象称为阻力骤增，它所对应的 Ma_∞ 称为阻力骤增马赫数（也称阻力发散马赫数），用 Ma_D 表示。此时，由于附面层内逆压梯度剧增，可能导致附面层分离，使得升力系数骤然下降，这个现象称为激波失速。在上翼面激波后移过程中，下翼面也可能出现激波，并且迅速移至后缘，如图6.6.3(e) 所示，这时上、下翼面大部分区域都是超声速气流。

阻力骤增的来源是这样的：经过激波后，气流压力并不比来流压力增加多少，而只是恢复到了接近来流压力，所以激波右面的翼面对阻力并没有本质的贡献。真正对阻力的贡献是在超声速区中靠近激波的区域，那里的当地马赫数最大而压力最小，加上当地翼面斜率为负，因此压力降低导致一种沿来流方向的而压力分量。显然，为了避免这种阻力剧增，可以将上翼面做得平坦些。这一方面使得超声速气流形成后无法加速到很强，另一方面因为翼面较平，低压区的压力难以形成水平分量，就可能大大降低波阻。后面将要介绍的超临界翼型正是基于这一原理。

此外，如果分界面恰好处于流道面积为最小的位置时，超声速气流在分界面前的收缩段减速、增压，在分界面处达到声速且压力与外部高亚声速区的气体压力相等，这时就会出现超声速气流光滑（等熵）过渡到高亚声速区的情况。

(5) 当 Ma_∞ 等于 1 时，可以证明，超声速区是不封闭的，激波伸向无穷远处，声速线在无穷远处与激波相交，如图 6.6.3(f) 所示。

(6) 当 Ma_∞ 稍大于 1 时，翼型前出现脱体激波，激波后为局部亚声速区与超声速区的混合区域，亚声速气流沿波面向两侧逐渐加速，经声速线到超声速区。翼型上、下表面的超声速气流在尾缘以某种角度会合，折中取某中间角度向右流出，相当于遇到内折壁面，从而出现尾激波，如图 6.6.3(g) 所示。

(7) 对于一般的超声速来流情况，如果翼型前缘较尖，随 Ma_∞ 增加，脱体激波可能附体，附体斜激波右侧仍为超声速区，至尾缘处仍形成尾激波，如图 6.6.3(h) 所示。

(8) 随 Ma_∞ 近一步增加，在高超声速流动情况下，由于压力的作用相对于速度的作用较弱，而翼面扰动又主要是以压力波的形式向流场内部传播，因此激波被起主导作用的来流挤压在非常接近翼面的空间内，以至激波形状几乎与翼面重合，如图 6.6.3(i) 所示。一般把激波与翼面之间的流体称为激波层，在高超声速流动条件下，激波层有可能与附面层厚度相近，二者间的相互干涉效应较强。

6.6.3　三维跨声速流动的相似律

相似律是指，若两个流场所满足的无量纲方程和无量纲边界条件是相同的，则彼此的气动力参数可以通过一些无量纲量的组合参数进行换算，由这些组合参数所建立的一族流动之间的关联，称为这类流动的相似律。这里需要两个被绕流物体的外形具有某种仿射相关的性质。下面讨论三维机翼的相似律问题。

设有两个跨声速薄翼绕流的流场，其气流参数、机翼参数等分别用下标 1，2 表示，它们都满足跨声速小扰动速度势方程，即式(6.2.9)。于是有

$$(1-Ma_{\infty}^2)_1 \left(\frac{\partial^2 \varphi}{\partial x^2}\right)_1 + \left(\frac{\partial^2 \varphi}{\partial y^2}\right)_1 + \left(\frac{\partial^2 \varphi}{\partial z^2}\right)_1 = \left(\frac{k+1}{V_{\infty}} Ma_{\infty}^2\right)_1 \left(\frac{\partial \varphi}{\partial x}\right)_1 \left(\frac{\partial^2 \varphi}{\partial x^2}\right)_1 \quad (6.6.4a)$$

$$(1-Ma_{\infty}^2)_2 \left(\frac{\partial^2 \varphi}{\partial x^2}\right)_2 + \left(\frac{\partial^2 \varphi}{\partial y^2}\right)_2 + \left(\frac{\partial^2 \varphi}{\partial z^2}\right)_2 = \left(\frac{k+1}{V_{\infty}} Ma_{\infty}^2\right)_2 \left(\frac{\partial \varphi}{\partial x}\right)_2 \left(\frac{\partial^2 \varphi}{\partial x^2}\right)_2 \quad (6.6.4b)$$

与前面章节不同,这里定义 y 轴方向为展向。若这两个流场对应点的坐标和流动参数之间有如下关系:

$$x_2 = s_x x_1, y_2 = s_y y_1, z_2 = s_z z_1, V_{\infty 2} = s_V V_{\infty 1}, B_2 = s_B B_1, \Gamma_2 = s_{\Gamma} \Gamma_1 \quad (6.6.5a)$$

式中

$$B_i = \sqrt{|1-Ma_{\infty}^2|_i}, \Gamma_i = [(k+1)Ma_{\infty}^2]_i$$

并且两个小扰动势满足

$$\varphi_2 = s_{\varphi} \varphi_1 \quad (6.6.5b)$$

式中,$s_x, s_y, s_z, s_V, s_B, s_{\Gamma}, s_{\varphi}$ 等均为比例常数。于是可得

$$\begin{cases} \left(\dfrac{\partial \varphi}{\partial x}\right)_1 = \dfrac{s_x}{s_{\varphi}} \left(\dfrac{\partial \varphi}{\partial x}\right)_2, \left(\dfrac{\partial^2 \varphi}{\partial x^2}\right)_1 = \dfrac{s_x^2}{s_{\varphi}} \left(\dfrac{\partial^2 \varphi}{\partial x^2}\right)_2 \\[2mm] \left(\dfrac{\partial \varphi}{\partial y}\right)_1 = \dfrac{s_y}{s_{\varphi}} \left(\dfrac{\partial \varphi}{\partial y}\right)_2, \left(\dfrac{\partial^2 \varphi}{\partial y^2}\right)_1 = \dfrac{s_y^2}{s_{\varphi}} \left(\dfrac{\partial^2 \varphi}{\partial y^2}\right)_2 \\[2mm] \left(\dfrac{\partial \varphi}{\partial z}\right)_1 = \dfrac{s_z}{s_{\varphi}} \left(\dfrac{\partial \varphi}{\partial z}\right)_2, \left(\dfrac{\partial^2 \varphi}{\partial z^2}\right)_1 = \dfrac{s_z^2}{s_{\varphi}} \left(\dfrac{\partial^2 \varphi}{\partial z^2}\right)_2 \end{cases} \quad (6.6.6)$$

将式(6.6.5)、式(6.6.6)代入式(6.6.4a)中,可有

$$\pm \frac{s_x^2}{s_B^2} \frac{B_2^2}{s_{\varphi}} \left(\frac{\partial^2 \varphi}{\partial x^2}\right)_2 + \frac{s_y^2}{s_{\varphi}} \left(\frac{\partial^2 \varphi}{\partial y^2}\right)_2 + \frac{s_z^2}{s_{\varphi}} \left(\frac{\partial^2 \varphi}{\partial z^2}\right)_2 = \frac{s_V}{s_{\Gamma}} \frac{s_x^3}{s_{\varphi}^2} \frac{\Gamma_2}{V_{\infty 2}} \left(\frac{\partial \varphi}{\partial x}\right)_2 \left(\frac{\partial^2 \varphi}{\partial x^2}\right)_2 \quad (6.6.7a)$$

式(6.6.7a)等号左边第一项,取正号对应于亚声速来流,取负号对应于超声速来流。而式(6.6.4b)又可以写为

$$\pm B_2^2 \left(\frac{\partial^2 \varphi}{\partial x^2}\right)_2 + \left(\frac{\partial^2 \varphi}{\partial y^2}\right)_2 + \left(\frac{\partial^2 \varphi}{\partial z^2}\right)_2 = \frac{\Gamma_2}{V_{\infty 2}} \left(\frac{\partial \varphi}{\partial x}\right)_2 \left(\frac{\partial^2 \varphi}{\partial x^2}\right)_2 \quad (6.6.7b)$$

比较上面两式可知,只有当组合量满足以下关系

$$\frac{s_x^2}{s_B^2 s_{\varphi}} = \frac{s_y^2}{s_{\varphi}} = \frac{s_z^2}{s_{\varphi}} = \frac{s_V}{s_{\Gamma}} \frac{s_x^3}{s_{\varphi}^2}$$

时,才能通过式(6.6.5)的变换,将第一个机翼流场的扰动速度势所满足的方程变为第二个机翼流场的扰动速度势所满足的方程,从而使两个流场之间建立起相似关系。上式又可写为

$$\frac{s_y s_B}{s_x} = 1 \text{ 或 } \frac{s_y}{s_x} = \frac{1}{s_B} \quad (6.6.8a)$$

$$\frac{s_y}{s_z} = 1 \text{ 或 } s_y = s_z \quad (6.6.8b)$$

$$\frac{s_x^2}{s_B^2 s_{\varphi}} = \frac{s_V}{s_{\Gamma}} \frac{s_x^3}{s_{\varphi}^2} \text{ 或 } \frac{s_{\varphi}}{s_V s_x} = \frac{s_B^2}{s_{\Gamma}} \quad (6.6.8c)$$

于是可知,第一个机翼与第二个机翼的展弦比 λ 之间必须满足如下关系:

$$\frac{\lambda_2}{\lambda_1} = \frac{s_y}{s_x} = \frac{1}{s_B} = \frac{B_1}{B_2}$$

即

$$B_1 \lambda_1 = B_2 \lambda_2 \quad (6.6.9a)$$

而两个机翼后掠角 χ 必须满足如下关系：

$$\frac{\tan \chi_2}{\tan \chi_1} = \frac{s_x}{s_y} = s_B = \frac{\lambda_1}{\lambda_2}$$

即

$$\lambda_1 \tan \chi_1 = \lambda_2 \tan \chi_2 \tag{6.6.9b}$$

由此得到结论：只有当两个机翼的展弦比 λ、后掠角 χ 满足式(6.6.9)，并且两个扰动速度势的比值 s_φ 满足式(6.6.8c) 时，两个机翼的流场才能用同一个跨声速非线性小扰动速度势方程来描述。

下面再来讨论两个流场边界条件之间的关系。设两个薄翼翼面的 z 坐标可表示为

$$z_i = c_m \bar{b}_{mi} f_i \left(\frac{x_i}{c_{mi}}, \frac{y_i}{l_i} \right) \tag{6.6.10}$$

式中，c_m 表示机翼的平均几何弦长；$\bar{b}_m$ 表示机翼的平均相对厚度；l 表示机翼的半展长；$f\left(\frac{x}{c_m}, \frac{y}{l}\right)$ 表示机翼翼面形状函数。对小攻角薄翼，绕流边界条件可认为在 $z = 0$ 平面上满足。因此，两个机翼的绕流边界条件为

$$\left(\frac{\partial \varphi}{\partial z} \right)_1 \bigg|_{z_1 = 0} = V_{\infty 1} \frac{\partial z_1}{\partial x_1} = V_{\infty 1} \bar{b}_{m1} \frac{\partial}{\partial \left(\frac{x}{c_m} \right)_1} f_1 \left(\frac{x_1}{c_{m1}}, \frac{y_1}{l_1} \right) \tag{6.6.11a}$$

$$\left(\frac{\partial \varphi}{\partial z} \right)_2 \bigg|_{z_2 = 0} = V_{\infty 2} \frac{\partial z_2}{\partial x_2} = V_{\infty 2} \bar{b}_{m2} \frac{\partial}{\partial \left(\frac{x}{c_m} \right)_2} f_2 \left(\frac{x_2}{c_{m2}}, \frac{y_2}{l_2} \right) \tag{6.6.11b}$$

根据式(6.6.5)、(6.6.6) 的变换关系，于是第一个机翼的边界条件可写为

$$\frac{s_z}{s_\varphi} \left(\frac{\partial \varphi}{\partial z} \right)_2 \bigg|_{z_2 = 0} = \frac{V_{\infty 2}}{s_V} \bar{b}_{m1} \frac{\partial}{\partial \left(\frac{x}{c_m} \right)_2} f_1 \left(\frac{x_1}{c_{m1}}, \frac{y_1}{l_1} \right) \tag{6.6.12}$$

若两个机翼的翼面形状函数相同，即

$$f_1 \left(\frac{x_1}{c_{m1}}, \frac{y_1}{l_1} \right) = f_2 \left(\frac{x_2}{c_{m2}}, \frac{y_2}{l_2} \right)$$

则将式(6.6.11b) 与式(6.6.12) 比较可知，当两个机翼的平均相对厚度 $\bar{b}_m$ 满足关系式

$$\bar{b}_{m2} = \frac{s_\varphi}{s_V s_z} \bar{b}_{m1} \tag{6.6.13a}$$

时，两个机翼绕流边界条件便有可能用同一无量纲方程表示。此外，由式(6.6.8) 得

$$\frac{s_\varphi}{s_V s_x} = \frac{s_\varphi}{s_V s_z s_B} = \frac{s_B^2}{s_\Gamma} \quad \text{或} \quad \frac{s_\varphi}{s_V s_z} = \frac{s_B^3}{s_\Gamma}$$

将上式代入式(6.6.13a)，又可得

$$\bar{b}_{m2} = \frac{s_B^3}{s_\Gamma} \bar{b}_{m1} \tag{6.6.13b}$$

考虑式(6.6.5)，可有

$$\frac{B_1}{(\Gamma_1 \bar{b}_{m1})^{1/3}} = \frac{B_2}{(\Gamma_2 \bar{b}_{m2})^{1/3}} \tag{6.6.13c}$$

因此，把翼面形状函数相同，展弦比 λ、后掠角 χ、平均相对厚度 $\bar{b}_m$ 分别满足式(6.6.9)、

式(6.6.13)的两个机翼称为仿射相关机翼。利用两个仿射相关机翼流场中各比例常数之间的关系式,即式(6.6.8)、式(6.6.13)便可以建立起两个仿射相关薄翼跨声速气动力特性之间的相互关系,这就是所谓的薄翼跨声速绕流的相似律。

最后,讨论压强系数的相似律。根据上面的分析可知,两个薄翼翼面上的对应点 $\left(\dfrac{x_1}{c_{m1}} = \dfrac{x_2}{c_{m2}}, \dfrac{y_1}{l_1} = \dfrac{y_2}{l_2}\right)$ 的压强系数有如下关系:

$$C_{p2} = -\frac{2}{V_{\infty 2}}\left(\frac{\partial \varphi}{\partial x}\right)_2 = \frac{s_\varphi}{s_V s_x}\left[-\frac{2}{V_{\infty 1}}\left(\frac{\partial \varphi}{\partial x}\right)_1\right] = \frac{s_\varphi}{s_V s_x}C_{p1} \tag{6.6.14a}$$

由于两个薄翼仿射相关,利用式(6.6.8)、式(6.6.13),可将式(6.6.14a)写为

$$C_{p2} = \frac{s_B^2}{s_\Gamma}C_{p1} = \frac{\bar{b}_{m2}}{\bar{b}_{m1}s_B}C_{p1} = \left(\frac{\bar{b}_{m2}}{\bar{b}_{m1}}\right)^{2/3}\left(\frac{\Gamma_1}{\Gamma_2}\right)^{1/3}C_{p1}$$

或

$$\left(\frac{\Gamma_1}{\bar{b}_{m1}^2}\right)^{1/3}C_{p1} = \left(\frac{\Gamma_2}{\bar{b}_{m2}^2}\right)^{1/3}C_{p2} \tag{6.6.14b}$$

式(6.6.14b)表明,当两个薄翼的组合参数 $B\lambda$,$\lambda\tan\chi$ 和 $\dfrac{B}{(\Gamma\bar{b}_m)^{1/3}}$ 相同,即两个薄翼仿射相关时,则两翼面对应点处压强系数 C_p 与 $\left(\dfrac{\Gamma}{\bar{b}_m^2}\right)^{1/3}$ 的乘积相等。换而言之,跨声速小扰动流场的 $C_p\left(\dfrac{\Gamma}{\bar{b}_m^2}\right)^{1/3}$ 值是组合参数 $B\lambda$,$\lambda\tan\chi$,$\dfrac{B}{(\Gamma\bar{b}_m)^{1/3}}$,$\dfrac{x}{c_m}$,$\dfrac{y}{l}$ 的函数,并可以用如下的表达式进行表达:

$$C_p = \left(\frac{\bar{b}_m^2}{\Gamma}\right)^{1/3}F\left[B\lambda,\lambda\tan\chi,\frac{B}{(\Gamma\bar{b}_m)^{1/3}},\frac{x}{c_m},\frac{y}{l}\right] \tag{6.6.15a}$$

考虑到 $B\lambda$ 除以 $\dfrac{B}{(\Gamma\bar{b}_m)^{1/3}}$ 等于 $\lambda(\Gamma\bar{b}_m)^{1/3}$,又可得

$$C_p = \left(\frac{\bar{b}_m^2}{\Gamma}\right)^{1/3}F\left[B\lambda,\lambda\tan\chi,\lambda(\Gamma\bar{b}_m)^{1/3},\frac{x}{c_m},\frac{y}{l}\right] \tag{6.6.15b}$$

这就是三维薄翼跨声速绕流压强系数的相似律。利用压强系数进行积分,不难求得升力系数、力矩系数和波阻系数的相似律。因篇幅所限,这里从略。

作为特例,对于二维翼型即 $\lambda\to\infty$ 且变量 y 不出现,于是式(6.6.15)可简化为

$$C_p = \left(\frac{\bar{b}^2}{\Gamma}\right)^{1/3}F\left[\frac{B}{(\Gamma\bar{b})^{1/3}},\frac{x}{c}\right] \tag{6.6.16}$$

式中,$\bar{b}$,c 分别为翼型的相对厚度、弦长。式(6.6.16)即为二维薄翼型跨声速绕流压强系数的相似律。

6.6.4 超临界翼型

飞行器的高亚声速巡航速度受到跨声速阻力骤增的限制。使用后掠翼可使具有传统翼型的机翼的阻力骤增马赫数 Ma_D 延迟到 $Ma_\infty\approx0.8$ 左右。要进一步增大巡航速度,一个重要的方法是使用超临界翼型,这样就可以在较高的飞行马赫数下保持较低的阻力系数。这种翼型是 20 世纪 50 年代开始逐步发展起来的。

如图 6.6.4 所示,与传统翼型相比,超临界翼型的主要特点是上翼面曲率较小(甚至是"平坦"的),使来流马赫数超过临界马赫数后,大约从距前缘 5% 弦长处沿翼型上表面的流动是一种无加速的均匀超声速流。如果将绕流图画分为区域 A,B,C 和 D,并比较各个区域的压力变化情况,可以看出,对于传统翼型,当 $Ma_\infty > Ma_{cr}$ 时,上表面出现较大的超声速区,激波位于弦线中点附近且强度较大,伸展较远。这时可以认为 A 区压力近似等于来流压力,C,D 两个区的压力也与无穷远处的来流压力近似相等,而 B 区压力(尤其是靠近激波附近区域)则因过度膨胀而很低,再考虑到传统翼型上表面曲率较大,在低压区具有较大的负斜率,这就产生了很大的阻力。对于超临界翼型,从距上表面前缘约 5% 弦长处出现超声速流,由于表面平坦,气流无明显加速,激波位置大大靠后,而且激波前的马赫数不是特别大,即激波较弱,伸展较近。激波后的亚声速流中有一个压力分布的平稳段,气流不易分离。这时,A,C,D 区的压力仍然与来流压力近似相等,而 B 区压力由于气流加速不多而下降得较小(与来流压力相比),兼之上表面较为平坦,于是可知压差对阻力的贡献较小。这就是超临界翼型大大减小跨声速流动中的阻力的原因。不过,因为超临界翼型上表面较为平坦,曲率较小,使得翼型中段所产生的升力减小。为了弥补翼型中段的升力不足,一般将后缘附近的下表面做成内凹型以增大翼型后段弯度,从而使后段上、下表面的压差增大,升力增加。

图 6.6.4　传统翼型与超临界翼型的流动图画及压力分布对比

图 6.6.4 给出的两种翼型上、下表面压强系数的分布情况表明,对于传统翼型,在 $Ma_\infty = 0.7$ 时,上表面就出现了很强的超声速区,并产生强激波,激波之后的附面层产生了分离。气流经过激波后压力出现很大跳跃,而激波前的压力很小。翼型尾段附近的上、下表面压力差很小,对升力的直接贡献小。而对于超临界翼型,在 $Ma_\infty = 0.8$ 时,从距上表面前缘约 5% 弦长处出现超声速流直到激波为止,翼型上表面的 C_p 几乎是一条平线。过了激波之后,C_p 分布出现一个小"台阶",然后在后缘亚声速流区进行较强的减速,C_p 迅速增大。在后缘点上,压力基本恢复至环境压力。翼型下表面的前半段保持一个常数吸力,相应的流速小于当地声速,后半段压力急剧增至一个正值,最后在一个很短的距离内降至环境压力。由于后缘附近的向下弯曲,使得接近后缘处的上、下表面压力差比传统翼型大,产生额外升力。

图 6.6.5(a)给出的 NACA 64_1—212 层流翼型与 NASA 超临界翼型的相对厚度分布表明,二者几乎相同,并且这两个翼型的容积是差不多的。当设计升力系数取为 0.6、相对厚度 $\bar{b}=0.11$ 时,图 6.6.5(b)给出了两种翼型的阻力系数随 Ma_∞ 的变化情况。可以看出,当 $Ma_\infty=0.7$ 时,NASA 超临界翼型的阻力系数仅有微小增加,当 $Ma_\infty=0.8$ 时,阻力系数才开始剧增。而 NACA 64_1—212 翼型在 $Ma_\infty=0.69$ 时就出现了阻力系数剧增的现象,即 NASA 超临界翼型的阻力骤增马赫数比 NACA 64_1—212 翼型增大了约 0.11,充分体现了超临界翼型在提高阻力骤增马赫数、改善跨声速流动特性方面的良好品质。图 6.6.5(c)给出了两种翼型的升力系数对比曲线,可以发现,当升力系数比设计条件下的升力系数高的越多时,超临界翼型比传统翼型出现分离的 Ma_∞ 数就高得越多,而且在这些更高的 Ma_∞ 数下,超临界翼型的最大升力值也有明显增加。

图 6.6.5　层流翼型与超临界翼型的相对厚度、阻力系数、升力系数的对比

6.6.5　翼身组合体的跨声速面积律

前面已经讲过,在飞行马赫数较高时,传统翼型的阻力骤增马赫数之所以较小,一个主要原因就是其上翼面后半段斜率为负的地方会加速到较高马赫数而压力较低,形成水平分量并导致很大的阻力。因此,对于三维飞行器,尤其是机身与机翼相连的部位,由于沿轴线方向的总截面积变化较大,也容易产生阻力骤增。跨声速面积律要求飞行器的横截面积随轴线的变化等同于某当量旋成体,以减小阻力。

如图 6.6.6(a)所示,旋成体是由一条母线(直线或曲线)绕某轴回转而成的物体,该轴称为旋成体的体轴,旋成体的任一截面均为圆形。包含体轴的任一平面称为旋成体的子午面,在任一子午面上旋成体的边界形状(也就是旋成体与任一子午面的交线)都相同。图中,$r=f(x)$ 为旋成体的母线;L 为旋成体总长;$R(x)$ 为旋成体半径;R_{max} 为旋成体最大半径;$S(x)$ 为旋成体横截面积;S_{max} 为旋成体最大横截面积。一般情况下,旋成体的特征面积为尾部截面面积 $S(L)$,对于尖尾情况,即 $R(L)=0$ 或尾部半径对 x 的变化率 $\dfrac{\mathrm{d}R(L)}{\mathrm{d}x}$ 等于零时,特征面积定义为旋成体的最大横截面积 S_{max}。

对于超声速轴向绕流问题,在小扰动理论范围内,旋成体表面的压力分布不产生升力,只产生一个沿气流方向的轴向力,称为轴向流动的零波阻力(即前面提到的零升波阻)。分析表明,对于细长旋成体而言,$S(L)=S'(L)=0$ 时的零波阻力系数计算公式为

$$C_{D0}=-\frac{1}{\pi S_{max}}\int_0^L\int_0^x S''(x)S''(\xi)\ln(x-\xi)\mathrm{d}\xi\mathrm{d}x$$

图 6.6.6　旋成体、机翼－翼身组合体、当量旋成体的示意图

即零波阻力与来流马赫数无关。而对于小展弦比薄翼与细长机身的机翼－翼身组合体,当 $S(L)=S'(L)=0$ 这一条件得以满足时,可以证明,其零波阻力系数的计算公式与细长旋成体的计算公式是一样的。这就是说,在 $S(L)=S'(L)=0$ 时,细长机翼－翼身组合体的零波阻力与具有相同截面积 $S(x)$ 分布的细长旋成体的零波阻力一样,这个细长旋成体称为该机翼－翼身组合体的当量旋成体,如图 6.6.6(b) 所示。上述结论在跨声速情况下同样适用,即在给定某一跨声速马赫数条件下,沿轴向具有相同横截面积(包括机身、机翼及其他所有机身上的附属装置)分布的飞行器具有相同的零波阻力。这就是跨声速面积律的内容。需要指出的是,应用跨声速面积律要满足下面的条件:

(1) 物体末端有轴对称部分。

(2) 物体末端是一个点(尖尾),即 $S(L)=0$,或物体末端是平行于自由流的圆柱段,即 $S'(L)=0$。

许多实际的飞行器(如飞机、导弹)是满足上述条件的。

1952 年,惠特科姆通过 $Ma_\infty=0.84 \sim 1.1$、攻角为零等条件下的飞行器模型实验证实了跨声速面积律。如图 6.6.7 所示,模型 a 是一个旋成体,模型 b 是在该旋成体上直接加上后掠翼组成机翼－翼身组合体,模型 c 则是应用面积律后的带后掠翼的机体,即通过"蜂腰"型机身设计以保证机身横截面积分布情况与模型 a 较为接近。实验得到的总阻力系数 C_D、波阻系数 ΔC_D(从 C_D 中扣除摩擦阻力得到)的分布表明,当机翼仅仅是简单的直接连接到机身时(模型 b),在 $Ma_\infty=0.98$ 时,波阻就出现了激增,而应用了面积律的飞行器(模型 c)则在更高的马赫数下才会出现波阻激增现象。例如,在 $Ma_\infty=1.02$ 时,"蜂腰"型机身可以使波阻减半,而其他的由可压缩效应带来的影响也相应地推迟出现。此外还可以看出,在实验马赫数的多数范围内,模型 a,c 的波阻系数几乎是一样的。

惠特科姆根据上述结果认为,既然机翼－翼身组合体轴向横截面积分布的不均匀性(如模型 b)是导致零波阻力激增的主要原因,那么在跨声速时就可以通过修削细长机翼－翼身组合体的横截面积分布,使其当量旋成体具有光滑的横截面积分布,从而实现降低细长机翼－翼身组合体在跨声速时的零波阻力的目的。基于这种思想,跨声速面积律在实际应用时有两种方式:一种是修削机翼处的机身,即把机身做成"蜂腰"型;另一种是把翼身连接处(及机翼以外的部分)的机身截面积加大一些。后者通常用于已有飞行器的改型设计。如图 6.6.8(a) 所示,美国的 YF－102 战斗机在 1954 年试飞时由于跨声速波阻过大而未超

图 6.6.7　　面积律的实验验证结果

过声速,后来采用了跨音速面积律和其他措施,其改型机 YF—102A 于同年试飞时顺利超过声速,成为世界上第一架采用跨音速面积律的飞机。图 6.6.8(b) 则为波音 747 的"驼峰"外形,它通过延长驾驶舱后部,以使其当量旋成体的轴向横截面积分布光滑,从而有效地提高了临界马赫数。

(a)　　　　　　　　　　　　　　　　　　(b)

图 6.6.8　　面积律的应用实例

第 7 章　　高超声速流动基础

　　高超声速流动是指飞行器的飞行速度远远高于当地介质的声速,而且出现一系列新特征的流动现象。高超声速空气动力学是研究气体与高超声速飞行器相对运动时产生的力、热和其他物理现象的科学,它是近代空气动力学的一个学科分支。

　　高超声速空气动力学的兴起是与火箭、导弹、卫星、载人飞船、航天飞机等的发展密切相关的,其研究重点是航天飞行器再入大气层时的气动力和气动热问题。例如,洲际弹道式导弹的弹头、载人飞船的返回舱、航天飞机的轨道器等航天器从太空的轨道上以极高速度(马赫数可达 30 以上)进入大气层后,在距地面 120 ~ 90 km 范围开始进入稀薄空气的低密度区;距地面 90 km 以下,进入连续介质的大气层。此时,再入飞行器由于受到周围稠密空气的阻滞作用而急剧减速,其迎风面被高温、高压气体所包围,空气的物理、化学特性随之变化,使得飞行器的空气动力学特性与一般超声速时的情况明显不同,气动加热、化学反应非平衡、热力学非平衡等问题变得尤为严重。本章将主要讨论高超声速范围内的基础流动问题,包括高超声速流的基本特征、高超声速流动中的激波关系及流动分析方法、高超声速流动中的气动力及气动热等问题。

7.1　　高超声速流动的基本特征

　　高超声速(Hypersonic)这一术语是我国著名科学家钱学森于 1946 年提出的,通常用自由来流马赫数 $Ma_\infty \geqslant 5$ 作为高超声速流动的一种标志。显然,尽管这种定义简单且直观,有助于初步建立高超声速空气动力学的概念,但并不严格,因为超声速、高超声速流动的区别并不像亚声速、超声速流动那样明显。例如,亚、超声速流动以 $Ma_\infty = 1$ 为界限,$Ma_\infty < 1$ 时的流动与 $Ma_\infty > 1$ 时的流动之间有本质的区别,而对于 $Ma_\infty = 4.9$ 与 $Ma_\infty = 5.1$ 时的流动,很难说二者有什么明显的不同。因此,对高超声速流动做如下定义:在某种高速流动范围内,某些在超声速流动时并不显著的物理化学现象,如分子振动自由能激发、比热比 k 不再等于 1.4 等,由于马赫数的增大而变得重要了。若想理解上述定义,首先必须了解高超声速流动条件下会出现哪些独特的、不同于一般超声速流动的特征。这些特征可以归纳为由于马赫数非常高而产生的气体动力学上的特征,以及由于流动能量很大而引起的气体物理或化学特征。

1. 流场的非线性

　　当 $Ma_\infty \gg 1$ 的高超声速气流受到扰动时,即使扰动速度与来流速度相比十分微小,但与声速相比可能并不小,因而微小的速度改变也会引起气流热力学参数的较大变化。由理想气体运动方程 $V\mathrm{d}V + \dfrac{\mathrm{d}p}{\rho} = 0$,可有

$$\frac{\mathrm{d}p}{p} = -V^2 \frac{\rho}{p} \frac{\mathrm{d}V}{V} = -k \frac{V^2}{kRT} \frac{\mathrm{d}V}{V} = -kMa^2 \frac{\mathrm{d}V}{V}$$

再根据完全气体等熵关系式 $\frac{p}{\rho^k} = \mathrm{const}$，$\frac{p}{T^{\frac{k}{k-1}}} = \mathrm{const}$，得

$$\frac{\mathrm{d}\rho}{\rho} = -Ma^2 \frac{\mathrm{d}V}{V}, \frac{\mathrm{d}T}{T} = -(k-1)Ma^2 \frac{\mathrm{d}V}{V}$$

上述结果表明，当 $Ma_\infty \gg 1$ 时，即使微小的速度改变也将导致气流压强、密度、温度和当地声速等参数发生相当大的变化，也就不能采用小扰动方程使运动方程线性化了，而必须保留其中的非线性项。高超声速流场的这种非线性性质，显然使绕流问题的理论研究变得更为复杂和困难。但是，由于超声速气流的马赫角是随马赫数的增加而减小的，因而高超声速流动中的某些空气动力学问题与超声速流动相比反而变得相对简单。例如，翼剖面的结果可以直接应用于有限翼展，而略去翼梢的影响。飞行器各部件之间相互干扰的严重程度大为降低，允许用简化的方法进行计算。

2. 薄激波层

激波层是指激波与物面构成的流动区域。根据斜激波理论，在气流偏转角给定的情况下，自由来流马赫数 Ma_∞ 越高，激波越强，激波后气体受到的压缩也越大，也就是说，波后与波前的气体密度比越大。由质量守恒定律可知，波后气体密度高，则所需的通流面积越小，这就意味着在高超声速流动中，激波与物面之间的距离很小，即激波层很薄（甚至激波自身的厚度都消失在激波层中），而且激波形状与物面形状往往很接近。如图 7.1.1 所示，马赫数 $Ma_\infty = 36$、绕半楔角 $\delta = 15°$ 的楔形体的高超声速流动，假定比热比 $k = 1.4$，则按照完全气体的斜激波理论可得到激波角 β 仅为 $18°$。若计及高温化学反应的影响，k 远比 1.4 小，则有 $\beta \to \delta$，即高温效应使得激波更贴近物面。这一特征为在高超声速绕流中应用牛顿流模型提供了依据。

图 7.1.1　薄激波层

3. 高熵层

高超声速飞行器的前缘一般都是钝头的，这是由于头部驻点处的对流传热与头部曲率半径的平方根成反比，将头部钝化可以减轻热负荷。如图 7.1.2 所示，在高马赫数下，环绕钝头型的激波很薄且高度弯曲，脱体激波距钝头型前缘很近。在前缘轴线附近，激波角接近 $90°$，激波最强，熵增最大；随距中心线变远，激波变弱，熵增较小。也就是说，穿过弯曲激波不同位置的流线历经不同的熵增过程，于是具有很大熵梯度的气体层将覆盖在物面上形成高熵层，并可延展到头部下游的一个相当大的区域。由定常均匀来流假设下的克罗克方程可有

$$\boldsymbol{V} \times \boldsymbol{\Omega} = -T \nabla s$$

上式表明具有强熵梯度的熵层是与强旋度

图 7.1.2　高熵层

联系在一起的,即熵层为强旋涡区。熵层位于激波层的内层,是一层低密度、中等超声速、高熵、强熵梯度、强旋涡的气体,它与附面层是两个不同的概念,尽管二者在激波层内的位置是重叠交叉的。由于附面层沿物面的增长,并且进入附面层外缘不同位置的流线的熵值不同,所以附面层外缘特性将受到熵层的影响,会出现旋涡与附面层的相互作用。上述特征增加了流动分析的复杂性。

4. 强黏性效应

当物面的附面层较薄时,附面层计算中用到的其外缘参数可以直接利用无黏流的物面参数(如认为附面层外缘与物面形状相近),这样一来,黏性流计算与无黏流计算是互不耦合的。但是,当物面的附面层较厚时,则必须考虑黏性区和无黏区的相互作用,做耦合计算,这就是黏性干扰效应。

可以证明,在高超声速条件下,平板可压缩层流的附面层厚度 δ 与自由来流马赫数 Ma_∞、雷诺数 $Re_{\infty x}$ 间的关系可简化为

$$\frac{\delta}{x} \propto \frac{Ma_\infty^2}{Re_{\infty x}}$$

由于高超声速飞行($Ma_\infty \gg 1$)通常发生在空气密度较小的高空,故雷诺数较小。而且,黏性使流速变慢时损失的那部分动能转变为气体热力学能,导致附面层内温度升高,气体黏度随之增大,即雷诺数变得更小。因而高超声速流的附面层势必较厚,必须考虑黏性效应。有时,附面层厚度甚至与激波厚度具有相同的量级,要把激波层都当作黏性流动区域来处理。附面层变厚对外部无黏流也产生影响,无黏流的变化反过来又影响附面层的增长。图 7.1.3(a)给出了高超声速附面层流动的黏性干扰示意图。由于厚附面层的存在(相当于平板变厚了),无黏外流发生偏转,并导致出现很强的斜激波,经过斜激波后,压力增加,使得物面压力增加。而图7.1.3(b)给出的实验测得的 $Ma_\infty = 11$、半顶角为 5° 的细长锥体表面压强分布也表明,按无黏流理论计算得到的压强与测量值之间还是存在明显差距的。

图 7.1.3　平板附面层流动的黏性干扰

5. 高温真实气体效应

高超声速气流在穿越激波时受到强烈压缩而急剧升温,而且在附面层内受黏性阻滞作用耗散也产生热量。因此,高超声速流动的激波层通常具有高温的特点,尤其在钝体头部附近的激波层比其后部区域温度更高。例如,在高空 $H = 59$ km,$T_\infty = 258$ K,$Ma_\infty = 36$ 等条件下,取空气 $k = 1.4$ 并按正激波关系计算时,钝体头部曲线激波后的温度 $T_2 \approx 65\,260$ K (考虑真实气体效应时 $T_2 \approx 11\,000$ K),远比太阳表面温度(约 $6\,000$ K)高。因此,激波层内

气体的高温影响必须加以考虑。

常温常压下空气的组成按体积计算约是20％的O_2和80％的N_2,此时可认为空气为量热完全气体,即状态方程$p=\rho RT$成立,比热容c_p,c_v及比热比k取常数等。然而,高温下气体的物理、化学性质将发生一系列变化:分子振动能激发、分子的离解和复合、气体不同组分间的化学反应、分子与原子的电离等,这些统称为真实气体效应或非完全气体效应。前面所说的考虑真实气体效应时的波后气流温度比k取1.4时低很多的原因可以这样理解:温度增加后,出现了O_2和N_2的离解等吸热反应,因而实际温度没有那么高,只有11 000 K左右。此外,如果飞行器表面覆盖以防热的烧蚀材料,则烧蚀产物还要发生多种碳氢化学反应。因此,整个激波层内充满着高温的、有化学反应的气流。真实气体效应使得飞行器表面的压力分布发生变化,引起飞行器空气动力特性的变化。例如,美国航天飞机的机身襟翼为配平大攻角飞行时而偏转的角度,实际飞行中的数值与地面预测值相比大了一倍,原因就在于真实气体效应。

真实气体效应对飞行器的气动加热影响更大(包括对流传热、辐射传热),因而热防护是航天器设计中的一个关键问题。如图7.1.4所示,如果激波层的温度足够高,辐射加热量q_r将是一个不容忽视的量。例如,阿波罗飞船再入大气层时,辐射传热占加热率的30％左右。此外,高温流动产生的另一个物理现象是,当飞行器再入大气层期间,在某一个高度和某一速度下将出现"通信中断(即黑障)"现象,这时飞行器不能向外发射或接收无线电波。这种现象就是由于高温气体电离所致,电离反应产生的自由电子吸收了无线电波。因此精确预测流场中的电子密度也是一项十分重要的工作。

高温激波层

$Ma_\infty=36$

辐射流体元

部分电离气体

q_w

q_r

图 7.1.4　高温激波层

6. 低密度效应及低雷诺数效应

高超声速飞行器在高空进行高超声速飞行时还会遇到稀薄气体动力学方面的问题,这时的低密度效应对空气动力的影响很重要。对于稀薄气体动力学来说,克努森数$kn=\dfrac{\lambda}{l}$是一个重要的相似参数,式中l为飞行器的特征长度,λ是气体分子撞击的平均自由行程。根据气体的稀薄程度,将气体流动分为四种情况:

(1)$kn<0.03$时为连续介质区域(约70 km以下),这时N-S方程、傅里叶热传导关系及菲克质量扩散关系都还是适用的,并且在物面处满足速度无滑移、温度无跳跃等假定。

(2)$0.03<kn<0.1$时为速度滑移、温度跳跃区域(70～100 km),这时N-S方程、傅里叶热传导关系及菲克质量扩散关系仍然适用,但在物面处出现了速度滑移(即物面附近的气流速度不等于零,而是存在与切向速度的法向梯度成正比的滑移量)、温度跳跃(即物面附近的气体温度不等于壁面温度)、热滑移等现象。

(3)$0.1<kn<10$时为过渡区域(100～130 km),这时气体的分子平均自由行程与流动特征长度约为同一量级,连续介质的假设不再成立,流动要用玻耳兹曼方程描述。

(4)$kn>10$时为自由分子区域(约130 km以上),这个区域中气体分子的平均自由行程远大于流动问题的特征长度,流动也要用玻耳兹曼方程描述。

　　此外,在 40 km 以上的高空,当密度较低时,激波本身的厚度变大,通常对激波所做的间断面假设不再有效,而且雷诺数一般也较小,还将出现低雷诺数效应。

　　综上所述,高超声速流动区别于一般超声速流动的基本特征为流场的非线性、薄激波层、高熵层、强黏性效应、高温流动和真实气体效应、低密度效应等。图 7.1.5 总结了相关的一些重要物理现象及其与高超声速飞行之间的关系。

图 7.1.5　高超声速流动的物理特征

7.2　高超声速流动的斜激波关系及膨胀波关系

　　前面已经推导了斜激波前后各个物理量间的关系式。下面讨论高超声速、强激波以及高超声速小扰动情况下这些关系式的简化形式及其含义。

7.2.1　高超声速流动的基本激波关系式

　　对于高超声速流,当 $Ma_1 \gg 1$ 时,式(5.3.8a)、(5.3.8b) 可写为

$$\frac{\varrho_2}{\varrho_1} = \frac{(k+1)Ma_1^2 \sin^2 \beta}{2+(k-1)Ma_1^2 \sin^2 \beta} \to \frac{k+1}{k-1} \tag{7.2.1a}$$

$$\frac{p_2}{p_1} = 1 + \frac{2k}{k+1}(Ma_1^2 \sin^2 \beta - 1) \to \frac{2k}{k+1}Ma_1^2 \sin^2 \beta \tag{7.2.1b}$$

式中,符号“→”是指当 $Ma_1 \to \infty$ 时的逼近值。由式(7.2.1) 可得

$$\frac{T_2}{T_1} = \frac{p_2}{p_1}\frac{\varrho_1}{\varrho_2} \to \frac{2k(k-1)}{(k+1)^2}Ma_1^2 \sin^2 \beta \tag{7.2.1c}$$

　　类似的,式(5.4.12) 可写为

$$\tan \delta = 2\cot \beta \frac{Ma_1^2 \sin^2 \beta - 1}{Ma_1^2(k+\cos 2\beta)+2} \to \frac{\sin 2\beta}{k+\cos 2\beta} = \frac{\sin 2\beta}{k-1+2\cos^2 \beta} \tag{7.2.2}$$

由压强系数定义,可有

$$C_p = \frac{p_2 - p_1}{\frac{1}{2}\rho_1 V_1^2} = \frac{2}{kMa_1^2}\left(\frac{p_2}{p_1} - 1\right) = \frac{4}{k+1}\left(\sin^2\beta - \frac{1}{Ma_1^2}\right) \rightarrow \frac{4}{k+1}\sin^2\beta \qquad (7.2.3)$$

若令式(7.2.2)、(7.2.3)中 $k \rightarrow 1$，则有

$$\tan\delta \rightarrow \tan\beta \text{ 或 } \delta \rightarrow \beta \qquad (7.2.4)$$

$$C_p \rightarrow 2\sin^2\delta \qquad (7.2.5)$$

式(7.2.4)及式(7.2.5)表明，在高超声速条件下，激波几乎完全贴在楔面上，这成为牛顿流理论的物理基础。而 C_p 值几乎完全取决于壁面折转角，与 Ma_1 无关。显然，此时作用在尖楔上的气动力系数也与 Ma_1 无关。

根据图7.2.1可以求出激波后速度增量与激波前速度 V_1 的比值。设 x 轴与 V_1 同方向，y 轴则垂直于 V_1，用 $v_{2x} = V_2\cos\theta$ 表示激波后速度 V_2 在 x 轴的分量，用 $v_{2y} = V_2\sin\theta$ 表示 V_2 在 y 轴的分量，则气流穿过斜激波后的 x, y 向速度增量分别为

$$\Delta v_x = v_{2x} - V_1, \Delta v_y = v_{2y}$$

显然有 $\Delta v_x < 0, \Delta v_y > 0$ 成立。由图7.2.1可有

$$\frac{\Delta v_x}{V_1} = \frac{v_{2x} - V_1}{V_1} = \frac{(v_{2n} - v_{1n})\sin\beta}{V_1}\frac{\sin\beta}{\sin\beta}, \frac{\Delta v_y}{V_1} = \frac{v_{2y}}{V_1} = \frac{(v_{1n} - v_{2n})\cos\beta}{V_1}\frac{\sin^2\beta}{\sin^2\beta}$$

图7.2.1　激波后的速度增量

考虑式(5.4.3a)及(5.4.8a)，得

$$\frac{\Delta v_x}{V_1} = \frac{v_{2n} - v_{1n}}{v_{1n}}\sin^2\beta = \left(\frac{\rho_1}{\rho_2} - 1\right)\sin^2\beta = -\frac{2(Ma_1^2\sin^2\beta - 1)}{(k+1)Ma_1^2} \rightarrow -\frac{2\sin^2\beta}{k+1}$$

$$\frac{\Delta v_y}{V_1} = \frac{(v_{1n} - v_{2n})\cos\beta}{V_1}\frac{\sin^2\beta}{\sin^2\beta} = \frac{v_{1n} - v_{2n}}{v_{1n}}\sin\beta^2\frac{\cos\beta}{\sin\beta} = \frac{2(Ma_1^2\sin^2\beta - 1)}{(k+1)Ma_1^2}\cot\beta \rightarrow \frac{\sin 2\beta}{k+1}$$

$$(7.2.6)$$

上述诸式表明，只有温度比和压力比是随 $Ma_1\sin\beta$ 而增加的，而其余各个比值都趋于各个极限值，与 Ma_1 无关。凡流场特性趋近于与 Ma_1 无关的极限状态这一性质，称为马赫数无关原理。

7.2.2　高超声速小扰动时的激波关系

高超声速尖头细长体的薄激波层流动属于高超声速小扰动流动情况，即

$$Ma_1 \gg 1, \beta \ll 1, \delta \ll 1 \qquad (7.2.7)$$

式中，δ 为气流偏转角或尖楔角；β 为激波角。引入如下近似关系：

$$\sin\beta \approx \beta, \cos\beta \approx \cos 2\beta \approx 1, \cot\beta = \frac{1}{\tan\beta} \approx \frac{1}{\beta}, \tan\delta \approx \delta$$

则由式(7.2.2)得

$$\left(\frac{k+1}{2}Ma_1^2+1\right)\beta\delta \approx Ma_1^2\beta^2-1$$

考虑到 $\dfrac{k+1}{2}Ma_1^2 \gg 1$，则上式可近似写为

$$\frac{k+1}{2}Ma_1^2\beta\delta \approx Ma_1^2\beta^2-1$$

或写成

$$\left(\frac{\beta}{\delta}\right)^2-\frac{k+1}{2}\left(\frac{\beta}{\delta}\right)-\frac{1}{Ma_1^2\delta^2}\approx 0 \tag{7.2.8}$$

式(7.2.8)是 β/δ 的一元二次方程，于是可以得到它的正根(负根无意义)，即

$$\frac{\beta}{\delta}\approx \frac{k+1}{4}+\sqrt{\left(\frac{k+1}{4}\right)^2+\frac{1}{Ma_1^2\delta^2}} \tag{7.2.9}$$

当 $Ma_1\delta \gg 1$ 时，式(7.2.9)有极限值，即

$$\frac{\beta}{\delta}\to \frac{k+1}{2} \tag{7.2.10}$$

当 $k=1.4$ 时，$\beta \to 1.2\delta$，这表明流过尖头细长体的高超声速流动，激波角仅比尖楔角大 20%，即激波层很薄。当空气温度接近 8 000 K 时，$k\to 1$，则 $\beta\to\delta$。

基于式(7.2.7)的假设，还可由式(7.2.3)得

$$C_p\approx \frac{4\beta^2}{k+1}\left(1-\frac{1}{Ma_1^2\beta^2}\right)$$

根据式(7.2.8)得

$$\frac{Ma_1^2\beta^2-1}{Ma_1^2\beta^2}=1-\frac{1}{Ma_1^2\beta^2}\approx \frac{k+1}{2}\frac{\delta}{\beta}$$

联立上面两式，则

$$C_p\approx \frac{4\beta^2}{k+1}\left(1-\frac{1}{Ma_1^2\beta^2}\right)\approx \frac{4\beta^2}{k+1}\frac{k+1}{2}\frac{\delta}{\beta}=2\beta\delta=2\delta^2\left[\frac{k+1}{4}+\sqrt{\left(\frac{k+1}{4}\right)^2+\frac{1}{Ma_1^2\delta^2}}\right]$$

$$\tag{7.2.11}$$

即压强系数的函数形式为

$$C_p=\delta^2 f(Ma_1\delta,k) \tag{7.2.12}$$

可见 $Ma_1\delta,k$ 是高超声速小扰动情况下斜激波后流动的相似参数。把式(7.2.10)代入前面导出的极限关系式中，得

$$\frac{\rho_2}{\rho_1}\to \frac{k+1}{k-1} \tag{7.2.13a}$$

$$\frac{p_2}{p_1}\to \frac{2k}{k+1}Ma_1^2\sin^2\beta\approx \frac{2k}{k+1}Ma_1^2\beta^2=\frac{2k}{k+1}Ma_1^2\frac{\beta^2}{\delta^2}\delta^2\approx$$

$$\frac{2k}{k+1}Ma_1^2\left(\frac{k+1}{2}\right)^2\delta^2=\frac{k(k+1)}{2}Ma_1^2\delta^2 \tag{7.2.13b}$$

$$\frac{T_2}{T_1}=\frac{p_2}{p_1}\frac{\rho_1}{\rho_2}\to \frac{k(k-1)}{2}Ma_1^2\delta^2 \tag{7.2.13c}$$

$$C_p\approx 2\beta\delta=2\frac{\beta}{\delta}\delta^2\to (k+1)\delta^2 \tag{7.2.13d}$$

$$\frac{\Delta v_x}{V_1} \rightarrow -\frac{2 \sin^2 \beta}{k+1} \approx -\frac{2\beta^2}{k+1}\frac{\delta^2}{\delta^2} = -\frac{k+1}{2}\delta^2 \qquad (7.2.13e)$$

$$\frac{\Delta v_y}{V_1} \rightarrow \frac{\sin 2\beta}{k+1} \approx \frac{2\beta}{k+1}\frac{\delta}{\delta} = \delta \qquad (7.2.13f)$$

可知,在高超声速小扰动的极限情况下,斜激波后各个物理量变化的量级为

$$\frac{\Delta \rho}{\rho_1} = \frac{\rho_2 - \rho_1}{\rho_1} \approx \frac{\rho_2}{\rho_1} \rightarrow O\left(\frac{k+1}{k-1}\right) \qquad (7.2.14a)$$

$$\frac{\Delta p}{p_1} = \frac{p_2 - p_1}{p_1} \approx \frac{p_2}{p_1} \rightarrow O(Ma_1^2\delta^2) \qquad (7.2.14b)$$

$$\frac{\Delta T}{T_1} = \frac{T_2 - T_1}{T_1} \approx \frac{T_2}{T_1} \rightarrow O(Ma_1^2\delta^2) \qquad (7.2.14c)$$

$$C_p \rightarrow O(\delta^2) \qquad (7.2.14d)$$

$$\frac{\Delta v_x}{V_1} \rightarrow O(\delta^2) \qquad (7.2.14e)$$

$$\frac{\Delta v_y}{V_1} \rightarrow O(\delta) \qquad (7.2.14f)$$

式中,$O(\cdot)$ 表示量纲分析中的量级。根据 $a = \sqrt{k\dfrac{p}{\rho}}$ 可知,激波后声速的量级为

$$\frac{a}{V_1} \rightarrow O(\delta) \qquad (7.2.14g)$$

上述各式表明,在高超声速小扰动情况下,激波后的 $\dfrac{\Delta \rho}{\rho_1}, \dfrac{\Delta p}{p_1}, \dfrac{\Delta T}{T_1}$ 都不是小扰动量,而 $\dfrac{\Delta v_y}{V_1}$ 的量级则低于 $\dfrac{\Delta v_x}{V_1}, C_p$ 的量级,即不可忽略,由此可知高超声速小扰动理论的非线性性质。

7.2.3　高超声速流动时的 P－M 波

前面已得到普朗特－迈耶函数的关系式,对于高超声速流动,该式可简化为

$$\nu(Ma) \approx \sqrt{\frac{k+1}{k-1}} \arctan\left(Ma\sqrt{\frac{k-1}{k+1}}\right) - \arctan Ma \qquad (7.2.15)$$

对三角恒等式做级数展开,得

$$\arctan x = \frac{\pi}{2} - \arctan \frac{1}{x} = \frac{\pi}{2} - \left(\frac{1}{x} - \frac{1}{3x^3} + \frac{1}{5x^3} - \cdots\right)$$

于是,式(7.2.15) 可写成

$$\nu(Ma) \approx \sqrt{\frac{k+1}{k-1}}\left(\frac{\pi}{2} - \sqrt{\frac{k+1}{k-1}}\frac{1}{Ma} + \cdots\right) - \left(\frac{\pi}{2} - \frac{1}{Ma} + \cdots\right) \approx$$

$$\frac{\pi}{2}\sqrt{\frac{k+1}{k-1}} - \frac{k+1}{k-1}\frac{1}{Ma} - \frac{\pi}{2} + \frac{1}{Ma} =$$

$$\frac{\pi}{2}\sqrt{\frac{k+1}{k-1}} - \frac{\pi}{2} - \frac{2}{k-1}\frac{1}{Ma} \qquad (7.2.16)$$

令气流从马赫数 Ma_1 膨胀加速至 Ma_2 时引起的气流方向偏转角为 δ,并注意这里 δ 的定义与前面略有不同,则有

$$\begin{cases} \delta = \nu(Ma_2) - \nu(Ma_1) \approx \dfrac{2}{k-1}\left(\dfrac{1}{Ma_1} - \dfrac{1}{Ma_2}\right) \\ \dfrac{Ma_1}{Ma_2} = 1 - \dfrac{k-1}{2}Ma_1\delta \end{cases} \tag{7.2.17}$$

对于高超声速流动,由等熵关系式可得到压强比的近似表达式为

$$\frac{p_2}{p_1} = \left[\frac{1 + \dfrac{k-1}{2}Ma_1^2}{1 + \dfrac{k-1}{2}Ma_2^2}\right]^{\frac{k}{k-1}} \approx \left(\frac{Ma_1}{Ma_2}\right)^{\frac{2k}{k-1}}$$

将式(7.2.17)代入上式,则有

$$\frac{p_2}{p_1} \approx \left(1 - \frac{k-1}{2}Ma_1\delta\right)^{\frac{2k}{k-1}} \tag{7.2.18}$$

将式(7.2.18)代入式(7.2.3),得

$$\begin{cases} C_p = \dfrac{2\delta^2}{kMa_1^2\delta^2}\left[\left(1 - \dfrac{k-1}{2}Ma_1\delta\right)^{\frac{2k}{k-1}} - 1\right] \\ \dfrac{C_p}{\delta^2} = \dfrac{2}{kMa_1^2\delta^2}\left[\left(1 - \dfrac{k-1}{2}Ma_1\delta\right)^{\frac{2k}{k-1}} - 1\right] \end{cases} \tag{7.2.19}$$

即 $C_p = \delta^2 f(Ma_1\delta, k)$。可见,普朗特—迈耶波如同小扰动情况的斜激波,其高超声速流动的压强系数也随 δ^2 变化,而且确定这些流动的相似参数为 $Ma_1\delta, k$。

7.3　高超声速无黏流动分析

7.3.1　马赫数无关原理

高超声速流动有一个重要的性质,即当来流马赫数高过某个范围以后,流体绕流的解便趋于极限解,也就是说,这时的流场与来流马赫数的变化无关,这一原理称为马赫数无关原理。它对于任意物体的高超声速绕流都成立,既适用于无黏的完全气体,也适用于计及高温效应、黏性效应的气体。

下面仅以无黏、定常、平面流动为例说明这一原理。基本控制方程组为

$$\frac{\partial(\rho v_x)}{\partial x} + \frac{\partial(\rho v_y)}{\partial y} = 0 \tag{7.3.1a}$$

$$\begin{cases} v_x\dfrac{\partial v_x}{\partial x} + v_y\dfrac{\partial v_x}{\partial y} = -\dfrac{1}{\rho}\dfrac{\partial p}{\partial x} \\ v_x\dfrac{\partial v_y}{\partial x} + v_y\dfrac{\partial v_y}{\partial y} = -\dfrac{1}{\rho}\dfrac{\partial p}{\partial y} \end{cases} \tag{7.3.1b}$$

$$\frac{\mathrm{D}s}{\mathrm{D}t} = 0 \quad \text{或} \quad v_x\frac{\partial}{\partial x}\left(\frac{p}{\rho^k}\right) + v_y\frac{\partial}{\partial y}\left(\frac{p}{\rho^k}\right) = 0 \tag{7.3.1c}$$

定义无量纲量如下:

$$x^* = \frac{x}{L_0}, y^* = \frac{y}{L_0}, v_x^* = \frac{v_x}{V_\infty}, v_y^* = \frac{v_y}{V_\infty}, p^* = \frac{p}{\rho_\infty V_\infty^2}, \rho^* = \frac{\rho}{\rho_\infty} \tag{7.3.2}$$

式中,L_0 为物体特征长度;V_∞, ρ_∞ 为均匀来流的参数。于是,式(7.3.1)可写成量纲为 1 的

基本方程组

$$\frac{\partial(\rho^* v_x^*)}{\partial x^*} + \frac{\partial(\rho^* v_y^*)}{\partial y^*} = 0 \tag{7.3.3a}$$

$$\begin{cases} v_x^* \dfrac{\partial v_x^*}{\partial x^*} + v_y^* \dfrac{\partial v_x^*}{\partial y^*} = -\dfrac{1}{\rho^*} \dfrac{\partial p^*}{\partial x^*} \\[3mm] v_x^* \dfrac{\partial v_y^*}{\partial x^*} + v_y^* \dfrac{\partial v_y^*}{\partial y^*} = -\dfrac{1}{\rho^*} \dfrac{\partial p^*}{\partial y^*} \end{cases} \tag{7.3.3b}$$

$$v_x^* \frac{\partial}{\partial x^*}\left(\frac{p^*}{\rho^{*k}}\right) + v_y^* \frac{\partial}{\partial y^*}\left(\frac{p^*}{\rho^{*k}}\right) = 0 \tag{7.3.3c}$$

与上述方程对应的均匀来流条件为

$$v_{x\infty}^* = \frac{v_{x\infty}}{V_\infty} = 1, v_{y\infty}^* = \frac{v_y}{V_\infty} = 0, p_\infty^* = \frac{p_\infty}{\rho_\infty V_\infty^2} = \frac{1}{kMa_\infty^2} \to 0, \rho_\infty^* = \frac{\rho_\infty}{\rho_\infty} = 1 \tag{7.3.4}$$

参照式(6.2.11)可得到物面条件为

$$v_x^* \frac{\partial F^*}{\partial x^*} + v_y^* \frac{\partial F^*}{\partial y^*} = 0 \tag{7.3.5}$$

式中,$F^*(x^*, y^*) = 0$ 是物面方程。斜激波关系式为

$$p_2^* = \frac{p_2}{\rho_\infty V_\infty^2} = \frac{p_2}{p_\infty k(V_\infty^2/kRT_\infty)} = \frac{p_2}{p_\infty}\frac{1}{kMa_\infty^2} = \frac{1}{kMa_\infty^2} + \frac{2}{k+1}\frac{Ma_\infty^2 \sin^2\beta - 1}{Ma_\infty^2} \tag{7.3.6a}$$

$$\rho_2^* = \frac{\rho_2}{\rho_\infty} = \frac{(k+1)Ma_\infty^2 \sin^2\beta}{2+(k-1)Ma_\infty^2 \sin^2\beta} \tag{7.3.6b}$$

$$v_{2x}^* = \frac{v_{2x}}{V_\infty} = \frac{\Delta v_x}{V_\infty} + 1 = 1 - \frac{2(Ma_\infty^2 \sin^2\beta - 1)}{(k+1)Ma_\infty^2} \tag{7.3.6c}$$

$$v_{2y}^* = \frac{v_{2y}}{V_\infty} = \frac{\Delta v_y}{V_\infty} = \frac{2(Ma_\infty^2 \sin^2\beta - 1)}{(k+1)Ma_\infty^2}\cot\beta \tag{7.3.6d}$$

上述表达式是量纲为1的激波边界条件。显然,当 $Ma_\infty \gg 1$ 时,有

$$p_2^* \to \frac{2\sin^2\beta}{k+1}, \rho_2^* \to \frac{k+1}{k-1}, v_{2x}^* \to 1 - \frac{2\sin^2\beta}{k+1}, v_{2y}^* \to \frac{\sin 2\beta}{k+1} \tag{7.3.7}$$

分析基本方程组(式(7.3.1))、来流条件(式(7.3.4))、物面条件(式(7.3.5))及激波边界条件(式(7.3.6))可以看出,马赫数 Ma_∞ 仅出现在边界条件中,而当 $Ma_\infty \gg 1$ 时的边界条件式(7.3.7)中 Ma_∞ 也消失了。于是可得出结论,在马赫数 Ma_∞ 较高时,量纲为1的方程的解与来流马赫数无关。需要强调的是,这里讲的与来流马赫数无关是针对一些量纲为1的量而言,对于有量纲量并不一定如此。

马赫数无关原理是一种强形式的相似律。它表明对于 $Ma_\infty \to \infty$ 的极限状态,不同的超声速来流马赫数的绕流解基本上是相同的。这个结论成立的条件是:必须保持来流的 ρ_∞, V_∞ 值不变。关于这一点,不难从推证这个原理的过程中看到。此外,根据斜激波理论,激波强度实际上是由 $Ma_1 \sin\beta$(即激波前的法向气流马赫数 Ma_{1n})决定的,当来流马赫数 Ma_∞ 一定时,β 较大情况下,绕流解将更易于趋于其极限值。因此,从图7.3.1给出的高超声速马赫数无关原理的例证可以看出,对于钝头体绕流,由于头部附近脱体激波的 β 较大,一般说来,当 $Ma_\infty \geqslant 5$ 时,物面气动系数就趋于其极限值了,而对于尖头细长体,如要使物面气动系数趋于其极限值,来流马赫数 Ma_∞ 要高许多。显然,利用马赫数无关原理,可以把

较低马赫数的研究结果推广到较高马赫数的情况下应用。

图 7.3.1 高超声速马赫数无关原理的例证

7.3.2 小扰动理论的高超声速相似律

为了解决尖头、细长体的高超声速绕流问题,发展了高超声速小扰动理论,它与超声速小扰动理论的区别是不能够实施线性化处理。实际上,在高超声速流中,扰动速度相对于来流速度而言,固然可以作为小量处理,但扰动速度与来流声速相比却并非小量,而且 $\frac{\Delta \rho}{\rho_1}$,$\frac{\Delta p}{p_1}$,$\frac{\Delta T}{T_1}$ 也都是有限量。这就使得基于小扰动理论的高超声速相似律不同于线性化的超声速流动的相似律。

下面以平面小扰动流为例,推导高超声速相似律。如图 7.3.2 所示,取 x 轴正向与来流速度 V_∞ 方向一致,取 y 轴正向在流动平面内与 x 轴正交。设 v_x,v_y 分别表示速度 V 沿 x,y 向的速度分量,U_x,U_y 表示扰动速度沿 x,y 向的分量,即

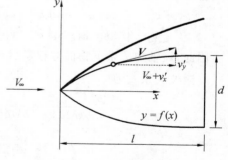

$$v_x = V_\infty + U_x, \quad v_y = U_y \qquad (7.3.8)$$

当细长体或薄体在静止空气中做匀速直线高超声速运动,或均匀的超高声速气流小攻角流经细长体或薄体时,流场受到扰动,受到扰动的区域为物体附近的激波层内部,在这个区域内产生扰

图 7.3.2 扰动速度示意图

动速度,气体的其他参数随之变化。无黏气体平面定常小扰动流动的控制方程组可写为

$$\frac{\partial [\rho (V_\infty + U_x)]}{\partial x} + \frac{\partial (\rho U_y)}{\partial y} = 0 \qquad (7.3.9\text{a})$$

$$\begin{cases} (V_\infty + U_x) \dfrac{\partial (V_\infty + U_x)}{\partial x} + U_y \dfrac{\partial (V_\infty + U_x)}{\partial y} = -\dfrac{1}{\rho} \dfrac{\partial p}{\partial x} \\[2mm] (V_\infty + U_x) \dfrac{\partial U_y}{\partial x} + U_y \dfrac{\partial U_y}{\partial y} = -\dfrac{1}{\rho} \dfrac{\partial p}{\partial y} \end{cases} \qquad (7.3.9\text{b})$$

$$(V_\infty + U_x) \frac{\partial}{\partial x}\left(\frac{p}{\rho^k}\right) + U_y \frac{\partial}{\partial y}\left(\frac{p}{\rho^k}\right) = 0 \qquad (7.3.9\text{c})$$

为便于分析问题,引入与式(7.3.2)类似的无量纲变量

$$x^* = \frac{x}{L_0}, y^* = \frac{y}{L_0}, U_x^* = \frac{U_x}{V_\infty}, U_y^* = \frac{U_y}{V_\infty}, p^* = \frac{p}{\rho_\infty V_\infty^2}, \rho^* = \frac{\rho}{\rho_\infty} \qquad (7.3.10)$$

于是,式(7.3.9) 可写为无量纲形式

$$\frac{\partial}{\partial x^*}\left[\rho^*(1 + U_x^*)\right] + \frac{\partial(\rho^* U_y^*)}{\partial y^*} = 0 \qquad (7.3.11a)$$

$$\begin{cases} (1 + U_x^*)\dfrac{\partial U_x^*}{\partial x^*} + U_y^* \dfrac{\partial U_x^*}{\partial y^*} = -\dfrac{1}{\rho^*}\dfrac{\partial p^*}{\partial x^*} \\[2mm] (1 + U_x^*)\dfrac{\partial U_y^*}{\partial x^*} + U_y^* \dfrac{\partial U_y^*}{\partial y^*} = -\dfrac{1}{\rho^*}\dfrac{\partial p^*}{\partial y^*} \end{cases} \qquad (7.3.11b)$$

$$(1 + U_x^*)\frac{\partial}{\partial x^*}\left(\frac{p^*}{\rho^{*k}}\right) + U_y^* \frac{\partial}{\partial y^*}\left(\frac{p^*}{\rho^{*k}}\right) = 0 \qquad (7.3.11c)$$

与上述方程对应的均匀来流条件条件为

$$U_{x\infty}^* = U_{y\infty}^* = 0, p_\infty^* = \frac{1}{kMa_\infty^2} \to 0, \rho_\infty^* = 1 \qquad (7.3.12)$$

物面条件为

$$(1 + U_x^*)\frac{\partial F^*}{\partial x^*} + U_y^* \frac{\partial F^*}{\partial y^*} = 0 \qquad (7.3.13)$$

式中,$F^*(x^*, y^*, \alpha) = 0$ 是物面方程,α 表示攻角,它也是决定物面形状的一个参数。

如图 7.3.3 所示,对于一个在体坐标系(x_1, y_1)下几何不变的细长尖头体,当自由来流攻角变化时,风轴坐标系(x, y)随之变化,则置于该坐标系下的物面坐标也随之变化。坐标转换关系为

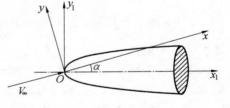

$$\begin{bmatrix} x \\ y \end{bmatrix} = \begin{bmatrix} \cos\alpha & \sin\alpha \\ -\sin\alpha & \cos\alpha \end{bmatrix} \begin{bmatrix} x_1 \\ y_1 \end{bmatrix}$$

因此,风轴坐标系下物面方程显然与 α 有关。

图 7.3.3   小攻角扰动流的坐标关系

斜激波关系式为

$$p_2^* = \frac{p_2}{p_\infty}\frac{1}{kMa_\infty^2} = \frac{1}{kMa_\infty^2} + \frac{2}{k+1}\frac{Ma_\infty^2 \sin^2\beta - 1}{Ma_\infty^2} \to \frac{2\sin^2\beta}{k+1} \qquad (7.3.14a)$$

$$\rho_2^* = \frac{(k+1)Ma_\infty^2 \sin^2\beta}{2 + (k-1)Ma_\infty^2 \sin^2\beta} \to \frac{k+1}{k-1} \qquad (7.3.14b)$$

$$U_{2x}^* = \frac{V_\infty + U_x - V_\infty}{V_\infty} = \frac{U_x}{V_\infty} = \frac{\Delta v_x}{V_\infty} = -\frac{2(Ma_\infty^2 \sin^2\beta - 1)}{(k+1)Ma_\infty^2} \to -\frac{2\sin^2\beta}{k+1} \qquad (7.3.14c)$$

$$U_{2y}^* = \frac{U_{2y}}{V_\infty} = \frac{\Delta v_y}{V_\infty} = \frac{2(Ma_\infty^2 \sin^2\beta - 1)}{(k+1)Ma_\infty^2}\cot\beta \to \frac{\sin 2\beta}{k+1} \qquad (7.3.14d)$$

下面再根据高超声速小扰动流动的各个变量的量级分析来简化上述的基本方程。设 $\tau = \dfrac{d}{L_0} \ll 1$,此处 d 表示细长体的厚度,L_0 表示长度,则 τ 为尖头细长体的平均斜率,且是个小量。如果把 τ 作为量级分析的基本参数,在小扰动情况下,有

$$\delta \to O(\tau), \alpha \to O(\tau) \qquad (7.3.15)$$

式中,δ 表示物面与来流之间的倾角;α 表示攻角。再根据式(7.2.14)给出的高超声速小扰动情况下斜激波后各个物理量的量级分析,得

$$\begin{cases} \dfrac{\Delta \rho}{\rho_\infty} \to O(1) , \dfrac{\Delta p}{\rho_\infty V_\infty^2} = \dfrac{\Delta p}{p_\infty} \dfrac{1}{k Ma_\infty^2} \to O(\tau^2) \\[3mm] \dfrac{\Delta v_x}{V_\infty} = \dfrac{V_\infty + U_x - V_\infty}{V_\infty} = \dfrac{U_x}{V_\infty} \to O(\tau^2) , \dfrac{\Delta v_y}{V_\infty} = \dfrac{U_y}{V_\infty} \to O(\tau) \end{cases} \tag{7.3.16}$$

基于式(7.3.16),对式(7.3.10)中的无量纲变量重新定义,使得各个无量纲量的量级均为 1,即

$$\widetilde{x}^* = x^* , \widetilde{y}^* = \dfrac{y}{d} = \dfrac{y}{\tau L_0} = \dfrac{y^*}{\tau} , \widetilde{U}_x^* = \dfrac{1}{\tau^2} \dfrac{U_x}{V_\infty} = \dfrac{U_x^*}{\tau^2} , \widetilde{U}_y^* = \dfrac{1}{\tau} \dfrac{U_y}{V_\infty} = \dfrac{U_y^*}{\tau} , \widetilde{p}^* = \dfrac{p^*}{\tau^2} , \widetilde{\rho}^* = \rho^* \tag{7.3.17}$$

参考 6.4 节内容,可以发现式(7.3.10)中的变量转换成式(7.3.17)中的变量的过程,就是仿射变换的过程,而式(7.3.17)也表示一种仿射变换的准则。将上述变换代入基本方程组和边界条件,保留 τ 的一阶项,略去高阶项,得到简化的高超声速小扰动方程

$$\dfrac{\partial \widetilde{\rho}^*}{\partial \widetilde{x}^*} + \dfrac{\partial (\widetilde{\rho}^* \widetilde{U}_y^*)}{\partial \widetilde{y}^*} = 0 \tag{7.3.18a}$$

$$\begin{cases} \dfrac{\partial \widetilde{U}_x^*}{\partial \widetilde{x}^*} + \widetilde{U}_y^* \dfrac{\partial \widetilde{U}_x^*}{\partial \widetilde{y}^*} = -\dfrac{1}{\widetilde{\rho}^*} \dfrac{\partial \widetilde{p}^*}{\partial \widetilde{x}^*} \\[3mm] \dfrac{\partial \widetilde{U}_y^*}{\partial \widetilde{x}^*} + \widetilde{U}_y^* \dfrac{\partial \widetilde{U}_y^*}{\partial \widetilde{y}^*} = -\dfrac{1}{\widetilde{\rho}^*} \dfrac{\partial \widetilde{p}^*}{\partial \widetilde{y}^*} \end{cases} \tag{7.3.18b}$$

$$\dfrac{\partial}{\partial \widetilde{x}^*} \left(\dfrac{\widetilde{p}^*}{\rho^{*k}} \right) + \widetilde{U}_y^* \dfrac{\partial}{\partial \widetilde{y}^*} \left(\dfrac{\widetilde{p}^*}{\rho^{*k}} \right) = 0 \tag{7.3.18c}$$

上述方程显然是非线性的。与上述方程对应的来流条件条件为

$$\widetilde{U}_{x\infty}^* = \widetilde{U}_{y\infty}^* = 0 , \widetilde{p}_\infty^* = \dfrac{1}{\tau^2 k Ma_\infty^2} \to 0 , \widetilde{\rho}_\infty^* = 1 \tag{7.3.19}$$

物面条件为

$$\dfrac{\partial \widetilde{F}^*}{\partial \widetilde{x}^*} + \widetilde{U}_y^* \dfrac{\partial \widetilde{F}^*}{\partial \widetilde{y}^*} = 0 \tag{7.3.20}$$

式中,$\widetilde{F}^*(\widetilde{x}^*, \widetilde{y}^*, \widetilde{\alpha}) = 0$ 表示做了仿射转换的物面方程,且 $\widetilde{\alpha} = \dfrac{\alpha}{\tau}$。对于细长体的高超声速绕流来说,$\beta$ 也为小量,则斜激波关系式为

$$\widetilde{p}_2^* \to \dfrac{2}{k+1} \left(\dfrac{\beta}{\tau} \right)^2 \tag{7.3.21c}$$

$$\widetilde{\rho}_2^* \to \dfrac{k+1}{k-1} \tag{7.3.21b}$$

$$\widetilde{U}_{2x}^* \to -\dfrac{2}{k+1} \left(\dfrac{\beta}{\tau} \right)^2 \tag{7.3.21c}$$

$$\widetilde{U}_{2y}^* \to \dfrac{2}{k+1} \left(\dfrac{\beta}{\tau} \right) \tag{7.3.21d}$$

式中的激波角 β 是由来流条件和物面条件而定的,不是独立变量。由于

$$\tau = \dfrac{d}{L_0} \approx \tan \delta \approx \delta$$

所以根据式(7.2.9),可有

$$\dfrac{\beta}{\tau} \approx \dfrac{\beta}{\delta} \approx \dfrac{k+1}{4} + \sqrt{\left(\dfrac{k+1}{4} \right)^2 + \dfrac{1}{Ma_1^2 \tau^2}} \to \dfrac{k+1}{2} \tag{7.3.22}$$

　　根据简化的高超声速小扰动方程及其边界条件式(7.3.18)～(7.3.22)，可知尖头细长体高超声速绕流之解必有如下形式：

$$
\begin{cases}
\widetilde{p}^* = \widetilde{p}^*(\widetilde{x}^*, \widetilde{y}^*, \widetilde{\alpha}, Ma_\infty\tau, k) \\
\widetilde{\rho}^* = \widetilde{\rho}^*(\widetilde{x}^*, \widetilde{y}^*, \widetilde{\alpha}, Ma_\infty\tau, k) \\
\widetilde{v}_x^* = \widetilde{v}_x^*(\widetilde{x}^*, \widetilde{y}^*, \widetilde{\alpha}, Ma_\infty\tau, k) \\
\widetilde{v}_y^* = \widetilde{v}_y^*(\widetilde{x}^*, \widetilde{y}^*, \widetilde{\alpha}, Ma_\infty\tau, k)
\end{cases}
\tag{7.3.23}
$$

这个结果不难推广到三维流动情况。

　　由此可以导出基于小扰动理论的高超声速相似律：对于一族仿射相似的细长尖头体，如果它们在流场中被放置的相对攻角 $\widetilde{\alpha}$ 相等，且介质的 k 值相同，则流动相似的条件是保持 $Ma_\infty\tau$ 相等。所谓流动相似是指在流场的对应点上 $\widetilde{p}^*, \widetilde{\rho}^*, \widetilde{v}_x^*, \widetilde{v}_y^*$ 有相同的值。称 $Ma_\infty\tau$ 为高超声速相似参数。

　　对于做了仿射变换的尖头细长体，利用简化的三维小扰动方程及相应的边界条件可以解出该仿射变换物体的表面上的压力分布 $\widetilde{p}^* = \widetilde{p}^*(\widetilde{x}^*, \widetilde{y}^*, \widetilde{\alpha}, Ma_\infty\tau, k)$，由此可进一步求出压强系数 $\widetilde{C}_p$、阻力系数 $\widetilde{C}_D$ 及升力系数 $\widetilde{C}_L$，根据式(7.2.14d)可以推知，原型物体与仿射物体之间应满足 $C_p = \tau^2\widetilde{C}_p$。当然，也可以证明以下关系存在：

$$
C_p = \tau^2\widetilde{C}_p, \quad C_D = \tau^n\widetilde{C}_D, \quad C_L = \tau^{n-1}\widetilde{C}_L
\tag{7.3.24}
$$

其中，取最大横截面积为参考面积时，$n=2$；取机翼面积为参考面积时，$n=3$。

7.4　高超声速流动的牛顿流模型及其修正

　　如图 7.4.1(a) 所示，高超声速条件下激波层很薄且几乎贴近物面，自由来流的流体质点沿流线穿越激波后将近似沿物面向下游流走，就好像质点直接撞击到物体上之后，沿物面做切向运动一样。当然，气流撞击的并不是物面，而是很接近物面的薄激波层，而且尽管强激波后气流的密度极高，但在激波与物面之间仍存在一定质量的流体。不过，这种流动图像仍为在高超声速绕流中应用牛顿流模型提供了物理依据。

　　如图 7.4.1(b) 所示，牛顿在他的名著《自然哲学的数学原理》(1687 年) 对物体绕流的作用力提出了如下模型：① 假定流动介质是由一系列均布的、彼此无关的运动质点所组成；② 这些质点在与物面碰撞后，相对于物体的法向动量消失且转换为对物体的作用力，而切向动量不变。这就是牛顿碰撞理论。牛顿流模型假设流动介质是由大量的、彼此无关的粒子组成，虽然这与经典的连续介质模型不符合，然而对于高超声速流动，由于惯性力远大于压力，气流的动能远大于热力学能，所以流体质点间的随机运动效应较弱，或者说粒子间的相互作用较弱，从而使得牛顿假设近似成立，并可以用该模型处理高超声速流动问题。

　　设与物面相撞的气流速度为 V_∞，物面与自由来流的夹角为 δ，牛顿流模型假设气流与物体相撞后，法向动量消失，切向动量保留。则法向速度的改变量为

$$
\Delta V_n = V_\infty \sin \delta
$$

而入射到面积为 A 的板上的质量流量为

$$
\dot{m} = \rho_\infty V_\infty A \sin \delta
$$

根据牛顿第二定律，在该面积上的动量随时间变化率等于作用在物面上的力，于是得

图 7.4.1　牛顿流模型

$$\begin{cases} F = (\rho_\infty V_\infty A \sin \delta)(V_\infty \sin \delta) = \rho_\infty V_\infty^2 A \sin^2 \delta \\ \dfrac{F}{A} = \rho_\infty V_\infty^2 \sin^2 \delta \end{cases} \tag{7.4.1}$$

由于牛顿假设来流是由单个微团组成的,且所有的微团都以平行于直线的轨迹流向物面,即全部微团都做方向相同的直线运动,也就是说,来流中的粒子彼此不存在相互作用且没有随机运动。而自由来流静压 p_∞ 则恰好代表了流体质点随机动动所导致的压力值,因而物面感应到的真实压力就是 $p - p_\infty$,即式(7.4.1b)可写为

$$p - p_\infty = \rho_\infty V_\infty^2 \sin^2 \delta \tag{7.4.2}$$

于是可得到物面压强系数的牛顿正弦平方定律为

$$C_p = \frac{p - p_\infty}{\dfrac{1}{2} \rho_\infty V_\infty^2} = 2 \sin^2 \delta \tag{7.4.3}$$

式(7.4.3)与高超声速极限条件($Ma_\infty \to \infty$)下、考虑高温效应($k \to 1$)的压强系数公式(7.2.5)是一致的,因此用牛顿流模型描述真实的高超声速流动问题是合适的,其限定条件就是 $Ma_\infty \to \infty$ 和 $k \to 1$。

由于流体是由一系列相互作用且连续分布的流体质点组成的,扰动可以通过流体质点向四周传播,因此不考虑质点间相互作用的牛顿流模型应用于低速、亚声速、跨声速和中等超声速流动时的误差很大,而仅适用于高超声速流动情况。

牛顿压力公式在 $Ma_\infty \to \infty, k \to 1$ 时是准确的,然而式(7.2.1a)表明,此时的密度比将趋于无穷大。而事实上,即使在极高温度下,对空气来说密度比也不可能比 1/20 更小,因而牛顿公式得到的结果与真实高超声速流动时的情形还是有差距的。由于马赫数是运动气体压缩性的衡量标志,因此,为了获得与精确解更为接近的计算结果,应该设法将马赫数的影响引入牛顿公式中以对其加以修正。令

$$C_p = C_{p\max} \sin^2 \delta \tag{7.4.4}$$

式中,$C_{p\max}$ 是压强系数的最大值。对于大多数钝头体高超声速飞行器,$C_{p\max}$ 是正激波后驻点处的压强系数,即

$$C_{p\max} = \frac{p_2^* - p_\infty}{\dfrac{1}{2} \rho_\infty V_\infty^2} \tag{7.4.5}$$

式中,p_2^* 是与自由来流 Ma_∞ 对应的正激波后总压。由于 $\dfrac{p_2^*}{p_\infty} = \dfrac{p_2^*}{p_\infty^*} \dfrac{p_\infty^*}{p_\infty}$,根据式(5.2.3b)、式(5.4.11b),有

$$\frac{p_2^*}{p_\infty} = \left[\frac{(k+1)^2 Ma_\infty^2}{4kMa_\infty^2 - 2(k-1)}\right]^{\frac{k}{k-1}} \frac{2kMa_\infty^2 - (k-1)}{k+1}$$

将上式代入式(7.4.5),并考虑到 $\frac{1}{2}\rho_\infty V_\infty^2 = \frac{k}{2}p_\infty Ma_\infty^2$,得

$$C_{p\max} = \frac{2}{kMa_\infty^2}\left\{\left[\frac{(k+1)^2 Ma_\infty^2}{4kMa_\infty^2 - 2(k-1)}\right]^{\frac{k}{k-1}} \frac{2kMa_\infty^2 - (k-1)}{k+1} - 1\right\} \qquad (7.4.6)$$

当 $Ma_\infty \to \infty$ 时,式(7.4.6)可简化为

$$C_{p\max} = \frac{4}{k+1}\left[\frac{(k+1)^2}{4k}\right]^{\frac{k}{k-1}} \qquad (7.4.7)$$

即驻点压强系数与马赫数无关。将式(7.4.6)代入式(7.4.4),得到修正公式

$$C_p = \frac{2}{kMa_\infty^2}\left\{\left[\frac{(k+1)^2 Ma_\infty^2}{4kMa_\infty^2 - 2(k-1)}\right]^{\frac{k}{k-1}} \frac{2kMa_\infty^2 - (k-1)}{k+1} - 1\right\}\sin^2\delta \qquad (7.4.8)$$

可以看出,修正后的牛顿公式考虑了 Ma_∞ 为有限值时的影响,当 $Ma_\infty \to \infty$ 且 $k \to 1$ 时,将退化为原始的牛顿公式。对于钝头体而言,由于它在马赫数较小(如 $Ma_\infty \geqslant 5$)时就体现出高超声速流动的特征,因此应用修正的牛顿公式得到的压力分布比原始的牛顿公式的计算结果要好得多。

对牛顿理论的另一种修正是离心力修正。例如,激波层内气流沿物体的凸曲面运动时,流体质点存在与曲率半径成反比的离心力,该离心力(指向远离凸曲面的流体内部)需要压力梯度来克服,从而使得物面压力要大于牛顿模型预测的压力,因此对于曲率半径较小的情况,需要添加这样的离心力修正,在此不再赘述。

7.5　高超声速飞行器的气动加热及防护

当飞行器以高超声速飞行时,与飞行速度相联系的巨大动能转化为激波层内气体温度的急剧升高,从而导致严重的气动加热问题。因此,在高超声速飞行器的设计中,热导率和气动加热的预估、热防护至关重要。

为了定量分析气动加热,引入无量纲参量斯坦顿(Stanton)数 St,它表示无量纲的换热系数。其定义为

$$St = \frac{dQ/dt}{\rho_\infty V_\infty(h^* - h_w)S} \qquad (7.5.1)$$

式中,h^*,h_w 分别为总焓及气体在物面边界的焓,$h^* = h_\infty + \frac{V_\infty^2}{2}$;$S$ 为参考面积;$\frac{dQ}{dt}$ 指整个参考面积 S 的单位时间的气动加热率。将式(7.5.1)改写为

$$\frac{dQ}{dt} = \rho_\infty V_\infty(h^* - h_w)St \cdot S \qquad (7.5.2)$$

在高超声速再入条件下,V_∞ 非常大而飞行器远前方的空气相对很冷(温度很低),所以可忽略自由来流的静焓 h_∞,即有

$$h^* \approx \frac{V_\infty^2}{2} \qquad (7.5.3)$$

飞行器表面温度尽管很高(一般为几千开),但与 h^* 相关联的温度(如阿波罗号返回舱

再入时总温达到 11 000 K) 相比仍非常低,因此可假设 $h^* \gg h_w \approx 0$。于是式(7.5.2)可进一步简写为

$$\frac{\mathrm{d}Q}{\mathrm{d}t} = \frac{1}{2}\rho_\infty V_\infty^3 St \cdot S \qquad (7.5.4)$$

即单位时间气动加热率随速度的 3 次方变化,由阻力系数定义可知 $D = \frac{1}{2}\rho_\infty V_\infty^2 S C_D$,即气动阻力随速度的平方变化。因此,随着飞行速度的提高,气动加热量比阻力增长得更快,变成设计中的主要问题。此外,由于 $\frac{\mathrm{d}Q}{\mathrm{d}t}$ 还与飞行高度上的空气密度值 ρ_∞ 成正比,因此,只有当飞行器在稠密的大气中以高超声速飞行,如飞行器从外层空间穿越大气层返回地面时,气动加热问题才变得十分严重。

根据物面摩擦力与物面换热量之间的雷诺比拟关系可有

$$St \approx \frac{C_f}{2} \qquad (7.5.5)$$

式中,$C_f \equiv \tau_w \Big/ \dfrac{1}{2}\rho_\infty V_\infty^2$ 是整个飞行器表面平均的表面摩擦力系数。将其代入式(7.5.4)中有

$$\frac{\mathrm{d}Q}{\mathrm{d}t} = \frac{1}{4}\rho_\infty V_\infty^3 C_f S \qquad (7.5.6)$$

令飞行器的质量为 m,利用阻力方向的运动方程 $\dfrac{\mathrm{d}V_\infty}{\mathrm{d}t} = -\dfrac{D}{m}$ 以及阻力定义式得

$$\frac{\mathrm{d}V_\infty}{\mathrm{d}t} = -\frac{1}{2m}\rho_\infty V_\infty^2 S C_D \qquad (7.5.7)$$

于是

$$\frac{\mathrm{d}Q}{\mathrm{d}t} = \frac{\mathrm{d}Q}{\mathrm{d}V_\infty}\frac{\mathrm{d}V_\infty}{\mathrm{d}t} = \frac{\mathrm{d}Q}{\mathrm{d}V_\infty}\left(-\frac{1}{2m}\rho_\infty V_\infty^2 S C_D\right)$$

将其与式(7.5.6)联立,得

$$\frac{1}{4}\rho_\infty V_\infty^3 C_f S = \frac{\mathrm{d}Q}{\mathrm{d}V_\infty}\left(-\frac{1}{2m}\rho_\infty V_\infty^2 S C_D\right)$$

整理后,有

$$\mathrm{d}Q = -\frac{1}{2}m\frac{C_f}{C_D}\frac{\mathrm{d}V_\infty^2}{2} \qquad (7.5.8)$$

以高超声速飞行器的再入过程为例,对式(7.5.8)从再入开始($Q=0,V_\infty=V_e$)到再入结束积分($Q=Q_{total},V_\infty=0$),得

$$\int_0^{Q_{total}}\mathrm{d}Q = -\frac{1}{2}\frac{C_f}{C_D}\int_{V_E}^0 \mathrm{d}\left(m\frac{V_\infty^2}{2}\right)\ \text{或}\ Q_{total} = \frac{1}{2}\frac{C_f}{C_D}\frac{mV_E^2}{2} \qquad (7.5.9)$$

上式即为整个再入过程中传递到飞行器的总的气动加热值。从中可以得出两条结论:

(1) 再入飞行器总的气动加热量与再入前的初始动能 $\dfrac{mV_E^2}{2}$ 成正比,

(2) 再入飞行器总的气动加热量与摩擦力系数和阻力系数的比值 C_f/C_D 成正比。

上述结论的第二条尤其重要,由它可以得出再入飞行器应设计成钝鼻头体。下面对此做简要分析。

对于非升力体,总阻力等于压差阻力和摩擦阻力之和,即 $C_D = C_f + C_{Dp}$。而式(7.5.9)表明,为了减小气动加热,需要减小摩擦阻力与总阻力的比值,即

$$\frac{C_f}{C_D} = \frac{C_f}{C_f + C_{Dp}}$$

例如,如图 7.5.1 所示的细长体与钝头体两种气动外形可以看出,对于细长体,摩擦阻力比压差阻力大得多,这时有 $C_D \approx C_f$ 或 $\frac{C_f}{C_D} \approx 1$ 成立。而对于钝头体,压差阻力比摩擦阻力大得多,有 $C_D \approx C_{Dp}$ 或 $\frac{C_f}{C_D} = 1$ 成立。因此,为了减小再入气动热,再入飞行器如飞船返回舱、洲际弹道导弹等,必须采用钝鼻头体,此时 $\frac{C_f}{C_D}$ 较小。

此外,还可以从另外的角度解释这个问题。由于高超声速飞行器前缘驻点区的热流与头部半径的平方根成反比关系,即 $q \propto \dfrac{1}{\sqrt{R_s}}$,因此驻点热流将随头部半径的增加而下降。如果从能量转换的角度可以发现,在高超飞行器再入过程中,势能与动能都将转化为热能,这部分能量一部分用于加热飞行器周围的气流,另一部分则用来加热飞行器本身。对于细长体飞行器,由于附体斜激波较弱,激波与物面之间的激波层较薄,因而对这一薄层气流的加热量很小,大部分的再入气动热都被传递给飞行器本身。而对于钝头体飞行器,其头部之前将形成脱体激波,该激波中间部分近似为正激波,其后的气流压力较高,而两侧则为强度较弱的斜激波,其后压力较低,这样一来,气流经过激波后,在达到物面之前已经被加热,而且还将从轴线处向两侧做膨胀加速运动,从而使得气动加热量被较多的气流吸收且带走,因而用于加热飞行器的能量就少得多。也就是说,钝头体利于气动热防护。

图 7.5.1　细长体与钝头体的比较

由于高超声速飞行器的气动加热问题严重,必须考虑热防护问题,以保证飞行器不被烧毁、内部仪器正常工作等。主要的关键技术包括:

(1) 选择合理的气动外形(如钝头体),减少气动加热量,在前面已经讨论过。

(2) 加装隔热和防热装置以减小传给飞行器的热量。如采用陶瓷或碳纤维材料制造防护瓦覆盖在飞行器高温区的表面;飞行器内部设置气膜冷却或对流换热装置,通过消耗冷却剂来降低飞行器局部高温区的温度;部分高温区采用可烧蚀结构,它可被融化,并被气流吹走以带走热量。

(3) 选用耐高温的合金材料(如钛合金)制造飞行器的结构部件。

第8章　附面层流动

自然界中存在的真实流动都是具有黏性的流动,黏性的存在使得流体运动的数学描述和处理变得极为困难。因此,对于一些黏性较小的流体(如水、空气等),或者黏性作用不占支配地位的流动问题(如翼型或机翼的不脱体绕流升力问题等),在一定的假设条件下,往往可以用一种黏度为零的流体模型来近似的代替真实流体,即理想流体或无黏流体模型,以便于较为清晰的揭示流体运动的本质或主要特征,得到流体运动的基本规律。但是,对于某些黏性作用占据主导地位的问题,如果忽略黏性影响,将会得到完全不符合实际情况的结果,前面讲过的"达朗贝尔疑题"就是一个典型例子。

理论和实验研究表明,对于黏性较小的流体绕物体(如翼型或机翼)的流动,当雷诺数足够大时,黏性作用局限于贴近物面的、很薄的一层内,而在这一薄层外,黏性影响可以忽略,应用理想流体动力学方程的解来确定流动特性是合理的。1904 年,普朗特用附面层(也称边界层)的概念来定义这个薄层。因此,求解黏性流动的问题,既可以建立并求解黏性流动的基本方程,也可以将整个流动分为附面层内的黏性流体流动和附面层外的理想流体流动两部分来耦合求解。普朗特的附面层理论使得黏性问题的研究大大简化,不仅黏性影响区域大为减小,而且描述附面层内黏性流动的方程也简单得多。应用附面层理论可以较好地计算出物体在流体中运动时物面所受到的摩擦阻力,解释脱体旋涡的形成以及尾流的产生等复杂流动现象。此外,考虑到流体的黏性和热传导性是分子输运过程的两个不同方面,前者是动量输运的表现,后者是动能交换的结果,因而附面层内热传导问题的研究也是一项重要内容。

8.1　附面层的基本知识

8.1.1　附面层的概念

简单的实验观察可以证实普朗特的附面层概念。如图 8.1.1 所示,对于气流绕翼型的流动而言,当来流速度较高(雷诺数 $Re = \dfrac{\rho V L}{\mu}$ 较大)时,翼型表面附近的速度分布表明,整个流场可以分为附面层、尾迹流和外部势流三个区域。

在附面层内,由于黏性作用,紧贴壁面的气流速度为零(即满足无滑移条件),离开壁面向外,仍然是通过黏性作用,速度不同的流层之间存在的牛顿内摩擦力 $\tau = \mu \dfrac{\mathrm{d}V}{\mathrm{d}y}$ 使得沿壁面法线方向的流速逐渐增加,至某距离处,流速达到与自由来流速度 V_∞ 同量级的数值。通常将靠近物体表面,存在较大法向速度梯度的薄层定义为附面层。将附面层上沿(即外缘)处的速度 V_δ 近似等于自由来流速度 V_∞ 时(如 $V_\delta = 0.99 V_\infty$)的距物面法向高度定义为附面层厚度,用 δ 表示。由于有实际工程意义的问题大多属于高 Re 数下的流动问题,即靠近物面速度梯度很大的这一层流体都是很薄的。例如,气流沿平板运动,当 $Re=10^6$ 时,1 m 长的平板末端附面层厚度约为 5 mm;再如,对于一般飞机而言,距机翼前缘 $1\sim2$ m 处的附面层厚度约为数毫米至数十毫米。因而附面层厚度 δ 是个小量,后面还会证明 $\delta\sim\dfrac{x}{\sqrt{Re}}$(式中 x 为距物体前缘距离)。但是,即使流体的黏度很小,小距离内的很大的速度梯度也将使得黏性应力达到很高的、不可忽略的数值。此外,速度梯度很大也意味着附面层内的流体具有相当大的旋度(即近似有 $\boldsymbol{\Omega}=-\dfrac{\mathrm{d}V}{\mathrm{d}y}\boldsymbol{k}$),流动是有旋的。从这个角度讲,黏性流动流场中的固体壁面就是涡量产生的源泉,而涡量从壁面向外传播的范围所及就是附面层。随流动向下游发展,紧贴附面层的一层气体不断受到沿程的附面层内较低速度气体的黏性阻滞作用,将逐渐减速为附面层内的气体,因而附面层厚度随气流沿物面流动的距离增加而逐渐增大。

图 8.1.1　绕翼型的流动图谱

当附面层内的黏性有旋流离开物体而流入下游时,在物体后面形成尾迹流。在尾迹流区,初始阶段还带有一定强度的旋涡,速度梯度也还相当明显,但由于不再存在物面的阻滞作用,或者说失去了涡量产生的源泉,也就不能再产生新的旋涡。随远离物体和时间变化,原有的旋涡将逐渐扩散、衰减,直至消失,速度分布渐趋均匀,远下游处尾迹完全消失。但是,由于附面层和尾迹区内流体的黏性耗散作用较强,气流的能量衰减较大,导致气流压力变低,从而形成压差阻力。

在附面层和尾迹之外的区域,流动的速度梯度很小,兼之空气的黏度也较小,因此可以忽略黏性力的影响,将流动视为无黏性和无旋的。

基于上述讨论可知,当黏性流体绕流物体时,附面层和尾迹区内的流动是黏性流体的有旋流动,而附面层和尾迹区外的流动可当作理想流体的无旋势流处理。因此,流动问题就归结为分别讨论这两种流体运动,然后再把所得到的解合并起来,就可以获得整个流场的解。

8.1.2　附面层内的两种流态

在不同的条件下,黏性流体的运动可分为层流和湍流两种完全不同的流动状态。前者是流体质点做有规则的运动,在运动过程中,相邻流体质点的迹线互不交错,流体做层状运动。后者是流体质点做无规则的、混乱的运动,每个流体质点的迹线具有复杂的形状,流体各部分剧烈掺混。流体的这两种截然不同的运动状态在一定条件下可以互相转换。在自然界和工程实际中,最经常发生的流动状态是湍流,是除低雷诺数外的流体运动的普遍状态。附面层内也存在层流和湍流两种流动状态。如图 8.1.2(a) 所示,在多数情况下,从前驻点开始的一段距离为层流附面层,而后由某处开始,层流附面层处于不稳定状态,并逐渐过渡到湍流附面层。流动从层流转变为湍流这一流动现象称为流动转捩,通常转捩并不是立即完成的,而是从层流出现不稳定开始,在一段距离内完成,称这段过渡区为转捩段。但为研究问题方便起见,常将转捩段长度假设为零,由转捩点来表示,并将来流速度 V_∞ 及前驻点至转捩点的距离 x_{tr} 作为特征长度计算得到的雷诺数称为临界雷诺数,即 $Re_{cr}=\dfrac{\rho V_\infty x_{tr}}{\mu}$,$Re_{cr}$ 的数值由实验确定,它与物面形状及来流湍流度有关。层流附面层的转捩是流体力学中一个复杂且十分重要的问题,其物理本质的理解非常困难,转捩点的预测更存在不确定性。对于如图 8.1.2(b) 所示沿平板流动,一般情况下 $Re_{cr}=5\times10^5\sim3\times10^6$。若将 x_{tr} 定义为以前驻点为坐标原点的转捩点位置的 x 坐标值,由于附面层厚度 $\delta=\delta(x)$,因而 Re_{cr} 也表示附面层发生转捩时,以附面层厚度为特征长度的雷诺数。

图 8.1.2　附面层内流动状态的发展

附面层内流态的变化是由扰动和黏性的稳定作用这两个因素决定的。由于流体具有黏性,将产生摩擦切应力来消耗扰动的动能,当黏性的稳定作用占主导地位时,流动为层流流态;反之,当扰动占据支配地位时,黏性的稳定作用不足以使扰动衰减下去,流动便转化为湍流。如果用表征惯性力与黏性力之比的雷诺数来描述,Re 数较小就意味着黏性的稳定作用大,当 Re 数低于某一临界值时,流动保持层流。反之,Re 数较大就意味着黏性的稳定作用弱,当 Re 数高于某一临界值时,流动变为湍流。

扰动产生的原因与外部边界条件有关,如自由来流速度 V_∞、物体表面的粗糙度及物体前缘的形状等。此外,真实的自由来流中也总是或多或少地存在一些自然湍流,并以湍动度,即 $T_u\approx\dfrac{\sqrt{\overline{u'^2}}}{V_\infty}$ 来描述。式中,$\overline{u'^2}$ 表示各向同性的脉动速度。定义附面层外缘处的雷诺数 $Re_\delta=\dfrac{\rho V_\delta\delta}{\mu}$,式中外缘速度 $V_\delta=V_\delta(V_\infty,x)$ 或 $V_\delta=V_\delta[V_\infty,\delta(x)]$。显然,雷诺数 Re_δ 与 $Re=\dfrac{\rho V_\infty x}{\mu}$,$Re=\dfrac{\rho V_\infty\delta}{\mu}$ 等定义是等价的。当“真实”的黏性自由来流流经“真实”的固体壁面时,受到壁面粗糙度及来流湍动度等外界扰动的影响,在流动初期,附面层较薄,Re_δ 较小,外界扰动可以被黏性作用所抑制和阻尼,流动体现为层流流态。随流动向下游发展,附面层渐厚,Re_δ 逐渐增加,黏性的稳定作用变弱,扰动(如始终存在的沿程粗糙度)不但不会被抑制,反而会被放大,流动出现不稳定状态。随流动继续向下游发展,流动不稳定进一步非线性发展,当 Re_δ 超过某临界雷诺数时就出现了转捩,流动转变为湍流。与层流流动相比,流动变为湍流后,附面层会变得更厚,并且随着流动向下游发展,附面层厚度增加很快。由于湍流脉动所引起的掺混输运较为剧烈的原因,湍流附面层与层流附面层相比,速度剖面更加饱满,速度变化更加平坦。

还应该指出的是,即使在湍流流态下,在紧贴物面的区域中,由于受到物面的限制,流体微团的掺混现象变弱,因此一定存在一个很薄的流层,其内部基本保持层流运动,称为黏性底层,如图8.1.2(b)所示。只要稍离开物面一定距离,物面对湍流脉动的抑制作用迅速减小,湍流状态逐渐得以恢复。在完全湍流区与黏性底层之间有一个过渡层,湍流运动受到一定程度的抑制,流动状态处于湍流与层流之间,其厚度较小。

从上述讨论可知:

(1) 若气体绕流物体时的Re_δ始终小于Re_{cr}时(如来流速度V_∞很小、物体长度较短、粗糙度较小等),整个附面层就都是层流,称层流附面层。

(2) 当气体绕流物体时的Re_δ增加至大于Re_{cr}时,附面层将发生转捩,附面层只在起始的一段距离内为层流,其后则为湍流,称混合附面层。

(3) 若来流速度V_∞较高,Re_δ在很短距离内就大于Re_{cr}时,除物体前缘和紧贴壁面处的黏性底层为层流外,其余全部为湍流,称为湍流附面层。

8.1.3　附面层的特征量

1.附面层厚度或名义厚度 δ

如图8.1.3所示,以平板附面层为例,通常定义当地流速V等于$0.99V_e$时的y值(即距物面的法向距离)为附面层厚度δ,也称附面层名义厚度。如果把不同x坐标处沿物面法向流速满足$0.99V_e$这一条件的点连接起来,就是附面层的外边界。对于平板流动,V_e等于自由来流速度V_∞。对于如图8.1.1所示的绕翼型流动,V_e为当地壁面处的外部势流速度。这样定义的附面层厚度带有一定的随意性,并不严格,其一是附面层与外部势流之间并无明显的分界线,$V=0.99V_e$时的δ值也就不能表示二者之间的界限,属于人为规定值。例如,也有文献定义$V=0.995V_e$时的y值为附面层厚度。其二是流速自物面处为零增至V_e是一个连续的渐变过程,且越接近V_e时的速度梯度越平缓,$V=0.99V_e$的位置是很难精确确定的。其三是没有反映附面层的物理影响。因此,在解决实际问题时,常引用一些更为严格的、具有一定物理意义的附面层厚度的概念。

图8.1.3　附面层厚度δ定义

附面层厚度δ的量级可以如下确定。对于图8.1.3给出的沿平板平面二维流动,令来流速度为V_∞,平板x方向长度为L,附面层厚度为δ,假设流动是定常不可压的,并忽略质量力影响,则N-S方程的x方向分式可简写为

$$v_x \frac{\partial v_x}{\partial x} + v_y \frac{\partial v_x}{\partial y} = -\frac{1}{\rho} \frac{\partial p}{\partial x} + \frac{\mu}{\rho}\left(\frac{\partial^2 v_x}{\partial x^2} + \frac{\partial^2 v_x}{\partial y^2}\right)$$

用 $\rho v_x \dfrac{\partial v_x}{\partial x}$ 近似代替单位体积气体的惯性力可,其量级为 $\rho \dfrac{V_\infty^2}{L}$。单位体积气体的黏性力可用 $\mu \dfrac{\partial^2 v_x}{\partial y^2}$ 来代替,其量级为 $\mu \dfrac{V_\infty}{\delta^2}$。考虑到附面层内惯性力与黏性力应具有相同的量级,即得

$$\rho \frac{V_\infty^2}{L} \sim \mu \frac{V_\infty}{\delta^2} \text{ 或} \left(\frac{\delta}{L}\right)^2 \sim \frac{\mu}{\rho V_\infty L}$$

于是有

$$\delta \sim \frac{L}{\sqrt{Re}} \tag{8.1.1}$$

可见,附面层厚度 δ 随 Re 数的增大而变薄,随平板长度增加而变厚。对于层流附面层,数学分析和实验结果都证明了这个关系的正确性。对于湍流附面层,尽管附面层厚度与流动的几何尺度相比仍为小量,但要比层流附面层厚很多。

2.附面层位移厚度或排挤厚度 δ^*

如图 8.1.4(a) 所示,在固体壁面附近的附面层中,由于流速受到壁面的阻滞作用而降低,使得通过这个区域的流量较之理想流体流动时所能通过的流量减少,相当于固体壁面向流体内移动了一个距离 δ^* 后理想流体流动所能通过的流量。这个距离定义为附面层位移厚度或排挤厚度。因此,壁面移动位移厚度后理想流体所能通过的流量 $\int_{\delta^*}^{\infty} \rho_e V_e \mathrm{d}y$,应该与黏性流体通过的流量 $\int_0^{\infty} \rho V \mathrm{d}y$ 相等,即图中 OAB 的面积与 BCD 的面积相等。于是有

$$\int_0^{\infty} \rho V \mathrm{d}y = \int_{\delta^*}^{\infty} \rho_e V_e \mathrm{d}y = \int_0^{\infty} \rho_e V_e \mathrm{d}y - \int_0^{\delta^*} \rho_e V_e \mathrm{d}y$$

即

$$\int_0^{\delta^*} \rho_e V_e \mathrm{d}y = \int_0^{\infty} (\rho_e V_e - \rho V) \mathrm{d}y$$

图 8.1.4　附面层排挤厚度 δ^* 定义

令 $\rho_e V_e \delta^* \equiv \displaystyle\int_0^{\delta^*} \rho_e V_e \mathrm{d}y$,则得到位移厚度所满足的关系式

$$\delta^* = \int_0^\infty \left(1 - \frac{\rho V}{\rho_e V_e}\right) \mathrm{d}y \qquad (8.1.2\mathrm{a})$$

若流体是不可压的,则有

$$\delta^* = \int_0^\infty \left(1 - \frac{V}{V_e}\right) \mathrm{d}y \qquad (8.1.2\mathrm{b})$$

考虑到当 $y \geqslant \delta$ 时,有 $\frac{V}{V_e} \to 1$,即 $\int_\delta^\infty \left(1 - \frac{V}{V_e}\right) \mathrm{d}y \approx 0$,因此式(8.1.2b)中的积分上限也可写成 δ,得

$$\delta^* = \int_0^\delta \left(1 - \frac{V}{V_e}\right) \mathrm{d}y$$

可以看出,δ^* 的一个物理意义就是,由于附面层存在而导致的质量流量损失。考虑到附面层厚度 $\delta = \delta(x)$,因此位移厚度 δ^* 也是距物体前缘距离 x 的函数,即 $\delta^* = \delta^*(x)$,越向下游,附面层越厚,所能通过的流量越小于理想流体所能通过的流量,δ^* 也就越大。在一般情况下,δ^* 是 δ 的几分之一。

δ^* 的另一个物理意义是等效物体。如图 8.1.4(b) 所示,附面层内被减速的气流对自由来流形成了阻碍作用,使得流体流过的通道面积减小,自由来流的流线向远离物体壁面的方向偏移,因而可以把附面层的作用看成是导致物体"增厚"。或者说,如果在理想流体条件下考察绕该物体的流动,物体的厚度应为原有物体厚度叠加位移厚度后的厚度,这就是所谓的等效物体。因此,将物面各处向外移动 δ^* 距离后,再对这样修正后的等效物体采用基于理想流体假设的理论计算,得到的压强分布等参数就可以较好地计及黏性影响。

因此,在空气动力学问题中,可以先按无黏(理想)流体的势流理论计算并获得绕原始翼型的速度场、压力场,然后以翼面的无旋流动解作为附面层外缘处的速度和压力,求附面层的解,积分得到位移厚度。将原始翼型叠加位移厚度后得到对应的等效翼型,针对该等效翼型按势流求解,把等效"翼面"的解作为附面层外缘的速度和压力,再一次求附面层的解,积分出新的位移厚度。再在原始翼型上叠加新的位移厚度,获得修正后的等效翼型,重复上述过程,直到所得到的结果不再因迭代而变化。

3. 附面层动量损失厚度 θ

附面层内流速的降低不但使得通过的流体质量减少,而且也使得通过的流体动量减少,对于考虑附面层影响的实际质量流量 $\int_0^\infty \rho V \mathrm{d}y$ 来说,存在

$$\rho_e V_e^2 \theta = V_e \int_0^\infty \rho V \mathrm{d}y - \int_0^\infty \rho V^2 \mathrm{d}y = \int_0^\infty \rho V(V_e - V) \mathrm{d}y$$

得

$$\theta = \int_0^\infty \frac{\rho V}{\rho_e V_e}\left(1 - \frac{V}{V_e}\right) \mathrm{d}y \qquad (8.1.3\mathrm{a})$$

若流体是不可压的,则有

$$\theta = \int_0^\infty \frac{V}{V_e}\left(1 - \frac{V}{V_e}\right) \mathrm{d}y \qquad (8.1.3\mathrm{b})$$

θ 即为附面层动量损失厚度,它表示由于附面层的存在损失了厚度为 θ 的自由流动流体的动量流率,还体现了物体所受到的阻力。例如,对于平板附面层,可以证明 $\rho_e V_e^2 \theta$ 等于壁面所受到的摩擦阻力 F_e。

图 8.1.5 给出了附面层内 $\dfrac{V}{V_e}$，$1-\dfrac{V}{V_e}$ 以及

$\dfrac{V}{V_e}\left(1-\dfrac{V}{V_e}\right)$ 分布形状，其中附面层厚度 $\delta=\delta\times1$，

即图中 $y=\delta$，$\dfrac{V}{V_e}=1$ 及两条坐标轴组成的矩形面

积，而 $1-\dfrac{V}{V_e}$，$\dfrac{V}{V_e}\left(1-\dfrac{V}{V_e}\right)$ 曲线与 y 轴所组成的面

积就分别代表了位移厚度 δ^*、损失厚度 θ。比较面

积可知，$\theta\leqslant\delta^*<\delta$。由于 δ^*，θ 与附面层内的速

度分布、附面层厚度有关，因而通常用二者的比值

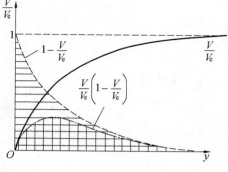

图 8.1.5　δ^* 与 θ 对应的面积

$H=\dfrac{\delta^*}{\theta}\geqslant1$ 表示附面层内速度分布形状的参数，称形状因子。若无附面层存在，则有 $H=1$，

即速度剖面最为饱满，因此 H 越大，则表示速度剖面越不饱满。工程中通常用形状因子来

判断附面层是否出现分离，一般认为，当 $H\geqslant3.5$ 时，层流附面层会发生分离，而当

$H\geqslant1.4\sim1.75$ 时，湍流附面层会发生分离。

4. 附面层能量损失厚度 δ_3

附面层内流速的降低同样也使流体的动能通量减少，即

$$\frac{1}{2}\rho_e V_e^3\delta_3=\frac{1}{2}V_e^2\int_0^\infty\rho V\mathrm{d}y-\frac{1}{2}\int_0^\infty\rho V^3\mathrm{d}y \text{ 或 }\rho_e V_e^3\delta_3=\int_0^\infty\rho V(V_e^2-V^2)\mathrm{d}y$$

得

$$\delta_3=\int_0^\infty\frac{\rho V}{\rho_e V_e}\left(1-\frac{V^2}{V_e^2}\right)\mathrm{d}y \tag{8.1.4a}$$

若流体是不可压的，则有

$$\delta_3=\int_0^\infty\frac{V}{V_e}\left(1-\frac{V^2}{V_e^2}\right)\mathrm{d}y \tag{8.1.4b}$$

δ_3 即为附面层能量损失厚度，它与动能损失直接相关，在附面层内考虑导热和可压缩

性时，δ_3 是很有用的一个参量。

8.2　层流附面层微分方程及其相似解

基于附面层的概念，在附面层内可以根据其基本特征对 N－S 方程进行简化，得到附面

层的微分方程。

8.2.1　附面层微分方程及其边界条件

为简化问题，考虑平壁面二维、定常、不可压缩流体层流流动情况，取平行于壁面的方向

为 x 向，垂直于壁面的方向为 y 向，则连续方程及 N－S 方程可表示为

$$\frac{\partial v_x}{\partial x}+\frac{\partial v_y}{\partial y}=0 \tag{8.2.1a}$$

$$\begin{cases} v_x \dfrac{\partial v_x}{\partial x} + v_y \dfrac{\partial v_x}{\partial y} = -\dfrac{1}{\rho}\dfrac{\partial p}{\partial x} + \dfrac{\mu}{\rho}\left(\dfrac{\partial^2 v_x}{\partial x^2} + \dfrac{\partial^2 v_x}{\partial y^2}\right) \\[3mm] v_x \dfrac{\partial v_y}{\partial x} + v_y \dfrac{\partial v_y}{\partial y} = -\dfrac{1}{\rho}\dfrac{\partial p}{\partial y} + \dfrac{\mu}{\rho}\left(\dfrac{\partial^2 v_y}{\partial x^2} + \dfrac{\partial^2 v_y}{\partial y^2}\right) \end{cases} \tag{8.2.1b}$$

引入无量纲参数

$$x^* = \frac{x}{L_0}, y^* = \frac{y}{L_0}, v_x^* = \frac{v_x}{V_\infty}, v_y^* = \frac{v_y}{V_\infty}, p^* = \frac{p}{\rho V_\infty^2}$$

则上式可写为

$$\frac{\partial v_x^*}{\partial x^*} + \frac{\partial v_y^*}{\partial y^*} = 0 \tag{8.2.2a}$$

$$\begin{cases} v_x^* \dfrac{\partial v_x^*}{\partial x^*} + v_y^* \dfrac{\partial v_x^*}{\partial y^*} = -\dfrac{\partial p^*}{\partial x^*} + \dfrac{1}{Re}\left(\dfrac{\partial^2 v_x^*}{\partial x^{*2}} + \dfrac{\partial^2 v_x^*}{\partial y^{*2}}\right) \\[3mm] v_x^* \dfrac{\partial v_y^*}{\partial x^*} + v_y^* \dfrac{\partial v_y^*}{\partial y^*} = -\dfrac{\partial p^*}{\partial y^*} + \dfrac{1}{Re}\left(\dfrac{\partial^2 v_y^*}{\partial x^{*2}} + \dfrac{\partial^2 v_y^*}{\partial y^{*2}}\right) \end{cases} \tag{8.2.2b}$$

基于附面层厚度 δ 很薄的假设，即 $\delta^* = \dfrac{\delta}{L_0} \ll 1$，以及由式(8.1.1)得到的 $\dfrac{1}{Re} \sim \left(\dfrac{\delta}{L_0}\right)^2 = \delta^{*2}$，考察式(8.2.2)中各项量级(其中"$\sim$"表示具有相同的量级但不考虑符号)：

(1) 由于 $x^* = \dfrac{x}{L_0} \sim 1, v_x^* = \dfrac{v_x}{V_\infty} \sim 1$，所以 $\dfrac{\partial v_x^*}{\partial x^*} \sim \dfrac{v_x^*}{x^*} \sim 1$。

(2) 由式(8.2.2a)可知 $\dfrac{\partial v_y^*}{\partial y^*} \sim 1$，而 $y^* = \dfrac{y}{L_0} \sim \dfrac{\delta}{L_0} = \delta^*$，则有 $v_y^* \sim y^* \sim \delta^* \ll 1$。

(3) 惯性力项 $v_x^* \dfrac{\partial v_x^*}{\partial x^*} \sim 1, v_y^* \dfrac{\partial v_x^*}{\partial y^*} \sim \delta^* \dfrac{1}{\delta^*} = 1$。

(4) 沿流向压力梯度 $\dfrac{\partial p^*}{\partial x^*}$ 应与惯性力项 $v_x^* \dfrac{\partial v_x^*}{\partial x^*}$ 具有相同量级，即 $\dfrac{\partial p^*}{\partial x^*} \sim 1$ 或 $p^* \sim 1$。

(5) 黏性力项 $\dfrac{1}{Re}\dfrac{\partial^2 v_x^*}{\partial x^{*2}} \sim \delta^{*2}, \dfrac{1}{Re}\dfrac{\partial^2 v_x^*}{\partial y^{*2}} \sim \delta^{*2}\dfrac{1}{\delta^{*2}} = 1$。

(6) 惯性力项 $v_x^* \dfrac{\partial v_y^*}{\partial x^*} \sim \delta^*, v_y^* \dfrac{\partial v_y^*}{\partial y^*} \sim \delta^*$。

(7) 沿 y 向压力梯度项 $\dfrac{\partial p^*}{\partial y^*} \sim \dfrac{1}{\delta^*}$。

(8) 黏性力项 $\dfrac{1}{Re}\dfrac{\partial^2 v_y^*}{\partial x^{*2}} \sim \delta^{*3}, \dfrac{1}{Re}\dfrac{\partial^2 v_y^*}{\partial y^{*2}} \sim \delta^{*2}\dfrac{\delta^*}{\delta^{*2}} = \delta^*$。

根据上述分析略去高阶小量，得到简化的无量纲方程

$$\frac{\partial v_x^*}{\partial x^*} + \frac{\partial v_y^*}{\partial y^*} = 0 \tag{8.2.3a}$$

$$\begin{cases} v_x^* \dfrac{\partial v_x^*}{\partial x^*} + v_y^* \dfrac{\partial v_x^*}{\partial y^*} = -\dfrac{\partial p^*}{\partial x^*} + \dfrac{1}{Re}\dfrac{\partial^2 v_x^*}{\partial y^{*2}} \\[3mm] \dfrac{\partial p^*}{\partial y^*} = 0 \end{cases} \tag{8.2.3b}$$

再将式(8.2.3)还原为有量纲形式，即

$$\frac{\partial v_x}{\partial x} + \frac{\partial v_y}{\partial y} = 0 \tag{8.2.4a}$$

$$\begin{cases} v_x \dfrac{\partial v_x}{\partial x} + v_y \dfrac{\partial v_x}{\partial y} = -\dfrac{1}{\rho}\dfrac{\partial p}{\partial x} + \dfrac{\mu}{\rho}\dfrac{\partial^2 v_x}{\partial y^2} \\ \dfrac{1}{\rho}\dfrac{\partial p}{\partial y} = 0 \end{cases} \tag{8.2.4b}$$

这就是沿平壁面的二维定常不可压缩流体的层流附面层微分方程,也称为普朗特方程。它表明附面层理论的一个重要结论:附面层内的压强沿 y 轴(即壁面法向)为常数,它只是 x 的函数,且其分布就是附面层外缘处的势流压强分布,即附面层内有 $p = p_e(x)$。因此,附面层内的压强分布是已知量,由外部势流的分析或计算结果决定。设附面层外缘处的势流速度 $V = V_e(x)$,借助伯努利方程可有

$$\frac{\partial p}{\partial x} = \frac{\mathrm{d}p_e}{\mathrm{d}x} = -\rho V_e \frac{\mathrm{d}V_e}{\mathrm{d}x}$$

于是,附面层微分方程又可写成

$$\frac{\partial v_x}{\partial x} + \frac{\partial v_y}{\partial y} = 0 \tag{8.2.5a}$$

$$v_x \frac{\partial v_x}{\partial x} + v_y \frac{\partial v_x}{\partial y} = -\frac{1}{\rho}\frac{\mathrm{d}p_e}{\mathrm{d}x} + \frac{\mu}{\rho}\frac{\partial^2 v_x}{\partial y^2} \quad \text{或} \quad v_x \frac{\partial v_x}{\partial x} + v_y \frac{\partial v_x}{\partial y} = V_e \frac{\mathrm{d}V_e}{\mathrm{d}x} + \frac{\mu}{\rho}\frac{\partial^2 v_x}{\partial y^2} \tag{8.2.5b}$$

式(8.2.5)对应的边界条件包括:物面上速度满足无滑移条件,即 $y = 0$ 处满足

$$v_x = 0, \quad v_y = 0 \tag{8.2.6a}$$

附面层外缘 $y = \delta$ 处速度满足

$$v_x \approx V_e(x), \quad \text{或} \quad y = \infty \text{ 处 } v_x = V_e(x) \tag{8.2.6b}$$

附面层微分方程是 N-S 方程在附面层流动中的一个近似方程,在求解该方程时,外部势流解已知,因而压强 p 为已知量,未知量只有 v_x, v_y。尽管附面层方程较之 N-S 方程是大大简化了,但仍然是二阶非线性偏微分方程组,数学求解仍很困难,只能对一些典型情况求得方程的精确解。此外,它也是有其应用范围的,例如,在雷诺数较低时,δ/L 较大,该方程的误差就较大,附面层出现分离时该方程也不适用。

对于曲壁面情况,通常采用一种特殊规定的正交曲线坐标系,即附面层坐标系。如图8.2.1所示,以壁面上某点为坐标原点,沿着流动方向的物面轮廓线取作 x 轴,而沿着物面的法线方向自物面算起的距离取作 y 轴。令物面的曲率半径为 R_c,采用前面所述的类似方法,可得到如下的附面层正交坐标系下的附面层微分方程(在此不做详细推导,仅给出结果)

图 8.2.1　曲壁面附面层

$$\frac{\partial v_x}{\partial x} + \frac{\partial v_y}{\partial y} = 0 \tag{8.2.7a}$$

$$\begin{cases} v_x \dfrac{\partial v_x}{\partial x} + v_y \dfrac{\partial v_x}{\partial y} = -\dfrac{1}{\rho}\dfrac{\partial p}{\partial x} + \dfrac{\mu}{\rho}\dfrac{\partial^2 v_x}{\partial y^2} \\ \dfrac{\partial p}{\partial y} = \dfrac{\rho v_x^2}{R_c} \end{cases} \tag{8.2.7b}$$

式(8.2.7)表明,为了与流动弯曲所产生的离心力平衡,必须有 y 方向的压强梯度,这是

与平壁面附面层方程的唯一区别。不过,对于 $R_c \gg \delta$ 即曲率半径不太小的曲壁面,由于有量级关系 $p \sim \rho v_x^2, y \sim \delta \ll R_c$ 成立,即 $\dfrac{\partial p}{\partial y} \gg \dfrac{\rho v_x^2}{R_c}$,所以离心力对压强梯度的影响可以忽略不计,仍可认为 $\dfrac{\partial p}{\partial y}=0$,即压强沿 y 轴为常数。于是,曲壁面附面层方程在形式上与平壁面情形一致。

8.2.2　二维层流附面层方程的相似解及其存在条件

一般来说,二维附面层的流动参数是 x,y 的函数。例如,不同 x 处的速度剖面是不同的,即 $v_x(x_1,y) \neq v_x(x_2,y)$,如图 8.2.2 所示。在某种情况下,可以找到一种变换,将这些流动参数从 (x,y) 平面(称物理平面)转换到新的平面 (ξ,η) 上,在这个新的平面中,无量纲速度剖面可以与位置无关,有 $v_\xi^* = v_\xi^*(\eta)$ 成立,即 v_ξ^* 与 ξ 无关。若附面层能够保持这种特性,就称为附面层的相似性,或称附面层具有"相似解"。在通常情况下,取这个转换平面为 (x,η),即只对 y 坐标做变换。

图 8.2.2　附面层相似解示意图

在某一 x 位置处,当地势流流速 V_e 是适合作为流速的特征参数的,它代表了当地的(流向位置上)跨越附面层的最大剪切速度。再取 $g(x)$ 作为 y 坐标的变换函数,也称为比例因子,即

$$\begin{cases} \dfrac{v_x(x,y)}{V_e(x)} = f(\eta) \\[2mm] \eta = \dfrac{y}{g(x)} \end{cases} \tag{8.2.8}$$

式(8.2.8)即为附面层方程的相似解,η 是由 x,y 构成的一个新变量,称为相似变量。显然,在方程具有相似解的情况下,自变量的数目由两个(即 x,y)减少为一个(即 η),而关于 v_x,v_y 的偏微分方程也可转化为关于 v_x,v_y 的常微分方程,使得问题的求解得以简化。对于湍流来说,满足式(8.2.8)的完全相似是很少见的,原因在于除黏性应力之外,湍流脉动所引起的雷诺应力也是影响附面层内速度剖面的重要因素,而且二者随 x 变化的关系又各不相同,很难形成相似剖面。还需指出的是,即使对于层流流动,也只发现了少数相似流动,更大量的流动仍是非相似流动。

当各物理量转换至 (ξ,η) 坐标系后,注意到 $\xi=x$,则有如下复合函数变换关系式

$$\begin{cases} \dfrac{\partial}{\partial x} = \dfrac{\partial}{\partial \xi}\dfrac{\partial \xi}{\partial x} + \dfrac{\partial}{\partial \eta}\dfrac{\partial \eta}{\partial x} = \dfrac{\partial}{\partial \xi} + \dfrac{\partial}{\partial \eta}\left(-\dfrac{y}{g^2}g'\right) = \dfrac{\partial}{\partial \xi} - \dfrac{\eta g'}{g}\dfrac{\partial}{\partial \eta} \\[3mm] \dfrac{\partial}{\partial y} = \dfrac{\partial}{\partial \xi}\dfrac{\partial \xi}{\partial y} + \dfrac{\partial}{\partial \eta}\dfrac{\partial \eta}{\partial y} = \dfrac{1}{g}\dfrac{\partial}{\partial \eta} \end{cases} \tag{8.2.9}$$

引入流函数 $\psi(x,y)$，使 $v_x = \dfrac{\partial \psi}{\partial y}, v_y = -\dfrac{\partial \psi}{\partial x}$，并假设

$$\psi = V_e(x)g(x)f(\eta) \tag{8.2.10}$$

由式(8.2.9)可得到流速分量的变换式

$$v_x = \frac{\partial \psi}{\partial y} = \frac{1}{g}\frac{\partial \psi}{\partial \eta} = V_e f', \quad v_y = -\frac{\partial \psi}{\partial x} = -(V'_e g f + V_e g' f - \eta V_e g' f') \tag{8.2.11}$$

借助式(8.2.9)、式(8.2.10)，还可得

$$\frac{\partial v_x}{\partial x} = \frac{\partial}{\partial x}\frac{\partial \psi}{\partial y} = \left(\frac{\partial}{\partial \xi} - \frac{\eta g'}{g}\frac{\partial}{\partial \eta}\right)\left(\frac{1}{g}\frac{\partial \psi}{\partial \eta}\right) = \left(\frac{\partial}{\partial \xi} - \frac{\eta g'}{g}\frac{\partial}{\partial \eta}\right)(V_e f') = V'_e f' - \frac{\eta g'}{g}V_e f''$$

$$\frac{\partial v_x}{\partial y} = \frac{\partial}{\partial y}\frac{\partial \psi}{\partial y} = \frac{1}{g}\frac{\partial}{\partial \eta}\left(\frac{1}{g}\frac{\partial \psi}{\partial \eta}\right) = \frac{V_e}{g}f'', \quad \frac{\partial^2 v_x}{\partial y^2} = \frac{\partial}{\partial y}\frac{\partial^2 \psi}{\partial y^2} = \frac{1}{g}\frac{\partial}{\partial \eta}\left(\frac{V_e}{g}f''\right) = \frac{V_e}{g^2}f'''$$

将上面诸式及式(8.2.11)代入式(8.2.5b)中,得

$$V_e f'\left(V'_e f' - \frac{\eta g'}{g}V_e f''\right) - (V'_e g f + V_e g' f - \eta V_e g' f')\frac{V_e}{g}f'' = V_e \frac{dV_e}{dx} + \nu \frac{V_e}{g^2}f'''$$

或

$$\frac{g^2 f'}{\nu}\left(V'_e f' - \frac{\eta g'}{g}V_e f''\right) - (V'_e g f + V_e g' f - \eta V_e g' f')\frac{g}{\nu}f'' = \frac{g^2}{\nu}\frac{dV_e}{dx} + f'''$$

将上式展开,有

$$\frac{g^2 V'_e}{\nu}f'^2 - \frac{\eta g g' V_e}{\nu}f' f'' - \frac{V'_e g^2}{\nu}f f'' - \frac{V_e g g'}{\nu}f f'' + \frac{\eta g g' V_e}{\nu}f' f'' =$$

$$\frac{g^2 V'_e}{\nu}f'^2 - \left(\frac{V'_e g^2}{\nu} + \frac{V_e g g'}{\nu}\right)f f'' = \frac{g^2}{\nu}\frac{dV_e}{dx}f'^2 - \frac{g}{\nu}\frac{d}{dx}(V_e g)f' f'' =$$

$$\frac{g^2}{\nu}\frac{dV_e}{dx} + f'''$$

若令

$$\alpha = \frac{g(x)}{\nu}\frac{d}{dx}[V_e(x)g(x)], \quad \beta = \frac{g^2(x)}{\nu}\frac{dV_e(x)}{dx} \tag{8.2.12}$$

则得

$$f''' + \alpha f f'' + \beta(1 - f'^2) = 0 \tag{8.2.13}$$

由式(8.2.11),可将边界条件式(8.2.6)转化为

$$f_{\eta=0} = 0, \quad \left(\frac{df}{d\eta}\right)_{\eta=0} = 0, \quad \left(\frac{df}{d\eta}\right)_{\eta=\infty} = 1 \tag{8.2.14}$$

当 α, β 均为常数时,式(8.2.13)是 $f(\eta)$ 的常微分方程式,可以得到相似解且满足 f 仅为 η 的函数的假设。由式(8.2.12)得

$$2\alpha - \beta = \frac{1}{\nu}\frac{d}{dx}(g^2 V_e)$$

积分得

$$(2\alpha - \beta)\nu x = g^2 V_e$$

再用 β 的表达式除以上式,可有

$$\frac{\beta}{(2\alpha - \beta)x} = \frac{1}{V_e}\frac{\mathrm{d}V_e}{\mathrm{d}x}$$

积分上式,得

$$V_e = Cx^m \tag{8.2.15}$$

式中,C 为积分常数,$m = \dfrac{\beta}{2\alpha - \beta} = \dfrac{1}{2(\alpha/\beta) - 1}$。由于 α,β 的公约数对结果并无影响,因而可令 $\alpha = 1$,即

$$m = \frac{\beta}{2 - \beta} \text{ 或 } \beta = \frac{2m}{m + 1} \tag{8.2.16}$$

因此,当势流流速 V_e 与 x^m 成比例时,附面层方程存在相似解,它的解称为法沃克纳—斯坎解。此时,流速分布函数 $f(\eta)$ 满足

$$f''' + ff'' + \beta(1 - f'^2) = 0 \tag{8.2.17}$$

比例因子 g 为

$$g^2 = (2 - \beta)\frac{\nu x}{V_e} \text{ 或 } g = \sqrt{\frac{2}{m + 1}\frac{\nu x}{V_e}} \tag{8.2.18a}$$

如果将 $V_e = Cx^m$ 代入式(8.2.18a),则 g 还可以写成

$$g = \sqrt{\frac{2}{m + 1}\frac{\nu}{C}} x^{\frac{1-m}{2}} \tag{8.2.18b}$$

类似的,相似变量 η 为

$$\eta = \frac{y}{g} = y \Big/ \sqrt{\frac{2}{m + 1}\frac{\nu x}{V_e}} \text{ 或 } \eta = y\sqrt{\frac{m + 1}{2}\frac{V_e}{\nu x}} \tag{8.2.19a}$$

$$\eta = y\sqrt{\frac{m + 1}{2}\frac{C}{\nu}} x^{\frac{m-1}{2}} \tag{8.2.19b}$$

流函数 ψ 为

$$\psi = V_e g f(\eta) = \sqrt{\frac{2}{m + 1}V_e \nu x}\, f(\eta) \tag{8.2.20a}$$

$$\psi = \sqrt{\frac{2}{m + 1}C\nu}\, x^{\frac{m+1}{2}} f(\eta) \tag{8.2.20b}$$

此外,α,β 还可有另一种取法,即

$$\alpha = \frac{1 + m}{2}, \beta = m \tag{8.2.21}$$

此时 $2\alpha - \beta = 1$。于是,流速分布函数 $f(\eta)$ 满足

$$f''' + \frac{1 + m}{2}ff'' + m(1 - f'^2) = 0 \tag{8.2.22}$$

比例因子 g 为

$$g^2 = \frac{\nu x}{V_e} \text{ 或 } g = \sqrt{\frac{\nu x}{V_e}} \tag{8.2.23}$$

相似变量 η 为

$$\eta = \frac{y}{g} = y \Big/ \sqrt{\frac{\nu x}{V_e}} \text{ 或 } \eta = y\sqrt{\frac{V_e}{\nu x}} \tag{8.2.24}$$

流函数 ψ 为

$$\psi = V_e g f(\eta) = \sqrt{V_e \nu x}\, f(\eta) \qquad (8.2.25)$$

8.2.3　平板附面层方程的布拉修斯解

如图 8.2.3 所示,设 x 轴方向放置一半
无限长的二维平板,其前缘位于坐标原点,
远前方自由来流速度为 V_∞,其方向为 x 轴
正向。由于附面层外缘处流速均匀即 $V_e =$
V_∞,因而沿 x 轴方向的压强梯度 $\dfrac{\partial p}{\partial x} = 0$。于
是,式(8.2.5)可写为

图 8.2.3　平板上的层流附面层

$$\frac{\partial v_x}{\partial x} + \frac{\partial v_y}{\partial y} = 0 \qquad (8.2.26a)$$

$$v_x \frac{\partial v_x}{\partial x} + v_y \frac{\partial v_x}{\partial y} = \nu \frac{\partial^2 v_x}{\partial y^2} \qquad (8.2.26b)$$

边界条件为

$$y = 0: v_x = 0, v_y = 0 \qquad (8.2.27a)$$

$$y = \infty: v_x = V_\infty \qquad (8.2.27b)$$

对于沿平板流动,式(8.2.15)中的 $m = 0$,参考式(8.2.22)~(8.2.25)等,得

$$\frac{v_x(x,y)}{V_\infty} = f(\eta),\ \eta = \frac{y}{\sqrt{x\nu/V_\infty}},\ \psi = \sqrt{V_\infty \nu x}\, f(\eta) \qquad (8.2.28)$$

$$f''' + \frac{1}{2} f f'' = 0 \qquad (8.2.29)$$

式(8.2.29)即为布拉修斯解方程。它是一个以 η 为自变量的无量纲流函数 f 的三阶非
线性常微分方程。其边界条件与式(8.2.14)一致。由式(8.2.28)还可得

$$\begin{cases} v_x = \dfrac{\partial \psi}{\partial y} = V_\infty f'(\eta) \\[2mm] v_y = -\dfrac{\partial \psi}{\partial x} = \dfrac{1}{2}\sqrt{\dfrac{V_\infty \nu}{\xi}}\left[\eta f'(\eta) - f(\eta)\right] \\[2mm] \dfrac{\partial v_x}{\partial y} = \dfrac{\partial^2 \psi}{\partial y^2} = V_\infty \sqrt{\dfrac{V_\infty}{\xi \nu}}\, f''(\eta) \end{cases} \qquad (8.2.30)$$

式(8.2.29)形式虽然简单,但数学上仍得不到解析解,布拉修斯首先应用幂级数展开
法得到了该问题的解,而后其他学者对此方程也做了大量的工作。表 8.2.1 给出了应用常
微分方程数值解法(如龙格－库塔法)得到的函数 $f(\eta)$ 及其导数的数值解数据。

由于式(8.2.29)是一个三阶的非线性常微分方程,需在壁面给定三个边界条件才能采
用数值积分方法求解,即给出 $f(0)$, $f'(0)$, $f''(0)$ 的值。但由边界条件式(8.2.14)可知,
壁面处的 $f''(0)$ 并不已知。因而,数值解法的具体步骤是,给定一个假设初值 $f''(0)$,对式
(8.2.29)进行数值积分,验证其结果是否在 $\eta = \infty$ 处满足 $f'(\infty) = 1$,若不满足,则修正初
值 $f''(0)$,重复步骤直至 $f'(\infty) = 1$ 得到满足。这种解法称为"试凑法"。在实际计算中并
不是一直算到 $\eta = \infty$,只要算到 $f'(\eta)$ 变化已经很缓慢时的 η 处,近似地取此数值为

$f'(\infty)$。图 8.2.4 给出了速度分布的理论值，它与实验值具有很好的吻合性。

表 8.2.1　定常不可压平板附面层的数值解

$\eta = y\sqrt{V_\infty/x\nu}$	f	$f' = v_x/V_\infty$	f''
0	0	0	0.332 06
1.0	0.165 57	0.329 79	0.323 01
2.0	0.650 03	0.629 77	0.266 75
3.0	1.396 82	0.846 05	0.161 36
4.0	2.305 76	0.955 52	0.064 24
4.8	3.085 34	0.987 79	0.021 87
5.0	3.283 29	0.991 15	0.015 91
6.0	4.279 64	0.998 68	0.002 40
7.0	5.279 26	0.999 92	0.000 22
8.0	6.279 23	1.000 0	0.000 01
8.8	7.079 23	1.000 0	0.000 00

根据表 8.2.1 中的数值计算结果，可以很好地分析附面层内主要物理量的特点。

（1）附面层厚度 δ、位移厚度 δ^* 及动量损失厚度 θ。

根据定义，附面层厚度是 $\delta = \dfrac{v_x}{V_\infty} = f'(\eta) = 0.99$ 时的 y 值，插值得到 $\eta_\delta = 4.92$，于是由 $\eta = y\sqrt{\dfrac{V_\infty}{x\nu}}$ 或 $\delta = \eta_\delta \sqrt{\dfrac{x\nu}{V_\infty}}$ 得

图 8.2.4　平板附面层内的速度分布

$$\delta = 4.92\sqrt{\frac{x\nu}{V_\infty}} = \frac{4.92x}{\sqrt{Re_x}} \qquad (8.2.31)$$

即附面层厚度 δ 沿流动方向与 x 的平方根成正比增长。

由位移厚度 δ^* 的定义可有

$$\delta^* = \int_0^\delta \left(1 - \frac{v_x}{V_\infty}\right)\mathrm{d}y = \sqrt{\frac{\nu x}{V_\infty}}\int_0^{\eta_\delta}\left(1 - \frac{v_x}{V_\infty}\right)\mathrm{d}\eta = \sqrt{\frac{\nu x}{V_\infty}}\int_0^{\eta_\delta}(1 - f')\mathrm{d}\eta =$$

$$\sqrt{\frac{\nu x}{V_\infty}}\left[\eta_\delta - f(\eta_\delta)\right] \qquad (8.2.32\mathrm{a})$$

插值得到 $f(\eta_\delta) = 3.18$，于是

$$\delta^* = 1.74\sqrt{\frac{x\nu}{V_\infty}} = \frac{1.74x}{\sqrt{Re_x}} \qquad (8.2.32\mathrm{b})$$

即位移厚度 δ^* 沿流动方向也是与 x 的平方根成正比增长。

考虑式(8.2.29),对于动量损失厚度 θ 有

$$\theta = \int_0^\delta \frac{v_x}{V_\infty}\left(1 - \frac{v_x}{V_\infty}\right)\mathrm{d}y = \sqrt{\frac{\nu x}{V_\infty}}\int_0^{\eta_\delta} f'(1 - f')\mathrm{d}\eta =$$

$$\sqrt{\frac{\nu x}{V_\infty}}\int_0^{\eta_\delta}\{[f(1 - f')]' + ff''\}\mathrm{d}\eta =$$

$$\sqrt{\frac{\nu x}{V_\infty}}\left\{[f(1 - f')]\Big|_0^{\eta_\delta} - \int_0^{\eta_\delta} 2f'''\mathrm{d}\eta\right\} \tag{8.2.33a}$$

由于 $f(0) = 0$,$f'(\eta_\delta) \approx f'_{\eta=\infty} = 1$,则式(8.2.33a)中第一项为零。于是,再考虑到 $f''(\eta_\delta) \approx f''_{\eta=\infty}$,查表得

$$\theta = \sqrt{\frac{\nu x}{V_\infty}}\left(-2f''\Big|_0^{\eta_\delta}\right) = \sqrt{\frac{\nu x}{V_\infty}}2[f''(0) - f''(\eta_\delta)] = \frac{0.664x}{\sqrt{Re_x}} \tag{8.2.33b}$$

即 θ 沿流动方向也是与 x 的平方根成正比增长。

(2) 壁面阻力系数。

由于当地壁面摩擦应力为

$$\tau_w = \mu\left(\frac{\partial v_x}{\partial y}\right)_{y=0} = \mu V_\infty\sqrt{\frac{V_\infty}{\xi\nu}}f''(0) = 0.332\mu V_\infty\sqrt{\frac{V_\infty}{\xi\nu}} \tag{8.2.34}$$

则当地壁面阻力系数可写为

$$c_f = \frac{\tau_w}{\frac{1}{2}\rho V_\infty^2} = \frac{\mu V_\infty\sqrt{\frac{V_\infty}{x\nu}}f''(0)}{\frac{1}{2}\rho V_\infty^2} = \frac{0.664}{\sqrt{Re_x}} \tag{8.2.35}$$

设 l 为从平板前缘算起的长度,则平板单位宽度所受到的总的摩擦阻力为

$$D_f = \int_0^l \tau_w\mathrm{d}x = 0.332\mu\sqrt{\frac{V_\infty^3}{\nu}}\int_0^l\sqrt{\frac{1}{x}}\mathrm{d}x = 0.664\sqrt{V_\infty^3\rho\mu l} \tag{8.2.36}$$

可得到平板的平均摩擦阻力系数为

$$\overline{C}_f = \frac{D_f}{\frac{1}{2}\rho V_\infty^2 l} = \frac{0.664\sqrt{V_\infty^3\rho\mu l}}{\frac{1}{2}\rho V_\infty^2 l} = \frac{1.328}{\sqrt{\frac{\rho V_\infty l}{\mu}}} = \frac{1.328}{\sqrt{Re_1}} \tag{8.2.37}$$

比较 θ,$\overline{C}_f$ 可知,动量损失厚度在估算阻力系数时是非常有用的。

最后还应指出,在前缘点附近是小雷诺数流动,v_x 与 v_y 的变化具有相同的量级,不满足普朗特附面层近似条件,布拉修斯解不适用,需要进行修正处理。此外,在上述分析中曾假定平板是半无限长的,但实际的平板都是有限长的,存在特征长度,相似解将不存在,需要从普朗特方程出发解决问题,比较麻烦。对于较长的平板则可以近似利用布拉修斯解的计算结果。

8.2.4　其他层流相似解

对于沿楔形体、外钝角壁、圆柱体、弯曲壁面等的附面层流动,如图 8.2.5 所示,由于势流区内的速度和压强沿程有变化,所以附面层方程中的 $\frac{\partial p}{\partial x} \neq 0$,使得问题的解比平板附面层

复杂。前面已经证明,当势流流场速度满足式(8.2.15),即 $V_e = Cx^m$ 时,附面层方程还是具有相似解的。由式(8.2.16)、(8.2.17)得

图 8.2.5　某些有相似解的流动

$$\alpha = 1, \beta = \frac{2m}{m+1} \quad \text{及} \quad f''' + f f'' + \beta(1 - f'^2) = 0$$

根据式(8.2.19)、式(8.2.20)及式(8.2.31)～(8.2.34),可以得到附面层厚度 δ、位移厚度 δ^*、动量损失厚度 θ 及壁面切应力 τ_w 的表达式,即

$$\delta = \sqrt{\frac{2}{m+1} \frac{\nu}{C}} x^{\frac{1-m}{2}} \eta_\delta(\beta) \tag{8.2.38}$$

$$\delta^* = \sqrt{\frac{2}{m+1} \frac{\nu}{C}} x^{\frac{1-m}{2}} \int_0^\infty (1 - f') d\eta = \sqrt{\frac{2}{m+1} \frac{\nu}{C}} x^{\frac{1-m}{2}} A(\beta) \tag{8.2.39}$$

式中,$A(\beta) = \int_0^\infty (1 - f') d\eta > 0$。

$$\theta = \sqrt{\frac{2}{m+1} \frac{\nu}{C}} x^{\frac{1-m}{2}} \int_0^\infty f'(1 - f') d\eta = \sqrt{\frac{2}{m+1} \frac{\nu}{C}} x^{\frac{1-m}{2}} B(\beta) \tag{8.2.40}$$

式中,$B(\beta) = \int_0^\infty f'(1 - f') d\eta > 0$。

$$\tau_w = \mu \sqrt{\frac{m+1}{2} \frac{C^3}{\nu}} x^{\frac{3m-1}{2}} f''(0, \beta) \tag{8.2.41}$$

图 8.2.6 给出了不同 m(或 β)值时的速度剖面。表 8.2.2 给出了计算得到的一些函数值。

图 8.2.6　f' 与 η 的关系图

表 8.2.2　不同 m 值的一些参数数值

m	$f''(0)=c_f\sqrt{Re}/2$	$\delta_1^*=\delta^*\sqrt{V_e/\nu x}$	$\theta_1=\theta\sqrt{V_e/\nu x}$	H
1	1.232 59	0.647 91	0.292 34	2.216
1/3	0.757 45	0.985 36	0.429 00	2.297
0.1	0.496 57	1.347 82	0.556 60	2.422
0	0.302 06	1.702 74	0.664 12	2.591
−0.01	0.311 48	1.780 00	0.678 92	2.622
−0.05	0.213 51	2.117 4	0.751 48	2.811
−0.090 4	0.0	3.427 7	0.867 97	3.949

从表 8.2.2 中可以看出:

(1) 当 $m>0$ 时,流动为加速运动,速度剖面中不出现拐点且凸向下游;当 $-1<m<0$ 时,流动为减速运动,速度剖面中出现拐点,速度剖面在紧贴壁面处凹向下游,而在附面层外缘附近仍为凸向下游。 当 $m=-0.090\,4$(即 $\beta=-0.199$)时,$f''(0,\beta)=0$,即 $\tau_w=0,\left(\dfrac{\partial v_x}{\partial y}\right)_{y=0}=0$,速度剖面在壁面处与 η 轴相切,附面层将发生分离,因此层流附面层为了避免分离现象的发生,只能承受很小的减速度,这个问题还将在后面进一步讨论。当 $m<-0.090\,4$ 时,附面层内将发生逆向流动。

(2) 当 $m>1$ 时,即流动加速非常显著时,附面层位移厚度 δ^* 沿流动方向减小;当 $0<m<1$ 时,δ^* 沿 x 方向增大;当 $m<0$ 时,δ^* 也是沿 x 方向增大的,且增长得较快。

最后再给出一些不同 m(或 β)值时的外部势流的例子。

(1) $-\dfrac{1}{2}\leqslant m\leqslant 0,-2\leqslant\beta\leqslant 0$。绕拐角为 $\dfrac{\pi}{2}\beta$ 的外钝角流动。

(2) $m=0,\beta=0$。布拉修斯平板流动。

(3) $0\leqslant m\leqslant\infty,0\leqslant\beta\leqslant 2$。绕顶角为 $\beta\pi$ 的二维半无限长楔形体的对称流动。

(4) $m=1,\beta=1$。顶角为 180° 的楔形体流,或绕钝头体前驻点附近的二维流动,即二维平面滞止流。

8.3　湍流基础及湍流附面层的物理特征

在自然界和工程实际中,最普遍存在的流动状态是湍流,它是流体微团或者说是巨量分子群的一种极不规则、极不稳定、极其复杂的非定常的随机运动,湍流运动产生的质量和能量的输运远远大于流体分子热运动产生的宏观输运。本节将从工程应用角度讨论一些关于湍流流动、湍流附面层的基本问题。

8.3.1　层流流动稳定性与转捩

在多数情况下,流动并不是一开始就为湍流,而是要经过一个由层流向湍流发展的过程,即转捩过程。转捩的发生与许多因素有关,如物面几何形状、来流湍动度、物面粗糙度及外界扰动的强度、频率等。实验和理论研究表明,低雷诺数时湍流不可能发生,而高雷诺数时则不可能保持层流状态,这就说明流体运动存在着稳定性问题,即流动对作用于它的小扰动如何响应的问题。如果扰动随时间而衰减直至消失,则层流流动是稳定的;反之,则流动是不稳定的,并将从层流转变为湍流。因此,层流流动稳定性研究的主要内容,就是寻求在各种流动情况下层流对微小扰动失去抑制能力时的雷诺数,即临界雷诺数 Re_{cr}。

以满足 $V_x = V(y)$,$V_y = 0$ 的二维不可压缩平行流动为例,在平行流上叠加小扰动,则流动速度、压力可写为

$$v_x = V(y) + v'_x(x,y,t), v_y = v'_y(x,y,t), p = P(x) + p'(x,y,t)$$

考虑到受扰动的流场与原来的平行流流场均满足 N—S 方程,将二者对应的 N—S 方程相减即得到小扰动满足的方程。由于任意的二维扰动总可展开为傅里叶级数形式,于是这种复杂的扰动可被视作由许多不同频率的简谐振动叠加而成,也就是说,扰动是由一些沿 x 方向传播的谐波形扰动波(称为 T—S 波)组成,傅里叶级数的每一项就代表了一个扰动波。将代表某个扰动波的流函数表示为谐波形解的形式,即

$$\psi(x,y,t) = \phi(y)e^{ik(x-\alpha)} = \phi(y)e^{ik(x-c_r t)}e^{kc_i t}$$

式中,$\phi(y)$ 表示小扰动复数振幅的待求函数;$i = \sqrt{-1}$;k 为与某个谐波对应的波数;$c = c_r + ic_i$ 的实部 c_r 为扰动波在 x 方向的传播速度即波速;虚部 c_i 则视其符号而表示扰动衰减或放大的程度。将该流函数代入到小扰动方程中,就可得到小扰动振幅 $\phi(y)$ 所满足的四阶常微分方程,即奥尔—佐默菲尔德方程(简称 O—S 方程)。在主流 $V(y)$ 给定的条件下,该方程还包含 k,c_r,c_i,Re_δ 四个参数,其中 $Re_\delta = \dfrac{\rho V_\delta \delta(x)}{\mu}$。O—S 方程和相应流动问题的边界条件定义了一个特征值问题,若再给定 k,Re_δ,该特征值问题的解就是复数特征值 c。于是,稳定性条件可以描述为,对于给定的雷诺数 Re_δ,如果至少存在一个波数 k,使得特征值 c 的虚部满足 $c_i > 0$,则扰动就会被放大,从而在该雷诺数下的流动是不稳定的;如果对所有波数都有 $c_i < 0$,则该雷诺数下的流动是稳定的;若 $c_i = 0$,则称为中性稳定流动。

图 8.3.1 给出了有二维扰动时的层流附面层稳定性的计算结果,图中由 $k\delta$,Re_δ 确定的每一点都与一组 c_r,c_i 值对应,将满足 $c_i = 0$ 的点连成曲线即为中性稳定曲线,它把平面分为稳定和不稳定两个区域。曲线 a,b 则代表速度剖面不同时的中性稳定曲线。中性稳定曲线上 Re_δ 为最小值的点具有重要意义,因为当 Re_δ 小于此值时,对所有的无穷小扰动,层流附面层都是稳定的;当 Re_δ 大于此值时,则

图 8.3.1　附面层流动稳定性

对于某些具有特定波数 k 的扰动波,附面层将是不稳定的。这个雷诺数就是临界雷诺数 Re_{cr}。此外,当速度剖面中有拐点时(曲线 a),其中性稳定曲线所包含的流动不稳定区域较大,而且由曲线 a 确定的临界雷诺数也要更小一些,即流动稳定性较弱。

下面以图 8.3.2 所示的沿平板流动问题为例,说明附面层中流动的转捩过程。

(1)稳定层流(①区)受到壁面粗糙度、来流湍动度等外界扰动的影响,当扰动振幅较小时(开始时总是这样),出现二维 T—S 波,其发展情况符合稳定性理论。

图 8.3.2　附面层的转捩

（2）随着流动发展，Re_δ 增大，在一定条件下（如当地雷诺数大于临界雷诺数），有些扰动被放大，流动出现不稳定（② 区），出现不稳定的二维 T－S 波。

（3）流动继续向下游发展，研究表明，当 Re_δ 超过了对某种三维扰动不稳定的临界值时，将出现三维不稳定的扰动波，即展向不稳定（③ 区）或者说扰动变化沿展向的不均匀性，如果在不同展向位置观察，则在某些位置处速度剖面变得比平均速度剖面更饱满（称为高速条带），而在另一些位置处速度剖面发生严重的亏损，甚至出现拐点（称为低速条带）。随着三维扰动的非线性增长，近壁处黏性底层中的低速条带头部逐渐升起，其与壁面之间形成横向旋涡。横向旋涡在向下游运动过程中变形，发展成为 Λ 形的展向涡，并逐渐形成发卡涡（即马蹄涡）。由于自诱导作用，马蹄涡头部的"Ω"形状因曲率最大，涡强也较大，将有更大的向上速度，即进入有更高平均速度的流层，并因而比根部运动更快，使马蹄涡受到沿流向的拉伸、变细，其流向（x 向）涡强增加。

（4）基于动量矩守恒原理，流向涡强的增加势必与 v_y，v_z 的增加有关，因而马蹄涡头部的向上速度更大，并由此形成不断加大的拉伸、自诱导过程。这一结论也可以从儒科夫斯基升力定理 $L = \rho V_\infty \Gamma$ 直接得出，随马蹄涡离开壁面越远，V_∞ 越大，则升力越大。随马蹄涡远离壁面，较高流速区的流体绕过马蹄涡而向下"俯冲"，从而在高速与底层低速流体之间形成剪切层，并使瞬时速度剖面上出现拐点，进一步增强了流动的不稳定性。此时，马蹄涡结构开始出现不断增长的振荡，并随之发生突然破裂，导致强烈的湍流脉动，诱使壁面附近的低速流体向上"喷射"，与此同时，上层的高速流体向下层俯冲而形成"扫掠"。这种马蹄涡形成、发展到喷射、扫掠的过程称为猝发现象，将产生强烈的湍流脉动和应力。此即图 8.3.2 中的 ④ 区。扫掠之后瞬间的速度剖面恢复正常，拐点消失，黏性底层中重新出现新的低速条带，开始新的猝发过程。

（5）马蹄涡破碎、喷射和扫掠形成猝发的下游的某些点处将出现一个个小的湍流区，称为湍流斑（⑤ 区），其周围流体仍为层流状态。猝发与湍流斑的出现在时间和空间上都是随机的。湍流斑随主流向下游扩展,并最终融合在一起直至占据整个展向宽度,形成充分发展的湍流(⑥ 区),流动完成从层流到湍流的转捩。

上面讨论的流动转捩过程可以归结为周期性出现的几个阶段:流动中产生相间的低速条带和高速条带,并发生马蹄涡的拉伸和变形,它向下游运动且升离壁面,至一定高度时破裂、喷射,高速流体由外向壁面扫掠,完成一个猝发过程。这就是湍流的一种拟序结构,它指的是湍流中存在某种有序的大尺度运动,尽管其触发的时间和地点并不确定,但一经触发就以某种确定的序列发展。湍流拟序结构的重要意义在于纠正了关于对于湍流的传统认识,即湍流并不是完全的非规则运动,而是有结构的非规则运动,它是生成湍流的重要机制,可以通过控制拟序结构来进行湍流控制的研究。

8.3.2 湍流平均运算、湍流强度及相关概念

1.湍流的脉动特性及时均运算

湍流流动的显著特点是空间某固定点处的速度、压力等流动变量随时间不断变化,而且以很高的频率做无规则的脉动,如图 8.3.3 所示。不规则运动过程属于随机过程,因而湍流中的流动变量是时间和空间的随机函数。虽然湍流脉动非常强烈,但在湍流研究中往往关注的是它的各流动物理量的平均值,所以通常主要研究计及脉动量影响的各物理量的平均量。将变量 f 做如下分解:

$$f = \bar{f} + f' \tag{8.3.1}$$

图 8.3.3　定常和非定常的层流、湍流

式中,$\bar{f}$ 表示平均量;f' 表示脉动量。如果采用时间平均法来确定各流动物理量的平均值,就称为时均量,即

$$\bar{f}(x,y,z,t_0) = \frac{1}{T}\int_{t_0-\frac{T}{2}}^{t_0+\frac{T}{2}} f(x,y,z,t)\mathrm{d}t \tag{8.3.2}$$

式中,T 为一个取平均用的时间间隔,其值比脉动周期大得多,但又应远小于流动做非定常运动时的特征时间。也就是说,相对于比脉动周期大得多的时间尺度 T 而言,湍流的平均特性是稳定且不随时间变化的,只需要考虑物理量的脉动变化量。但对于与非定常运动的特征时间同量级的时间尺度而言,时均量本身在时间上是变化的,即可以是非定常的。例如,海洋潮汐运动的周期是 12 h 或 24 h,而最低的湍流脉动频率约为 1 Hz(即每秒发生 1 个周期性变化),那么 T 取 2 min 就可以满足时均值的计算要求。在许多情况下,湍流脉动频率要比 1 Hz 高得多,T 取几秒就可以了。若时均量 $\bar{f}$ 是时间 t_0 和空间坐标的函数,即满足式(8.3.2),这种湍流称为非定常湍流。如果时均量 $\bar{f}$ 与时间 t_0 无关,称为定常湍流或准定常湍流(湍流实际上总是非定常的),即

$$\overline{f}(x,y,z) = \frac{1}{T}\int_{t_0-\frac{T}{2}}^{t_0+\frac{T}{2}} f(x,y,z,t)\,\mathrm{d}t \tag{8.3.3}$$

除时间平均外,还有空间平均、概率平均等平均方法,加上某些假设(如各态遍历假设)后,这三种平均方法的结果是一样的。

对于时均值有如下运算关系。

(1) 脉动量的时均值等于零,即

$$\overline{f'} = \frac{1}{T}\int_{t_0-\frac{T}{2}}^{t_0+\frac{T}{2}}(f-\overline{f})\,\mathrm{d}t = \frac{1}{T}\int_{t_0-\frac{T}{2}}^{t_0+\frac{T}{2}}f\,\mathrm{d}t - \overline{f}\left(\frac{1}{T}\int_{t_0-\frac{T}{2}}^{t_0+\frac{T}{2}}\mathrm{d}t\right) = \overline{f} - \overline{f} = 0 \tag{8.3.4a}$$

(2) 时均量的时均值等于原来的时均值,即

$$\overline{\overline{f}} = \frac{1}{T}\int_{t_0-\frac{T}{2}}^{t_0+\frac{T}{2}}\overline{f}\,\mathrm{d}t = \overline{f} \tag{8.3.4b}$$

(3) 瞬时物理量之和的时均值,等于各个物理量的时均值之和,即

$$\overline{f+g} = \frac{1}{T}\int_{t_0-\frac{T}{2}}^{t_0+\frac{T}{2}}(f+g)\,\mathrm{d}t = \overline{f} + \overline{g} \tag{8.3.4c}$$

(4) 时均物理量与脉动量之积的时均值等于零,即

$$\overline{\overline{f}g'} = \frac{1}{T}\int_{t_0-\frac{T}{2}}^{t_0+\frac{T}{2}}\overline{f}g'\,\mathrm{d}t = \overline{f}\left(\frac{1}{T}\int_{t_0-\frac{T}{2}}^{t_0+\frac{T}{2}}g'\,\mathrm{d}t\right) = \overline{f}\,\overline{g'} = 0 \tag{8.3.4d}$$

(5) 时均物理量与瞬时物理量之积的时均值等于两个时均物理量之积,即

$$\overline{\overline{f}g} = \frac{1}{T}\int_{t_0-\frac{T}{2}}^{t_0+\frac{T}{2}}\overline{f}g\,\mathrm{d}t = \overline{f}\left(\frac{1}{T}\int_{t_0-\frac{T}{2}}^{t_0+\frac{T}{2}}g\,\mathrm{d}t\right) = \overline{f}\,\overline{g} \tag{8.3.4e}$$

(6) 两个瞬时物理量之积的时均值,等于两个时均物理量之积与两个脉动量之积的时均值之和,即

$$\overline{fg} = \frac{1}{T}\int_{t_0-\frac{T}{2}}^{t_0+\frac{T}{2}}fg\,\mathrm{d}t = \frac{1}{T}\int_{t_0-\frac{T}{2}}^{t_0+\frac{T}{2}}(\overline{f}+f')(\overline{g}+g')\,\mathrm{d}t =$$

$$\frac{1}{T}\int_{t_0-\frac{T}{2}}^{t_0+\frac{T}{2}}(\overline{fg} + \overline{f}g' + f'\overline{g} + f'g')\,\mathrm{d}t = \overline{f}\,\overline{g} + \overline{f'g'} \tag{8.3.4f}$$

(7) 瞬时物理量对空间坐标各阶导数的时均值,等于时均物理量对同一坐标的各阶导数,即

$$\overline{\frac{\partial^n f}{\partial s^n}} = \frac{1}{T}\int_{t_0-\frac{T}{2}}^{t_0+\frac{T}{2}}\frac{\partial^n f}{\partial s^n}\,\mathrm{d}t = \frac{\partial^n}{\partial s^n}\left(\frac{1}{T}\int_{t_0-\frac{T}{2}}^{t_0+\frac{T}{2}}f\,\mathrm{d}t\right) = \frac{\partial^n \overline{f}}{\partial s^n} \tag{8.3.4g}$$

式中,s 表示任意坐标方向,如 x,y,z。

推论:脉动量对空间坐标各阶导数的时均值等于零,即 $\overline{\dfrac{\partial^n f'}{\partial x^n}} = 0$。

(8) 瞬时物理量对时间导数的时均值等于时均物理量对时间的导数,即

$$\overline{\frac{\partial f}{\partial t}} = \frac{\partial \overline{f}}{\partial t} \tag{8.3.4h}$$

准定常条件下 $\dfrac{\partial \overline{f}}{\partial t} = 0$。

2. 湍动度或湍流强度

虽然脉动量的时均值 $\overline{f'} = 0$,但脉动量的平方的时均值一般不等于零,由于 $f'^2 \geqslant 0$,所以

$$\overline{f'^2} \geqslant 0 \tag{8.3.5}$$

只有在 f' 始终等于零的层流中,才有 $\overline{f'^2}=0$。由此,引入脉动速度的均方根值以反映湍流脉动速度的大小,即

$$T_{\mathrm{u}} = \sqrt{\frac{1}{3}(\overline{v'^2_x} + \overline{v'^2_y} + \overline{v'^2_z})}\Big/V_{\infty} \tag{8.3.6}$$

式(8.3.6)表征了三个方向平均脉动速度的均方根值与来流速度(或平均速度)之比。对于各向同性湍流,有 $\overline{v'^2}=\overline{v'^2_x}=\overline{v'^2_y}=\overline{v'^2_z}$,因而湍动度可定义为

$$T_{\mathrm{u}} = \sqrt{\overline{v'^2}}\Big/V_{\infty} \tag{8.3.7}$$

许多情况下湍流并不是均匀、各向同性的,但其强度也用此定义。

3. 相关概念

不仅同一脉动量的平方的时均值不等于零,两个不同脉动量乘积的平均一般也不等于零,其值与两个脉动量的相关程度有关。如图 8.3.4 所示,脉动量 f' 在大部分时间内与 g' 有相同的符号,这使得 $\overline{f'g'} > 0$,称为正相关;如果大部分时间内 f' 与 g' 符号相反,即 $\overline{f'g'} < 0$,称为负相关。而 h' 与 f' 是不相关的,因为二者同号或反号的机会几乎完全一样,即 $\overline{f'h'}=0$。常用相关系数 R 来度量两个脉动量之间的相关程度,即

图 8.3.4　脉动量的相关概念

$$R = \frac{\overline{f'g'}}{\sqrt{\overline{f'^2}\ \overline{g'^2}}} \tag{8.3.8}$$

若 $R=\pm 1$ 称为完全相关,每个脉动量都与其自身完全相关。对于湍流,尤其是各种剪切湍流,v'_x 与 v'_y 是相关的,且通常 $\overline{v'_x v'_y} < 0$,这种相关性有深刻的物理原因,将在后面进一步讨论。

8.3.3　雷诺方程及雷诺应力

雷诺在 1886 年应用时均方法建立了不可压缩流体的湍流运动时均方程,他认为尽管湍流流动十分复杂,流体物理量随时间、空间变化,但任一瞬时的湍流运动仍然遵循连续介质的一般动力学规律,流场中任一空间点上都应该适用黏性流体运动基本方程。此外,由于各个物理量都具有某种统计特征的规律,所以基本方程中任一瞬时物理量都可以用平均物理量和脉动量之和来代替,并且可以对整个方程做时均处理。忽略质量力,有

$$\frac{\partial v_x}{\partial x} + \frac{\partial v_y}{\partial y} + \frac{\partial v_z}{\partial z} = 0 \tag{8.3.9}$$

$$\begin{cases} \dfrac{\partial v_x}{\partial t} + v_x \dfrac{\partial v_x}{\partial x} + v_y \dfrac{\partial v_x}{\partial y} + v_z \dfrac{\partial v_x}{\partial z} = -\dfrac{1}{\rho}\dfrac{\partial p}{\partial x} + \dfrac{\mu}{\rho}\left(\dfrac{\partial^2 v_x}{\partial x^2} + \dfrac{\partial^2 v_x}{\partial y^2} + \dfrac{\partial^2 v_x}{\partial z^2}\right) \\[2mm] \dfrac{\partial v_y}{\partial t} + v_x \dfrac{\partial v_y}{\partial x} + v_y \dfrac{\partial v_y}{\partial y} + v_z \dfrac{\partial v_y}{\partial z} = -\dfrac{1}{\rho}\dfrac{\partial p}{\partial y} + \dfrac{\mu}{\rho}\left(\dfrac{\partial^2 v_y}{\partial x^2} + \dfrac{\partial^2 v_y}{\partial y^2} + \dfrac{\partial^2 v_y}{\partial z^2}\right) \\[2mm] \dfrac{\partial v_z}{\partial t} + v_x \dfrac{\partial v_z}{\partial x} + v_y \dfrac{\partial v_z}{\partial y} + v_z \dfrac{\partial v_z}{\partial z} = -\dfrac{1}{\rho}\dfrac{\partial p}{\partial z} + \dfrac{\mu}{\rho}\left(\dfrac{\partial^2 v_z}{\partial x^2} + \dfrac{\partial^2 v_z}{\partial y^2} + \dfrac{\partial^2 v_z}{\partial z^2}\right) \end{cases} \tag{8.3.10}$$

应用连续方程,N－S 方程可改写为

$$\begin{cases}\dfrac{\partial v_x}{\partial t}+\dfrac{\partial v_x^2}{\partial x}+\dfrac{\partial(v_xv_y)}{\partial y}+\dfrac{\partial(v_xv_z)}{\partial z}=-\dfrac{1}{\rho}\dfrac{\partial p}{\partial x}+\dfrac{\mu}{\rho}\left(\dfrac{\partial^2 v_x}{\partial x^2}+\dfrac{\partial^2 v_x}{\partial y^2}+\dfrac{\partial^2 v_x}{\partial z^2}\right)\\[2mm]\dfrac{\partial v_y}{\partial t}+\dfrac{\partial(v_xv_y)}{\partial x}+\dfrac{\partial v_y^2}{\partial y}+\dfrac{\partial(v_zv_y)}{\partial z}=-\dfrac{1}{\rho}\dfrac{\partial p}{\partial y}+\dfrac{\mu}{\rho}\left(\dfrac{\partial^2 v_y}{\partial x^2}+\dfrac{\partial^2 v_y}{\partial y^2}+\dfrac{\partial^2 v_y}{\partial z^2}\right)\\[2mm]\dfrac{\partial v_z}{\partial t}+\dfrac{\partial(v_xv_z)}{\partial x}+\dfrac{\partial(v_yv_z)}{\partial y}+\dfrac{\partial v_z^2}{\partial z}=-\dfrac{1}{\rho}\dfrac{\partial p}{\partial z}+\dfrac{\mu}{\rho}\left(\dfrac{\partial^2 v_z}{\partial x^2}+\dfrac{\partial^2 v_z}{\partial y^2}+\dfrac{\partial^2 v_z}{\partial z^2}\right)\end{cases}\quad(8.3.11)$$

考虑式(8.3.4c)、式(8.3.4g),时均流动的连续方程为

$$\frac{\partial \overline{v_x}}{\partial x}+\frac{\partial \overline{v_y}}{\partial y}+\frac{\partial \overline{v_z}}{\partial z}=0 \tag{8.3.12}$$

若对式(8.3.9)、式(8.3.12)作减法,还可得到脉动运动的连续方程

$$\frac{\partial v'_x}{\partial x}+\frac{\partial v'_y}{\partial y}+\frac{\partial v'_z}{\partial z}=0$$

即平均速度分量与脉动速度分量分别满足不可压缩流体的连续方程。

对式(8.3.11)中的第一个分式做时均处理,得

$$\frac{\partial \overline{v_x}}{\partial t}+\frac{\partial(\overline{v_xv_x})}{\partial x}+\frac{\partial(\overline{v_xv_y})}{\partial y}+\frac{\partial(\overline{v_xv_z})}{\partial z}=-\frac{1}{\rho}\frac{\partial \overline{p}}{\partial x}+\frac{\mu}{\rho}\left(\frac{\partial^2 \overline{v_x}}{\partial x^2}+\frac{\partial^2 \overline{v_x}}{\partial y^2}+\frac{\partial^2 \overline{v_x}}{\partial z^2}\right)$$

考虑式(8.3.4f)、(8.3.12),可有

$$\frac{\partial \overline{v_x}}{\partial t}+\frac{\partial(\overline{v_x}\;\overline{v_x})}{\partial x}+\frac{\partial \overline{v'^2_x}}{\partial x}+\frac{\partial(\overline{v_x}\;\overline{v_y})}{\partial y}+\frac{\partial \overline{v'_xv'_y}}{\partial y}+\frac{\partial(\overline{v_x}\;\overline{v_z})}{\partial z}+\frac{\partial \overline{v'_xv'_z}}{\partial z}=$$

$$\frac{\partial \overline{v_x}}{\partial t}+\overline{v_x}\frac{\partial \overline{v_x}}{\partial x}+\overline{v_y}\frac{\partial \overline{v_x}}{\partial y}+\overline{v_z}\frac{\partial \overline{v_x}}{\partial z}+\left(\frac{\partial \overline{v'^2_x}}{\partial x}+\frac{\partial \overline{v'_xv'_y}}{\partial y}+\frac{\partial \overline{v'_xv'_z}}{\partial z}\right)=$$

$$-\frac{1}{\rho}\frac{\partial \overline{p}}{\partial x}+\frac{\mu}{\rho}\left(\frac{\partial^2 \overline{v_x}}{\partial x^2}+\frac{\partial^2 \overline{v_x}}{\partial y^2}+\frac{\partial^2 \overline{v_x}}{\partial z^2}\right)$$

令 $\boldsymbol{\nabla}^2\;\overline{v_x}=\dfrac{\partial^2 \overline{v_x}}{\partial x^2}+\dfrac{\partial^2 \overline{v_x}}{\partial y^2}+\dfrac{\partial^2 \overline{v_x}}{\partial z^2}$,则可将时均形式的 N－S 方程写为

$$\begin{cases}\rho\left(\dfrac{\partial \overline{v_x}}{\partial t}+\overline{v_x}\dfrac{\partial \overline{v_x}}{\partial x}+\overline{v_y}\dfrac{\partial \overline{v_x}}{\partial y}+\overline{v_z}\dfrac{\partial \overline{v_x}}{\partial z}\right)=\\[2mm]-\dfrac{\partial \overline{p}}{\partial x}+\mu\,\boldsymbol{\nabla}^2\;\overline{v_x}+\dfrac{\partial(-\rho\overline{v'^2_x})}{\partial x}+\dfrac{\partial(-\rho\overline{v'_xv'_y})}{\partial y}+\dfrac{\partial(-\rho\overline{v'_xv'_z})}{\partial z}\\[3mm]\rho\left(\dfrac{\partial \overline{v_y}}{\partial t}+\overline{v_x}\dfrac{\partial \overline{v_y}}{\partial x}+\overline{v_y}\dfrac{\partial \overline{v_y}}{\partial y}+\overline{v_z}\dfrac{\partial \overline{v_y}}{\partial z}\right)=\\[2mm]-\dfrac{\partial \overline{p}}{\partial y}+\mu\,\boldsymbol{\nabla}^2\;\overline{v_y}+\dfrac{\partial(-\rho\overline{v'_xv'_y})}{\partial x}+\dfrac{\partial(-\rho\overline{v'^2_y})}{\partial y}+\dfrac{\partial(-\rho\overline{v'_yv'_z})}{\partial z}\\[3mm]\rho\left(\dfrac{\partial \overline{v_z}}{\partial t}+\overline{v_x}\dfrac{\partial \overline{v_z}}{\partial x}+\overline{v_y}\dfrac{\partial \overline{v_z}}{\partial y}+\overline{v_z}\dfrac{\partial \overline{v_z}}{\partial z}\right)=\\[2mm]-\dfrac{\partial \overline{p}}{\partial z}+\mu\,\boldsymbol{\nabla}^2\;\overline{v_z}+\dfrac{\partial(-\rho\overline{v'_xv'_z})}{\partial x}+\dfrac{\partial(-\rho\overline{v'_yv'_z})}{\partial y}+\dfrac{\partial(-\rho\overline{v'^2_z})}{\partial z}\end{cases}\quad(8.3.13)$$

式(8.3.13)即为不可压缩流体做湍流运动时的时均运动方程,也称为雷诺方程。与式(8.3.10)比较,除了由于黏性影响产生的应力(这点与层流流动相同)外,还出现了由于湍流脉动速度所形成的附加应力,这些附加应力称为雷诺应力,可以说脉动量是通过雷诺应力

影响平均速度的。雷诺应力是一个对称的二阶张量,即

$$\boldsymbol{P}' = \begin{bmatrix} -\rho\,\overline{v'^2_x} & -\rho\,\overline{v'_x v'_y} & -\rho\,\overline{v'_x v'_z} \\ -\rho\,\overline{v'_x v'_y} & -\rho\,\overline{v'^2_y} & -\rho\,\overline{v'_y v'_z} \\ -\rho\,\overline{v'_x v'_z} & -\rho\,\overline{v'_y v'_z} & -\rho\,\overline{v'^2_z} \end{bmatrix} \tag{8.3.14}$$

雷诺方程在将脉动运动对平均运动的影响分离出来的同时,新增加了雷诺应力的六个独立变量,从而使得原来封闭的方程组变得不封闭了,需要补充新的物理方程才能求解,湍流理论的核心问题就是建立雷诺应力的物理方程。

下面讨论雷诺应力的物理意义。为了便于说明问题本质,如图 8.3.5 所示,设平均运动是二维的且满足 $\mathrm{d}\,\overline{v_x}/\mathrm{d}y > 0$。由于旋涡运动,高速流层中由巨量分子群组成的流体微团会穿过流层间的界面向下跳到低速流层中,微团向下跳的速度就是高速流层中微团的法向脉动速度 v'_y,且有理由认为 $v'_y < 0$,而穿过界面单位面积的质量流量为 $\rho v'_y$。当高速流层的微团跳入

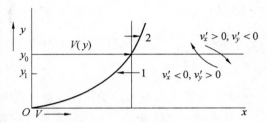

图 8.3.5 旋涡引起的湍流脉动

低速流层时,它并未立即失去原有的速度,其超出当地平均速度的部分即为 x 向脉动速度 v'_x,也有理由认为 $v'_x > 0$。因此,对低速流层来说,下跳来的高速流层中的微团所带来的 x 向动量变化为 $\rho v'_x v'_y < 0$ 或 $-\rho v'_x v'_y > 0$。若流体微团由低速流层上跳至高速流层中,由于 $v'_y > 0$,而低速流层中微团的跳入会使高速流层出现小于平均速度的 x 向脉动速度,即 $v'_x < 0$,故仍有 $-\rho v'_x v'_y > 0$。对两个不同脉动量的乘积取平均后,得到 $-\rho\,\overline{v'_x v'_y} > 0$,即雷诺应力通常为正。

由上述讨论可知,雷诺应力与黏性应力有本质的差别。黏性应力对应于分子扩散引起的界面两侧的动量交换,扩散是由分子热运动引起的。雷诺应力则对应于流体微团的跳动引起的界面两侧的动量交换,跳动是由大大小小的旋涡(即湍流脉动)引起的。所以雷诺应力首先不是严格意义上的表面应力,它是对真实的脉动运动进行平均时,将脉动引起的动量交换折算在假想的平均运动界面上的作用力,对于平均运动而言,雷诺应力具有表面力的效果,在解决工程实际问题时可以把它和其他表面力同样看待。因此,湍流平均运动的微元体除压力外,还受到两种表面力作用,即分子黏性应力和雷诺应力。对于不可压缩流体,可以写成

$$\boldsymbol{P} + \boldsymbol{P}' = \begin{bmatrix} -\bar{p} + 2\mu\dfrac{\partial\,\overline{v_x}}{\partial x} - \rho\,\overline{v'^2_x} & \mu\left(\dfrac{\partial\,\overline{v_x}}{\partial y} + \dfrac{\partial\,\overline{v_y}}{\partial x}\right) - \rho\,\overline{v'_x v'_y} & \mu\left(\dfrac{\partial\,\overline{v_z}}{\partial x} + \dfrac{\partial\,\overline{v_x}}{\partial z}\right) - \rho\,\overline{v'_x v'_z} \\ \mu\left(\dfrac{\partial\,\overline{v_x}}{\partial y} + \dfrac{\partial\,\overline{v_y}}{\partial x}\right) - \rho\,\overline{v'_x v'_y} & -\bar{p} + 2\mu\dfrac{\partial\,\overline{v_y}}{\partial y} - \rho\,\overline{v'^2_y} & \mu\left(\dfrac{\partial\,\overline{v_y}}{\partial z} + \dfrac{\partial\,\overline{v_z}}{\partial y}\right) - \rho\,\overline{v'_y v'_z} \\ \mu\left(\dfrac{\partial\,\overline{v_z}}{\partial x} + \dfrac{\partial\,\overline{v_x}}{\partial z}\right) - \rho\,\overline{v'_x v'_z} & \mu\left(\dfrac{\partial\,\overline{v_y}}{\partial z} + \dfrac{\partial\,\overline{v_z}}{\partial y}\right) - \rho\,\overline{v'_y v'_z} & -\bar{p} + 2\mu\dfrac{\partial\,\overline{v_z}}{\partial z} - \rho\,\overline{v'^2_z} \end{bmatrix}$$

对于图 8.3.5 所示的平均运动是二维的湍流流动来说,总切应力可写成

$$\tau = \mu\,\frac{\mathrm{d}\,\overline{v_x}}{\mathrm{d}y} - \rho\,\overline{v'_x v'_y}$$

　　由于雷诺应力是流体微团的湍流脉动引起界面两侧的动量交换,因此在多数情况下,它要远远大于分子黏性应力,即湍流脉动引起的掺混运动就好像是使流体的黏性增加了百倍、千倍或甚至更多,分子黏性是可以忽略的。

8.3.4　普朗特混合长度理论

　　前已述及,由于采用了时均方法,雷诺方程中出现了六个未知的雷诺应力项而使得原来封闭的方程组变得不封闭了,因此需要补充新的物理方程才能求解。如果补充的关系式是一个代数方程,不需要任何附加的微分方程来求解时均流场,称这种模型为零方程模型;若补充的关系式是一个微分方程(如湍流脉动动能方程),则称为一方程模型;若是两个微分方程,则称为双方程模型等。而本节所讨论的普朗特混合长度理论就是代数模型(即零方程模型)。由于没有“附加”的物理定律可用于建立上述关系,湍流模型问题是很复杂和困难的,研究者只能以大量的实验观测为基础,通过量纲分析、张量分析等手段,包括合理的推理和假设,建立模型并与实验对比后,再进一步修正和精确化。迄今为止的湍流模型没有一个是建立在完全严密的理论基础上的,所以也称之为湍流的半经验理论。

　　普朗特混合长度理论的基本思想是把流体微团的湍流脉动与气体的分子运动相比拟,认为雷诺应力是由宏观流体微团脉动引起的,与分子微观运动引起黏性应力的情况很相似。在定常层流直线运动中,由分子动量输运引起的黏性应力 $\tau_1 = \mu\dfrac{\mathrm{d}v_x}{\mathrm{d}y}$,与之对应,当湍流时均流动的流线为直线时,认为脉动引起的雷诺应力也可以表述为类似形式,即

$$\tau_\mathrm{t} = \mu_\mathrm{t}\,\frac{\mathrm{d}\,\overline{v_x}}{\mathrm{d}y} \tag{8.3.15}$$

式中,μ_t 称为湍流黏度或旋涡黏度,与分子运动的黏度 μ 有相同的单位。但 μ_t 不仅与流体的物理性质有关,而且主要与湍流运动的特性有关。流场各点处的 μ_t 是变化的,它主要反映的不是流体的物理属性,而是流体运动的特性。

　　根据混合长度理论的思想,由于湍流的脉动使平均流动的各流层之间产生流体微团的交换,当某流体微团跳入其他各层时,它经过一段不与其他任何流体微团相碰的距离 l,称为混合长度,在这段距离内,流体微团保持其原有的流动特性(如平均速度)不变。然后,在它所跳入的流层中,它与其他流体微团掺混而改变了原有的流动特性。这种混合导致了流体平均运动的各流层间的动量交换和能量交换,前者表现为雷诺应力,后者表现为湍流热传导。

　　如图 8.3.6 所示,考虑湍流的平均运动是二维平行运动的情形,即满足 $\overline{v_x} = \overline{v_x}(y)$ 及 $\overline{v_y} = \overline{v_z} = 0$。设位于 $y = y_1 - l$ 处的流体微团的时均速度为 $(\overline{v}_x)_{y_1-l}$,该微团沿 y 正向运动了 l 距离后与周围流体微团掺混,当它到达 y_1 处时,由于它具有的速度比此处的时均速度小,则有

$$\Delta(v_x)_{y_1-l} = (\overline{v}_x)_{y_1-l} - (\overline{v}_x)_{y_1} \approx -l\left(\frac{\mathrm{d}\,\overline{v_x}}{\mathrm{d}y}\right)_{y_1}$$

普朗特假设这个速度差可以看作是使 y_1 层流体产生的 x 向脉动速度,即

$$(v'_x)_{y_1} = -l\left(\frac{\mathrm{d}\overline{v}_x}{\mathrm{d}y}\right)_{y_1}$$

类似的,位于 $y = y_1 + l$ 处的流体微团对 y_1 层流体产生的 x 向脉动速度为

$$(v'_x)_{y_1} = l\left(\frac{\mathrm{d}\bar{v}_x}{\mathrm{d}y}\right)_{y_1}$$

图 8.3.6　二维湍流时均流速分布

普朗特还假设,当流体微团沿 y 向跳入 y_1 层时所引起的 y 向脉动速度 $(\overline{v_y})_{y_1}$ 与 x 向脉动速度 $(\overline{v_x})_{y_1}$ 的量级相同,同时注意到在图 8.3.6 中所示的平均速度梯度分布条件下,二者必是符号相反的,即

$$-(v'_y)_{y_1} = C(v'_x)_{y_1}$$

这个假定的合理性可以这样直观理解:当 y_1+l 层的微团 ① 和 y_1-l 层的微团 ② 在 y_1 层相遇时,将以 $2|\overline{(v_x)}_{y_1}|$ 速度或者相互远离(微团 ① 的 x 坐标 > 微团 ② 的 x 坐标),或者相互靠近(微团 ① 的 x 坐标小于微团 ② 的 x 坐标)。若是前者,则 y_1 层两侧的流体微团将脉动至 y_1 层上以填补微团 ①、② 留下的空隙;若是后者,则微团 ①、② 之间的 y_1 层流体微团将被排挤向 y_1 层两侧脉动。基于连续性原理,y 向脉动速度的大小必然与 x 向脉动速度相关,且具有同样的量级。

通过上述讨论,可得到相邻流层间的雷诺应力表达式为

$$-\rho\,\overline{v'_x v'_y} = -\rho\left(\frac{1}{T}\int_{t_0-\frac{T}{2}}^{t_0+\frac{T}{2}} v'_x v'_y \mathrm{d}t\right) = \rho\left[\frac{1}{T}\int_{t_0-\frac{T}{2}}^{t_0+\frac{T}{2}} Cl^2\left(\frac{\mathrm{d}\bar{v}_x}{\mathrm{d}y}\right)^2\right] = \rho Cl^2\left(\frac{\mathrm{d}\bar{v}_x}{\mathrm{d}y}\right)^2$$

由于 C 为比例常数,而混合长度 l 尚未确定,故将 C 也吸收进 l 中,并考虑式(8.3.15),得到湍流切应力的表达式

$$\tau_t = -\rho\,\overline{v'_x v'_y} = \rho l^2\left(\frac{\mathrm{d}\bar{v}_x}{\mathrm{d}y}\right)^2 \tag{8.3.16}$$

再考虑 τ_t 应与时均流动的黏性切应力 $\tau_1 = \mu\dfrac{\mathrm{d}\,\overline{v_x}}{\mathrm{d}y}$ 的符号相同,式(8.3.16)又可写成

$$\tau_t = \rho l^2\left|\frac{\mathrm{d}\,\overline{v_x}}{\mathrm{d}y}\right|\frac{\mathrm{d}\,\overline{v_x}}{\mathrm{d}y} = \mu_t\frac{\mathrm{d}\,\overline{v_x}}{\mathrm{d}y} \tag{8.3.17}$$

式中,$\mu_t = \rho l^2\left|\dfrac{\mathrm{d}\,\overline{v_x}}{\mathrm{d}y}\right|$。混合长度 l 一般不是常数,它在不同的具体问题中有不同的值。对于某一类问题,可以先做假设,然后由实验加以验证,并确定假设中待定的常数。

混合长度理论本身没有给出确定 l 的方法。冯·卡门应用相似性假设得到了可以用于估计 l 与空间坐标关系的表达式,即

$$l = \kappa\,\frac{\mathrm{d}\,\overline{v_x}}{\mathrm{d}y}\Big/\frac{\mathrm{d}^2\,\overline{v_x}}{\mathrm{d}y^2} \tag{8.3.18}$$

式中, κ 为实验待定的冯·卡门常数。由式(8.3.18)可见,混合长度 l 与平均速度的大小无关,只与速度分布的变化规律有关,是一个取决于当地流速分布的局部情况的函数。一般情况下对平行流 $\kappa = 0.4 \sim 0.41$。将上式带入式(8.3.16),得

$$\tau_{\mathrm{t}} = -\rho \, \overline{v'_x v'_y} = \rho l^2 \left| \frac{\mathrm{d} \, \overline{v_x}}{\mathrm{d} y} \right| \frac{\mathrm{d} \, \overline{v_x}}{\mathrm{d} y} = \rho \kappa^2 \frac{\left(\dfrac{\mathrm{d} \, \overline{v_x}}{\mathrm{d} y} \right)^2}{\left(\dfrac{\mathrm{d}^2 \, \overline{v_x}}{\mathrm{d} y^2} \right)^2} \left| \frac{\mathrm{d} \, \overline{v_x}}{\mathrm{d} y} \right| \frac{\mathrm{d} \, \overline{v_x}}{\mathrm{d} y} = \rho \kappa^2 \frac{\left(\dfrac{\mathrm{d} \, \overline{v_x}}{\mathrm{d} y} \right)^3 \left| \dfrac{\mathrm{d} \, \overline{v_x}}{\mathrm{d} y} \right|}{\left(\dfrac{\mathrm{d}^2 \, \overline{v_x}}{\mathrm{d} y^2} \right)^2}$$

$$(8.3.19)$$

8.3.5　湍流附面层方程及其物理特性

尽管湍流一般应是三维的,但为了便于说明湍流附面层方程,参照式(8.3.12)、式(8.3.13),以定常、二维、不可压缩的湍流连续方程及雷诺方程为例,推导湍流附面层方程,即

$$\frac{\partial \, \overline{v_x}}{\partial x} + \frac{\partial \, \overline{v_y}}{\partial y} = 0 \tag{8.3.20}$$

$$\begin{cases} \overline{v_x} \dfrac{\partial \, \overline{v_x}}{\partial x} + \overline{v_y} \dfrac{\partial \, \overline{v_x}}{\partial y} = -\dfrac{1}{\rho} \dfrac{\partial \overline{p}}{\partial x} + \dfrac{\mu}{\rho} \left(\dfrac{\partial^2 \, \overline{v_x}}{\partial x^2} + \dfrac{\partial^2 \, \overline{v_x}}{\partial y^2} \right) + \dfrac{\partial(-\overline{v'^2_x})}{\partial x} + \dfrac{\partial(-\overline{v'_x v'_y})}{\partial y} \\[3mm] \overline{v_x} \dfrac{\partial \, \overline{v_y}}{\partial x} + \overline{v_y} \dfrac{\partial \, \overline{v_y}}{\partial y} = -\dfrac{1}{\rho} \dfrac{\partial \overline{p}}{\partial y} + \dfrac{\mu}{\rho} \left(\dfrac{\partial^2 \, \overline{v_y}}{\partial x^2} + \dfrac{\partial^2 \, \overline{v_y}}{\partial y^2} \right) + \dfrac{\partial(-\overline{v'_x v'_y})}{\partial x} + \dfrac{\partial(-\overline{v'^2_y})}{\partial y} \end{cases}$$

$$(8.3.21)$$

引入无量纲参数

$$x^* = \frac{x}{L_0}, y^* = \frac{y}{L_0}, v_x^* = \frac{v_x}{V}, v_y^* = \frac{v_y}{V}, p^* = \frac{p}{\rho V^2}, \delta^* = \frac{\delta}{L_0}$$

$$\overline{v'_x v'_y}^* = \frac{\overline{v'_x v'_y}}{V'^2}, \overline{v'^2_x}^* = \frac{\overline{v'^2_x}}{V'^2}, \overline{v'^2_y}^* = \frac{\overline{v'^2_y}}{V'^2}$$

式中, V 为附面层外的当地外流速度; δ 为湍流附面层厚度。假设湍流中不同方向的湍动度具有同样的量级,即 $\overline{v'^2_x} \sim \overline{v'^2_y}$,因此引入一个共同的脉动速度尺度 V' 且 $\overline{v'^2_x} \sim \overline{v'^2_y} \sim V'^2$。再引入一个相关函数 R,并满足 $\overline{v'_x v'_y} \sim RV'^2$,若再假定 R 为大致为 1 的量级,则有

$$\overline{v'^2_x} \sim \overline{v'^2_y} \sim \overline{v'_x v'_y} \sim V'^2$$

将上述无量纲参数代入式(8.3.20),得

$$\frac{\partial \, \overline{v_x}^*}{\partial x^*} + \frac{\partial \, \overline{v_y}^*}{\partial y^*} = 0$$

对上式进行量纲分析可知,由于 $x^* = \dfrac{x}{L_0} \sim 1, \overline{v_x}^* = \dfrac{\overline{v_x}}{V} \sim 1$,则 $\dfrac{\partial \overline{v_x}^*}{\partial x^*} \sim 1$ 且 $\dfrac{\partial \overline{v_y}^*}{\partial y^*} \sim 1$,于是得到 $v_y^* \sim y^* \sim \delta^* \ll 1$。再将无量纲参数代入式(8.3.21)中的第一个分式,得

$$\overline{v_x}^* \frac{\partial \, \overline{v_x}^*}{\partial x^*} + \overline{v_y}^* \frac{\partial \, \overline{v_x}^*}{\partial y^*} = -\frac{\partial \overline{p}^*}{\partial x^*} + \frac{\mu}{\rho V L_0} \left(\frac{\partial^2 \, \overline{v_x}^*}{\partial x^{*2}} + \frac{\partial^2 \, \overline{v_x}^*}{\partial y^{*2}} \right) -$$

$$\left(\frac{V'^2}{V^2} \right) \frac{\partial \, \overline{v'^2_x}^*}{\partial x^*} - \left(\frac{V'^2}{V^2} \right) \frac{\partial(\overline{v'_x v'_y}^*)}{\partial y^*}$$

注意到 $\overline{v_x}^* \dfrac{\partial \overline{v_x}^*}{\partial x^*} \sim 1$ 和 $\overline{v_y}^* \dfrac{\partial \overline{v_x}^*}{\partial y^*} \sim \dfrac{\delta^*}{\delta^*} = 1$，而沿流向压力梯度 $\dfrac{\partial \overline{p}^*}{\partial x^*}$ 应与惯性力项属于同一量级，即

$$\frac{\partial \overline{p}^*}{\partial x^*} \sim 1 \text{ 或 } \overline{p}^* \sim 1$$

对于黏性应力项有

$$\frac{\partial^2 \overline{v_x}^*}{\partial x^{*2}} \sim 1 \ll \frac{\partial^2 \overline{v_x}^*}{\partial y^{*2}} \sim \frac{1}{\delta^{*2}}$$

比较可知 $\dfrac{\partial^2 \overline{v_x}^*}{\partial x^{*2}}$ 可忽略，由式（8.1.1）可知

$$\frac{\mu}{\rho V L_0} \frac{\partial^2 \overline{v_x}^*}{\partial y^{*2}} \sim \frac{\delta^{*2}}{\delta^{*2}} = 1$$

即黏性应力的量级也为 1。对于雷诺应力项，由于

$$\overline{v_x'^2}^* = \frac{\overline{v_x'^2}}{V'^2} \sim 1, \quad \overline{v_x' v_y'}^* = \frac{\overline{v_x' v_y'}}{V'^2} \sim 1$$

于是

$$\frac{\partial \overline{v_x'^2}^*}{\partial x^*} \sim 1 \ll \frac{\partial (\overline{v_x' v_y'}^*)}{\partial y^*} \sim \frac{1}{\delta^*}$$

即 $\dfrac{\partial \overline{v_x'^2}^*}{\partial x^*}$ 项可忽略。欲保留 $\dfrac{\partial (\overline{v_x' v_y'}^*)}{\partial y^*}$ 项，则须有

$$\left(\frac{V'^2}{V^2}\right) \frac{\partial (\overline{v_x' v_y'}^*)}{\partial y^*} \sim 1 \text{ 或 } \frac{\overline{v_x' v_y'}}{V^2} \sim \frac{V'^2}{V^2} \sim \delta^*$$

最后，再考虑式（8.3.21）中的第二个分式，无量纲化后得

$$\overline{v_x}^* \frac{\partial \overline{v_y}^*}{\partial x^*} + \overline{v_y}^* \frac{\partial \overline{v_y}^*}{\partial y^*} = -\frac{\partial \overline{p}^*}{\partial y^*} + \frac{\mu}{\rho V L_0}\left(\frac{\partial^2 \overline{v_y}^*}{\partial x^{*2}} + \frac{\partial^2 \overline{v_y}^*}{\partial y^{*2}}\right) - \left(\frac{V'^2}{V^2}\right)\frac{\partial (\overline{v_x' v_y'}^*)}{\partial x^*} - \left(\frac{V'^2}{V^2}\right)\frac{\partial \overline{v_y'^2}^*}{\partial y^*}$$

通过类似的量纲分析可知，式中 $\dfrac{\partial \overline{p}^*}{\partial y^*} \sim \dfrac{1}{\delta^*}$，其他各项量级均为 δ^* 或更小，均可忽略。

基于上述讨论，湍流附面层方程可写为

$$\frac{\partial \overline{v_x}}{\partial x} + \frac{\partial \overline{v_y}}{\partial y} = 0 \tag{8.3.22}$$

$$\begin{cases} \overline{v_x} \dfrac{\partial \overline{v_x}}{\partial x} + \overline{v_y} \dfrac{\partial \overline{v_x}}{\partial y} = -\dfrac{1}{\rho} \dfrac{\partial \overline{p}}{\partial x} + \dfrac{\mu}{\rho} \dfrac{\partial^2 \overline{v_x}}{\partial y^2} + \dfrac{\partial (-\overline{v_x' v_y'})}{\partial y} \\[2mm] \dfrac{1}{\rho} \dfrac{\partial \overline{p}}{\partial y} = 0 \end{cases} \tag{8.3.23}$$

对应的边界条件为

$$y = 0 : \overline{v_x} = 0, \ \overline{v_y} = 0 \tag{8.3.24a}$$

$$y = \delta : \overline{v_x} \approx V_e(x) \tag{8.3.24b}$$

由于固壁处瞬时速度满足 $v_x = 0, v_y = 0$，而时均速度也满足 $\overline{v_x} = 0, \overline{v_y} = 0$，于是可知，对脉动速度分量必有 $v_x' = 0, v_y' = 0$，即固壁处的雷诺应力均为零，只有分子黏性切应力存在。由此可以想象，在很靠近壁面处，湍流脉动受到壁面的抑制作用，脉动速度分量的值很小，因此在紧靠壁面处存在一个极其薄的流层。在这层流动中，湍流切应力很微弱（但仍可

能有微小旋涡及湍流猝发的现象存在），流动接近层流流态，分子黏性切应力大于惯性力（流体速度接近于零），这一流层被称为黏性底层。由于这一层的平均速度分布是线性的，所以又称为线性底层。紧挨线性底层的上部，存在一个过渡区或称为缓冲区，在过渡区中，湍流脉动剧烈，湍流切应力显著增加。在过渡外，湍流应力占据主导地位，速度分布具有对数分布特性，称为湍流层或对数区。

如图 8.3.7 所示，湍流附面层速度分布在不同区域中具有不同的规律，上面所讲到的黏性底层、过渡区、对数区都属于湍流的内层，湍流附面层内层以外的湍流区称为尾流区或外层，湍流附面层外层又可分为尾迹律层和黏性顶层。实验观测表明，内层约占附面层厚度的 20%，外层约占 80%。图 8.3.7 中的横坐标为无量纲高度 y^+，若壁面处黏性切应力 $\tau_0 = \mu\left(\dfrac{\mathrm{d}v_x}{\mathrm{d}y}\right)_0$，定义壁面处摩擦速度 $u_\tau = \sqrt{\dfrac{\tau_0}{\rho}}$ 且具有速度量纲，它是衡量湍流脉

图 8.3.7　湍流附面层典型结构

速度的很合适的尺度。再定义离开壁面的无量纲高度或距离为

$$y^+ = \frac{\rho u_\tau y}{\mu} = \frac{y u_\tau}{\nu} \tag{8.3.25}$$

显然，离壁面越近，旋涡的平均尺度越小，所以 y^+ 可以看作是旋涡的长度尺度，ν/u_τ 还被称为摩擦长度。同时，y^+ 也是雷诺数的表达形式，因而还可看作是 y 处的典型雷诺数。图8.3.7 中的纵坐标是以摩擦速度为参考的无量纲速度。下面以定常、二维、不可压缩、零压力梯度的平行湍流流动为例，讨论湍流附面层内的速度分布情况。所谓平行流动，即假设 $\overline{v_x} = \overline{v_x}(y)$，$\overline{v_y} = 0$ 及 $\dfrac{\partial}{\partial x} = 0$，于是附面层方程式(8.3.23)可简化为

$$\mu \frac{\mathrm{d}^2 v_x}{\mathrm{d}y^2} + \frac{\mathrm{d}(-\overline{\rho v'_x v'_y})}{\mathrm{d}y} = 0 \tag{8.3.26}$$

为简单起见，将时均速度上的横线省略。积分式(8.3.26)得

$$\mu \frac{\mathrm{d}v_x}{\mathrm{d}y} + (-\overline{\rho v'_x v'_y}) = C \tag{8.3.27}$$

由于壁面处有 $v'_x = 0$，$v'_y = 0$，即 $C = \tau_0 = \mu\left(\dfrac{\mathrm{d}v_x}{\mathrm{d}y}\right)_0$。设壁面处切应力 τ_0 为已知值，则有

$$\mu \frac{\mathrm{d}v_x}{\mathrm{d}y} - \overline{\rho v'_x v'_y} = \tau_0 \tag{8.3.28}$$

（1）黏性底层的速度分布。由前面讨论可知，紧靠壁面处的湍流切应力很微弱，分子黏性切应力占绝对主导地位，即 $\mu \dfrac{\mathrm{d}v_x}{\mathrm{d}y} \gg |\overline{\rho v'_x v'_y}|$，因此，式(8.3.28)可写为

$$\mu \frac{\mathrm{d}v_x}{\mathrm{d}y} = \tau_0$$

积分得

$$v_x = \frac{\tau_0}{\mu}y = \frac{\tau_0\, y}{\rho\nu} = u_\tau \frac{u_\tau y}{\nu} \text{ 或 } u^+ = \frac{v_x}{u_\tau} = \frac{u_\tau y}{\nu} = y^+ \qquad (8.3.29)$$

式(8.3.29)给出了速度随 y 的线性变化规律。在通常情况下,黏性底层厚度为 $0 < y^+ < (3 \sim 5)$。

(2)过渡区的速度分布。过渡区厚度为 $(3 \sim 5) < y^+ < 30$,在该层中分子黏性应力与湍流应力应为同一量级,流动状态极为复杂,工程计算时有时将其并入到对数区。实验测得的该层速度分布为

$$u^+ = \frac{v_x}{u_\tau} = 5\left(1 + \ln \frac{y^+}{5}\right) \qquad (8.3.30)$$

(3)对数区(或称对数律层)的速度分布。对数区内流体受到的湍流应力远大于黏性应力,流动处于完全湍流流态。因此,式(8.3.28)可写为

$$-\overline{\rho v'_x v'_y} = \tau_0 = \rho u_\tau^2$$

由于雷诺应力主要是大涡的贡献,所以 u_τ 可以看成是大涡的典型速度。根据普朗特混合长度理论,由式(8.3.16)可知

$$\rho l^2 \left(\frac{\mathrm{d}v_x}{\mathrm{d}y}\right)^2 = \tau_0 \text{ 或 } l^2\left(\frac{\mathrm{d}v_x}{\mathrm{d}y}\right)^2 = \frac{\tau_0}{\rho} = u_\tau^2 \text{ 或 } u_\tau = l\frac{\mathrm{d}v_x}{\mathrm{d}y}$$

由于混合长度 l 是与流动情况有关的量度,而不是流体的一种物理属性,在很多情况下可以将其与流动的某些尺度联系起来,例如,令其与离开壁面的高度或距离 y 成正比,即 $l = \kappa y$,式中 κ 为待定系数(就是前面的冯·卡门常数)。当 $y = 0$ 时,有 $l = 0$,即 $-\overline{\rho v'_x v'_y} = 0$,这和固壁面处雷诺应力等于零的物理事实吻合。于是得

$$\frac{\mathrm{d}v_x}{u_\tau} = \frac{1}{\kappa}\frac{\mathrm{d}y}{y}$$

积分得

$$u^+ = \frac{v_x}{u_\tau} = \frac{1}{\kappa}\ln y + C = \frac{1}{\kappa}\ln\left(y^+ \frac{\nu}{u_\tau}\right) + C \text{ 或 } u^+ = \frac{1}{\kappa}\ln y^+ + D \qquad (8.3.31)$$

式(8.3.31)表明,湍流对数区速度分布为对数曲线。式中 $\kappa = 0.4 \sim 0.41, D = 5.0 \sim 5.5$。对数区层厚度为 $30 < y^+ < 10^3 \approx 0.2\delta$。

(4)湍流附面层外层。它的主要特点是黏性在此范围内不起作用(这是指平均运动的黏性切应力很小,而不是指黏性顶层和湍流耗散中的黏性作用)。黏性对外层的作用主要是通过壁面切应力 τ_0 和黏性底层间接体现出来。也就是说,由于黏性的作用,使得黏性底层外缘处的速度低于附面层外缘速度 V_e,形成速度亏损 $V_e - v_x$。在外层的速度亏损区内,黏性的切应力已小到可以忽略不计,而几乎完全由雷诺应力来维持当地的平均速度梯度。

由于外层范围内黏性不起作用,所以在内层中用以衡量黏性作用的 y^+ 等已不再适用,合理的替代是以整个附面层厚度 δ 作为长度尺度。由于外层的速度亏损 $V_e - v_x$ 反映了那里的有效剪切速度,它不直接与黏性有关,而又通过 u_τ 间接反映了壁面切应力和黏性的作用,所以以 $V_e - v_x$ 作为关联对象是合理的。从上面的讨论可知,外层的速度亏损应只与 u_τ、δ、y 有关,根据量纲分析,可有如下速度分布

$$\frac{V_e - v_x}{u_\tau} = f\left(\frac{y}{\delta}\right) \qquad (8.3.32)$$

称为速度亏损关系。由于尾迹流动也有类似特点,所以有时也称为尾迹律。

尾流区厚度为 $0.2\delta < y^+ < 0.4\delta$，流体受到的湍流应力远远大于黏性应力，流动处于完全湍流流态。与对数区相比，湍流强度已明显减弱。尾流区的速度分布为

$$\frac{V_e - v_x}{u_\tau} = -\frac{1}{\kappa}\ln y^+ + 2.35 \tag{8.3.33}$$

黏性顶层厚度为 $0.4\delta < y < \delta$。在黏性顶层，由于湍流的随机性和不稳定性，外部非湍流流体不断进入附面层内而发生相互掺混，使湍流强度显著减弱。同时，附面层内的湍流流体也不断进入临近的非湍流区，湍流与非湍流的界面是瞬息变化的，具有波浪的形状。所谓的湍流速度附面层厚度是平均意义上的厚度。实际上，湍流峰可能伸于顶层之外，而外部的势流也可以深入到顶层之内。这就导致了黏性顶层的流动呈现间歇性的湍流，即在空间固定点上的流动有时是湍流，有时是非湍流。实验测得的黏性顶层速度分布为

$$\frac{V_e - v_x}{u_\tau} = 9.6\left(1 - \frac{y}{\delta}\right) \tag{8.3.34}$$

湍流附面层整个区域的速度分布也可以近似描述为

$$\frac{v_x}{V_e} = \left(\frac{y}{\delta}\right)^{\frac{1}{7}} \tag{8.3.35}$$

8.4   附面层积分方程

虽然利用附面层的特点对 N−S 方程简化，得到了比较简单的普朗特附面层微分方程，但它仍是非线性的偏微分方程，除数值解外，求解解析解是非常困难的，只有对极少数的简单流动（如平板、楔形体等）才能得到精确解。冯·卡门在 1921 年首先推导出附面层动量积分关系式，既可以求解层流附面层，也可以求解湍流附面层。其基本思想是选用一个符合附面层内、外某些边界条件的附面层速度分布函数，代入动量积分方程，得到一个常微分方程式，从而获得计算附面层厚度和壁面摩擦阻力等的表达式。这种方法较为简单，工程实际中经常采用。

8.4.1   卡门动量积分方程的推导

考虑图 8.4.1 给出的二维附面层流动，令 x 轴沿物面，y 轴与之垂直。在附面层中取一微元控制体 $ABCD$（垂直纸面方向的控制体宽度为 1），其中 AB，CD 为垂直于物面的两个控制面，相距为 $\mathrm{d}x$，AD 为物面，BC 为附面层外边界，由于 $\mathrm{d}x$ 是无限小量，所以可以认为流体在 BC 面上的流速都近似等于 B 点处的速度 V_e，其在 x 方向的分量为 V_{ex}。但应该注意的是，V_e 本身是 x 的函数，即 $V_e = V_e(x)$，它的值视壁面形状

图 8.4.1   附面层控制体的受力分析

而定。将动量定理应用于这个控制体所包围的流体，即控制体内流体沿某个方向的单位时间内动量的增加应等于作用在这个控制体上所有作用力在该方向的投影。

对于定常问题，单位时间内从 AB 面流入控制体的质量为 $\int_0^\delta \rho v_x \mathrm{d}y$，而从 CD 面流出控制体的质量为

$$\int_0^\delta \rho v_x \mathrm{d}y + \frac{\partial}{\partial x}\left(\int_0^\delta \rho v_x \mathrm{d}y\right)\mathrm{d}x$$

注意到附面层外边界 BC 并不是流线，因此上述的质量流量之差 $\frac{\partial}{\partial x}\left(\int_0^\delta \rho v_x \mathrm{d}y\right)\mathrm{d}x$ 即为单位时间内从附面层外边界 BC 流入控制体的质量。于是，单位时间内 x 方向流入的动量为

$$\int_0^\delta \rho v_x^2 \mathrm{d}y + V_{ex}\frac{\partial}{\partial x}\left(\int_0^\delta \rho v_x \mathrm{d}y\right)\mathrm{d}x$$

而流出的动量为

$$\int_0^\delta \rho v_x^2 \mathrm{d}y + \frac{\partial}{\partial x}\left(\int_0^\delta \rho v_x^2 \mathrm{d}y\right)\mathrm{d}x$$

因此，动量的变化率为

$$\frac{\partial}{\partial x}\left(\int_0^\delta \rho v_x^2 \mathrm{d}y\right)\mathrm{d}x - V_{ex}\frac{\partial}{\partial x}\left(\int_0^\delta \rho v_x \mathrm{d}y\right)\mathrm{d}x$$

下面再来分析作用在控制体上的 x 方向作用力。物面上的作用力为 $-\tau_w \mathrm{d}x$，AB 面上的作用力为 $p\delta$，CD 面上的作用力为 $-\left[p\delta + \frac{\partial}{\partial x}(p\delta)\mathrm{d}x\right]$，$BC$ 面的压强取 AB 面、CD 面压强的平均值为 $p + \frac{1}{2}\frac{\partial p}{\partial x}\mathrm{d}x$，作用面积为 $\frac{\partial \delta}{\partial x}\mathrm{d}x$，则作用力为 $\left(p + \frac{1}{2}\frac{\partial p}{\partial x}\mathrm{d}x\right)\frac{\partial \delta}{\partial x}\mathrm{d}x$。将上述作用力合并后得

$$-\tau_w \mathrm{d}x + p\delta - \left[p\delta + \frac{\partial}{\partial x}(p\delta)\mathrm{d}x\right] + \left(p + \frac{1}{2}\frac{\partial p}{\partial x}\mathrm{d}x\right)\frac{\partial \delta}{\partial x}\mathrm{d}x \approx -\left(\tau_w + \frac{\partial p}{\partial x}\delta\right)\mathrm{d}x$$

于是根据动量定理，可得到卡门积分关系式

$$\frac{\partial}{\partial x}\left(\int_0^\delta \rho v_x^2 \mathrm{d}y\right) - V_{ex}\frac{\partial}{\partial x}\left(\int_0^\delta \rho v_x \mathrm{d}y\right) = -\tau_w - \delta\frac{\partial p}{\partial x} \tag{8.4.1}$$

式(8.4.1) 称为附面层积分方程，它对层流、湍流附面层都适用，但对于后一种情况，式中 τ_w 的表达式应写为黏性应力与雷诺应力之和的形式，其他参数应用时均值代替瞬时值。对于不可压缩流体，式(8.4.1) 可写成

$$\frac{\mathrm{d}}{\mathrm{d}x}\left(\int_0^\delta v_x^2 \mathrm{d}y\right) - V_{ex}\frac{\mathrm{d}}{\mathrm{d}x}\left(\int_0^\delta v_x \mathrm{d}y\right) = -\frac{\tau_w}{\rho} - \frac{\delta}{\rho}\frac{\mathrm{d}p}{\mathrm{d}x} \tag{8.4.2}$$

由于附面层外为理想流体的势流流动，借助伯努利方程，式中右端的压强梯度项可写成

$$\frac{\mathrm{d}p}{\mathrm{d}x} = \frac{\mathrm{d}p_e}{\mathrm{d}x} \approx -\rho V_{ex}\frac{\mathrm{d}V_{ex}}{\mathrm{d}x}$$

将上式两端同乘以 δ，得

$$\delta\frac{\mathrm{d}p_e}{\mathrm{d}x} = -\rho V_{ex}\delta\frac{\mathrm{d}V_{ex}}{\mathrm{d}x} \text{ 或 } -\delta\frac{\mathrm{d}p_e}{\mathrm{d}x} = \frac{\mathrm{d}V_{ex}}{\mathrm{d}x}\int_0^\delta \rho V_{ex}\mathrm{d}y$$

而式(8.4.2) 中左端的第二项则可写成

$$V_{ex}\frac{\mathrm{d}}{\mathrm{d}x}\left(\int_0^\delta v_x \mathrm{d}y\right) = \frac{\mathrm{d}}{\mathrm{d}x}\left(V_{ex}\int_0^\delta v_x \mathrm{d}y\right) - \left(\int_0^\delta v_x \mathrm{d}y\right)\frac{\mathrm{d}V_{ex}}{\mathrm{d}x} = \frac{\mathrm{d}}{\mathrm{d}x}\left(\int_0^\delta V_{ex}v_x \mathrm{d}y\right) - \left(\int_0^\delta v_x \mathrm{d}y\right)\frac{\mathrm{d}V_{ex}}{\mathrm{d}x}$$

将上面两式代入式(8.4.2)中,得

$$\frac{\mathrm{d}}{\mathrm{d}x}\left[\int_0^\delta v_x(V_{ex}-v_x)\mathrm{d}y\right]+\left[\int_0^\delta (V_{ex}-v_x)\mathrm{d}y\right]\frac{\mathrm{d}V_{ex}}{\mathrm{d}x}=\frac{\tau_w}{\rho} \qquad (8.4.3)$$

再根据附面层位移厚度 δ^* 的定义式(8.1.2)、附面层动量损失厚度 θ 的定义式(8.1.3),式(8.4.3)可进一步写成

$$\frac{\mathrm{d}}{\mathrm{d}x}(V_{ex}^2\theta)+V_{ex}\delta^*\frac{\mathrm{d}V_{ex}}{\mathrm{d}x}=2V_{ex}\theta\frac{\mathrm{d}V_{ex}}{\mathrm{d}x}+V_{ex}^2\frac{\mathrm{d}\theta}{\mathrm{d}x}+V_{ex}\delta^*\frac{\mathrm{d}V_{ex}}{\mathrm{d}x}=\frac{\tau_w}{\rho}$$

化简后得

$$\frac{\mathrm{d}\theta}{\mathrm{d}x}+(2\theta+\delta^*)\frac{1}{V_{ex}}\frac{\mathrm{d}V_{ex}}{\mathrm{d}x}=\frac{\tau_w}{\rho V_{ex}^2} \qquad (8.4.4)$$

注意到 $c_f=\tau_w\Big/\dfrac{1}{2}\rho V_{ex}^2$ 及形状因子 $H=\dfrac{\delta^*}{\theta}$,式(8.4.4)又可写成

$$\frac{\mathrm{d}\theta}{\mathrm{d}x}+\frac{1}{V_{ex}}\frac{\mathrm{d}V_{ex}}{\mathrm{d}x}(2+H)\theta=c_f \qquad (8.4.5)$$

这种形式的积分关系式对于计算曲壁附面层等复杂问题比较方便。

8.4.2　平板层流与湍流附面层的流动特性与计算

在动量积分关系式中含有三个未知量,即 v_x,δ,τ_w 或 δ^*,θ,τ_w,所以应补充两个关系式才能使问题可解。动量积分关系式解法的基本步骤就是:根据附面层流动特征和主要边界条件,近似地给出一个只依赖于 x 的单参数(称为型参数)速度分布来代替附面层内真实速度分布,从而把上述三个未知量归结为一个未知量,即确定速度分布规律的型参数,然后代入积分关系式求出该型参数的变化规律,进而确定附面层中的其他流动物理量。因此,积分关系式解法的精确程度取决于预先选定的速度分布的合理程度,若附面层的速度分布规律选择得比较合理,该解法可以得到令人满意的结果。

如图 8.4.2 所示,沿流动方向放置的平板绕流问题是附面层流动中最简单但又是最重要的流动。对于曲壁面,只要不发生显著的分离现象,曲面附面层的摩擦阻力与平板情况较为相似。因此,平板附面层的分析结果可以用来近似地计算如机翼、机身或其他流线型物体的摩擦阻力。这里主要讨论平板层流、湍流、混合附面层的流动特性及其对应的摩擦阻力。

图 8.4.2　平板层流附面层、湍流附面层及混合附面层示意图

1. 平板层流附面层

如图 8.4.2 所示,设速度为 V_∞ 的直匀流流经长度为 l 的平板。若假设平板是非常薄的或厚度等于零,且附面层厚度 δ 与平板 l 相比很小,则可以认为并不因平板的存在而影响流体在附面层之外的运动。因此,附面层外边界上的速度满足 $V_{ex}=V_e=V_\infty$ 和 $\dfrac{\mathrm{d}V_{ex}}{\mathrm{d}x}=0$。则式

(8.4.4) 可简化为

$$\frac{\mathrm{d}\theta}{\mathrm{d}x} = \frac{\tau_{\mathrm{w}}}{\rho V_{\infty}^2} \tag{8.4.6}$$

假设附面层内速度分布为 y 的幂函数,即

$$v_x = a_0 + a_1 y + a_2 y^2 + \cdots + a_n y^n$$

式中,$a_0, a_1, a_2, \cdots, a_n$ 是待定的未知量,须由速度分布所应遵循的边界条件确定。幂指数 n 可根据具体要求选取。实验表明,当 $n=2$ 时,即可与实验得到的速度分布曲线吻合很好,即

$$v_x = a_0 + a_1 y + a_2 y^2$$

用于确定三个待定系数的边界条件为:

(1) 在物面上,$y=0$,$v_x=0$,于是 $a_0=0$。

(2) 在附面层外边界上,$y=\delta$,$v_x=V_\infty$,于是 $V_\infty = a_1\delta + a_2\delta^2$。

(3) 在附面层外边界上,$y=\delta$,$\dfrac{\partial v_x}{\partial y}=0$,于是 $0 = a_1 + 2a_2\delta$。

由以上各式可以确定 $a_0=0$,$a_1=\dfrac{2V_\infty}{\delta}$,$a_2=-\dfrac{V_\infty}{\delta^2}$,即速度分布近似为

$$v_x = \frac{2V_\infty}{\delta}y - \frac{V_\infty}{\delta^2}y^2 \ \text{或} \ \frac{v_x}{V_\infty} = 2\left(\frac{y}{\delta}\right) - \left(\frac{y}{\delta}\right)^2 \tag{8.4.7}$$

由牛顿内摩擦定律及式(8.4.7)可得

$$\tau_{\mathrm{w}} = \mu\left(\frac{\mathrm{d}v_x}{\mathrm{d}y}\right)_{y=0} = 2\mu\frac{V_\infty}{\delta} \tag{8.4.8}$$

利用动量积分方程式(8.4.6)及补充方程式(8.4.7)、式(8.4.8),联立求解即可得到附面层内所需的有关结果。将式(8.4.7)代入附面层动量损失厚度 θ 的定义式(8.1.3)中,可有

$$\theta = \int_0^\delta \frac{v_x}{V_\infty}\left(1 - \frac{v_x}{V_\infty}\right)\mathrm{d}y = \int_0^\delta \left[2\left(\frac{y}{\delta}\right) - \left(\frac{y}{\delta}\right)^2\right]\left[1 - 2\left(\frac{y}{\delta}\right) + \left(\frac{y}{\delta}\right)^2\right]\mathrm{d}y = \frac{2}{15}\delta \tag{8.4.9}$$

再将式(8.4.8)、式(8.4.9)代入式(8.4.6)中,得

$$\frac{2}{15}\frac{\mathrm{d}\delta}{\mathrm{d}x} = \frac{2\mu}{\delta\rho V_\infty} \ \text{或} \ \delta\mathrm{d}\delta = \frac{15\mu}{\rho V_\infty}\mathrm{d}x$$

注意到当 $x=0$ 时,$\delta(0)=0$,积分得

$$\delta(x) = \sqrt{\frac{30\mu x}{\rho V_\infty}} = 5.48x\sqrt{\frac{\mu}{\rho V_\infty x}} = \frac{5.48x}{\sqrt{Re_x}} \tag{8.4.10}$$

即平板层流附面层的厚度与距平板前缘的距离的平方根成正比,式中 $Re_x = \dfrac{\rho V_\infty x}{\mu}$ 是距平板前缘为 x 处的当地雷诺数。将式(8.4.7)、式(8.4.10)代入到附面层位移厚度 δ^* 的定义式(8.1.2)中,可有

$$\delta^* = \int_0^\delta \left(1 - \frac{v_x}{V_\infty}\right)\mathrm{d}y = \int_0^\delta \left[1 - 2\left(\frac{y}{\delta}\right) + \left(\frac{y}{\delta}\right)^2\right]\mathrm{d}y = \frac{1}{3}\delta = \frac{1.83x}{\sqrt{Re_x}} \tag{8.4.11}$$

类似的,当地摩擦阻力系数为

$$c_{\mathrm{f}} = \frac{\tau_{\mathrm{w}}}{\frac{1}{2}\rho V_\infty^2} = \frac{2\mu\dfrac{V_\infty}{\delta}}{\frac{1}{2}\rho V_\infty^2} = \frac{2\mu V_\infty\Big/\sqrt{\dfrac{30\mu x}{\rho V_\infty}}}{\frac{1}{2}\rho V_\infty^2} = \frac{0.73}{\sqrt{Re_x}} \tag{8.4.12}$$

作用在单位宽度平板上的表面摩擦阻力为

$$D_f = \int_0^l \tau_w \mathrm{d}x = \int_0^l \left(2\mu V_\infty \Big/ \sqrt{\frac{30\mu x}{\rho V_\infty}} \right) \mathrm{d}x = 0.73 V_\infty^{\frac{3}{2}} \sqrt{\rho l \mu}$$

可得到整个平板的平均摩擦阻力系数

$$\overline{C}_f = \frac{D_f}{\frac{1}{2}\rho V_\infty^2 l} = \frac{0.73 V_\infty^{\frac{3}{2}} \sqrt{\rho l \mu}}{\frac{1}{2}\rho V_\infty^2 l} = \frac{1.46}{\sqrt{Re_l}} \tag{8.4.13}$$

如果将前面的附面层内速度分布多项式项数取得再多一些,可得到更为精确些的结果。

对于平板层流附面层,还可以直接利用 8.2 节中的平板附面层微分方程相似解的方法,得到的精确解如 δ，c_f，$\overline{C}_f$ 等由式(8.2.31)、式(8.2.35)及式(8.2.37)给出。与之相比,式(8.4.10)、式(8.4.12)及式(8.4.13)得到的结果还是较为接近的。由于平板附面层的精确结果已经被实验证明是符合实际的,因而应用附面层动量积分关系式计算,既具有相当的准确度,又比直接求解附面层微分方程简单得多。

2. 平板湍流附面层

假定从前缘开始就是湍流附面层的不可压缩流动,式(8.4.4)仍可简化为

$$\frac{\mathrm{d}\theta}{\mathrm{d}x} = \frac{\tau_w}{\rho V_\infty^2}$$

对于湍流,壁面摩擦阻力不能直接用牛顿内摩擦定律由速度分布来确定,所以上式包含了三个未知量,即 v_x，δ，τ_w，需要再找两个补充关系式才能求解。限于目前对于湍流机理的研究情况,这两个关系式只能借助于半经验的方法给出。前面已经分析了近壁湍流的速度分布型的性质,可以假设平板壁面附面层中速度分布为对数函数形式。但是实践表明,以对数速度分布与积分关系式联合求解相当繁琐。由于所假设的速度分布对计算结果并不敏感,故对速度分布型的要求并不很严格,平板上的附面层就其一个横截面来看很像管道流动,因而可以借用光滑管道的速度分布规律。设沿平板厚度上的速度分布规律为

$$\frac{v_x}{V_\infty} = \left(\frac{y}{\delta} \right)^{\frac{1}{7}} \tag{8.4.14}$$

式中,V_∞ 相当于圆管中心处的 V_{max}；δ 相当于圆管半径的 r_0。代入式(8.1.3)中,可有

$$\theta = \int_0^\delta \frac{v_x}{V_\infty} \left(1 - \frac{v_x}{V_\infty} \right) \mathrm{d}y = \int_0^\delta \left(\frac{y}{\delta} \right)^{\frac{1}{7}} \left[1 - \left(\frac{y}{\delta} \right)^{\frac{1}{7}} \right] \mathrm{d}y = \frac{7}{72}\delta \tag{8.4.15}$$

此外,对于光滑圆管中的湍流流动,当 $Re \leqslant 10^5$ 时沿程损失因数 λ、壁面切应力 τ_w 满足

$$\lambda = \frac{0.316\,4}{Re^{1/4}} = \frac{0.316\,4}{(\rho V_{av} d/\mu)^{1/4}} = \frac{0.316\,4}{(0.817\rho V_{max} d/\mu)^{1/4}} \text{ 和 } \tau_w = \lambda \frac{\rho V_{av}^2}{8} = 0.817^2 \lambda \frac{\rho V_{max}^2}{8}$$

在将上述公式用于平板附面层时,式中的 d 及 V_{max} 需要用平板附面层中与之相对应的量进行替换,即 $\delta = \dfrac{d}{2}$，$V_\infty = V_{max}$，则对于光滑平板湍流附面层有

$$\tau_w = 0.817^2 \frac{0.316\,4}{(0.817\rho V_\infty 2\delta/\mu)^{1/4}} \frac{\rho V_\infty^2}{8} = 0.023\,3\rho V_\infty^2 \left(\frac{\mu}{\rho V_\infty \delta} \right)^{1/4} \tag{8.4.16}$$

将式(8.4.15)、式(8.4.16)代入式(8.4.4)的简化形式中,得

$$\frac{7}{72}\frac{\mathrm{d}\delta}{\mathrm{d}x} = 0.023\ 3\left(\frac{\mu}{\rho V_\infty \delta}\right)^{1/4}$$

上式可转化为

$$\delta^{1/4}\mathrm{d}\delta = 0.24\left(\frac{\mu}{\rho V_\infty}\right)^{1/4}\mathrm{d}x \tag{8.4.17}$$

注意到当 $x=0$ 时，$\delta(0)=0$，积分得

$$\delta(x) = 0.382x\left(\frac{\mu}{\rho V_\infty x}\right)^{1/5} \text{ 或 } \frac{\delta(x)}{x} = \frac{0.382}{Re_x^{1/5}} \tag{8.4.18}$$

由式(8.4.18)可知，平板湍流附面层的厚度与距平板前缘距离 x 的 4/5 次幂成正比。当地摩擦阻力系数为

$$c_f = \frac{\tau_w}{\frac{1}{2}\rho V_\infty^2} = 2\times\frac{7}{72}\times\frac{\mathrm{d}\delta}{\mathrm{d}x} = \frac{14}{72}\times 0.382\times\frac{4}{5}\left(\frac{\mu}{\rho V_\infty x}\right)^{1/5} = \frac{0.059\ 4}{Re_x^{1/5}} \tag{8.4.19}$$

作用在单位宽度平板上的湍流附面层摩擦阻力为

$$D_f = \int_0^l \frac{1}{2}\rho V_\infty^2 c_f \mathrm{d}x = \frac{1}{2}\rho V_\infty^2 \int_0^l 0.059\ 4\left(\frac{\mu}{\rho V_\infty x}\right)^{1/5}\mathrm{d}x = \frac{1}{2}\rho V_\infty^2 l\times 0.059\ 4\times\frac{5}{4}\left(\frac{\mu}{\rho V_\infty l}\right)^{1/5}$$

整个平板的平均摩擦阻力系数为

$$\overline{C}_f = \frac{D_f}{\frac{1}{2}\rho V_\infty^2 l} = \frac{0.074}{Re_x^{1/5}} \tag{8.4.20}$$

比较层流附面层与湍流附面层的参数情况，可以发现：

(1) 由式(8.4.14)给出的湍流附面层速度分布曲线要比式(8.4.7)给出的层流附面层速度分布曲线饱满得多，因而湍流附面层内流体的平均动量更大，附面层也就不易分离。

(2) 对比式(8.4.10)与式(8.4.18)可知，湍流附面层比层流附面层的厚度增长得快，或者说前者要厚得多。

(3) 比较式(8.4.13)与式(8.4.20)可知，在相同的雷诺数下，湍流附面层的摩阻系数比层流附面层大得多，因而为减少摩阻系数，应尽量设法使附面层保持为层流流态。

3. 平板混合附面层

在高雷诺数的情况下，绕物体流动的附面层往往是混合附面层，即从平板前缘开始先是一段层流附面层，经过过渡段(即转捩区)后变为湍流附面层，如图8.4.2所示。由于过渡段通常很短，在工程应用上一般把它看作一点即转捩点，并认为从转捩点开始，都是湍流附面层。

设平板长为 l，平板上的附面层为混合附面层，其转捩点 Z 到平板前缘距离 $OZ = x_{zl}$，整个平板的摩擦阻力可以看作是前面层流段的摩擦阻力与后面湍流段的摩擦阻力之和。层流段的摩擦阻力计算方法如前所述；由于平板上的附面层并不全是湍流，在引用前面的平板湍流附面层计算结果时，需要对其进行修正。用于这种修正的方法很多，这里仅给出一种。这种方法在计算平板后段的湍流附面层摩擦阻力时，假设湍流附面层仍是从平板前缘开始发展起来的，只是在计算平板阻力时，应该把转捩点之前假想的湍流附面层摩擦阻力减掉，再加上实际上的层流附面层的阻力。所以，阻力系数的差值 $\Delta\overline{C}_f$ 为

$$\Delta\overline{C}_f = \frac{x_{zl}}{l}(\overline{C}_{fl} - \overline{C}_{ft}) = \frac{Re_{zl}}{Re_1}(\overline{C}_{fl} - \overline{C}_{ft}) = \frac{A}{Re_1} < 0 \tag{8.4.21}$$

式中，$\bar{C}_{fl}$ 为层流时的阻力系数；$\bar{C}_{ft}$ 为湍流时的阻力系数；Re_{zl} 为临界雷诺数（即转捩雷诺数）；A 为与转捩位置有关的常数。因此，平板混合附面层的阻力系数可写成

$$\bar{C}_f = \frac{0.074}{Re_x^{1/5}} + \frac{A}{Re_1} \tag{8.4.22}$$

8.5　附面层的分离及其与激波的相互干扰

　　流体分离是黏性流体力学中非常重要的而又非常复杂的问题之一。流体分离将引起能量损失。对于外流，在亚声速时，分离将引起飞行器的阻力增加而升力下降，出现回流甚至失速。在跨声速时，流体分离将在飞行稳定性控制和结构安全性等方面造成更大的困难。对于内流，分离会降低效率，许多叶轮机械如压气机、涡轮、泵等，只有精确预估分离的发生，才可能使其达到最佳的运行状态，因为叶轮机械的最高效率和最大负荷性能都几乎处于即将发生分离的时刻。此外，激波也可能引起分离。

　　流动一旦发生分离，本章前面所讨论的各种计算、分析方法就都不适用了。下面将简要介绍附面层的分离现象、分离发生的原因、流态对分离的影响、激波与附面层的相互干扰等。

8.5.1　附面层分离

　　黏性流体沿物面流动，形成的附面层在某个位置处开始脱离物面，流动出现回流现象，这时称为流动分离。前面已经讨论过，附面层内的压力与附面层外缘处的压力具有相同的量级，这一结论对任何形状物体的附面层都是正确的，只要附面层还没有发生分离。也就是说，可以忽略压力沿 y 向（壁面的法线方向）的变化，即 $\frac{\partial p}{\partial y} = 0$，而用 $\frac{dp_e}{dx}$（即附面层外缘处的势流压强分布）来代表同一 x 位置处的附面层内的流体所承受的流向压力梯度。如果沿流动方向附面层外缘处压力不断减小，即 $\frac{dp_e}{dx} < 0$，称为顺压力梯度；如果沿流动方向附面层外缘处压力不断增大，即 $\frac{dp_e}{dx} > 0$，称为逆压力梯度。附面层流动是否发生分离直接与流动方向压力梯度有关，也可以说承受逆压力梯度的附面层是流体发生分离的必要条件。

　　为了解释附面层分离这一重要现象，以如图 8.5.1 所示的圆柱绕流为例来加以说明。对于理想流体势流流动，流体微团在 DE 段加速降压，即由压力做流动功而转变为动能；而在 EF 段则经历完全相反的减速增压过程，即由动能转变压力，且在 DE 段与 EF 段的对应点上压力相等，例如，F 点压强将恢复为与 D 点相同的值即驻点压强 $\frac{\rho V_\infty^2}{2}$。对于实际流体，附面层内的流体微团承受着由外流施加的大体与理想流体相同的压力变化。由于附面层中存在着较大的黏性阻力，由伯努利方程可知

$$\frac{V_D^2}{2} + \frac{p_D}{\rho} = \frac{V_E^2}{2} + \frac{p_E}{\rho} + w_{fDE} > \frac{V_E^2}{2} + \frac{p_E}{\rho} = \frac{V_F^2}{2} + \frac{p_F}{\rho} + w_{fEF} > \frac{V_F^2}{2} + \frac{p_F}{\rho}$$

即微团从 D 点至 E 点压力能的降低，除了转换为动能之外，还有一部分因克服黏性阻力而损耗，附面层内微团的加速幅度势必要小于附面层外的势流区微团的加速幅度。还应注意的

是，由于需满足 $\dfrac{\partial p}{\partial y}=0$ 的条件，即 $(p_D)_{y=\delta}=(p_D)_{y<\delta}$、$(p_E)_{y=\delta}=(p_E)_{y<\delta}$，那么附面层内应有 $(p_D)_{y<\delta}>(p_E)_{y<\delta}$，故微团速度总是增加的。而在由 E 点至 F 点的流动过程中，除了因黏性影响要继续损失一部分能量外，剩余能量（动能）则用于克服由 E 点至 F 点的压力升高或者说逆压力梯度。由于附面层内微团动能小于附面层外势流区微团的动能，当需要克服同样的逆压力梯度时，就有可能出现这样的现象：在某个位置处，如图 8.5.1 中所示的 S 点，附面层内流体微团的动能已经全部转化为压力增加了，速度降为零，而势流区流体微团的速度仍大于零。这样一来，稍向下游发展，势流区还将是减速增压过程，基于 $\dfrac{\partial p}{\partial y}=0$ 的条件，这种较高压力将使得附面层内的速度等于零的流体微团向相反方向运动，形成倒流（或称回流），导致上游来的附面层中的一部分流体微团被挤向势流区，附面层与壁面分离，附面层厚度增加很多。S 点就称为附面层分离点。在流向下游主流和逆流向的回流之间存在一条流体微团速度为零的 ST 线，称为间断面。流动分离区内附面层微分方程不再适用，其求解只能依赖于未被简化的 $N-S$ 方程，附面层微分方程只能应用于分离点上游。

附面层分离伴随有复杂的旋涡运动，旋涡不断地生成，又不断地被主流带走，在物体后部形成尾涡区。在附面层分离之后，由于分离区内流体速度很小，静压很难进一步提高，通常维持在分离点处的静压水平，所以分离点后的物面上的压力比外部势流区加速段上对应点（S' 点）的压力低，因而产生较大的压差阻力。此外，如果是黏性流动且没有发生分离，逐渐加厚的附面层的作用类似于使得物体的等效厚度增加，与理想气体绕流流动相比，后部通流面积增加得较少，导致气体减速增压趋势变弱，即后部减速段压力增加得不多，比加速段对应点处的压力低，从而形成一个较小的流向阻力，这就是因黏性摩擦导致的压差阻力。这个压差阻力比黏性摩擦阻力要小得多，当雷诺数较高（即附面层位移厚度较小）时，通常可以忽略。

根据上述讨论，可将分离点定义为紧邻壁面的顺流与倒流流体的分界点，即 $\dfrac{\partial v_x}{\partial y}=0$，而只有在减速流动中才会发生分离这一现象，则可由压力梯度与速度剖面之间的关系加以解释。下面从普朗特附面层微分方程出发，分析附面层内流速分布的特点及分离现象的产生。在固壁面 $y=0$ 处 $v_x=v_y=0$，则式（8.2.4b）可写成

$$\left(\frac{\partial^2 v_x}{\partial y^2}\right)_{y=0}=\frac{1}{\mu}\frac{\partial p}{\partial x}$$

可见，壁面处流速剖面的曲率取决于沿流向的压力梯度。此外，在壁面处还有

$$\left(\frac{\partial v_x}{\partial y}\right)_{y=0}=\frac{\tau_w}{\mu}$$

在附面层的外缘 $y=\delta$ 处 $v_x=V_e$，由外部势流区的伯努利方程

$$V_e\frac{\partial V_e}{\partial x}=-\frac{1}{\rho}\frac{\partial p}{\partial x}$$

根据式（8.2.5b）可知附面层外缘处满足

$$V_e\frac{\partial V_e}{\partial x}=V_e\frac{\partial V_e}{\partial x}+\frac{\mu}{\rho}\frac{\partial^2 V_e}{\partial y^2} \quad 或\left(\frac{\partial^2 V_e}{\partial y^2}\right)_{y=\delta}=0$$

即速度剖面在附面层外缘处凸向下游并将以 $v_x=V_e$ 为渐近线，曲率为零。同理还有

图 8.5.1　附面层分离的示意图及附面层内速度分布情况

$$\left(\frac{\partial V_e}{\partial y}\right)_{y=\delta}=0$$

(1)M 点之前(不包括 M 点)。

附面层外缘处的速度逐渐增加而压强减小,即

$$\frac{\partial V_e}{\partial x}>0, \frac{\partial p}{\partial x}<0$$

因此附面层内的流动有

$$\frac{\partial v_x}{\partial x} > 0, \frac{\partial p}{\partial x} < 0$$

得

$$\left(\frac{\partial^2 v_x}{\partial y^2}\right)_{y=0} < 0, \left(\frac{\partial v_x}{\partial y}\right)_{y=0} > 0$$

速度剖面在固壁面附近为凸曲线,整个附面层内的流速分布曲线没有拐点。$\frac{\partial v_x}{\partial y}$ 在 $y=0$ 处有最大值 $\frac{\tau_w}{\mu}$,随着 y 的增加 $\frac{\partial v_x}{\partial y}$ 逐渐减小,至 $y=\delta$ 时,$\frac{\partial v_x}{\partial y} \to 0$。而 $\frac{\partial^2 v_x}{\partial y^2}$ 则在 $y=0$ 处有最小值 $\frac{1}{\mu}\frac{\partial p}{\partial x}$,至 $y=\delta$ 时,$\frac{\partial^2 v_x}{\partial y^2}=0$,在整个附面层内为负值。尽管附面层内黏性流体受壁面滞止作用,消耗动能,但由于降压增速,流体的部分压力能总可以转化为动能,并足够克服黏性阻力,因而加速区不会出现流动分离现象。

(2)M 点处。

在该点处附面层外缘处的流体速度达到最大值,压强最低,所以附面层内 $\frac{\partial p}{\partial x}=0$ 而 $\left(\frac{\partial^2 v_x}{\partial y^2}\right)_{y=0}=0$。速度剖面在 $y=0$ 处有拐点 PI,但整个剖面仍为凸曲线。由于 $\frac{\partial v_x}{\partial y} > 0$ 且 $\left(\frac{\partial^2 v_x}{\partial y^2}\right)_{y=0}=0$,则 $y=0$ 处 $\frac{\partial v_x}{\partial y}$ 曲线与坐标横轴垂直,在 y 等于某一数值 b_1 时有一拐点,b_1 值由 $v_x(y)$ 的具体形式而定,在当 $y=b_1$ 时 $\frac{\partial^2 v_x}{\partial y^2}$ 有一极小值。

(3)M 点之后。

附面层外缘处的速度逐渐减小而压强增加,即

$$\frac{\partial V_e}{\partial x} < 0, \frac{\partial p}{\partial x} > 0$$

因此附面层内的流动有

$$\frac{\partial v_x}{\partial x} < 0, \frac{\partial p}{\partial x} > 0$$

即 $\left(\frac{\partial^2 v_x}{\partial y^2}\right)_{y=0} > 0$。这表明速度剖面在固壁面附近为内凹曲线,而在 $y \to \delta$ 时速度剖面为凸曲线,因而附面层内速度剖面必然存在拐点,并导致逆压梯度区将有可能发生附面层分离。

(3—1)分离点 S 的上游。

在 $y=0$ 处有 $\frac{\partial v_x}{\partial y} > 0$,设在 $y=c_2$ 处速度剖面有一拐点,则 $y > c_2$ 时的速度剖面形状与前类似,而当 $y < c_2$ 时的剖面则为凹曲线。在 $y=c_2$ 处,$\frac{\partial v_x}{\partial y}$ 曲线有一极大值,$\frac{\partial^2 v_x}{\partial y^2}$ 曲线在 $y=c_2$ 处为零。当 $y > c_2$ 时,$\frac{\partial^2 v_x}{\partial y^2} < 0$,当 $y > c_2$ 时,$\frac{\partial^2 v_x}{\partial y^2} > 0$。

(3—2)分离点 S。

在 $y=0$ 处有 $\dfrac{\partial v_x}{\partial y}=0$，在速度剖面中 $y=0$ 即固壁面处流速分布曲线以 y 轴为切线。

（3－3）分离点 S 的下游。

在 $y=0$ 处有 $\dfrac{\partial v_x}{\partial y}<0$，流动在壁面附近为反向流动，流速为负值。

层流附面层很难适应强逆压梯度，因此只要流动中有强逆压梯度就必然存在分离现象。但是，当附面层内的流动由层流转变为湍流时，由于更强烈的动量交换，外层流速较高的流体与壁面附近流体的湍动掺混，带动了壁面附近陷于停滞的流体使其重新具有一定的动能，从而使得分离点顺流向下游移动，减小尾流区，有利于减小压差阻力。此外，逆压梯度的存在使得速度剖面存在拐点，具有拐点的速度剖面是不稳定的，层流更易转变为湍流，从而推迟分离的发生。

由于附面层分离将造成能量损失和流动阻力的增加，因此防止附面层分离的措施很多，如使绕流物体流线型化，设法使逆压梯度保持在不致发生分离的限度；将高速气流吹入附面层，使得停滞的流体微团重新获得能量而避免分离；将附面层内的低速流体吸除，使附面层变薄，而靠近物面的气流具有较大的流速，也可以有效消除附面层分离。

8.5.2　附面层与激波的相互作用

当激波出现在固体边界附近时，由于激波与附面层的相互干扰，使附面层发生很大程度的畸变，并导致激波图谱和理想流动时的情况有很大不同。在高超声速流动中，这种相互干扰使得干扰区内产生局部峰值热流，甚至可能造成局部结构烧坏。

前面已经讲过，当来流马赫数 Ma_∞（小于 1）大于临界马赫数 Ma_{cr} 时，翼型表面将出现局部超声速区。在该区域内，由于气流压强比翼型后部的压强低得多，使得翼型表面产生激波，气流经过激波后变为亚声速。对于理想流动，翼型表面没有附面层存在，激波将直接伸展到翼型表面，如图 8.5.2 所示。

图 8.5.2　绕翼型跨声速无黏流动图谱

但是，在实际的黏性气流中，由于翼型表面有附面层存在，情况就不是这样了。在附面层内，速度由壁面上的零逐渐增加到附面层外的超声速值，因而附面层内必有一条等声速线（$Ma=1$），这条曲线把附面层内的流动分为亚声速区和超声速区，如图 8.5.3(a) 所示。由于激波只能产生在超声速区，而不会出现在亚声速区，因此翼型上的激波不会穿透附面层直接触及翼型表面，而应该在附面层内的等声速线上终止。此外，由于附面层内超声速区的流速是沿翼型表面的法线方向变化的，故附面层内的激波是曲线形，气流经过激波后，压强突然增大。如果翼型表面是层流附面层，激波后的高压可从层流附面层中的亚声速区部分逆流上传，使得激波前的附面层中也形成较大的反压。亚声速气流压强增加，流速必下降。由于气流的黏性，这将使得超声速流层的流速减慢，于是达到附面层边界的流速所需的法向高度就要大些，即附面层的厚度增大。附面层的增厚使得附面层中的流线更偏离物面，这就相当于超声速气流流过内凹壁，形成一系列的弱压缩波。如果翼型表面是湍流附面层，湍流附面层的亚声速内层很薄，因而激波后的高压很难从亚声速薄层中逆流上传，流场中只有一道较强的、弯曲不大的激波,如图 8.5.3(b) 所示。显然,由于附面层中的激波是曲线形的,则附面层内沿法向压强梯度 $\frac{\partial p}{\partial y}=0$ 的条件在激波处不能成立。既然附面层中的扰动能从亚声速区逆流上传,那么 $\frac{\partial p}{\partial y}=0$ 的条件在激波前面也不能成立。

图 8.5.3　跨声速时激波与附面层的相互干扰

图 8.5.4(a) 表示斜激波投射到平板层流附面层上的情况。入射斜激波引起波后压力突升,并通过层流附面层中较厚的亚声速层而向上游传播,引起附面层膨胀,则在膨胀区的前根部产生一束压缩波系,它们将逐渐汇合成一道反射波。这个反射波的"起点"将落在入射波的入射点之前。此反射波也将形成逆压力梯度,如果该逆压力梯度足够强,则可能引起附面层分离,并进一步加强反射波强度。由于分离区内流体运动速度相对来说是很小的,故可将此分离区看成是等压区,即所谓的等压平台,入射激波由此处反射相当于在等压自由边界上的反射,将形成一束膨胀波。或者这样理解,由于到达 F 点的流体经过了较强的压缩波,所以 F 点的压力通常高于 G 点的压力,于是在入射波后将形成一束膨胀波系。经过膨胀波系后的气流向内折转并平行于壁面,使得附面层重新再附着。但如果膨胀波系引起的转角足够大,与壁面形成了一定角度,则在膨胀波系后将再产生压缩波系,并汇合成第二反射波。这个波系下游的附面层往往立即转变为湍流。此外,再附点附近的附面层比较薄,而经过激波后的气流压力、温度均较高,从而导致温度梯度增加,因而这里是一个局部高热流区域。

图 8.5.4　超声速时平板激波与附面层的相互干扰

图 8.5.4(b) 表示观测到的入射斜激波与湍流附面层相互作用的一种典型图画。层流与湍流附面层最重要的差别在于湍流运动引起了大得多的动量交换,湍流附面层也就能承受大得多的逆压力梯度,所以图 8.5.4(b) 显示出的激波与附面层的相互作用要比图

8.5.4(a) 弱得多。湍流附面层也会稍许变厚,在入射波的入射点的上游、下游都有反射压缩波系,但上、下游受影响的范围小得多,所以几乎可以把反射波看成是无附面层时的反射波那样。图8.5.4(c) 是湍流附面层有小分离区的情况,由于此时入射激波强度较大,强激波后的高压作用通过附面层的亚声速区传向上游,使气流减速并迫使附面层增厚,流线弯曲,从而引起一道反射激波,其起点位于入射激波的上游,整个波系形成 X 形式。

　　图 8.5.5 为高超声速气流绕压缩拐角的流动,高超声速飞行器襟翼附近的流动就是这种情形。此时,压缩拐角引起的逆压梯度将导致附面层流动发生分离,而分离改变了流动图谱,产生了分离激波和再附激波,外部无黏流动与附面层里面的黏性分离流动,通过压力干扰发生相互作用。

图 8.5.5　超声速流绕压缩拐角的流动

附　　表

附表 1　标准大气的物理属性

H/m	T/K	$a/(m \cdot s^{-1})$	p_a/Pa	$\rho/(kg \cdot m^{-3})$	$\mu/(10^5 N \cdot s \cdot m^{-2})$
0	288.2	340.3	$1.013\ 3 \times 10^5$	1.225	1.789
500	284.9	338.4	0.954 61	1.167	1.774
1 000	281.7	336.4	0.898 76	1.111	1.758
1 500	278.4	334.5	0.845 60	1.058	1.742
2 000	275.2	332.5	0.795 01	1.007	1.726
2 500	271.9	330.6	0.746 92	0.957 0	1.710
3 000	268.7	328.6	0.701 21	0.909 3	1.694
3 500	265.4	326.6	0.657 80	0.863 4	1.678
4 000	262.2	324.6	0.616 60	0.819 4	1.661
4 500	258.9	322.6	0.577 53	0.777 0	1.645
5 000	255.7	320.5	0.540 48	0.736 4	1.628
5 500	252.4	318.5	0.505 39	0.697 5	1.612
6 000	249.2	316.5	0.472 18	0.660 1	1.595
6 500	245.9	314.4	0.440 75	0.624 3	1.578
7 000	242.7	312.3	0.411 05	0.590 0	1.561
7 500	239.5	310.2	0.383 00	0.557 2	1.544
8 000	236.2	308.1	0.356 52	0.525 8	1.527
8 500	233.0	306.0	0.331 54	0.495 8	1.510
9 000	229.7	303.8	0.308 01	0.467 1	1.493
9 500	226.5	301.7	0.285 85	0.439 7	1.475
10 000	223.3	299.5	0.265 00	0.413 5	1.458
11 000	216.7	295.1	0.227 00	0.364 8	1.422
12 000	216.7	295.1	0.193 99	0.311 9	1.422
13 000	216.7	295.1	0.165 80	0.266 6	1.422
14 000	216.7	295.1	0.141 70	0.227 9	1.422

续附表 1

H/m	T/K	$a/(\text{m} \cdot \text{s}^{-1})$	p_a/Pa	$\rho/(\text{kg} \cdot \text{m}^{-3})$	$\mu/(10^5 \text{ N} \cdot \text{s} \cdot \text{m}^{-2})$
15 000	216. 7	295. 1	0. 121 12	0. 194 8	1. 422
16 000	216. 7	295. 1	0. 103 53	0. 166 5	1. 422
17 000	216. 7	295. 1	$8.849\ 7 \times 10^3$	0. 143 2	1. 422
18 000	216. 7	295. 1	7. 565 2	0. 121 7	1. 422
19 000	216. 7	295. 1	6. 467 5	0. 104 0	1. 422
20 000	216. 7	295. 1	5. 529 3	0. 088 91	1. 422
25 000	221. 5	298. 4	2. 549 2	0. 040 08	1. 448
30 000	226. 5	301. 7	1. 197 0	0. 018 41	1. 475
35 000	236. 5	308. 3	0. 574 59	0. 008 463	1. 529
40 000	250. 4	317. 2	0. 287 14	0. 003 996	1. 601
45 000	264. 2	325. 8	0. 149 10	0. 001 966	1. 671
50 000	270. 7	329. 8	$7.977\ 9 \times 10^1$	0. 001 027	1. 701
55 000	265. 6	326. 7	4. 275 16	0. 000 560 8	1. 678
60 000	255. 8	320. 6	2. 246 1	0. 000 305 9	1. 629
65 000	239. 3	310. 1	1. 144 6	0. 000 166 7	1. 543
70 000	219. 7	297. 1	$5.520\ 5 \times 10^0$	0. 000 087 54	1. 438
75 000	200. 2	283. 6	2. 490 4	0. 000 043 35	1. 329
80 000	180. 7	269. 4	1. 036 6	0. 000 019 99	1. 216

附表 2　一维等熵流气动函数表($k = 1.4$)

Ma	T/T^*	p/p^*	ρ/ρ^*	$1/q$	λ
0.01	1.000 00	1.000 00	1.000 00	∞	0.000 00
0.02	0.999 98	0.999 93	0.999 95	57.873 84	0.010 95
0.03	0.999 82	0.999 37	0.999 55	19.300 54	0.032 86
0.04	0.999 68	0.998 88	0.999 20	14.481 49	0.043 81
0.05	0.999 50	0.998 25	0.998 75	11.591 44	0.054 76
0.06	0.999 28	0.997 48	0.998 20	9.665 91	0.065 70
0.07	0.999 02	0.996 58	0.997 55	8.291 53	0.076 64
0.08	0.998 72	0.995 53	0.996 81	7.261 61	0.087 58
0.09	0.998 38	0.994 35	0.995 96	6.461 34	0.098 51
0.10	0.998 00	0.993 03	0.995 02	5.821 83	0.109 44
0.11	0.997 59	0.991 58	0.993 98	5.299 23	0.120 35
0.12	0.997 13	0.989 98	0.992 84	4.864 32	0.131 26
0.13	0.996 63	0.988 26	0.991 60	4.496 86	0.142 17
0.14	0.996 10	0.986 40	0.990 27	4.182 40	0.153 06
0.15	0.995 52	0.984 41	0.988 84	3.910 34	0.163 95
0.16	0.994 91	0.982 28	0.987 31	3.672 74	0.174 82
0.17	0.994 25	0.980 03	0.985 69	3.463 51	0.185 69
0.18	0.993 56	0.977 65	0.983 98	3.277 93	0.196 54
0.19	0.992 83	0.975 14	0.982 18	3.112 26	0.207 39
0.20	0.992 06	0.972 50	0.980 28	2.963 52	0.218 22
0.21	0.991 26	0.969 73	0.978 29	2.829 29	0.229 04
0.22	0.990 41	0.966 85	0.976 20	2.707 60	0.239 84
0.23	0.989 53	0.963 83	0.974 03	2.596 81	0.250 63
0.24	0.988 61	0.960 70	0.971 77	2.495 56	0.261 41
0.25	0.987 65	0.957 45	0.969 42	2.402 71	0.272 17
0.26	0.986 66	0.954 08	0.966 98	2.217 29	0.282 91
0.27	0.985 63	0.950 60	0.964 46	2.238 47	0.293 64
0.28	0.984 56	0.947 00	0.961 85	2.165 55	0.304 35
0.29	0.983 46	0.943 29	0.959 16	2.097 93	0.315 04

续附表 2

Ma	T/T^*	p/p^*	ρ/ρ^*	$1/q$	λ
0.30	0.982 32	0.939 47	0.956 38	2.035 07	0.325 72
0.31	0.981 14	0.935 54	0.953 52	1.976 51	0.336 37
0.32	0.979 93	0.931 50	0.950 58	1.921 85	0.347 01
0.33	0.978 68	0.927 36	0.947 56	1.870 74	0.357 62
0.34	0.977 40	0.923 12	0.944 46	1.822 88	0.368 22
0.35	0.976 09	0.918 77	0.941 28	1.777 97	0.378 79
0.36	0.974 73	0.914 33	0.938 03	1.735 78	0.389 35
0.37	0.973 35	0.909 79	0.934 70	1.696 09	0.399 88
0.38	0.971 93	0.905 16	0.931 30	1.658 70	0.410 39
0.39	0.970 48	0.900 43	0.927 82	1.623 43	0.420 87
0.40	0.968 99	0.895 61	0.924 27	1.590 14	0.431 33
0.41	0.967 47	0.890 71	0.920 66	1.558 67	0.441 77
0.42	0.965 92	0.885 72	0.916 97	1.528 90	0.452 18
0.43	0.964 34	0.880 65	0.913 22	1.500 72	0.462 57
0.44	0.962 72	0.875 50	0.909 40	1.474 01	0.472 93
0.45	0.961 08	0.870 27	0.905 51	1.448 67	0.483 26
0.46	0.959 40	0.864 96	0.901 57	1.424 63	0.493 57
0.47	0.957 69	0.859 58	0.897 56	1.401 80	0.503 85
0.48	0.955 95	0.854 13	0.893 49	1.380 10	0.514 10
0.49	0.954 18	0.848 61	0.889 36	1.359 47	0.524 33
0.50	0.952 38	0.843 02	0.885 17	1.339 84	0.534 52
0.51	0.950 55	0.837 37	0.880 93	1.321 17	0.544 69
0.52	0.948 69	0.831 65	0.876 63	1.303 39	0.554 83
0.53	0.946 81	0.825 88	0.872 28	1.286 45	0.564 93
0.54	0.944 89	0.820 05	0.867 88	1.270 32	0.575 01
0.55	0.942 95	0.814 17	0.863 42	1.254 95	0.585 06
0.56	0.940 98	0.808 23	0.858 92	1.240 29	0.595 07
0.57	0.938 98	0.802 24	0.854 37	1.226 33	0.605 05
0.58	0.936 96	0.796 21	0.849 78	1.213 01	0.615 01
0.59	0.934 91	0.790 13	0.845 14	1.200 31	0.624 92

续附表 2

Ma	T/T^*	p/p^*	ρ/ρ^*	$1/q$	λ
0.60	0.932 84	0.784 00	0.840 45	1.188 20	0.634 81
0.61	0.930 73	0.777 84	0.835 73	1.176 65	0.644 66
0.62	0.928 61	0.771 64	0.830 96	1.165 65	0.654 48
0.63	0.926 46	0.765 40	0.826 16	1.155 15	0.664 27
0.64	0.924 28	0.759 13	0.821 32	1.145 15	0.674 02
0.65	0.922 08	0.752 83	0.816 44	1.135 62	0.683 74
0.66	0.919 86	0.746 50	0.811 53	1.126 54	0.693 42
0.67	0.917 62	0.740 14	0.806 59	1.117 89	0.703 07
0.68	0.915 35	0.733 76	0.801 62	1.109 65	0.712 68
0.69	0.913 06	0.727 35	0.796 61	1.101 82	0.722 25
0.70	0.910 75	0.720 93	0.791 58	1.094 37	0.731 79
0.71	0.908 41	0.714 48	0.786 52	1.087 29	0.741 29
0.72	0.906 06	0.708 03	0.781 43	1.080 57	0.750 76
0.73	0.903 69	0.701 55	0.776 32	1.074 19	0.760 19
0.74	0.901 29	0.695 07	0.771 19	1.068 14	0.769 58
0.75	0.898 88	0.688 57	0.766 04	1.062 42	0.778 94
0.76	0.896 44	0.682 07	0.760 86	1.057 00	0.788 25
0.77	0.893 99	0.675 56	0.755 67	1.051 88	0.797 53
0.78	0.891 52	0.669 05	0.750 46	1.047 05	0.806 77
0.79	0.889 03	0.662 54	0.745 23	1.042 51	0.815 97
0.80	0.886 52	0.656 02	0.739 99	1.038 23	0.825 14
0.81	0.884 00	0.649 51	0.734 74	1.034 22	0.834 26
0.82	0.881 46	0.643 00	0.729 47	1.030 46	0.843 35
0.83	0.878 90	0.636 50	0.724 19	1.026 96	0.852 39
0.84	0.876 33	0.630 00	0.718 91	1.023 70	0.861 40
0.85	0.873 74	0.623 51	0.713 61	1.020 67	0.870 37
0.86	0.871 14	0.617 03	0.708 31	1.017 87	0.879 29
0.87	0.868 52	0.610 57	0.703 00	1.015 30	0.888 18
0.88	0.865 89	0.604 12	0.697 68	1.012 94	0.897 03
0.89	0.863 24	0.597 68	0.692 36	1.010 80	0.905 83

续附表 2

Ma	T/T^*	p/p^*	ρ/ρ^*	$1/q$	λ
0.90	0.860 59	0.591 26	0.687 04	1.008 86	0.914 60
0.91	0.857 91	0.584 86	0.681 72	1.007 13	0.923 32
0.92	0.855 23	0.578 48	0.676 40	1.005 60	0.932 01
0.93	0.852 53	0.572 11	0.671 08	1.004 26	0.940 65
0.94	0.849 82	0.565 78	0.665 76	1.003 11	0.949 25
0.95	0.847 10	0.559 46	0.660 44	1.002 15	0.957 81
0.96	0.844 37	0.553 17	0.655 13	1.001 36	0.966 33
0.97	0.841 62	0.546 91	0.649 82	1.000 76	0.974 81
0.98	0.838 87	0.540 67	0.644 52	1.000 34	0.983 25
0.99	0.836 11	0.534 46	0.639 23	1.000 08	0.991 65
1.00	0.833 33	0.528 28	0.633 94	1.000 00	1.000 00
1.01	0.830 55	0.522 13	0.628 66	1.000 08	1.008 31
1.02	0.827 76	0.516 02	0.623 39	1.000 33	1.016 58
1.03	0.824 96	0.509 94	0.618 13	1.000 74	1.024 81
1.04	0.822 15	0.503 89	0.612 89	1.001 31	1.033 00
1.05	0.819 34	0.497 87	0.607 65	1.002 03	1.041 14
1.06	0.816 51	0.491 89	0.602 43	1.002 91	1.049 25
1.07	0.813 68	0.485 95	0.597 22	1.003 94	1.057 31
1.08	0.810 85	0.480 05	0.592 03	1.005 12	1.065 33
1.09	0.808 00	0.474 18	0.586 86	1.006 45	1.073 31
1.10	0.805 15	0.468 35	0.581 70	1.007 93	1.081 24
1.11	0.802 30	0.462 57	0.576 55	1.009 55	1.089 13
1.12	0.799 44	0.456 82	0.571 43	1.011 31	1.096 99
1.13	0.796 57	0.451 11	0.566 32	1.013 22	1.104 79
1.14	0.793 70	0.445 45	0.561 23	1.015 27	1.112 56
1.15	0.790 83	0.439 83	0.556 16	1.017 45	1.120 29
1.16	0.787 95	0.434 25	0.551 12	1.019 78	1.127 97
1.17	0.785 06	0.428 72	0.546 09	1.022 24	1.135 61
1.18	0.782 18	0.423 22	0.541 08	1.024 84	1.143 21
1.19	0.779 29	0.417 78	0.536 10	1.027 57	1.150 77

续附表 2

Ma	T/T^*	p/p^*	ρ/ρ^*	$1/q$	λ
1.20	0.776 40	0.412 38	0.531 14	1.030 44	1.158 28
1.21	0.773 50	0.407 02	0.526 20	1.033 44	1.165 75
1.22	0.770 61	0.401 71	0.521 29	1.036 57	1.173 19
1.23	0.767 71	0.396 45	0.516 40	1.039 83	1.180 57
1.24	0.764 81	0.391 23	0.511 54	1.043 23	1.187 92
1.25	0.761 90	0.386 06	0.506 70	1.046 75	1.195 23
1.26	0.759 00	0.380 93	0.501 89	1.050 41	1.202 49
1.27	0.756 10	0.375 86	0.497 10	1.054 19	1.209 72
1.28	0.753 19	0.370 83	0.492 34	1.058 10	1.216 90
1.29	0.750 29	0.365 85	0.487 61	1.062 14	1.224 04
1.30	0.747 38	0.360 91	0.482 90	1.066 30	1.231 14
1.31	0.744 48	0.356 03	0.478 22	1.070 60	1.238 19
1.32	0.741 58	0.351 19	0.473 57	1.075 02	1.245 21
1.33	0.738 67	0.346 40	0.468 95	1.079 57	1.252 18
1.34	0.735 77	0.341 66	0.464 36	1.084 24	1.259 12
1.35	0.732 87	0.336 97	0.459 80	1.089 04	1.266 01
1.36	0.729 97	0.332 33	0.455 26	1.093 96	1.272 86
1.37	0.727 07	0.327 73	0.450 76	1.099 02	1.279 68
1.38	0.724 18	0.323 19	0.446 28	1.104 19	1.286 45
1.39	0.721 28	0.318 69	0.441 84	1.109 50	1.293 18
1.40	0.718 39	0.314 24	0.437 42	1.114 93	1.299 87
1.41	0.715 50	0.309 84	0.433 04	1.120 48	1.306 52
1.42	0.712 62	0.305 49	0.428 69	1.126 16	1.313 13
1.43	0.709 73	0.301 18	0.424 36	1.131 97	1.319 70
1.44	0.706 85	0.296 93	0.420 07	1.137 90	1.326 23
1.45	0.703 98	0.292 72	0.415 81	1.143 96	1.332 72
1.46	0.701 10	0.288 56	0.411 58	1.150 15	1.339 17
1.47	0.698 24	0.284 45	0.407 39	1.156 46	1.345 58
1.48	0.695 37	0.280 39	0.403 22	1.162 90	1.351 95
1.49	0.692 51	0.276 37	0.399 09	1.169 47	1.358 28

续附表 2

Ma	T/T^*	p/p^*	ρ/ρ^*	$1/q$	λ
1.50	0.689 66	0.272 40	0.394 98	1.176 17	1.364 58
1.51	0.686 80	0.268 48	0.390 91	1.182 99	1.370 83
1.52	0.683 96	0.264 61	0.386 88	1.189 94	1.377 05
1.53	0.681 12	0.260 78	0.382 87	1.197 02	1.383 22
1.54	0.678 28	0.257 00	0.378 90	1.204 23	1.389 36
1.55	0.675 45	0.253 26	0.374 95	1.211 57	1.395 46
1.56	0.672 62	0.249 57	0.371 05	1.219 04	1.401 52
1.57	0.669 80	0.245 93	0.367 17	1.226 64	1.407 55
1.58	0.666 99	0.242 33	0.363 32	1.234 38	1.413 53
1.59	0.664 18	0.238 78	0.359 51	1.242 24	1.419 48
1.60	0.661 38	0.235 27	0.355 73	1.250 24	1.425 39
1.61	0.658 58	0.231 81	0.351 98	1.258 36	1.431 27
1.62	0.655 79	0.228 39	0.348 27	1.266 63	1.437 10
1.63	0.653 01	0.225 01	0.344 58	1.275 02	1.442 90
1.64	0.650 23	0.221 68	0.340 93	1.283 55	1.448 66
1.65	0.647 46	0.218 39	0.337 31	1.292 22	1.454 39
1.66	0.644 70	0.215 15	0.333 72	1.301 02	1.460 08
1.67	0.641 94	0.211 95	0.330 17	1.309 96	1.465 73
1.68	0.639 19	0.208 79	0.326 64	1.319 04	1.471 35
1.69	0.636 45	0.205 67	0.323 15	1.328 25	1.476 93
1.70	0.633 71	0.202 59	0.319 69	1.337 61	1.482 47
1.71	0.630 99	0.199 56	0.316 26	1.347 10	1.487 98
1.72	0.628 27	0.196 56	0.312 87	1.356 74	1.493 45
1.73	0.625 56	0.193 61	0.309 50	1.366 51	1.498 89
1.74	0.622 85	0.190 70	0.306 17	1.376 43	1.504 29
1.75	0.620 16	0.187 82	0.302 87	1.386 49	1.509 66
1.76	0.617 47	0.184 99	0.299 59	1.396 70	1.514 99
1.77	0.614 79	0.182 19	0.296 35	1.407 05	1.520 29
1.78	0.612 11	0.179 44	0.293 15	1.417 55	1.525 55
1.79	0.609 45	0.176 72	0.289 97	1.428 19	1.530 78

续附表 2

Ma	T/T^*	p/p^*	ρ/ρ^*	$1/q$	λ
1.80	0.606 80	0.174 04	0.286 82	1.438 98	1.535 98
1.81	0.604 15	0.171 40	0.283 70	1.449 92	1.541 14
1.82	0.601 51	0.168 79	0.280 61	1.461 01	1.546 26
1.83	0.598 88	0.166 22	0.277 56	1.472 25	1.551 36
1.84	0.596 26	0.163 69	0.274 53	1.483 65	1.556 42
1.85	0.593 65	0.161 19	0.271 53	1.495 19	1.561 45
1.86	0.591 04	0.158 73	0.268 57	1.506 89	1.566 44
1.87	0.588 45	0.156 31	0.265 63	1.518 75	1.571 40
1.88	0.585 86	0.153 92	0.262 72	1.530 76	1.576 33
1.89	0.583 29	0.151 56	0.259 84	1.542 93	1.581 23
1.90	0.580 72	0.149 24	0.256 99	1.555 26	1.586 09
1.91	0.578 16	0.146 95	0.254 17	1.567 74	1.590 92
1.92	0.575 61	0.144 70	0.251 38	1.580 39	1.595 72
1.93	0.573 07	0.142 47	0.248 61	1.593 20	1.600 49
1.94	0.570 54	0.140 28	0.245 88	1.606 17	1.605 23
1.95	0.568 02	0.138 13	0.243 17	1.619 31	1.609 93
1.96	0.565 51	0.136 00	0.240 49	1.632 61	1.614 60
1.97	0.563 01	0.133 90	0.237 84	1.646 08	1.619 25
1.98	0.560 51	0.131 84	0.235 21	1.659 72	1.623 86
1.99	0.558 03	0.129 81	0.232 62	1.673 52	1.628 44
2.00	0.555 56	0.127 80	0.230 05	1.687 50	1.632 99
2.01	0.553 09	0.125 83	0.227 51	1.701 65	1.637 51
2.02	0.550 64	0.123 89	0.224 99	1.715 97	1.642 01
2.03	0.548 19	0.121 97	0.222 50	1.730 47	1.646 47
2.04	0.545 76	0.120 09	0.220 04	1.745 14	1.650 90
2.05	0.543 33	0.118 23	0.217 60	1.759 99	1.655 30
2.06	0.540 91	0.116 40	0.215 19	1.775 02	1.659 67
2.07	0.538 51	0.114 60	0.212 81	1.790 22	1.664 02
2.08	0.536 11	0.112 82	0.210 45	1.805 61	1.668 33
2.09	0.533 73	0.111 07	0.208 11	1.821 19	1.672 62

续附表 2

Ma	T/T^*	p/p^*	ρ/ρ^*	$1/q$	λ
2.10	0.531 35	0.109 35	0.205 80	1.836 94	1.676 87
2.11	0.528 98	0.107 66	0.203 52	1.852 89	1.681 10
2.12	0.526 63	0.105 99	0.201 26	1.869 02	1.685 30
2.13	0.524 28	0.104 34	0.199 02	1.885 33	1.689 47
2.14	0.521 94	0.102 73	0.196 81	1.901 84	1.693 62
2.15	0.519 62	0.101 13	0.194 63	1.918 54	1.697 74
2.16	0.517 30	0.099 56	0.192 47	1.935 44	1.701 83
2.17	0.514 99	0.098 02	0.190 33	1.952 52	1.705 89
2.18	0.512 69	0.096 49	0.188 21	1.969 81	1.709 92
2.19	0.510 41	0.095 00	0.186 12	1.987 29	1.713 93
2.20	0.508 13	0.093 52	0.184 05	2.004 97	1.717 91
2.21	0.505 86	0.092 07	0.182 00	2.022 86	1.721 87
2.22	0.503 61	0.090 64	0.179 98	2.040 94	1.725 79
2.23	0.501 36	0.089 23	0.177 98	2.059 23	1.729 70
2.24	0.499 12	0.087 85	0.176 00	2.077 73	1.733 57
2.25	0.496 89	0.086 48	0.174 04	2.096 44	1.737 42
2.26	0.494 68	0.085 14	0.172 11	2.115 35	1.741 25
2.27	0.492 47	0.083 82	0.170 20	2.134 47	1.745 04
2.28	0.490 27	0.082 51	0.168 30	2.153 81	1.748 82
2.29	0.488 09	0.081 23	0.166 43	2.173 36	1.752 57
2.30	0.485 91	0.079 97	0.164 58	2.193 13	1.756 29
2.31	0.483 74	0.078 73	0.162 75	2.213 12	1.759 99
2.32	0.481 58	0.077 51	0.160 95	2.233 32	1.763 66
2.33	0.479 44	0.076 31	0.159 16	2.253 75	1.767 31
2.34	0.477 30	0.075 12	0.157 39	2.274 40	1.770 93
2.35	0.475 17	0.073 96	0.155 64	2.295 28	1.774 53
2.36	0.473 05	0.072 81	0.153 91	2.316 38	1.778 11
2.37	0.470 95	0.071 68	0.152 21	2.337 71	1.781 66
2.38	0.468 85	0.070 57	0.150 52	2.359 28	1.785 19
2.39	0.466 76	0.069 48	0.148 85	2.381 07	1.788 69

空气动力学基础

续附表 2

Ma	T/T^*	p/p^*	ρ/ρ^*	$1/q$	λ
2.40	0.464 68	0.068 40	0.147 20	2.403 10	1.792 18
2.41	0.462 62	0.067 34	0.145 56	2.425 37	1.795 63
2.42	0.460 56	0.066 30	0.143 95	2.447 87	1.799 07
2.43	0.458 51	0.065 27	0.142 35	2.470 61	1.802 48
2.44	0.456 47	0.064 26	0.140 78	2.493 60	1.805 87
2.45	0.454 44	0.063 27	0.139 22	2.516 83	1.809 24
2.46	0.452 42	0.062 29	0.137 68	2.540 31	1.812 58
2.47	0.450 41	0.061 33	0.136 15	2.564 03	1.815 91
2.48	0.448 41	0.060 38	0.134 65	2.588 01	1.819 21
2.49	0.446 42	0.059 45	0.133 16	2.612 24	1.822 49
2.50	0.444 44	0.058 53	0.131 69	2.636 72	1.825 74
2.51	0.442 47	0.057 62	0.130 23	2.661 46	1.828 98
2.52	0.440 51	0.056 74	0.128 79	2.686 45	1.832 19
2.53	0.438 56	0.055 86	0.127 37	2.711 71	1.835 38
2.54	0.436 62	0.055 00	0.125 97	2.737 23	1.838 55
2.55	0.434 69	0.054 15	0.124 58	2.763 01	1.841 70
2.56	0.432 77	0.053 32	0.123 21	2.789 06	1.844 83
2.57	0.430 85	0.052 50	0.121 85	2.815 38	1.847 94
2.58	0.428 95	0.051 69	0.120 51	2.841 97	1.851 03
2.59	0.427 05	0.050 90	0.119 18	2.868 84	1.854 10
2.60	0.425 17	0.050 12	0.117 87	2.895 98	1.857 14
2.61	0.423 29	0.049 35	0.116 58	2.923 39	1.860 17
2.62	0.421 43	0.048 59	0.115 30	2.951 09	1.863 18
2.63	0.419 57	0.047 84	0.114 03	2.979 07	1.866 16
2.64	0.417 72	0.047 11	0.112 78	3.007 33	1.869 13
2.65	0.415 89	0.046 39	0.111 54	3.035 88	1.872 08
2.66	0.414 06	0.045 68	0.110 32	3.064 72	1.875 01
2.67	0.412 24	0.044 98	0.109 11	3.093 85	1.877 92
2.68	0.410 43	0.044 29	0.107 92	3.123 27	1.880 81
2.69	0.408 63	0.043 62	0.106 74	3.152 99	1.883 68

续附表 2

Ma	T/T^*	p/p^*	ρ/ρ^*	$1/q$	λ
2.70	0.406 83	0.042 95	0.105 57	3.183 01	1.886 53
2.71	0.405 05	0.042 29	0.104 42	3.213 33	1.889 36
2.72	0.403 28	0.041 65	0.103 28	3.243 95	1.892 18
2.73	0.401 51	0.041 02	0.102 15	3.274 88	1.894 97
2.74	0.399 76	0.040 39	0.101 04	3.306 11	1.897 75
2.75	0.398 01	0.039 78	0.099 94	3.337 66	1.900 51
2.76	0.396 27	0.039 17	0.098 85	3.369 52	1.903 25
2.77	0.394 54	0.038 58	0.097 78	3.401 69	1.905 98
2.78	0.392 82	0.037 99	0.096 71	3.434 18	1.908 68
2.79	0.391 11	0.037 42	0.095 66	3.466 99	1.911 37
2.80	0.389 41	0.036 85	0.094 63	3.500 12	1.914 04
2.81	0.387 71	0.036 29	0.093 60	3.533 58	1.916 69
2.82	0.386 03	0.035 74	0.092 59	3.567 37	1.919 33
2.83	0.384 35	0.035 20	0.091 58	3.601 48	1.921 95
2.84	0.382 68	0.034 67	0.090 59	3.635 93	1.924 55
2.85	0.381 02	0.034 15	0.089 62	3.670 72	1.927 14
2.86	0.379 37	0.033 63	0.088 65	3.705 84	1.929 70
2.87	0.377 73	0.033 12	0.087 69	3.741 31	1.932 25
2.88	0.376 10	0.032 63	0.086 75	3.777 11	1.934 79
2.89	0.374 47	0.032 13	0.085 81	3.813 27	1.937 31
2.90	0.372 86	0.031 65	0.084 89	3.849 77	1.939 81
2.91	0.371 25	0.031 18	0.083 98	3.886 62	1.942 30
2.92	0.369 65	0.030 71	0.083 07	3.923 83	1.944 77
2.93	0.368 06	0.030 25	0.082 18	3.961 39	1.947 22
2.94	0.366 47	0.029 80	0.081 30	3.999 32	1.949 66
2.95	0.364 90	0.029 35	0.080 43	4.037 60	1.952 08
2.96	0.363 33	0.028 91	0.079 57	4.076 25	1.954 49
2.97	0.361 77	0.028 48	0.078 72	4.115 27	1.956 88
2.98	0.360 22	0.028 05	0.077 88	4.154 66	1.959 25
2.99	0.358 68	0.027 64	0.077 05	4.194 43	1.961 62

续附表 2

Ma	T/T^*	p/p^*	ρ/ρ^*	$1/q$	λ
3.00	0.357 14	0.027 22	0.076 23	4.234 57	1.963 96
3.10	0.342 23	0.023 45	0.068 52	4.657 31	1.986 61
3.20	0.328 08	0.020 23	0.061 65	5.120 96	2.007 86
3.30	0.314 66	0.017 48	0.055 54	5.628 65	2.027 81
3.40	0.999 68	0.998 88	0.999 20	3.180 68	0.043 81
3.50	0.289 86	0.013 11	0.045 23	6.789 62	2.064 19
3.60	0.278 40	0.011 38	0.040 89	7.450 11	2.080 77
3.70	0.267 52	0.009 90	0.037 02	8.169 07	2.096 39
3.80	0.257 20	0.008 63	0.033 55	8.950 59	2.111 11
3.90	0.998 38	0.994 35	0.995 96	1.416 64	0.098 51
4.00	0.238 10	0.006 59	0.027 66	10.718 75	2.138 09
4.10	0.229 25	0.005 77	0.025 16	11.714 65	2.150 46
4.20	0.220 85	0.005 06	0.022 92	12.791 64	2.162 15
4.30	0.212 86	0.004 45	0.020 90	13.954 90	2.173 21
4.40	0.996 10	0.986 40	0.990 27	0.914 12	0.153 06
4.50	0.198 02	0.003 46	0.017 45	16.562 19	2.193 60
4.60	0.191 13	0.003 05	0.015 97	18.017 79	2.203 00
4.70	0.184 57	0.002 70	0.014 64	19.582 83	2.211 92
4.80	0.178 32	0.002 39	0.013 43	21.263 71	2.220 38
4.90	0.992 83	0.975 14	0.982 18	0.677 18	0.207 39
5.00	0.166 67	0.189×10^{-2}	0.113×10^{-1}	25.000 00	2.236 07
6.00	0.121 95	0.63×10^{-3}	0.519×10^{-2}	53.179 78	2.295 28
7.00	0.092 59	0.242×10^{-3}	0.261×10^{-2}	104.142 86	2.333 33
8.00	0.072 46	0.102×10^{-3}	0.141×10^{-2}	190.109 37	2.359 07
9.00	0.058 14	0.474×10^{-4}	0.815×10^{-3}	327.189 30	2.377 22
10.00	0.047 62	0.236×10^{-4}	0.495×10^{-3}	535.937 50	2.390 46
∞	0	0	0	∞	2.449 50

附表3 气体动力学函数表($k = 1.4$)

λ	$\tau(\lambda)$	$\pi(\lambda)$	$\varepsilon(\lambda)$	$q(\lambda)$	$y(\lambda)$	Ma
0.00	1.000 0	1.000 0	1.000 0	0.000 0	0.000 0	0.000 0
0.01	1.000 0	0.999 9	1.000 0	0.015 8	0.015 8	0.009 1
0.02	0.999 9	0.999 8	0.999 8	0.031 5	0.031 6	0.018 3
0.03	0.999 9	0.999 5	0.999 6	0.047 3	0.047 3	0.027 4
0.04	0.999 7	0.999 1	0.999 3	0.063 1	0.063 1	0.036 5
0.05	0.999 6	0.998 5	0.999 0	0.078 8	0.078 9	0.045 7
0.06	0.999 4	0.997 9	0.998 5	0.094 5	0.094 7	0.054 8
0.07	0.999 2	0.997 1	0.998 0	0.110 2	0.110 5	0.063 9
0.08	0.998 9	0.996 3	0.997 3	0.125 9	0.126 3	0.073 1
0.09	0.998 7	0.995 3	0.996 6	0.141 5	0.142 2	0.082 2
0.10	0.998 3	0.994 2	0.995 8	0.157 1	0.158 0	0.091 4
0.11	0.998 0	0.993 0	0.995 0	0.172 6	0.173 9	0.100 5
0.12	0.997 6	0.991 6	0.994 0	0.188 2	0.189 7	0.109 7
0.13	0.997 2	0.990 2	0.993 0	0.203 6	0.205 6	0.118 8
0.14	0.996 7	0.988 6	0.991 9	0.219 0	0.221 6	0.128 0
0.15	0.996 2	0.986 9	0.990 7	0.234 4	0.237 5	0.137 2
0.16	0.995 7	0.985 1	0.989 4	0.249 7	0.253 5	0.146 4
0.17	0.995 2	0.983 2	0.988 0	0.264 9	0.269 5	0.155 6
0.18	0.994 6	0.981 2	0.986 6	0.280 1	0.285 5	0.164 8
0.19	0.994 0	0.979 1	0.985 0	0.295 2	0.301 5	0.174 0
0.20	0.993 3	0.976 9	0.983 4	0.310 3	0.317 6	0.183 2
0.21	0.992 7	0.974 5	0.981 7	0.325 2	0.333 7	0.192 4
0.22	0.991 9	0.972 1	0.980 0	0.340 1	0.349 9	0.201 6
0.23	0.991 2	0.969 5	0.978 1	0.354 9	0.366 0	0.210 9
0.24	0.990 4	0.966 8	0.976 2	0.369 6	0.382 3	0.220 1
0.25	0.989 6	0.964 0	0.974 2	0.384 2	0.398 5	0.229 4
0.26	0.988 7	0.961 1	0.972 1	0.398 7	0.414 8	0.238 7
0.27	0.987 9	0.958 1	0.969 9	0.413 1	0.431 1	0.248 0
0.28	0.986 9	0.955 0	0.967 7	0.427 4	0.447 5	0.257 3
0.29	0.986 0	0.951 8	0.965 3	0.441 6	0.464 0	0.266 6

续附表 3

λ	τ(λ)	π(λ)	ε(λ)	q(λ)	y(λ)	Ma
0.30	0.985 0	0.948 5	0.962 9	0.455 7	0.480 4	0.275 9
0.31	0.984 0	0.945 1	0.960 4	0.469 7	0.497 0	0.285 3
0.32	0.982 9	0.941 5	0.957 9	0.483 5	0.513 5	0.294 6
0.33	0.981 9	0.937 9	0.955 2	0.497 3	0.530 2	0.304 0
0.34	0.980 7	0.934 2	0.952 5	0.510 9	0.546 9	0.313 4
0.35	0.979 6	0.930 3	0.949 7	0.524 4	0.563 6	0.322 8
0.36	0.978 4	0.926 4	0.946 9	0.537 7	0.580 4	0.332 2
0.37	0.977 2	0.922 4	0.943 9	0.550 9	0.597 3	0.341 7
0.38	0.975 9	0.918 3	0.940 9	0.564 0	0.614 2	0.351 1
0.39	0.974 7	0.914 1	0.937 8	0.577 0	0.631 2	0.360 6
0.40	0.973 3	0.909 7	0.934 7	0.589 7	0.648 3	0.370 1
0.41	0.972 0	0.905 3	0.931 4	0.602 4	0.665 4	0.379 6
0.42	0.970 6	0.900 8	0.928 1	0.614 9	0.682 6	0.389 2
0.43	0.969 2	0.896 2	0.924 7	0.627 2	0.699 9	0.398 7
0.44	0.967 7	0.891 5	0.921 3	0.639 4	0.717 2	0.408 3
0.45	0.966 3	0.886 8	0.917 7	0.651 5	0.734 6	0.417 9
0.46	0.964 7	0.881 9	0.914 2	0.663 3	0.752 1	0.427 5
0.47	0.963 2	0.877 0	0.910 5	0.675 0	0.769 7	0.437 2
0.48	0.961 6	0.871 9	0.906 7	0.686 6	0.787 4	0.446 8
0.49	0.960 0	0.866 8	0.902 9	0.697 9	0.805 2	0.456 5
0.50	0.958 3	0.861 6	0.899 1	0.709 1	0.823 0	0.466 3
0.51	0.956 7	0.856 3	0.895 1	0.720 1	0.841 0	0.476 0
0.52	0.954 9	0.851 0	0.891 1	0.731 0	0.859 0	0.485 8
0.53	0.953 2	0.845 5	0.887 0	0.741 6	0.877 1	0.495 6
0.54	0.951 4	0.840 0	0.882 9	0.752 1	0.895 3	0.505 4
0.55	0.949 6	0.834 4	0.878 7	0.762 3	0.913 7	0.515 2
0.56	0.947 7	0.828 7	0.874 4	0.772 4	0.932 1	0.525 1
0.57	0.945 8	0.823 0	0.870 1	0.782 3	0.950 6	0.535 0
0.58	0.943 9	0.817 1	0.865 7	0.792 0	0.969 3	0.545 0
0.59	0.942 0	0.811 2	0.861 2	0.801 5	0.988 0	0.554 9

续附表 3

λ	τ(λ)	π(λ)	ε(λ)	q(λ)	y(λ)	Ma
0.60	0.940 0	0.805 3	0.856 7	0.810 8	1.006 9	0.564 9
0.61	0.938 0	0.799 3	0.852 1	0.819 9	1.025 9	0.575 0
0.62	0.935 9	0.793 2	0.847 4	0.828 8	1.045 0	0.585 0
0.63	0.933 9	0.787 0	0.842 7	0.837 5	1.064 2	0.595 1
0.64	0.931 7	0.780 8	0.838 0	0.846 0	1.083 5	0.605 3
0.65	0.929 6	0.774 5	0.833 1	0.854 3	1.103 0	0.615 4
0.66	0.927 4	0.768 1	0.828 3	0.862 3	1.122 6	0.625 6
0.67	0.925 2	0.761 7	0.823 3	0.870 2	1.142 4	0.635 9
0.68	0.922 9	0.755 3	0.818 3	0.877 8	1.162 2	0.646 1
0.69	0.920 6	0.748 7	0.813 3	0.885 2	1.182 2	0.656 5
0.70	0.918 3	0.742 2	0.808 2	0.892 4	1.202 4	0.666 8
0.71	0.916 0	0.735 5	0.803 0	0.899 4	1.222 7	0.677 2
0.72	0.913 6	0.728 9	0.797 8	0.906 1	1.243 2	0.687 6
0.73	0.911 2	0.722 1	0.792 5	0.912 6	1.263 8	0.698 1
0.74	0.908 7	0.715 4	0.787 2	0.918 9	1.284 5	0.708 6
0.75	0.906 3	0.708 5	0.781 8	0.925 0	1.305 5	0.719 2
0.76	0.903 7	0.701 7	0.776 4	0.930 8	1.326 6	0.729 8
0.77	0.901 2	0.694 8	0.771 0	0.936 4	1.347 8	0.740 4
0.78	0.898 6	0.687 8	0.765 4	0.941 8	1.369 2	0.751 1
0.79	0.896 0	0.680 8	0.759 9	0.947 0	1.390 8	0.761 9
0.80	0.893 3	0.673 8	0.754 3	0.951 9	1.412 6	0.772 7
0.81	0.890 6	0.666 8	0.748 6	0.956 5	1.434 6	0.783 5
0.82	0.887 9	0.659 7	0.742 9	0.961 0	1.456 8	0.794 4
0.83	0.885 2	0.652 6	0.737 2	0.965 2	1.479 1	0.805 3
0.84	0.882 4	0.645 4	0.731 4	0.969 2	1.501 6	0.816 3
0.85	0.879 6	0.638 2	0.725 6	0.972 9	1.524 4	0.827 4
0.86	0.876 7	0.631 0	0.719 7	0.976 4	1.547 3	0.838 4
0.87	0.873 9	0.623 8	0.713 8	0.979 6	1.570 5	0.849 6
0.88	0.870 9	0.616 5	0.707 9	0.982 6	1.593 9	0.860 8
0.89	0.868 0	0.609 2	0.701 9	0.985 4	1.617 5	0.872 1

续附表 3

λ	τ(λ)	π(λ)	ε(λ)	q(λ)	y(λ)	Ma
0.90	0.865 0	0.601 9	0.695 9	0.988 0	1.641 3	0.883 4
0.91	0.862 0	0.594 6	0.689 8	0.990 2	1.665 3	0.894 7
0.92	0.858 9	0.587 3	0.683 8	0.992 3	1.689 6	0.906 2
0.93	0.855 9	0.580 0	0.677 6	0.994 1	1.714 1	0.917 7
0.94	0.852 7	0.572 6	0.671 5	0.995 7	1.738 9	0.929 2
0.95	0.849 6	0.565 2	0.665 3	0.997 0	1.763 9	0.940 9
0.96	0.846 4	0.557 8	0.659 1	0.998 1	1.789 2	0.952 6
0.97	0.843 2	0.550 5	0.652 8	0.998 9	1.814 7	0.964 3
0.98	0.839 9	0.543 1	0.646 6	0.999 5	1.840 5	0.976 1
0.99	0.836 7	0.535 7	0.640 3	0.999 9	1.866 6	0.988 0
1.00	0.833 3	0.528 3	0.633 9	1.000 0	1.892 9	1.000 0
1.01	0.830 0	0.520 9	0.627 6	0.999 9	1.919 6	1.012 0
1.02	0.826 6	0.513 5	0.621 2	0.999 5	1.946 5	1.024 1
1.03	0.823 2	0.506 1	0.614 8	0.998 9	1.973 8	1.036 3
1.04	0.819 7	0.498 7	0.608 4	0.998 1	2.001 3	1.048 6
1.05	0.816 3	0.491 3	0.601 9	0.997 0	2.029 2	1.060 9
1.06	0.812 7	0.484 0	0.595 5	0.995 7	2.057 4	1.073 3
1.07	0.809 2	0.476 6	0.589 0	0.994 2	2.085 9	1.085 8
1.08	0.805 6	0.469 3	0.582 5	0.992 4	2.114 7	1.098 4
1.09	0.802 0	0.461 9	0.576 0	0.990 4	2.143 9	1.111 1
1.10	0.798 3	0.454 6	0.569 5	0.988 1	2.173 5	1.123 9
1.11	0.794 7	0.447 3	0.562 9	0.985 6	2.203 4	1.136 7
1.12	0.790 9	0.440 0	0.556 4	0.982 9	2.233 7	1.149 6
1.13	0.787 2	0.432 8	0.549 8	0.980 0	2.264 4	1.162 7
1.14	0.783 4	0.425 5	0.543 2	0.976 8	2.295 5	1.175 8
1.15	0.779 6	0.418 3	0.536 6	0.973 4	2.327 0	1.189 0
1.16	0.775 7	0.411 1	0.530 0	0.969 8	2.358 8	1.202 3
1.17	0.771 9	0.404 0	0.523 4	0.966 0	2.391 1	1.215 7
1.18	0.767 9	0.396 9	0.516 8	0.961 9	2.423 9	1.229 2
1.19	0.764 0	0.389 8	0.510 2	0.957 7	2.457 1	1.242 8

续附表 3

λ	$\tau(\lambda)$	$\pi(\lambda)$	$\varepsilon(\lambda)$	$q(\lambda)$	$y(\lambda)$	Ma
1.20	0.760 0	0.382 7	0.503 5	0.953 2	2.490 7	1.256 6
1.21	0.756 0	0.375 7	0.496 9	0.948 5	2.524 8	1.270 4
1.22	0.751 9	0.368 7	0.490 3	0.943 5	2.559 4	1.284 3
1.23	0.747 9	0.361 7	0.483 7	0.938 4	2.594 4	1.298 4
1.24	0.743 7	0.354 8	0.477 0	0.933 1	2.630 0	1.312 6
1.25	0.739 6	0.347 9	0.470 4	0.927 5	2.666 1	1.326 9
1.26	0.735 4	0.341 1	0.463 8	0.921 8	2.702 7	1.341 3
1.27	0.731 2	0.334 3	0.457 2	0.915 8	2.739 9	1.355 8
1.28	0.726 9	0.327 5	0.450 5	0.909 7	2.777 6	1.370 5
1.29	0.722 7	0.320 8	0.443 9	0.903 4	2.815 9	1.385 3
1.30	0.718 3	0.314 2	0.437 3	0.896 8	2.854 8	1.400 2
1.31	0.714 0	0.307 5	0.430 7	0.890 1	2.894 3	1.415 3
1.32	0.709 6	0.301 0	0.424 2	0.883 2	2.934 4	1.430 5
1.33	0.705 2	0.294 5	0.417 6	0.876 1	2.975 1	1.445 8
1.34	0.700 7	0.288 0	0.411 0	0.868 8	3.016 5	1.461 3
1.35	0.696 3	0.281 6	0.404 5	0.861 4	3.058 6	1.476 9
1.36	0.691 7	0.275 3	0.398 0	0.853 8	3.101 4	1.492 7
1.37	0.687 2	0.269 0	0.391 5	0.846 0	3.144 9	1.508 7
1.38	0.682 6	0.262 8	0.385 0	0.838 0	3.189 1	1.524 8
1.39	0.678 0	0.256 6	0.378 5	0.829 9	3.234 1	1.541 0
1.40	0.673 3	0.250 5	0.372 0	0.821 6	3.279 8	1.557 5
1.41	0.668 7	0.244 5	0.365 6	0.813 1	3.326 4	1.574 1
1.42	0.663 9	0.238 5	0.359 2	0.804 5	3.373 8	1.590 9
1.43	0.659 2	0.232 6	0.352 8	0.795 8	3.422 0	1.607 8
1.44	0.654 4	0.226 7	0.346 4	0.786 9	3.471 1	1.625 0
1.45	0.649 6	0.220 9	0.340 1	0.777 9	3.521 2	1.642 3
1.46	0.644 7	0.215 2	0.333 8	0.768 7	3.572 1	1.659 9
1.47	0.639 9	0.209 5	0.327 5	0.759 4	3.624 0	1.677 6
1.48	0.634 9	0.204 0	0.321 2	0.750 0	3.676 9	1.695 5
1.49	0.630 0	0.198 5	0.315 0	0.740 4	3.730 9	1.713 7

续附表 3

λ	$\tau(\lambda)$	$\pi(\lambda)$	$\varepsilon(\lambda)$	$q(\lambda)$	$y(\lambda)$	Ma
1.50	0.625 0	0.193 0	0.308 8	0.730 7	3.785 9	1.732 1
1.51	0.620 0	0.187 6	0.302 7	0.720 9	3.841 9	1.750 6
1.52	0.614 9	0.182 3	0.296 5	0.711 0	3.899 1	1.769 5
1.53	0.609 9	0.177 1	0.290 4	0.701 0	3.957 5	1.788 5
1.54	0.604 7	0.172 0	0.284 4	0.690 8	4.017 1	1.807 8
1.55	0.599 6	0.166 9	0.278 4	0.680 6	4.077 9	1.827 3
1.56	0.594 4	0.161 9	0.272 4	0.670 3	4.140 0	1.847 1
1.57	0.589 2	0.157 0	0.266 5	0.659 9	4.203 4	1.867 2
1.58	0.583 9	0.152 1	0.260 6	0.649 4	4.268 2	1.887 5
1.59	0.578 7	0.147 4	0.254 7	0.638 8	4.334 5	1.908 1
1.60	0.573 3	0.142 7	0.248 9	0.628 2	4.402 2	1.929 0
1.61	0.568 0	0.138 1	0.243 1	0.617 5	4.471 4	1.950 1
1.62	0.562 6	0.133 6	0.237 4	0.606 7	4.542 2	1.971 6
1.63	0.557 2	0.129 1	0.231 7	0.595 8	4.614 7	1.993 4
1.64	0.551 7	0.124 8	0.226 1	0.585 0	4.688 9	2.015 5
1.65	0.546 3	0.120 5	0.220 5	0.574 0	4.764 8	2.038 0
1.66	0.540 7	0.116 3	0.215 0	0.563 0	4.842 6	2.060 8
1.67	0.535 2	0.112 1	0.209 5	0.552 0	4.922 3	2.083 9
1.68	0.529 6	0.108 1	0.204 1	0.540 9	5.004 0	2.107 4
1.69	0.524 0	0.104 1	0.198 7	0.529 8	5.087 7	2.131 3
1.70	0.518 3	0.100 3	0.193 4	0.518 7	5.173 6	2.155 5
1.71	0.512 7	0.096 5	0.188 2	0.507 6	5.261 7	2.180 2
1.72	0.506 9	0.092 8	0.183 0	0.496 4	5.352 2	2.205 3
1.73	0.501 2	0.089 1	0.177 8	0.485 3	5.445 1	2.230 8
1.74	0.495 4	0.085 6	0.172 7	0.474 1	5.540 5	2.256 7
1.75	0.489 6	0.082 1	0.167 7	0.463 0	5.638 5	2.283 1
1.76	0.483 7	0.078 7	0.162 7	0.451 8	5.739 3	2.310 0
1.77	0.477 9	0.075 4	0.157 8	0.440 7	5.843 0	2.337 4
1.78	0.471 9	0.072 2	0.153 0	0.429 6	5.949 7	2.365 3
1.79	0.466 0	0.069 1	0.148 2	0.418 5	6.059 5	2.393 7

续附表 3

λ	$\tau(\lambda)$	$\pi(\lambda)$	$\varepsilon(\lambda)$	$q(\lambda)$	$y(\lambda)$	Ma
1.80	0.460 0	0.066 0	0.143 5	0.407 5	6.172 6	2.422 7
1.81	0.454 0	0.063 0	0.138 9	0.396 5	6.289 1	2.452 3
1.82	0.447 9	0.060 2	0.134 3	0.385 5	6.409 3	2.482 4
1.83	0.441 9	0.057 3	0.129 8	0.374 6	6.533 3	2.513 2
1.84	0.435 7	0.054 6	0.125 3	0.363 8	6.661 2	2.544 6
1.85	0.429 6	0.052 0	0.121 0	0.353 0	6.793 2	2.576 7
1.86	0.423 4	0.049 4	0.116 6	0.342 2	6.929 7	2.609 4
1.87	0.417 2	0.046 9	0.112 4	0.331 6	7.070 8	2.642 9
1.88	0.410 9	0.044 5	0.108 3	0.321 0	7.216 7	2.677 2
1.89	0.404 7	0.042 1	0.104 2	0.310 5	7.367 8	2.712 3
1.90	0.398 3	0.039 9	0.100 1	0.300 1	7.524 2	2.748 1
1.91	0.392 0	0.037 7	0.096 2	0.289 8	7.686 3	2.784 9
1.92	0.385 6	0.035 6	0.092 3	0.279 6	7.854 5	2.822 6
1.93	0.379 2	0.033 6	0.088 5	0.269 5	8.029 0	2.861 2
1.94	0.372 7	0.031 6	0.084 8	0.259 6	8.210 3	2.900 8
1.95	0.366 3	0.029 7	0.081 2	0.249 7	8.398 7	2.941 4
1.96	0.359 7	0.027 9	0.077 6	0.240 0	8.594 7	2.983 2
1.97	0.353 2	0.026 2	0.074 1	0.230 4	8.798 7	3.026 0
1.98	0.346 6	0.024 5	0.070 7	0.220 9	9.011 3	3.070 2
1.99	0.340 0	0.022 9	0.067 4	0.211 6	9.233 1	3.115 5
2.00	0.333 3	0.021 4	0.064 2	0.202 4	9.464 6	3.162 3
2.01	0.326 7	0.019 9	0.061 0	0.193 4	9.706 6	3.210 4
2.02	0.319 9	0.018 5	0.057 9	0.184 5	9.959 7	3.260 1
2.03	0.313 2	0.017 2	0.054 9	0.175 8	10.224 7	3.311 4
2.04	0.306 4	0.015 9	0.052 0	0.167 2	10.502 5	3.364 3
2.05	0.299 6	0.014 7	0.049 1	0.158 9	10.794 2	3.419 0
2.06	0.292 7	0.013 6	0.046 4	0.150 7	11.100 6	3.475 7
2.07	0.285 9	0.012 5	0.043 7	0.142 6	11.423 1	3.534 4
2.08	0.278 9	0.011 5	0.041 1	0.134 8	11.762 9	3.595 2
2.09	0.272 0	0.010 5	0.038 6	0.127 2	12.121 5	3.658 3

续附表 3

λ	τ(λ)	π(λ)	ε(λ)	q(λ)	y(λ)	Ma
2.10	0.265 0	0.009 6	0.036 2	0.119 8	12.500 5	3.724 0
2.11	0.258 0	0.008 7	0.033 8	0.112 5	12.901 6	3.792 2
2.12	0.250 9	0.007 9	0.031 5	0.105 5	13.326 9	3.863 4
2.13	0.243 9	0.007 2	0.029 4	0.098 7	13.778 8	3.937 6
2.14	0.236 7	0.006 5	0.027 3	0.092 0	14.259 6	4.015 1
2.15	0.229 6	0.005 8	0.025 3	0.085 7	14.772 4	4.096 2
2.16	0.222 4	0.005 2	0.023 3	0.079 5	15.320 5	4.181 1
2.17	0.215 2	0.004 6	0.021 5	0.073 5	15.907 6	4.270 4
2.18	0.207 9	0.004 1	0.019 7	0.067 8	16.538 1	4.364 2
2.19	0.200 7	0.003 6	0.018 0	0.062 3	17.217 0	4.463 1
2.20	0.193 3	0.003 2	0.016 4	0.057 0	17.950 2	4.567 5
2.21	0.186 0	0.002 8	0.014 9	0.052 0	18.744 4	4.678 0
2.22	0.178 6	0.002 4	0.013 5	0.047 2	19.607 6	4.795 4
2.23	0.171 2	0.002 1	0.012 1	0.042 6	20.549 3	4.920 2
2.24	0.163 7	0.001 8	0.010 8	0.038 3	21.580 6	5.053 5
2.25	0.156 3	0.001 5	0.009 7	0.034 3	22.715 1	5.196 2
2.26	0.148 7	0.001 3	0.008 5	0.030 4	23.969 2	5.349 5
2.27	0.141 2	0.001 1	0.007 5	0.026 8	25.362 7	5.515 0
2.28	0.133 6	0.000 9	0.006 5	0.023 5	26.920 4	5.694 3
2.29	0.126 0	0.000 7	0.005 6	0.020 4	28.673 2	5.889 6
2.30	0.118 3	0.000 6	0.004 8	0.017 5	30.660 1	6.103 6
2.31	0.110 7	0.000 5	0.004 1	0.014 8	32.931 7	6.339 4
2.32	0.102 9	0.000 3	0.003 4	0.012 4	35.553 7	6.601 1
2.33	0.095 2	0.000 3	0.002 8	0.010 3	38.614 3	6.894 2
2.34	0.087 4	0.000 2	0.002 3	0.008 3	42.233 5	7.225 5
2.35	0.079 6	0.000 14	0.001 70	0.006 6	46.579 9	7.604 4
2.36	0.071 7	0.988×10^{-4}	0.001 38	0.005 1	51.897 2	8.043 8
2.37	0.063 9	0.657×10^{-4}	0.001 03	0.003 9	58.551 8	8.562 0
2.38	0.055 9	0.413×10^{-4}	0.000 74	0.002 8	67.121 1	9.186 5
2.39	0.048 0	0.242×10^{-4}	0.000 50	0.001 9	78.570 7	9.960 1

续附表 3

λ	$\tau(\lambda)$	$\pi(\lambda)$	$\varepsilon(\lambda)$	$q(\lambda)$	$y(\lambda)$	Ma
2.40	0.040 0	0.128×10^{-4}	0.000 32	0.001 2	94.646 5	10.954 5
2.41	0.032 0	0.584×10^{-5}	0.000 18	0.000 7	118.862 9	12.301 7
2.42	0.023 9	0.211×10^{-5}	0.884×10^{-4}	0.000 3	159.501 7	14.279 8
2.43	0.015 9	0.499×10^{-6}	0.315×10^{-4}	0.000 1	241.841 1	17.619 8
2.44	0.007 7	0.316×10^{-7}	0.410×10^{-5}	0.058×10^{-4}	497.709 8	25.328 9
2.449	0	0	0	0	∞	∞

空气动力学基础

附表 4　二维超声速等熵流函数表($k = 1.4$)

v	φ	Ma	λ	π	ε	τ	μ
0°00′	0°00′	1.000	1.000	0.528	0.634	0.833	90°00′
0°10′	13°08′	1.026	1.022	0.512	0.620	0.826	77°02′
0°20′	16°05′	1.039	1.032	0.504	0.613	0.822	74°15′
0°30′	18°24′	1.051	1.042	0.497	0.607	0.819	72°06′
0°40′	20°25′	1.062	1.051	0.490	0.601	0.816	70°15′
0°50′	22°06′	1.073	1.060	0.484	0.596	0.813	68°44′
1°00′	23°32′	1.083	1.067	0.479	0.591	0.810	67°28′
1°30′	27°06′	1.109	1.088	0.463	0.577	0.803	64°24′
2°00′	30°00′	1.133	1.107	0.450	0.565	0.796	62°00′
2°30′	32°33′	1.155	1.125	0.437	0.553	0.789	59°57′
3°00′	34°54′	1.178	1.142	0.424	0.542	0.783	58°06′
3°30′	37°00′	1.199	1.157	0.413	0.532	0.777	56°30′
4°00′	38°52′	1.219	1.172	0.402	0.522	0.771	55°08′
4°30′	40°39′	1.238	1.186	0.392	0.513	0.766	53°51′
5°	42°18′	1.257	1.200	0.383	0.504	0.760	52°42′
6°	45°24′	1.294	1.227	0.364	0.486	0.749	50°36′
7°	48°17′	1.331	1.253	0.346	0.468	0.738	48°42′
8°	50°59′	1.367	1.278	0.329	0.452	0.728	47°00′
9°	53°27′	1.401	1.301	0.314	0.437	0.718	45°32′
10°	55°49′	1.435	1.323	0.299	0.422	0.708	44°10′
11°	58°05′	1.469	1.345	0.285	0.408	0.699	50°36′
12°	60°19′	1.504	1.367	0.271	0.393	0.689	48°42′
13°	62°22′	1.536	1.387	0.259	0.380	0.679	47°00′
14°	64°24′	1.569	1.407	0.246	0.368	0.670	45°32′
15°	66°24′	1.603	1.427	0.234	0.355	0.661	44°10′
16°	68°24′	1.639	1.448	0.222	0.341	0.651	42°54′
17°	70°17′	1.673	1.467	0.211	0.329	0.641	41°40′
18°	72°05′	1.705	1.485	0.201	0.318	0.632	40°37′
19°	73°56′	1.741	1.505	0.190	0.306	0.623	39°35′
20°	75°42′	1.775	1.523	0.181	0.295	0.613	38°35′

续附表 4

v	φ	Ma	λ	π	ε	τ	μ
21°	77°26′	1.809	1.541	0.172	0.284	0.604	37°35′
22°	79°11′	1.846	1.559	0.162	0.273	0.595	36°42′
23°	80°51′	1.880	1.576	0.154	0.263	0.586	35°54′
24°	82°30′	1.914	1.593	0.146	0.253	0.577	35°03′
25°	84°09′	1.951	1.610	0.138	0.243	0.568	34°17′
26°	85°48′	1.988	1.628	0.130	0.233	0.559	33°33′
27°	87°27′	2.028	1.646	0.122	0.223	0.549	32°48′
28°	89°00′	2.063	1.661	0.116	0.214	0.540	32°08′
29°	90°30′	2.096	1.675	0.110	0.207	0.532	31°29′
30°	91°59′	2.130	1.689	0.104	0.199	0.524	30°50′
31°	93°36′	2.173	1.707	0.097 6	0.190	0.514	30°12′
32°	95°05′	2.209	1.721	0.092 2	0.182	0.506	29°32′
33°	96°32′	2.245	1.736	0.087 2	0.175	0.498	28°59′
34°	98°02′	2.285	1.751	0.081 9	0.167	0.489	28°29′
35°	99°32′	2.327	1.766	0.076 7	0.160	0.480	28°00′
36°	100°59′	2.366	1.780	0.072 1	0.153	0.472	27°23′
37°	102°29′	2.411	1.796	0.067 2	0.145	0.462	26°55′
38°	103°57′	2.454	1.811	0.062 9	0.139	0.454	26°27′
39°	105°24′	2.498	1.825	0.058 7	0.132	0.445	25°57′
40°	106°48′	2.539	1.838	0.055 1	0.126	0.437	25°27′
41°	108°12′	2.581	1.851	0.051 6	0.120	0.429	25°00′
42°	109°35′	2.624	1.864	0.048 3	0.115	0.421	24°30′
43°	111°00′	2.670	1.878	0.045 0	0.109	0.412	24°02′
44°	112°24′	2.717	1.891	0.041 8	0.104	0.404	23°35′
45°	113°47′	2.765	1.905	0.038 9	0.098	0.395	23°11′
46°	115°11′	2.816	1.918	0.036 0	0.093	0.387	22°47′
47°	116°36′	2.869	1.932	0.033 2	0.088	0.378	22°24′
48°	117°54′	2.910	1.942	0.031 2	0.084	0.371	21°59′
49°	119°14′	2.959	1.954	0.029 0	0.080	0.363	21°35′
50°	120°35′	3.010	1.966	0.026 8	0.075	0.356	21°12′

续附表 4

υ	φ	Ma	λ	π	ε	τ	μ
51°	121°57′	3.064	1.979	0.024 7	0.071	0.348	20°48′
52°	123°17′	3.119	1.991	0.022 8	0.067	0.339	20°23′
53°	124°38′	3.174	2.002	0.021 0	0.063	0.332	20°05′
54°	125°59′	3.236	2.015	0.019 2	0.059	0.323	19°45′
55°	127°17′	3.289	2.026	0.017 8	0.056	0.316	19°24′
56°	128°35′	3.344	2.036	0.016 4	0.053	0.309	19°02′
57°	129°54′	3.404	2.047	0.015 0	0.050	0.301	18°42′
58°	131°15′	3.470	2.059	0.013 7	0.047	0.293	18°21′
59°	132°36′	3.542	2.071	0.012 4	0.043	0.285	18°00′
60°	133°54′	3.606	2.082	0.011 3	0.041	0.278	17°42′
61°	135°10′	3.666	2.091	0.010 4	0.038	0.271	17°24′
62°	136°30′	3.742	2.103	0.934×10^{-2}	0.036	0.263	17°05′
63°	137°47′	3.814	2.113	0.847×10^{-2}	0.033	0.256	16°44′
64°	139°02′	3.876	2.122	0.778×10^{-2}	0.031	0.250	16°23′
65°	140°19′	3.949	2.132	0.705×10^{-2}	0.029	0.243	16°06′
66°	141°35′	4.021	2.141	0.640×10^{-2}	0.027	0.236	15°49′
67°	142°58′	4.124	2.153	0.559×10^{-2}	0.025	0.227	15°30′
68°	144°12′	4.193	2.161	0.511×10^{-2}	0.023 1	0.221	15°12′
69°	145°26′	4.268	2.170	0.464×10^{-2}	0.021 5	0.215	14°57′
70°	146°42′	4.348	2.178	0.418×10^{-2}	0.020 0	0.209	14°40′
71°	147°57′	4.429	2.187	0.378×10^{-2}	0.018 6	0.203	14°24′
72°	149°12′	4.515	2.195	0.339×10^{-2}	0.017 2	0.197	14°01′
73°	150°30′	4.621	2.205	0.297×10^{-2}	0.015 7	0.190	13°47′
74°	151°42′	4.695	2.211	0.272×10^{-2}	0.014 7	0.185	13°33′
75°	153°00′	4.810	2.221	0.237×10^{-2}	0.013 3	0.178	13°17′
76°	154°15′	4.912	2.229	0.210×10^{-2}	0.012 2	0.172	13°02′
77°	155°29′	5.015	2.237	0.186×10^{-2}	0.011 2	0.166	12°47′
78°	156°45′	5.126	2.245	0.163×10^{-2}	0.010 2	0.160	12°29′
79°	158°00′	5.241	2.253	0.143×10^{-2}	0.931×10^{-2}	0.154	12°17′
80°	159°15′	5.362	2.261	0.125×10^{-2}	0.845×10^{-2}	0.148	11°59′

续附表 4

v	φ	Ma	λ	π	ε	τ	μ
81°	160°30′	5.488	2.268	0.109×10^{-2}	0.765×10^{-2}	0.142	11°44′
82°	161°42′	5.593	2.274	0.972×10^{-3}	0.705×10^{-2}	0.138	11°30′
83°	162°57′	5.731	2.282	0.838×10^{-3}	0.634×10^{-2}	0.132	11°14′
84°	164°11′	5.875	2.289	0.721×10^{-3}	0.570×10^{-2}	0.127	10°59′
85°	165°27′	6.028	2.297	0.615×10^{-3}	0.509×10^{-2}	0.121	10°44′
86°	166°42′	6.188	2.304	0.524×10^{-3}	0.453×10^{-2}	0.115	10°29′
87°	167°53′	6.321	2.309	0.459×10^{-3}	0.413×10^{-2}	0.111	10°17′
88°	169°06′	6.464	2.315	0.399×10^{-3}	0.373×10^{-2}	0.107	10°02′
89°	170°21′	6.649	2.322	0.334×10^{-3}	0.329×10^{-2}	0.102	9°48′
90°	171°35′	6.845	2.328	0.278×10^{-3}	0.289×10^{-2}	0.096	9°32′
91°	172°48′	7.013	2.334	0.239×10^{-3}	0.259×10^{-2}	0.092	9°18′
92°	173°59′	7.184	2.339	0.205×10^{-3}	0.232×10^{-2}	0.088	9°06′
93°	175°14′	7.413	2.345	0.168×10^{-3}	0.201×10^{-2}	0.083	8°53′
94°	176°26′	7.610	2.350	0.142×10^{-3}	0.178×10^{-2}	0.079	8°39′
95°	177°40′	7.837	2.355	0.117×10^{-3}	0.155×10^{-2}	0.075	8°24′
96°	178°54′	8.091	2.361	0.952×10^{-4}	0.134×10^{-2}	0.071	8°11′
97°	180°50′	8.326	2.366	0.778×10^{-4}	0.116×10^{-2}	0.067	8°00′
98°	181°21′	8.636	2.371	0.622×10^{-4}	0.989×10^{-3}	0.063	7°45′
99°	182°34′	8.928	2.376	0.500×10^{-4}	0.846×10^{-3}	0.059	7°33′
100°	183°47′	9.259	2.381	0.393×10^{-4}	0.713×10^{-3}	0.055	7°19′
101°	185°00′	9.569	2.385	0.316×10^{-4}	0.610×10^{-3}	0.052	7°05′
102°	186°11′	9.891	2.389	0.253×10^{-4}	0.521×10^{-3}	0.049	6°09′
103°	187°23′	10.245	2.393	0.200×10^{-4}	0.441×10^{-3}	0.045	6°38′
104°	188°36′	10.626	2.397	0.157×10^{-4}	0.370×10^{-3}	0.042	6°25′
105°	189°48′	11.037	2.401	0.122×10^{-4}	0.309×10^{-3}	0.039	6°12′
130°27′	220°27′	∞	2.449	0	0	0	0°00′

注：φ 为马赫波的极角，$\varphi = \pi/2 + \nu - \mu$

附表 5　正激波前后气流参数表($k = 1.4$)

Ma_1	Ma_2	p_2/p_1	ρ_2/ρ_1	T_2/T_1	p_2^*/p_1^*	p_2^*/p_1
1.00	1.000 00	1.000 0	1.000 0	1.000 0	1.000 00	1.892 9
1.01	0.990 13	1.023 5	1.016 7	1.006 6	1.000 00	1.915 2
1.02	0.980 52	1.047 1	1.033 4	1.013 2	0.999 99	1.937 9
1.03	0.971 15	1.071 1	1.050 2	1.019 8	0.999 97	1.961 0
1.04	0.962 03	1.095 2	1.067 1	1.026 3	0.999 92	1.984 4
1.05	0.953 13	1.119 6	1.084 0	1.032 8	0.999 85	2.008 3
1.06	0.944 45	1.144 2	1.100 9	1.039 3	0.999 75	2.032 5
1.07	0.935 98	1.169 1	1.117 9	1.045 8	0.999 61	2.057 0
1.08	0.927 71	1.194 1	1.134 9	1.052 2	0.999 43	2.081 9
1.09	0.919 65	1.219 5	1.152 0	1.058 6	0.999 20	2.107 2
1.10	0.911 77	1.245 0	1.169 1	1.064 9	0.998 93	2.132 8
1.11	0.904 08	1.270 8	1.186 2	1.071 3	0.998 60	2.158 8
1.12	0.896 56	1.296 8	1.203 4	1.077 6	0.998 21	2.185 1
1.13	0.889 22	1.323 1	1.220 6	1.084 0	0.997 77	2.211 8
1.14	0.882 04	1.349 5	1.237 8	1.090 3	0.997 26	2.238 8
1.15	0.875 02	1.376 3	1.255 0	1.096 6	0.996 69	2.266 1
1.16	0.868 16	1.403 2	1.272 3	1.102 9	0.996 05	2.293 7
1.17	0.861 45	1.430 4	1.289 6	1.109 2	0.995 35	2.321 7
1.18	0.854 88	1.457 8	1.306 9	1.115 4	0.994 57	2.350 0
1.19	0.848 46	1.485 5	1.324 3	1.121 7	0.993 72	2.378 6
1.20	0.842 17	1.513 3	1.341 6	1.128 0	0.992 80	2.407 5
1.21	0.836 01	1.541 5	1.359 0	1.134 3	0.991 80	2.436 7
1.22	0.829 99	1.569 8	1.376 4	1.140 5	0.990 73	2.466 3
1.23	0.824 08	1.598 4	1.393 8	1.146 8	0.989 58	2.496 1
1.24	0.818 30	1.627 2	1.411 2	1.153 1	0.988 36	2.526 3
1.25	0.812 64	1.656 3	1.428 6	1.159 4	0.987 06	2.556 8
1.26	0.807 09	1.685 5	1.446 0	1.165 7	0.985 68	2.587 5
1.27	0.801 64	1.715 1	1.463 4	1.172 0	0.984 22	2.618 6
1.28	0.796 31	1.744 8	1.480 8	1.178 3	0.982 68	2.650 0
1.29	0.791 08	1.774 8	1.498 3	1.184 6	0.981 07	2.681 6

续附表 5

Ma_1	Ma_2	p_2/p_1	ρ_2/ρ_1	T_2/T_1	p_2^*/p_1^*	p_2^*/p_1
1.30	0.785 96	1.805 0	1.515 7	1.190 9	0.979 37	2.713 6
1.31	0.780 93	1.835 5	1.533 1	1.197 2	0.977 60	2.745 9
1.32	0.776 00	1.866 1	1.550 5	1.203 5	0.975 75	2.778 4
1.33	0.771 16	1.897 1	1.568 0	1.209 9	0.973 82	2.811 2
1.34	0.766 41	1.928 2	1.585 4	1.216 2	0.971 82	2.844 4
1.35	0.761 75	1.959 6	1.602 8	1.222 6	0.969 74	2.877 8
1.36	0.757 18	1.991 2	1.620 2	1.229 0	0.967 58	2.911 5
1.37	0.752 69	2.023 1	1.637 6	1.235 4	0.965 34	2.945 5
1.38	0.748 29	2.055 1	1.654 9	1.241 8	0.963 04	2.979 8
1.39	0.743 96	2.087 5	1.672 3	1.248 2	0.960 65	3.014 4
1.40	0.739 71	2.120 0	1.689 7	1.254 7	0.958 19	3.049 2
1.41	0.735 54	2.152 8	1.707 0	1.261 2	0.955 66	3.084 4
1.42	0.731 44	2.185 8	1.724 3	1.267 6	0.953 06	3.119 8
1.43	0.727 41	2.219 1	1.741 6	1.274 1	0.950 39	3.155 5
1.44	0.723 45	2.252 5	1.758 9	1.280 7	0.947 65	3.191 5
1.45	0.719 56	2.286 3	1.776 1	1.287 2	0.944 84	3.227 8
1.46	0.715 74	2.320 2	1.793 4	1.293 8	0.941 96	3.264 3
1.47	0.711 98	2.354 4	1.810 6	1.300 3	0.939 01	3.301 1
1.48	0.708 29	2.388 8	1.827 8	1.306 9	0.936 00	3.338 2
1.49	0.704 66	2.423 5	1.844 9	1.313 6	0.932 93	3.375 6
1.50	0.701 09	2.458 3	1.862 1	1.320 2	0.929 79	3.413 3
1.51	0.697 58	2.493 5	1.879 2	1.326 9	0.926 59	3.451 2
1.52	0.694 13	2.528 8	1.896 3	1.333 6	0.923 32	3.489 4
1.53	0.690 73	2.564 4	1.913 3	1.340 3	0.920 00	3.527 9
1.54	0.687 39	2.600 2	1.930 3	1.347 0	0.916 62	3.566 7
1.55	0.684 10	2.636 3	1.947 3	1.353 8	0.913 19	3.605 7
1.56	0.680 87	2.672 5	1.964 3	1.360 6	0.909 70	3.645 0
1.57	0.677 69	2.709 1	1.981 2	1.367 4	0.906 15	3.684 6
1.58	0.674 55	2.745 8	1.998 1	1.374 2	0.902 55	3.724 4
1.59	0.671 47	2.782 8	2.014 9	1.381 1	0.898 90	3.764 6

续附表 5

Ma_1	Ma_2	p_2/p_1	ρ_2/ρ_1	T_2/T_1	p_2^*/p_1^*	p_2^*/p_1
1.60	0.668 44	2.820 0	2.031 7	1.388 0	0.895 20	3.805 0
1.61	0.665 45	2.857 5	2.048 5	1.394 9	0.891 45	3.845 6
1.62	0.662 51	2.895 1	2.065 3	1.401 8	0.887 65	3.886 6
1.63	0.659 62	2.933 1	2.082 0	1.408 8	0.883 81	3.927 8
1.64	0.656 77	2.971 2	2.098 6	1.415 8	0.879 92	3.969 3
1.65	0.653 96	3.009 6	2.115 2	1.422 8	0.875 99	4.011 0
1.66	0.651 19	3.048 2	2.131 8	1.429 9	0.872 01	4.053 1
1.67	0.648 47	3.087 1	2.148 4	1.436 9	0.868 00	4.095 3
1.68	0.645 79	3.126 1	2.164 9	1.444 0	0.863 94	4.137 9
1.69	0.643 15	3.165 5	2.181 3	1.451 2	0.859 85	4.180 7
1.70	0.640 54	3.205 0	2.197 7	1.458 3	0.855 72	4.223 8
1.71	0.637 98	3.244 8	2.214 1	1.465 5	0.851 56	4.267 2
1.72	0.635 45	3.284 8	2.230 4	1.472 7	0.847 36	4.310 8
1.73	0.632 96	3.325 1	2.246 7	1.480 0	0.843 12	4.354 7
1.74	0.630 51	3.365 5	2.262 9	1.487 3	0.838 86	4.398 9
1.75	0.628 09	3.406 3	2.279 1	1.494 6	0.834 57	4.443 3
1.76	0.625 70	3.447 2	2.295 2	1.501 9	0.830 24	4.488 0
1.77	0.623 35	3.488 4	2.311 3	1.509 3	0.825 89	4.533 0
1.78	0.621 04	3.529 8	2.327 3	1.516 7	0.821 51	4.578 2
1.79	0.618 75	3.571 5	2.343 3	1.524 1	0.817 11	4.623 7
1.80	0.616 50	3.613 3	2.359 2	1.531 6	0.812 68	4.669 5
1.81	0.614 28	3.655 5	2.375 1	1.539 1	0.808 23	4.715 5
1.82	0.612 09	3.697 8	2.390 9	1.546 6	0.803 76	4.761 8
1.83	0.609 93	3.740 4	2.406 7	1.554 1	0.799 27	4.808 4
1.84	0.607 80	3.783 2	2.422 4	1.561 7	0.794 76	4.855 2
1.85	0.605 70	3.826 3	2.438 1	1.569 3	0.790 23	4.902 3
1.86	0.603 63	3.869 5	2.453 7	1.577 0	0.785 69	4.949 7
1.87	0.601 58	3.913 1	2.469 3	1.584 7	0.781 12	4.997 3
1.88	0.599 57	3.956 8	2.484 8	1.592 4	0.776 55	5.045 2
1.89	0.597 58	4.000 8	2.500 3	1.600 1	0.771 96	5.093 4

续附表 5

Ma_1	Ma_2	p_2/p_1	ρ_2/ρ_1	T_2/T_1	p_2^*/p_1^*	p_2^*/p_1
1.90	0.595 62	4.045 0	2.515 7	1.607 9	0.767 36	5.141 8
1.91	0.593 68	4.089 5	2.531 0	1.615 7	0.762 74	5.190 5
1.92	0.591 77	4.134 1	2.546 3	1.623 6	0.758 12	5.239 4
1.93	0.589 88	4.179 1	2.561 6	1.631 4	0.753 49	5.288 6
1.94	0.588 02	4.224 2	2.576 7	1.639 4	0.748 84	5.338 1
1.95	0.586 18	4.269 6	2.591 9	1.647 3	0.744 20	5.387 8
1.96	0.584 37	4.315 2	2.606 9	1.655 3	0.739 54	5.437 8
1.97	0.582 58	4.361 1	2.622 0	1.663 3	0.734 88	5.488 1
1.98	0.580 82	4.407 1	2.636 9	1.671 3	0.730 21	5.538 6
1.99	0.579 07	4.453 5	2.651 8	1.679 4	0.725 55	5.589 4
2.00	0.577 35	4.500 0	2.666 7	1.687 5	0.720 87	5.640 4
2.01	0.575 65	4.546 8	2.681 5	1.695 6	0.716 20	5.691 8
2.02	0.573 97	4.593 8	2.696 2	1.703 8	0.711 53	5.743 3
2.03	0.572 32	4.641 1	2.710 9	1.712 0	0.706 85	5.795 2
2.04	0.570 68	4.688 5	2.725 5	1.720 3	0.702 18	5.847 3
2.05	0.569 06	4.736 3	2.740 0	1.728 5	0.697 51	5.899 6
2.06	0.567 47	4.784 2	2.754 5	1.736 9	0.692 84	5.952 3
2.07	0.565 89	4.832 4	2.768 9	1.745 2	0.688 17	6.005 1
2.08	0.564 33	4.880 8	2.783 3	1.753 6	0.683 51	6.058 3
2.09	0.562 80	4.929 5	2.797 6	1.762 0	0.678 85	6.111 7
2.10	0.561 28	4.978 3	2.811 9	1.770 5	0.674 20	6.165 4
2.11	0.559 78	5.027 5	2.826 1	1.778 9	0.669 56	6.219 3
2.12	0.558 29	5.076 8	2.840 2	1.787 5	0.664 92	6.273 5
2.13	0.556 83	5.126 4	2.854 3	1.796 0	0.660 29	6.328 0
2.14	0.555 38	5.176 2	2.868 3	1.804 6	0.655 67	6.382 7
2.15	0.553 95	5.226 3	2.882 3	1.813 2	0.651 05	6.437 7
2.16	0.552 54	5.276 5	2.896 2	1.821 9	0.646 45	6.492 9
2.17	0.551 15	5.327 1	2.910 1	1.830 6	0.641 85	6.548 4
2.18	0.549 77	5.377 8	2.923 8	1.839 3	0.637 27	6.604 2
2.19	0.548 40	5.428 8	2.937 6	1.848 1	0.632 70	6.660 2

续附表 5

Ma_1	Ma_2	p_2/p_1	ρ_2/ρ_1	T_2/T_1	p_2^*/p_1^*	p_2^*/p_1
2.20	0.547 06	5.480 0	2.951 2	1.856 9	0.628 14	6.716 5
2.21	0.545 72	5.531 5	2.964 8	1.865 7	0.623 59	6.773 0
2.22	0.544 41	5.583 1	2.978 4	1.874 6	0.619 05	6.829 8
2.23	0.543 11	5.635 1	2.991 8	1.883 5	0.614 53	6.886 9
2.24	0.541 82	5.687 2	3.005 3	1.892 4	0.610 02	6.944 2
2.25	0.540 55	5.739 6	3.018 6	1.901 4	0.605 53	7.001 8
2.26	0.539 30	5.792 2	3.031 9	1.910 4	0.601 05	7.059 7
2.27	0.538 05	5.845 1	3.045 2	1.919 4	0.596 59	7.117 8
2.28	0.536 83	5.898 1	3.058 4	1.928 5	0.592 14	7.176 2
2.29	0.535 61	5.951 5	3.071 5	1.937 6	0.587 71	7.234 8
2.30	0.534 41	6.005 0	3.084 5	1.946 8	0.583 29	7.293 7
2.31	0.533 22	6.058 8	3.097 6	1.956 0	0.578 90	7.352 8
2.32	0.532 05	6.112 8	3.110 5	1.965 2	0.574 52	7.412 2
2.33	0.530 89	6.167 1	3.123 4	1.974 5	0.570 15	7.471 9
2.34	0.529 74	6.221 5	3.136 2	1.983 8	0.565 81	7.531 9
2.35	0.528 61	6.276 3	3.149 0	1.993 1	0.561 48	7.592 0
2.36	0.527 49	6.331 2	3.161 7	2.002 5	0.557 18	7.652 5
2.37	0.526 38	6.386 4	3.174 3	2.011 9	0.552 89	7.713 2
2.38	0.525 28	6.441 8	3.186 9	2.021 3	0.548 62	7.774 2
2.39	0.524 19	6.497 5	3.199 4	2.030 8	0.544 37	7.835 4
2.40	0.523 12	6.553 3	3.211 9	2.040 3	0.540 14	7.896 9
2.41	0.522 06	6.609 5	3.224 3	2.049 9	0.535 94	7.958 7
2.42	0.521 00	6.665 8	3.236 7	2.059 5	0.531 75	8.020 7
2.43	0.519 96	6.722 4	3.248 9	2.069 1	0.527 58	8.083 0
2.44	0.518 94	6.779 2	3.261 2	2.078 8	0.523 44	8.145 5
2.45	0.517 92	6.836 3	3.273 3	2.088 5	0.519 31	8.208 3
2.46	0.516 91	6.893 5	3.285 5	2.098 2	0.515 21	8.271 3
2.47	0.515 92	6.951 1	3.297 5	2.108 0	0.511 13	8.334 6
2.48	0.514 93	7.008 8	3.309 5	2.117 8	0.507 07	8.398 2
2.49	0.513 95	7.066 8	3.321 5	2.127 6	0.503 03	8.462 0

续附表 5

Ma_1	Ma_2	p_2/p_1	ρ_2/ρ_1	T_2/T_1	p_2^*/p_1^*	p_2^*/p_1
2.50	0.512 99	7.125 0	3.333 3	2.137 5	0.499 01	8.526 1
2.51	0.512 03	7.183 5	3.345 2	2.147 4	0.495 02	8.590 5
2.52	0.511 09	7.242 1	3.356 9	2.157 4	0.491 05	8.655 1
2.53	0.510 15	7.301 1	3.368 6	2.167 4	0.487 11	8.720 0
2.54	0.509 23	7.360 2	3.380 3	2.177 4	0.483 18	8.785 1
2.55	0.508 31	7.419 6	3.391 9	2.187 5	0.479 28	8.850 5
2.56	0.507 41	7.479 2	3.403 4	2.197 6	0.475 40	8.916 1
2.57	0.506 51	7.539 1	3.414 9	2.207 7	0.471 55	8.982 0
2.58	0.505 62	7.599 1	3.426 3	2.217 9	0.467 72	9.048 2
2.59	0.504 74	7.659 5	3.437 7	2.228 1	0.463 91	9.114 6
2.60	0.503 87	7.720 0	3.449 0	2.238 3	0.460 12	9.181 3
2.61	0.503 01	7.780 8	3.460 2	2.248 6	0.456 36	9.248 3
2.62	0.502 16	7.841 8	3.471 4	2.259 0	0.452 63	9.315 5
2.63	0.501 31	7.903 1	3.482 6	2.269 3	0.448 91	9.382 9
2.64	0.500 48	7.964 5	3.493 7	2.279 7	0.445 22	9.450 6
2.65	0.499 65	8.026 3	3.504 7	2.290 2	0.441 56	9.518 6
2.66	0.498 83	8.088 2	3.515 7	2.300 6	0.437 92	9.586 9
2.67	0.498 02	8.150 4	3.526 6	2.311 1	0.434 30	9.655 4
2.68	0.497 22	8.212 8	3.537 4	2.321 7	0.430 70	9.724 1
2.69	0.496 42	8.275 5	3.548 2	2.332 3	0.427 14	9.793 1
2.70	0.495 63	8.338 3	3.559 0	2.342 9	0.423 59	9.862 4
2.71	0.494 85	8.401 5	3.569 7	2.353 6	0.420 07	9.931 9
2.72	0.494 08	8.464 8	3.580 3	2.364 2	0.416 57	10.001 7
2.73	0.493 32	8.528 4	3.590 9	2.375 0	0.413 10	10.071 8
2.74	0.492 56	8.592 2	3.601 5	2.385 8	0.409 65	10.142 1
2.75	0.491 81	8.656 3	3.611 9	2.396 6	0.406 23	10.212 7
2.76	0.491 07	8.720 5	3.622 4	2.407 4	0.402 83	10.283 5
2.77	0.490 33	8.785 1	3.632 7	2.418 3	0.399 45	10.354 6
2.78	0.489 60	8.849 8	3.643 1	2.429 2	0.396 10	10.425 9
2.79	0.488 88	8.914 8	3.653 3	2.440 2	0.392 77	10.497 5

续附表 5

Ma_1	Ma_2	p_2/p_1	ρ_2/ρ_1	T_2/T_1	p_2^*/p_1^*	p_2^*/p_1
2.80	0.488 17	8.980 0	3.663 6	2.451 2	0.389 46	10.569 4
2.81	0.487 46	9.045 5	3.673 7	2.462 2	0.386 18	10.641 5
2.82	0.486 76	9.111 1	3.683 8	2.473 3	0.382 93	10.713 9
2.83	0.486 06	9.177 1	3.693 9	2.484 4	0.379 69	10.786 5
2.84	0.485 38	9.243 2	3.703 9	2.495 5	0.376 49	10.859 4
2.85	0.484 69	9.309 6	3.713 9	2.506 7	0.373 30	10.932 6
2.86	0.484 02	9.376 2	3.723 8	2.517 9	0.370 14	11.006 0
2.87	0.483 35	9.443 1	3.733 6	2.529 2	0.367 00	11.079 7
2.88	0.482 69	9.510 1	3.743 4	2.540 5	0.363 89	11.153 6
2.89	0.482 03	9.577 5	3.753 2	2.551 8	0.360 80	11.227 8
2.90	0.481 38	9.645 0	3.762 9	2.563 2	0.357 73	11.302 3
2.91	0.480 73	9.712 8	3.772 5	2.574 6	0.354 69	11.377 0
2.92	0.480 10	9.780 8	3.782 1	2.586 1	0.351 67	11.451 9
2.93	0.479 46	9.849 1	3.791 7	2.597 6	0.348 67	11.527 2
2.94	0.478 84	9.917 5	3.801 2	2.609 1	0.345 70	11.602 6
2.95	0.478 21	9.986 3	3.810 6	2.620 6	0.342 75	11.678 4
2.96	0.477 60	10.055 2	3.820 0	2.632 2	0.339 82	11.754 4
2.97	0.476 99	10.124 4	3.829 4	2.643 9	0.336 92	11.830 6
2.98	0.476 38	10.193 8	3.838 7	2.655 5	0.334 04	11.907 2
2.99	0.475 78	10.263 5	3.847 9	2.667 3	0.331 18	11.983 9
3.00	0.475 19	10.333 3	3.857 1	2.679 0	0.328 34	12.061 0
3.50	0.451 15	14.125 0	4.260 9	3.315 1	0.212 95	16.242 0
4.00	0.434 96	18.500 0	4.571 4	4.046 9	0.138 76	21.068 1
4.50	0.423 55	23.458 3	4.811 9	4.875 1	0.091 70	26.538 7
5.00	0.415 23	29.000 0	5.000 0	5.800 0	0.061 72	32.653 5
6.00	0.404 16	41.833 3	5.268 3	7.940 6	0.029 65	46.815 2
7.00	0.397 36	57.000 0	5.444 4	10.469 4	0.015 35	63.552 6
8.00	0.392 89	74.500 0	5.565 2	13.386 7	0.008 49	82.865 5
9.00	0.389 80	94.333 3	5.651 2	16.692 7	0.004 96	104.753 6
10.00	0.387 58	116.500 0	5.714 3	20.387 5	0.003 04	129.217 0
∞	0.377 96	∞	6.000 0	∞	0	∞

附表 6　斜激波前后气流参数表($k = 1.4$, δ 取整数)

Ma_1	δ	弱　波			强　波		
		β	p_2/p_1	Ma_2	β	p_2/p_1	Ma_2
1.05	0.0	72.25	1.000	1.050	90.00	1.120	0.953
	(0.56)	79.94	1.080	0.984	79.94	1.080	0.984
1.10	0.0	65.38	1.000	1.100	90.00	1.245	0.912
	1.0	69.80	1.077	1.039	83.57	1.227	0.925
	(1.52)	76.30	1.166	0.971	76.30	1.166	0.971
1.15	0.0	60.41	1.000	1.150	90.00	1.376	0.875
	1.0	63.16	1.062	1.102	85.98	1.369	0.880
	2.0	67.00	1.141	1.043	81.17	1.340	0.901
	(2.67)	73.82	1.256	0.960	73.82	1.256	0.960
1.20	0.0	56.44	1.000	1.200	90.00	1.513	0.842
	1.0	58.55	1.056	1.158	87.04	1.509	0.845
	2.0	61.05	1.120	1.111	83.86	1.494	0.855
	3.0	64.34	1.198	1.056	80.03	1.463	0.876
	(3.94)	71.98	1.352	0.950	71.98	1.352	0.950
1.25	0.0	53.13	1.000	1.250	90.00	1.656	0.813
	1.0	54.88	1.053	1.211	87.65	1.653	0.815
	2.0	56.84	1.111	1.170	85.21	1.644	0.821
	3.0	59.13	1.176	1.124	82.54	1.626	0.832
	4.0	61.99	1.254	1.072	79.38	1.594	0.852
	5.0	66.50	1.366	0.999	74.63	1.528	0.895
	(5.29)	70.54	1.454	0.942	70.54	1.454	0.942
1.30	0.0	50.28	1.000	1.300	90.00	1.805	0.786
	1.0	51.81	1.051	1.263	88.05	1.803	0.787
	2.0	53.47	1.107	1.224	86.06	1.796	0.792
	3.0	55.32	1.167	1.184	83.95	1.783	0.800
	4.0	57.42	1.233	1.140	81.65	1.763	0.812
	5.0	59.96	1.311	1.090	78.97	1.733	0.831

续附表 6

Ma_1	δ	弱 波			强 波		
		β	p_2/p_1	Ma_2	β	p_2/p_1	Ma_2
1.30	6.0	63.46	1.411	1.027	75.37	1.679	0.864
	(6.66)	69.40	1.561	0.936	69.40	1.561	0.936
1.35	0.0	47.79	1.000	1.350	90.00	1.960	0.762
	1.0	49.17	1.051	1.314	88.34	1.958	0.763
	2.0	50.63	1.104	1.277	86.64	1.952	0.766
	3.0	52.22	1.162	1.239	84.89	1.943	0.772
	4.0	53.97	1.224	1.199	83.03	1.928	0.781
	5.0	55.93	1.292	1.156	80.99	1.907	0.793
	6.0	58.23	1.370	1.109	78.66	1.877	0.811
	7.0	61.18	1.466	1.052	75.72	1.830	0.839
	8.0	66.91	1.633	0.954	70.02	1.711	0.908
	(8.05)	68.47	1.673	0.931	68.47	1.673	0.931
1.40	0.0	45.58	1.000	1.400	90.00	2.120	0.740
	1.0	46.84	1.050	1.365	88.55	2.119	0.741
	2.0	48.17	1.103	1.329	87.08	2.114	0.743
	3.0	49.59	1.159	1.293	85.56	2.106	0.748
	4.0	51.12	1.219	1.255	83.99	2.095	0.754
	5.0	52.78	1.283	1.216	82.31	2.079	0.764
	6.0	54.63	1.354	1.174	80.48	2.058	0.776
	7.0	56.76	1.433	1.128	78.41	2.028	0.793
	8.0	59.37	1.526	1.074	75.89	1.984	0.818
	9.0	63.19	1.655	1.002	72.19	1.906	0.863
	(9.43)	67.72	1.791	0.927	67.72	1.791	0.927
1.45	0.0	43.60	1.000	1.450	90.00	2.286	0.720
	1.0	44.77	1.050	1.416	88.71	2.285	0.720
	2.0	46.00	1.103	1.381	87.41	2.281	0.722
	3.0	47.30	1.158	1.345	86.08	2.275	0.726
	4.0	48.68	1.217	1.309	84.70	2.265	0.732

续附表 6

Ma_1	δ	弱　波			强　波		
		β	p_2/p_1	Ma_2	β	p_2/p_1	Ma_2
1.45	5.0	50.16	1.279	1.272	83.26	2.252	0.739
	6.0	51.76	1.346	1.232	81.73	2.236	0.749
	7.0	53.52	1.419	1.191	80.07	2.213	0.761
	8.0	55.52	1.500	1.146	78.02	2.184	0.778
	9.0	57.89	1.593	1.095	75.98	2.142	0.801
	10.0	61.05	1.711	1.032	72.99	2.076	0.837
	(10.79)	67.10	1.915	0.924	67.10	1.915	0.924
1.50	0.0	41.81	1.000	1.500	90.00	2.458	0.701
	1.0	42.91	1.050	1.466	88.84	2.457	0.702
	2.0	44.06	1.103	1.432	87.67	2.454	0.704
	3.0	45.27	1.158	1.397	86.48	2.448	0.707
	4.0	46.54	1.216	1.362	85.26	2.440	0.711
	5.0	47.89	1.278	1.325	83.99	2.430	0.717
	6.0	49.33	1.343	1.288	82.66	2.416	0.725
	7.0	50.88	1.413	1.249	81.25	2.398	0.735
	8.0	52.57	1.489	1.208	79.71	2.375	0.748
	9.0	54.47	1.572	1.164	78.00	2.345	0.764
	10.0	56.68	1.666	1.114	75.99	2.305	0.785
	11.0	59.47	1.781	1.055	73.44	2.245	0.817
	12.0	64.36	1.967	0.961	68.79	2.115	0.885
	(12.11)	66.59	2.044	0.921	66.59	2.044	0.921
1.55	0.0	40.18	1.000	1.550	90.00	2.636	0.684
	1.0	41.23	1.051	1.516	88.94	2.635	0.685
	2.0	42.32	1.104	1.482	87.88	2.632	0.686
	3.0	43.45	1.159	1.448	86.80	2.628	0.689
	4.0	44.64	1.217	1.413	85.70	2.620	0.693
	5.0	45.89	1.278	1.378	84.56	2.611	0.698
	6.0	47.21	1.343	1.341	83.38	2.599	0.705

续附表 6

Ma_1	δ	弱　波			强　波		
		β	p_2/p_1	Ma_2	β	p_2/p_1	Ma_2
1.55	7.0	48.62	1.411	1.304	82.15	2.584	0.713
	8.0	50.13	1.484	1.265	80.83	2.565	0.723
	9.0	51.77	1.563	1.224	79.39	2.541	0.736
	10.0	53.60	1.649	1.180	77.80	2.511	0.752
	11.0	55.69	1.746	1.132	75.97	2.471	0.772
	12.0	58.24	1.860	1.076	73.69	2.415	0.801
	13.0	61.98	2.018	0.999	70.24	2.316	0.852
	(13.40)	66.17	2.179	0.920	66.17	2.179	0.920
1.60	0.0	38.68	1.000	1.600	90.00	2.820	0.668
	1.0	39.68	1.051	1.566	89.03	2.819	0.669
	2.0	40.72	1.105	1.532	88.05	2.817	0.670
	3.0	41.80	1.160	1.498	87.07	2.812	0.673
	4.0	42.93	1.219	1.464	86.06	2.806	0.676
	5.0	44.11	1.280	1.429	85.03	2.798	0.681
	6.0	45.34	1.345	1.393	83.97	2.787	0.686
	7.0	46.65	1.412	1.357	82.86	2.774	0.693
	8.0	48.03	1.484	1.320	81.69	2.758	0.702
	9.0	49.51	1.561	1.281	80.45	2.738	0.712
	10.0	51.12	1.643	1.240	79.10	2.713	0.725
	11.0	52.88	1.732	1.196	77.61	2.682	0.741
	12.0	54.89	1.832	1.148	75.90	2.643	0.761
	13.0	57.28	1.947	1.094	73.82	2.588	0.789
	14.0	60.54	2.097	1.023	70.89	2.500	0.832
	(14.65)	65.83	2.319	0.919	65.83	2.319	0.919
1.65	0.0	37.31	1.000	1.650	90.00	3.010	0.654
	1.0	38.27	1.052	1.616	89.10	3.009	0.654
	2.0	39.27	1.106	1.582	88.20	3.006	0.656
	3.0	40.30	1.162	1.548	87.29	3.002	0.658

续附表 6

Ma_1	δ	弱　波			强　波		
		β	p_2/p_1	Ma_2	β	p_2/p_1	Ma_2
1.65	4.0	41.38	1.221	1.514	86.36	2.997	0.661
	5.0	42.50	1.283	1.479	85.42	2.989	0.665
	6.0	43.67	1.348	1.444	84.45	2.980	0.670
	7.0	44.89	1.415	1.409	83.44	2.968	0.676
	8.0	46.18	1.487	1.372	82.39	2.954	0.683
	9.0	47.55	1.563	1.334	81.28	2.937	0.692
	10.0	49.01	1.643	1.295	80.10	2.916	0.703
	11.0	50.58	1.729	1.254	78.82	2.890	0.716
	12.0	52.31	1.822	1.210	77.41	2.859	0.732
	13.0	54.26	1.926	1.163	75.80	2.818	0.752
	14.0	56.54	2.044	1.109	73.86	2.764	0.778
	15.0	59.52	2.192	1.042	71.25	2.681	0.818
	(15.86)	65.55	2.465	0.918	65.55	2.465	0.918
1.70	0.0	36.03	1.000	1.700	90.00	3.205	0.641
	1.0	36.96	1.052	1.666	89.16	3.204	0.641
	2.0	37.93	1.107	1.632	88.33	3.202	0.642
	3.0	38.92	1.164	1.598	87.48	3.198	0.644
	4.0	39.96	1.224	1.564	86.62	3.193	0.647
	5.0	41.03	1.286	1.529	85.74	3.186	0.650
	6.0	42.14	1.351	1.495	84.85	3.178	0.655
	7.0	43.31	1.420	1.459	83.92	3.167	0.660
	8.0	44.53	1.491	1.423	82.97	3.154	0.667
	9.0	45.81	1.567	1.386	81.96	3.139	0.675
	10.0	47.17	1.647	1.348	80.91	3.121	0.684
	11.0	48.61	1.731	1.309	79.78	3.099	0.695
	12.0	50.17	1.822	1.267	78.55	3.072	0.708
	13.0	51.87	1.920	1.223	77.21	3.040	0.724
	14.0	53.77	2.027	1.176	75.67	2.998	0.744
	15.0	55.98	2.150	1.122	73.84	2.944	0.770

续附表 6

Ma_1	δ	弱　　波			强　　波		
		β	p_2/p_1	Ma_2	β	p_2/p_1	Ma_2
1.70	16.0	58.79	2.300	1.057	71.43	2.863	0.808
	17.0	64.63	2.586	0.932	66.00	2.647	0.905
	(17.01)	65.32	2.617	0.918	65.32	2.617	0.918
1.75	0.0	34.85	1.000	1.750	90.00	3.406	0.628
	1.0	35.75	1.053	1.716	89.22	3.406	0.628
	2.0	36.69	1.109	1.682	88.43	3.404	0.629
	3.0	37.65	1.167	1.648	87.64	3.400	0.631
	4.0	38.65	1.227	1.613	86.84	3.395	0.634
	5.0	39.68	1.290	1.579	86.02	3.389	0.637
	6.0	40.76	1.356	1.544	85.19	3.381	0.641
	7.0	41.87	1.425	1.509	84.33	3.371	0.646
	8.0	43.03	1.497	1.473	83.45	3.360	0.652
	9.0	44.25	1.573	1.437	82.53	3.346	0.659
	10.0	45.53	1.653	1.399	81.57	3.329	0.667
	11.0	46.88	1.737	1.361	80.55	3.310	0.677
	12.0	48.32	1.826	1.321	79.47	3.287	0.688
	13.0	49.86	1.922	1.279	78.29	3.259	0.701
	14.0	51.55	2.024	1.235	76.99	3.225	0.718
	15.0	53.42	2.137	1.187	75.51	3.183	0.738
	16.0	55.59	2.265	1.133	73.76	3.127	0.763
	17.0	58.30	2.420	1.068	71.48	3.046	0.800
	18.0	62.94	2.667	0.965	67.27	2.873	0.877
	(18.12)	65.13	2.774	0.919	65.13	2.774	0.919
1.80	0.0	33.75	1.000	1.800	90.00	3.613	0.617
	1.0	34.63	1.054	1.766	89.26	3.613	0.617
	2.0	35.54	1.110	1.731	88.53	3.611	0.618
	3.0	36.48	1.169	1.697	87.78	3.608	0.619
	4.0	37.44	1.231	1.662	87.03	3.603	0.622

续附表 6

Ma_1	δ	弱　波			强　波		
		β	p_2/p_1	Ma_2	β	p_2/p_1	Ma_2
1.80	5.0	38.44	1.295	1.628	86.26	3.597	0.625
	6.0	39.48	1.361	1.593	85.48	3.590	0.628
	7.0	40.56	1.431	1.558	84.69	3.581	0.633
	8.0	41.67	1.504	1.523	83.86	3.570	0.638
	9.0	42.84	1.581	1.486	83.01	3.557	0.644
	10.0	44.06	1.661	1.449	82.13	3.542	0.652
	11.0	45.34	1.745	1.412	81.20	3.525	0.660
	12.0	46.69	1.835	1.373	80.21	3.504	0.670
	13.0	48.12	1.929	1.332	79.16	3.480	0.682
	14.0	49.66	2.029	1.290	78.02	3.450	0.696
	15.0	51.34	2.138	1.245	76.76	3.415	0.712
	16.0	53.20	2.257	1.196	75.32	3.371	0.733
	17.0	55.34	2.391	1.141	73.62	3.313	0.759
	18.0	57.99	2.552	1.077	71.42	3.230	0.796
	19.0	62.31	2.797	0.977	67.58	3.063	0.867
	(19.18)	64.99	2.937	0.920	64.99	2.937	0.920
1.85	0.0	32.72	1.000	1.850	90.00	3.826	0.606
	1.0	33.58	1.055	1.815	89.30	3.826	0.606
	2.0	34.47	1.112	1.781	88.61	3.824	0.607
	3.0	35.38	1.172	1.746	87.90	3.821	0.608
	4.0	36.32	1.234	1.711	87.19	3.817	0.610
	5.0	37.30	1.299	1.677	86.47	3.811	0.613
	6.0	38.30	1.367	1.642	85.74	3.804	0.617
	7.0	39.34	1.438	1.607	84.99	3.796	0.621
	8.0	40.42	1.512	1.571	84.22	3.786	0.626
	9.0	41.55	1.590	1.535	83.43	3.774	0.631
	10.0	42.72	1.671	1.498	82.61	3.760	0.638
	11.0	43.94	1.756	1.461	81.75	3.744	0.646
	12.0	45.22	1.845	1.422	80.84	3.725	0.655

续附表 6

Ma_1	δ	弱 波			强 波		
		β	p_2/p_1	Ma_2	β	p_2/p_1	Ma_2
1.85	13.0	46.58	1.940	1.383	79.89	3.703	0.665
	14.0	48.01	2.039	1.341	78.86	3.677	0.677
	15.0	49.56	2.146	1.298	77.75	3.646	0.692
	16.0	51.23	2.261	1.252	76.51	3.609	0.709
	17.0	53.09	2.386	1.203	75.11	3.563	0.729
	18.0	55.23	2.527	1.148	73.44	3.502	0.756
	19.0	57.87	2.697	1.082	71.28	3.415	0.793
	20.0	62.10	2.952	0.982	67.54	3.244	0.865
	(20.20)	64.87	3.106	0.920	64.87	3.106	0.920
1.90	0.0	31.76	1.000	1.900	90.00	4.045	0.596
	1.0	32.60	1.056	1.865	89.34	4.044	0.596
	2.0	33.47	1.114	1.830	88.68	4.043	0.597
	3.0	34.36	1.175	1.795	88.01	4.040	0.598
	4.0	35.28	1.238	1.760	87.34	4.036	0.600
	5.0	36.23	1.304	1.725	86.66	4.031	0.603
	6.0	37.21	1.374	1.690	85.96	4.024	0.606
	7.0	38.22	1.446	1.655	85.26	4.016	0.610
	8.0	39.27	1.521	1.619	84.53	4.007	0.614
	9.0	40.36	1.600	1.583	83.79	3.996	0.620
	10.0	41.49	1.682	1.546	83.02	3.983	0.626
	11.0	42.67	1.768	1.509	82.22	3.968	0.633
	12.0	43.90	1.858	1.471	81.38	3.950	0.641
	13.0	45.19	1.953	1.432	80.50	3.930	0.650
	14.0	46.55	2.053	1.391	79.56	3.907	0.661
	15.0	48.00	2.159	1.349	78.56	3.879	0.674
	16.0	49.54	2.272	1.305	77.46	3.847	0.688
	17.0	51.23	2.393	1.258	76.25	3.807	0.706
	18.0	53.10	2.526	1.208	74.86	3.758	0.727
	19.0	55.24	2.676	1.151	73.21	3.694	0.755

续附表 6

Ma₁	δ	弱 波			强 波		
		β	p_2/p_1	Ma₂	β	p_2/p_1	Ma₂
1.90	20.0	57.90	2.856	1.083	71.06	3.601	0.793
	21.0	62.25	3.132	0.979	67.22	3.414	0.869
	(21.17)	64.78	3.280	0.922	64.78	3.280	0.922
1.95	0.0	30.85	1.000	1.950	90.00	4.270	0.586
	1.0	31.68	1.057	1.914	89.37	4.269	0.586
	2.0	32.53	1.116	1.879	88.74	4.267	0.587
	3.0	33.40	1.178	1.844	88.11	4.265	0.589
	4.0	34.30	1.242	1.809	87.47	4.261	0.590
	5.0	35.23	1.310	1.773	86.82	4.256	0.593
	6.0	36.19	1.380	1.738	86.16	4.250	0.596
	7.0	37.18	1.454	1.702	85.49	4.242	0.599
	8.0	38.20	1.530	1.667	84.81	4.233	0.604
	9.0	39.26	1.610	1.630	84.11	4.223	0.609
	10.0	40.36	1.694	1.594	83.38	4.211	0.614
	11.0	41.50	1.781	1.556	82.63	4.197	0.621
	12.0	42.69	1.873	1.518	81.85	4.180	0.628
	13.0	43.93	1.969	1.480	81.03	4.162	0.637
	14.0	45.23	2.069	1.440	80.17	4.140	0.647
	15.0	46.60	2.175	1.398	79.24	4.115	0.658
	16.0	48.06	2.288	1.355	78.25	4.086	0.671
	17.0	49.62	2.408	1.310	77.17	4.051	0.686
	18.0	51.32	2.537	1.262	75.96	4.009	0.705
	19.0	53.21	2.678	1.210	74.58	3.956	0.727
	20.0	55.38	2.838	1.152	72.93	3.887	0.756
	21.0	58.10	3.030	1.082	70.74	3.787	0.796
	22.0	62.86	3.346	0.966	66.52	3.565	0.883
	(22.09)	64.72	3.460	0.923	64.72	3.460	0.923
2.00	0.0	30.00	1.000	2.000	90.00	4.500	0.577

Ma_1	δ	弱　波			强　波		
		β	p_2/p_1	Ma_2	β	p_2/p_1	Ma_2
2.00	1.0	30.81	1.058	1.964	89.40	4.499	0.578
	2.0	31.65	1.118	1.928	88.80	4.498	0.578
	3.0	32.51	1.181	1.892	88.19	4.495	0.580
	4.0	33.39	1.247	1.857	87.58	4.492	0.581
	5.0	34.30	1.315	1.821	86.97	4.487	0.584
	6.0	35.24	1.387	1.786	86.34	4.481	0.586
	7.0	36.21	1.462	1.750	85.70	4.474	0.590
	8.0	37.21	1.540	1.714	85.05	4.465	0.594
	9.0	38.24	1.621	1.677	84.39	4.455	0.598
	10.0	39.31	1.707	1.641	83.70	4.444	0.604
	11.0	40.42	1.795	1.603	82.99	4.431	0.610
	12.0	41.58	1.888	1.565	82.26	4.415	0.617
	13.0	42.77	1.986	1.526	81.49	4.398	0.625
	14.0	44.03	2.088	1.487	80.68	4.378	0.634
	15.0	45.34	2.195	1.446	79.83	4.355	0.644
	16.0	46.73	2.308	1.403	78.92	4.328	0.656
	17.0	48.20	2.427	1.359	77.94	4.296	0.669
	18.0	49.79	2.555	1.313	76.86	4.259	0.685
	19.0	51.51	2.692	1.264	75.66	4.214	0.704
	20.0	53.42	2.843	1.210	74.27	4.157	0.728
	21.0	55.64	3.014	1.150	72.59	4.082	0.758
	22.0	58.46	3.223	1.076	70.33	3.971	0.802
	(22.97)	64.67	3.646	0.924	64.67	3.646	0.924
2.10	0.0	28.44	1.000	2.100	90.00	4.978	0.561
	1.0	29.22	1.060	2.063	89.45	4.978	0.561
	2.0	30.03	1.122	2.026	88.89	4.976	0.562
	3.0	30.87	1.188	1.989	88.34	4.974	0.563
	4.0	31.72	1.256	1.953	87.78	4.971	0.565
	5.0	32.60	1.327	1.917	87.21	4.966	0.567

续附表 6

Ma_1	δ	弱　波			强　波		
		β	p_2/p_1	Ma_2	β	p_2/p_1	Ma_2
2.10	6.0	33.51	1.402	1.880	86.64	4.961	0.569
	7.0	34.45	1.480	1.844	86.06	4.954	0.572
	8.0	35.41	1.561	1.807	85.46	4.946	0.576
	9.0	36.41	1.646	1.770	84.86	4.937	0.580
	10.0	37.43	1.734	1.733	84.24	4.926	0.585
	11.0	38.49	1.827	1.695	83.60	4.914	0.590
	12.0	39.59	1.923	1.656	82.94	4.901	0.596
	13.0	40.73	2.024	1.617	82.25	4.885	0.603
	14.0	41.91	2.129	1.578	81.54	4.867	0.611
	15.0	43.14	2.239	1.537	80.79	4.847	0.620
	16.0	44.43	2.355	1.495	80.00	4.823	0.630
	17.0	45.78	2.476	1.452	79.16	4.796	0.641
	18.0	47.21	2.604	1.408	78.26	4.765	0.654
	19.0	48.73	2.740	1.361	77.28	4.729	0.669
	20.0	50.36	2.885	1.312	76.19	4.685	0.687
	21.0	52.15	3.042	1.260	74.96	4.632	0.708
	22.0	54.17	3.215	1.202	73.52	4.564	0.735
	23.0	56.55	3.415	1.135	71.72	4.472	0.770
	24.0	59.77	3.674	1.049	69.10	4.324	0.824
	(24.61)	64.62	4.033	0.927	64.62	4.033	0.927
2.20	0.0	27.04	1.000	2.200	90.00	5.480	0.547
	1.0	27.80	1.062	2.162	89.49	5.480	0.547
	2.0	28.59	1.127	2.124	88.97	5.478	0.548
	3.0	29.40	1.194	2.086	88.46	5.476	0.549
	4.0	30.24	1.265	2.049	87.94	5.473	0.550
	5.0	31.10	1.340	2.011	87.41	5.468	0.552
	6.0	31.98	1.417	1.974	86.88	5.463	0.554
	7.0	32.89	1.498	1.936	86.34	5.457	0.557
	8.0	33.83	1.583	1.899	85.80	5.450	0.561

续附表 6

Ma_1	δ	弱 波			强 波		
		β	p_2/p_1	Ma_2	β	p_2/p_1	Ma_2
2.20	9.0	34.79	1.672	1.861	85.24	5.441	0.564
	10.0	35.79	1.764	1.823	84.67	5.431	0.569
	11.0	36.81	1.861	1.784	84.08	5.420	0.573
	12.0	37.87	1.961	1.745	83.48	5.407	0.579
	13.0	38.96	2.066	1.706	82.86	5.393	0.585
	14.0	40.09	2.176	1.666	82.22	5.376	0.592
	15.0	41.27	2.290	1.625	81.54	5.358	0.600
	16.0	42.49	2.410	1.583	80.84	5.337	0.609
	17.0	43.76	2.535	1.540	80.10	5.313	0.618
	18.0	45.09	2.666	1.496	79.31	5.286	0.630
	19.0	46.49	2.804	1.451	78.46	5.254	0.642
	20.0	47.98	2.949	1.404	77.55	5.218	0.657
	21.0	49.56	3.104	1.354	76.54	5.174	0.674
	22.0	51.28	3.270	1.301	75.42	5.122	0.694
	23.0	53.18	3.452	1.244	74.12	5.057	0.718
	24.0	55.36	3.655	1.181	72.56	4.973	0.749
	25.0	58.06	3.899	1.104	70.48	4.850	0.793
	26.0	62.70	4.292	0.979	66.48	4.581	0.885
	(26.10)	64.62	4.442	0.931	64.62	4.442	0.931
2.30	0.0	25.77	1.000	2.300	90.00	6.005	0.534
	1.0	26.52	1.064	2.260	89.52	6.005	0.535
	2.0	27.29	1.131	2.221	89.04	6.003	0.535
	3.0	28.09	1.202	2.182	88.56	6.001	0.536
	4.0	28.91	1.275	2.144	88.07	5.998	0.537
	5.0	29.75	1.353	2.105	87.58	5.994	0.539
	6.0	30.61	1.434	2.067	87.09	5.989	0.541
	7.0	31.50	1.518	2.028	86.58	5.983	0.544
	8.0	32.42	1.607	1.990	86.07	5.976	0.547
	9.0	33.36	1.699	1.951	85.56	5.968	0.550

续附表 6

Ma_1	δ	弱　波			强　波		
		β	p_2/p_1	Ma_2	β	p_2/p_1	Ma_2
2.30	10.0	34.33	1.796	1.912	85.03	5.959	0.554
	11.0	35.32	1.897	1.872	84.48	5.948	0.559
	12.0	36.35	2.002	1.832	83.93	5.936	0.564
	13.0	37.41	2.112	1.792	83.36	5.922	0.569
	14.0	38.51	2.226	1.751	82.76	5.907	0.576
	15.0	39.64	2.345	1.710	82.15	5.890	0.583
	16.0	40.82	2.470	1.668	81.51	5.870	0.591
	17.0	42.03	2.600	1.625	80.84	5.849	0.599
	18.0	43.30	2.736	1.580	80.13	5.824	0.609
	19.0	44.62	2.878	1.535	79.38	5.796	0.620
	20.0	46.01	3.028	1.488	78.58	5.763	0.633
	21.0	47.47	3.185	1.440	77.72	5.726	0.647
	22.0	49.03	3.351	1.389	76.77	5.682	0.663
	23.0	50.70	3.529	1.336	75.72	5.629	0.683
	24.0	52.54	3.722	1.279	74.51	5.565	0.706
	25.0	54.61	3.935	1.216	73.08	5.482	0.735
	26.0	57.08	4.182	1.143	71.26	5.368	0.774
	(27.45)	64.65	4.874	0.934	64.65	4.874	0.934
2.40	0.0	24.62	1.000	2.400	90.00	6.553	0.523
	1.0	25.36	1.066	2.359	89.55	6.553	0.523
	2.0	26.12	1.136	2.318	89.09	6.552	0.524
	3.0	26.90	1.209	2.278	88.64	6.550	0.525
	4.0	27.70	1.286	2.238	88.18	6.547	0.526
	5.0	28.53	1.366	2.199	87.72	6.543	0.528
	6.0	29.38	1.450	2.159	87.26	6.538	0.530
	7.0	30.25	1.539	2.119	86.78	6.532	0.532
	8.0	31.15	1.631	2.079	86.31	6.525	0.535
	9.0	32.07	1.728	2.040	85.82	6.518	0.538
	10.0	33.02	1.829	1.999	85.32	6.509	0.542

续附表 6

Ma_1	δ	弱　波			强　波		
		β	p_2/p_1	Ma_2	β	p_2/p_1	Ma_2
2.40	11.0	34.00	1.935	1.959	84.82	6.499	0.546
	12.0	35.01	2.045	1.918	84.30	6.487	0.550
	13.0	36.04	2.160	1.877	83.77	6.474	0.556
	14.0	37.11	2.280	1.835	83.22	6.460	0.561
	15.0	38.21	2.405	1.793	82.65	6.443	0.568
	16.0	39.35	2.535	1.750	82.06	6.425	0.575
	17.0	40.53	2.671	1.706	81.44	6.405	0.583
	18.0	41.75	2.813	1.661	80.80	6.382	0.592
	19.0	43.02	2.961	1.616	80.12	6.356	0.602
	20.0	44.34	3.115	1.569	79.40	6.326	0.613
	21.0	45.72	3.278	1.521	78.63	6.292	0.625
	22.0	47.17	3.448	1.471	77.80	6.253	0.640
	23.0	48.72	3.628	1.419	76.90	6.208	0.656
	24.0	50.37	3.820	1.364	75.89	6.154	0.675
	25.0	52.17	4.026	1.306	74.74	6.088	0.698
	26.0	54.18	4.252	1.243	73.40	6.005	0.726
	27.0	56.54	4.511	1.170	71.72	5.892	0.763
	28.0	59.66	4.838	1.078	69.29	5.713	0.820
	(28.68)	64.71	5.327	0.937	64.71	5.327	0.937
2.50	0.0	23.58	1.000	2.500	90.00	7.125	0.513
	1.0	24.30	1.068	2.457	89.57	7.125	0.513
	2.0	25.05	1.141	2.415	89.14	7.123	0.514
	3.0	25.82	1.216	2.374	88.71	7.121	0.514
	4.0	26.61	1.296	2.333	88.28	7.118	0.516
	5.0	27.42	1.380	2.292	87.84	7.115	0.517
	6.0	28.26	1.468	2.251	87.40	7.110	0.519
	7.0	29.12	1.560	2.210	86.95	7.104	0.521
	8.0	30.01	1.657	2.169	86.50	7.098	0.524
	9.0	30.92	1.758	2.127	86.04	7.090	0.527

续附表 6

Ma_1	δ	弱　波			强　波		
		β	p_2/p_1	Ma_2	β	p_2/p_1	Ma_2
2.50	10.0	31.85	1.864	2.086	85.58	7.082	0.530
	11.0	32.81	1.974	2.044	85.10	7.072	0.534
	12.0	33.80	2.090	2.002	84.61	7.061	0.539
	13.0	34.82	2.211	1.960	84.11	7.048	0.544
	14.0	35.87	2.336	1.917	83.60	7.034	0.549
	15.0	36.94	2.468	1.874	83.07	7.019	0.555
	16.0	38.06	2.604	1.830	82.52	7.001	0.562
	17.0	39.20	2.747	1.785	81.95	6.982	0.569
	18.0	40.39	2.895	1.739	81.35	6.960	0.577
	19.0	41.62	3.050	1.693	80.73	6.936	0.586
	20.0	42.89	3.211	1.646	80.07	6.908	0.596
	21.0	44.22	3.379	1.597	79.37	6.877	0.607
	22.0	45.60	3.556	1.548	78.63	6.841	0.620
	23.0	47.06	3.741	1.496	77.82	6.800	0.634
	24.0	48.60	3.936	1.443	76.94	6.753	0.651
	25.0	50.25	4.143	1.386	75.96	6.696	0.670
	26.0	52.04	4.366	1.327	74.86	6.627	0.693
	27.0	54.03	4.609	1.262	73.56	6.541	0.721
	28.0	56.33	4.884	1.189	71.95	6.425	0.757
	(29.80)	64.78	5.801	0.940	64.78	5.801	0.940
2.60	0.0	22.62	1.000	2.600	90.00	7.720	0.504
	1.0	23.33	1.071	2.556	89.59	7.720	0.504
	2.0	24.07	1.145	2.512	89.18	7.718	0.505
	3.0	24.83	1.224	2.469	88.77	7.716	0.505
	4.0	25.61	1.307	2.427	88.36	7.714	0.506
	5.0	26.41	1.394	2.384	87.94	7.710	0.508
	6.0	27.24	1.486	2.342	87.52	7.705	0.510
	7.0	28.09	1.582	2.299	87.10	7.700	0.512
	8.0	28.97	1.683	2.257	86.67	7.693	0.514

续附表 6

Ma_1	δ	弱　波			强　波		
		β	p_2/p_1	Ma_2	β	p_2/p_1	Ma_2
2.60	9.0	29.87	1.789	2.214	86.23	7.686	0.517
	10.0	30.79	1.900	2.172	85.79	7.678	0.520
	11.0	31.74	2.016	2.128	85.34	7.668	0.524
	12.0	32.71	2.137	2.085	84.88	7.657	0.528
	13.0	33.72	2.263	2.041	84.41	7.645	0.533
	14.0	34.75	2.395	1.997	83.92	7.632	0.538
	15.0	35.81	2.533	1.953	83.42	7.617	0.543
	16.0	36.90	2.677	1.908	82.91	7.600	0.550
	17.0	38.03	2.826	1.862	82.37	7.581	0.557
	18.0	39.18	2.982	1.815	81.82	7.560	0.564
	19.0	40.38	3.144	1.768	81.23	7.537	0.572
	20.0	41.62	3.313	1.720	80.63	7.511	0.582
	21.0	42.91	3.489	1.671	79.98	7.481	0.592
	22.0	44.24	3.672	1.621	79.30	7.448	0.604
	23.0	45.64	3.864	1.569	78.57	7.410	0.616
	24.0	47.10	4.066	1.516	77.78	7.367	0.631
	25.0	48.65	4.278	1.460	76.91	7.316	0.648
	26.0	50.31	4.503	1.402	75.96	7.256	0.667
	27.0	52.10	4.744	1.341	74.87	7.182	0.690
	28.0	54.09	5.007	1.274	73.59	7.091	0.719
	29.0	56.39	5.304	1.199	72.01	6.967	0.756
	30.0	59.35	5.671	1.106	69.78	6.778	0.811
	(30.81)	64.86	6.297	0.943	64.86	6.297	0.943
2.70	0.0	21.74	1.000	2.700	90.00	8.338	0.496
	1.0	22.44	1.073	2.654	89.61	8.338	0.496
	2.0	23.17	1.150	2.609	89.22	8.337	0.496
	3.0	23.92	1.232	2.564	88.82	8.335	0.497
	4.0	24.70	1.318	2.520	88.43	8.332	0.498
	5.0	25.49	1.409	2.476	88.03	8.328	0.499

续附表 6

Ma_1	δ	弱　波			强　波		
		β	p_2/p_1	Ma_2	β	p_2/p_1	Ma_2
2.70	6.0	26.31	1.504	2.432	87.63	8.324	0.501
	7.0	27.15	1.605	2.388	87.23	8.318	0.503
	8.0	28.02	1.710	2.344	86.82	8.312	0.506
	9.0	28.91	1.821	2.300	86.40	8.305	0.508
	10.0	29.82	1.937	2.256	85.98	8.296	0.511
	11.0	30.76	2.058	2.212	85.55	8.287	0.515
	12.0	31.73	2.185	2.167	85.11	8.277	0.519
	13.0	32.72	2.318	2.122	84.66	8.265	0.523
	14.0	33.74	2.457	2.076	84.20	8.251	0.528
	15.0	34.79	2.602	2.030	83.73	8.237	0.533
	16.0	35.86	2.752	1.984	83.24	8.220	0.539
	17.0	36.97	2.909	1.937	82.73	8.202	0.546
	18.0	38.11	3.073	1.889	82.21	8.182	0.553
	19.0	39.28	3.243	1.841	81.66	8.160	0.560
	20.0	40.50	3.420	1.792	81.09	8.135	0.569
	21.0	41.75	3.604	1.741	80.50	8.106	0.579
	22.0	43.05	3.796	1.690	79.86	8.075	0.589
	23.0	44.40	3.997	1.638	79.19	8.039	0.601
	24.0	45.81	4.206	1.585	78.47	7.998	0.614
	25.0	47.29	4.425	1.530	77.68	7.951	0.630
	26.0	48.85	4.656	1.472	76.83	7.897	0.647
	27.0	50.52	4.901	1.412	75.87	7.832	0.667
	28.0	52.33	5.163	1.349	74.79	7.753	0.691
	29.0	54.35	5.449	1.280	73.51	7.653	0.720
	30.0	56.69	5.773	1.202	71.91	7.519	0.759
	(31.74)	64.96	6.814	0.946	64.96	6.814	0.946
2.80	0.0	20.92	1.000	2.800	90.00	8.980	0.488
	1.0	21.62	1.075	2.752	89.62	8.980	0.488
	2.0	22.34	1.155	2.706	89.25	8.978	0.489

续附表 6

Ma_1	δ	弱　波			强　波		
		β	p_2/p_1	Ma_2	β	p_2/p_1	Ma_2
2.80	3.0	23.09	1.240	2.659	88.87	8.976	0.489
	4.0	23.85	1.329	2.613	88.49	8.974	0.491
	5.0	24.64	1.424	2.568	88.11	8.970	0.492
	6.0	25.45	1.523	2.522	87.73	8.966	0.493
	7.0	26.29	1.628	2.477	87.34	8.960	0.495
	8.0	27.15	1.738	2.431	86.94	8.954	0.498
	9.0	28.03	1.854	2.386	86.55	8.947	0.500
	10.0	28.94	1.975	2.340	86.14	8.939	0.503
	11.0	29.87	2.102	2.294	85.73	8.929	0.507
	12.0	30.83	2.236	2.248	85.31	8.919	0.510
	13.0	31.81	2.375	2.201	84.88	8.907	0.514
	14.0	32.82	2.521	2.154	84.44	8.894	0.519
	15.0	33.86	2.672	2.106	83.99	8.880	0.524
	16.0	34.92	2.831	2.059	83.53	8.864	0.530
	17.0	36.02	2.996	2.010	83.05	8.846	0.536
	18.0	37.14	3.168	1.961	82.55	8.826	0.543
	19.0	38.30	3.346	1.911	82.03	8.804	0.550
	20.0	39.49	3.532	1.861	81.50	8.780	0.558
	21.0	40.72	3.726	1.810	80.93	8.753	0.567
	22.0	41.99	3.927	1.758	80.34	8.722	0.577
	23.0	43.31	4.137	1.705	79.71	8.688	0.588
	24.0	44.68	4.355	1.651	79.04	8.650	0.600
	25.0	46.10	4.583	1.595	78.32	8.605	0.614
	26.0	47.60	4.822	1.538	77.54	8.554	0.630
	27.0	49.19	5.073	1.478	76.69	8.495	0.647
	28.0	50.89	5.340	1.416	75.73	8.424	0.668
	29.0	52.73	5.626	1.350	74.63	8.337	0.693
	30.0	54.79	5.939	1.278	73.33	8.227	0.724
	31.0	57.20	6.296	1.196	71.68	8.076	0.766

续附表 6

Ma_1	δ	弱　波			强　波		
		β	p_2/p_1	Ma_2	β	p_2/p_1	Ma_2
2.80	32.0	60.43	6.753	1.091	69.21	7.828	0.831
	(32.59)	65.05	7.352	0.949	65.05	7.352	0.949
2.90	0.0	20.17	1.000	2.900	90.00	9.645	0.481
	1.0	20.86	1.078	2.851	89.64	9.645	0.482
	2.0	21.58	1.160	2.802	89.28	9.643	0.482
	3.0	22.32	1.248	2.754	88.91	9.641	0.483
	4.0	23.08	1.341	2.706	88.55	9.639	0.484
	5.0	23.86	1.439	2.659	88.18	9.635	0.485
	6.0	24.67	1.542	2.612	87.81	9.631	0.486
	7.0	25.50	1.651	2.565	87.43	9.625	0.488
	8.0	26.35	1.766	2.517	87.06	9.619	0.491
	9.0	27.23	1.887	2.470	86.67	9.612	0.493
	10.0	28.13	2.014	2.423	86.28	9.604	0.496
	11.0	29.06	2.148	2.375	85.89	9.595	0.499
	12.0	30.01	2.287	2.327	85.48	9.584	0.503
	13.0	30.98	2.433	2.279	85.07	9.573	0.507
	14.0	31.99	2.586	2.230	84.65	9.560	0.511
	15.0	33.01	2.746	2.181	84.22	9.545	0.516
	16.0	34.07	2.912	2.132	83.78	9.530	0.521
	17.0	35.15	3.086	2.082	83.32	9.512	0.527
	18.0	36.26	3.266	2.031	82.84	9.493	0.533
	19.0	37.41	3.454	1.980	82.35	9.471	0.540
	20.0	38.58	3.650	1.928	81.84	9.448	0.548
	21.0	39.79	3.853	1.876	81.31	9.421	0.557
	22.0	41.04	4.064	1.823	80.75	9.391	0.566
	23.0	42.33	4.283	1.769	80.16	9.358	0.576
	24.0	43.67	4.512	1.714	79.53	9.321	0.588
	25.0	45.06	4.750	1.658	78.86	9.279	0.601
	26.0	46.51	4.998	1.600	78.14	9.231	0.615

续附表 6

Ma_1	δ	弱　波			强　波		
		β	p_2/p_1	Ma_2	β	p_2/p_1	Ma_2
2.90	27.0	48.04	5.259	1.540	77.36	9.175	0.631
	28.0	49.65	5.533	1.479	76.49	9.110	0.650
	29.0	51.39	5.824	1.414	75.52	9.031	0.672
	30.0	53.27	6.136	1.345	74.39	8.935	0.699
	31.0	55.40	6.481	1.270	73.04	8.810	0.732
	32.0	57.93	6.879	1.183	71.29	8.635	0.777
	33.0	61.57	7.421	1.063	68.44	8.319	0.855
	(33.36)	65.14	7.911	0.952	65.14	7.911	0.952
3.00	0.0	19.47	1.000	3.000	90.00	10.333	0.475
	1.0	20.16	1.080	2.949	89.65	10.333	0.475
	2.0	20.87	1.166	2.898	89.30	10.332	0.476
	3.0	21.60	1.256	2.848	88.95	10.330	0.476
	4.0	22.35	1.352	2.799	88.59	10.327	0.477
	5.0	23.13	1.454	2.750	88.24	10.323	0.479
	6.0	23.94	1.562	2.701	87.88	10.319	0.480
	7.0	24.76	1.675	2.652	87.52	10.314	0.482
	8.0	25.61	1.795	2.603	87.15	10.307	0.484
	9.0	26.48	1.922	2.554	86.78	10.300	0.486
	10.0	27.38	2.054	2.505	86.41	10.292	0.489
	11.0	28.30	2.194	2.456	86.03	10.283	0.492
	12.0	29.25	2.340	2.406	85.64	10.273	0.496
	13.0	30.22	2.494	2.356	85.24	10.261	0.500
	14.0	31.22	2.654	2.306	84.84	10.248	0.504
	15.0	32.24	2.822	2.255	84.42	10.234	0.508
	16.0	33.29	2.996	2.204	84.00	10.218	0.514
	17.0	34.36	3.179	2.152	83.56	10.201	0.519
	18.0	35.47	3.368	2.100	83.10	10.182	0.525
	19.0	36.60	3.566	2.047	82.63	10.161	0.532
	20.0	37.76	3.771	1.994	82.15	10.137	0.539

续附表 6

Ma_1	δ	弱　　波			强　　波		
		β	p_2/p_1	Ma_2	β	p_2/p_1	Ma_2
3.00	21.0	38.96	3.985	1.940	81.64	10.111	0.547
	22.0	40.19	4.206	1.886	81.11	10.082	0.556
	23.0	41.46	4.437	1.831	80.55	10.050	0.566
	24.0	42.78	4.676	1.774	79.96	10.014	0.577
	25.0	44.14	4.925	1.717	79.33	9.973	0.589
	26.0	45.55	5.184	1.659	78.65	9.927	0.602
	27.0	47.03	5.455	1.599	77.92	9.874	0.617
	28.0	48.59	5.739	1.537	77.13	9.812	0.635
	29.0	50.24	6.038	1.473	76.24	9.739	0.654
	30.0	52.01	6.356	1.406	75.24	9.652	0.678
	31.0	53.96	6.699	1.334	74.07	9.543	0.706
	32.0	56.18	7.081	1.254	72.64	9.399	0.743
	33.0	58.91	7.533	1.159	70.71	9.188	0.794
	34.0	63.67	8.268	1.003	66.75	8.697	0.908
	(34.07)	65.24	8.491	0.954	65.24	8.491	0.954
3.10	0.0	18.82	1.000	3.100	90.00	11.045	0.470
	1.0	19.50	1.083	3.047	89.66	11.045	0.470
	2.0	20.20	1.171	2.994	89.32	11.043	0.470
	3.0	20.93	1.264	2.942	88.98	11.041	0.471
	4.0	21.68	1.364	2.891	88.64	11.039	0.472
	5.0	22.46	1.470	2.840	88.29	11.035	0.473
	6.0	23.26	1.582	2.789	87.95	11.031	0.474
	7.0	24.08	1.700	2.739	87.60	11.025	0.476
	8.0	24.93	1.825	2.688	87.24	11.019	0.478
	9.0	25.80	1.957	2.637	86.88	11.012	0.480
	10.0	26.69	2.096	2.586	86.52	11.004	0.483
	11.0	27.61	2.242	2.535	86.15	10.994	0.486
	12.0	28.55	2.395	2.484	85.78	10.984	0.489
	13.0	29.52	2.556	2.432	85.39	10.973	0.493

续附表 6

Ma_1	δ	弱 波			强 波		
		β	p_2/p_1	Ma_2	β	p_2/p_1	Ma_2
3.10	14.0	30.51	2.724	2.380	85.00	10.960	0.497
	15.0	31.53	2.900	2.327	84.60	10.946	0.502
	16.0	32.57	3.083	2.274	84.19	10.930	0.507
	17.0	33.64	3.275	2.221	83.77	10.913	0.512
	18.0	34.74	3.474	2.167	83.33	10.894	0.518
	19.0	35.86	3.681	2.113	82.88	10.873	0.524
	20.0	37.02	3.897	2.058	82.41	10.850	0.531
	21.0	38.20	4.121	2.003	81.93	10.824	0.539
	22.0	39.42	4.354	1.947	81.42	10.795	0.548
	23.0	40.67	4.596	1.890	80.89	10.764	0.557
	24.0	41.97	4.847	1.833	80.32	10.728	0.567
	25.0	43.31	5.108	1.775	79.73	10.688	0.578
	26.0	44.69	5.379	1.715	79.09	10.643	0.591
	27.0	46.14	5.661	1.655	78.41	10.592	0.605
	28.0	47.65	5.956	1.593	77.67	10.533	0.621
	29.0	49.24	6.266	1.529	76.85	10.465	0.639
	30.0	50.93	6.592	1.462	75.94	10.383	0.661
	31.0	52.77	6.941	1.392	74.89	10.284	0.686
	32.0	54.80	7.320	1.316	73.66	10.158	0.717
	33.0	57.16	7.747	1.230	72.11	9.987	0.758
	34.0	60.21	8.277	1.124	69.87	9.717	0.820
	(34.73)	65.34	9.093	0.956	65.34	9.093	0.956
3.20	0.0	18.21	1.000	3.200	90.00	11.780	0.464
	1.0	18.89	1.085	3.145	89.67	11.780	0.464
	2.0	19.59	1.176	3.090	89.34	11.778	0.465
	3.0	20.31	1.273	3.036	89.01	11.776	0.466
	4.0	21.06	1.376	2.983	88.68	11.774	0.466
	5.0	21.83	1.485	2.930	88.34	11.770	0.468
	6.0	22.63	1.602	2.878	88.00	11.766	0.469

续附表 6

Ma_1	δ	弱　　波			强　　波		
		β	p_2/p_1	Ma_2	β	p_2/p_1	Ma_2
3.20	7.0	23.45	1.725	2.825	87.66	11.760	0.471
	8.0	24.29	1.855	2.772	87.32	11.754	0.473
	9.0	25.16	1.993	2.720	86.97	11.747	0.475
	10.0	26.05	2.138	2.667	86.62	11.738	0.478
	11.0	26.97	2.290	2.614	86.26	11.729	0.480
	12.0	27.91	2.451	2.561	85.90	11.719	0.484
	13.0	28.87	2.619	2.507	85.53	11.707	0.487
	14.0	29.86	2.795	2.453	85.15	11.695	0.491
	15.0	30.88	2.980	2.398	84.76	11.680	0.496
	16.0	31.92	3.172	2.344	84.36	11.665	0.500
	17.0	32.98	3.373	2.289	83.95	11.647	0.506
	18.0	34.07	3.583	2.233	83.53	11.628	0.511
	19.0	35.19	3.801	2.177	83.10	11.608	0.517
	20.0	36.34	4.027	2.120	82.65	11.584	0.524
	21.0	37.51	4.263	2.064	82.18	11.559	0.532
	22.0	38.72	4.507	2.006	81.69	11.531	0.540
	23.0	39.96	4.761	1.948	81.18	11.499	0.549
	24.0	41.24	5.024	1.889	80.65	11.464	0.558
	25.0	42.56	5.298	1.830	80.08	11.425	0.569
	26.0	43.92	5.582	1.769	79.47	11.381	0.581
	27.0	45.34	5.877	1.708	78.83	11.332	0.595
	28.0	46.81	6.184	1.645	78.13	11.275	0.610
	29.0	48.36	6.505	1.581	77.37	11.209	0.627
	30.0	49.99	6.843	1.514	76.53	11.131	0.646
	31.0	51.74	7.200	1.445	75.58	11.039	0.669
	32.0	53.65	7.583	1.371	74.48	10.924	0.697
	33.0	55.79	8.004	1.291	73.15	10.776	0.731
	34.0	58.35	8.491	1.198	71.41	10.566	0.779
	(35.33)	65.43	9.714	0.959	65.43	9.714	0.959

空气动力学基础

续附表 6

Ma_1	δ	弱 波			强 波		
		β	p_2/p_1	Ma_2	β	p_2/p_1	Ma_2
3.30	0.0	17.64	1.000	3.300	90.00	12.538	0.460
	1.0	18.31	1.088	3.242	89.68	12.538	0.460
	2.0	19.01	1.181	3.186	89.36	12.537	0.460
	3.0	19.73	1.281	3.130	89.03	12.535	0.461
	4.0	20.48	1.388	3.075	88.71	12.532	0.462
	5.0	21.24	1.502	3.020	88.38	12.528	0.463
	6.0	22.04	1.622	2.965	88.06	12.524	0.464
	7.0	22.86	1.750	2.911	87.72	12.518	0.466
	8.0	23.70	1.886	2.856	87.39	12.512	0.468
	9.0	24.57	2.029	2.802	87.05	12.505	0.470
	10.0	25.46	2.181	2.747	86.71	12.496	0.472
	11.0	26.37	2.340	2.692	86.36	12.487	0.475
	12.0	27.31	2.508	2.636	86.01	12.477	0.478
	13.0	28.27	2.684	2.581	85.65	12.465	0.482
	14.0	29.26	2.869	2.525	85.28	12.452	0.486
	15.0	30.27	3.062	2.468	84.90	12.438	0.490
	16.0	31.31	3.264	2.412	84.52	12.422	0.495
	17.0	32.37	3.475	2.355	84.12	12.405	0.500
	18.0	33.46	3.695	2.297	83.71	12.386	0.505
	19.0	34.57	3.924	2.240	83.29	12.365	0.511
	20.0	35.71	4.162	2.181	82.86	12.342	0.518
	21.0	36.88	4.409	2.123	82.41	12.317	0.525
	22.0	38.08	4.666	2.064	81.94	12.288	0.533
	23.0	39.31	4.932	2.004	81.45	12.257	0.541
	24.0	40.57	5.208	1.944	80.93	12.223	0.551
	25.0	41.88	5.495	1.883	80.39	12.184	0.561
	26.0	43.22	5.792	1.822	79.81	12.141	0.572
	27.0	44.61	6.100	1.759	79.20	12.092	0.585
	28.0	46.06	6.421	1.696	78.54	12.036	0.599

续附表 6

Ma_1	δ	弱　波			强　波		
		β	p_2/p_1	Ma_2	β	p_2/p_1	Ma_2
3.30	29.0	47.57	6.756	1.631	77.82	11.973	0.615
	30.0	49.16	7.106	1.564	77.03	11.898	0.634
	31.0	50.85	7.474	1.495	76.15	11.810	0.655
	32.0	52.67	7.866	1.422	75.15	11.704	0.680
	33.0	54.67	8.289	1.344	73.97	11.569	0.710
	34.0	56.96	8.762	1.257	72.50	11.390	0.750
	35.0	59.85	9.333	1.153	70.45	11.115	0.809
	(35.88)	65.52	10.356	0.961	65.52	10.356	0.961
3.40	0.0	17.10	1.000	3.400	90.00	13.320	0.455
	1.0	17.77	1.090	3.340	89.69	13.320	0.455
	2.0	18.47	1.187	3.281	89.37	13.318	0.456
	3.0	19.19	1.290	3.224	89.06	13.316	0.456
	4.0	19.93	1.400	3.166	88.74	13.313	0.457
	5.0	20.70	1.518	3.109	88.42	13.310	0.458
	6.0	21.49	1.643	3.053	88.10	13.305	0.460
	7.0	22.31	1.776	2.996	87.78	13.300	0.461
	8.0	23.15	1.917	2.940	87.45	13.293	0.463
	9.0	24.01	2.067	2.883	87.12	13.286	0.465
	10.0	24.90	2.225	2.826	86.79	13.278	0.468
	11.0	25.82	2.391	2.769	86.45	13.268	0.471
	12.0	26.75	2.566	2.711	86.11	13.258	0.474
	13.0	27.72	2.751	2.654	85.75	13.246	0.477
	14.0	28.70	2.944	2.596	85.40	13.233	0.481
	15.0	29.71	3.146	2.537	85.03	13.219	0.485
	16.0	30.75	3.358	2.479	84.66	13.203	0.489
	17.0	31.81	3.579	2.420	84.27	13.186	0.494
	18.0	32.89	3.810	2.360	83.88	13.167	0.500
	19.0	34.00	4.050	2.301	83.47	13.145	0.506
	20.0	35.13	4.300	2.241	83.05	13.122	0.512

续附表 6

Ma$_1$	δ	弱 波			强 波		
		β	p_2/p_1	Ma$_2$	β	p_2/p_1	Ma$_2$
3.40	21.0	36.30	4.559	2.180	82.61	13.097	0.519
	22.0	37.49	4.829	2.119	82.16	13.069	0.526
	23.0	38.71	5.108	2.058	81.68	13.038	0.535
	24.0	39.97	5.398	1.997	81.19	13.003	0.544
	25.0	41.26	5.698	1.934	80.66	12.965	0.554
	26.0	42.59	6.010	1.872	80.11	12.922	0.565
	27.0	43.96	6.332	1.808	79.52	12.874	0.577
	28.0	45.39	6.668	1.743	78.89	12.819	0.590
	29.0	46.87	7.016	1.678	78.21	12.757	0.605
	30.0	48.42	7.380	1.610	77.47	12.685	0.623
	31.0	50.06	7.762	1.541	76.64	12.600	0.642
	32.0	51.81	8.165	1.469	75.72	12.499	0.665
	33.0	53.71	8.596	1.393	74.64	12.374	0.693
	34.0	55.84	9.067	1.310	73.35	12.213	0.728
	35.0	58.36	9.608	1.215	71.67	11.986	0.775
	36.0	61.91	10.331	1.087	68.96	11.582	0.856
	(36.39)	65.60	11.019	0.963	65.60	11.019	0.963
3.50	0.0	16.60	1.000	3.500	90.00	14.125	0.451
	1.0	17.27	1.093	3.438	89.69	14.125	0.451
	2.0	17.96	1.192	3.377	89.39	14.123	0.452
	3.0	18.67	1.298	3.317	89.08	14.121	0.452
	4.0	19.42	1.413	3.257	88.77	14.118	0.453
	5.0	20.18	1.534	3.198	88.46	14.115	0.454
	6.0	20.97	1.664	3.140	88.14	14.110	0.455
	7.0	21.79	1.802	3.081	87.83	14.104	0.457
	8.0	22.63	1.949	3.022	87.51	14.098	0.459
	9.0	23.49	2.105	2.963	87.19	14.091	0.461
	10.0	24.38	2.269	2.904	86.86	14.082	0.463
	11.0	25.30	2.443	2.845	86.53	14.073	0.466

续附表 6

Ma_1	δ	弱　波			强　波		
		β	p_2/p_1	Ma_2	β	p_2/p_1	Ma_2
3.50	12.0	26.24	2.626	2.786	86.19	14.062	0.469
	13.0	27.20	2.819	2.726	85.85	14.050	0.473
	14.0	28.18	3.021	2.666	85.50	14.037	0.476
	15.0	29.19	3.233	2.605	85.15	14.023	0.480
	16.0	30.22	3.455	2.545	84.78	14.007	0.485
	17.0	31.28	3.687	2.484	84.41	13.989	0.489
	18.0	32.36	3.928	2.422	84.02	13.970	0.495
	19.0	33.47	4.180	2.361	83.63	13.949	0.500
	20.0	34.60	4.442	2.299	83.22	13.926	0.506
	21.0	35.76	4.714	2.236	82.79	13.900	0.513
	22.0	36.95	4.997	2.174	82.35	13.872	0.521
	23.0	38.16	5.290	2.111	81.89	13.841	0.529
	24.0	39.41	5.594	2.048	81.41	13.806	0.537
	25.0	40.69	5.908	1.984	80.91	13.768	0.547
	26.0	42.01	6.234	1.920	80.38	13.726	0.557
	27.0	43.37	6.572	1.855	79.81	13.678	0.569
	28.0	44.77	6.923	1.789	79.21	13.624	0.582
	29.0	46.23	7.287	1.723	78.56	13.562	0.596
	30.0	47.76	7.665	1.655	77.85	13.492	0.613
	31.0	49.36	8.061	1.585	77.07	13.410	0.631
	32.0	51.05	8.478	1.513	76.21	13.313	0.653
	33.0	52.88	8.920	1.438	75.22	13.194	0.678
	34.0	54.89	9.397	1.357	74.05	13.046	0.710
	35.0	57.19	9.929	1.268	72.59	12.846	0.750
	36.0	60.09	10.572	1.159	70.54	12.540	0.810
	(36.87)	65.69	11.703	0.964	65.69	11.703	0.964
3.60	0.0	16.13	1.000	3.600	90.00	14.953	0.447
	1.0	16.79	1.095	3.535	89.70	14.953	0.448
	2.0	17.48	1.197	3.472	89.40	14.952	0.448

续附表 6

Ma_1	δ	弱　波			强　波		
		β	p_2/p_1	Ma_2	β	p_2/p_1	Ma_2
3.60	3.0	18.19	1.307	3.410	89.10	14.950	0.448
	4.0	18.93	1.425	3.348	88.79	14.947	0.449
	5.0	19.70	1.551	3.287	88.49	14.943	0.450
	6.0	20.49	1.686	3.226	88.18	14.938	0.452
	7.0	21.30	1.829	3.165	87.87	14.933	0.453
	8.0	22.14	1.982	3.104	87.56	14.926	0.455
	9.0	23.01	2.143	3.043	87.25	14.918	0.457
	10.0	23.90	2.315	2.982	86.93	14.910	0.460
	11.0	24.81	2.496	2.921	86.60	14.900	0.462
	12.0	25.75	2.687	2.859	86.27	14.890	0.465
	13.0	26.71	2.889	2.797	85.94	14.878	0.468
	14.0	27.70	3.100	2.735	85.60	14.864	0.472
	15.0	28.71	3.322	2.672	85.25	14.850	0.476
	16.0	29.74	3.554	2.609	84.89	14.834	0.480
	17.0	30.80	3.797	2.546	84.53	14.816	0.485
	18.0	31.88	4.050	2.483	84.15	14.796	0.490
	19.0	32.98	4.314	2.419	83.77	14.775	0.495
	20.0	34.11	4.588	2.355	83.37	14.752	0.501
	21.0	35.27	4.874	2.291	82.96	14.726	0.508
	22.0	36.45	5.170	2.227	82.53	14.698	0.515
	23.0	37.66	5.477	2.162	82.08	14.666	0.523
	24.0	38.90	5.795	2.097	81.62	14.632	0.531
	25.0	40.17	6.125	2.032	81.13	14.594	0.541
	26.0	41.48	6.466	1.966	80.61	14.551	0.551
	27.0	42.82	6.820	1.900	80.07	14.504	0.562
	28.0	44.21	7.186	1.833	79.49	14.450	0.575
	29.0	45.65	7.566	1.766	78.86	14.389	0.588
	30.0	47.15	7.961	1.697	78.19	14.320	0.604
	31.0	48.72	8.373	1.627	77.45	14.240	0.622

续附表 6

Ma_1	δ	弱 波			强 波		
		β	p_2/p_1	Ma_2	β	p_2/p_1	Ma_2
3.60	32.0	50.38	8.804	1.555	76.63	14.145	0.642
	33.0	52.14	9.259	1.480	75.71	14.032	0.666
	34.0	54.07	9.746	1.400	74.63	13.892	0.695
	35.0	56.22	10.279	1.314	73.33	13.709	0.731
	36.0	58.79	10.894	1.215	71.62	13.450	0.780
	37.0	62.55	11.740	1.077	68.73	12.963	0.869
	(37.31)	65.77	12.407	0.966	65.77	12.407	0.966
3.70	0.0	15.68	1.000	3.700	90.00	15.805	0.444
	1.0	16.34	1.098	3.633	89.71	15.805	0.444
	2.0	17.03	1.203	3.567	89.41	15.803	0.444
	3.0	17.74	1.316	3.503	89.11	15.801	0.445
	4.0	18.48	1.438	3.439	88.82	15.798	0.446
	5.0	19.24	1.568	3.375	88.52	15.794	0.447
	6.0	20.03	1.707	3.312	88.22	15.790	0.448
	7.0	20.85	1.856	3.249	87.92	15.784	0.450
	8.0	21.69	2.015	3.186	87.61	15.777	0.451
	9.0	22.55	2.183	3.123	87.30	15.770	0.454
	10.0	23.44	2.361	3.059	86.99	15.761	0.456
	11.0	24.36	2.550	2.995	86.67	15.751	0.458
	12.0	25.30	2.750	2.931	86.35	15.740	0.461
	13.0	26.26	2.960	2.867	86.02	15.728	0.464
	14.0	27.25	3.181	2.803	85.69	15.715	0.468
	15.0	28.25	3.413	2.738	85.35	15.700	0.472
	16.0	29.29	3.655	2.673	85.00	15.684	0.476
	17.0	30.34	3.909	2.608	84.64	15.666	0.481
	18.0	31.42	4.174	2.542	84.27	15.646	0.486
	19.0	32.53	4.451	2.476	83.90	15.624	0.491
	20.0	33.65	4.738	2.410	83.51	15.601	0.497
	21.0	34.81	5.037	2.344	83.11	15.575	0.503

续附表 6

Ma_1	δ	弱　　波			强　　波		
		β	p_2/p_1	Ma_2	β	p_2/p_1	Ma_2
3.70	22.0	35.99	5.348	2.278	82.69	15.546	0.510
	23.0	37.19	5.669	2.212	82.25	15.515	0.518
	24.0	38.43	6.003	2.145	81.80	15.480	0.526
	25.0	39.69	6.348	2.078	81.33	15.442	0.535
	26.0	40.99	6.705	2.011	80.83	15.399	0.545
	27.0	42.33	7.075	1.944	80.30	15.352	0.556
	28.0	43.70	7.458	1.876	79.74	15.298	0.568
	29.0	45.13	7.855	1.807	79.14	15.238	0.581
	30.0	46.61	8.266	1.738	78.49	15.169	0.596
	31.0	48.15	8.695	1.667	77.79	15.090	0.613
	32.0	49.77	9.142	1.594	77.01	14.998	0.632
	33.0	51.49	9.613	1.519	76.14	14.888	0.655
	34.0	53.34	10.112	1.440	75.14	14.754	0.681
	35.0	55.39	10.653	1.356	73.95	14.584	0.714
	36.0	57.76	11.260	1.262	72.44	14.352	0.758
	37.0	60.82	12.008	1.146	70.25	13.982	0.824
	(37.71)	65.85	13.130	0.968	65.85	13.130	0.968
3.80	0.0	15.26	1.000	3.800	90.00	16.680	0.441
	1.0	15.92	1.100	3.731	89.71	16.680	0.441
	2.0	16.60	1.208	3.662	89.42	16.678	0.441
	3.0	17.31	1.325	3.595	89.13	16.676	0.442
	4.0	18.05	1.450	3.529	88.84	16.673	0.443
	5.0	18.81	1.585	3.463	88.55	16.669	0.444
	6.0	19.60	1.729	3.398	88.25	16.664	0.445
	7.0	20.42	1.884	3.332	87.95	16.659	0.446
	8.0	21.26	2.048	3.267	87.65	16.652	0.448
	9.0	22.13	2.223	3.201	87.35	16.644	0.450
	10.0	23.02	2.409	3.135	87.04	16.635	0.452
	11.0	23.93	2.605	3.069	86.73	16.625	0.455

续附表 6

Ma_1	δ	弱　波			强　波		
		β	p_2/p_1	Ma_2	β	p_2/p_1	Ma_2
3.80	12.0	24.87	2.813	3.003	86.42	16.614	0.458
	13.0	25.83	3.033	2.937	86.09	16.602	0.461
	14.0	26.82	3.263	2.870	85.77	16.588	0.464
	15.0	27.83	3.505	2.803	85.43	16.573	0.468
	16.0	28.86	3.759	2.735	85.09	16.557	0.472
	17.0	29.92	4.025	2.668	84.74	16.539	0.477
	18.0	31.00	4.302	2.600	84.38	16.519	0.482
	19.0	32.10	4.591	2.532	84.01	16.497	0.487
	20.0	33.23	4.892	2.464	83.63	16.473	0.493
	21.0	34.38	5.205	2.396	83.24	16.447	0.499
	22.0	35.56	5.530	2.328	82.83	16.418	0.506
	23.0	36.76	5.867	2.260	82.41	16.386	0.513
	24.0	37.99	6.216	2.192	81.97	16.351	0.521
	25.0	39.25	6.577	2.123	81.51	16.313	0.530
	26.0	40.54	6.951	2.055	81.02	16.270	0.540
	27.0	41.87	7.338	1.986	80.51	16.222	0.550
	28.0	43.23	7.738	1.917	79.97	16.169	0.562
	29.0	44.64	8.152	1.847	79.39	16.109	0.575
	30.0	46.10	8.581	1.776	78.76	16.040	0.589
	31.0	47.63	9.027	1.704	78.09	15.962	0.605
	32.0	49.22	9.492	1.631	77.34	15.871	0.624
	33.0	50.90	9.979	1.556	76.51	15.764	0.645
	34.0	52.70	10.494	1.478	75.57	15.634	0.670
	35.0	54.67	11.046	1.395	74.47	15.472	0.700
	36.0	56.89	11.654	1.304	73.11	15.259	0.739
	37.0	59.61	12.368	1.198	71.28	14.944	0.795
	38.0	64.19	13.487	1.029	67.57	14.227	0.913
	(38.09)	65.92	13.875	0.969	65.92	13.875	0.969
3.90	0.0	14.86	1.000	3.900	90.00	17.578	0.438

空气动力学基础

续附表 6

Ma_1	δ	弱 波			强 波		
		β	p_2/p_1	Ma_2	β	p_2/p_1	Ma_2
3.90	1.0	15.51	1.103	3.828	89.72	17.578	0.438
	2.0	16.20	1.214	3.757	89.43	17.577	0.438
	3.0	16.91	1.334	3.688	89.15	17.574	0.439
	4.0	17.64	1.463	3.619	88.86	17.571	0.440
	5.0	18.41	1.602	3.551	88.57	17.567	0.441
	6.0	19.20	1.752	3.483	88.28	17.562	0.442
	7.0	20.01	1.911	3.415	87.99	17.556	0.443
	8.0	20.85	2.082	3.347	87.69	17.550	0.445
	9.0	21.72	2.264	3.279	87.39	17.542	0.447
	10.0	22.61	2.457	3.211	87.09	17.533	0.449
	11.0	23.53	2.662	3.143	86.79	17.523	0.452
	12.0	24.47	2.878	3.074	86.48	17.511	0.455
	13.0	25.44	3.107	3.005	86.16	17.499	0.458
	14.0	26.42	3.347	2.936	85.84	17.485	0.461
	15.0	27.43	3.600	2.866	85.51	17.470	0.465
	16.0	28.47	3.865	2.797	85.18	17.453	0.469
	17.0	29.53	4.143	2.727	84.83	17.434	0.473
	18.0	30.60	4.433	2.657	84.48	17.414	0.478
	19.0	31.71	4.735	2.587	84.12	17.392	0.483
	20.0	32.83	5.050	2.517	83.75	17.368	0.489
	21.0	33.98	5.377	2.447	83.36	17.341	0.495
	22.0	35.16	5.717	2.377	82.97	17.312	0.502
	23.0	36.36	6.070	2.307	82.55	17.280	0.509
	24.0	37.58	6.435	2.237	82.12	17.245	0.517
	25.0	38.84	6.813	2.167	81.67	17.206	0.525
	26.0	40.13	7.203	2.097	81.20	17.163	0.535
	27.0	41.45	7.608	2.026	80.70	17.115	0.545
	28.0	42.80	8.026	1.956	80.17	17.061	0.556
	29.0	44.20	8.458	1.885	79.61	17.001	0.569

续附表 6

Ma_1	δ	弱　波			强　波		
		β	p_2/p_1	Ma_2	β	p_2/p_1	Ma_2
3.90	30.0	45.65	8.906	1.813	79.01	16.933	0.583
	31.0	47.15	9.370	1.741	78.35	16.855	0.598
	32.0	48.72	9.854	1.667	77.64	16.765	0.616
	33.0	50.37	10.359	1.591	76.85	16.660	0.636
	34.0	52.13	10.890	1.513	75.96	16.533	0.660
	35.0	54.03	11.456	1.431	74.92	16.378	0.688
	36.0	56.15	12.072	1.343	73.68	16.177	0.724
	37.0	58.64	12.773	1.242	72.06	15.895	0.772
	38.0	62.09	13.690	1.111	69.50	15.402	0.853
	(38.44)	65.99	14.640	0.971	65.99	14.640	0.971
4.00	0.0	14.48	1.000	4.000	90.00	18.500	0.435
	1.0	15.13	1.105	3.925	89.72	18.500	0.435
	2.0	15.81	1.219	3.852	89.44	18.498	0.435
	3.0	16.52	1.343	3.780	89.16	18.496	0.436
	4.0	17.26	1.476	3.709	88.88	18.493	0.437
	5.0	18.02	1.620	3.638	88.59	18.489	0.438
	6.0	18.81	1.774	3.568	88.31	18.484	0.439
	7.0	19.63	1.940	3.498	88.02	18.478	0.440
	8.0	20.47	2.117	3.427	87.73	18.471	0.442
	9.0	21.34	2.305	3.357	87.44	18.463	0.444
	10.0	22.23	2.506	3.286	87.14	18.453	0.446
	11.0	23.15	2.719	3.215	86.84	18.443	0.449
	12.0	24.09	2.944	3.144	86.53	18.432	0.452
	13.0	25.06	3.183	3.072	86.22	18.419	0.455
	14.0	26.05	3.433	3.001	85.91	18.405	0.458
	15.0	27.06	3.697	2.929	85.59	18.389	0.462
	16.0	28.10	3.974	2.857	85.26	18.372	0.466
	17.0	29.16	4.264	2.785	84.92	18.354	0.470
	18.0	30.24	4.567	2.713	84.57	18.333	0.475

续附表 6

Ma_1	δ	弱　波			强　波		
		β	p_2/p_1	Ma_2	β	p_2/p_1	Ma_2
4.00	19.0	31.34	4.883	2.641	84.22	18.311	0.480
	20.0	32.46	5.212	2.569	83.85	18.286	0.485
	21.0	33.61	5.554	2.497	83.48	18.259	0.491
	22.0	34.79	5.909	2.425	83.09	18.230	0.498
	23.0	35.98	6.277	2.353	82.68	18.197	0.505
	24.0	37.21	6.659	2.281	82.26	18.161	0.513
	25.0	38.46	7.054	2.209	81.82	18.122	0.521
	26.0	39.74	7.463	2.137	81.36	18.079	0.530
	27.0	41.05	7.885	2.066	80.87	18.030	0.540
	28.0	42.40	8.321	1.994	80.36	17.976	0.551
	29.0	43.79	8.773	1.921	79.81	17.916	0.563
	30.0	45.22	9.240	1.849	79.23	17.848	0.577
	31.0	46.71	9.723	1.775	78.60	17.770	0.592
	32.0	48.26	10.226	1.701	77.91	17.681	0.609
	33.0	49.88	10.750	1.625	77.15	17.576	0.628
	34.0	51.61	11.300	1.546	76.30	17.452	0.651
	35.0	53.46	11.882	1.465	75.32	17.301	0.678
	36.0	55.50	12.510	1.378	74.16	17.109	0.711
	37.0	57.84	13.211	1.281	72.70	16.850	0.754
	38.0	60.83	14.065	1.164	70.60	16.441	0.820
	(38.77)	66.06	15.425	0.972	66.06	15.425	0.972

参考文献

[1] 潘锦珊.气体动力学基础[M].北京:国防工业出版社,1989.

[2] 王新月.气体动力学基础[M].西安:西北工业大学出版社,2006.

[3] 何立明,赵罡,程邦勤.气体动力学[M].北京:国防工业出版社,2009.

[4] 吴子牛.空气动力学[M].北京:清华大学出版社,2007.

[5] 王保国,刘淑艳,黄伟光.气体动力学[M].北京:北京理工大学出版社,2005.

[6] 单鹏.多维气体动力学基础[M].北京:北京航空航天大学出版社,2008.

[7] 王保国,刘淑艳,刘艳明,等.空气动力学基础[M].北京:国防工业出版社,2009.

[8] 陆志良.空气动力学[M].北京:北京航空航天大学出版社,2009.

[9] 钱翼稷.空气动力学[M].北京:北京航空航天大学出版社,2004.

[10] 李凤蔚.空气与气体动力学引论[M].西安:西北工业大学出版社,2007.

[11] 周光炯,严宗毅,许世雄,等.流体力学[M].北京:高等教育出版社,2001.

[12] 陈懋章.黏性流体动力学基础[M].北京:高等教育出版社,2002.

[13] 陈卓如,金朝铭,王洪杰,等.工程流体力学[M].北京:高等教育出版社,2004.

[14] 章梓雄,董曾南.黏性流体力学[M].北京:清华大学出版社,2004.

[15] 王仲奇.透平机械三元流动计算及其数学和气动力学基础[M].北京:机械工业出版社,1983.

[16] 曹玉璋,邱绪光.实验传热学[M].北京:国防工业出版社,1998.